世界重大发现与发明大全集

THE WORLD GREAT DISCOVERIES AND INVENTIONS

世界重大发现与发明

大全集

刘晓菲 主编

中国華僑出版社

图书在版编目(CIP)数据

世界重大发现与发明大全集／刘晓菲主编．—北京：中国华侨出版社，2010.8

ISBN 978-7-5113-0601-2

Ⅰ．①世… Ⅱ．①刘… Ⅲ．①创造发明－世界－普及读物 Ⅳ．①N19-49

中国版本图书馆 CIP 数据核字（2010）第 155581 号

世界重大发现与发明大全集

主　　编：刘晓菲
责任编辑：文　蕾
封面设计：李艾红
文字编辑：张荣华
美术编辑：滕　霞
经　　销：新华书店
开　　本：1020mm × 1200mm　1/10　印张：44　字数：750 千字
印　　刷：北京鹏润伟业印刷有限公司
版　　次：2010 年 10 月第 1 版　2010 年 10 月第 1 次印刷
书　　号：ISBN 978-7-5113-0601-2
定　　价：29.80 元

中国华侨出版社　北京市安定路 20 号院 3 号楼 305 室　邮编：100029
法律顾问：陈鹰律师事务所
编 辑 部：（010）64443056　64443979
发 行 部：（010）58815874　传真：（010）58815857
网　　址：www.oveaschin.com
E-mail：oveaschin@sina.com

前言

PREFACE

世界每时每刻都在发生着新的变化，小到一粒尘埃，大到苍茫宇宙。自然万物除了自身的变化规律外，科学技术起了不可估量的推动力量，我们把这个强大的力量归功于发明和发现，人类的进步与文明，都是建立在无数发现和发明的基础上的。从远古的钻木取火到现在的载人航天，无不闪耀着发现与发明的火花。发明和发现作为人类社会进步的源动力产生了深远的影响，科技的每一次进步都推动人类前进了一大步，发明和发现是人类的知识和智慧的结晶，是人类进步的阶梯，是推动人类社会进程的重要力量。

纵观世界科学史，人类祖先有无数伟大而智慧的古老发现与发明，今人也创造了众多无与伦比的新型发明，大到飞机、轮船，小到拉链、回形针……这些成果无不包含着发明家的奇思妙想和辛勤汗水。它们不仅推动了人类社会的发展，而且颠覆了整个人类的生活形态。我们正享受众多发明带来的新生活：传递信息的文字、用于记载历史的纸、全球互动的因特网、留住美好记忆的照相机、让炎炎夏日变得舒适的空调以及各种方便快捷的交通通讯工具……这些发明使我们的生活更加舒适、便利。在历史长河中，人类对新事物的认知不断地提高和升华，新发明与新发现正推动着社会前进和科技发展。但人类对这个世界的探索是无穷无尽的，发现和发明也永无终止。

本书以时间为顺序，全面介绍了对世界历史的发展有着开拓性成就的重大发现与发明，以及最新科研成果。分别从宇宙自然、基础科学、生物奥秘、人体生命、医疗成果、应用技术、交通通讯、军事武器以及文明探源九方面展开阐述，详尽地讲述了每项发明与发现辗转曲折的由来、艰辛的发展历程以及这些成果给我们今天生活所带来的重大影响。向读者展示一部脉络清晰的世界发明和发现的历史，洞开波澜壮阔的人类探索历程，凸显重大发明与发现和人类文明的关联，阐述发明与发现的重大作用和深远影响，探索发明和发现的启迪意义。

这是一本旨在引领读者探索改变人类命运的科学结晶，发现科学的奥秘与规律，并在此基础上有所发明创造，正如爱默生所言：一项发明创造会带来更多的发明创造。读本书能让读者树立正确的科学观，增强创新能力，激发读者关注人类社会发展的重大问题，培养创新思维，学会站在巨人的肩膀上做巨人，阅读科学家的发明故事启迪自己的智慧，产生钻研科学的浓烈兴趣。伟大的科学家和发明家富兰克林曾勉励大家说："我们在享受着他人的发明给我们带来的巨大益处，我们也必须乐于用自己的发明去为他人服务。"

编者通过科学系统的分类、词条式的阐述方式、形式多样的辅助栏目、解析详细的珍贵图片等多种编排手法的有机结合，以一种全新的方式诠释科学。同时，本书将版式设计和体例巧妙结合，开辟了“知识窗”、“大事记”等一些辅助栏目，对世界发展史上具有重大影响的大事件、发现和发明、名人等做全面的补充介绍，以加强知识的深度和广度，力图用短小精悍的篇幅清晰而完整地呈现世界发明和发现的概况，拓展读者的知识面，启迪思维、开发智力、培养创新能力。全书精选的400多幅与内容相契合的精美图片，包括各项发明和发现的实物图片、原理解析图、重要人物照片等，直观反映发明和发现全貌，全力打造一个具有丰富文化内涵和信息的全新阅读空间。本书将如实记述人类探索和发现的印迹，回顾世界文明进程中每一个精彩时刻，讲述发明和发现的历程故事、重大影响，引领读者开始一段愉快的科学探索和发现之旅。

目录
CONTENTS

自然世界的探索

基础科学研究

探索生物的奥秘

探究奇妙的人体

医学成就面面观

开启应用技术之门

交通通讯的革命

军事武器大调查

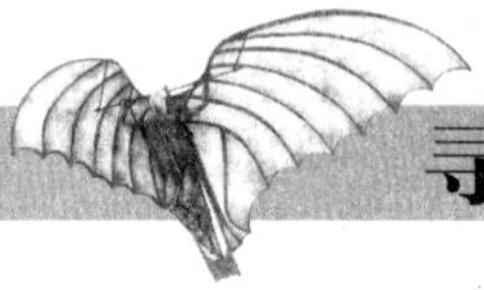

寻找失落的文明

世界重大发现与发明大全集

自然世界的探索

关于宇宙不断膨胀的发现

中国古代有盘古开天的神话故事，古代西方国家有上帝创造世界的传说，这些都是人们关于宇宙诞生的想象。在科学界，科学家们把观测所及的宇宙称为“我们的宇宙”。科学家们通过观测发现了一个惊人的情况：我们的宇宙正在不断地膨胀。

美国天文学家斯莱弗早在1912～1917年期间用口径60厘米的望远镜在洛韦尔天文台观测天体时，出乎意料地发现，除了仙女座大星云和另一个星系正奔向我们之外，在他研究的15个星系中有13个星系都在离开我们，因为这13个星系的光谱中都发现了红移。这些星系退行的速度平均每秒达600多千米。

> 知识窗
>
> **哈勃定律**
>
> 1929年，美国天文学家哈勃发现，河外星系的视向退行速度V与距离D成正比。也就是说，星系与我们的距离越远，它的退行速度越大。这个速度－距离关系被称为哈勃定律。也即哈勃效应。

哈勃在几年后用2.5米口径的望远镜观测天体，证明了许多星云属于银河系以外的天体系统。在这之后，哈勃在1929年又发现了“哈勃定律”，这一定律的提出震惊了世界，并迅速为世人所熟知。

作为验证宇宙膨胀工作的开始阶段，“哈勃定律”所涉及的星系的数目、视向速度和距离都很有限，还必须做更多的观测工作来进一步核实“哈勃定律”。哈勃与他的同事哈马逊密切合作，开始了研究观测工作。哈勃和哈马逊于1931年联名发表了一篇文章，这篇文章扩充了观测资料，并进一步肯定了“哈勃定律”。

对于“哈勃定律”的含义以及星系都在退行的问题，人们一直都迷惑不解。星系愈远退行速度愈快这一奇怪现象也让科学家们难以理解。宇宙学家们回顾了历史，并对自爱因斯坦相对论问世以来的这段时期进行了认真分析，终于找到了问题的答案。

人们注意到，荷兰天文学家德西特早在1917年就证明了一项由爱因斯坦在1915年发表的广义相对论得出的推论，即宇宙的某种基本结构可能正在膨胀，其膨胀速率恒定。

在弗里德曼宇宙模型的基础上，比利时天体物理学家勒梅特对哈勃观测到的河外星系红移作了解释，认为红移是宇宙爆炸的结果，因而得出了宇宙膨胀的结论。勒梅特对宇宙膨胀进行了详细的研究，认为膨胀总是从一个特殊的端点开始的。于是，他进一步提出宇宙起源的设想，认为宇宙起源于一个“原初原子”。后来人们常常称其为“宇宙蛋”。由于这个宇宙蛋很不稳定，结果在一场大爆炸中，宇宙蛋碎裂成无数碎片，逐渐演变成为千千万万个星系；最初这场宇宙大爆炸在一百多亿年后，就留下了现在的星系退行现象。

那时，勒梅特的这种宇宙膨胀理论还没有经观测证实，科学家们都非常吃惊和怀疑，并对他的理论不屑一顾。后来，英国著名的天文学家爱丁顿提请科学家们注意勒梅特的宇宙膨胀理论，并为此专门写了一篇文章。直到这时，人们才开始关注勒梅特的理论。

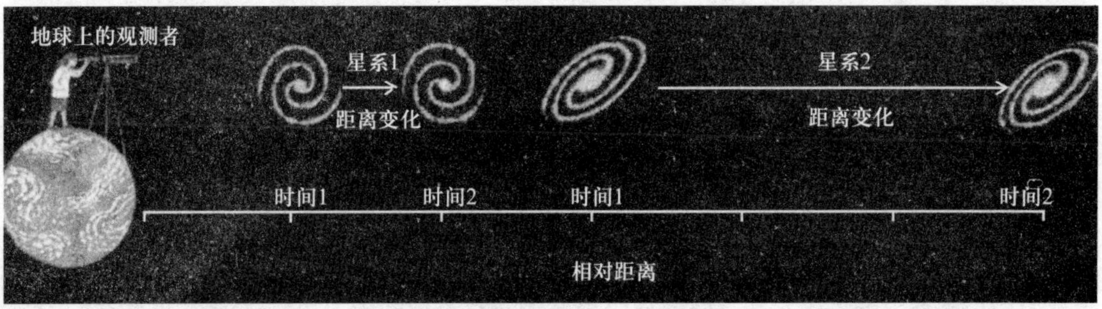

哈勃定律：星系越远，它逃逸得越快。

1930年，根据勒梅特的“宇宙蛋”理论，爱丁顿开始对河外星系普遍退行进行解释。他认为星系的退行是由于宇宙的膨胀效应，而“哈勃定律”的发现恰好揭示了宇宙正在膨胀，为人们理解宇宙膨胀效应提供了理论基础。

宇宙膨胀现象的发现可以帮助我们弄清许多问题，比如“夜晚天空为什么是黑的”。我们的宇宙和它所具有的恒星星系等都是有限的，由于这些有限的天体距离地球十分遥远，它们发出的光线十分微弱，所以夜晚的天空是黑的。简单地说，夜黑是宇宙膨胀造成的结果。

数星星“数出”的银河系

在古希腊、古罗马的神话故事里解释了银河的起源：万神的主宰宙斯即大神朱比特像一个民间风流的帝王，他和一位凡间女子生了一个名为赫拉克勒斯的儿子。为了让儿子健康成长，朱比特把私生儿悄悄送到熟睡的妻子朱诺身旁，因为朱诺拥有无边的神力，据说吃了她的奶水，孩子的身体就会非常健壮。赫拉克勒斯刚刚吸吮了几口奶水，朱诺就被惊醒了，身体一时失去平衡，乳汁喷射而出，洒向太空，就形成了茫茫银河。

赫歇尔像

后来，人们知道了银河其实是无数颗星星组成的光带。那么银河系又是怎样被发现的呢？银河系是由天王星的发现者赫歇尔通过数星星数出的一个伟大发现。

英国天文学家威廉·赫歇尔是一位业余天文爱好者。他一生最大的愿望，就是弄明白“宇宙的结构”。为了能数清星星的数目，他热情而又认真地投入了观测。

赫歇尔观测了1086次，共数出117600颗恒星。在数星星的过程中，他发现愈是靠近银河的地方，恒星分布就愈密集，在银河平面方向上恒星数达到最大值，而恒星数目在银河垂直方向上最少。由此赫歇尔提出，银河系是“透镜”或“铁饼”状的庞大天体系统，由恒星连同银河一起构成。其直径与厚度比大约在5：1左右。

赫歇尔设想，太阳大约位于银河中心的地方。地球人朝银河系的直径方向看去，可以看到一些流星以及许多较远、较暗的星星，当人们用肉眼看银河时，只能看到白茫茫的光带，像是天上的河流。如果地球人向银河系的平面垂直方向看，恒星就显得很稀薄，而人们的肉眼只能看到比较近的、很亮的恒星。

随着科技的发展，人们逐渐发现：银河系薄薄的中间凸起的银盘中分布了多数物质，它们主要是恒星，也有部分气体和尘埃。银盘的中心平面称为“银道面”，银盘中心凸起的部分称为银河系的“核球”，核球呈椭圆形，其中心很小的致密区叫“银核”。分布在银盘外面的是一个范围广大、近似球状的系统，叫做“银晕”。相对于银盘来说，银晕中的物质密度低得多，外面还有银晕，其物质密度更低、大致呈球形。

从银盘上面俯视的银河系颇似水中的旋涡，银河系核球就是旋涡的中心，它向外伸展出几条旋臂，它们是银盘内年轻恒星、气体和尘埃集中的地方，也是一些气体尘埃凝聚形成年轻恒星的地方。迄今为止，已经发现英仙臂、猎户臂、人马臂等存在于银河系中。太阳就在猎户臂的内侧。一般说来，旋臂内的物质密度比旋臂大约高出10倍。恒星约占旋臂内的一半质量，气体和尘埃占另一半。

银河系在每年的6月份到9月份会特别亮，因为此时地球处于黑夜的一侧转过来朝向银河系物质密集的那部分，由于银河系相对来说较为狭窄，再加上我们身在其中，所以银河便像一条带子一样悬挂在夜空中。亮带中黑暗的裂缝是一些很大的尘云把后面的星光遮住的缘故。

除了自转外，太阳还携带着太阳系天体以每秒约250千米的速度围绕着银心公转，轨道半径约3万光年，公转一周约26亿年之久。银河系也存在自转，它的旋臂也是绕着银河系的中心旋转。通过观测，人们发现银河系整体朝着麒麟座方向运动着，速度达214千米／秒。

假如从银河系外很远的地方观察太阳，并将它与别的恒星相比较，会发现，太阳在千亿颗繁星中一点儿也不突出，只是一颗大小中等，亮度一般的恒星。从侧面观察银河系像是一个凸透镜状的，直径很大的圆盘。光线从它的一侧走到另一侧，大约需要8万～10万年。

人类对银河系的轮廓、结构、运行等方面的发现，是认识宇宙的又一次飞跃。

哥白尼和日心说

大事记

公元前3世纪	阿利斯塔克提出日心说
1506年	哥白尼开始撰写《天体运行论》
1514年	哥白尼发表他的手稿《要释》
1539年	哥白尼的学生赖蒂库斯发表《首次报告》，扼要介绍了哥白尼的《天体运行论》
1543年	《天体运行论》出版

1473年2月19日，哥白尼出生于波兰，1491～1494年在克拉科夫(波兰城市)大学求学期间，他把自己的名字改成了拉丁化名——尼古拉斯·哥白尼——当时用拉丁语做研究的欧洲学者的惯例。哥白尼早期在克拉科夫大学和意大利博洛尼亚学习天文学、拉丁语、数学、地理、哲学、希腊语和教会法典，最后一项的学习使他被任命为德国佛洛堡教堂的牧师，在他的余生一直保留了这一职业，但他并未真正做过牧师。16世纪早期，他被准予赴意大利帕多瓦大学学习医学，但天文学一直是他最大的兴趣所在。

那时期，欧洲大学所教授的天文学知识依然是基于古希腊哲学家亚里士多德和天文学家托勒密的观察和教条，以及英国数学家约翰纳斯·德萨克罗博斯科的著作，而后者的《宇宙天体》(出版于1240年)在作者去世400年后依然是天文学方面的权威教材。他们都认为地球是宇宙的中心，而太阳、月亮和其他行星全都围绕着它旋转。托勒密相信宇宙是完美的，因而所有天体必然是在圆形轨道上运行的。但事实上观测到的天体的运行轨道是椭圆形的，所以为了解释他的理论与实际观测值的偏差，他想出了“本轮”这个概念，即那些星体在围绕地球做大圆周运动的同时自身还在做着小圆周运动。尽管托勒密关于宇宙的理论存在着基础性的缺陷，但他

尼古拉斯·哥白尼毕生致力于天文观测与研究，他坚信地球以及其他行星都围绕太阳运转。

还是基本完成了关于自己理论的数学证明。

然而哥白尼发现，如果接受地球围绕太阳运转的观点而不是其他什么方式的话，那么托勒密系统中固有的许多数学问题就将迎刃而解。更令人惊奇的是，教会并没有反对哥白尼研究天文学，相反，教皇里奥十世接受了他修订教历的建议，并最终导致了季节的重新划分。

这张夸张的太阳系星图是由安德里亚·塞拉里乌斯于1661年绘制的。那时，哥白尼的观点已经广泛地被世人所接受。左图右下角的人物是哥白尼，而坐在左下角的是阿利斯塔克——古希腊天文学家，出生于萨摩斯岛，最先提出地球绕太阳运转的观点。

1514年，哥白尼开始分发一些小的手抄本，在其中他阐述了关于日心说的一些基本观点，即宇宙的中心不是地球，而是靠近太阳的一个点；宇宙无法想象的大；那些观测到的恒星旋转和太阳季节性的运动是由地球绕地轴与绕太阳的运动所引起的；我们自己所在行星的运动干扰了我们对其他行星运动的观测。这本书被称为《要释》，里面并没有包含详细的数学论证，哥白尼甚至没有将自己的名字署上。他把细节全留在了被他称为“大部头”的著作中，而这本书直到多年以后才面世。

哥白尼大约从1506年开始撰写他的巨著《天体运行论》，并且直到1530年才得以完成。但由于教会一直宣扬地球是上帝创造的中心的观点，出于对教会的深深顾虑，他迟迟不敢将他的著作出版，而且只允许他的手稿在少数几个志同道合的科学家中间传阅。

最终，哥白尼的学生赖蒂库斯说服哥白尼出版了《天体运行论》。事实上，赖蒂库斯于1539年发表的《首次报告》已为哥白尼的《天体运行论》的出版铺了道路，在其中他阐述了哥白尼的一些观点。哥白尼完成了手稿，由赖蒂库斯拿到纽伦堡印刷，并在一个叫做安德里斯·奥西安德尔的人的监督下出版。但是奥西安德尔是教会的人，他对太阳中心说的公开出版感到不满，所以他替换了哥白尼原版的前言，肯定了地球是静止不动的，而哥白尼原著中关于地球绕太阳运转的说法只是纯粹为了计算方便而作的假设。哥白尼几乎是不可能接受这种添改的，但他或许从没有机会读到过它——他的书在他临终之前才得以出版。而赖蒂库斯，毫无疑问，对这一新观点的出版感到欣喜异常。

泰勒斯预言日全食

泰勒斯(Thales)，古希腊哲学家、数学家和天文学家，生活在公元前7世纪和公元前6世纪之间。他出身于小亚细亚的米利都城的奴隶主贵族家庭，泰勒斯不为显赫的地位、富足的生活所诱惑，全身心地投入到哲学和科学的研究之中，终于成为一位科学泰斗。其在天文学、数学、哲学等领域都取得了骄人的成就，但最令后人称道的还是其对于公元前585年5月28日日全食的预言。

当时的情况是：吕底亚王国与西进的米底王国(占有今天伊朗的大部)发生矛盾，双方的部队在哈吕斯河流域进行了殊死的战斗，但战争一直持续了5年，仍未决出高下。双方谁也没有罢手的意思，但两国的人民却因此陷入了痛苦的深渊。考虑到人民的疾苦，贵族出身的科学家泰勒斯决定凭借自己的智慧拯救黎民于水火。泰勒斯经过缜密地观测与推算，认定公元前585年5月28日这天哈吕斯河一带会出现日全食的天象奇观。他到处散布流言，说日食

知/识/窗

泰勒斯测量金字塔的高度

泰勒斯生活的年代，埃及的大金字塔已建成1000多年，但它的确切高度仍旧是一个谜。许多人做过努力，但均以失败而告终。

后来，人们听说泰勒斯很有学问，但只闻其名，未见其实。何不借此机会试探一下他的能力，法老也是这么想。泰勒斯慨然应允，但提出要选择一个阳光明媚的日子，而且法老必须在场。这一天，法老如约而至，金字塔周围也聚集了不少围观者。泰勒斯站在空地上，他的影子投在地面。每隔一段时间，他就让别人测量他影子的长度，并记录在案。当测量值等于他的身高时，他命人立即在大金字塔的投影处作好标记，之后再测量金字塔底部到投影标记的距离。这样，他不费吹灰之力就得到了金字塔的确切高度。

在法老和众人一再请求下，他向大家讲解了从“影长等于身长”推到“塔影等于塔高”的原理。其实他用的就是相似三角形定理。

是上天反对人间战乱的警示。但没有人会把这位文弱书生的话放在心上，只不过权且当做茶余饭后的谈资罢了，根本不相信会发生什么日食。战争依旧如火如荼地进行着，但始料不及的是：公元前585年5月28日这一天，正当两国的精锐部队酣战之时，天色骤然暗了下来，最后竟然与黑夜无二，交战的人马不胜惊惧，人们又想起市井上的流言，真以为神人嗔怒要降灾祸于人间，于是迅速撤出战斗，化干戈为玉帛，重新言归于好，并且以联姻的方式巩固了和平成果。从此，泰勒斯名声鹊起，受到人们的景仰和爱戴，被称为不朽的科学家。同时，人们也百思不得其解。泰勒斯是如何预测到这次日食的呢？

原来，泰勒斯研究过迦勒底人的沙罗周期，一个沙罗周期为6585.321124日或18年又11日，约为223个朔望月。既然日、月和地球的运行都是有规律的，那么日月食的发生也就存在一定的规律性。具体而言，日食一定发生在朔月，18年11日之后日、地、月又基本回到原来的位置上，这时极有可能再次发生日食，而对天文学熟悉的泰勒斯当然知道公元前603年5月18日有过日食。由此推算出公元前585年5月28日的日食便在情理之中了。

除了天文学，泰勒斯在数学和哲学方面也都取得了有令人振奋的成就，如在平面几何方面，我们所熟知的“直径平分圆周”、“三角形两等边对应等角”、“两条直线相交对顶角相等”、“两角及其夹边已知的三角形完全确定”等基本定理均由泰勒斯论证并进一步归纳整理，应用到实践生活中。比如，他曾以一根标杆测出金字塔的高度。

在哲学上泰勒斯提出了唯物主义的世界观，“水是万物之源，万物终归于水”，从而否定神创世界观，开创了由世界自身出发去认识世界的本来面目的先河。这对于后世的唯物主义世界观体系的形成具有一定引导意义。

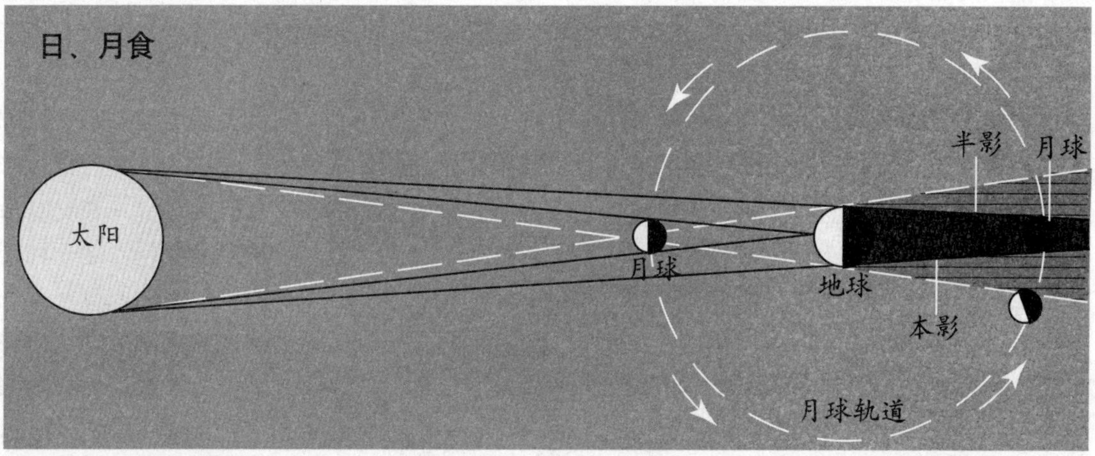

日食与日、月、地的关系

根据现代科学观察得知：一年之中，食最少发生2次，而且均为日食。最多会发生7次：5次日食，2次月食。最近一次发生7次食的年份是1935年，而下一次则是2160年。当食发生时，太阳、月亮和地球三者必须在同一平面上。换而言之，当日食发生时，月球的本影锥必须投射在地球表面上，若三者恒在同一平面时，日食一定发生在每个朔日。

第谷与第谷超新星的发现

第谷(1546～1601年)是一位出身贵族的天文学家。儿时和年轻时的第谷与常人没有什么大的差别，他脾气暴躁、性格偏执、好斗，逢事爱问个为什么。这也可能是他成功的一个原因吧。

第谷的成名在于他的天文观测事业。尽管其伯父强烈要求他学文科，第谷还是偷偷地研读天文学著作，尤其是托勒密的《大综合论》和哥白尼的《天体运行论》他简直爱不释手。不仅读书，托勒密还付诸行动：观测天象。1563年8月，第谷观测到了木星和土星相合的景观，并进行了详细的记录。这是他第一次记录天象，以后便一发而不可收。

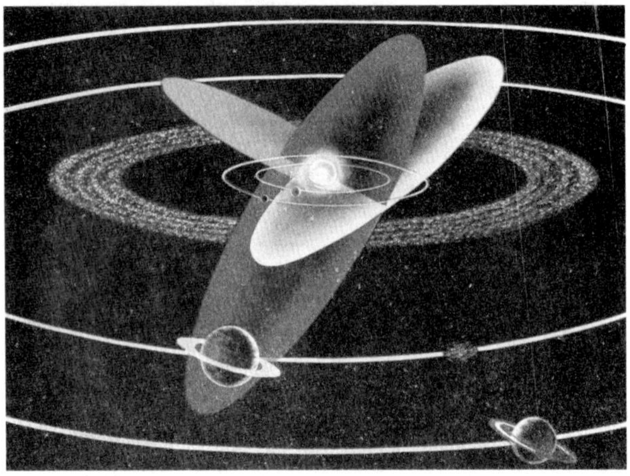

奇异的小行星图

小行星是围绕太阳运行的自然天体之一，一直以来，它很少被人发现。第谷在进行天文观测时发现了许多以前没有发现的小行星。

1572年12月11日，黄昏时分第谷正忙着手头的实验。疲劳的时候，他总是习惯性地凝视一下浩渺的天空。这时他一抬头刚好发现了仙后星座中闪烁着一颗新星。为什么这么说呢?因为从少年时代起第谷便熟悉天上的星星，他清楚地知道这些星的位置和轨迹。他熟悉它们，就像熟悉小伙伴们的脸庞一样。更何况今天的这颗新星是那么明亮，甚至都有些耀眼。他认定这是一颗新星，它以前从来没出现过。为了得到这颗星的准确数据，第谷使用了精心设计的六分仪却没能发现它有任何视差，如果是颗近地星就会有58′ 30″ 的视差，比如月球。他认为这是一颗从未出现过的恒星，于是给予了它相当的关注，并详细记录了该星的颜色和亮度的变化。这便是第谷超新星的发现过程。当时却有许多学者由于盲从《圣经》而把这颗星星称为魔鬼的幻影。

第谷在天文学界的另一突出贡献是对彗星的测定。那是在其发现超新星5年后的一个傍晚，第谷在纹岛的天文台发现了一颗彗星，并对其进行了详细的记录和精确的测量，直至75天后消失为止。第谷经过严密论证和推理得出结论：彗星发光是由阳光穿过彗头而致，彗星也是绕日公转的天体。第谷这次以不折不扣的事实驳斥了亚里士多德认为彗星是燃烧着的干性脂油的谬论。

30多年的时间里，第谷孜孜不倦地进行着他的天文观测事业，获得大量的第一手资料和手稿。期间他的敬业精神和出色业绩博得丹麦国王腓特烈二世的赏识。国王为他专门拨款修建了乌伦堡天文台，并配以最全、最新的观测仪器。这一切使得第谷如鱼得水，取得一系列观测成就，如编制第一份完整的天文星表，发现黄赤交角的变化和月球运动中的二均差，完成了对基督世界延用1000多年的儒略历的改历工作，颁行格里高里历法等。最重要的是

知识窗

《论新天象》

《论新天象》是第谷的一部拉丁文著作，出版于1588年。这本书详细地记录了第谷11年间观测到的天文现象，其中包括对1577年大彗星的专门论述。总体上构筑了所谓的“第谷宇宙体系”，该体系最突出的一点就是抛弃了以前天文学家惯用的以思辨来阐述见解的方法。他强调以实际观测的数据作为论证的起点。第谷穷其一生进行天文观测，所得大部分资料都集中在《论新天象》一书中。美中不足的是，虽然第谷尊重事实，深入观察的做法为后来的天文工作者树立了光辉的榜样，但是他在该书中的理论仍然趋向于地心说。这一点在某种程度上束缚了天文学的进步。

第谷培养和造就了新一代的天文学家——开普勒。在老师的悉心教导下，开普勒创立了三大行星运动定律，为天文学作出了重大贡献。

第谷以惊人的毅力和一双锐眼把天文观测事业推向一个又一个的新高度，可以说在望远镜发明之前的天文观测史上，他是巅峰，难怪被人们誉为“星学之王”。

埋没41年的星云说

由于牛顿和林耐在天体起源和物种起源问题上的认识和解释，上帝被认为是天体运动的“第一推动”和人类的创始人的观点在欧洲长时间占据了统治地位。1755年康德提出了太阳系起源的星云假说。这种新观点与牛顿和林耐的认识完全不同。

知/识/窗

星云的发现

公元758年8月28日晚，法国天文观测人员梅西耶在观测中，突然发现在金牛星座有一个在恒星间没有位置变化的云雾状斑块。这斑块形态类似彗星，但它在恒星之间没有位置变化，显然又不是彗星。为了不让后人将这可疑的天体误认为是彗星，便将它记录下来。到1784年，梅西耶共发现这种朦胧形天体103个，均把它们一一列表入案，并将这个列表公开发表。这对后来英国著名天文学家赫歇尔产生了一定的影响。赫歇尔根据梅西耶的成果，进一步观测，发现表中的天体有些是星团，有些确属云雾状天体。他将这些云雾状天体称为“星云“。

康德从自发的唯物主义观点出发，第一次提出天体是演化的，地球及整个太阳系都表现为某种在时间进程中逐渐形成的东西。这样，牛顿的“第一推动” 和林耐的“物种不变”被推翻了。康德解释说：“天体从最原始的星云状态形成时，靠的不是造物主的力量，而是自然界本身的力量所发生的作用。”他认为，排斥和吸引的相互斗争，是“自然界的永恒生命”，既是天体形成的原因，也是天体运动的原因；既是天体的起源，也是天体运动的起源。他还预言，宇宙间天体在不断生成，同时又在不断毁灭，千千万万的太阳在不断燃烧，又在不断熄灭。康德进而断言，地球以外的行星上，可能也居住着人类。

康德的进步学说却遭到当时科学界、哲学界形而上学思想的蔑视和抵制，甚至威胁，致使康德在出版自己的著作时，不得不采用匿名的方式。

直到1796年，法国数学家拉普拉斯出版了一本科学普及读物《宇宙体系论》。在这本书的附录中，拉普拉斯提出了太阳系起源的星云假说。他猜测，太阳可能起源于一团旋转的巨大星云，由于引力的作用，星云气体不断收缩，外围的星云因离心力的作用保持在外轨道上绕中心转动，并且自身继续在引力作用下收缩成行星，星云的核心便收缩成太阳。巧合的是，拉普拉斯没有听说过康德的星云说，更没有阅读过康德的著作，他的观点和康德的看法非常类似，不同的是，康德在41年前的论述更为详细和彻底。后人将这一假说称之为“康德－拉普拉斯星云说”。

康德，不仅是伟大的哲学家，而且在数学、物理学上卓有成就。

拉普拉斯提出的星云说与康德有所不同，他认为太阳系是由炽热气体组成的星云组成的。

拉普拉斯的星云说引起法国乃至全世界学术界的关注，特别在青年学者中形成热门话题。正是拉普拉斯星云说的普及，使得康德在41年前提出的星云说终于得以拨云见日。由于当时科学水平的限制，“康德－拉普拉斯星云说”也有不少缺点和错误。目前不少天文学家认为，星云说的基本思想是正确的，是康德和拉普拉斯首先把演化思想带进了天文学。而继星云说之后，又相继出现了“灾变说”、“俘获说”等理论，但这些理论有的被否定，有的因证据不足而未被广泛接受。

开普勒探究天体运行的规律

1571年开普勒生于威尔，威尔是德国南部的一个小镇。中学毕业后，开普勒进入了蒂宾根学院。在那里，他接受了一位名叫麦斯特林的教授的观点。麦斯特林是一个秘密的哥白尼主义者，他时常为开普勒详细讲述行星绕太阳运行方面的知识，使他渐渐成了“日心说”的拥护者。

从蒂宾根学院毕业后，开普勒移居奥地利的格拉茨城，在那里，他教授数学和天文学。他曾寄给第谷一本自己写的天文书，第谷看后非常重视，邀请他一起从事研究工作。1601年，第谷去世后，开普勒利用老师留下的大量观测资料，继续研究火星的运动。

开普勒像

匀速圆周运动是按照传统哲学定义的最为完美和理想的运动。开普勒根据这一点来计算火星在其轨道上的运动位置，经过多次反复计算，其结果总是与第谷的观测结果不一致，至少差八角分以上。开普勒深知第谷一丝不苟的态度，所以，老师的观测数据必定没有问题，误差在于自己的计算方式和过程，他决心找出误差产生的真正原因。

开普勒坚持不懈地潜心分析研究，终于觉察到火星并不是按圆形轨道运行的，这与哥白尼所持的观点相矛盾。他耐心、仔细地研究了火星在天球上年复一年的运动，终于发现了自己计算中的错误。原来，行星在太阳附近空间里运行的轨道是椭圆形而非圆形，事实上，圆形也只是椭圆形的一个特例。太阳实际上位于椭圆即行星运行轨道的一个焦点上，所以行星在绕太阳作椭圆形运动的轨迹中，存在着离太阳近时的远焦点和离太阳远时的近焦点。这一重要发现是由开普勒首先提出来的，这也是他研究火星的第一个重要发现。后来人们用“开普勒行星运动第一定律”这个名称来称呼开普勒的这个重要发现。

开普勒受到新发现的巨大鼓舞，开始编制火星运行表，但火星的运行总是和他设计的表格有偏差。经过大约一年的辛勤分析研究工作，他发现了自己计算方法上存在着不可忽略的错误。开普勒最初以为火星的运行是均匀的，因而造成了运算上的错误。而实际上火星运行是不均匀的。火星的速度随其离太阳距离的远近而发生变化，离太阳近时，运行的速度就快，而随着它在轨道上离太阳越来越远时，其运行速度便随之减慢。

行星沿椭圆轨道运行的速度受行星与太阳之间的距离远近的影响，并随之发生变化。行星和太阳的连线是行星的向径，它在相等的时间内扫过相等的面积。行星运动的速度通过这一规律得到了说明，这就是著名的“运动第二定律”。此后不久，根据这一发现，开普勒完成了行星运行表的编制工作，工作进行得顺利而迅速。

开普勒于1609年出版了他的《火星之论述》，紧接着，他又对行星公转周期与行星到太阳距离的关系进行了探索。结果发现，离太阳最近的水星，88天绕太阳一周；离太阳远一些的金星公转一周所用的时间则长一些；而离太阳更远的火星的一年比地球的一年还约长一倍。根据这些发现，开普勒在1619年出版了《宇宙和谐论》一书，并在书中发表了行星运动的第三定律。这一定律的发现和应用，完全改变了当时天文计算的方式和过程，并沿用至今。

绘制月球与火星地图

伽利略·伽利莱(1564～1642年)所制造的性能最佳的望远镜也只能够将月球的影像放大至肉眼视觉的6倍。尽管如此，他依然绘制了数张月球地表细节图，并且证实月面斑驳不平是由陨坑与山脉造成的。1645年，佛兰德制图师迈克尔·朗格尔努斯(1600～1675年)出版发行首张月球地表细节图，并首次使用著名天文学家、科学家的名字命名月球山脉及其他地表特征。例如，他用希腊著名天文学家尼西亚的喜帕恰斯(约公元前190年～公元前125年)的名字将月球表面最为显著的陨石坑命名为喜帕恰斯坑。与同一时代的其他科学家一样，他也认为月球表面暗的区域是广阔的海洋，因此将其命名为“海”。尽管如此，科学家们对于月球表面坑的起源仍存在争议：它们是由古代月球地表火山爆发形成的，还是由彗星撞击月球表面形成的？

1836年，英国天文学家弗朗西斯·贝利(1774～1844年)通过描绘并分析“贝利珠”现象得出结论：月球表面存在大型山脉。日食发生时，贝利注意到，尽管月球遮住了太阳，但是在月球边缘却存在一些明亮的小点，如同一串晶盈透亮的水珠，这就是“贝利珠”现象。贝利正确解释了这一现象的成因，即太阳光线穿过月球表面高山之间的峡谷时，产生了“贝利珠”。

1839年，法国绘画及摄影艺术先驱者路易斯·达盖尔(1787～1851年)使用银板照相法拍摄月球照片。随后，美籍英裔科学家约翰·德雷珀(1811～1882年)利用银板照相法正式拍摄了几组月球照片。随着科技的进步，更快更好的照相用感光乳液问世，使得拍摄月球更容易。不过在19世纪末之前，根据观测手工绘制月球地表细节图的工作一直没有停止过，这其中包括德国天文学家威廉·罗曼(1796～1840年)绘制的月球地图，以及于1878年出版的由德国天文学家约翰·施密特(1825～1884年)绘制的月球地图等。20世纪，科学家们才可以近距离拍摄月球。1945年，美国国家信号公司使用雷达反射绘制月球地图，而更细节化的照片则分别由20世纪50年代前苏联发射的“月球探测器号”以及20世纪60年代美国太空总署发射的“月神号”探测仪发回地球。

火星始终令人着迷，特别是这颗红色星球可能存在生命的说法更吸引着人们。1666年，意大利天文学家乔瓦尼·卡西尼(1625～1712年)首次指出：火星的南北两极存在冰盖。随后意大利制图师、天文学家吉亚克莫·马拉尔蒂(1665～1729年)于1704年证实了卡西尼的结论，并手绘了火星冰盖随着火星季节的不同而变化的一系列地图（卡西尼也曾根据自己8年的观测绘制了一张月球地图，并在此后一个多世纪内被奉为标准参照图）。火星表面的暗区域也第一次被认为是“海”以及干涸后的“海床”。

大事记

1610年	伽利略绘制月球地表图
1645年	朗格尔努斯出版发行首张月球地表细节图
1704年	马拉尔蒂手绘月球冰冠图
1877年	夏帕雷利火星地表图，显示火星“运河”
1878年	施密特出版最后一版手绘月面图

1877年，科学家的注意力再次转向火星这颗巨大的红色星球。意大利天文学家乔瓦尼·

夏帕雷利(1835～1910年)绘制了一张火星地表图，并用暗线着重标明了他称之为“沟壑”的区域，不过，翻译成英文后竟变成了“运河”。这使美国业余天文学家珀西瓦尔·洛威尔(1855～1916年)却由此认为这些“河床”是“火星人”开凿的灌溉系统，用于将冰盖融化后的水运送至火星赤道附近的区域。洛威尔于1905年在亚利桑那州天文台拍摄了首张火星照片。现代天文学家认为火星“运河”仅仅是历史的误会，从美国于1965年发射的“水手四号”以及1971年发射的“火星号”探测器得知：火星“运河”不过是光学幻像而已。而火星两极的冰盖则主要是由处于冰冻状态的二氧化碳组成。

月球秘密的发现历程

17世纪40年代中期，佛兰德制图师迈克尔·郎格尔努斯(1600～1675年)和波兰天文学家约翰内斯·海维留斯(1611～1687年)出版了第一张月球地图。1878年，德国天文学家约翰·施密特(1825～1884年)通过观察制作出最后一张手绘月球细节地图，后来这项工作都被摄像技术取代。1840年，英裔美国科学家约翰·德拉帕(1811～1882年)拍摄了一些最早的月球照片。不久，天文学家利用摄影技术制作了月球地图。

1959年，前苏联第一次成功尝试将一个人造物体送入太空。他们发射的“卢尼克1号”探测器掠过月球表面。同年2月发射的“卢尼克2号”探测器坠毁在月球表面，“卢尼克3号”成功地对月球背向地球的一侧进行了摄影。从发回的照片来看，月球背面与近地球一侧并没有多大的区别，只是表面陨坑更少。1964年，美国太空总署(NASA)发射了“漫游者7号”，1965年发射了“漫游者8号”和“漫游者9号”，共拍了约1.7万张照片，最后，探测器都坠毁在月球表面。1965年，前苏联的“探测器3号”也拍摄了月球背面照片。

1966年，前苏联“月球9号”(“卢尼克3号”之后的空间探测器改名为“月球号”)第一次实现了在月球软着陆。接着，“月球10号”成为第一艘进入绕月球轨道飞行的人造飞行器。美国太空总署(NASA)以7项观测者任务回应了前苏联的挑战，该任务中所有探测器均实现了在月球软着陆。除了发回照片外，“观测者1号”在1966年发回了有关月球土壤的物理数据，另四艘“观测者号”探测器也拍摄回大量的月球照片，使美国太空总署的月球相册增加了86471张新照片。每一艘“观测者号”都安装了可变电视摄像机，摄像机安装了可互换的滤光器，并由一对太阳能电板提供动力。这种摄像机既可以拍摄近距离特写图片，也可以拍摄远景图像。其他的仪器则负责分析月球的表面是否适合登月舱登陆以及最后的离开。分析的项目包括月球表面的承压强度以及热力学(吸热)、光学(光反射)的性质。3年后，1969年11月，“阿波罗12号”宇宙飞船着陆在被称做风暴洋的地方，离上次“观测者3号”的降落点仅相距183米。“阿波罗12号”的宇航员收回了“观测者号”遗留下的电视摄像机并带回地球做科学研究。

大事记

1959年 前苏联“卢尼克1号、2号、3号”都飞掠月球并进入月球轨道，但坠毁于月球表面。

1964年 美国太空总署(NASA)发射的“漫游者7号、8号和9号”发回月球照片

1966年 前苏联“月球9号”软着陆于月面，“月球10号”进入月球轨道

1966～1967年 美国太空总署(NASA)发射的月球轨道卫星测绘了月球表面的地图

1966～1968年 美国太空总署(NASA)发射的“观测者号”软着陆

1968年 前苏联无人驾驶的“探测器5号”进入月球轨道并成功返回地球

1969年 “阿波罗10号”进入月球轨道，“阿波罗11号”和“阿波罗12号”着陆月球

1966～1967年，美国太空总署(NASA)发射的5颗月球轨道飞行器测量并绘制了月球大部分

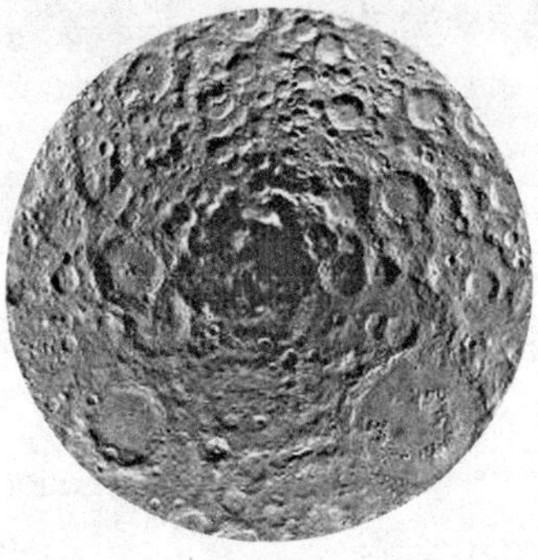

薛定谔盆地（上图右下方）处在月球背面。美国太空总署（NASA）1994年发射的"克莱门特号"探测器拍摄的月球照片表明，月球上的一些陨石坑包括薛定谔盆地是月球火山的发源地。

地方的表面地图，为接下来的"阿波罗号"登陆地点的选择提供依据。它们还发现了月球质量密集区，该区域引力较大，会对掠过此地的卫星运行轨道产生干扰。

1968年，前苏联发射的"探测器5号"成为第一个进入环绕月球轨道并成功返回地球的空间探测器(后续的"探测器6、7、8号"也同样完成了任务)。前苏联和美国都在着手载人登陆月球的计划，在这次竞赛中，美国拔得头筹。同年，"阿波罗8号"搭载3名宇航员进入了月球轨道对相关设备进行了测试并成功返回地球。1969年，"阿波罗10号"也进入了月球轨道，接着"阿波罗11号"和"阿波罗12号"最终实现了人类登月梦想。这两次登陆以及后来的四次成功登陆为地球带回了丰富的月球岩石和土壤样品及科学数据。经过分析，科学家认为月球年龄是45亿年，与地球年龄很接近。于是科学家推测月球很可能是一颗卫星大小的小行星撞击原始地球时产生的残骸形成的。

几乎所有的月球表面的坑都是小行星和流星撞击月球表面形成的——月球没有大气层来减缓这些小行星和流星的速度。1994年，美国弹道防卫组织(SDIO的前身)与美国太空总署(NASA)联合任务计划发射的"克莱门特号"探测器测绘月球整个表面地图时，拍摄到一个月球背面的火山口。1998年，美国太空总署(NASA)的无人驾驶太空船"月球勘探者号"在月球两极发现了地下藏有大量的冰。

阿波罗计划

1961年，美国总统约翰·肯尼迪(1917～1963年)誓言在接下来10年内美国要将一名宇航员送上月球。1969年7月，两名美国宇航员登陆月球实现了总统的承诺。登陆月球是阿波罗计划的最顶点。

将"阿波罗11号"宇航员载到月球上的宇宙飞船主要由四部分构成：第一部分是巨型多级"土星V"火箭——将整座装置送入太空；然后是"哥伦比亚号"指挥舱，三名宇航员在飞往月球的旅程中将呆在里面；服务舱安装在指挥舱的下面，包括整个航程提供动力的主推进火箭；在服务舱的下面就是"鹰号"登月舱。宇宙飞船进入地球轨道后，后面"捆绑在一起"的三个舱与火箭脱离，然后飞向月球。进入月球轨道时，登月舱分离并搭载三名中的两名宇航员在月球表面的静海着陆。完成预定的任务后，两名宇航员飞进"鹰号"登月舱，登月舱则重返月球轨道与指挥舱对接。在离开地球8天后，指令舱返回地球，利用降落伞缓冲降落进太平洋。

这是立在发射台上的"阿波罗8号"宇宙飞船的特写镜头。在巨大的土星V火箭顶部搭载着指挥舱、服务舱和登月舱，以及逃逸塔，如发射后不久出现紧急情况，逃逸塔可以炸开，将指挥舱及宇航员抛出。

在最终登陆月球前，早期阿波罗计划的任务主要是测试各种发射步骤、火箭和舱体性能——起初在地球轨

大事记	
1967年1月	3名宇航员在地面发射台火灾中丧生
1968年10月	“阿波罗7号”进入地球轨道
1968年12月	“阿波罗8号”进入月球轨道
1969年3月	“阿波罗9号”在地球轨道测试登月舱
1969年5月	“阿波罗10号”在月球轨道测试登月舱
1969年7月	“阿波罗11号”着陆月球

道，后来在月球轨道测试。1967年1月，第一次阿波罗计划的飞行因发射台起火以失败告终，三名宇航员在火灾中罹难。1968年，美国太空总署(NASA)进行了三次无人驾驶宇宙飞船的试验发射，然后在1968年10月，“阿波罗7号”搭载3名宇航员绕地球飞行了163圈，以测试指令舱的性能。2个月后，“阿波罗8号”搭载3名宇航员进入月球轨道并绕月球飞行了10圈。1969年3月，“阿波罗9号”在地球轨道测试了登月舱。同年5月，“阿波罗10号”宇航员在绕月球的低轨道测试了登月舱。

最终迎来了“阿波罗11号”。“阿波罗11号”1969年7月发射，搭载成员由阿姆斯特朗(1930年～)、埃德温(巴兹)·奥尔德林(1930年～)和迈克尔·柯林斯(1930年～)三名宇航员组成，他们很顺利地抵达了月球。7月20号，阿姆斯特朗和奥尔德林两位宇航员在登月舱内登陆月球，并在月球上度过了2个小时，拍摄了大量月球表面的照片并收集了月球岩土样品。他们将美国的国旗插在了月球上，并留下了一块纪念他们具有历史意义的登陆月球的徽章。

在后来的阿波罗任务中则利用更多的先进设备完成更多更细致的研究，收集更多的月球样品并带回地球研究。1971年7月，“阿波罗15号”将一辆月球车送到月球表面。1972年，美国太空总署(NASA)最后一次将载人宇宙飞船“阿波罗17号”送到月球。

整个阿波罗计划耗资约250亿美元，并从月球带回各种岩石样品共计328千克，每盎司样品价值180万美元。

赫罗图的发明

到19世纪末，天文学家已经收集总结了成千上万颗恒星的丰富数据资料。天文观测一直在持续，恒星资料数据库不断被扩充，并且随着更先进的天文研究工具的应用，各种信息也更为细化翔实。

到了20世纪初，天文学家可以精确地测量出一个恒星的视星等。视星等用来表示恒星在天空中的亮度，也就是人类肉眼所看到的恒星亮度。视星等的大小决定于恒星真实的发光度(恒星发出光的强度)以及离地球的距离。如此远的距离很难测量，但天文学家仍着手对天文距离进行可靠的数学计算。丹麦天文学家埃希纳·赫茨普隆(1873～1957年)和美国天文学家亨利·罗素(1877～1967年)利用这些测量数据将恒星的亮度与其另一个特征——颜色联系起来。恒星的颜色取决于表面温度和恒星的电磁辐射的范围，即恒星的光谱。

亨利·罗素在1913年伦敦的一次皇家天文学会会议上以图表的形式说明了自己有关恒星分类的理论。但他不知道埃希纳·赫茨普隆已经在几年前发表了相似的理论。

美国天文学家爱德华·皮克林(1846～1919年)在担任哈佛天文台台长期间，观测并绘制了上万颗恒星的光谱。将恒星分类的工作落在了天文学家安妮·坎农(1863～1941年)的身上，依据恒星表面的温度和颜色，坎农将恒星分成7类，每一类用一个英文字母表示，分别为O，B，A，F，G，K，M。其中蓝色热恒星类用“O”表示，红色冷恒星类用“M”表示。太阳是一颗中等冷的恒星，即黄色“G”恒星。

当埃希纳·赫茨普隆还是一名正在接受培训的化学工程师的时候，发现亮的蓝白恒星似乎符合这样的规律：越亮意味着越热，但那些颜色更红、温度更低的恒星可以被分成高亮度和低亮度两组。因为这些恒星的温度是相同的，那么亮度的差异就和恒星的大小有关系。赫茨普隆的观点挑战了当时的主导观点：恒星的演化只是从O到M的系列光谱简单的变冷。赫茨普隆将更大的冷恒星叫做“巨星”，因为这类恒星数目要比更小的恒星少，他将这些恒星比喻成“小鱼群中的鲨鱼”。1905年和1907年，他在一本模糊摄影技术期刊上发表了自己的理论，但是没有得到大多数天文学家的认同。

同期，在不了解赫茨普隆的理论的情况下，在普林斯顿大学工作的亨利·罗素得出了与赫茨普隆相似的结论。1913年，罗素设计了一种恒星光度对应表面温度的图表。后来，罗素很严谨地将之归功于赫茨普隆早期的思想理论。赫罗图的命名就是为了纪念两位天文学家做出的杰出贡献。从赫罗图的发明到现在，科学家们一直利用它研究恒星是如何演化的。

关于恒星运动的发现

公元8世纪初，我国唐代杰出的高僧天文学家张遂，把自己测量的恒星位置与汉代星图相比较，才发现恒星不是恒定不动的。英国著名天文学家哈雷在1717年使用自己观测得到的南天星表，与1000多年前的托勒密星表进行了对比，终于证实，恒星的位置是有变化的。

那么为什么在感觉上恒星的位置没有发生变化呢?原来，恒星距离我们极远，它们的运动很难被人们所察觉。恒星的“自行”以每年多少角秒表示，角秒可以描述恒星每年在天球上移动的角度。观测表明，每一颗恒星都在做着方向各不相同的运动，有向西的、向东的、远离太阳的、接近太阳的。恒星的空间运动速度可分为两个分量：在人们视线方向称为视向速度，在这一方向，恒星表现为向前或向后运动；与视线方向垂直称为切向速度，在这一方向，恒星表现为向上或向下运动。由于切线速度表现为在天球上位移。根据物理学中的多普勒效应，天文学家们可以判定恒星视线方向的运动。

从地球上看，恒星好像是在围绕着天空中的两个假想点（南北极）旋转，这张照片拍出了恒星在夜空中移动的轨迹。

1848年，法国物理学家菲佐指出，光源后退时，光谱线应向红端移动，即红移；而光源移近时，则应向紫端移动，即紫移。这就是移动光源的光谱特性。

1868年，英国天文学家哈金斯首先测得天狼星正在远离我们，速度是46.5千米/秒。22年后，美国天文学家基勒测出大角星以6千米/秒的速度趋近我们。这说明，恒星的切向速度是由所观测的恒星“自行”求得。恒星的运动也得以确认。

彗星的真面目

随着人类对彗星的探索活动的不断深入，它的面目也开始日渐清晰起来。原来彗星是太阳系内质量很小的一种天体，它只有地球质量的几千亿分之一，彗星的外观呈云雾状，由彗核、彗发、彗尾3部分构成。彗核是其主要部分，由冰物质组成。彗核的冰物质在彗星接近太阳时升华成为气体，这层云雾状的气体即彗发。而彗尾则是由于太阳风推斥彗发中的气体和微尘，在背向太阳的一面形成的，彗尾有单条或多条，一般长约几千万千米，有时甚至可达9亿千米。当彗星远离太阳时，彗尾就变得就越来越短，甚至消失。

彗星的轨道一般都是拉得又扁又长的椭圆形，它不像行星轨道那样近似圆形。这种彗星被称为“周期彗星”，哈雷彗星就是其中之一。而非周期彗星的轨道是双曲线形或抛物线形。这种彗星来去匆匆，仅绕太阳转个弯，就不见了踪影。由于彗星运行轨道不稳定，当它运行经过大行星时，在大行星的引力作用下，彗星的运动速度和方向就会改变，致使彗星的轨道形状发生变化。

如今，人类已经可以通过各种先进的仪器观测彗星，像天文望远镜、高精度的探测仪、宇宙飞船和大型计算机等等。1986年，哈雷彗星经过地球时，许多国家联合起来，成立了一个国际观测协会，运用卫星探测器追踪彗星的踪迹，并通过电视摄像机录下了它的“身影”。

此外，天文学家还根据探测到的资料，进行了更深入研究，为哈雷彗星画了一幅图像：哈雷彗星的质量约340亿吨，彗核上附有一层尘埃和其他物质。它表面很热，冰核深藏不露，上面有环形山，两昼夜自转一周。由于太阳的作用，它每回归一次，就会被蒸发掉4米厚的一层“皮”，损失1亿吨物质。

1994年，天文学家观测到一颗命名为“苏梅克—利维9号”的彗星撞击木星。当人们得知这条消息后，引发了担忧：彗星是不是也会和我们的地球相撞?其实，这种担心是不必要的。在漫无边际的宇宙中，彗星与地球相遇的几率微乎其微；即使有一天相撞发生了，那也是彗星会招致“粉身碎骨”的厄运，因为彗星的体积虽大，但它的质量、密度却非常小，其密度只相当于空气密度的10亿亿分之一，比真空还要稀薄。所以，如此“单薄”的一个星体又怎能与地球一争高下呢?

关于彗星，我们人类已经了解了很多，但目前为止，还有一些问题没能找到答案，像彗星的起源问题就众说纷纭。相信有一天，我们人类是会找到这个答案的。

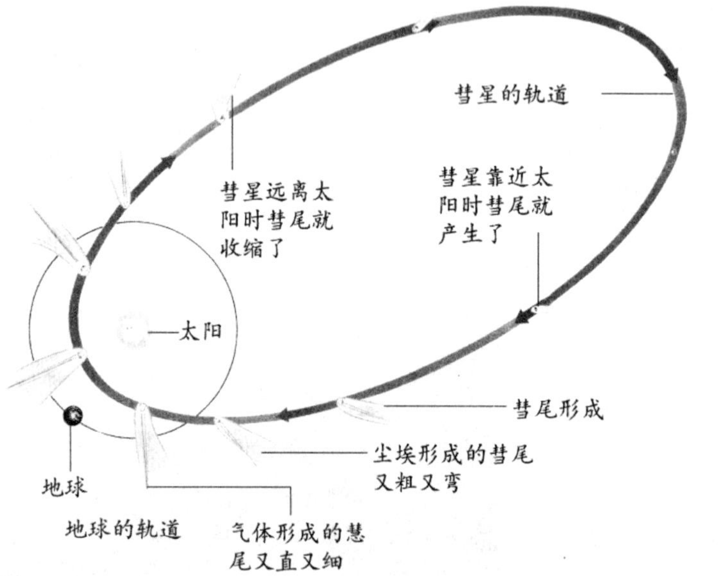

彗星的运行

彗星每次靠近太阳都会形成新的彗发和彗尾。彗星离太阳最近的时候彗尾最长，彗尾总是指向与太阳相反的方向。一颗彗星平均会出现在我们的天空达100次，然后它的气体和尘埃就被耗尽了。

哈雷和哈雷彗星

哈雷，与一颗彗星重名，那是因为他——埃德蒙·哈雷最早测定、证实这颗彗星的存在。

哈雷像

埃德蒙·哈雷1656年出生在伦敦附近的哈格斯顿，17岁考入牛津大学王后学院学习数学，这为他日后在天文学方面做出杰出贡献打下了牢固的基础。在1676年他行将毕业之际，毅然离开伦敦，搭乘东印度公司的航船远赴南大西洋的圣赫勒纳岛，在那儿建起了人类史上第一个南半球天文台。一段时间以后他汇编了有340多颗南天恒星黄通坐标的南天星表。为此，他得到“南天第谷”的美誉。这张星表发表后，哈雷即被选为皇宫学会会员。1720年他出任格林尼治天文台台长。前后几十年，哈雷投入很大精力测定彗星轨道，做了大量记录。光在他的《彗星天文学论说》一书中就记录了24颗彗星的详细资料，其中包括“哈雷彗星”。

哈雷彗星之所以以哈雷的名字命名，固然是哈雷在帮助人们清楚认识这颗大彗星的过程中功不可没，但并不是哈雷首先发现了它，许多人在此存在误解。其实人们对于哈雷彗星初步零星的认识历史极其久远。

中国史书上关于哈雷彗星的记载就非常详尽，如《春秋》的鲁文公十四年就有“秋七月，有星索入于北斗”的记载。这在世界上堪称最早的关于哈雷彗星的确切记录。不十分确切的记录则更早，那是《淮南子·兵略训》中“武王伐纣，东面而迎岁至纪而水，至共头而坠，彗星出，而授殷人其柄。”其中所指“彗星”，据后世天文学家推算应为公元前1057年回归的哈雷彗星。大约从公元前240年起，彗星的历次出现，我国史书都有记述。只是近代西方在天文学等科学领域才悄悄地超过我国，哈雷系统地研究这一彗星就是一例。

埃德蒙·哈雷1695年开始专注于研究彗星，并测定了从1337年到1698年300多年间出现的彗星中24颗的轨道和其他有价值的数据。经过整理这些资料，他发现1530年、1607年、1682年连续出现的三颗彗星轨道极为接近，只是经过近日点的时刻彼此相差了一年之久，哈雷根据牛顿的万有引力定律将这个偏差解释为木星、土星的引力所致。想到此，哈雷断定：这三颗彗星是同一彗星的三次回归。但科学不能只凭想当然，他向前搜索关于彗星的记录，终于发现历史上1456年、1378年、1301年、1245年等年份都有关于这颗彗星的记载，哈雷更加肯定了自己的发现。他在《彗星天文学论说》一文中预言：大彗星将于1758年底或1759年初(因为木星可能影响其轨迹，带来不确定性)再次光临地球。果然，在1759年的3月14日大彗星拖着长长的尾巴再现于天空，可此时的哈雷早已作古。然而人们没有忘记他，是他第一次将大彗星正式定名为哈雷彗星。

流星雨的成因发现

流星其实是由诸多行星际空间的固体块和尘埃粒构成的，当它闯入地球大气层时，与大气摩擦，就会产生如箭的光芒，这就是“流星雨”。偶然出现的零星流星一般被天文学家们称为“偶发流星”。偶发流星完全随机出现，平时一个夜间，人们可以看到大约一二十颗偶

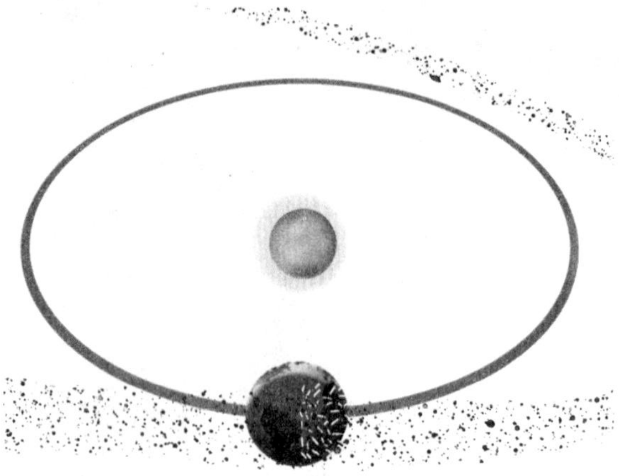
流星源于短期彗星或小行星。彗星靠近太阳会脱落出很多物体，而当小行星相撞击时，同样会产生许多碎片，就会出现流星雨。

发流星。一个1克重的流星体闯入地球大气燃烧发光，它的亮度可以与织女星媲美。

1827年，人们观测到一颗名为“比拉”的彗星，这是一颗偶发流星。6年零9个月后，这颗流星又准时沿地球轨道经过，而且每年都是如此。在1846年，当这颗彗星如期而至时，人们发现它已经变成一对孪生彗星。这是怎么回事呢?科学家们经过分析研究，得出这样的结论：这颗彗星曾经和太阳相距很近，起初它因太阳的引力被拉成两个部分。后来，这颗分裂的彗星又被巨大的引力瓦解为碎片。最后，这对孪生彗星神秘地消失了，不知是变成流星殒落了，还是飘向宇宙的其他地方。

那么，流星雨是怎么产生的呢?原来，在宇宙中有许多像“比拉”那样的彗星，随着岁月流逝，或许在某一个时刻，这颗彗星便逐渐瓦解了。但是，余下的不计其数的彗星尘粒构成了流星体，并且仍然在原来的轨道上运行。在浩瀚无边的太阳系中，有许许多多流星体物质和尘埃围绕着太阳公转，这就是流星群。当这些流星群受地球的引力作用，冲入大气层时，壮观夺目的流星雨现象便出现了。流星雨也有大有小，这是由每小时出现的流星的数量的多少决定的。“流星暴”就是指在一小时内有1000颗以上的流星坠落。

“流星雨”不仅景象壮丽，它们还有各种各样好听的名字，像仙女座流星雨、天琴座流星雨、狮子座流星雨……这是科学家在观测时，看到在流星雨的中心有一个辐射点，为了便于确认和记录，就以流星雨的辐射点所在的星座命名。

发现脉冲星

1967年底，剑桥大学的天文学家接收到了来自宇宙空间的微弱电波。当时这则消息被炒得沸沸扬扬，都说是外星球的智慧生命向地球发射的无线电波。但最终被证实是遥远的天体发出的射电波。

为了弄清这些电波的来龙去脉，剑桥大学的A.休伊什教授专门打造了一台新型望远镜。它占地12000平方米，由2048个镜面组成。这台庞大的机器从1967年7月开始工作，密切注视天区的各个角落，以随时捕获从任何方位发来的射电波，观测结果由休伊什的研究生J.贝尔负责记录。

一个多月的时间过去了，贝尔从未间断过，在记录、描绘这种射电波曲线时，贝尔有时会发现某些异常现象。其特征既不像一个稳定的射电源发出，又不像人为无线电干扰。她初步分析后认为这来自于宇宙空间。又过了一段时间，她发现，这些电波由一系列脉冲组成，而相邻脉冲的时间间隔竟然都是1.337秒。

贝尔兴冲冲地把这个结果告知导师休伊什，他也大为惊讶。师徒经过一番考虑，弄不清这到底是怎样一回事，只是感性地认为这是外星人发来的信号。他们的一个小小猜测，被外界媒体得知后，马上被炒得热火朝天。外星人这个词汇在当时绝对是人们街头巷议、各大报纸上出现频率最高的，这使得休伊什为自己的鲁莽有几分后悔。他一面组织专门研究小组，一面让贝尔继续观察、记录，并让她把结果打印在纸带上，以便于分析比较。没几天，贝尔又发现类似的信号从不同的天区传来，脉冲间隔为1.2秒。这时他们想到，怎么会在茫茫宇宙中有两批外星人同时向微不足道的地球发射信号呢?这种信号一定是某些天体自身产生的。根据当时发现的信息，休伊什分析认为：发出这种电波的天体应该是一种脉动着的恒星，它不断变形，时而膨胀时而收缩，每变幻一次就伴随着一次能量爆发。于是他形象地称之为脉冲星。

根据这些射电波，天文学家们很快就测定了脉冲星的确切位置，然后又通过光学望远镜加以搜索。出人意料的是，在被认为是脉冲星的位置却明白无误地存在着一颗完全正常的恒星，根本就没什么脉动、膨胀和收缩。

其实这些所谓的脉冲星对人类来说也许并不陌生。比如关于金牛座旁边的所谓脉冲星，我国古代天文学家于1054年在此区域发现了“客星”，现在称之为超新星。超新星爆发后产生蟹状星云余迹。1968年，天文学家探测到了蟹状星云方向的脉冲星信号。千年前的“客星”与脉冲星是怎样一种关系，这片星云中是否就有一颗脉冲星?

尽管一些问题目前还没有搞清楚，但天文学家还是确认脉冲星与超新星爆发的联系：超新星爆发后，其残余部分就会发出脉冲信号。此后不久，人们又探测到了从船帆星座传来的脉冲星信号，并测出其周期为0.09秒。如此短暂的周期又引发了科学家们新的思考。进一步研究发现，在极短的周期中，脉冲信号结构仍很复杂，万分之几秒内就可能发生较大变化。根据脉冲强度的细微变化，科学家们可以推断出该天体的大小。结果测得脉冲星的直径不超过几百千米，甚至几百米。如此小的体积却能产生极其强烈、快速的辐射，且脉动周期又是那样稳定。那么按照天文学规律，它的密度必须相当之大，才能保证振荡周期短且稳定。然而即使是密度极大的白矮星也做不到这一点。

既然人们循着常规思路找不到答案，大胆的猜想就会破壳而出。德国人W．巴德和瑞士人F．兹威基提出：白矮星的亚原子粒子在一定条件下，可以全部变为中子，致密地结合在一起。这时的恒星密度极大，可以达到每立方厘米数十亿吨。美国的汤米·哥达德在此基础上提出，脉冲星是自转的中子星。他的这个解释不但解决了关于脉冲星体积小、质量大的问题，而且诠释了它高速自转的疑惑，被认为是较为合理的说法。

哥达德的这一理论澄清了脉冲星的构成问题，成为20世纪天体物理学的最伟大成就之一。

神秘的“太白”金星

金星是全天空最明亮的一颗星星。晚间在西方天空出现时，被叫做“长庚星”。早晨在东方天空出现时，被叫做“启明星”。它距太阳的平均距离为1.08亿千米，距时间太阳的角距离为47～48度，人们之所以能时常看到它，主要是因为其大部分时间同太阳的角距离较大。夜空中除了月亮以外，其他所有的星星在亮度上都比不上它。由于常有银白色的、像金刚石的闪光从金星发出，所以，它在中国素有“太白”的别称。

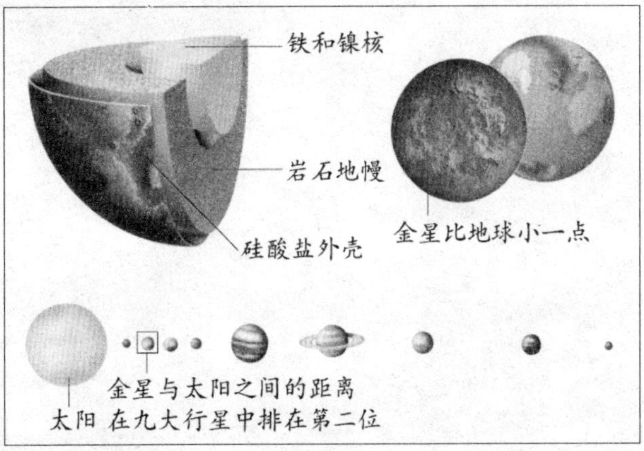

金星结构

科学家们后来知道，金星非常明亮的原因与其周围有浓密的大气层有关，大气反射了照在它上面的75%左右的太阳光。金星离地球最近时，平均为4000多万千米。人们常将金星视为地球的孪生姊妹，因其大小、质量和密度与地球差不多。金星的公转周期约为225天。20世纪60年代初，通过用雷达反复测量，天文学家得知其自转周期为243天，竟然长于它的公转周期！另外，金星的自转方向是逆向的，确切地说，它的自转方向是自东向西的，在金星上太阳西升东落，这就更让人惊讶了！昼和夜(一天)的时间远远长于地球，在那里看到的太阳约是我们所见到太阳大小的1.5倍。

金星有厚厚的大气层，这一点天文学家很早就知道了。用望远镜观看，金星只是一个模糊不清的淡黄色圆面，在金星大气的笼罩下，根本无法看清其“庐山真面目”。人们现在所掌握的金星表面及其大气等知识，主要来自空间飞行探测。

自1961年以来，前苏联和美国先后向金星发射的探测器有30多个(虽然有几个发射失败)，获得了大量的研究成果。1970年8月17日，前苏联的“金星7号”无人探测器成功地实现了在金星表面上着陆探测，曾测得金星温度高达480℃，表面为100个大气压。此后还有多个前苏联的探测器都在金星表面实现了成功的软着陆。美国于1989年5月发射了“麦哲伦号”探测器对金星进行空间探测，为期5年，取得了大量的研究成果。

人类根据对金星的探测结果得知，它那厚厚的大气层几乎全部由二氧化碳组成，因此，它具有巨大的温室效应。其高层大气中的二氧化碳达97%，而低层处可达到99%。从许多宇宙飞船发回的照片来看，金星的天空带有橙色，大气中有激烈的湍流存在，还有强烈的雷电现象，有人推算金星上的风速约达100米／秒。更让人惊讶不已的是，厚厚的浓云笼罩在金星表面上30千米～70千米左右的高空，云中有具有强腐蚀作用、浓度很大的硫酸雾滴。

总体上看，金星大气层好似一个巨大的温室或蒸笼。尽管金星大气将约3/4的入射太阳光反射掉了，但其余那部分阳光到达金星表面并进行加热。大气中的二氧化碳、水气和臭氧好似温室玻璃，阻止了红外辐射，结果金星蓄积了大量所接受到的太阳能，因而使那里的温度高达465℃～485℃。

与水星不同的是，金星上面环形山很少，表面比较平坦，但也有高山、悬崖、陨石坑和火山口。金星上的凹地与月面上的“海”(平原)相似，“海”上有火山。金星有十分活跃的地质活动，其表面有众多的火山、巨大的环形山、许多地层断裂的痕迹以及涌流的熔岩。

航天探测器拍摄的金星照片

9000多米高的玛亚特山是金星上最大的火山之一，飘在远处夜空中的则是我们的地球家园。

金星表面最高的麦克斯韦山位于北半球，高达12千米，远远高于地球上的珠穆朗玛峰；在南半球赤道附近并与赤道平行的地方，是阿芙洛德高原。金星上有一处横跨赤道的大高原有近10000千米长，3200多千米宽。有些探测器成功地完成了在金星上的自动钻探、取样和分析任务，人们因此知道了金星表面最多的是玄武岩。

随着科学技术的发展和进步，人类有关金星的探索和研究将会取得更大的成就，金星也将不再神秘。

水星的真面目

平常，人们很难看到水星，这主要跟水星与太阳之间的角度有关。水星距太阳最远时达6900万千米，最近时约4500万千米。从地球上看去，它距太阳的角距离最大不超过28度，水星仿佛总在太阳两边摆动。因此，水星几乎经常在黄昏或黎明的太阳光辉里被“淹没”。只有在28度附近时才能见到它。

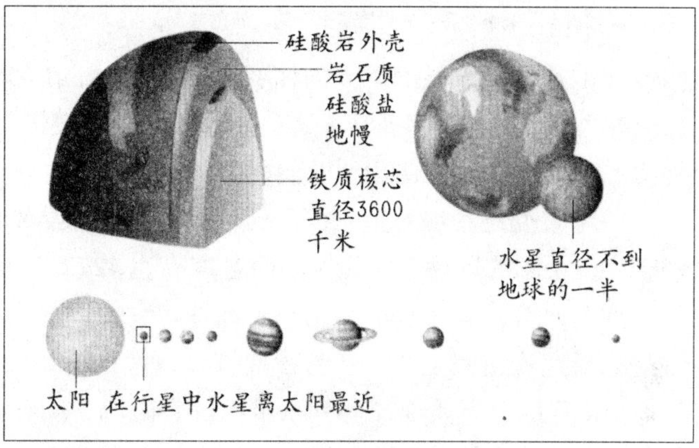

水星结构

水星在中国古代被称为“辰星”。Mercury是水星的英文名字，水星绕太阳运行的速度的确很快，每秒约48千米，它只需要88天就能绕太阳公转一周。在很长一段时期里，天文学家一直认为它的自转周期也是88天，跟公转周期一样长。

尽管也有人怀疑过水星的自转周期，但由于仪器、技术等方面的原因，人们对水星精确的自转周期仍不知晓。随着天文学观测水平和仪器精密程度的提高，水星自转周期终于被测出来了。1965年，美国天文学家用阿雷西博天文台射电望远镜，向水星发射了雷达波进行探测。这是一架世界上最大的射电望远镜(口径305米)，它测出了水星的精确的自转周期为58.646天。原来，水星绕太阳公转2圈的同时，绕其轴自转3周，因此，水星的自转周期刚好是公转周期的2/3。

此后，科学家对水星进行了更深入的探测和研究，但即使是当时地球上最好的望远镜也很难让人们看清水星表面的情况。于是，科学家们采用了行星探测器这种高精端的工具。美国于1973年11月3日发射了“水手10号”行星探测器，它是至今为止地球人的惟一“访问”过水星的宇宙飞船。这次发射的主要任务是探测水星，顺便考察一下金星。它的重量约528千克，从磁强计杆顶端到抛物面天线外缘的宽度达9.8米。宇宙飞船经过3个多月的飞行，于1974年2月5日飞越金星，离金星最近时有5000千米。飞船在对金星考察的同时，借助金星的引力“支援”，使其运动的速度和方向发生改变，进入了一条飞向水星的轨道，终于在3月29日到达水星上空。

航天科学家精心设计了这艘飞船的轨道。当它到达水星上空并进行观测之后，就成为一颗绕太阳运行的人造行星了，绕太阳公转的周期设计为水星公转周期的两倍，也就是176天。这样，当水星刚好绕过两周时，飞船就遇到水星一次。“水手10号”飞船先后3次遇见水星，并获得了一批高质量的照片，其摄影镜头能把水星表面一二百米大的地面结构细节分辨清楚。

科学家们通过分析飞船的反馈资料发现，水星表面上布满了无数大小不一的环形山和凹

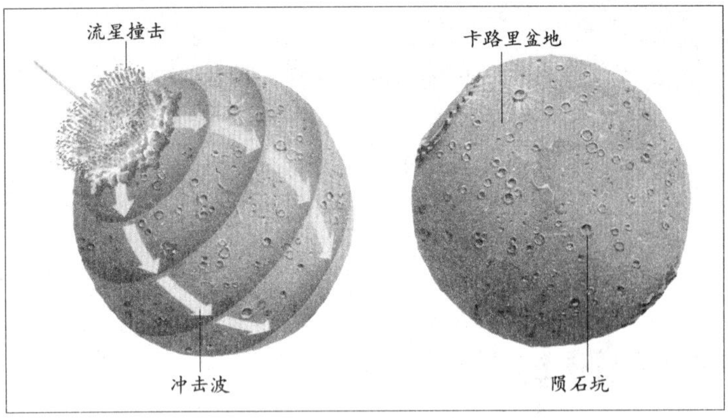

水星表面的主要特征为卡路里盆地，它是由一个直径100公里的物体撞击后形成的。冲击波以撞击点传遍整个星球并导致了另一边山脉的隆起。

凸不平的盆地和坑穴等。一些坑穴显示出陨星曾多次撞击过同一地点，这与月球表面很像。水星表面与月面的不同之处是，直径在20千米～50千米的环形山不多，而月面上的直径超过了100千米的环形山很多。水星表面上到处都有一些被称为“舌状悬崖”的不深的扇形峭壁，其高度为1千米～2千米，长约数百千米。科学家们认为，它们实际上是早期水星的巨大内核变冷和收缩时，在其外壳中形成的巨大的褶皱。水星上有一条大峡谷，长达100多千米、宽约7千米，科学家将其命名为“阿雷西博峡谷”，以纪念美国阿雷西博射电天文台测出水星自转周期一事。

科学家们还发现水星阳面和背面的温差很大。水星由于没有大气而直接受到太阳辐射的侵袭，在太阳的烘烤下，其向阳面温度高达427℃，而背阳面温度却冷到－170℃。水星表面一丁点儿水都没有。水星质量小于地球，它的地心引力只及地球的3/8，所以其表面上的物体，只要速度达到4.2千米／秒就可以逃逸。

“水手10号”飞船探测到水星不仅有磁场，而且是一个强度约为地磁场1/100的全球性的磁场。水星磁场的发现说明，在其内部很可能有一个高温液态的金属核。科学家根据水星的质量和密度数值，推算其应有一个直径约为水星直径2/3的既重又大的铁镍内核。

随着世界航空航天技术的发展，科学家们对水星的探测力度将会继续加大，终有一天，水星的真实面目会呈现在地球人的面前。

土星与神奇的土星光环

大家知道，土星有一个美丽的光环。早在300多年前，意大利科学家伽利略首次用望远镜观测土星，他发现土星两边好像“长着”什么附着物。可是用那架简陋的小望远镜无法看清楚。伽利略所发现的东西其实就是土星的光环。环绕土星的稀薄的美丽光环，不仅使土星本身变得漂亮，也把整个太阳系装饰得更美观了。当一个人第一次用眼睛接近望远镜的时候，对他来说，除了月亮，土星光环也许就是最奇妙的景色了。人类对土星及其光环的探索，是一个漫长而又艰辛的过程。

随着世界航空航天技术的发展，人类对土星的了解逐步深入。

太空船“先驱者11号”、“旅行者1号”和“2号”自1979年以来先后探测了土星。飞船从太空深处向地球发回了大量有关土星本体、光环、卫星的彩色照片和多种信息。飞船拍摄的照片显示，土星本体呈淡黄色，彩色的带状云环绕着赤道部，云上有一些美丽的斑点及漩涡状动态结构，北极区呈浅蓝色。

另外，“先驱者11号”还探测出土星高层大气存在着主要由电离氢组成的电离层。土星上存在很强的跨度达6万千米的雷暴闪电(木星上也发现过这种情况)。在距土星128万千米处，飞船发现土星有磁场以及磁层结构。土星磁场强度比木星磁场强度弱得多，其强度只有木星磁场的1/20，但比地磁场要大上千倍。从整体上看，土星磁层像一头头部圆钝、尾部粗壮的“巨鲸”。位于磁层内的土星辐射带强度弱于地球，但其辐射带范围却是地球辐射带的10倍。空间探测还证实，土星所发出的能量是从太阳得到能量的2.5倍，这一点与木星一样，表明其也有内在能源。

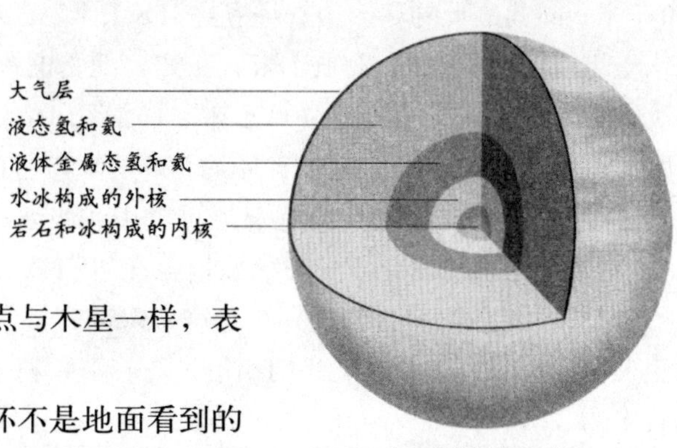

土星内部结构示意图

天文学家经过研究发现，土星的光环不是地面看到的3个、5个或7个，而是成千上万个。从飞船发回的照片看上去，土星光环与一张密纹唱片很相似，可谓“环中有环”。让人更为眼花缭乱的是，光环呈现螺旋转动的波浪状，还有的环呈不对称的锯齿状、辐射状，有的光环甚至像辫子一样互相绞缠着。科学家对此现象十分惊异。土星光环在土星表面上空伸展13.7万千米远，其厚度仅有1.6～3.2千米。事实上，无数大小不等的物质颗粒组成了土星光环，所有的物质颗粒都是直径几米到几微米的石块、冰块或尘埃。构成土星光环的这些物质快速围绕土星运动，在太阳光的映照下，绚丽多姿，土星因此被装扮得异常漂亮。

众多科学家不仅对美丽的土星本身有极大的兴趣，而且也很重视土星的庞大家族。后来，太空船在以前的基础上又发现了13颗土星的卫星，由此使土星卫星的数目达到23颗。土星卫星体积大多很小，有的卫星直径仅二三十千米，直径超过100千米的卫星只有5颗。

土卫六是土星的卫星中最大的一颗，仅次于太阳系最大的卫星——木卫三(半径为2634千米)。土卫六的半径为2414千米，土卫六上存有浓密的大气层，氮(约占98%～99%)为其主要成分，其余是甲烷(即天然气)以及微量的丙烷、乙烷和其他碳氢化合物，厚度约2700千米。一些科学家认为，可能有原始生命在土卫六上存在过。由于它和太阳相距遥远，高层大气的温度在－100℃左右，低层大气温度约－180℃。

1997年10月15日格林尼治时间8点43分，美国的“大力神4B”运载着“卡西尼号”宇宙飞船，从肯尼迪宇航中心顺利升空，开始了为期7年的奔向土星的航行。根据计划，“卡西尼号”飞船抵达目标后，对土星和土星的卫星——土卫六进行探测是其主要任务。这次航行的目的是为了探寻土卫六是否有生命以及获取地球生命进化的线索。

这个项目由欧洲航天局、美国航空航天局和意大利航天局携手合作开发。由“大力神”火箭运载的“卡西尼号”宇宙飞船被送往土星轨道，2004年7月1日两层楼高的探险机器人在土卫六登陆。“卡西尼号”完成了有史以来的首次环绕土星轨道运行，从2004～2008年将绕行74圈。“卡西尼号”将45次扫过土星最大的卫星土卫六，它与火星的大小相近，比水星和冥王星都大。2005年11月6日，它在轨道上向土卫六分离释放出“惠更斯号”子探测器(由欧洲空间局制造)。它通过降落伞降落在泰坦卫星上，从而成为在另外一个星球的卫星表面着陆的第一个外空探测器。人类能够依据其反馈的资料更好地了解土星。

> 知/识/窗
>
> **土星概况**
>
> 土星是太阳系中第二大的行星。它是以罗马神话中的农神——萨图努斯的名字命名的，主要由氢和氦构成，包含有至少31个卫星。其直径很大，是地球直径的9倍，中间是岩石，外层由液体和气体包裹着。有美丽的星环环绕在星体的赤道附近，因此是太阳系中最容易辨认的一颗行星。和木星一样，它也是一个由气体和液体组成的巨大球体，顶部有云层，温度比较低，星体表面呈土黄色，同时有一些或明或暗的地带环绕其间。

“旅行者1号”飞船在飞越土星时，对土卫一、土卫四和土卫五的探测取得了很大的成功。在卫星运动方向的半个球面上，发现有很多由撞击形成的环形山，而另外半个球面上却很少有这样的环形山。土卫一的直径约

390千米，而其最大的环形山直径竟达128千米，在环形山的底部有一座高达9000米的山峰。

土卫三的直径超过1000千米，在其表面，也有许多几十亿年前因陨星撞击而留下的陨石坑，其中一个坑的直径达400千米，底深约16千米，在它的另一侧有一条长达800千米的既深又宽的大峡谷。土卫二直径约500千米，它有十分“光滑”的表面，即“星疤”很少，这实在是一个奇怪的现象。土星卫星可能由一半水冰一半岩石构成，其密度都在每立方厘米1.1～1.4克之间，且有厚厚的冰层覆盖在岩石核的周围。

目前，土星在很多方面仍存在着许多未彻底揭开的谜。科学家们正以严肃认真的态度，努力深入探索和研究这个谜。我们相信，随着现代科学技术的突飞猛进，这些谜总有一天会水落石出的。

从方程中解出来的海王星

在伽利略第一个用望远镜观测星空后近一个世纪当中，人类对太阳系的认识仅限于肉眼能看见的水星、金星、火星、木星、土星。随着科学不断的发展，人们又陆续发现了天王星和海王星。和其他几颗行星不同的是，这两颗行星的发现充满了偶然性，尤其是海王星，它并不是从观察得来的，而是从方程中解出来的。

说到海王星的发现，就不能不提天王星。天王星是英国天文学家威廉·赫歇尔发现的。在1781年3月13日一个晴朗而略带寒意的夜晚，当赫歇尔对着夜空进行巡天观测时，无意中发现双子座那儿有一颗很奇妙的星星，有点像恒星又有几分像彗星，后来被命名为天王星。因为它的发现，太阳系的范围一下子扩大了。

天王星被发现以后，立即成为天文学家们的重要观测对象，但在科学家的观测和计算中，发现天王星理论计算位置与实际观测位置总有误差，而且这个误差随着时间在不断增大。人们由此得出结论，在计算天王星的位置时，一定还有某种未知因素没有考虑进去。这个因素是什么呢？难道在天王星轨道外面还存在着一颗尚未露面的行星？

其实，根据牛顿的万有引力定律，到了19世纪初科学家已经能够准确地预测行星在任何时刻的位置。但许多天文学家并未在这一未知的问题上深入探索，天王星外是否有新的行星一直是个谜。

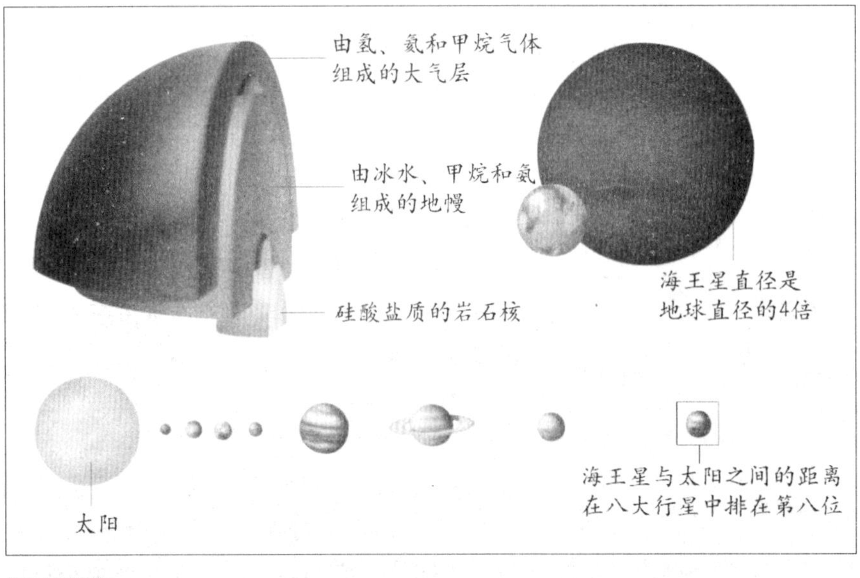

海王星结构

1845年，英国剑桥大学的一位25岁的大学生J.C.亚当斯，把自己的推算结果（行星的轨道、质量和当时的位置）寄给了英国格林尼治天文台台长艾里，请求他用天文台的大型望远镜来观测这颗行星。不料，这位台长根本没把这位年轻人的发现放在眼里，而把亚当斯的计算结果束之高阁，结果使亚当斯和海王星的发现擦肩而过。

而另一位叫U.勒威耶的法国天文学家就比亚当斯幸运多了。他在1846年8月31日把自己的计算结果交给柏林天文台年轻的天文学家伽勒时，立刻得到了重视。伽勒和他的助手根据勒威耶计算出来的新行星的位置，把望远镜指向了黄经326度宝瓶星座的一个天区，只用了30分钟就发现了一颗在星图上没有标出的行星——海王星。

海王星的发现使哥白尼学说和牛顿力学得到了最好的证明，也成为科学史上的一段佳话。

苏颂发明水运仪象台

苏颂（1020～1101年），字子容，泉州（今福建一带）人，后迁居润州丹阳（今江苏镇江一带），是我国宋代著名的药学家和天文学家。苏颂自幼聪颖过人，5岁就能背诵经书和诗文。10岁随父入京，学习勤奋刻苦。宋庆历二年（1042年），22岁的苏颂与王安石同榜中进士。苏颂开始被授予汉阳军(今湖北武汉市汉阳)判官职，没有去赴任，后来改补宿州(今安徽宿县)观察推官，之后又调江宁任知县。苏颂在任内为官清廉，合理征收赋税，积弊为之一清。

宋仁宗皇三年（1051年），苏颂出任南京留守推官等职。他办事谨慎周密，很受当时任南京留守的欧阳修赏识。

宋仁宗皇五年（1053年），苏颂调到京城开封，任职馆阁校勘和集贤校理，负责编定书籍。在这段大约9年多的时间里，苏颂不仅博览了各种藏书，而且还每天背诵二千言。他对诸子百家、阴阳五行、天文历法、山经本草和训诂文字，无所不通，成为一位学识渊博的学者。

宋神宗熙宁三年（1070年），苏颂主持礼部贡举。王安石要越级提拔秀州判官李定到朝中任太守中允，神宗让苏颂起草诏令，苏颂认为不合任官体制，断然拒绝，结果被罢免了知制诰的职务，外放婺州为官。元丰四年（1081年），苏颂受命搜集整理邦交资料，历时2年，写成《华戎鲁卫信录》250卷。

元丰八年(1085年)，宋哲宗即位，十一月，诏命苏颂制作水运浑仪，费时6年制成。绍圣初年(1094～1096年)，苏颂又与韩廉全撰写《新仪象法要》3卷。

苏颂一生政绩卓著，但是他的科学成就更为突出。他在药物学和天文学以及机械制造学方面取得了杰出的成就，被英国科技史家李约瑟称赞为“中国古代和中世纪最伟大的博物学家和科学家之一”。

在天文学和机械制造学方面，苏颂复制了水运浑仪，并创制了一座大型综合性的水运仪象台。仪象台以水力为动力，集天象观察、演示和报时三种功能于一身。活动屋顶、每昼夜自转一周的“浑象”和擒纵器分别成为现代天文台的圆顶、转仪钟和现代钟表的起源。苏颂又写了《新仪象台法要》3卷，以图文并茂的方式，详细地介绍了水运仪象台的设计及使用方法，并绘制了我国现存最早最完备的机械设计图。苏颂创制的水运仪象台和撰写的《新仪象台法要》，反映了我国古代天文仪器制作的最高水平。

苏颂创制的水运仪象台，是11世纪末我国杰出的天文仪器，也是当时世界上最先进的天文钟。

施瓦贝发现太阳黑子

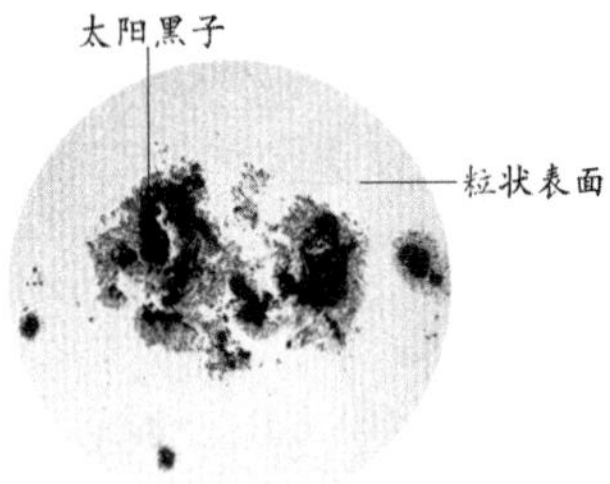

太阳黑子

在光球层上，不时会有褐斑——太阳黑子出现。它们的直径小于1000千米，大的大到10万千米；它们持续的时间从几个小时到很多个星期不等。

1826年，德国天文爱好者亨利·施瓦贝在得知“有人发现了天王星，并且在水星轨道内还有一颗未发现的行星”这个消息后，决心找寻那颗未知的行星。为了便于观测，不损伤视力，他在望远镜上加了滤色玻璃。此后，他每天都观测太阳。但后来他发现太阳黑子小而圆，与他要找的行星在日面上的影子非常像。于是，施瓦贝决定开始记录在日面上出现的黑子数目，然后再对其进行分析研究，这样，就可以通过它间接地找到那颗未知的行星。

一天，施瓦贝正在观测日面时，突然发现有一些黑子活动非常频繁。在一段时间里，这些黑子不仅在日面上时隐时现，而且其大小也在不断变化。并且，这种现象有一定的周期规律性，平均约11年。

继施瓦贝之后，天文学家还观测到黑子也有大小：小黑子的线度约1000千米，而大黑子的线度可达20万千米！这些大一些的黑子经常成对出现。

太阳黑子为什么是“暗黑”的呢?这是因为它们的温度约4500℃左右，而它周围的光球则要高出一千多度，与之相比，黑子的亮度自然很低。

通常，人们把黑子很少的期间称为“太阳活动谷年”；习惯把黑子大量出现的期间，即某一个黑子周的极大年称为“太阳活动峰年”。现代国际天文学界规定第一个太阳黑子周为1755年开始的那个11年黑子周，往后依次类推排序。

行星探测器

20世纪60年代，前苏联和美国都向火星和金星发射了无人驾驶探测器，这也是登陆其他行星的第一次尝试。美国太空总署(NASA)在1962年发射了“水手2号”探测卫星飞过金星，首先取得成功。接着，1967年，前苏联“金星4号”空间探测器飞抵金星，在坠毁前向地球发回了一些关于金星大气层的数据。尽管发回的数据比较混乱，但是“金星4号”表明空间探测器摄影技术已经开始走向成熟。“金星7号”探测器于1970年安全着陆于金星，并且成为第一个从其他行星表面向地球传送数据的空间探测器。5年后，“金星9号”探测器进入环绕金星的轨道，然后向金星发射了一台登陆车，向地球发回了金星岩石质表面的照片。“金星15号”和“金星16号”绘制了金星表面的雷达探测地图。1985年，前苏联双子太空船“维加1号”和“维加2号”向金星投放了装在气球上的探测仪，探测仪缓缓穿过金星大气层降落到金星表面。

就在前苏联关注金星的探测同时，美国太空总署(NASA)则更关注火星以及更外层的行星的探测。“水手4

大事记

1962年 美国太空总署(NASA)发射的“水手2号”探测器抵达金星

1964年 美国太空总署(NASA)发射的“水手4号”拍摄了火星照片

1970年 前苏联发射的“金星7号”登陆金星表面

1971年 美国太空总署(NASA)发射的“水手9号”进入绕火星轨道

1972年 前苏联“金星8号”软着陆于金星

1973年 美国太空总署(NASA)发射的“先锋10号”掠过木星

1975年 前苏联发射的“金星9号”进入绕金星轨道

1976年 美国太空总署(NASA)发射的“海盗1号”和“海盗2号”软着陆于火星

1989年 美国太空总署(NASA)发射的“旅行者2”抵达海王星

号”于1964年、“水手6号”和“水手7号”于1969年分别拍下了火星表面的照片。1971年，“水手9号”探测器环绕火星轨道运行，利用电视摄像机拍摄了关于火星表面景观的细节照片并拍摄了火星的两颗卫星——火卫一和火卫二。火星表面类似贫瘠的红石岩沙漠。1974年，前苏联的“火星5号”进入火星轨道运行了几天，并在电视摄像机损坏之前向地球发回了图像。美国太空总署(NASA)的“海盗任务”雄心勃勃，“海盗1号”和“海盗2号”在1976年飞抵火星。这两艘探测器均由绕火星运行的轨道飞行器和能够软着陆于火星表面并分析其土壤的登陆车组成。

前苏联“金星10号”探测器1975年10月在金星表面实现了软着陆，并发回了金星表面的照片。图中是“金星10号”探测器的全尺寸模型。

1972年，美国太空总署(NASA)发射的“先锋10号”探测器是首个飞出太阳系的探测器，1973年，它掠过木星。1973年发射的“先锋11号”探测器在1979年实现了绕土星环的运行。两个探测器都发回了关于木星和土星奇观的照片。1977年，美国发射的“旅行者1号”和“旅行者2号”也把木星和土星作为探测对象，1979年，它们到达木星。“旅行者1号”在1980年到达土星；1年后，“旅行者2号”掠过土星并于1986年“访问”了天王星，接着在1989年飞抵海王星，发现了围绕海王星的一个环状系统和6颗卫星。

不久，美国太空总署在1989年利用“亚特兰蒂斯号”宇宙飞船发射了包括“麦哲伦号”在内的多个行星探测器。“麦哲伦号”探测器于1990年进入绕金星轨道，“伽利略号”则在1995年拍摄了关于木星的照片。来自“麦哲伦号”探测器的数据表明，金星表面遍布陨石坑和山脉火山喷发后的熔岩流平原。但“麦哲伦号”在1994年与美国太空总署失去了无线电联系。“伽利略号”是第一个绕木星运行的空间探测器，并探测了木星的多个卫星。1992年，美国发射的“火星观察者号”在即将抵达火星时没能进入轨道，并在1993年与地球失去了联系。但在1997年，“火星探路者号”成功登陆了火星，并放出一台小型的火星漫游车，拍摄了1.65万张照片，并向地球发回了火星的地质数据。

航天飞机

1972年1月，美国正式把包含研制航天飞机的空间运输系统列入计划。美国太空总署(NASA)想建造一种运载火箭，利用它既可以完成航天任务，并且还可以自己返回地球上的发射基地。火箭只能使用一次，代价昂贵，而具备上述特点的航天飞机却可以重复使用。科学家起初认为航天飞机一年可以执行50次任务，但实际上每年只能重复使用8次。

航天飞机主要由三部分组成：外形像飞机的轨道飞行器机身长37.2米，装有3台以液氧和液氢为燃料的主引擎。巨大的外挂燃料箱内装有补给燃料。两台长45米的固体燃料火箭推进器连接在外挂燃料箱两侧。航天飞机的前段是航天员座舱，分上、中、下三层。上层为主舱，可容纳7人；中层为中舱，也是供航天员工作和休息的地方，有卧室、洗浴室、厨房、健身房兼贮物室；下层为底舱，是设置冷气管道、风扇、水泵、油泵和存放废弃物等的地方。航天飞机的货舱长18米，最大有效载荷可达27.6吨，是放置人造地球卫星、探测器和大型实验设备的地方。与货舱相连的还有遥控机械臂，用于施放、回收人造地球卫星和探测器等航天器，还可以作为宇航员太空行走的“阶梯”。

航天飞机发射升空后，所有的五枚火箭(安装在轨道飞行器上的三枚火箭以及两枚固体燃

航天飞机进入地球轨道后，以28160千米／小时的速度历时90分钟环绕地球一周。

料火箭推进器)全部点燃。两分钟后，外置的两枚火箭推进器脱离机身并借助降落伞落入大海，回收修复后还可以重复利用20次。当轨道飞行器进入地球轨道6分钟后，机组航天员将外挂的燃料箱抛离机身，燃料箱重新进入地球大气层后烧毁。在任务完成返航阶段，机组航天员将机动火箭点燃使航天飞机减速，然后航天飞机在海拔高度120千米处重新进入地球大气层，距离发射基地8000千米远——发射基地通常是肯尼迪航天中心。轨道飞行器减速阶段的初始速度为25马赫，然后经历滑翔减速，与大气摩擦产生的热量使机翼上的耐热片以及机身迅速达到红热状态。航天飞机经历整个降落减速过程后，在其着陆阶段，减速降落伞使航天飞机进一步减速，速度约为320千米／小时。

美国太空总署(NASA)已经建造了六架航天飞机。他们利用第一架航天飞机，即1977年的“企业号”，做大气层滑翔测试，但从来没发射入太空。1981年，“哥伦比亚号”成为第一架进入地球轨道飞行的航天飞机，接下来就是1983年的“挑战者号”、1984年的“发现号”和1985年的“亚特兰蒂斯号”航天飞机。1986年1月28日，美国“挑战者号”航天飞机在第10次发射升空后，因助推火箭发生事故而爆炸，舱内7名宇航员(包括一名女教师)全部遇难，这造成直接经济损失12亿美元，航天飞机停飞近3年，成为人类航天史上最严重的一次载人航天事故，使全世界对征服太空的艰巨性有了一个明确的认识。美国太空总署建造了“奋进号”取代了“挑战者号”航天飞机，并在1992年成功发射。2003年2月1日，载有7名宇航员的美国“哥伦比亚号”航天飞机返回地球时，在着陆前16分钟时发生了意外，航天飞机解体坠毁。事故调查委员会指出哥伦比亚号航天飞机升空80秒后，一块从外挂油箱脱落的泡沫损伤了左翼，并最终酿成大祸。经过缜密的修理之后，“发现号”航天飞机于2005年又发射升空。14天后，它返回地球基地，由于天气的原因没能降落到肯尼迪航天中心，而是降落在了爱德华空军基地。美国太空总署科学家在航天飞机着陆期间将调查防热片的问题。

人类在太空的住所——空间站

通俗地说空间站是航天员在太空的家。他们在那里居住、工作。而这个家则是一个绕地球飞行的航天器。在运行期间，航天飞船或航天飞机把航天员的替换物资和设备送过去。天文和地球的观察，太空医学和生物学的研究，发展新工艺、新技术及航天活动都能在空间站中举行。航天员主要工作场所在轨道舱，休息场所在生活舱。

空间站还有与其他飞船等航天器对接的对接舱，航天员在轨道上出入空间站的气闸舱，及装置生命保障系统、供电系统等的设备舱。这些都是空间站的重要组成部分。算起来空间站发射已有近30年的历史了，在这一航天活动领域中的遥遥领先者就是前苏联（现俄罗斯）。1971年4月19日，前苏联发射了世界上第一个（试验性）空间站“礼炮1号”，总长约12.5米，最大直径4米，总重约18.5吨。它由轨道舱、生活舱和对接舱组成，呈不规则圆柱形，它只有与“联盟号”航天飞船对接的接口。

“礼炮1号”工作了6个月，在进行了载人和不载人的综合性科学考察和对地球的观测后完成使命。

继其之后，前苏联又在“礼炮1号”（属于第一代空间站）的基础上先后发射了“礼炮2～7号”6个空间站。

美国也曾于1973年5月发射了一个与前苏联“礼炮6号”水平相当的空间站。即“天空实验室”，它也是美国发射的唯一成功的空间站。“天空实验室”总长36米，最大直径6.6米，重79吨，像一架巨大的直升机，由轨道舱、气闸舱、多用途对接舱和太阳望远镜等4大部分组成，其轨道舱是用“土星5号”火箭的第三级改制的。舱外有2块能发出3.7千瓦电力、供舱内仪器使用的翼状太阳能电池集光板。1973年5月25日、7月28日和11月16日，美国相继发射“阿波罗”载人飞船进入太空，与“天空实验室”对接成功。先后有3批共9名航天员在站内分别生活和工作了28天、59天和84天，还出舱活动达40多小时。

前苏联的第三代空间站——“和平号”空间站的主舱发射入轨完成于1986年2月20日。这个空间站不像其他空间站在地面上一次做完再发射，而是采用模块式结构，先发射基础模块（主舱），再根据需要分别发射单独模块（各种科学实验舱），使它们在轨道上与主舱交会、对接而组成仍继续扩展的空间站，这项工作的难度可想而知。自主舱发射成功后，前苏联又将5个科学舱模块相继发射成功，成功对接。它们分别是：(1)1987年4月发射，长5.8米，最大直径4.2米的“量子1号”天文物理舱。主要用于天体物理研究。舱内有重约11吨，配有观测辐射X射线和紫外线的天体物理学伦琴观测台。(2) 1989年12月发射的“量子2号”服务舱，长13.7米，最大直径4.4米，重约20吨。这个舱的建立改善了“和平号”的活动空间，增大了电力供应，使全站有了更先进的观测和实验基地，增添了许多新装置和新仪器。(3) 1990年6月发射，长12.5米，最大直径4.4米，重约20吨的“晶体号”工艺舱。舱内配有6个材料加工的熔炼炉、4个制新药的电池装置和2台照相机。它的主要用途是进行细胞杂交以及有关天体物理、地球物理等方面的技术实验，工业试生产半导体材料，培养各种蛋白质晶体。(4) 1995年6月发射的“量子4号”光谱舱。因苏联解体，苏、美两国间的冷战状态结束，这个原来准备用于试验探测弹道导弹发射和检测外层空间的舱，后来只好改用于民间科学实验。(5)“量子5号”自然舱。1996年4月发射。舱内装有3台辐射计、3台光谱仪、2台扫描仪以及俄法联合研制的用于研究地球大气竖直构造的激光雷达和一部大型合成孔径雷达，还有美国搭载的600多千克的科研硬件。它是俄罗斯最先进和最复杂的地球观测航天器。该舱投入使用后，对于地球生活状况、保护地球环境和保证美俄联合飞行任务的成功等方面产生了极重要的意义。

在国际空间站外工作的宇航员

自然舱陆续对接

成功了，整个过程持续了10年之久，而“和平号”空间站的组装全部完成之日，正是当年宣告它的10年寿命到期之时。在“和平号”空间站工作的10年中，它的运行都很顺利。所以，在1989年底，“量子2号”服务舱发射成功之后，前苏联开始了“和平号”的商业经营。美国的蛋白质晶体生成实验装置是它的第一个商业性载荷，56天以后实验成功，美方对结果十分满意。从此，类似的商业经营连续不断，给前苏联带来了巨大利润。但是自设计寿命终结后，“和平号”已随着岁月的推移逐渐老化而不堪重负了，有1400多处大小故障被发现。其中有60多处至今未能排除，技术上的缺陷也日渐暴露出来。这座航天大厦摇摇欲坠，事故频频发生。那么，为什么不让这位老迈的大将光荣退伍呢?其实苏联早在20世纪90年代初就已经着手研制在“和平号”基础上改进的“和平2号”空间站，接替“和平号”，并准备让它在1997年左右上天。但是随着前苏联解体，俄罗斯出现经济危机，它已无力继续研制新的代替品，甚至连老化的“和平号”都渐成包袱，无力维持。

1984年美国宣布要在10年内建立起比“和平号”规模大得多的永久性航天站“自由号”空间站，以与前苏联抗衡。该空间站是一个国际性航天站，欧洲航天局、日本、加拿大都占有一个舱段，但巨大的耗资成了美国国会每年讨论航天拨款时的众矢之的。

1993年4月被讨论了9次、表决了9次的“自由号”的建设计划终于被美国总统克林顿在限制经费额度的前提下批准了。但是这个被压缩了规模的方案，其研制经费和运行管理费仍要超出白宫限定的标准，经费超支的威胁，使美国希望俄罗斯加盟。俄罗斯现成的硬件以及载人航天技术和对大型空间站的管理经验是可以弥补经济上的不足的。于是困难的双方一拍即合达成协议。

美俄之间1993年9月2日签署了一项具有历史意义的航天合作协议。在“自由号”和“和平号”空间站合作下，一个真正意义的国际空间站“阿尔法号”诞生了。合作者中除美俄之外，美国原“自由号”空间站的伙伴欧洲航天局、日本和加拿大等也加入进去。与“和平号”相比，“阿尔法号”国际空间站有什么不同呢?“阿尔法号”国际空间站的结构形式是把各个舱段都建在一根主桁架梁上，统一供电。全站总重达430吨，主桁架梁长为88米，太阳能电池板翼展宽为108米，轨道高度平均为397千米，总容积1200立方米。最终的空间站由美国1个、欧洲航天局1个、日本1个、俄罗斯2个、日美联合的1个共6个实验舱和1个居住舱、2个节点舱（供放置贮备物资及调节电力用）的服务系统、运输系统等组成。全站的建设分3个阶段进行。1994年至1997年是第一阶段。美俄两国将美国航天飞机与“和平号”空间站的7次对接飞行完成；每次都有一名美国航天员留在“和平号”上完成累计3年的工作。

“和平号”空间站在环绕地球轨道运行。

第二阶段要达到有3人在轨工作的能力。从1998年6月开始至1999年6月完成，这是只有美俄两国参加完成的奠基工作阶段，美国的2个节点舱、俄罗斯的服务舱、美国的实验舱和俄罗斯的“联盟号”飞船与多功能货舱会分别发射入轨。站上将有初期科学研究所用的13个科研实验柜和10千瓦的电力。到本阶段结束时，空间站的核心部分将建成，达到有人照料的能力。

从1998年11月至2003年12月进行第三阶段的建设，达到6～7人在轨长期工作的能力。俄罗斯将把自己的“和平号”空间站上最后到位的光谱舱和自然舱移到国际空间站应用。美国的桁架结构、太阳能电池板、加拿大的移动服务系统、欧洲航天局的“哥伦布号”实验舱、日本的实验舱和俄罗斯的桁架结构及太阳能电池板将会先后在此阶段组装。最后，发射美国的居住舱，自此国际空间站的建设装配彻底完工。

预计国际空间站建成后将会运行10年，到2012年它的寿命自然终结。而在整个10年中，美国将投入174亿美元的研制费，还有其他的参与国家投入的100亿美元研制费、110亿美元航天飞机和运载火箭运送装配构件的运送费，国际空间站总耗资将达514亿美元，10年间的运行费用也高达130亿美元。这是一笔多么惊人的资金啊！从此这一跨世纪的伟大航天器将为人类在21世纪观察地球和进行科学研究提供了一个前所未有的场地，为人类长期探索太阳系打开了大门，人类的生活条件将会大为改善，也为未来的地外旅行开辟了一条新路。

人造地球卫星升空

嫦娥奔月，敦煌壁画中的“飞天”，天外来客，无不寄托了人类飞向太空的美好愿望。这一梦想从20世纪50年代起逐步变为现实。1957年10月4日，苏联成功地发射了世界上第一颗人造地球卫星，太空时代由此开始。

人造地球卫星升空需要两个重要条件：第一，成熟、稳定、可靠的火箭技术；第二，人造卫星自身功能的完备。作为人造卫星升空的推动器—火箭，其实火箭早在第二次世界大战中就已出现，这可以说是先进科学技术军转民用的典型。纳粹德国1936年就秘密建起了火箭试验基地，并于1942年10月3日成功发射了由酒精和液态氧作为推进剂的V-2型火箭。它长达14米，重为13吨，飞行高度可达80千米，航速为7.5千米／秒，有效射程为300千米。这种火箭在二战中投入使用，纳粹曾用它袭击英伦三岛。

1958年美国第一颗卫星升天

这颗卫星是由大推力火箭“德尔塔”发射升空的。

先进的火箭技术并没能挽救德意志第三帝国灭亡，倒是在战后肥了美国和前苏联。在盟军完成了对德国的占领后，美军俘获了包括核心火箭专家冯·布劳恩在内的100多位专家，前苏联则将德国火箭基地的设备和剩余专家一股脑儿运往苏联。这使得两国战后航天事业蓬勃发展起来。

二战刚刚结束，美苏两国出于各自政治和军事利益的考虑，争相以掠夺的德国火箭技术和专家为基础，极力发展射程更远、动载能力更强、性能更为优良的火箭。二者进展都很迅速，但

知识窗

什么是人造卫星

人造卫星是环绕地球在空间轨道上运行(至少一圈)的无人航天器，是发射数量最多、用途最广、发展最快的航天器。人造卫星发射数量约占航天器发射总数的90%以上。完整的卫星工程系统通常由人造卫星、运载器、航天器发射场、航天控制和数据采集网以及用户台(站、网)组成。人造卫星和用户台(站、网)组成卫星应用系统，如卫星通信系统、卫星导航系统和卫星空间探测系统等。

人造卫星主要由两种仪器设备系统组成，即专用系统和保障系统两类。专用系统是指卫星执行任务的系统，大致可分为探测仪器、遥感仪器和转发器三类。科学卫星使用各种探测仪器(如红外天文望远镜、宇宙线探测器和磁强计等)探测空间环境和观测天体；通信卫星经过通信转发器和通信天线传递各种无线电信号；对地观测卫星使用各种遥感器(如可见光照相机、侧视雷达、多光谱相机等)获取地球的各种信息。保障系统有结构系统、热控制系统、电源系统、无线电测控系统、姿态控制系统和轨道控制系统。

第一颗人造卫星
1957年10月，苏联的第一颗卫星“旅行者1号”。

最终还是前苏联走在前面，这与前苏联政府的高度重视是分不开的。

1947年，斯大林在听取了有关专家的建议后，就在前苏联党政军高级干部参加的联席会议上多次强调要让苏联的军事航空科技走在世界的前列。之后，前苏联政府加大了空间技术研究的投入，使得其空气动力学、波动力学水平很快提高，其他学科，如地球物理学、计算机科学也取得相当成就，并于50年代中期先后成立国家科学院天文研究所空间科技组和国家宇宙探测委员会，直接负责远程火箭和人造卫星事宜。

经过长期筹备，1951年前苏联宣布用于发射卫星的火箭和卫星系统的研制工作已完成。这一年的10月4日，前苏联在拜科努尔航天发射场成功发射了世界第一颗人造地球卫星“旅行者1号”。这颗卫星自重184磅，直径为22.8英寸，外部有4根折叠式天线，由一枚USSR-1型三级火箭送入预定空间轨道。每96.2分钟绕地球一周，其功能主要有测量温度和压力，发射无线电信号等。人类第一颗人造地球卫星仅在太空游弋92天，便坠入大气层烧毁，却开辟了一个新的时代。

前苏联人造地球卫星升空，极大地刺激了美国。1958年1月，美国的“探险者1号”也被送上太空。之后，它又将两颗人造卫星分别于该年的3月17日和第二年的2月17日送入轨道。其他国家，如法、日、中、英也纷纷发射自己研究的卫星。

中国的第一颗人造地球卫星“东方红1号”在1970年4月24日发射升空。此后，中国的航天事业一发而不可收，陆续发射了用于科学考察、气象观测、通讯广播等的许多卫星，并逐步掌握了卫星回收技术。进入80年代以后，我国接连向太空发射了4颗静止轨道通讯卫星，成为世界上少数几个航天工业先进国家之一。1999年11月20日，我国自行研究的第一艘无人宇宙飞船“神舟号”试飞成功；2001年1月10日，我国自行研究设计的“神舟1号”成功发射；2002年3月25日，“神舟3号”发射成功；“神舟5号”载人飞船于2003年10月15日在酒泉卫星发射中心发射升空。中国宇航员杨利伟搭乘该飞船在绕地104周，飞行21小时后安全返回地面，中华儿女终于圆了自己的飞天梦。中国成为世界上第三个掌握载人宇宙飞船技术的国家。

世界各主要国家争先恐后地把自己的人造卫星送入太空。那么，这些卫星的作用在哪里呢?首先是用于观测气象，卫星“登”高望远，可以随时观察到地球的每一个角落；第二，便是用于通信领域，比如卫星电话、电视转播。第三，也是后来发展起来的，即用于军事侦察，随着技术的进步，卫星的用途也越来越广泛，现在卫星水平几乎应用于国民经济各个领域。

总之，人造地球卫星的诞生，是人类向外空间迈出的第一步，有着划时代的意义。如果人们合理利用它，必将为人类带来深远的福利。

人造地球卫星的发明之路

双耳失聪的齐奥尔科夫斯基是俄国一名中学教员，他对火箭理论的研究和发展做出了巨大的贡献。巨大的火箭动力应当是液体火箭发动机，这一在航天技术上有突破性的观点就是由他首先提出来的。他设计了用液体火箭发动机做动力的飞行器草图，并设想用煤油和液氧做燃料来推进火箭飞行。

美国“火箭之父”戈达德设计了最早试验成功的火箭。他于1920年进行了煤油和液氧发动机的试验，1926年，第一枚发射成功的火箭其射程达55米。齐奥尔科夫斯基的学生格鲁申柯和赞杰尔，于1932年进行了一次火箭发动机试验。在实验中，他们使用煤油和硝酸等做推进剂，并于1933年发射了一枚探空火箭。

1942年10月，V–2火箭研制成功。V–2火箭的成功在现代火箭史上有划时代的意义。现在，火箭、导弹的射程、推力、精度已远远超过了以往研制的火箭、导弹，但它们都源于V–2火箭，并处处留有V–2火箭的痕迹与特征。

V–2火箭是现代火箭的鼻祖。美、苏在第二次世界大战后，从德国弄来V–2火箭的资料、图纸和技术人员，在V–2火箭基础上，两国科学家开始发展各自的运载火箭和航天器。在1957年8月26日，前苏联发射了两级液体洲际弹道导弹SS–6；同年10月4日，又利用当时世界上最大的运载火箭，即SS–6改装的运载火箭，发射了世界上第一颗人造地球卫星，这颗人造卫星被取名为“斯普特尼克”号。从而，开创了航天史的新纪元，为人类开辟了登天之路。

前苏联发射人造地球卫星成功的消息使美国朝野一时手足无措。其实，美国早在1946年就有人开始进行人造卫星可行性的研究，但美国总统直到1955年7月，才批准研制“先锋号”计划，并打算1957年7月1日发射卫星。于1957年12月6日第一次发射的“先锋号”卫星，由于技术上的原因，并未成功。前苏联两次人造卫星发射的成功刺激了美国政府，于是，美国加紧运载火箭的研制，重新把被搁置的弹道导弹改制的运载火箭。在匆忙而又艰辛的研制工作结束后，美国在1958年2月1日，用“丘比特”运载火箭把“探险者1号”卫星送上太空。这次发射主要由著名火箭专家布劳恩指挥、领导。

法国是继前苏联、美国之后，第三个独立自主发射人造卫星的国家。法国于1965年11月26日，在哈尔圭尔发射场，用自制的“钻石”A运载火箭，成功地发射了她的第一颗人造卫星，这颗人造卫星被命名为“试验卫星1号”(A–1)。

日本是第四个进入太空的国家。日本于1970年2月11日，成功地发射了第一颗人造卫星，取名为“大隅号”。始于20世纪60年代中期的日本航天计划几经周折才获成功。

各种卫星的相继应用极大地方便了人们对世界地理、环境、及新闻的了解。三图分别为：通讯卫星(左)、导航卫星(中)和气象卫星。

中国于1970年4月24日，用自己研制的“长征1号”运载火箭，把“东方红1号”卫星送上太空。因此，中国成为世界上第五个能独立发射卫星的国家。中国在其西北部的酒泉卫星发射场发射了“东方红1号”卫星。这颗卫星直径约1米，近似球形，为多面体，重173千克，其重量超过了美国、前苏联、法国、日本的第一颗人造卫星的总重量。

前苏联和美国发射人造地球卫星的成功，引发了许多国家对航天活动的热衷和关注，他们一心想发射人造地球卫星，但其技术力量和财力薄弱，没有力量独立自主地研制运载火箭，只能依靠前苏联和美国的力量，或者借助于前苏联和美国的运载火箭来发射自己的人造卫星。

随着世界航空航天技术的发展，今天的卫星已形成一个种类繁多、用途广泛的大家族了。

航天器“软着陆”的发明

随着航空航天技术的发展，人类走出地球征服宇宙的欲望也越来越强。现在，人类的步伐已经跨出了地球，迈向了茫茫的太空。能否在别的星球上发现类似于地球上的生命存在呢？于是金星、火星等星球便进入了地球人的视野。地球人纷纷发射无人探测器登上这些星球，但如何让这些探测器“软着陆”却也曾使无数的科学家非常苦恼。

1997年7月4日，美国采用特别的防护技术——防碰撞气袋，使“火星探路者号”火星探测器在火星表面成功“软着陆”。探测器所携带的6轮火星车“火星漫游者号”在防碰撞气袋的保护下毫发无伤地登上了火星表面，充分发挥了它作为这次探测的主角的作用。这是人类的车辆首次在火星上行驶。

人类进军火星的第一步是使探测器掠过火星，在掠过火星期间用仪器对火星进行考察。

第二步是向火星轨道发射探测器，使探测器环绕火星作长期观察。

第三步是向火星表面发射探测器，使探测器放出着陆器在火星“软着陆”。

这次以“火星探路者号”为代表的火星探测第四阶段，主要目的是通过6轮火星车“火星漫游者”实现对火星较大范围的移动考察。这辆火星探测车是在地面工作人员的遥控之下工作的。

其实，早在掌握“软着陆”技术之前，人类还使用过“硬着陆”方法，也就是不对着陆器装备任何减速装置的撞毁式方法，利用着陆器坠毁“以身殉职”前的短暂时机进行探测。例如，人类航天史上第一个到达行星表面的探测器就是在金星“硬着陆”成功的，该探测器就是前苏联于1966年3月1日发射的“金星3号”探测器。

在这次探索火星的过程中，如果着陆失败，耗资2.63亿美元的“火星探路者号”就会毁于一旦。于是开创了航天器“软着陆”的先河，采用了防碰撞气袋防护着陆法。这种方法，说“软”却“硬”，似“硬”实“软”。

航天飞机在着陆时是利用减速伞来降低速度的。

何谓防碰撞气袋防护着陆法呢？科学家们给“火星探路者号”着陆器穿上了一件由可充气气袋组成的蓬松外衣。当着陆器飞行至距火星表面160千米的高度时，由于制动火箭和减速降落伞的作用，着陆器的速度已减至每秒20多米，然后不再减速，就像是“硬”着陆一样直接冲向火星表面，着陆器的质量达

570千克，以这样的速度撞在火星表面上，所产生的冲击力是巨大的，着陆器一定会因受到巨大冲击力而摔得七零八落。但在距撞上火星表面还剩8秒钟的时候，装在着陆器外表面上的几十个气袋(每块面板上6个)同时充起气来，瞬间充气形成了一个直经达6米多的球体，砰的一声震动，落到火星表面上，立即又被弹起将尽20米高，弹跳了3次，又滚动了1分30秒才稳定下来。着陆器及其内部所携带的仪器却都安然无恙。

气袋中的气在着陆后几小时内被放掉，着陆器的面板打开，造价2500万美元的火星车“火星漫游者号”驶下着陆器的坡道，在地面工作人员的遥控下，开始了火星上的科学考察工作。

这次利用防碰撞气袋“软着陆”成功的经验，为以后航天器的“软着陆”开辟了一条更加安全、简便、省钱的道路。科学探索的道路是无止尽的，人类在这条道上一定会越走越宽广，世界航空航天技术也一定会越来越发达。

让航天器克服“热障”的历程

航天飞船从太空返回地球时，其飞行速度很高，能以约为7.9千米/秒的第一宇宙速度冲入大气层。这时，飞船的巨大动能在空气阻力作用下，将转变成热能，并产生很高的温度。大约在离地面40～50千米时，贴近飞船表面的一层空气温度很高，能达到约1万℃的温度，使飞船很容易被烧毁。这种需要克服的高温障碍叫“热障”。

返回式飞船等航天器如何才能克服“热障”并安全返回地球呢?人们曾经发现这样一个现象，即凡是落到地球上的陨石，其外形都与地球近似。经过分析研究，人们弄明白了它们没有被高温熔化的原因，就在于它们的球形表面形状。而与陨石不同的是，大多数流星则会被高温熔化掉。这是因为，超声速气体流过各种形状物体时，在球形物体前面产生的激波比在其他形状物体前面的更为强烈。陨石在强大的激波阻力下减速，在减速过程中，其表面附近的空气因高温而电离，形成高温等离子体，这一过程会消耗掉大量热能，从而减少传递给陨石的热量，使它们不会被热量引起的大火焚烧掉。

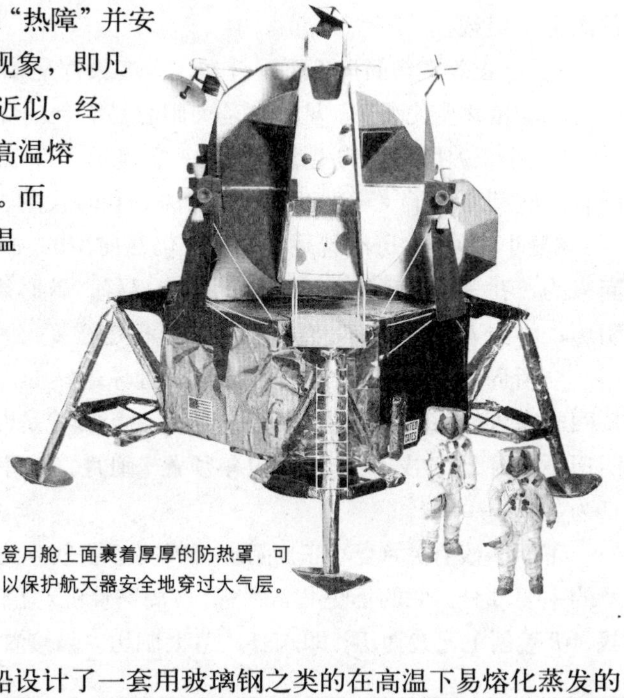

登月舱上面裹着厚厚的防热罩，可以保护航天器安全地穿过大气层。

经过研究，科学家为返回式航天飞船设计了一套用玻璃钢之类的在高温下易熔化蒸发的高分子化合物材料制成的防热罩。当航天飞船返回大气层时，防热罩在高温下边燃烧边带走大量的热能，同时，它在燃烧后会有大量碳残存下来，这些碳又在航天飞船表面形成多孔的碳化层。这种碳化层有非常好的防热功能，人们形象地称其为航天器的“防火衣”。这层防热罩可以保护返回式飞船等航天器闯过大气层，最终安全抵达地面。

现在，“热障”问题早已不再困惑人们了，人们正在努力地去探索新的克服“热障”的办法。我们有理由相信人类定能征服宇宙。

《夏小正》与历法的创立

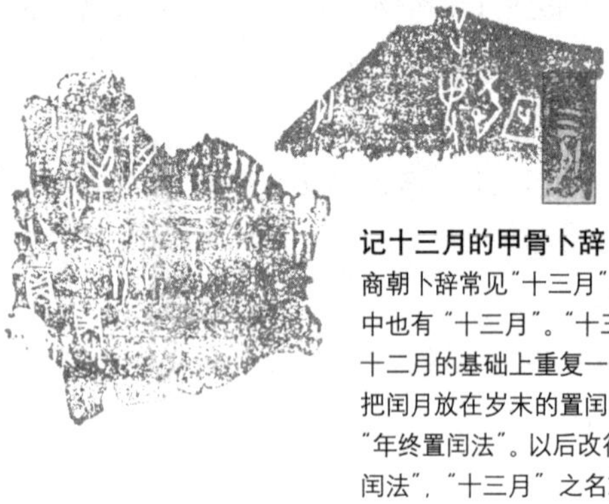

记十三月的甲骨卜辞

商朝卜辞常见"十三月",西周金文中也有"十三月"。"十三月"是在十二月的基础上重复一个月,这是把闰月放在岁末的置闰方法,称为"年终置闰法"。以后改行"岁中置闰法","十三月"之名就消失了。

《夏小正》是我国现存最早的物候学专著,也是现存最早的历书。

隋代以前,《夏小正》只是西汉戴德汇编的《大戴礼记》中的一篇,而且还加了注(经传在一起)。《礼记·礼运》中记载说:"孔子曰'我欲观夏道,是故之杞,而不足征也,吾得《夏时》焉'。"郑玄注云:"得夏四时之书也,其书存者有小正。"后人根据内容判断,孔子所说《夏时》就是《夏小正》,也就是夏代的历法。以后在《隋书·经籍志》中首次被单独著录。

关于《夏小正》成书的确切年代,学界还有争议,但可以肯定不是夏人所写。《夏小正》包含着夏代已经积累起来的天象和物候等方面的科学知识。

《夏小正》由"经"和"传"两部分组成,全文有463字,逐月记载物候变化,其内容涉及天象、气象、植物和动物变化、农事等方面。天象的内容为每个月的昏旦星象变化。气象包括各个时节的风、降雨、气温等;植物的内容涉及到常见的草本和木本植物;动物的内容涉及到昆虫、鱼类、鸟类和哺乳类动物;农事活动包括各个季节从事的各种农业生产活动,特别是农业生产方面,如谷物、纤维植物、园艺作物的种植等。畜牧、蚕桑、采集、渔猎均首次见于记载。

《夏小正》文句简奥不下甲骨文,大多数都是二字、三字或四字为一完整句子。其指时标志以动植物变化为主,星象则是肉眼容易看到的亮星,四季和节气的概念还没有出现。而且,《夏小正》所记载的生产事项无一字提到"百工之事",这反映当时社会分工还不发达。所有这些都体现了《夏小正》历法的原始和时代的古老。

《夏小正》中的历法就是我们现在仍在使用的农历(阴历)。阴历就是在夏历的基础上发展而来的。孔子告诉颜回,国家政治要干得好,就必须"行夏之时",这里的"夏之时"就是阴历;中国人几千年来一直过的阴历年也是"夏之时";过正月拜年也是夏朝的遗风。

众所周知,人类根据太阳、月亮及地球运转的周期,制定年、月、日等顺应大自然时序及四季寒暑的法则,称之为历法。所谓阴历,就是以月亮的运动规律为依据而设制的历法。阴历一个月29日或30日。每19年须置7闰月。每月以合朔之日为首,每年以接近立春之朔日为首。

下面谈谈有关《夏小正》阴历与天文历法创立的关系。我们知道,历法是我国古代天文学的主要部分,它的历史非常久远。《周髀算经》记载:"伏羲作历度。"历度即是历法。史载,伏羲创上元太初历,即八卦八月太阳历。紧接着神农继承伏羲上元太初历,创连山大火

知识窗

刘尧汉和陈久金关于《夏小正》是否为"十月历"问题的探讨

有学者将《夏小正》和彝族的太阳历对比研究,认为原本《夏小正》是一年分为10个月的太阳历,今本的《夏小正》一年分12个月是后人添加的。以下几点可以论证这一说法。

(1)《夏小正》有星象记载的月份只有1~10月,11、12月没有星象记载;(2)从参星出现的情况看,从"正月初昏参中"日在危到三月"参则伏"日在胃,再到五月"参则见"日在井,每月日行35度。若以一年12月计,每月日行26度,不合理;(3)从北斗斗柄指向看,《夏小正》记载北斗从下指到上指5个月,从上指回到下指也应是5个月,刚好10个月;(4)《夏小正》记载从夏至到冬至只有5个月,那从冬至到夏至也是5个月,刚好10个月。

历。然后黄帝使羲和、常羲占日月，作归藏太阴历。颛顼承伏羲作十月颛顼历。最后夏禹承颛顼作《夏小正》十月太阳历。我们知道夏禹之前的人物都是远古传说中的氏族首领，他们只是劳动人民的代表。我国远古时期的人类，有了农业就开始关注天文时令，他们开始逐渐积累星象和季节变化的经验。到了夏朝，中国进入奴隶社会。社会经济快速发展，国家重视兴修水利，发展农业。农业与物候时令关系愈加密切，加上人们早期积累的相关知识的不断丰富和综合，《夏小正》就很自然地诞生了。作为我国现存最早的历法书，《夏小正》不仅在夏时使用，而且留存于典籍之中。因此，《夏小正》算得上是有稽可查的最早的历法。它开创了我国农事历(或物候历)的体例，对后来的月令和农家历起了启示性作用，对后世影响非常之大。

诸子的宇宙观、自然观

上天是运动着的吗？

大地是静止的吗？

日月为什么不断地轮回？

是谁在推动着宇宙的运行？

是谁在维系着宇宙的秩序？

是谁在无意间推动了宇宙的运转？

宇宙的运转是不能自己停下来的吗？

是否有一种机关在推动宇宙，使它无法停止？

在2000多年前，春秋战国时期的庄子面对着无穷无尽、玄奥深邃的宇宙，经过哲理性思考后，发出深刻的追问。它历经千载，仍然以其深远的气魄，扣击着每个宇宙探秘者的心扉。

那是一个思想繁荣的年代，那是一个学术自由的年代，那是一个人才辈出的年代。春秋战国，是我国历史上少有的几个繁荣期。随着分封制度的土崩瓦解，庶族地位有所上升。私学的兴起，造就了一大批士人。思想的开放，学术的自由，就形成了“百家争鸣”的盛况。这一时期也顺理成章地成为了我国科学技术体系奠基的年代。

春秋战国时期的诸子百家，虽然在治国方略、哲学思想以及社会伦理等方面主张各不相同，但是在利用科学论证自家学说的正确合理性上却是一致的。他们不拘形式，不一而足，阐述了他们对于自然界——从宇宙、天地、万物乃至人本身的思考，都是科学合理的，颇具前瞻性和深刻性，加深了人们对周围世界的了解，促进了自然科学的发展。

诸子百家在这场论争中批判和摒弃(或是避而不谈)了早期的天命观和有神论，更加关注于自然界的客观存在及其发展变化的内在规律性问题，保证了科学的健康发展。在先秦诸子里面，荀况对天命观批判最具代表性。在《荀子·天论》中，他提出了自然界没有意志且按一定规律运动的思想，肯定了“天行有常，不为尧存，不为桀亡”，即自然法则是不以人们的意志为转移的客观规律。从这些观念出发，荀况进一步提出了“制天命而用之”的人定胜天思想。这种坚决反对鬼神迷信、坚持朴素唯物主义的思想，有力推动了科学的长足发展。

当时，诸子百家就以下几个重要的自然科学方面的问题展开了讨论：

一、宇宙的无限性。尸佼(约前4世纪)曾给宇宙下了一个定义：“四方上下曰宇，往古来今曰宙。”即“宇”就是指东西南北上下各个方向延伸的空间；“宙”就是指过去、现在和将来的时间。关于宇宙空间无限性的问题，《庄子·天下》篇记载惠施说：“至大无外，谓之大

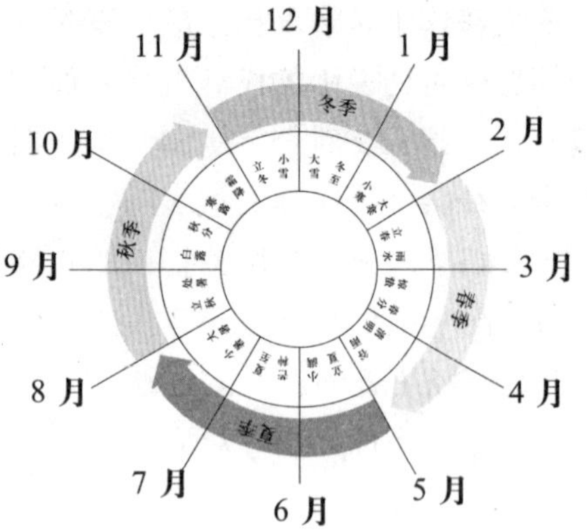

二十四节气的分布

一；至小无内，谓之小一。”惠施认为，宇宙之大是没有边际的，就是无限大，谓之“大一”；宇宙之小，向内也是没有边缘的，就是无限小，谓之“小一”。而且他还指出万物都是由“小一”组成，之间差异只是量不同而已，即“万物毕同毕异”。另外需要一提的是墨家提出物体分割到不能再分的时候，叫“端”，与古希腊德谟克利特提出的原子说有些相像。

二、宇宙的本原与演化。老子在《道德经》中认为宇宙万物的本原是无，从无中生有，然后才生出天下万物。他指出，这种“先天地生”的东西叫“道”，是一种绝对精神的东西。道生天地，天地分别生阳、阴，阴阳交合生万物。庄周继承并发展了老子的观点，指出“太初有无，无有无名，一之所起，有一而未形，物得以生，谓之德。”他也认为本原是无，只是在演化过程从无到气出现间，加进无形和无气两种形态。当然，也有不同的看法。《管子 · 内业》中就记载着另外一种主张，认为精神和物质世界的本原是精气，把道作为生成万物的原质。荀况则认为气是万物之本。综上可知，春秋战国时期，宇宙本原的论争，主要是老庄学派认为万物生于无和著作《管子》的齐国学者主张万物生于有的论争；两者都有一定的道理和影响。

三、天与地的关系。春秋晚期，邓析认为天地不存在截然的尊卑差异。惠施进一步认为天是可以“与地卑”的。春秋战国时期，人们对天圆地方产生了怀疑，其中慎到明确提出了天浑圆说。

诸子百家关于自然观、宇宙观的看法、主张虽各有异同，但是在争鸣中，他们相互取长补短，将科学问题逐渐引向深入。其哲理性思辨和推测为后来的科学进步提供了思想养分。

墨子的科学研究

墨子，姓墨名翟，春秋战国时期鲁国(今山东西南部)人。墨子是一位杰出的思想家、哲学家、社会活动家，同时也是一位杰出的科学家和发明家。

墨子可能出生于一个以木工为谋生手段的手工业家庭里，从小耳濡目染，加之聪明巧思，他很快就成为一名技艺高超的木工匠师和机械制造家。墨子非常好学，一方面不断汲取前人各方面的知识，另一方面通过亲身实践不断创新。这样，他很快就成长为一代学术大师。

墨子一生的活动主要是两个方面：一是广收弟子，宣扬自己的学说；一是不遗余力地反对兼并战争。由于墨子的教学方法灵活独特，深受弟子欢迎，从者很多，使墨家成为当时与儒家并称的显学。墨子的政治主张是舍己利人，建立一个平等、安定、人人安居乐业的“尚同”社会。史载墨子与公输般斗法来止楚攻宋一事足见他为实践自己理想所做的努力。

《墨经》是先秦诸子百家著作里最具科学价值的一部。它原来是《墨子》一书中的4篇，即《经上》、《经下》、《经说上》、《经说下》。

在清以前，人们都认为《墨经》是墨子所著。后来孙诒让、胡适等提出“别墨”或“后期墨家”之作的言论。其怀疑精神可嘉，但是考证分析实难成立。因此，综论各方，一般认为《经上》、《经下》二篇应是墨子自著，《经说上》、《经说下》二篇亦可能是墨子自著，即便不是，亦为墨子弟子记录师说而成。《墨经》的内容，集中反映了墨子的科学成就。

墨子的科学技术和贡献是多方面的，涉及到数学领域里的几何学和算学，物理学领域的声学、力学和几何光学以及机械制造等。

首先，在数学领域方面。墨子给出了一系列算学和几何学概念的命题和定义，计有10余条之多，都载于《墨经》之中。他具体给出了“倍”、“平”、“同长”、“中”、“直线”、“正方形”等定义，其中关于“圆”的定义：“圆，一中同长也”，“圆。规写交也”。也就是说：与中心同长的线构成圆，如用圆规绕中心一周即画成圆。这与欧氏几何中圆的定义完全相同。几何学里的点、线、面、体被墨子称作“端”、“尺”、“区”、“体”。其中“端”是不占有空间的，是物体不可再分的最小单位。墨子所给的定义都是具体而准确的。虽然墨子的数学理论尚未形成一个完整的体系，但是数学概念定义的严密性和抽象性，集中反映了墨子的理性思维深度，开拓了理论数学的发展之路。仔细比较墨子的概念与欧氏几何，我们不难发现，其命题和定义基本一致，且比欧几里德要早100多年。

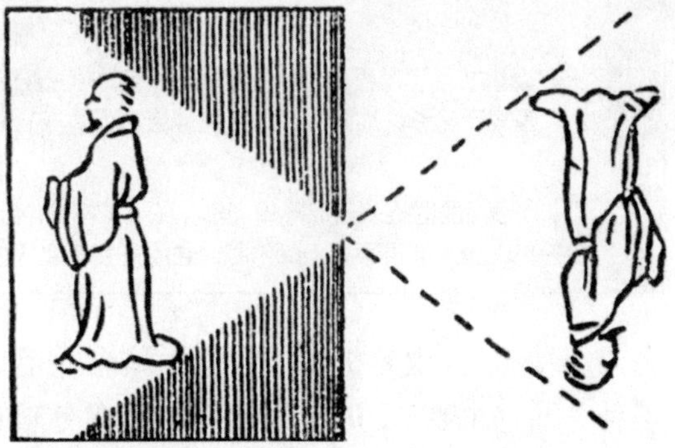

小孔成像实验

光线在直线行进的过程中穿过小孔，穿过小孔上的为下，穿过小孔下的为上，在屏幕上形成一个与原物大小相同的影像。它明确地表达了光直线传播这一原理。

其次，在物理学领域。墨子在声学、力学和几何光学方面都有重要贡献。在声学方面，墨子对声音共振现象展开研究，发现井或罂具备放大声音的作用，并加以利用，将之作为监听敌人动向、预防攻城的工具。在力学方面，墨子给出了一些重要的定理和概念。例如他给出了力的定义：“力，形之所以奋也。”(力是使物体运动的原因)，尽管是错误的，但在当时的条件下还是先进的。他也说明了反作用力和阻力的存在。墨子还对杠杆原理作了精辟表述，比阿基米德要早200年。在光学方面，墨子的成就最为杰出。他是世界上第一位对几何光学进行系统研究的科学家，他研究的广度和深度也是同时代的其他科学家所不及的。其记述集中于《墨经下》和《墨经说下》，各有8条，内容涉及到了几何光学的各个方面。通过对小孔成像的实验，对平面镜、凹面镜、凸面镜成像的研究，他得出的几何光学的一系列基本原理，都堪称经典。

在春秋战国时期，就科学技术成就来说，以墨子和墨家成就为最；就其广度和深度来说，与同时代的古希腊任何一个学派和任何一位科学家相比，墨家和墨子都有过之而无不及。可以这样说，在对于自然界的理性认识方面，墨子登上了当时科学的最高峰。

虞喜、何承天发现岁差

东晋时期，虞喜发现岁差现象，并提出赤道岁差概念，这是我国天文学史上一件极其重要的事情。

大家知道，地球是一个非匀质的圆球，赤道周围有多余物质的环，由于日、月、行星的引力影响，造成了地球的自转轴绕黄道缓慢移动，相应的春分点也沿黄道以每年50″24的速度向西移动，约60～70年西移1°。春分点的移动分量，就被称为“岁差”。

限于当时的科技条件，虞喜并不知道个中的道理。他只是从古代冬至点位置的实测数据中，发现冬至点逐年西移。他分析得出，冬至一周岁要比太阳一周天差一小段，虞喜将它命

知识窗

虞喜的安天说

虞喜发展了汉代三大宇宙结构理论之一的昼夜说，提出了安天说：“天高高于无穷，地深深于不测。天确乎在上，有常安之形，地魄焉在下，有静居之作。……其光耀布列，各自运行。”他主张宇宙是无限的。

陈卓星官

孙吴、西晋的太史令陈卓汇总、整理了甘氏、石氏和巫咸氏三家星官，并同存异，共归纳出包括283星官、1465颗恒星的全天星官系统，成为当时通用完整的全天星官系统，对后世影响深远。

名为“岁差”。虞喜提出“岁差”概念之后，又由《尚书·尧典》中记录的“日短星昴，以正仲冬”，知道尧帝的时候测得昴星在冬至日黄昏正好位于南中天。而此时昴星在冬至日黄昏处于南中天之西若干度，用这个度数除以尧帝距今的年代，就得到每50年退1°的结论。

南朝宋天文学家何承天肯定和拥护岁差说，他结合自己的观测数据，运用与虞喜类似的思路，得出了赤道岁差每100年差1°的新观测值。何承天测得的值略优于虞喜的观测值，相对比较准确。

岁差的发现和肯定，反映了我国的天文历法在三国两晋南北朝时期的不断进步和发展。在这一时期，一系列的天文历法上的成就和突破，都来源于古代天文工作者长年累月不懈的观测和记录。

在三国时期，曹魏立国之初，韩翊便献上黄初历。黄初历采用的朔望月长度为29.53059日，误差为0～4秒，差不多达到了历史上的最高水平。

东晋时期，与东晋对峙的北方16国中后秦和北凉政权也有新历法颁行。姜岌于公元384年制成三纪甲子元历，在后秦颁用。赵䂮于公元412年制成元始历，在北凉使用。其中姜岌所提出的月食冲法，成为冬至点位置测定的经典方法，为历代名家广泛采用。赵䂮则打破了已采用约800年的19年7闰的旧闰法，提出了600年间置入221个闰月的新闰法，开辟了提高回归年长度值准确度探索的新方向。

到了南北朝时期，天文历法取得长足的发展。在南方，公元443年何承天制成元嘉历，公元463年祖冲之制成大明历。北方历法前期并无起色，直到北齐张子信等出现，才后来居上。

其中元嘉历所取五星会合周期值的平均误差为69分钟，比前代历法有明显提高；大明历所取五星会合周期的平均误差为43分钟，较元嘉历又有较大进步。大明历是这一时期成就最大的一部历法。大明历首次把岁差引入历法之中，是一个重大的成就。另外祖冲之还发明了由晷影观测计算冬至时刻的新方法，成为冬至时刻的经典算法。

北方以北齐张子信在历法上的贡献最为突出。他在一个海岛之上，坚持30余年认真观测和研究，终于在公元570年取得三项重大的天文发现，即：太阳、五星运动的不均匀性和月亮视差对日食的影响。

在太阳运动不均匀性上，张子信指出：“日行在春分后则迟，秋分后则速。”即太阳在春分到秋分间每日运动的速度小于1°，而在秋分到春分间每日运动速度大于1°。对于五星运动的不均匀性，他指出：五星晨见东方的时间超前或滞后，其多少与二十四节气有密切而稳定的关联。张子信观察发现：当合朔发生在黄白交点附近的食限以内的时候，如果月亮位于黄道之北，则必定发生日食现象；如果月亮位于黄道以南，就可能没有日食现象的发生。

综上可知，天文历法在三国两晋南北朝时期，取得了一系列的成就，这些科技的进步为后来天文历法的进一步发展铺平了道路。

浑仪、浑象、《大衍历》

浑仪是我国古代的一种天文观测仪器，用来测定天体位置的坐标。在古代，“浑”字含有圆球的意思。因为古人认为天是圆的，形状像蛋壳，所以把观测天体位置的仪器就叫做“浑仪”。

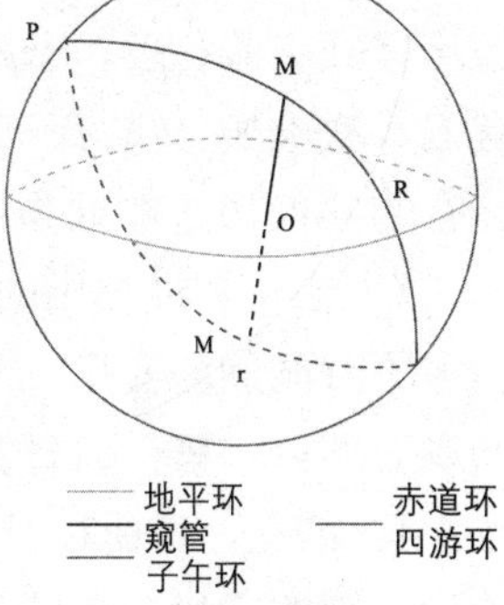

浑仪示意图

为了观测日月星辰的变化，制订天文历法，我国大约在战国时代就制造出了浑仪。作为一种天文学家测定天体方位必需的仪器，浑仪自汉代以来历朝都有制造和改进。

最初，浑仪的结构非常简单，由三个圆环和一根金属轴组成：最外面的那个圆环固定在正南北方向上，叫做“子午环”；中间固定着的圆环平行于地球赤道面，叫做“赤道环”；最里面的圆环可以绕金属轴旋转，叫做“赤经环”；在赤经环面上安装一根望筒，可以绕着赤经环中心转动。观测时用望筒对准某一天体，然后，根据赤道环和赤经环上的刻度来确定该天体的位置。

后来，人们为了便于观测太阳、行星和月球等天体，不断改进浑仪的结构和性能。方法是在浑仪内再添置几个圆环，也就是“环内再套环”，通过改进，使浑仪成为用途更多、更为精确的天文观测仪器。

在对浑仪进行重大技术改进的过程中，东汉科学家张衡和唐朝天文学家李淳风贡献巨大。改进后的浑仪由三重圆环构成：最外面一重圆环叫做六合仪，包括地平圈、子午圈和赤道圈三个圈，表示东西、南北、上下六个方向；中间的一重叫做三辰仪，包括黄道环、白道环和赤道环三个相交的圆环，分别表示日、月、星辰的位置；最里面的一重叫做四游仪，由四游环和窥管组成。三辰仪可以绕着极轴在六合仪里旋转，四游仪又可以在三辰仪里旋转。改进后的浑仪已经很完善，是当时世界上最先进的天文仪器之一。但是浑仪也有个缺陷，就是它的环圈重复，相互交错，遮掩了大片天区，缩小了观测范围。后来，元代杰出的天文学家郭守敬创造了简仪，即将浑仪拆分为赤道装置和地平装置两个独立的装置，弥补了这一不足。

浑象，又称天体仪，是我国古代一种用于演示天象的仪器。用它可以直观形象地了解日月星辰的相互位置和运动规律。

最早的浑象是西汉耿寿昌制造的，而有明确记载的浑象当属东汉张衡制造的水运浑象。张衡还在水运浑象上安装了一套传动装置，利用相当稳定的漏刻的水推动铜球均匀地绕金属轴转动。

浑象的主要组成部分是一个空心大铜球。球面上刻有纵横交错的网格，用于度量天体的位置；球面上凸出的小圆点代表天上的亮星，严格地按照亮星之间的相互位置标刻。整个铜球可以绕一根金属轴转动，转动一周代表一个昼夜。球面与金属轴相交于两点，即南天极和北天极。两个极点的指尖，固定在一个南北正立着的大圆环上。大圆环垂直地嵌入水平大圈的两个缺口内，下面四根雕有龙头的立柱支撑着水平大圈，托着整个天体仪。

浑仪和浑象这两种天文仪器的制造和改进，标志着天文历法的不断进步。天文仪器是历法改进的技术条件。为了制订《大衍历》，实测到精确数据，

知/识/窗

《大衍历》对五星位置推算法的进展

明确给出了五星近日点的概念，并给出了具体数值：金、木、水、火、土五星近日点的每年运动值分别为36″、40″、160″、37″、27″。以五星近日点为起点，每隔15给出一个五星实际行度与平均行度之差的数值表格。

一行和梁令瓒在经过历代改进的浑仪和浑象的基础上，进行了更进一步的创新，合制出了黄道游仪和水运浑天仪等大型天文观测仪。

公元721年，唐玄宗下令改历。一行耗费了6年，编订成《大衍历》初稿。经大臣张说与历官陈玄景整理，于公元728年颁行。依据天文台的实测校验，在10次测验中，《大衍历》有七八次准确，《麟德历》有三四次准确，而《九执历》只有一两次准确。《大衍历》比唐代已有的其他历法都更为精确。

《大衍历》最突出的贡献是比较正确地掌握了太阳在黄道上视运行速度变化的规律。按不等的时间间隔安排二十四节气，创造了不等间距的二次内插法。《大衍历》把我国历法归纳成七部分：第一，计算节气和朔望的平均时间（步中朔术）；第二，计算七十二候（步发敛术）；第三，日食和月食的计算（步交会术）；第四，计算太阳的运行（步日躔术）；第五，计算月亮的运行（步月离术）；第六，计算五大行星的运行（步五星术）；第七，计算时刻（步轨漏术）。

一行测量子午线

一行像

唐代高僧一行（公元683～727年），俗名张遂，魏州昌乐（今河南南乐）人，是唐代著名的佛学家和数学家，也是我国古代最杰出的天文学家之一。

一行的曾祖父张公谨是唐太宗李世民的开国功臣，他的父亲张檀曾做过县令，但是张氏家族在武则天时期已经衰微。一行出生在唐高宗永淳二年。

一行自幼聪颖过人，读书过目不忘；稍长，博读经史书籍，对于历象和阴阳五行尤其感兴趣。那时的京城长安玄都观藏书丰富，观中的主持道长尹崇，是远近闻名的玄学大师。一行前往拜谒，尹崇对于他的虚心求学极为嘉许，耐心的给予指导。

有一次尹崇借给一行一部汉代扬雄所作的玄学名著《太玄经》。可是没过几天，一行就把这部书还给了尹崇。尹崇很不高兴，严肃地对他说："这本书道理深奥，我虽已读了几遍，论时间也有几年了，可还是没有完全弄通弄懂，年轻人，你还是拿回去再仔细读读吧！"一行十分郑重地回答说："这本书我的确已经读完了。"然后，取出自己读此书的心得体会《大衍玄图》和《义诀》等交给尹崇，尹崇看后赞叹不已，称赞他是博学多识的"神童"。从此一行就以学识渊博闻名于长安。

武则天执政时，梁王武三思图谋不轨，四处网罗人才。一行为逃避武三思的拉拢，跑到嵩山，拜高僧普寂为师，剃度出家，改名敬贤，法号一行。普寂为了造就他，让他四处

知/识/窗

本初子午线

本初子午线是通过伦敦格林尼治天文台原址的经线，亦即0°经线。从0°经线算起，向东向西各分180°，以东的180°属于东经，以西的180°属于西经。

黄道游仪

唐一行和梁令瓒合制。由三重环圈组成：最外面的是固定的，包括地平（水平方向）、卯酉（东西方向）和子午（南北方向）三个环圈；中间一重也有三个环圈，包括赤道、白道和黄道，均可绕极轴转动；最里面是夹有窥管的四游环，可绕机轴转动，通过窥管对准天体即可测得其坐标值。

游学。从此，他走遍了大江南北的名山古寺，到处访求名师，一边研究佛学经义，一边学习天文历法、阴阳五行以及地理和数学等。唐代郑处诲的《明皇杂录》中记载了一则故事，说一行不辞千里，访师求学，受到在天台山国清寺驻锡的一位精通数学的无名高僧的指导。为他以后编制《大衍历》打下了良好的数学基础。

唐玄宗李隆基即位后，多次征召一行，他均以身体欠佳为由婉辞。公元717年，唐玄宗特地派他族叔张洽去接，他才回到长安。一行一到京城就被召见，唐玄宗问他特长，他说只是记忆力好些。唐玄宗当即让太监取宫人名册。一行看过一遍，就将宫里所有人的姓名、年龄、职务依次背出，唐玄宗大为叹服，恭称“圣人”，并让他做了自己的顾问。在长安期间，一行住在华严寺，有机会和许多精通天文和历法的印度僧侣交往，获得了许多印度天文学方面的知识。他与印度高僧一起研讨密宗佛法，翻译了很多佛教经典。

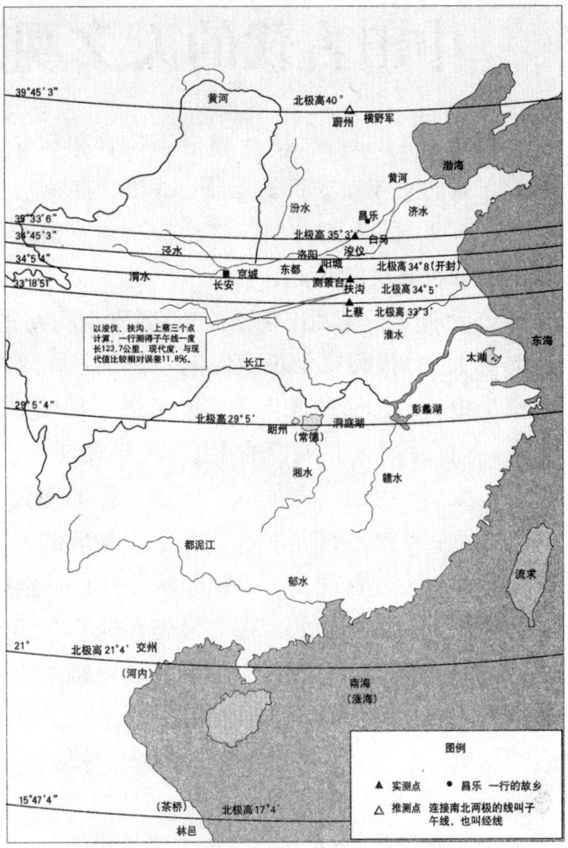

僧一行测量子午线示意图

724年，一行命人在河南地区测量日影长度和北极高度，并根据实测结果得知子午线1。的长度为351.27唐里，即现在的123.7公里。这是世界上第一次地面实测子午线的记录。

为了观测天象，一行在机械制造家梁令瓒的援助之下，创制出了黄道游仪和水运浑象等天文仪器。通过实际的观测，一行重新测定了150多颗恒星的位置，发现与古代典籍所载的位置有若干改变，现代天文学称之为“恒星本动”。

公元724～725年，一行主持了规模宏大的天文大地测量，测得了子午线1°的长，这是世界上首次实测子午线。

从公元725年起，一行历经两年时间编制成了《大衍历》（初稿）20卷，纠正了过去历法中把全年平均分为二十四节气的错误，是我国历法的一次重大改革。

开元十五年(公元727年)十一月二十五日，一行陪同唐玄宗前往新丰(今陕西临潼东北新丰镇)时病倒，当晚即与世长辞，时年44岁。玄宗敕令将他的遗体运回长安安葬，并为他建筑了一座纪念塔。

实测子午线时，一行基本上按照隋朝刘焯的设计方案，派太史监南宫说在黄河南北选定四个地点（今河南的滑县、开封、扶沟、上蔡）进行实地测量，推翻了过去一直沿用的“日影千里差一寸”的谬论。一行根据测量的结果，经过精确计算，得出了“大率五百二十六里二百七十步而北极差一度半，三百五十一里八十步，而差一度”的结果。就是说，子午线每1°为131.11公里（近代测得子午线1°长110.94公里）。这实际上是世界上第一次实测子午线长度的活动，英国著名的科学家李约瑟一再称：“这是科学史上划时代的创举。”

中国古代的天文观测工具——浑天仪

早在远古的时候，人类就对于包容和孕育生命的天空和大地充满了敬畏和好奇，并以丰富的想象力推测着它们的形状、成因。直到东汉时期，科学家张衡发明了一种观测天文的仪器——浑天仪，人类才第一次比较形象直观地了解天空与大地。从此，天和地的样子在人们的眼中变得真实清晰起来。

公元78年，张衡出生于南阳西鄂(今河南省南阳县石桥镇)的一个名门望族，祖父张堪曾任蜀都太守。张衡自幼聪明伶俐，乖巧好学。17岁时，张衡离家到西汉的故都长安附近游历，考察历史古迹和民风民俗，后来又去了都城洛阳寻师访友并参观了太学。5年后，张衡重返家乡，担任南阳太守鲍德的主簿。鲍德调任之后，而立之年的张衡开始在家中潜心钻研哲学、天文、数学。经过3年的刻苦研读，张衡在天文、历算、阴阳等学科上取得了很大的成绩。

在张衡生活的那个时代，关于天和地的天文现象有2种不同的说法。一种说法认为：天圆地方，天覆盖着地。天上阴阳两气互相转换就形成日出、日落。但这种说法难以自圆其说之处是：天如果是圆的，那它又怎么能将四四方方的地覆盖严实呢?

后来，支持盖天说的人们为了能自圆其说，将过去的论调做了修改，说天是圆的，地也是圆的，天和地就像是2个倒扣在一起的盆子。此外，这种新盖天说还认为天和地都是中间高四周低，它们之间的高度永远都是一样的。可这么一说，这种观点还存在着许多解释不清的地方。

另一种说法则认为：天是呈圆球状的，地在天的中央，四周充满了水，地就浮在其间；天则包在地的最外面，就像蛋壳和蛋黄那样。天无时无刻不在运动，既没有起点，也没有终点，混混沌沌无法分清，所以称作“浑天”。在当时看来，浑天说似乎比盖天说的观点更令人信服，虽然也有诸如“大地若浮在水上，那么太阳、月亮、星星的起落为什么没有从水中穿过”这样的存疑，但总的说来这种观点比前面的观点先进了许多，所以这种说法成为中国汉代以后古代天文学的主要指导理论。

在浑天说的研究、传播过程中，张衡起了举足轻重的作用。

公元111年，张衡被汉安帝任命为郎中和尚书侍郎。4年之后，又被任命为太史令。在此期间，张衡致力于研究天体运行规律，并根据浑天说的理论以及太阳、星星的运动规律，发明了观察天文的仪器——浑天仪。“浑”在古代有圆球的意思，所以浑天仪的外观就是圆球形的，其间由许多同心圆环组成。这个仪器是铜质的，直径为1.3米，中心部位有轴贯穿。球上分别刻着二十八宿、中外星官以及二十四节气、南北极、黄赤道、恒星圈、视显圈等。铜球可以旋转，其旋转速度是通过漏壶滴水所产生的动力来控制的。铜球的运转情况同天象相一致，因此，人们想要观察天象不再是件难事，只要观看浑天仪就可以将茫茫天地了然心中了。

张衡像

张衡，我国东汉著名科学家，他多才多艺，在天文、文学、绘画等方面都有较高造诣。

继浑天仪之后，张衡又研制出了地动仪和候风仪。后人在其漏水转浑天仪的基础上，又设计出了天象表演仪和天文钟。由此可知，浑天仪在天文学研究中的地位是非常重要的。

张衡和地动仪

张衡是中国东汉时期人，博学多才，文采极好。他曾花了10年的工夫，写成了《二京赋》，描写了当时长安城和洛阳城的繁华景象，极尽夸张之能事，得到了很多人的击节赞赏。

除此之外，张衡在数学、地理、绘画、机械制造、气象学等方面，都有非凡的成就。他是中国古代宇宙结构理论“浑天说”的代表。正确解释了月食成因。并用“近天则迟，远天则速”理论解释五星运动的快慢现象，这是五星运动快慢与太阳距离远近关系的早期论述。还统计出中国中原地区能观测到的2500颗行星，测出日、月视直径约为0° 49′。公元132年，他创制了世界第一台测地震仪器——候风地动仪。还制造出指南车和记里鼓车等。著有数学名著《算罔论》。其所作的地形图一直流传到唐代。他发明制造的浑天仪(公元117年)，是世界上第一台用水力推动的大型观察星象的天文仪器。

张衡最著名的成就在于地震学方面。东汉时期，中国地震比较频繁。在朝廷主持天象观测工作的张衡为了掌握全国各地的地震动态，坚持不懈地进行研究。在公元132年，他发明了世界上第一架测定地震方向的地动仪。地动仪用铜制成，形状像酒樽，中间竖着一根粗大的柱子，柱子的周围有八根横杆连接外面。仪器上有个凸形的盖子，周围镶有八条龙，龙头分别对着八个方向。龙嘴里各含一个铜球，下面蹲着八只张着嘴的蟾蜍。如果某个方向发生地震，柱子就会倒向那个方向的横杆，接着龙嘴就会吐出铜球，落到蟾蜍嘴里。这样人们就可以预测地震。

> 知/识/窗
>
> **候风地动仪的工作原理解析**
>
> 地动仪是中国古代应用惯性原理的绝佳代表，反映在其内部构造上与惯性定律相符。候风地动仪由3部分组成。一杆直立的铜柱，称为“都柱”，是作为惯性体来用的，其作用与现代地震仪中的摆相同；八道，即环绕都柱的8个向仪体辐射的等分部件，也即都柱周围所设有的8条滑道。功用是限制都柱的运动轨迹，使都柱在感应地震后进入特定的某一条滑道；乐机，是一种类似杠杆的早期机械装置。它一端与八道接触，另一端同体外对应的龙首相连；形成了地动仪的杠杆系统。此外，体外仪台上分置8个仰首的蟾蜍。如果地震发生，仪体会随之震动，根据惯性原理，其中心的都柱将产生相对运动，由于重心偏高，会朝震源的方向倾斜，势必倒入相关的一道，以至诱发杠杆连续作用，最终使该向的龙首都有所反应，将口中的铜丸吐出，准确地落入与之相对应的蟾蜍口中。观测者可根据落丸的方位判断地震的方向。

公元138年的一天，张衡和朋友们正在家里聚会，地动仪西边的一个铜球突然掉了下来。于是，张衡说一定是西方发生了地震。但当时洛阳城里毫无地震的预兆，连他们喝酒的杯子都没晃一下。大家纷纷怀疑地动仪是否准确。张衡对自己的发明却信心十足，他对人们说：“咱们还是让事实说话吧。”不久，驿站的人果然来报告，说是千里之外的陇西——地震仪所指示的方向发生了地震。在事实面前，那些怀疑地动仪并不能预测地震的人终于哑口无言了。张衡的地动仪不仅很精确，而且比欧洲的地震仪要早1700多年。

伽利略发明天文望远镜

荷兰眼镜匠李普希有一次在配制眼镜片的时候，偶然间把两个眼镜片排开一段距离，然后透过它们观察远处的物体，这时他惊奇地发现远处的物体被拉近，放大了。这一发现立即引起了很多人的兴趣，并迅速在欧洲传开。

伽利略是意大利的一位物理学家、数学家和天文学家。李普希的发现立即引起了伽利略浓厚的兴趣。于是，他马上着手制造这种仪器。1609年，世界上第一架天文望远镜诞生了。

这种由伽利略制造的折射望远镜的物镜口径只有4.4厘米。镜筒前头那块玻璃透镜被称为物镜，当来自天体的光线射到物镜上时，光线会被折射并被透镜集中于一个点上，这个点就是焦点。该天体的像在那里形成。在镜筒的另一端的透镜口径较小，被称为目镜。天体的像在目镜中被放大，以供观测者观察，物镜和焦点之间的距离称为焦距。一般说来，望远镜的放大倍数是望远镜的物镜的焦距与目镜的焦距之比。

伽利略首先用望远镜观测月亮，结果发现月亮并不像人们常说的那样。事实上，月球是一个崎岖多山的星球，而不是我们肉眼所见的光滑无瑕的外形。通过望远镜，伽利略还看到了处于低洼区域的灰色平原，尽管伽利略不相信那里有水，但后来，这些灰色平原还是被称为“海”。

伽利略还特别注意到，与行星相比较，恒星在望远镜里只是一个光点，而不呈现出明显的圆面，不管怎样放大，这些恒星在望远镜中仍然是一个微小的光点。造成这种现象的原因是所有的恒星都距离我们非常遥远。

伽利略于1610年经过长达几个星期的观测，断定木星有4颗如同环绕地球运行的月亮一样的卫星。到目前为止，人们共发现了18颗木星卫星。人们至今仍把伽利略发现的那4颗木星卫星称为“伽利略卫星”，以此来纪念伽利略的伟大发现。

伽利略以前就支持哥白尼的“日心说”，发现木星卫星后，他比以前更加相信哥白尼的学说了。特别是当他发现金星也有圆缺变化时，他进一步确信“日心说”是正确的。事实上，这种圆缺变化被称为金星的相位。因此，他坚持认为托勒密的学说是错误的。

伽利略的这些发明都是借助天文望远镜观测星空而得来的结果，他的这一发明让人类具备了“千里眼”，从而开启了天文学上的新纪元。

射电望远镜

1937年，美国工程师格罗特·雷伯(1911～2002年)在自家后院建造了一台射电望远镜，由此成为了世界上第一位射电天文学家。雷伯的射电望远镜有一个碟形天线(常称做抛物面型天线)，天线的直径为9.46米，可接收波长为1.9米的无线电信号。因为无线电波长比光波长得多，所以射电望远镜只有比反射望远镜镜面相应大很多才能很到相似的解析度。到1942年，雷伯利用更短的波长——60厘米——绘制了一幅宇宙射电图。

1946年，英国研究天鹅星座的科学家定位了一个强大的波动射电源，并称之为天鹅座A。到这时，天文学家已经拥有第二次世界大战中研发的雷达微波无线电设备，但是研究射电星系需要性能更强的望远镜。1948年，英国天文学家马丁·赖尔(1918～1984年)建造了一台射电干涉仪(由两台隔开较远的射电望远镜组成)，赖尔用它探测到了几百个外太空射电源，包括著名的仙后座A。他继续建造了更大型的射电干涉仪，包括1955年建造的由四架天线构成的射电干涉仪。

1957年，世界上第一台大型单座射电望远镜在曼彻斯特大学的焦德雷尔班克实验站在英国射电天文学家贝纳德·洛弗尔(1913年～)监督下建造完成。这台抛物面型射

大事记

1931年 央斯基第一次探测到来自太空的射电信号

1937年 雷伯建造了第一台可控向的射电望远镜

1955年 赖尔建造了一台大型射电干涉仪

1957年 焦德雷尔班克射电望远镜建成

1963年 阿雷西博射电望远镜建成

1980年 新墨西哥州索科罗的VLA(甚大天线阵)

1957年，英国焦德雷尔班克实验站建造了当时世界上最大的可控向射电望远镜。它由电动机驱动，并且能够抵消掉地球自转效应，自动跟踪行星、恒星或地球卫星。

电望远镜直径达76.5米。由于跟踪到了前苏联制造的第一颗人造地球卫星“旅行者1号”，这架射电望远镜很快享誉四方。其他大型可控望远镜也在各国相继被建造，包括1961年澳大利亚建造的柏克斯无线电望远镜直径64米；德国埃菲尔斯堡和美国西弗吉尼亚州格林·班克的直径100米的回转式射电望远镜。美国康奈尔大学在波多黎各西北部的阿雷西博射电望远镜是此类射电望远镜中最大的，为固定在山谷当中的由铝金属片组成的单口径球面天线，直径为305米，并且在球面的焦点上部用导线悬挂了一台射电接收器。这台天文望远镜从1963年开始启用，并且在1974年和1997年对其进行了改建。

即使再大的碟形天线，它的解析度也是有限的，所以为了得到解析度更高的射电信号，天文学家又把目光转回干涉仪。他们将两台或更多的射电望远镜安装在铁轨上，这样可以容易地变化它们之间的距离。通讯电缆将射电望远镜接收到的信号传输到计算机上来分析和表征(或控制射电望远镜的靶向，尤其是在恶劣天气里显得格外重要)。射电天文学家利用多台相互距离较远的射电望远镜组成一个甚大天线阵(VLA)。1980年，美国在新墨西哥州索科罗国家射电天文台建成了一个甚大天线阵，它由27面直径25米的抛物面天线组成，呈Y型排列，Y型的每臂长32千米，可在6个波段工作，并可作圆偏振(左旋和右旋)和线偏振测量。在厘米波段，最高空间分辨率达角秒量级，与地面光学望远镜的分辨率相当，灵敏度比世界上其他射电望远镜高一个数量级，相当于一台单口径36千米的射电望远镜。美国的甚长基线天线阵(VLBA，1993年建成)由10架射电望远镜天线组成，天线分布在从夏威夷大岛的莫纳克亚山到美属维尔京群岛的圣克鲁斯这一跨度超过8000千米的区域内。VLBA收集到的信号反馈回圣索科罗主基地并进行分析。这样，当初雷伯制作的直径9.6米的碟形天线已经扩展成为一台直径有数千千米长的射电天文望远镜，探测的触角可以延伸到浩渺宇宙中更加隐蔽的角落。

哈勃太空望远镜

哈勃太空望远镜以美国天文学家埃德温·哈勃(1889～1953年)的名字命名，以纪念哈勃在50多年的天文学研究中的重要地位。哈勃太空望远镜由美国国会于1977年提出建造，1985年建造完成，并于1990年4月25日由“发现号”航天飞机运载升空。该项目耗资30亿美元。哈勃太空望远镜沿着一个距地面607千米近乎圆形的轨道在地球上空飞行。在望远镜工作期间，可以通过航天飞机上的航天员进行维修或更换部件，必要时也可以用航天飞机将望远镜载回地面大修，然后再送回轨道。

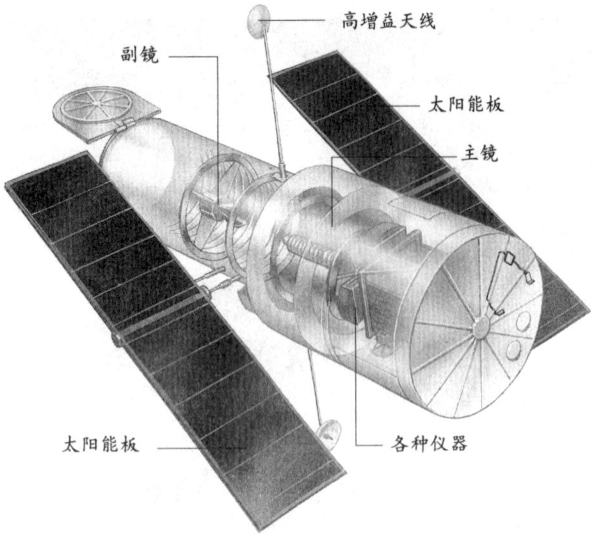

光从图中左边的位置进入哈勃望远镜，在主镜与副镜间被反射后，进入位于右侧的各种仪器中，包括用于拍摄行星和恒星的照相机、测量光的亮度的光度计。

哈勃太空望远镜为铝制圆柱形，长13米，直径为4.3米，两块长12米的太阳能板为望远镜提供电能。两支高增益的天线将信号发送给位于美国戈达德太空飞行中心的地面控制中心。望远镜的光学部分是整个仪器的心脏，它采用卡塞格伦式反射系统，由两个双曲面反射镜组成，一个是口径 2.4米的主镜、另一个是装在主镜前约4.5米处的副镜，口径0.3米。投射到主镜上的光线首先反射到副镜上，然后再由副镜射向主镜的中心孔，穿过中心孔到达主镜的焦面上形成高质量的图像，供各种科学仪器进行精密处理，得出来的数据通过中继卫星系统发回地面。这些经“智能折叠”的光通路尽管只有6.4米，但所观测到的效果和具有57.6米长光通路的望远镜观测到的效果是相等的。另外，望远镜上安装了5台不同种类的检测器。

由于在制造过程中人为原因造成的主镜光学系统的球差，哈勃望远镜所拍摄的第一张照片效果很差，所以不得不在1993年12月2日进行了规模浩大的修复工作。“奋进号”航天飞机上的宇航员用空间望远镜轴向光学修正辅助设备取代了哈勃望远镜上的高速光度计。另外还用新的广视域行星摄影机－2拍摄替代了原来的行星摄影机，成功的修复使哈勃太空望远镜性能达到甚至超过了原先设计的目标，观测结果显示，它的分辨率比地面的大型望远镜高出50倍。

1994年7月，苏梅克－列维9号彗星碎片与木星相撞，这被哈勃太空望远镜拍摄下来并发回了十分壮观的照片。望远镜上装配的光谱仪收集了有关木星大气组成的新数据。到1995年底，哈勃太空望远镜已经可以拍摄(10天可曝光)到宇宙空间中距离地球十分遥远的天体，比如距离120亿光年的昏暗星系。因为地球年龄只有大约45亿年，也就意味着所拍摄到的这些遥远的天体在出现地球的45亿年前就形成了。

1997年，“发现号”航天飞机宇航员为哈勃太空望远镜修复了一些“心脏”部位的绝热系统，并安装了一些新设备。1999年12月为哈勃望远镜更换了陀螺仪和新的计算机——安装了6个陀螺仪和一台比原来处理速度快20倍的计算机，还安装了第三代仪器——高级普查摄像仪，提高哈勃望远镜在紫外－光学－近红外的灵敏度和成像的性能。1998年，哈勃天文望远镜在金牛座星系中直接拍摄到了一颗太阳系外行星沿一颗恒星轨道运行；2000年，它所携带的仪器在另外一个与木星大小相仿的太阳系外行星的大气层里检测到了钠元素。

天文学家正在计划建造价值20亿美元的新一代空间望远镜，将于2010年发射升空。届时有口径8米的设备把可见光与红外光天文观测技术联合在一起。这台天文望远镜(NGST)将会在距地球150万千米的高空轨道上作业。

大事记

1977年 美国国会提议建造哈勃太空望远镜

1990年 “发现号”航天飞机将哈勃太空望远镜送入地球轨道

1993年 “奋进号”上的宇航员修正了望远镜的光学系统

1997年 完成第一次服务任务；安装新设备

1999年 完成第二次服务任务；安装新陀螺仪

2002年 “哥伦比亚号”上的宇航员升级哈勃太空望远镜

寻找外星人

世上真有外星人吗？对此，人们众说纷纭，并有各种各样的猜测。有人说外星人是一群海陆两栖的“海豚人”，他们生活在海洋面积广阔的星球上；有人说外星人是一群“章鱼人”，他们生活的星球没有陆地，完全被海洋覆盖；有人说外星人是一种由爬行动物演化而来的“蹲踞人”，他们身材短粗、骨骼强壮、心脏特大，全身长满了厚皮。

但想象毕竟是想象，是没有科学根据的。为了彻底揭开这个谜团，从20世纪70年代，世界各国的科学家开始了“寻找外星人”的探索研究工作。

科学家首先把寻访的目标对准了太阳系。很多科学家认为，生命是宇宙演化的自然产物，只要有适当的条件，生命就会产生、繁衍。科学家分析：生命存在需要具备氧、氢、碳、氮等生命元素，还要有液态水、适宜的温度、必要的能源、一定的大气。宇宙中就具有这些条件，所以，我们有理由相信，宇宙中有生命存在。

在20世纪70年代，美国先后发射了“先驱者号”和“旅行者号”宇宙飞船。“先驱者号”宇宙飞船拍摄的土卫六的照片显示，土卫六呈现桃红色，表明它的大气中确实含有甲烷、乙炔、乙烷等。在红外线探测资料中得知它的云端可能含有跟生命有关的氢氰酸分子。由此推测土卫六上可能存在有机物。

“旅行者号”飞越木卫二上空时，探测出它的表面分布着许多纵横交叉的裂纹，长约上千千米，宽几十千米，深100米～200米。这些在冰壳上呈现褐色的裂缝，经光谱分析，表明可能是有机聚合物。

在太阳系里，火星上也很可能存在生命。但是火星的引力太小，表面引力只有地球的38%，不足以保持它表面的大气和水分。火星上的水蒸气含量比地球最干燥的沙漠地区还要干燥得多。火星表面非常寒冷，中午最高温度才22℃，最低有−93℃。地球上有磁场和辐射带，能挡住太阳高能粒子和紫外线的照射，火星上却没有。尽管这些条件都不利于生命的存在，但是人们并没有结束对火星上有没有生命的探索和争论。

根据目前的资料显示，“寻找外星人”的计划在太阳系中不可能实现，即使有生命，也是低级的。但是，大约有1500亿颗恒星存在于银河系里。同地球类似的行星肯定大量存在，所以，从整个宇宙的范畴来看，很可能不是地球上才有生命。如果能飞出太阳系，到别的恒星去寻找“外星人”的话，也许找到的几率会大一些。

1960年，美国开始通过倾听外星智慧生命发出的电波来寻找人类的同伴，这次行动被称为“奥兹玛计划”。美国康奈尔大学的天文学家弗兰克·德雷克用射电望远镜观测波江座和鲸鱼座，企图搜寻21厘米波长的氢原子辐射的电磁波，这种电磁波能在星际传播。

20世纪70年代，美国“先驱者10号”和“先驱者11号”在考察了土星、木星、天王星、海王星后，就直奔银河系。飞船上有一架特殊的电唱机和一套精心挑选的“唱片”。这些唱片记录了地球上各种有典型代表意义的信息，包括27种世界名曲、35种地球自然音响、大约60种语言的问候语，它被称为“地球之音”。为了

“先驱者”探测器及其携带的“地球之音”

让“地球之音”能在漫长的宇宙航行中得以完好保存，它被镀上了金，还在外面加了金属防护罩。据估计，它们可以在宇宙中保存10亿年。

一旦有一天，“外星人”真的收到了这些地球人的礼物，他们会有怎样的反应，将会给地球人类的命运带来怎样的影响，这些我们都无法预知。

天外来客UFO

长期以来，总有人能够看到空中有神秘的飞行物、对它们的描述也千奇百怪。这些神秘飞行物外形呈圆盘状、球状，或者类似雪茄状；它们小至乒乓球般大，大则长达数千米；它们拥有无与伦比的速度和灵活性，没有什么飞机能和它们一较高下。

它们善于“捉迷藏”并且还能对电磁进行干扰，导致电气系统的瘫痪，使工厂停电、仪表和雷达失灵、无线电通讯中断、车辆和飞机的发动机熄火、导弹无法正常发射。

这如此神秘的物质就是UFO，据称它们是由包括地球上可能存在的非人类在内的非地球人类生命体制造出来的一种宇航乘具，我们通常称之为“飞碟”。

1947年6月24日，美国几乎所有的报纸都报道了美国爱达荷州的一名企业家肯尼斯·阿诺德发现9个圆形物体以一种奇特的跳跃方式在空中高速前进，“它们像是碟盘一类的器具，速度高达每小时1200英里，转眼消逝在白云悠悠的晴空中……”这一事件引发了一次世界性的飞碟热。

1978年11月27日，第33届联大特别政治委员会第47次会议一致通过了各国之间相互协作以研究UFO的会议纲要。自此，UFO研究不再局限于各国政府和民间机构。

尽管UFO至今仍无定论。但是不论它是否存在，世界各国的科学家仍在继续着他们的研究，UFO之谜仍待破解。

地理大发现

一直以来，欧洲与印度和中国往来的唯一途径就是陆上的“丝绸之路”——开路先锋是13世纪后叶的意大利旅行家马可·波罗。海上通道未开辟并不是由于人们缺乏好奇心或者胆量，而是受制于当时落后的技术—他们挂着方帆的船只不适合在风向多变的海洋里航行。阿拉伯人似乎有更好的办法，他们的独桅帆或双桅三角帆船能够远航至非洲大陆的东岸。大约在1445年，葡萄牙的造船师制造出了一种多桅快帆船(最早的发明可追溯到1200年)，这种船有2～3个桅杆，有一个方形帆及一系列三角帆。这种能抗风浪、易于操控的新型船使得远洋航行成为可能。

海外探险第一人是葡萄牙航海家巴特罗缪·迪亚士。1487年，他率领一支小型船队从葡萄牙出发，沿着非洲西海岸向南航行。在风暴的推动下他的船队抵达了大陆最南端的尖角，并绕过尖角，于1488年在非洲东海岸登陆。迪亚士称这个尖角为“风暴角”，以纪念自己这段不寻常的经历，后来被葡萄牙国王多姆·乔奥(1460～1524年)二世改名为“好望角”。1498年，另一位航海家瓦斯科·达·伽马重复了迪亚士的这条航线，并在绕过好望角后继续北上到达东非沿岸，在穿越印度洋后最终在印度靠岸。达·伽马开辟了一条通向印度和亚洲的新路线，并最终到达了香料岛(摩鹿加群岛)。

在此期间，确切地说是1492年，一位来自热那亚的意大利航海家说服了西班牙国王和皇

大事记
1488年 巴特罗缪·迪亚士航行绕过好望角
1492年 哥伦布抵达美洲
1498年 瓦斯科·达·伽马抵达印度
1519～1522年 麦哲伦率船队完成环球之旅

后，资助他去寻找一条向西穿越大西洋通往印度的新航线。这位航海家就是哥伦布。与哥伦布同样闻名于世的有3条航船——“圣·玛利亚号”、“尼娜号”以及“品塔号”，这些船与葡萄牙的船同属于多桅快帆船。但他到达的地方并不是预期中的亚洲，而是美洲东海岸附近的巴哈马群岛。在1493年哥伦布返航的时候，39人留住在了那里，也就是现在的海地(当时哥伦布称之为伊斯帕尼奥拉岛)。此后他又进行过两次航海，一次是1493～1495年，船队共有17艘船1500名人；另一次是1498～1500年。他的第二次旅行到达了中美洲大陆，同时还发现了许多加勒比地区的小岛。第三次远航时，他先后抵达了特立尼达和南美大陆。在他的第四次也是最后一次航海中，他抵达了墨西哥湾。据说哥伦布常依靠恒星，结合德国天文学家雷纪奥蒙塔拉斯在1474年绘制的天文星座表判断航行方向。

当向东航行抵达印度成为可能时，人们产生了西行绕过美洲南部前往印度的设想。第一个尝试这个想法的人是另一位葡萄牙航海家费迪南德·麦哲伦，在西班牙国王的资助下，他率领由265名水手及5艘航船组成的探险队伍。在1519年秋季扬帆起航，穿过大西洋南部海域，并成功越过了南美洲南端那个多风暴与湍流的合恩角，为了纪念他，合恩角附近的海峡也被命名为麦哲伦海峡。在穿越太平洋时，船队遭遇了恶劣风暴天气，损失了4艘船只。麦哲伦在1521年登上菲律宾某小岛时被当地居民杀害。1522年，船队仅剩下1艘船载着二十几名水手返回西班牙，但他们完成了人类历史上首次环球航行！

随后的一次环球航行发生在1577～1580年，英国探险家弗朗西斯·德雷克(1540～1596年)驾驶“金鹿号”完成了环球航行。他发动了对西班牙舰队的袭击，同时还援助在弗吉尼亚的殖民者。在一次前往西印度群岛的航行途中，弗朗西斯·德雷克死在了自己的船上。

化石的发现

1517年，意大利内科医师、诗人吉诺拉莫·弗拉卡斯托罗(约1478～1553年)首先提出“化石是有机生物残骸”这一观点，但在当时并没有引起人们的重视。直到18世纪晚期，欧洲大陆发现了不少化石之后，科学家们才开始意识到化石不但能够显示生物演化的历史，同样能够揭示其所处岩层的年代。1793年，法国博物学家让·巴帕蒂斯特·拉马克(1744～1829年)再次提出化石是古代生物体残骸这一观点，此时，科学家开始重视它。两年后，他的同胞乔治·居维叶(1769～1832年)成为最早发现恐龙化石的人之一。“恐龙”一词源自希腊语，意思是“恐怖蜥蜴”，由英国化石收藏家查德·欧文(1804～1892年)于1842年首次为其命名。

古生物学家认识到化石形成的几种方式：对于动物化石来讲，尸体在分解腐烂或者被食腐动物吃掉之前必须被迅速掩埋，而被掩埋的最佳场所便是水下的泥浆里以及湖底、海底的沉积层里，这些场所也是沉积岩形成的地方。埋在沉积层中的动物遗骸能够被水分解，最终留下接近完美的生物铸模，随后矿物可能存积于其中，最终形成与周围沉积岩质地截然不同的生物铸件。泥浆中的动物足迹以及生物运动轨迹也能够以相似的方式保存下来。而只是在偶然的情况下，整个动物才能够被保留下来并成为化石，比如被困在琥珀(树脂化石)中的昆虫，或者被困于永久冻土中的猛犸等。加利福尼亚的一些焦油坑中也完整地保留了大批史前动物的骸骨。

沉积岩常常形成海边的悬崖，由于海浪、气候的侵蚀，其内部保留的化石也会逐渐显露，因此常常能够在海边的悬崖上看到伸出的化石，甚至能在海滩上捡到化石。1811年，英国女

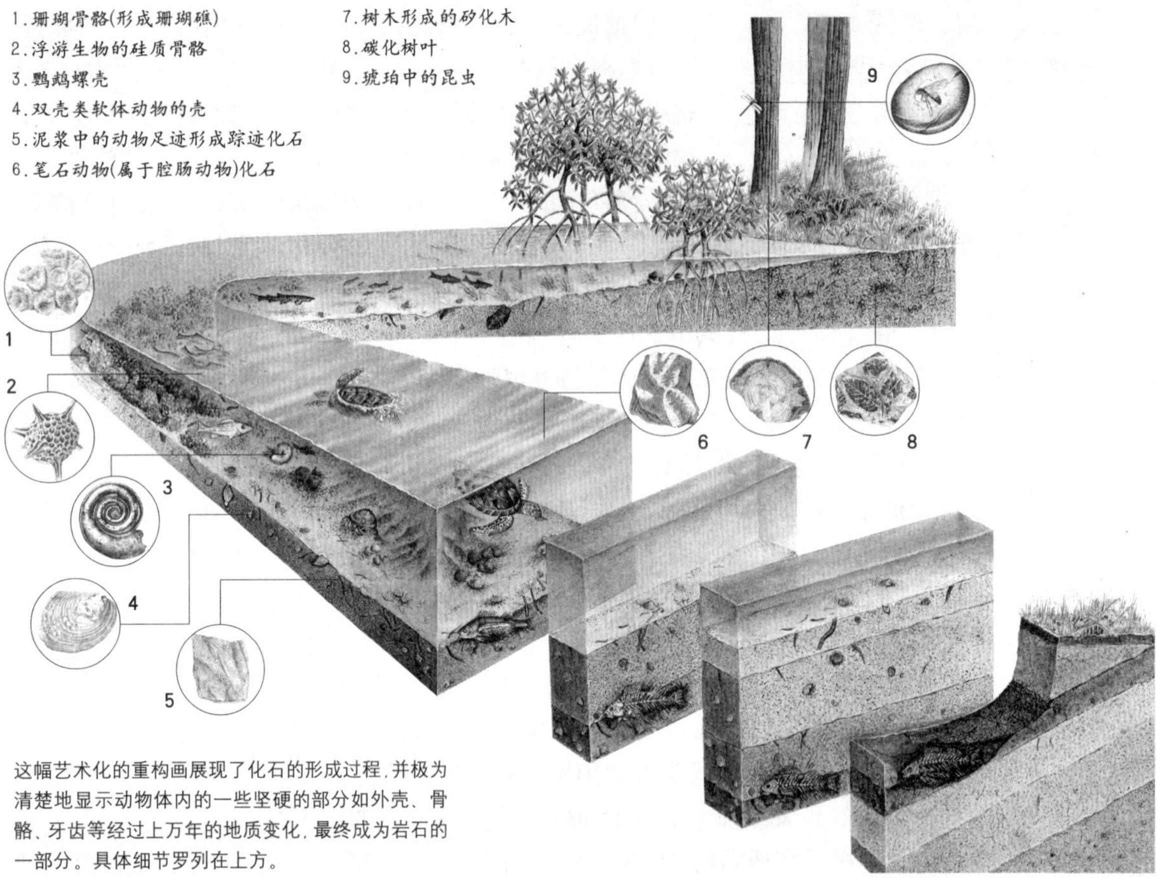

这幅艺术化的重构画展现了化石的形成过程,并极为清楚地显示动物体内的一些坚硬的部分如外壳、骨骼、牙齿等经过上万年的地质变化,最终成为岩石的一部分。具体细节罗列在上方。

学生玛丽·安宁外出散步时,在英国南部的多赛特海滩上偶然间捡到一块完整的鱼龙骨架化石。鱼龙是一种类似鱼的爬行动物,生活在1亿5千万年前的中生代。年仅12岁的安宁很有远见,毅然将这块化石卖给当地博物馆,她也成为世界上最著名的化石收藏者之一。

数百万年的沉积物堆积在一起,经过积压形成多层的沉积岩层,只要没有大的地壳运动破坏这些沉积层的排列顺序,新生的沉积层永远都会处在古老的岩层的上层。1816年,英国地质学家威廉·史密斯(1769~1839年)指出,化石年代一定与发现该化石的岩层年代相同。换句话说,包含化石的岩石年代与该化石的年代相同。二者的关联性为测量地质年代提供了全新的方法。当然,这些方法均无法获得化石或者岩层的具体年代,直到20世纪,我们能通过测定化石的放射性才可以获得较准确的化石年代信息。

鱼龙化石中隐藏信息的发现

地球形成已经有几十亿年的历史了,人们之所以能了解古地理环境的面貌、性状,很重要的一个原因就是对古生物化石的研究,这些化石身上隐藏着极有价值的信息。1814年发现的鱼龙化石就是其中一种。

鱼龙在动物进化的历史上,是一种很有代表性的动物。现在人们都知道,海洋是生命的最初发源地,鱼类大约在5亿年以前,才开始出现。此后,鱼类开始分化为留在海洋里的、迁到大陆上沼泽地带的等几类。迁到沼泽地带的演化成为以蜥蜴为代表的两栖类;完全迁到陆地上去的,演化成以恐龙为代表的爬行动物。

爬行动物种类繁多,其中的一些动物如鱼龙,由于各种原因,又从陆地上重新回到海洋中去生活。随着生活环境的改变，它们的器官发生了变化。虽然它们仍用肺呼吸，但四肢变成了鳍形，方便划水。身体也变成鱼类那样的纺锤形，适宜于游泳，还长出了像鱼那样的尾鳍和背鳍。它的体貌特征已经完全适应了海洋生活。

鱼龙就是从陆地重新回到海洋中生活的爬行动物中的一种。

从动物的进化史当中，地理学家们获得了重要的启示。他们认为，既然作为典型的生活在海洋中的爬行动物，鱼龙的化石便成了确定古地理环境的一种有效标志。因为鱼龙生活在海洋中，所以，凡是埋有鱼龙化石的地方，过去肯定曾经是海洋。这便是鱼龙化石当中隐藏的神秘信息。

由此可见，古生物学、考古学、地理学是相互关联的，某一学科的发现往往可以为另一学科提供帮助或参考。

恐龙足印与地质新发现

意大利国土形如筒靴，在它的上面，有一个明显突出的“马刺”——加加诺半岛。加加诺半岛遍布石灰岩，其地形特征属于山地，拥有非常丰富的矿物资源。博塞利尼教授率领一支国际地质考察队于2000年6月在此进行考察，在一个位于圣马尔科因拉米斯镇附近的石灰岩矿区偶然发现了一组恐龙足印化石。

这组恐龙足印化石约60多枚，其长度从15～40厘米不等，化石外形完整，有十分清晰的脚踵部分。在矿区通向出口附近的巨大石面上，有一组两足三趾的恐龙足印，这些足印可能是属于食草类的禽龙，或以禽龙为食的食肉类陆地恐龙。这些足印尺寸很大，人们猜测当时生活在这里的恐龙都是庞然大物，体重过吨。

初步的研究发现，一些足印明显是一种禽龙留下的，这种禽龙体型巨大，其体重可达4.5吨，身长9米，后腿站立时身高可达5米。这样的巨型恐龙必然具有惊人的食量，其种群必须要在成片的森林和广袤的水草构成的生活环境中生存。通过巨型恐龙的这种生存特征，人们推测在很早以前，加加诺半岛曾是林木耸立、水草丰饶的沃野。而对地质构造的分析对比又表明，这里与北部非洲的地质非常相似。国际地质考察队的专家们因此提出意大利南部地区与非洲大陆曾经连在一起的观点。这一观点否定了“意大利南部与非洲大陆不相连”的传统看法。

图中铸模所示的禽龙三趾后脚，从脚跟到中趾尖，长两尺多。

地质学界长期以来一直认为，独立于非洲大陆的意大利亚平宁半岛南部，在远古时代是一组零星的岛屿。加加诺半岛恐龙足印化石的发现对这一理论提出了不同看法。如果当时意大利南部与非洲大陆毫不相连，那么巨型的恐龙群在这里就难以生存。

爬行类的蜥龙在加加诺半岛发现的恐龙足印化石中，留下了一组呈环形的四脚足印。这种恐龙生活在距今约1.2～1.3亿年前。地质学家们推断，由于地壳的运动，在当时，非洲大陆北部的一部分地面开始下沉，下沉部分降到了海平面以下10～20米，由非洲大陆延伸出来的岬岛则是由现在的意大利南部地区逐渐转变而成的。它与非洲大陆之间隔着一片浅平的海湾。

后来，岛屿部分凸升为陆地，继续下降的海湾部分则转变成为地中海。在这一变动过程中，现在的意大利南部地区逐步变成岛屿，它与非洲大陆之间在约几千万年的时间里，曾是一片宽旷的沼泽地。为了觅食生存，巨型恐龙群由此穿过，迁移到了非洲大陆，并在迁移过程中留下了足印化石。

世界上许多地区都发现有恐龙、恐龙蛋以及恐龙足印化石。只有把恐龙、恐龙足印、恐龙蛋化石和当地地质构造联系起来加以分析研究，人们对地质生态环境演变做出的科学解释才能符合实际，从而造福于人类。

沈括的地理考察

任何一个时代都有这样一种天才：他们学识过人，精力充沛，在各个领域都有不俗的表现。如达·芬奇、富兰克林、爱因斯坦……在中国的北宋，便有沈括。

《梦溪笔谈》书影

沈括是一位上知天文、下晓地理的人才，出生在一个书香门第。《宋史·沈括传》里说他，“于天文、方志、律历、音乐、医药、卜算无所不通，皆有所论著”。

在沈括所生活的时代，北宋朝廷腐朽无能，每年都要给北方的辽国大量银绢，以此求得暂时的安定。虽然如此，但辽国却欺负宋廷的软弱，想进一步侵占北宋。熙宁七年（1075年），辽国派来使臣对宋廷说要求重新划定边界。宋神宗派了好几拨的人去谈判，都无功而返。这时有人提到了沈括，说他不仅办事认真细致，而且精通地理。于是，关键时刻，沈括被派上了辽宋的谈判前线。

出使前，沈括先到枢密院，从档案资料中把过去议定边界的文件都查清楚了，确认那块土地是属于宋朝的。接着又收集了许多地理资料，并且叫随从的官员都背熟。到了上京谈判时，辽国提出的问题，沈括和官员们对答如流，有理有据。他们丝毫不畏辽国的威胁，坚持立场，据理力争，最终战胜了辽国的谈判使者。谈判成功后，沈括和其他随行的官员一起回朝，途经每个地方，沈括都把当地的名山大川及风俗人情一一记录下来，整理成书，呈报给朝廷。因为他出使有功，宋神宗拜他为翰林学士。

后来，为了维护宋朝边境的安全，沈括又多次被派去边境考察。这些地理考察使得他在地理地质学方面颇有成就，他以流水侵袭作用解释了奇异地貌的成因，从化石推测了水陆变迁情况，制成了辽北立体地形模型，并编制了北宋疆域地图集。正当沈括准备在地形考察方面作更深的研究时，却受人诬告，被贬谪到了荒凉的随州（今湖北随州）。在那样艰苦的条件下，沈括仍坚持绘制地图，12年后的元祐二年（1087年），终于完成了当时最准确的一本全国地图——《天下郡国图》。

晚年时，沈括闲居在润州（今江苏

知/识/窗

沈括

沈括（约1031～1095年），字存中，钱塘（今浙江杭州）人。他出生在一个书香门第，自幼勤奋好学，14岁时就读完了家里的藏书。并跟随做官的父亲到过不少地方，见多识广。丰富的实践经验不仅开阔了沈括的眼界，也增长了他的学识，使他成为了一个“博学善文”的通才。至和元年（1054年），沈括以父荫入仕，任海州沭阳县（今属江苏）主簿。后来，沈括历任县令、知州等官职。从政期间，沈括视察了很多地方，了解祖国大好河山，而且兴修水利，开发农田，为百姓办了不少好事。

镇江）的梦溪园。他把一生研究的成果记载下来，写了一本名为《梦溪笔谈》的著作。在那本书里，记载了他的主要成就（如在地理考察方面的成果），除此以外，还记录了当时劳动人民的许多创造发明，如早期指南针装置、地球磁偏角的发现等。其中特别有名的是毕昇的活字印刷术。沈括的著述颇丰，据史书记载，有22种，155卷。现在多已不见，只存《梦溪笔谈》、《续笔谈》、《补笔谈》。另外沈括的诗文在南宋时编成《长兴集》41卷，今残存19卷。以及后人所辑的《苏沈良方》。

地层表面世波折

命运常常跟人开玩笑，剽窃他人科研成果者得到不明真相的人们的顶礼膜拜，而真正的研究者反而被排斥在科学殿堂之外。被称为“英国地质学之父”的18世纪地质学家史密斯就曾经遭遇过人们这样的“礼遇”。

史密斯在23岁时，就产生了制作一个地球地层构造模型的想法。为实现这个想法，他几乎付出了一生的时间。通过大量的实地考察，史密斯发现每一地层含有特定的化石或化石组合，并可以以此来与其他地层相区分。在此基础上，史密斯提出了著名的“化石层序律”。根据“序律”原理，他又花了3年时间绘制出了世界上第一张有系统的地层表——英国沉积地层表。晚年，他还绘制出世界上第一张地质图，并且完成了《根据有机化石所鉴定的地层》这部生物地层学的奠基之作，对后世的地质学产生了十分深远的影响。直到今天，广大地质工作者还在使用着史密斯创造的地层勘探法进行工作。

知识窗

英国地质学之父

威廉·史密斯1769年3月23日出生于一个小农场主家庭。在他很小的时候父亲就去世了，不久母亲又改嫁，是好心的叔叔抚养他长大。威廉·史密斯在15岁时就踏入社会，开始从事地质勘探工作。生性好动的威廉不仅能吃苦耐劳而且勤于思考，善于从实践经验中总结问题。

但在当时，史密斯的成就根本没有人重视。谁会相信一个靠自学成才的普通测量员能有什么非凡之才？心胸宽阔的史密斯根本不在意别人的眼光。相反，只要一有机会，他就会向别人讲述自己的观点。

有一天，史密斯和朋友在一间咖啡店里聊天，他又谈起了地层划分的问题。兴致高昂的史密斯将自己观察思考的所有心得都告诉了这位朋友。就在他们谈得正高兴时，一位温文尔雅的牧师走了过来。他先是大大地称赞了一番史密斯，说听了他们的谈话，觉得非常有意义。接着又诚恳地问道：“刚刚您讲的那个问题，我有点不明白，可以再讲得仔细点吗？”看见有人对自己的发现这么感兴趣，史密斯非常高兴，就把他讲过的内容又一五一十地重复了一遍。牧师听后，满意地离开了。不久以后，英国地质界就公布了一个相当轰动的“化石层序律”。而这个理论的“发现者”是一个叫泰乌谢德的人，他因此而赢得了英国地质学会名誉会员的身份。这个叫泰乌谢德的人就是当时在咖啡厅里向史密斯请教的那个牧师。

在自己的劳动成果被他人窃取后，史密斯却毫不在意，仍然平静地埋头于自己的事业。为了绘制出英国地质图，他不仅投入了自己的所有家产，连辛辛苦苦收藏的地质标本都变卖了。

直到1831年，史密斯孜孜不倦的努力才终于得到了承认，伦敦地质学会为他授予了荣誉奖章。鉴于他对于英国地质学发展所作出的卓越贡献，伦敦地质学会称他为“英国地质学之父”。

《山海经》中的古代地理

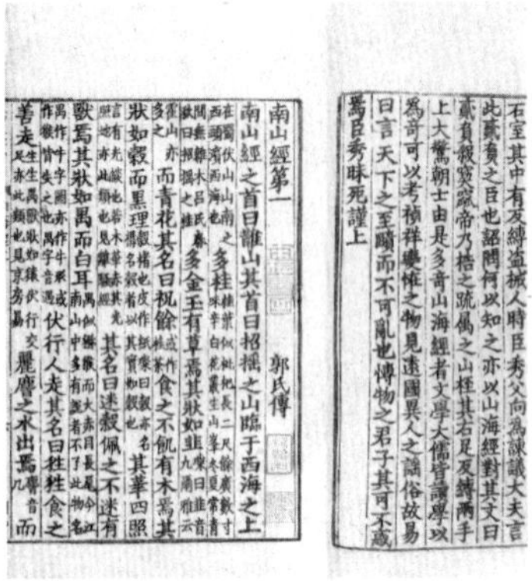
石室其中有反縛盜械人時臣秀父向爲諫議大夫言
此貳負之臣也詔問何以知之亦以山海經對其文曰
貳負殺窫窳帝乃梏之疏屬之山桎其右足反縛兩手
上大驚朝士由是多奇山海經者文學大儒皆讀學以
爲奇可以考禎祥變怪之物見遠國異人之謠俗故易
曰言天下之至賾而不可亂也博物之君子其可不惑
焉臣秀昧死謹上

南山經第一 郭氏傳
南山經之首曰䧿山其首曰招搖之山臨于西海之上
多桂
多金玉有草焉其狀如韭
而青花其名曰祝餘 食之不飢有木焉其
狀如穀而黑理 其華四照
其名曰迷穀佩之不迷有
獸焉其狀如禺而白耳 伏行人走其名曰狌狌食之
善走 麗麐之水出焉 而

《山海经》书影

《山海经》是一部内容丰富、风格独特的古典著作，全书共计3.1万多字，记录了我国古代地理、历史、民族、神话、生物、水利、矿产、医学和宗教等诸多方面的内容。

《山海经》由三部分组成，包括《五藏山经》(以下简称《山经》)，共计5卷26篇，约2.1万字；《海经》，计8卷8篇约4200字 ；《大荒经》，并《海内经》1卷，计5卷5篇，约5300字。

有关《山海经》的作者和成书年代，众说纷纭，东汉刘向《上山海经表》中，主张该书出于唐虞之初，系禹、益所作，后来《尔雅》、《论衡》、《吴越春秋》等都从这个说法。目前学界看法是，《山海经》成书非一时，作者亦非一人。其中《山经》成书最早，大约在春秋战国时期；《海经》稍晚，成于西汉；《大荒经》及《大荒海内经》大约成于东汉至魏晋时期。

《山海经》里有关山川和河流湖泊的描述，具有很高的地理学价值，为研究中国古代地理提供了丰富的资料。东汉时期，明帝送给治水专家王景的参考书中就有《山海经》。北魏郦道元写《水经注》时，引用《山海经》达80余处。到了近代，顾颉刚作《五藏山经诚探》，发表了精辟的见解。其后谭其骧写作《“山经”河水下游及其支流考》，利用《山海经》里丰富的河道资料，将《北山经》中注入河水下游的支流一一梳理，考证出一条最古的黄河故道。

知识窗

《山海经》中的矿物的描述

《山海经》是我国第一部矿物岩石著作。所记矿物岩石达89种，产地400余处。在矿物命名上，《山经》把矿物分为金、玉、石、土四类，是世界上最早的矿物分类法。

《山海经》里所描述的地域范围非常之广，几乎覆盖全国：其中《南山经》东起浙江舟山群岛，西达湖南西部，南至广东南海，包括今浙、赣、闽、粤、湘五省；《西山经》东起山、陕间黄河，南抵陕、甘秦岭山脉，北达宁夏盐池，西北至新疆阿尔金山。《北山经》西起今内蒙、宁夏腾格里沙漠贺兰山，东达河北太行山东麓，北至内蒙阴山以北。《东山经》包括今山东和苏皖北境。《南山经》西到四川盆地西北边缘。《中山经》则指中部山脉。

《山海经》里还记载了许多原始的地理知识，例如南方的岩溶洞穴，北方河水的季节性变化，以及不同气候带的景物与动植物分布等特点。

《山海经》作为中国最早的地理著作，在世界地理学史上也占有一定的位置。《山海经》以中部的“中山”为中心，四周为“南山”、“西山”、“北山”和“东山”所构成的大陆。《山海经》认为大陆被海包围着，在海之外还有陆地和国家。这种认识虽有其局限性，但在当时无疑还是很先进的。

郦道元的地理发现

在北魏时期，有一本地理学巨著叫《水经注》，他的著者郦道元是我国古代最卓越的地理学家之一。

郦道元(约公元470年～公元527年)，字善长，北魏范阳郡涿县(今河北涿县)人。

郦道元出生在官僚世家，青少年时代随父亲在山东生活。对当地的风土人情深入了解后，逐渐对地理考察产生兴趣。父亲去世后，道元袭爵永宁侯，在孝文帝身边做官。后来外调，做颍川太守、鲁阳太守和东荆州刺史等职。在辗转各地做官的过程中，他博览群书，并进行实地考察，对当地的地理和历史有了深入的了解和研究。

知/识/窗

三国两晋南北朝时期的方志

(1) 三国

《巴蜀异物志》(谯周)　《临海水土异物志》(沈莹)

《南州异物志》(万震)　《娄地记》(顾启期)

(2) 两晋

《荆州记》(范汪)　《十四州记》(黄恭)

《十三州记》(黄义促)　《风土记》(周处)

《雒阳记》(陆机)　《襄阳记》(习凿齿)

《庐山记》(慧远)　《宜都山川记》(袁山松)

《四海百川水源记》(道安)　《华阳国志》(常璩)

(3) 南北朝

《荆州记》(盛弘之)　《南越志》(沈怀远)

《吴地记》(陆道瞻)　《洛阳伽蓝记》(杨衔之)

神龟元年(公元518年)，郦道元被免职回到洛阳。在这期间，他感觉以往的地理著作如《山海经》、《禹贡》、《汉书·地理志》都太过简略，《水经》只有纲领而不详尽。于是，他花费大量心血，广泛参考各类书籍，结合多年的实地考察经验，历时七八年，终于完成地理学名著《水经注》。

郦道元做官时得罪了小人，被他们设下陷阱，派去视察反状已露的雍州刺史萧宝夤的辖区。孝昌三年(公元527年)十月，郦道元在阴盘驿序(今陕西临潼东)时，遭到萧宝夤部队袭击，被残忍杀害。

《水经注》共40卷，约30万字，文字20倍于原书《水经》，共记有1252条河流。

《水经注》这部在当时世界地理文献中无与伦比的著作，成就巨大，主要表现在以下四个方面。

其一，在水文地理方面。《水经注》共记载了1252条大小河流，按一定次序对水文进行了详细的描述。如河流的发源、流程、流向、分布、水量的季节变化以及河水的含沙量和河流的冰期等。在河源的描述上，有陂池、泉水、小溪以及瀑布急流。全书共记载峡谷近300个，瀑布64处，类型名称15个。《水经注》记载了伏流22处，其中有石灰岩地区的地下河和松散沉积孔隙水；记载的湖泊总数超过500个，类型名称13个，其中有淡水湖也有咸水湖；记载了泉水几百处，其中温泉31处。这些为后世研究古今水文变迁提供了重要的参考文献。《水经注》还记载了无水旧河道24条，为寻找地下水提供了线索；记载了井泉的深度，为该地区地下水位变化规律提供了依据和参照。

其二，在生物地理方面。《水经注》记载了大约50种动物种类。不仅明确记载了动物的分布区域，而且记载了各地所特有的动物资料。特别是黄河淡水鱼类的洄游，是世界上该方面现存最早的文献记载。《水经注》还记载了约140种植物种类，描述了各地不同类型的植物群落，尤其注重植被状况。

其三，在地质地貌方面。《水经注》记载了31种地貌类型名称，山近800座；记载了洞穴46个，按不同性状结构取不同名称。《水经注》还记载了许多化石，包括古生物残骸化石和遗迹化石；记载了矿物约20余种，岩石19种；记载了山崩地震约10余处。其中关于流水侵蚀、搬运和沉积作用的解释，成为古代最早的流水地貌成因理论。

其四，在人文地理方面。《水经注》中记载的农业地理，包括农田水利、种植业、林业、渔业、畜牧业和狩猎业等；工业地理，包括造纸、纺织、采矿、冶金和食品等；运输地理，包括水上运输和陆上运输以及水陆相连的桥梁、津渡等。《水经注》还记载了地名约17000多个，有全面阐释的2134个。

综上，《水经注》是一部杰出的地理学巨著，它是对北魏以前的地理学的一次全面总结，为后世地理研究提供了非常详尽的参考文献。

全国性测绘与《皇舆全览图》

康熙帝是一位雄才大略的政治家，勇于学习西方科学。他亲自主持了我国历史上规模最大的全国性测绘，并绘制完成有名的《皇舆全览图》。

康熙在北拒沙俄、签订《尼布楚条约》的过程中深刻地感受到精确的地图在政治和外交上的作用；同时条约的签订也极大地冲击了康熙帝以往的疆域观念，他渴望对清朝的版图有一个新的更全面的了解。而当时国内还没有一份精确的全国性的地图，前代流传的地图又过于粗疏，存在精度不高和内容不详的缺点。康熙帝决心绘制一份全国性的地图。

因为当时传教士带来了西方先进的科学技术，所以康熙帝认为引进西方先进的测绘技术，可以使他更准确地绘制出全国地图，从而更清楚大清帝国的版图。

康熙下令传教士白晋主持这项工作。为了完成这一伟大的测量工程，康熙三十二年(1693年)，白晋奉命返法，觐见法国皇帝路易十四，广召测绘方面的专家，并购得专门的测绘仪器。经过4年准备，白晋率10名优秀的测绘师返华。

测量队以传教士白晋、杜德美、雷孝思等为首，中国的科技人员也参与其中。这支汇聚中外科技精英的测量队携带着仪器，分批开赴全国各地进行测量。

康熙四十六年（1707年），康熙令传教士张诚率队在北京附近测量并绘成《京师地图》。此图在精度上明显高于旧图，从而使得康熙下定决心在更大范围内进行测量。

康熙四十七年（1708年）四月，康熙令白晋、杜德美、雷孝思等在河北境内长城以外测量并绘制成《长城地图》。

康熙四十八年（1709年）五月，康熙令雷孝思、杜德美、费稳等测绘东北地区的地图。而后又令杜德美、费稳测绘喀尔噶蒙古（今蒙古国）、陕西、山西地图。

康熙五十年（1711年），康熙令雷孝思、麦大成率队到山东地区测量，又令杜德美、费稳等到西北地区测量。

康熙五十一年（1712年），康熙令雷孝思、冯秉正、何国栋率队到东南各省测量。

康熙五十二年（1713年），测量队兵分三路，分别对中国的南部、西部和中部进行测量。

康熙五十五年（1716年），康熙让两个在钦天监工作的喇嘛跟西方的传教士学习测绘技术，然后派他们到西藏测量，并于次年完成制图工作。

全部测绘工作到康熙五十六年（1717年）基本结束。总历时长达10年。然后将各地的地图汇集起来，又经过1年多的整理，终于在康熙五十八年（1719年）绘成全国性地图一幅，分省地图每省一幅，共计41幅。

《清史稿》记载道："五十八年图成，为全图一，离合凡三十二帧，别为各省图，省各一帧。"这就是著名的《皇舆全览图》。

《皇舆全览图》所绘的地域幅员辽阔，东北抵库页岛，东南至台湾，西达阿克苏以西叶勒肯城，北到白尔鄂博（贝加尔湖），南至崖州（海南岛）。图中以汉、满文共注地名（满文用于边疆，汉文用于内地），山脉河流以及各省、府、州、卫、所、县、镇、关、堡等重要地方绘制精详，又以黄纸飞签注五岳、河流等地方。实在是万里江山尽在一览中。

《皇舆全览图》是我国第一幅用科技手段实测的全国地图，在当时的世界范围内也是最先进的。对此，李约瑟评价道："它不但是亚洲当时所有的地图中最好的一幅，而且比当时的西欧各国所有地图都更好，更精确。"

李四光与地质力学

李四光（1889～1971年），原名仲揆，湖北省黄冈县回龙山香炉湾人，我国著名的地质学家。李四光出生于一个贫寒的家庭，1902年入武昌高等小学堂，在填写报名单时，误将姓名栏当成年龄栏，写了“十四”。他发觉后，已经不能再改了，于是灵机一动，“十”添上几笔改成了“李”字。可是“李四”这个名字不好听，这时候他抬头看见中堂上挂有一块匾，上面写着“光被四表”，就在“李四”后加了一“光”字，从此就有了个更加响亮的名字：李四光。

1904年7月，李四光被破格选送到日本留学，1910年7月毕业回国。在留日期间，李四光加入了同盟会，孙中山抚摸着他的头说：你年纪这么小就参加革命很好，你要“努力向学，蔚为国用”；当时他年仅16岁。1911年9月，李四光参加清政府的留学毕业生考试，获得最优等的成绩，赐工科进士，成为我国历史上最后一批进士之一。民国成立后，李四光担任湖北军政府实业部部长。后来因为目睹袁世凯杀害革命党人，辞掉职务，决心留学英国。1913年10月，李四光到英国伯明翰大学学习采矿和地质，于1918年获得自然科学硕士学位。1920年回国，到北京大学担任地质系教授。1921年升为北大地质系主任，期间带领学生在河北和山西等地野外实习，在太行山东麓首次发现中国第四纪冰川。

当时，国际上一直充斥着中国内地第四纪无冰川的谬论。为了证明中国有第四纪冰川的遗迹，李四光走遍了长江中下游、江西庐山、安徽黄山和华南等地，经过深入调查，收集到很多证据，发表了一系列关于中国第四纪冰川的文章。他考察出庐山是“中国第四纪冰川的典型地区”。他的成果得到了国际科学界的承认。中国第四纪冰川理论的确立，是我国第四纪地层学和气候学研究上的一个重要里程碑。

1928年李四光担任中央研究院地质所所长，1929年被英国伦敦地质学会选为国外会员，1931年被伯明翰大学授予自然科学博士学位，1934年应邀赴英国伯明翰和剑桥等大学讲学，1936年回国后继续进行地质考察和研究工作。1947年7月，李四光赴英国参加第18届国际地质大会，第一次应用他创立的地质力学理论，作了题为《新华夏海之起源》的学术报告，引起了强烈反响。从此，地质力学这门新学科正式进入世界科技殿堂。此后，李四光得知新中国成立的消息，冲破国民党反动派的阻挠，于1950年初回到祖国的怀抱。

回国后，李四光担任了新中国的地质部部长，做了大量的地质研究、勘探工作，探明了数以百计的矿种和矿产储量。他运用地质力学理论成功找到油田，使我国一举摘掉了贫油国的帽子。

李四光长期从事古生物学、冰川学和地质力学的研究，在鉴定古生物化石、发现中国第四纪冰川和创立地质力学等方面贡献卓著。他还开创了许多新的领域，包括同位素地质、构造带地质化学、岩石蠕变及高温高压实验、地应力测量、地质构造模拟实验等。纵论其一生，李四光在科学史上最大的贡献，莫过于创立了地质力学这一新兴边缘学科，这也是他凝注心血最多的一门学科。

我们知道，地质力学是一门研究岩石变形和破坏的学科。它是运用力学的观点研究地壳的各种构造体系和形式，进而追索地壳运动的起源，探讨性解决地壳运动问题的途径。地质力学的研究，对于矿产的分布规律、工程地质、地震地质等方面问题的解决具有重要的指导意义。李四光的地质力学思想较系统地体现在他所著的《中国地质学》、《地质力学的基础与方法》、《地质力学概论》等著作中。

哥伦布开辟新航线

美国是世界上惟一的超级大国，创造了高度发达的物质文明，但是它的历史只有两百多年。因为在人们发现美洲大陆之前，那里还是一片蛮荒之地。而当伟大的航海家哥伦布开辟了新航线之后，无数的拓荒者才第一次踏上了那片广阔的土地。

15世纪时，有一些学者认为，由于地球是圆形的，只要从欧洲出发，向西航行，经过非洲南部就可抵达亚洲。

这时意大利青年哥伦布正酝酿着一个雄心勃勃的冒险计划：乘船沿着与马可·波罗相反的方向向西航行，穿越大西洋后到达亚洲！

为了实现自己的抱负，他反复在几个西欧国家间来回奔走。并在1491年底得到西班牙最大的金融家和王室财政顾问的支持。1492年4月17日，国王和王后签署了一项书面协议，任命哥伦布为海军上将和总督，统领各海洋及以后发现的岛屿和大陆，同时授予他爵位，拨款组织探险活动。

在一片鼓乐声中，旗帜从旗舰“圣玛丽亚号”的主桅杆上徐徐升起。哥伦布庄严地宣布起锚，船队于1492年8月3日鼓起风帆，向大西洋驶去。

哥伦布的船队很弱小，“圣玛丽亚号”根本不适宜远航，排水量只有100多吨，其他两艘船则比“圣玛丽亚号”还小。不过，凭借着哥伦布的经验和正确指挥，乘着北半球大西洋上的“东北信风”，船队行驶的速度很快。

1492年10月12日是人类历史上一个重要的时刻。经过长达71天的远航之后，哥伦布船队终于来到了一个过去没被发现的岛屿——巴哈马群岛中的一个。哥伦布以为自己已经到了印度，就称当地土著居民为“印第安人”。其实，他所到的地方是美洲大陆。

哥伦布希望能发现更多的土地和黄金，于是，他率船队继续出航，他们在印第安人的指引下，来到了古巴和海地。这时候，三艘船中，一艘失踪，一艘撞毁，舰队仅剩一艘船能继续航行了。于是，哥伦布不得不把一些船员安置在岛上，自己乘船返回西班牙。

哥伦布率领一支庞大的舰队，于1493年9月开始第二次远航。这支舰队由17艘帆船组成。在这次航行中，哥伦布发现了波多黎各、多米尼加、瓜德罗普等岛屿。

第三次远航时，哥伦布的船队只有6艘帆船，规模比上一次小。1498年5月30日，船队离开欧洲，经加那利群岛驶向西南，到达一个海湾。令人奇怪的是，这个海湾里的海水全是淡水。哥伦布没有放过这个发现，他反复思考，终于得出了结论。他认为，有一条大河流入了这个海湾，从而，把海水冲淡了。而这条大河流量很大，因而只能在一片非常宽广的土地上形成。这说明，在海湾的西面有一个人们还没有发现的广阔的大陆。

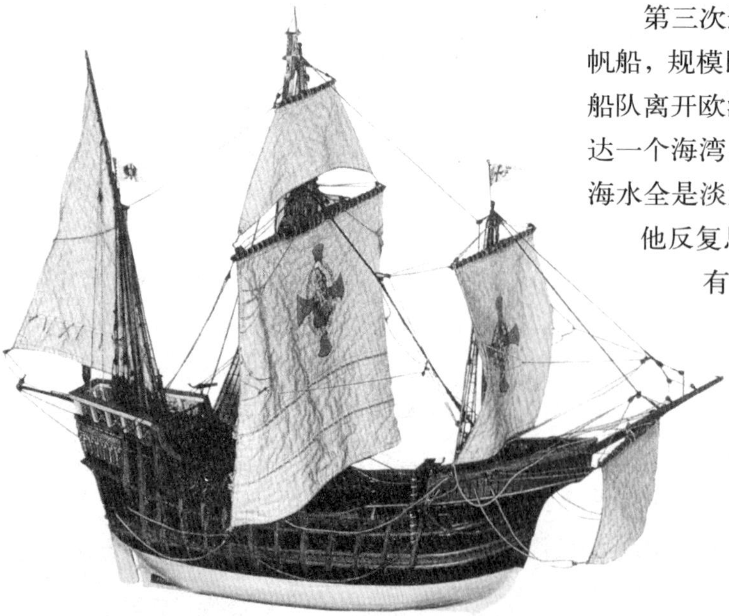
哥伦布航海船只复原模型

事后证明，哥伦布的结论是正确的。原来这里是奥里诺科河的河口，奥里诺科河是一条南美洲北部大河。这个地理发现具有很重要的意义。

1502年哥伦布进行了第四次航行。这时的哥伦布已经年过半百，继续航海生涯已有些力不从心，然而他对大洋彼岸的土地，以及充满惊涛骇浪的航海生活却无比想念。

哥伦布四次横越大洋，仅仅使用小型帆船和简易罗盘就发现了西半球的美洲大陆，发现了几乎所有重要的位于加勒比海的岛屿，开辟了新的航路。这些发现打破了长期以来禁锢人们头脑的传统地理观念，大大地扩展了人类的视野。

破解极光形成之谜

在地球的南极和北极区域，虽然十分寒冷，却经常会出现神奇而绚丽的极光现象。1950年的一个夜晚，北极夜空上方出现淡红和淡绿色的光弧，时而像在空中舞动的彩带，时而像在空中燃烧的火焰，时而像悬在天边的巨伞。它轻盈地飘荡，不断变化着自己的形状，持续了几个小时。它多彩多姿，一会儿红，一会儿蓝，一会儿绿，一会儿紫，变幻莫测。这就是美丽的极光。

出现在北极地区的极光

极光是由太阳活动引起的。它是太阳风将带电离子吹到地球两极上空被地磁俘获而产生的一种特殊光学现象。

极光在很多地方出现过，但“极光之源”到底在哪里呢？极光是如何形成的呢？科学家们一直试图回答这些问题。

科学家研究认为，太阳活动是极光之源。太阳是一颗恒星，不断放出光和热。其表面和内部进行各种化学元素的核反应，产生出强大的、内含大量带电粒子的带电微粒流。这些带电微粒射向空间，和地球外80～1200千米高空的稀薄气体的分子碰撞时，由于速度快而产生发光现象。太阳活动是周期性的，大约为11年一次。在太阳活动的高潮期，太阳黑子犹如巨大的漩涡应生而动。有人发现当一个“大黑子”经过太阳中心的子午线20～40小时后，地球上一定会发生极光。也就是说，极光出现的频率与太阳活动有很大关系，极光就像太阳发出的电。

那为什么极光现象多出现在南北两极呢？原来地球本身是个近似以南北极为地磁两极的大磁石。太阳送来的粒子流接近地球时，以螺旋形的运动方式分别飞向两个磁极。事实上，磁极不能完全控制所有的带电粒子流，在太阳喷发的带电粒子流非常强烈的年份，也能在两极地区以外的一些地方观察到极光。因为空气成分非常混杂，不同气体成分如氧、氮、氦、氖等在带电微粒流作用下，发出不同的光，所以极光看上去多彩绚丽。有人从地球磁层的角度考虑问题认为，地球磁层包裹着地球，就像地球的“保护网”，它保护着地球，使之避免遭受太阳风辐射粒子的侵袭。但在南北极的上空，这张“网”并不结实，有较大的“间隙”。通过“间隙”，部分太阳风便会侵入地球磁层。由于南北极上空有“间隙”，因此极光现象多被控制在两极地区的上空。但是，上述观点虽较好地解释极地地区的极光现象，却无法解释地面附近出现的极光现象。一些人认为这些极光是由于地面附近的静电放电所致。据史料记载，离地面1.2～3.0米都出现过极光，有时人们在出现近地极光的地方，还能闻到臭氧的味道。

因为许多极光现象与彗星明亮的尾巴有相似之处，使得有人把极光现象与彗星联系起来，这对认识极光是有一定好处的。

北极探险与“鹦鹉螺号”穿越白令海峡

“鹦鹉螺号”是世界上第一艘核潜艇，于1953年在美国问世。它的航速为每小时20海里，是普通潜艇的1.5倍。加足燃料以后，最快速度能达到每小时25海里，并能连续航行50天，全程达3万海里。由于它优越的性能，对于穿越冰下，通过北极这个历史性的艰巨任务，它能轻松胜任。

美国“鹦鹉螺号”核潜艇

1958年6月8日，“鹦鹉螺号”在艇长安德森中校的率领下，驶离美国西北部的港口城市西雅图，开始了代号为“阳光行动”的北极之旅。

从太平洋出发进入北冰洋的潜水艇要闯过白令海峡。白令海峡极其危险，人称“鬼门关”。北冰洋和太平洋就如同一个葫芦，而白令海峡就是这个葫芦中间的一段细脖子。“鹦鹉螺号”于6月13日傍晚时分驶入该水域，但由于北冰洋漂来的浮冰越来越多，越来越大，阻止了潜艇的航行，潜艇被迫于6月15日从原路返回。

“鹦鹉螺号”于7月26日再次它的北极之行。并于8月1日驶经阿拉斯加最北部的巴罗角，驶向巴罗海谷。从这以后海水越来越深，“鹦鹉螺号”能深深地潜入水下，成功地避开冰山。8月3日晚11时左右，艇上的人阅读各种科学仪器显示的数据，知道“鹦鹉螺号”已经到达了北极极点，于是他用充满骄傲和自豪的语调高声宣布了美国海军成功抵达达北极点这一消息。

在人类征服自然界的过程中，“鹦鹉螺号”留下了具有历史意义的记录，并在北极探险史上写下了光辉的一页。

隐藏在南极冰层下的秘密

南极是地球上最冷的地方，平均气温为−79℃。地球上有记录的最低温度也产生在这里，前苏联科学考察队员曾测到一个令人吃惊的低温：−88.3℃！

如此低的气温是南极终年冰雪覆盖的后果之一。南极大陆总面积1400万平方千米，裸露的山岩的面积还不到7%，其余超过93%的地方全都覆盖着厚厚的冰雪。从高空俯瞰，南极大陆是一个高原，中部隆起，向四周逐渐倾斜。终年不化的冰层巨大而深厚，就像一个银铸的大锅盖，将南极罩得严严实实。因此，南极大陆上的冰层又被人们形象地称为“冰盖”。南极冰盖十分厚重，它的平均厚度为2000米，最厚的地方甚至达到了4800米。当南极处于冬季时，海洋中的海水全部都成了海冰。大陆冰盖与海冰连为一体，形成一个巨大的白色水源，面积超过3300万平方千米。非洲大陆也没有这么大啊！

人们经过考察发现，南极大陆蕴藏着很多宝贵的资源。据说，南极石油储量十分惊人，仅南极大陆西半部分，蕴藏的石油可能相当于目前世界年产量的2～3倍。此外，约200余种金、铂、铜、镍、铝、锰、钼、钴、铀等之类的放射性矿物也陆续在南极被人们发现。

科学家们认为，既然南极有如此丰富的资源，那么南极大陆肯定不是自古以来就如此寒冷，应该有过一段相当温暖的时期。科学家们提出了一种学说来解释这一事实。科学家认为，在1亿年前，它是更大的陆地——冈瓦纳大陆的一部分。这块大陆包括现在的南极洲内的许多地方，气候温暖，到处是成片成片的茂密的热带雨林。后来，因为海底扩张，大陆漂移，一部分大陆变成了今日的南美洲、非洲、澳洲、塔斯马尼亚岛、马达加斯加岛和印度次大陆，而另一部分则漂移到现在南极的位置上，成了南极大陆——一个寒冷的冰雪世界。

人们发现，南极冰层并不是那么简单，它里面还隐藏着无数的秘密！在冰层里科学家们发现了来自宇宙的类似于宇宙尘埃的宇宙空间物质，甚至在这里发现过陨石。实验原子弹时的人工反射性降落物、各种污染物质都可以在这里找到踪迹。科学家认为，如果能充分了解这些信息，那么人类的命运就可以被预测而知。南极冰盖简直是一份珍贵的地球档案。由于它是在低温环境下经过千百万年的日积月累形成的，因此，从中可以发现大量的地球演变信息。

随着气候的逐渐变暖，南极洲西部的许多冰原坍塌，海平面急剧上升。

近年来，人们十分关注地球变暖的问题，并进行了各方面的探讨。南极冰层减少也在人们的考虑范围内。人们担心：南极冰原是否会因大气变暖而融化消失？

尽管有许多因素导致冰层减少，但有一个重要因素几乎为全世界所公认，那就是全球变暖。由于全球变暖，在整个20世纪，地球的平均气温上升了0.6℃～1.2℃。而南极大部分地区温度升高得更快，变暖情况更为严重。因此，一些科学家发出严正警告：“气候是头愤怒的野兽，我们正在惹它发火。”这不是杞人忧天。探索冰层下的秘密固然重要，可假如南极冰原真的因大气变暖而完全融化，那么，全球海平面至少要上升50米，世界会变成汪洋一片，绝大部分的耕地被淹没，人类失去居住地，后果将不堪设想。由此可见，人类不仅要致力开发南极，更要着力保护南极。

青藏高原的“本来面目”

世界上海拔最高的高原在哪里呢？当然是青藏高原。可是令人惊讶的是，科学家们发现，青藏高原在从前并不是高原。那么，它的“本来面目”是怎样的呢？

青藏高原不仅是世界上最高大的高原，同时也是最年轻的高原，它的面积约250万平方

由于亚欧板块与印度板块发生碰撞而形成的世界最高峰——珠穆朗玛峰

千米，平均高度超过4500米。自北而南绵亘着的一列列长长的山脉构成了青藏高原。广阔的昆仑山、阿尔金山和祁连山在北面，中间是喀喇昆仑山、唐古拉山、冈底斯山、念青唐古拉山，而西南部蜿蜒起伏的则是巍峨的喜马拉雅脉山。

青藏高原有世界上最高的山峰。全世界超过8000米的山峰共有14座，都位于青藏高原。世界最高的山峰是珠穆朗玛峰，世界最高的山脉是喜玛拉雅山的山脉，而青藏高原以其雄踞地球、独一无二的风姿，得到了“世界屋脊”的称号。

青藏高原的许多山峰都覆盖着厚厚的冰雪，许多银练似的冰川点缀在群山之间，沿着山坡缓慢地坠落。这些冰川正是大江、大河的“母亲”，世界著名的长江、黄河、恒河和印度河等都发源于此，从此汲取丰富的水源。

青藏高原地势较低的地方是柴达木盆地，但海拔也有二三千米。雅鲁藏布江谷地位于高原最低处，但谷地里的拉萨城比五岳之首的泰山还高一倍多。

高原上有许多美丽的风景。广阔的草原中镶嵌着无数蔚蓝色的湖泊，雪峰倒映在湖中，十分好看。岩石缝里喷出来许多喷泉，热气腾腾，附近的雪峰、湖泊在喷泉的映衬下显得格外耀眼。

人们在为这瑰丽景色发出惊叹之余，也会产生这样的疑问：青藏高原是怎么形成的呢？它原本就是这个样子吗？

地质学家们在青藏高原层层叠叠的页岩和石灰岩层中，发掘到了大量恐龙化石、陆地植物化石、三趾马化石，以及许多古海洋动植物的化石，如三叶虫、鹦鹉螺、笔石、珊瑚、菊石、苔藓虫、海百合、海胆、百孔虫和海藻等。地质学家们面对这些古代海洋生物化石，思绪不由得飘到了遥远的地质年代。在2亿3千万年前，青藏高原曾经是一片海洋，跟太平洋、大西洋相通，呈长条状。后来，地壳运动十分剧烈，古生代的褶皱山系由此形成。海洋消失了，古祁连山、古昆仑山产生了，而原来的柴达木古陆相对下陷，成为大型的内陆湖盆地。经过1.5亿年的漫长的中生代，由于长期风化剥蚀，这些高山逐渐被夷平了。那些高山上被侵蚀下来的大量泥沙，全部都沉积在湖盆内了。

新生代以后，地壳运动再次活跃起来，那些古老山脉因此剧烈升起，“返老还童”似的重新变成高峻的大山了。在距今4000多万年前，现在最高的山脉——喜马拉雅山地区仍是一片汪洋大海。这里原本是连续下降区，厚达万米的海相沉积岩层沉积于此，岩层中埋藏了各个时代的生物。印度板块不断北移，亚欧大陆板块最终与之相撞，严重挤压了处在这个地区的古海，褶皱因此而产生。喜马拉雅山脉从海底逐渐升起，并且带着高原大幅度地隆起，“世界屋脊”从此屹立于世。

难以想象，曾经的海底如今却变成了世界上最高的地方。而且，科学家发现，喜马拉雅山始终没有停止上升过，至今还在缓慢升高。对此，根据1862～1932年间的测量结果就会发现，许多地方平均每年上升18.2毫米。如果喜马拉雅山始终按照这个速度上升，1万年以后，它将比现在还要高182米。

探寻黄土高原的成因

我国西北部的黄土高原是世界上面积最大的黄土高原。东到山西省与河北省交界的太行山，西至甘肃省乌鞘岭和青海省的日月山，南到渭河谷地关中平原以北的广大地区，北至长城。面对如此广阔的高原，人们不禁要问：这黄土到底从何而来？它又是怎样形成的呢？

地质学家为了回答这些问题，综合使用地层、古气候、古生物、物质成分、结构及年代学等手段进行了研究，提出的黄土形成假说多达20多种。其中，毫无事实根据的“宇宙成因说”早就被否定了。现在影响较大的是“水成说”、“残积说”、“风成说”及“多成因说”这四种学说。黄土物质的来源、搬运营力及黄土本身的属性等问题是这四种学说的主要分歧。

大多数学者都持风成说的观点，并且风成说观点在中外十分风行，为许多学者所赞同。特别值得指出的是，现代学者以大量的基本事实为基础，分析了黄土物质的基本特点后，认为我国大面积的沙漠可能是黄土物源，并且认为风力是黄土物质的搬运的主要动力。黄土高原的形成，是地质历史中一种综合的地质作用过程，存在着三个不同阶段即物源的形成、搬运、分选及堆积成土。

地质学家认为，在第三纪末或第四纪初的后半期，今天的黄土高原所在地，气候潮湿多雨，河流及湖盆众多，各种流水地质作用盛行。基岩山区中大量的冲积、洪积、坡积、湖积及冰积物在河水作用下被搬运到低洼的盆地中，松散沙砾及土状混合物堆积变得越来越厚，黄土物质因此有了生长的基础。

在距今大约120万年前的第四世纪后半期，气候发生了全球性的变化。气温急剧变冷，由潮湿变为冷干。新的冰期到来，我国西北部地区在西伯利亚——蒙古高压气流的影响下，冷空气直驱南下进入我国西北地区，并受祁连山的影响分为两支，一支转向东南，构成西北风进入鄂尔多斯地区，另一支向西南构成东北风进入柴达木盆地和塔里木盆地。与此同时，来自蒙古的西风及西伯利亚的西北风分别进入我国北疆的东北地区及准噶尔盆地。堆积在盆

黄土高原的冬季风貌

地中的松散物质及基岩山区的部分残积和堆积物被强大的风力像大自然的风车一样重新扬起，随风飘流、搬运、分选，然后分别沉积下来。日复一日，年复一年，各种堆积由少变多，今天西北地区的砾漠、沙漠和巨厚的黄土堆积也就逐渐形成了。

另外三种关于黄土形成的假说影响并不太大。水成说认为，黄土主要由流水作用从不远的物源区堆积而成。残积说则认为由基岩风化作用就地成土导致了黄土的形成。而多成因说则认为黄土是上述几种因素共同作用而形成的。

从目前情况看，虽然四种假说都有一定的市场，但在学术界占有绝对优势的还是风成说。然而，要想否定水成说、残积说等假说也不容易，因为至今也还拿不出更确切的证据。多成因说近几年又重新抬头，向风成说提出了挑战，并且它也似乎比其他假说更为合理。孰是孰非，还很难预料。究竟何时才能揭开黄土高原之谜呢?这只能寄希望于科学家的研究了。

撒哈拉——曾经的绿洲

位于非洲大陆北部的撒哈拉大沙漠，方圆800万平方千米，横跨阿尔及利亚、摩洛哥、埃及等11国的国境，阿哈加尔和提贝提斯两处山脉位于它的中部。非洲的山脉与众不同，它们气势雄伟，怪石嶙峋。

在一次科学考察中，考古学家在一些石窟山洞里发现了原始人类的岩画。这些岩画早期的和后期的有很大区别，早期的是石刻的，后期的则是用黄褐色的泥土画上去的。

岩画的内容是当时人们的生活情景，画上的动物有象、长颈鹿、狮子、野牛、河马、鳄鱼和鸵鸟等，还有成群的牛羊和放牛的牧人。

这些栩栩如生的岩画无疑是古人生活的生动写真。科学家据以推测，当时也就是五六千年以前，这里气候湿润，植物茂盛，原始人类和野生动物曾在这里生活了相当长的时间。后来不知出于什么原因，这一片生机盎然的绿洲消失了，取而代之的是一片死气沉沉的茫茫大漠。

生态学家认为，之所以会有绿洲变沙漠的结果，是因为人类自身的活动所致。人类本身就是生态环境中的重要一环。他们对于这块生活家园的态度和作为，对环境的改变至关重要。在当时的农牧社会里，为了发展经济和战胜敌人，人口的增加越来越必要。随着人口的增多，田地变广了，牲畜也变多了，渐渐地绿色原野就无法负荷了。土地——植物——动物——人类这根生命的链条一旦断裂，便会完全崩溃于自然灾害的肆虐中。

撒哈拉沙漠形成的过程给我们这样一个启示：在自然——社会——文化生态系统中，人类的文化必须适应环境的变化，必须用生态的理念去帮助它朝积极的方向发展。如果不这么做，只要它缺失其中任何的环节，环境就不可避免地走向恶化，我们意想不到的灾难就会因此而发生。

探解沙漠哺育的热带雨林

亚马逊平原占地面积约为560万平方千米，是世界上最大的冲积平原。这里四季高温、降水丰富。但是，亚马逊河流域的土地却十分贫瘠，由于严重缺乏磷酸钙，所以流域内几乎看不到腐殖土。正是由于非洲沙漠尘土的侵入，才使亚马逊河流域成为广阔富晓的热带雨林。否则，这里将是一望无际的大草原。

美国航空航天局近年来通过美国气象卫星和特殊飞行器，对南美洲非常巨大的尘埃云进行追踪，发现这些尘埃主要来自非洲的撒哈拉沙漠及其以南的撒海尔半干旱地区。美国迈阿密大学的一位科学家经过仔细研究与探索，发现这些尘埃云也对美国南部的一些地方和加勒比海的一些岛屿的气候产生影响。在尘埃云的作用下，相当一部分土壤是从非洲来到巴巴多斯岛上。那么，这些尘埃是如何从遥远的非洲来到美洲的呢?

科学家认为：是低纬地区上空的东风带运送来了这些尘埃。如果按平均东风风速计算，富含养分的撒哈拉沙漠尘土需要5～10天才能跨越大西洋到达亚马逊河流域。生态学家认为，假如每年有1200万吨尘土落到亚马逊地区，则可以使平均每公顷土地增加1.1千克的磷酸钙。

由此可见，亚马逊热带雨林的形成极为不易。所以，亚马逊地区的8个国家，于1978年成立了亚马逊合作条约联盟，希望通过密切合作，来保护亚马逊地区的生态，并同时开发自然资源。

渤海古陆大平原的演变

渤海是我国的一个内海，面积7.7万平方千米，平均水深约18米，最深处也不到百米。说渤海曾是一个地势坦荡、一马平川的大平原，依据是什么呢?地处渤海东部的庙岛群岛就是最有力的证据。

当渤海尚未形成时，庙岛群岛曾是平原上拔地而起的丘陵地带，山丘高度约200米。当时气候寒冷，强劲的西北风和冷风寒流互相作用，致使渤海古陆平原上飘来了大量的黄土物质。风沙不仅填平了古陆上的沟壑，而且还堆起了山丘，如今庙岛上独具特色的黄土地貌就这样形成了。黄土中有许多适宜寒冷气候的猛犸象、披毛犀和鹿等动植物化石。这些动植物化石表明，当时渤海古陆平原生机勃勃。

在20世纪70年代初，一块从渤海海底捞起的披毛犀骨头使学术界对渤海的过去有了新的认识，并且开始了对渤海地形地貌的历史的研究。他们认为由于冰川范围的扩大，原先最

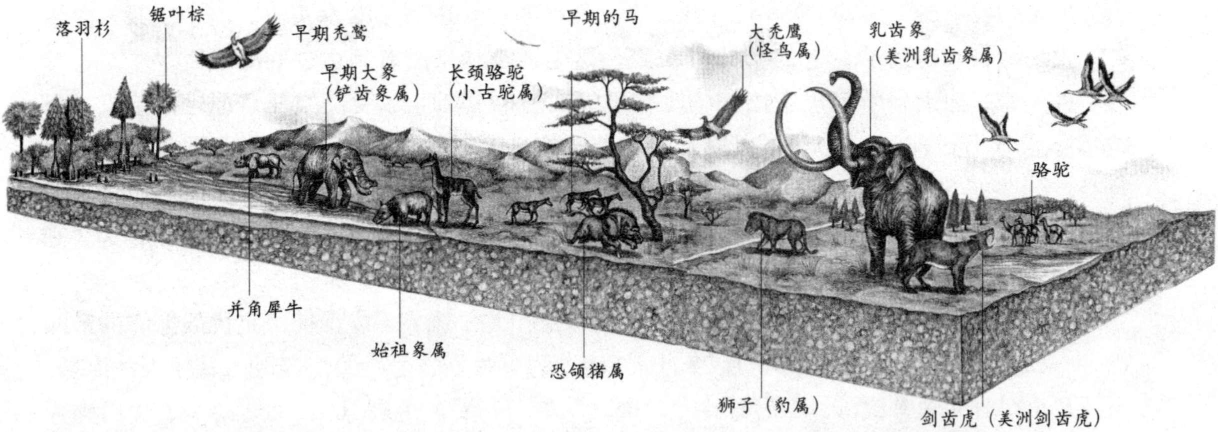

大约两万多年前，当时的渤海湾是一片酷似现代沼泽的海滩，生长着众多的棕树、栏树和日桂树。许多大型的哺乳动物已形成。随着全球气候变暖，冰川融化，海平面逐渐上升，渤海平原逐渐消失，加上古人类的大量猎杀，致使一些物种灭绝。

深处也不过80米的古渤海海平面一下子下降了100～150米。渤海地区因此一度完全裸露成陆，形成了一片平坦的大平原，成了许多动物的家园。

在距今大约1万2千年的时候，渤海古陆平原再次沉入了海底。这是因为当时全球气候变暖，冰川融化，海平面大幅度上升，渤海平原逐渐消失。曾在渤海平原上奔腾不已的黄河、滦河和辽河，也随着海水重新浸入渤海而逐渐沉没于海底。

如今的渤海，由于各方面的条件错综复杂，变化十分复杂。岸线有进有退，变化完全相反，并且这种完全相反的变化还将继续下去。

人类探访海底的历程

“阿尔文号”深潜器

地球上的大部分地区被辽阔无边的大海所占据。人们已经认识到大海中蕴含着丰富的资源，如果能开发这座巨大的宝库，将会给人类带来无穷的好处。自古以来，人们在认识海洋、开发海洋的过程中，对大海深处怀有极大的好奇心，那谜一般的海底世界到底是一副什么模样呢？

人类对于海底世界的认识是随着科学技术的进步而不断增长的。最早，人们是赤身裸体地潜入海底的，但由于身体条件的限制，潜入的深度有限，一般只有40～50米深。

后来，出现了一种由金属头盔和潜水衣组成的潜水衣具，这种潜水衣具可帮助人下潜到300米深的海底。

由于海水的压力随着海水深度的增加而增加，因此，潜入深海的关键在于克服海水的压力，只有借助于特制的、具有较强抗压能力的潜水装置，人才有可能潜到海底深处。1928年，美国著名的探险家威廉·毕比和工程师奥蒂斯·巴顿建造了一个名为“毕比号”的潜水器。由于它具备了较完整的设备和结构，所以被人们称为“世界上第一个真正的潜水器”。1930年6月6日，毕比和巴顿正式进行了潜水实验。这一次载人潜水实验成功地将人送到了深达2440米的海底，这是人类从来没有到达过的海域！

再后来，瑞士科学家皮卡德在毕比和巴顿实验的基础上，受高空气球原理的启发，于1948年设计出一种“水下气球”。皮卡德接着又将“水下气球”改建成“的里雅斯特号”深潜器。20世纪50年代初，皮卡德的“的里雅斯特号”潜入3160米的海底，这是当时人类所潜入的最深处。皮卡德也由于在深海和高空的探险领域中所作出的杰出贡献被称为“高深教授”。

在“的里雅斯特号”深潜器的帮助下，皮卡德和儿子雅克·皮卡德决定挑战海洋的最深处——马里亚纳海沟。1960年1月23日，3艘“的里雅斯特号”深潜器驶入马里亚纳海域，经过几个小时的艰苦跋涉，深潜器终于“着陆”了——潜入海底10916米，这是有史以来人类潜入海底最深的纪录，人们称这一深度为“挑战者深度”。

探索变动不居的海岸线

谈起海岸线，我们常常会想起这样的词，“沧海桑田”、“曾经沧海难为水”，由此便可以看出，海岸线并不是静止的，而是变动不居的。

建立于公元8世纪的比利时布鲁河域，在15世纪时已成为世界闻名的海港。奇怪的事在1469年发生了，巨浪在北海上掀起，150艘各国的船只在退潮后搁浅在沙滩上。而且，海水从此一去不复返。向西北后退了好多里的大海，使布鲁日港再也无法停泊海轮了。人们为了挽救没落城市的命运，曾经修建了一条从布鲁日港通向大海的运河，可是，大海还是无情地抛弃了它。

马尔萨拉是位于意大利西西里岛的一个港口小城，港口和附近一座叫圣班塔利沃的小岛联系密切。奇怪的是，它们之间没有堤坝，似乎也没有海峡，但交通却并不受阻，络绎不绝的骑马者、马车涉水而行。造成这种情况的原因在于，这里有眼睛看不见的公元前5世纪腓尼基人修筑的水中路。

到了近代，人们发现西欧的一些地方，陆地出现了下降现象，英国部分海岸，直到今天还继续缓慢地下沉。据统计，荷兰北部沿海土地在1888～1930年间有近5厘米的下沉，现在每年的下沉幅度还保持在1～2毫米。

而芬兰的波罗的海海湾的尼亚湾沿岸，却有很显著的上升现象。水手和渔民们曾经于100多年前在岩壁上刻画了标记海平面高度的横线，而这些记号现在已经高于海平面2米多了，而这里一些最古老的海岸线现今已高出海面450米了。更有甚者，俄国沙皇时代在白海边修建的村落，从16世纪至今竟然距海有6000米远。

这是由什么引起的呢？是海水在涨落，还是由于地壳升降了？

冰川曾覆盖了北欧的广大地区，冰川消退后，陆地1个世纪来上升了1米左右，并且持续着一种上升的态势。科学研究证明，由于冰川在冰河期和间冰期的覆盖或消融，世界范围内海水将会上升或下降。但是我们知道，世界上的许多海和洋在同一时期里是相通的，北欧、西欧一些地方的海面升降却不一样，这就说明海水升降不是主要的原因，问题出在地壳的身上，是北欧的地壳在上升，西欧一些地区的地壳在下沉，才造成了这种现象。这一切也证明了地壳是处于不断的运动中的。

海岸的这种沧桑变化，在地质史上是惊人的。大不列颠岛同欧洲大陆在8000年前是连在一起的，而当时北海多格浅滩是一个低洼平原，北海的渔民在捕鱼时，常有旧石器时代的

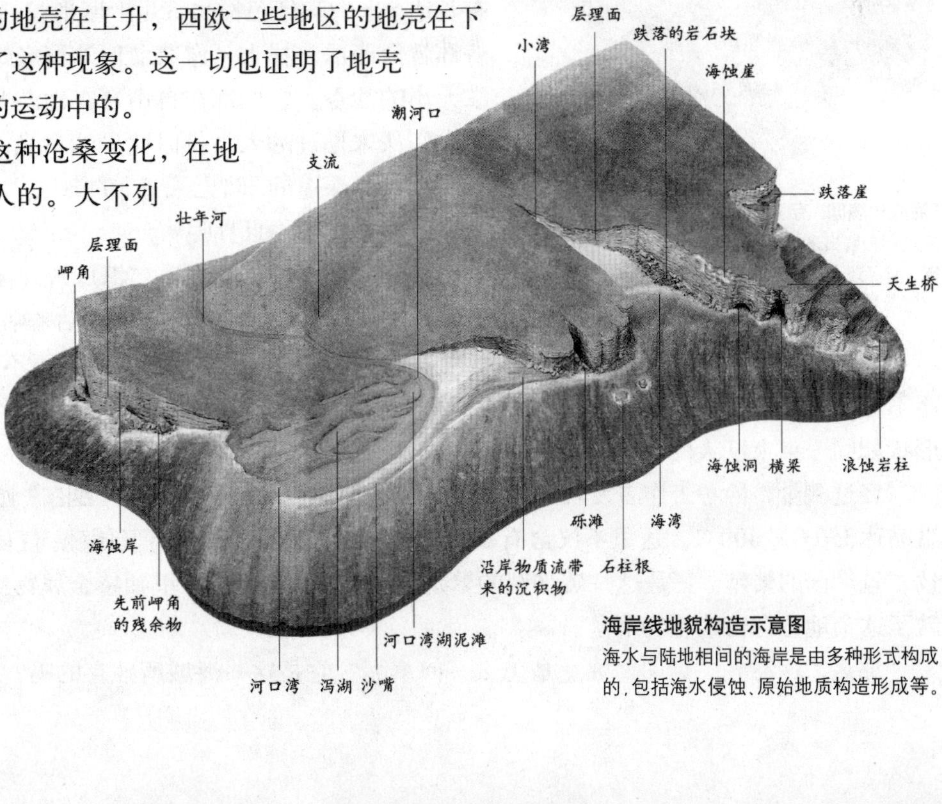

海岸线地貌构造示意图

海水与陆地相间的海岸是由多种形式构成的，包括海水侵蚀、原始地质构造形成等。

猛犸象的骨骼和石斧被人从海底打捞出来。这就证明曾经有过人类的祖先居住在北海地区，而且猛犸象也常在这里出没。冰川时期，大陆冰川覆盖了这一地区，以后由于冰川消融，陆地下沉，今天的北海和多佛尔海峡就这样形成了。

波罗的海的历史不长。前苏联东欧部分和斯堪的纳维亚半岛这2块古陆之间，在百万年前发生了沉陷，波罗的海海盆的雏形就是因为这样才形成的。欧洲北部一直都被冰川覆盖着。直到冰川前缘消退，一万多年前才在这里形成了一个冰湖。此后，冰湖西部陆地继续下沉，就使海洋和这个冰湖连接起来，发现有刀蚌的化石被埋藏在海底沉积物中。北欧陆地显著抬升是在9000多年前冰川全部退出海盆之后，这时候刀蚌海就分隔成了大湖，天长日久，硝水变淡，盐分逐渐高起来，新的动物群滨螺等出现了。后来，这个地区又经过了一个逐渐抬升的过程，海的范围不断缩小，波罗的海今天的样子是在2000年前才形成的。波罗的海北部现在还在持续的抬升中，平均每年升高约1厘米。

综上所述，我们可以看出，地壳的运动造就了海陆的变迁，而这对于人类的生活影响是巨大的，希望将来有一天随着对地壳运动和地质构造的深入研究，人类可以对海陆变迁这种自然现象善加利用。

美丽的海底“花园”

“海底玫瑰园”示意图

海底烟囱冒出来的炽热溶液，含有丰富的铜、铁、硫、锌，还有少量的铅、银、金、钴等金属和其他一些微量元素。一个烟囱从开始喷发，到最终“死亡”，在短短几十年的时间里，可以造矿近百吨。

海底有一个非常瑰丽奇妙的世界，科学家们给它取了一个非常浪漫、雅致的名字——“海底玫瑰园”。这个神奇的世界是20世纪80年代的一些科考工作者在格拉普高斯海岭及东太平洋海隆进行考察时发现的。他们乘坐深潜器沉到海底，打开探照灯，通过潜望镜及海底电视看到了一片生机盎然的绿洲，绿洲上生长着海葵一类的茂盛的植物。在郁郁葱葱的绿洲之中，有长达5米的鲜红色蠕虫，几十厘米长的巨型蛤，蟹、海蚌就像西瓜一样大，像菜盆似的海底蜘蛛，还有手掌大小的沙蚕。它们都在自由自在地游弋，还不时地向它们从未见过的人类投以诧异的目光。

在如此深邃的“暗无天日”的海底，为什么会有这么丰富多彩的生物世界呢？

科学家们又发现，在离“海底玫瑰园”稍远的地方，有一个个粗大“烟囱”正在“咕嘟咕嘟”地冒烟，“烟囱”直径为2～6米，热水在其中上下不停地翻腾着，还不时喷射出五光十色的乳状液体。在“烟囱”的周围，凝结着一堆堆冷却了的火山熔岩，形状如同一束束巨大的花束，姿态万千。

经过测量，科考工作者发现这一海域的海水深达2600～3000米，“烟囱”喷出的热泉水温高达350℃～400℃，这里不仅含有丰富的金属物质，而且还含有气体硫。气体硫的存在导致了硫细菌的繁殖。正是这些硫细菌的繁殖，加上海底“烟囱”里独特金属物质的存在，造就了这个地方奇特的生物群落。

那么，这海底“烟囱”究竟是怎么一回事呢？它是这一海域所独存的吗？

1977年，英国地质学家乘坐“阿尔文”号深潜器，首次观察到太平洋格拉普高斯海岭正在喷溢的海底“烟囱”。1979年，美国的生物学家、地质学家和化学家们再一次乘坐“阿尔文”号深潜器，对东太平洋海隆及格拉普高斯海岭进行了长时间的考察，同时还拍摄了电视纪录片。他们在第二年夏天继续考察时，又发现了许多新的含矿热泉水及气体的喷溢区。这些水下的温泉、海底火山喷发的喷孔里溢出的热泉水温度高达56℃，丰富的铁、铜、锌、锰、铅、金、钣等金属物质随着热泉水喷出海底之后，在“烟囱”周围沉积下来，形成矿泥。这些物质是人类潜在的矿物资源，也是地质学家们期待研究的对象。

其实早在20世纪60年代中期，在东亚和西亚大陆之间的红海海底，就发现了多处类似“烟囱”的“热洞”。目前，人们已在红海海底找到四处“热洞”。由于红海的鱼类有15%是其他海洋里所没有的，以往人们总是以海水的盐分、温度较高和气候干燥等原因来解释红海海域特有的海洋生物群存在的现象。现在看来，红海特殊生物群落存在的一个重要原因应该是大量特有金属物质的供应以及海底“烟囱”的存在。

在很长时间内，地质学家们对矿产的形成和地壳运动有着不同的看法，其中的一种解释是把地壳先划分成大大小小不同的板块，熔融物质在地壳以下很深的地方，沿着一定方向从海底喷溢出来，为板块运动提供动力，致使海底急剧扩张，并且形成不同的矿产。海底“烟囱”的发现是对这种观点的一个直接证据，这个发现对生命科学的研究也具有重大价值。在深邃的海底，在没有阳光和光合作用的情况下，存在如此五光十色、充满魅力的生物世界，实在令人不敢相信。生活在这里的海底动物的食物是一些与地球上最早期的生命形式较为接近的菌类，这为研究生命起源提供了新的研究对象。

揭秘海水中的盐从何而来

如果将海水中的盐分全部提炼出来铺在世界陆地上，将会有40层楼那么高；如果把这些总体积达2.3万立方千米的盐投入北冰洋，那么完全可以填平整个洋面。

海水中含有这么高的盐分是长期累积的结果，但各地海水的含盐量却是不相同的。人们为了便于研究和区别，规定了“盐度”的概念。所谓“盐度”，就是1000克海水晒干后剩下的白色固体盐的克数。科学家们经过研究发现，海洋表面的盐度具有大致的规律性：南北回归线附近洋面盐度最大，然后分别向高、低纬度依次递减。

至于海水中的盐究竟来自何方，科学家们争论不已。一些人认为，海盐主要是陆地上的河流在流向大海的途中，不断冲刷泥土和岩石，将溶解的盐分带入了大海中。据科学家统计，全世界每年都有十分可观的盐分被河流带入海洋。

这种解释当然有其不完善的地方。因为人们曾经对比分析、计算过海洋物质组成、化学性质和江河输入的各种矿物质，发现两者的数值差很大。海洋中的盐类按含量多少排列是氯化物、硫酸盐、碳酸盐，与河流中上述物质的排列顺序刚好相反。在含盐的土壤中或盐水湖中，氯化镁比海洋少，而硫酸钙和硫酸镁则比海洋多。

古法采盐，先将蒸发池中的水蒸发掉，再堆成堆。让它干透，最后加以精炼。

20世纪70年代以后，新发现的海底大断裂带上的热液反应，使人们又找到了解释的新证据。科学家研究海底热液矿化学反应的过程后发现，虽然通过海底断裂带的水体流动速率，只与河川径流的5‰差不多，但是，由断裂聚热所产生的化学变化，却比由径流河川携带溶盐解所引起的变化大数百倍。因此，许多海洋科学家认为，海底热液反应是海盐的重要补充，但这条途径绝不是海盐来源的惟一途径。看来，要想彻底解开这个谜，人类还得做出不少的努力。

造福人类的洋流

海水有涨潮、落潮，也会像河流一样有规律地朝着同一方向流动，推动海水大规模流动的就是海中“河流”——洋流。

如果你将一只瓶子放入大海，过不了多久，这只瓶子就会顺着海水流动的方向漂到另外一个地方。人类做过许多类似的实验。例如，人们于1820年10月在大西洋南部海域投放一只瓶子，经过几个月的漂流，人们于1821年8月在英吉利海峡沿岸发现了同一个瓶子。这些实验对于人类认识洋流具有十分重要的作用。

其实，海洋里的这种“洋流”早就被航海家发现了，他们还利用这些“洋流”进行航行。如哥伦布等乘帆船随着大西洋的北赤道暖流西行至西印度群岛；麦哲伦等在船只越过麦哲伦海峡后，就先在秘鲁寒流的影响下向北漂行，然后又在太平洋的南赤道暖流的吹送下，顺利到达南洋群岛。

那么洋流到底是怎么形成的呢?科学家们根据海上漂泊者的经历、海水颜色的变化、船骸的踪迹、海水的温度以及人造卫星的帮助，终于揭开了洋流之谜。

原来，洋流形成的原因复杂多样，而主要原因是由于信风和西风等定向风的吹送。在定向风的吹拂下，海水随风飘动，上层海水带动下层海水流动便形成洋流。这种洋流的规模很大，也叫风海流，最为典型的风海流是北半球盛行的西风和信风所形成的洋流。

洋流的流动会使当地海区的海水减少，为了补充海水，相邻海区的海水会源源不断地流过来，从而形成补偿流。补偿流分为水平流和垂直流，此外，补偿流又分下降流和上升流，最为典型的上升流是秘鲁附近海区的补偿流。

海水的流动还会因海洋中的各个海域的海水的温度、盐度的不同，引起海水密度的差异而发生，这种洋流又叫密度流。例如，因蒸发旺盛，海水盐度高、密度大的地中海的水面，远低于海水盐度比地中海低的大西洋海面，于是地中海的海水会由直布罗陀海峡底层流入大

知/识/窗

墨西哥湾流与欧洲气候

墨西哥湾流是在北大西洋西侧美国东海岸之东16～800千米处向北流的一股强大洋流。此名称来自16世纪并且反映了该洋流系源自墨西哥湾。

墨西哥湾流是一条窄而高速的水流，它分隔左手边冷冽而密的水域与右手边的温暖水域。此名一般用于指从佛罗里达海峡到挪威海的海流，但是更适当的说法应是从佛罗里达海峡延伸到北纬40°、西经50°附近的海域。在这区域东侧，此洋流变得较不明显，且另命名为北大西洋洋流。

对湾流概略位置的了解及其与北大西洋洋流的相关性对人们极为重要。当航海者要从北美洲航行到欧洲，他们利用墨西哥湾流，顺着此洋流走，可以节省时间和油料。

在气候上的影响：墨西哥湾流直接改变了欧洲的气候，然而，一个重要的事实是科学家已确定直接影响气候的并非受湾流本身，而是受所围绕的温暖水域所处位置影响。因此，这个湾流决定的此温暖、中心的水体的北界，正是这个北大西洋的中心水体本身对欧洲气候有影响的主要力量。事实上，当被湾流搬运的海水量增加时，在欧洲所表现出来的影响是冷却效果而非增温效果。

西洋，大西洋表层海水也经由直布罗陀海峡流入地中海。

当然，洋流的形成往往是由于多种因素的综合影响，现实中的洋流是极其复杂的。正确地认识洋流，对航海、气象等事业具有重大的意义。

火山制造的美丽群岛——夏威夷群岛

位于美国西部的夏威夷群岛是著名的旅游胜地，那里有金色的沙滩、碧蓝的海水，吸引着世界各地的观光者。然而，这美丽的群岛却是海底火山的产儿。

夏威夷群岛共有100多个小岛，其中最大的岛是夏威夷岛，它由5个小火山岛组成。冒纳罗亚火山海拔4170米，是世界上最高的海岛活火山。这座火山的山顶就像裹在一层云雾中，若隐若现。这座火山多年来一直处于睡眠状态，直到1950年，它才醒来，喷吐出一条巨大的“火龙”。1984年，冒纳罗亚火山再次爆发，但规模比1950年要小些。

基拉韦厄火山则是一座经常喷发的活火山，其火山口直径达4024米，深130多米。在基拉韦厄火山坑底西南角有一个直径100米、深100米的圆坑，是一个巨大的岩浆湖。岩浆湖里充满了忽起忽落的熔岩。这些熔岩在火山爆发时会很快涌出，形成异常壮观的熔岩流和熔岩瀑布。熔岩瀑布的流速很快，最快每小时可达到30千米。1960年，基拉韦厄火山大爆发，炽热的熔岩直泻大海，并在海边形成了一片约2平方千米的新大陆，即美丽的凯姆海滩。

岛北的冒纳凯阿山是全岛最高的火山，海拔4205米，是一座死火山。夏威夷群岛隐藏于海底的深度是4600米，如果算上这一高度，那么冒纳凯阿山和冒纳罗亚火山的高度相当于珠穆朗玛峰。

夏威夷群岛的火山为它增添了不少独特的景致，如岛上有一些悬崖峭壁，有的呈红色，有的呈黑色，都是由火山岩构成的，是火山喷发的产物。但另一方面，这些火山，尤其是活火山也给夏威夷群岛带来了不少麻烦。如由于火山喷发，许多土地被烧焦，岩石裸露出来。但由于火山灰覆盖在大半个岛上，使岛上土地肥沃，适合植物生长。这里的各种花朵艳丽纷呈，大片的草莓、芳香迷人的热带兰花遍布全岛，像一个美丽迷人的人间仙境。

由于这里的火山呈盾形，坡度不大，熔岩富含镁、铁等物质，温度高，流动性大，黏稠度小，所以火山喷发的通道很通畅，火山喷发的力度不是很大，往往富含水蒸气。因此，夏威夷群岛不仅是旅游度假的胜地，而且是考察火山喷发及观赏火山奇景的绝佳去处。

正在爆发的火山横断面

除了从主火山通道喷出来，在附近被称为岩脉的通道，熔岩也能流出来。

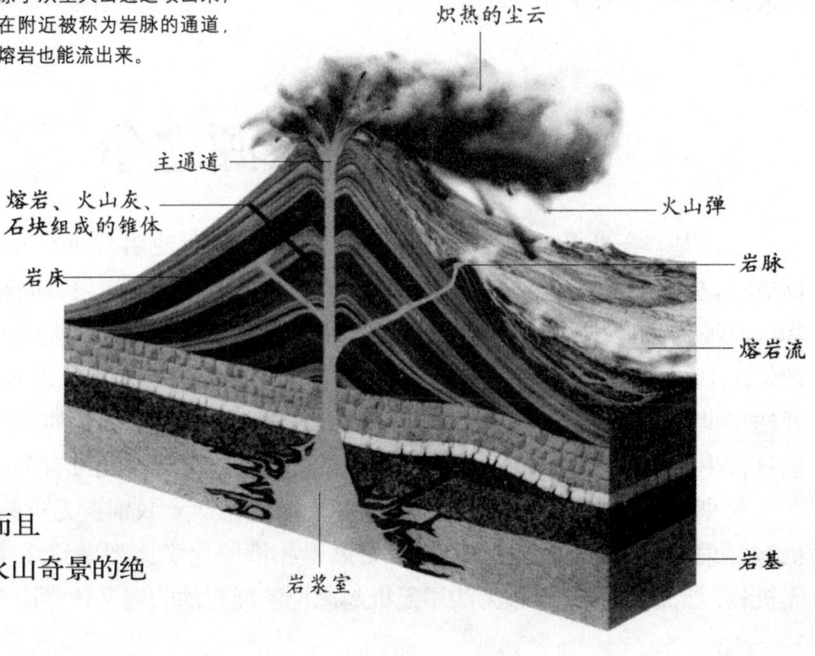

探索煤的形成

煤看起来只是一种黑黑亮亮的石头，但它却可以燃烧，而且燃烧效果很好。因此长久以来，煤一直被人们用做主要的燃料。较之人类一开始使用的燃料比如木头、柴草，煤的耐久性要好得多。那么，煤真的是石头吗？煤又是怎样形成的呢？

其实煤并非石头，煤是由远古时代的植物转化形成的。人们曾发现过保存相当完好的植物化石，竟埋藏在煤层附近的岩石中，也曾在煤层中发现过保存完好、已经煤炭化的大树干。如果在显微镜下观察切成薄片的煤，就能清楚地看到某些植物组织就在煤的薄片中。有人对于煤炭燃烧放热的原因进行化学分析得到这样的结果：煤之所以可以燃烧放热，是因为它含有氢、碳等化学元素，而这些都是易燃物质。而且化学分析也证实了煤是由植物演变而来的这一事实。

可以这么说，今天我们烧的煤，是很久很久以前的太阳能生产出来，并积蓄起来的。换句话说，煤燃烧时放出的能量，是亿万年前蓄积起来的植物所固定的太阳能。

煤的形成时间大约在3亿年前，那时候在炎热和多沼泽的潮湿地带生长着大片茂密的羊齿类植物。在大约1亿多年的时间里，这种蕨类植物繁茂生长的状况一直持续着。当然，植物到一定年龄就会死亡。而死亡的原因也是多种多样的，有由于风暴和雷电造成的树木死亡，也有由于野兽的袭击造成的树木死亡，也可能成片的森林在火灾中毁于一旦，更多的是因为衰老而死。日积月累，死去的植物被埋藏在土壤之下，经过细菌和微生物的分解作用，形成有机物质，成为一层厚厚的黑色或褐色的泥炭或腐泥。随后新生成的泥炭或其他沉积物又覆盖了先前生成的腐泥，随着频繁的地质运动，这些泥炭被深深地埋在地下，空气和这些泥炭完全隔绝开来。在缺氧的情况下，微生物是无法生存的，于是分解作用停止了。经过漫长的年代，在高温高压的环境下，泥炭便慢慢变成又硬又黑、看起来像石块的固体。此时，它已经和原来的木头形状完全不同了，虽然它变得面目全非了，但它的燃烧性没有改变。人们重新给它命名叫煤。

这就是煤的形成过程。远古时代的绿色植物，进行光合作用聚积了大量的太阳能。沧桑巨变，经过了亿万年，这些植物在地质作用下变成了煤。煤炭燃烧的时候，亿万年前储存的巨大能量就又被释放出来了。

石油来源之争

石油是当今世界最主要的能源和化工原料。人类使用石油的历史可追溯到2300多年前。据史料记载，早在公元前3世纪，中国四川省就已经有人使用石油和天然气做燃料来烧烤食物、取暖和照明了。但是当时人们对石油的认识十分有限，大规模地开采石油并用于工业生产始于19世纪。现在，人类的衣食住行都离不开石油。人类已进入了“石油时代”。自美国开凿了世界上第一口油井至今，开采出来的石油已经有数千亿吨。然而，就在石油已成为我们日常生活中不可缺少的一部分时，人们对它的成因至今还没有弄清楚。

长期以来，在有关石油成因的问题上形成了2大派别：无机起源说和有机起源说。无机起源说的代表人物是德国地理学家洪堡和俄国化学家罗蒙诺索夫，他们都认为石油源于无机物。然而，由于化学家无法用无机起源说解释石油的复杂化学成分以及油田的复杂化学成

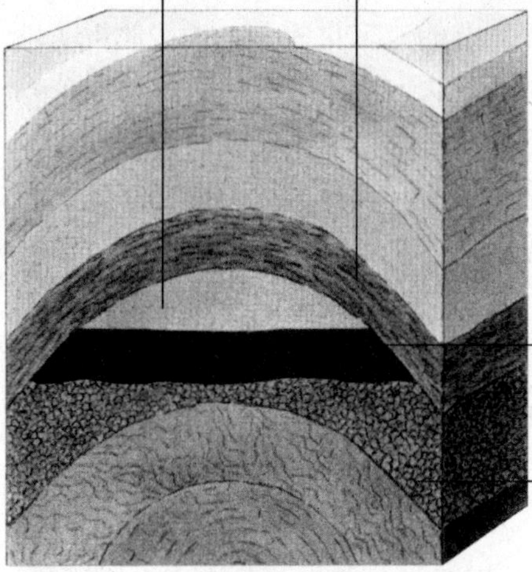

含石油、天然气地质构造示意图

分和油田的实际地质分布，所以现在支持这一观点的科学家越来越少。

有机起源说形成于19世纪中叶。该理论认为，在远古时期，海洋中主要是低等生物，这些单细胞生物的主要成分是碳、氢、氧。这些海洋生物死后，其遗体沉入海底，被泥沙覆盖，空气被隔绝，在细菌的作用下发生着各种化学变化。经过漫长的演变，这些低等生物变成了石油。随着油田地质和石油化学研究的深入，这种观点为越来越多的证据所证实。例如，石油具有成因于生物的有机物质才具有的旋光性；石油中含有的“卟啉”与植物的叶绿素和动物的血红素相似；植物的光合作用可以解释石油中碳12的含量高于碳13的原因……尤其有力的证据是，世界上99%以上的油田都产在与生物作用关系密切的沉积岩中。因此，从20世纪50年代起，有机起源说已被学术界公认。当然，在有机起源说内部仍存在着许多分歧，有待科学家的进一步探索。

需要特别指出的是，由于宇航事业的发展，近年来在无生命存在的星体上确实发现了类似石油和可燃气的物质，石油地质勘探水平的提高也使人们认识到地壳深处存在油气补给源，所以“无机成因说”又对“有机成因说”提出了严重的挑战，受到越来越多的科学家的重视。

两大派别两种学说对峙至今，而且愈演愈烈。我们期待着科学家能早日解开石油成因之谜，给人们一个准确的答案，在能源日益紧张的今天，这无疑将会是一个好消息。

从地图发现大陆漂移说

科学发现需要灵感，灵感有时来的很突然，魏格纳创立大陆漂移学说就源于一张世界地图给他的灵感。

魏格纳(1880～1930年)，是德国著名的气象学家和地理学家，1905年获得柏林大学博士学位，先后担任过观象台研究部主任、大学教授等职，因提出和证明大陆漂移假说而声名远扬。

1910年，魏格纳因病住进医院，休养期间，他躺在病床上百无聊赖，只有对面墙上挂着的一幅世界地图与之为伴，一天到晚，他就跟这张地图对视着，由于距离较远，他也只能看清大陆、大洋的轮廓而已。久而久之，他发现非洲西海岸凹进的几内亚湾与南美洲东部的突出部分惊人的吻合，可以想象，若没有大西洋这两块大陆可以完全拼接在一起，其他的大陆与大陆的边缘轮廓也有类似性质。想到此，他为之一震，病痛都减轻了三分。

待出院后，魏格纳继续研究这一问题，他设想，也许远古时代世界上只有一块大陆，这块大陆由于受到某种力的作用而四分五裂，破碎后的小块陆地则沿着不同的方向移动，形成今天的海陆分布格局。为了证实这一设想，魏格纳在大西洋两岸之间往返奔波，考察两地的地质、生物科系、古地磁、古气象的特征，而这些特征无一例外地佐证了自己的地理假说。

1915年1月，魏格纳将这一结论初步整理成《大陆和大洋的形成》一文，把自己的观点公布于众。但当时他的这一学说尚不成熟，难以令人信服。有的专家讥笑他，说“他得了地壳移动症和颠倒地极妄想症，而且已病入膏肓”。魏格纳却不以为然，仍不厌其烦地向公众解释他的学说。他曾打比方说，只有把同一张报纸撕成几片后，这几片才能按照原来参差的裂痕重新拼接起来，同时保证上面的图画和文字衔接得准确无误。具体地，他提到北美洲纽芬兰地区的褶皱山系与西北欧洲斯堪的那维亚半岛的褶皱山系相呼应；美国的阿巴拉契亚的褶皱东北端延伸至大西洋岸边骤然消失，而在中欧地区和英国西南，类似的褶皱又陡然出现……

这时，突然有人诘问魏格纳，是谁竟把如此一张硕大、厚实的“报纸”扯裂的呢？他对这一问题的解答是：大陆由较轻的刚质硅铝质组成，漂浮在很重的黏性硅镁质上面。几亿年以前，地球上只有一个海，即泛大洋和一块陆地，即泛大陆，泛大陆处于泛大洋的包围之中。后来由于地球自转产生的自赤道向两极的自转力和太阳月亮产生的自东向西的潮汐力，泛大陆逐渐地分裂为几部分，又慢慢分离，在黏性硅镁质底的泛大洋上向各自的方向漂移。经过几亿年的漫长岁月，终于形成今天海洋和大陆的格局。

这样的答案看似天衣无缝，可仔细推敲还是有漏洞。那就是，根据当时的技术测定，潮汐力和地球自转离心力都不足以使上万亿吨的大陆扯裂、漂移。因此，人们仍然难以相信他的学说。但执著的魏格纳不会放弃，直至生命的最后一刻。

1929～1930年，魏格纳数次带队到格陵兰岛考察，以证明大陆漂移学说。为此，他经常和队员们顶着零下50～60摄氏度的严寒，测量该岛的经纬度和漂移速度。1930年11月1日是他的50岁生日，这一天他像往常一样与队员一起赴野外考察作业。由于积劳成疾，零下54度的严寒使他突感不适，不一会儿工夫竟猝死在格陵兰狂暴的风雪之中。

魏格纳的逝世使他的大陆漂移学说几乎无人问津，直到20世纪60年代板块理论提出后，大陆漂移说才又获新生，为世人所重视。

探索火山爆发的规律

从古至今，提起火山爆发，人们总是不寒而栗。它极大的破坏力能够彻底摧毁火山附近的村庄、城市。因此，人们渴望了解火山爆发的规律，最终降服火山，并且有许多人为此付出了艰苦的努力。

古罗马人普林尼安是世界上最早详细地考察和记载火山情况的人。公元79年，著名的意大利维苏威火山大爆发，熔岩彻底湮没了附近的3座城市。普林尼安实地考察了这次大爆发，爆发的全部过程被他详细地记录了下来，为后人了解这次灾难留下了宝贵的资料。不幸的是，他做完这个伟大的贡献后不久就去世了，死因是他吸入了过多的火山喷出的有毒气体。人们为了纪念这位火山研究的先驱，把他观测的维苏威型火山喷发以他的名字来命名，因此，维苏威型火山喷发又叫做“普林尼安型火山喷发”。

20世纪以来，科学技术的飞速发展推动了火山研究活动的发展。1944～1945年，前苏联东部堪察加半岛一带的克留赤夫火山喷发了，这次喷发十分猛烈，而且持续了很长时间。当喷发停止以后，一支探险队深入直径600米、深200多米的火山口内，对火山喷发进行了长时期的系统研究。他们为了收集资料，在这一地区工作了近30年。这一艰苦努力的工作也得到了回报，他们掌握了关于火山活动规律的许多科学资料，使人类预测火山爆发的梦想成为可能。

1982年3～4月，美国的气象卫星探测到埃尔奇琼火山的爆发。因为火山喷发后海洋的表面温度、地球高层大气中的二氧化氮、臭氧和水汽的含量都和以前有很大的不同，天空中还因此出现了由几百万吨烟气和火山炭形成的巨大云层，厚达3000米。研究人员为了获得更多的第一手资料，彻底研究这个现象以及它所带来的后果，决定乘飞机降落到火山口，对火山口进行实地详细调查。

完成了一系列的准备工作以后，考察队员们对火山进行了全面而细致的研究。第一个走进火口湖的是美国科学家罗斯。火口湖湖面很宽，湖水很浅，只没到他的脚踝，却热得使人难受。罗斯咬牙坚持着，用取样管采集湖水样品。同样毫不畏惧地走进火口湖的还有一位勇敢的美国科学家汤姆斯·卡萨德瓦尔。他用一个小型温差电偶测出湖水的温度为52℃。两名美国研究生还对湖水进行了检测，弄清楚了湖水的成分和浓度，发现湖水具有酸性。这是因为很多二氧化硫溶解在水中，使得湖水成为类似稀硫酸的液体了。

美国科学家佐勒花了不少时间和力气将一台重17千克的抽气装置安装在火山口。由于现场气温高，他热得大汗淋漓。他利用这台装置，采集了几十管从裂缝中冒出的气体，经过测算发现埃尔奇琼火山每天能喷出约400吨硫。

考察小组在火山口坚持战斗了3天以后，携带着丰富的第一手资料，飞回美国。探险家的出色工作有着十分重要的意义，专家们根据他们收集的资料研究分析埃尔奇琼火山爆发对全球气候的巨大影响、政府如何制定相关的农业政策等等。

在火山专家们和火山探险家的共同努力下，火山波动的一些规律已被人们所掌握。人们根据这些规律和已经积累了的经验，多次成功地对火山爆发作出预测。

不仅如此，人类在认识火山、预测火山活动的同时，还打响了改造火山、征服火山的战斗，真是令人振奋！

解开闪电之谜

电闪雷鸣是很普通的自然现象。古代的人们不明白其中的原因，大多对雷电非常恐惧。时至今日，虽然人们照旧经常感受电闪雷鸣的壮观和威力，但已经不再莫名地恐惧。人们正在积极探索，试图解开闪电之谜。

夏天，每当雨天来临，天空乌云密布时，就会出现电光闪闪、雷声隆隆的景象。雷电到底是什么？

在中国古代神话故事里，由“雷公”和“电母”分别掌管“打雷”和“闪电”。欧洲人在近代之前，由于

闪电形成示意图

在雷暴云内部，水和冰的微粒相撞使正负电荷不断积累，当电荷之差达到足够大的程度时，就开始通过闪电的形式释放电荷。

受各种宗教观念影响，普遍相信雷电是“天神”或者“上帝”“发怒”的结果。

近代以来，人们渐渐开始了解雷电的真正原因。一段时期里，荷兰学者布尔哈维的观点在欧洲学术界比较流行，他认为雷电是一种“气体爆炸”。再后来，富兰克林做了那个著名的风筝试验，并由此证实天上的电与地上的电实质相同。人们这样解释：携带正电荷与负电荷的两种高电压云团在空中相撞，产生电火花，这就是闪电。这种碰撞可以释放出很大的能量，声光具备，撼人心魄。如果碰巧的话，闪电会导向地面，对人、畜、树木以及建筑物构成危害。但是，闪电依旧包裹在“层层迷雾”中，依然令人迷惑。云层本来是中性的，怎么会产生大量的正、负电荷？

科学家们发现，在一般情况下，只有达到两英尺以上的厚度时，雷电云层才会产生闪电。带负电荷的往往是温度很低的下部云层，而带正电荷的往往是温度很低的上部云层。当正、负电荷之间的电场足够强时，绝缘层就会被击穿，于是闪电就发生了。但是，驱使正、负电荷分开的力量究竟是什么呢？

有人认为，充电过程最初是在冰雹与冰晶或极冷水滴撞击时产生的。冰雹块被撞裂开后，便在云层的上部集中了带正电的轻冰粒，而较重的带负电的冰粒下降，在云层下方形成负电荷。但是，这种说法有片面之处。因为，如果单用降雨来解释闪电，那么，闪电为什么经常发生于降雨之前，而不全是降雨之后或降雨过程中呢？另外，在火山爆发时也会产生闪电，这又是为什么呢？

以上说法被推翻后，接着有人提出了另外一种说法，认为电荷产生在雷电云层之外。大气中过量的正电荷被吸附到上面的云层中，在这个过程中云层本身又吸附了自身上方大气中的负电荷，但由于气流的作用，负电荷又被裹挟而下。正是由于这种上下的剧烈运动，使得正电荷在上，负电荷在下，正、负电荷分开，最终形成闪电。

然而，这一假说也只是猜测而已，并未得到证实。“总是如此”呢？

神秘的雷电既诱人又危险。一些具有勇敢探索精神的科学家为解开闪电之谜，付出了很大的牺牲。而提出上述几种假说的科学家们更是付出了大量的智慧和劳动。但是，这些假说都存在着这样或那样的问题，没有一种是被普遍接受的。看来，只有等待条件进一步成熟，才能对这一自然现象给出一个令人满意的答案。

关于雾的种种发现

雾与云、雨、风、雪一样，是气体运动、温度变化等因素共同造就的天气状况的一种。雾能形成朦胧迷幻的美景，也可能造成意外事故，影响人的正常生活。这样看来雾多少有些令人难以琢磨。因此，对于雾的种种我们应该多加了解。

重庆是世界上雾日最多的城市，全年平均有103天是雾日，最多达206天，平均算起来二三天就有一天是雾天。尤其是冬春两季总是雾霭蒙蒙。整个山城早晨雨雾茫茫，到中午才渐渐消散，露出本来的面貌；常常接连数日都被迷雾笼罩着。

北美洲东部的纽芬兰岛附近，也是世界上雾特别多的地方，最多的月份，每月平均有20多天是雾天。弗琴岩附近也是雾气繁盛的地方，在一年里雾日几乎占半年，就算是夏季，10天中也有8个雾天。

曾有“世界雾都”之称的英国伦敦，过去平均每5天就有1个雾天。一旦大雾发生，连续数天常常也不见消散，严重的“雾害”就是这样造成的。这时就算有光，10米之外还是

辐射雾

辐射雾是最常见的雾。在晴朗的夜晚，天上没有云层保温保热，地面辐射散热迅速，因而很快冷却，近地面的空气也因此而冷却，当气温降到一定程度时，空气中的水汽就凝结形成地面的雾。

看不清东西，能见度很低。汽车像蜗牛般爬行，船不鸣笛就不敢前进。满眼迷雾，街灯也失去了作用。近年来，伦敦政府采取了一系列环保措施，伦敦上空的灰黄色的浓雾和滚滚的黑烟已经很少见了，城市面貌有了很大的改善。

在我国，峨眉山是雾日最多的地方。峨眉山的雾，景观奇异，被称作雾岛。因为山顶山麓少，云雾只缭绕山腰，动如烟，静如练，阔如海，轻如絮，白如棉。人们置身山顶，眺望脚下雨雾弥漫、云飞雾罩的胜景，仿佛身处仙境，奇幻缥缈。据统计，1953～1970年间，峨眉山平均雾日达每年323.4天，最多的一年达334天，最少的一年也有309个雾日。说峨眉山几乎天天有雾是不过分的。

那么雾是怎样形成的呢？雾大多发生在冬、春两季。雾的形成一般是这样的：大气中所含的水汽遇冷，冷却到一定温度，就会形成露点，露点凝聚便会形成雾。

我们通常把雾分成3种：辐射雾、平流雾和蒸发雾。先说辐射雾，它多在大陆上发生，秋、冬天晴朗的早晨易形成这种雾。范围一般不大，厚度也较小，日出后就逐渐上升消失了。再说平流雾，又叫海雾，大多发生在海上或海岸附近，春夏两季和寒、暖流交汇的地方较容易产生。其范围和厚度一般较大，在一天里任何时间都可形成，终日不散的情况常常发生。蒸发雾多形成在冬季的河湖上空和北冰洋上。它是由于地面冷空气移动到温度较高的水面时，水面强烈蒸发的水汽遇冷而形成的。

平流雾也叫做海雾，它在航海中是一个大敌，同海雾有关的海难事件占了所有类型海难事件的1/4。发生在1955年5月11日的日本“紫云丸号”事件，造成了168人死亡，就是由于海雾的影响使其与另一艘船相撞，这是雾航中的一个大悲剧。

我国海雾多发的地区是山东半岛成山角外海。在这里，太阳在浓雾的掩盖之下不能露脸，尤其是每年的7～8月，1年之中有海雾的天气多达80天以上。

要了解成山角多发海雾的原因，要从成山角的地理位置入手。成山角海岸位于渤海出海口，作为渤海冷气团南下的通道，海面上空的暖气流与这里南下的冷气团之间温差悬殊，致使低空水汽凝结积聚，使小的雾滴在贴近海面的空气处形成。雾滴聚积，并且随风扩散飘荡，海面上空很快也充满了雾气。而贴近水面的雾气还在不断地形成，不断扩展，雾的范围就越来越广，浓度越来越浓，就形成了连绵几百千米的浓重雾区。成山角海岸也有中国的“雾窟”这样一个称号。

海雾在我国漫长的海岸线上时有发生。从南往北，我国沿海各地每年2～8月是全年雾最多的季节。福建沿海最先出现海雾，长江口附近、黄海沿海也相继出现海雾。

掌握了海雾的成因和多发时间，有助于人类的航海事业。随着科学的发展和人类认识水平的提高，也许有一天雾这一自然现象也可以造福人类。

彩虹中隐藏的秘密

炎热的夏季，一场大雨过后，天空中常常会出现一条瑰丽多彩的长虹，勾起人们无穷的遐想。那么你知道这美丽的彩虹是怎么形成的吗？

> 知识窗
>
> **光的反射和折射定律**
>
> 光的反射定律：(1)反射光线和入射光线、界面的法线在同一个平面内，反射光线和入射光线分别位于法线的两侧；(2)反射角等于入射角。
>
> 光的折射定律：(1)折射光线跟入射光线和界面的法线在同一个平面内，折射光线和入射光线分别位于法线的两侧；(2)入射角的正弦跟折射角的正弦之比是一个常量，即 $\frac{\sin i}{\sin r}$ = 常数(i为入射角，r为折射角)

最早尝试以科学的方法解释虹的形成原因的是意大利学者多明尼斯主教。1624年，他用自然科学的知识解释虹形成的原因。然而当时社会十分落后愚昧，多明尼斯主教因此也被赶出了教会，被判处了死刑。后来，法国科学家笛卡尔也做过这个尝试。他在水池旁边，看到水池上面含有大量水滴的空中的人造虹，他受到启发后便用装有水的玻璃球进行了实验，并在1637年发表了关于虹的形成原因的文章。他的结论已经较为科学，即虹是由于太阳光射入空中的水滴内发生反射和折射的结果。但是，他依然没有弄清虹的颜色是怎样形成的。直到17世纪60年代，牛顿发现太阳光通过三棱镜的色散现象后，虹的秘密才被彻底揭开了。

300多年前，捷克斯洛伐克的一位科学家将3块大小、形状相同的玻璃组合成三角柱形，放在一扇窗户的对面，当透过关闭的百叶窗上的缝让太阳光从中间射向三棱镜时，一条红、橙、黄、绿、蓝、靛、紫的彩色光带出现在对面墙上，这条光带同自然界产生的虹的光带一模一样。这一现象引起了英国科学家牛顿的兴趣，为了弄清这个问题，牛顿曾多次做过光的实验。他发现阳光透过三棱镜时，由于发生了折射，光的方向便发生了改变。同时，由于各色光的折射程度不一样，紫光最大，红光最小，所以白光就在三棱镜的折射作用下分解成7种颜色的光带了。

有些时候，天空中会出现一些很奇特的虹。如1948年9月24日下午6时，在列宁格勒涅瓦河上空出现了一个奇特的现象：4条美丽的彩虹同时挂在空中。刚开始的时候，天空中突然出现了一条长虹，与此同时，在它上方不远处又有一条色彩排列相反的虹。几分钟后，一条细窄的虹在主虹内侧出现，接着第4条虹又出现了。它们的宽度约为主虹的1/4，除深红色带较鲜艳外，其余的色彩都较淡。15～20分钟后，4条虹便先后消失了。

这种奇异的景象引起了气象学家的关注，因为它很难用普通的原理加以解释。科学家们在考察之后，终于明白了其中的缘由。原来列宁格勒涅瓦河上的4条虹同时出现，是因为最初形成的虹在河湖的反光作用下，经过层层的反射和折射，形成了反光虹。

除此之外，还有一种绚丽的彩虹也很奇特，它飞架在峭壁之间，经久不散，十分美丽壮观。这种彩虹通常只出现在飞流直泻的瀑布边，瀑布隆隆作响，水沫飞溅，烟雾蒙蒙，每到日出或日落时分，在太阳光照射下，一条彩虹便会挂在半空中，这种虹也是由于太阳光照射到瀑布飞溅出的水滴上，经过反射而形成的。

不仅太阳光能形成虹，月光也会形成虹。要想看到月虹，最好是在海边，选择一个满月的夜晚。在月光照射下，海风吹来的大量水汽，会反射和折射月光，形成夜空中的彩虹。这也是一种美丽的自然现象。

飓风的成因与危害

飓风的意思是“风暴之神”，是根据印第安人的“雷神”来命名的。每当人们提起飓风，脑海中定会浮现出这样的画面：来势汹汹的飓风所到之处屋倒房塌，它就像一个脾气暴躁的魔王顷刻间给人类带来巨大的灾害。那么，飓风除了具有危害性的一面外，对人类就一点益处也没有了吗？飓风的实质是什么？它又是怎样形成的呢？

飓风潮湿而沉闷，含带盐分，吹拂到唇上，你会感觉到似乎有点苦味。飓风开始的时候，有白色薄雾在天空出现，然后雾越来越浓，并由白变黄，在日落的余晖映照下呈现出一片橙色和红色，天空绚丽异常。海上空气振荡起来，大块乌云飞驰而至，大雨倾盆，狂风呼啸，风雨斜飞，雷声震耳。当风眼过后，风雨停住了，一切似乎又恢复了平静，太阳也露出了光芒。但这不过是又一场风暴前的短暂平静，用不了多久，乌云再次布满天空，狂风暴雨又开始了新一轮的袭击。

1780年9月，巴巴多斯岛遭到飓风的袭击，飓风把一艘停泊在圣卢西亚岛的大船掀刮到一所市立医院里。在这次飓风事件中，葬身海底的船有40多艘，共有400艘以上的船只受损，很短的时间内乡村、城市化为乌有。

1935年9月，飓风在袭击美国佛罗里达时，从路轨上把一列火车抛出很远，一艘轮船也被抛到了岸上。这是20世纪以来发生的最强烈的一次飓风。

1980年8月30日，“艾伦”飓风——被称为20世纪第2强的飓风——在巴巴多斯登陆，以大约270千米的时速席卷而过，所达宽度约600千米。“艾伦”直抵大安的列斯群岛，沿途经过了向风群岛和背风群岛，它在一周内将多米尼加、圣文森特、海地、古巴、牙买加和开曼等10多个岛屿横扫了一遍。然后，穿过尤卡坦海峡，进入墨西哥湾，又在南部登陆。“艾伦”掀起了比平时高5米的汹涌海浪，大水夷平了沿海城镇，居民也有不少伤亡。狂风暴雨，凄声怒吼，毁坏了很多香蕉园，棕榈树也被连根拔起。飓风使电台广播、电讯联系和电力供应完全中断了。

飓风，最早发生在北大西洋上，当时是在西经25°以西，北纬8°～30°之间的范围上。这是由于在大西洋上，在百慕大群岛和亚速尔群岛之间，分布着一个椭圆形的高压脊，它像一座山似的阻挡着，使飓风不得不向西行进。在向西行进的途中遭遇东北信风，这又起了推波助澜的作用。

飓风多发生在热带海洋上，常常会形成一种旋转速度快、影响范围大的强大的热带气旋。飓风开始时只是一股游移在热带海洋上空的低气压带。在这里，暖空气不断汇流聚集，盘旋上升，形成巨大的气柱，并在这个上升过程中不断冷凝成云雨，大量的热能被释放出来了，这又加速了气流的上升。当空气由于受热而上升得越来越快时，风暴中心又有许多新的空气不断聚集，这样，飓风的能量不断增强，就变成速度、强度更猛烈的风了。

北半球风暴中心的移动偏右，做逆时针方向旋转，这是由地转偏向力和地球的自转造成的。飓风一般有800千米的直径，有的甚至超过1000千米。飓风中心被称作“风眼”，半径

超级蜂窝式云

大多数风暴开始时像上升的蜂窝，当空气流动加快时，就会产生巨大的引力将水卷入云层，飓风和龙卷风就是由这些“蜂巢”构成的。

在5～30千米，在“风眼”内一般比较平静。“风眼”的四周，风势最猛，常被一环浓密的云包围着，这一云环就是飓风带来滂沱大雨的成因。

飓风给人类造成了严重的自然灾害，但是通过气象卫星的观测，我们发现，热带风暴的作用是驱散热量，如果没有它，热带将变得更热，两极会变得更加寒冷，而温带郁郁葱葱的景色因雨量减少也将不复存在。有这样一组数据，一股热带风暴在全速前进时，一天之内就有相当于400颗2000万吨级氢弹爆炸所释放出来的能量被放出。飓风的作用就在于它能够在地球上进行热平衡。

飓风这种热带气旋，在亚洲东部的中国、日本和朝鲜，被人们称作台风；在菲律宾被人称作碧瑶风；吹向北美洲东南部沿海时，叫做飓风。

尽管飓风名称各异，但我们要认识的始终是飓风的实质和规律，这样就可以采取相应的措施，将飓风对人类的危害降至最低。

揭开海市蜃楼的奥秘

1988年6月1日，位于山东半岛上的蓬莱出现了一种奇景：宽阔的海面上，横着一条乳白色的雾带，一朵橙黄色的彩云先从大小竹山两个岛屿涌起，不断地升腾变幻，一会儿似仙女游春，一会儿像金凤摆尾。不久，南长山列岛在雾中渐渐隐去，露出一个时隐时现的新岛。新岛之上，云崖天岭、幽谷曲径都若即若离，而仙山之中，玉阙珠宫、浮屠宝鼎若隐若现，灵气袭人。矗立在悬崖峭壁之上的蓬莱仙阁被仙雾所笼罩，亭台楼榭在烟雾迷蒙中如琼楼玉宇。蓬莱阁下的登州古城，此时也神秘得宛如仙境神迹。这就是如梦似幻的“海市蜃楼”现象。

当然，这种奇景也不是蓬莱独有的，在其他地方也常常可以看到。如20世纪30年代出现的海上“荷兰飞船”，曾使全世界为之轰动。那年，有一艘从欧洲驶往美国的轮船，在大西洋上突然遇上一条怪船，那是一艘建于16世纪的帆船，只见它扬着巨帆，载着许多乘客迎面驶来。看到它越来越近，船长当即命令水手改变航向。但是，在两艘船即将碰上时，这艘船却从船舷旁擦了过去。这时候，几百名乘客清楚地看到这艘古代荷兰帆船上站着一些身着古装的人。

那么，这种美丽神奇的海市蜃楼究竟是怎么形成的呢？

其实，海市蜃楼只是一种自然现象，它可分为上观蜃景、下观蜃景、侧观蜃景和多变蜃景等多种。其中，上观蜃景大都发生在海面上、江面上。夏天，海上的上层空气在阳光的强

海市蜃楼示意图

烈照射下，空气密度变小，而贴近海面的空气受较冷的海水影响密度较大，出现下层空气凉而密、上层空气暖而稀的差异。从短距离内密度悬殊的两层空气穿越而过的光线，在平直的海岸或海面上，就会出现风景、岛屿、人群和帆船等平时难得一见的奇景。出现这种现象的原因是，虽然岛屿等奇景位于地平线下，但它们反射出来的光线会在从密度大的气层射向密度小的气层时发生全反射，又折回到下层密度大的空气层中。上层密度小的空气层会使远处的物体形象经过折射后投到人们的眼中，而人的视觉总是感到物象是来自直线方向的，从而出现海市蜃楼的奇景。

弄清了这些道理，那些曾经让人困惑不已的奇景也就不足为奇了，都可以为它们找到科学的解释。如出现于山东半岛的“蓬莱仙岛”其实就是离蓬莱县十几千米外的庙宇列岛的幻影；而“荷兰飞船”则是一家电影公司在海边拍摄有关荷兰飞船的影片时，突然被暴风吹到辽阔的海洋上而出现的幻影。

黑潮的成因

在我国的北方，每年冬季都会出现千里冰封的景象。即使是黄河北部、渤海沿岸也会结成白茫茫的一片海冰。然而，与渤海相邻的秦皇岛一带沿岸，却呈现出另一番景象。那里，大小船只自由地在碧蓝的海水中进出，让人难以想像这里处在滴水成冰的严寒中。这是为什么呢？

原来，有一条天然的“暖气管道”横亘在西北太平洋上。这条所谓“暖气管道”其实是海洋暖流中的一支，也就是黑潮。黑潮是太平洋的北赤道流与陆地相遇后，沿岸北上的一支海流。它像一条巨大的江河，从南向北，昼夜不息地滚滚流动着。

虽然这股暖流被称为黑潮，但它的水其实并不黑，甚至比起一般海水来，显得更清澈透明。不过，黑潮分布的海面经过太阳的散射光照射，水分子吸收了如红、黄等色的光波，而只散射蓝色光波，因此，人们一眼看过去，海水就成了蓝黑。这就是人们称它为黑潮的原因，黑潮也因此与其他的一般海水明显地区别开来。那么，这条“暖气管道”是从哪来的呢？它是如何形成的呢？

这要从北赤道流说起，它是黑潮的前身。赤道流由于受强烈的太阳辐射，水温和盐度都很高，黑潮也因此具有高水温、高盐度的特点。夏季水温为27℃～30℃，即使在冬季，表层水温也超过20℃，高出邻近海水5℃～6℃。因此，黑潮又被称为“黑潮暖流”。黑潮暖流因为自身特点而拥有大量热能，其中的部分暖水直接或间接参与了大陆架海区的环流，对环境有很大影响。暖流沿黄海东侧北上，再转入北、黄海，进而穿过渤海海峡向渤海流去。在冬季寒冷的渤海、黄海一带，黄海暖流凭借其高温的特性，给沿途带来温暖。不仅如此，整个黄海还因为暖流北上而存在一个明显的高温“水舌”，该“水舌”一直扩展到整个渤海，因此秦皇岛一带海域始终不结冰。科学家观察到这一自然现象后兴奋不已，便开始研究它。

黑潮的影响首先表现在气候方面。海洋气象学家们通过研究冬季黑潮的水温情况，来预测明春气候的变化。他们发现了一个规律：当进入秋末冬初时，只要测出吐噶喇海峡的水温高于往年平均水温，那么，我国北部平原地区，来年春季降雨量肯定多过常年降雨量。相反，降雨量则会偏低。这种预测对于农业有重要意义，人们可以据此提早采取措施，预防灾情。

黑潮对它经过的沿岸各地的启示与影响极大，绝不仅限于气候这一方面。人们发现，它也极大地影响着渔业生产。对有些怕冷的鱼类而言，黑潮流域是理想的家园。这些鱼类喜欢聚集在黑潮流域附近游动，冷了就靠近一些，热了便离它远一些。黑潮流域成了鱼儿们抵御恶劣环境的天然庇护场。同时，黑潮暖流也为暖水性鱼类的产卵创造了条件。因此，在黑潮流域作业的渔民自然就有丰富的收获了。

黑潮流经范围很广，并且从方方面面影响流经区域，值得关注。近些年来，国际间展开了广泛的科技合作，目的是为了揭示黑潮的形成机制，弄清其变化规律，揭示黑潮和大气间的关系。我国海洋工作者为揭开黑潮之谜，积极研究，做了大量工作，并取得了一些成果。科学技术的发展日新月异，相信黑潮一定会越来越被人们了解，并能带给人类更多的福利。

撒旦的诅咒——厄尔尼诺探秘

近些年，每当人们讨论气候和自然灾害的时候，往往会提到这样一个名字：厄尔尼诺。在各种媒体上，它的出现频率也非常高。在懂和不懂它的含义的人们眼里，厄尔尼诺显然已成了“灾星”的代名词。那么，这个可怕的灾星究竟来自何方？它是怎么形成的呢？

厄尔尼诺现象是如何被人发现的呢？原来很早以前，南美洲秘鲁和厄瓜多尔沿岸的居民发现，世界著名的秘鲁渔场每到圣诞节前后，鱼产量就会大幅度降低。他们觉得非常奇怪，开始观察，力图找出原因。后来他们发现，原来每到圣诞节前后，南美西海岸附近海域的海水温度就会升高。在这一海域里生活的浮游生物和鱼类适应不了热水环境，就会随之大量死亡，造成渔场减产。但这种海面水温升高的自然现象令当时的人迷惑不解，以为是“圣婴”降临了。在西班牙语中“圣婴”的发音为“厄尔尼诺”。因此，厄尔尼诺这个词最初的意思并不像现在这样，而仅仅是指秘鲁沿岸海水温度异常变化的现象。

现在，对厄尔尼诺已有了一个基本一致的定义：如果赤道中段和东段一带太平洋大范围的海水温异常升高，月平均海表温度上升0.5℃，且持续时间超过3个月，就称为出现了一次“厄尔尼诺现象”。这是世界各国的科学定一起做出的定义。

尽管厄尔尼诺已经有了一个清晰一致的定义，但到目前为止，科学家们依然没弄清厄尔尼诺现象发生的原因。

有一种观点目前较为盛行，这就是大气因子论。这种观点认为，赤道太平洋受信风影响，

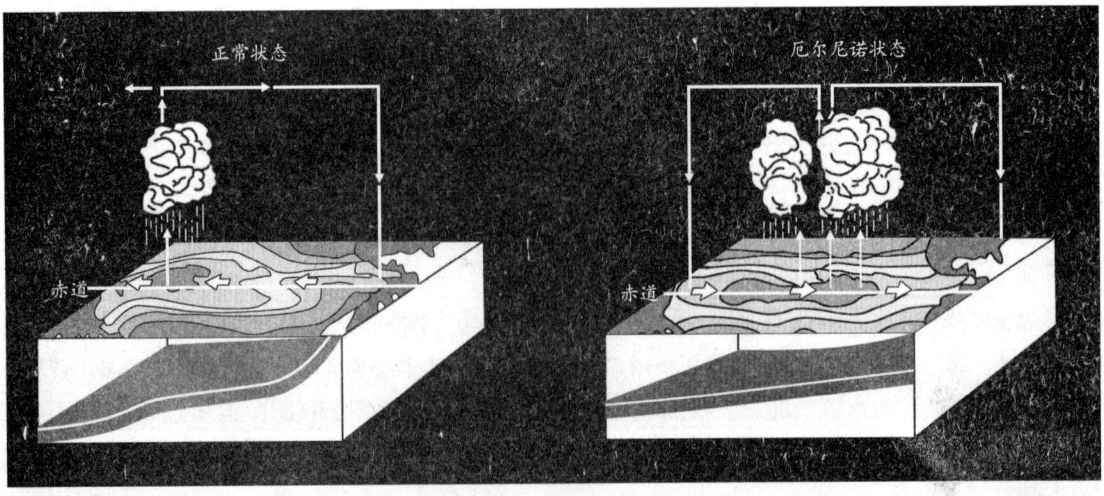

厄尔尼诺现象发生时，太平洋洋流的大气都处于反常状态。

形成了海温和水位西高东低的形势。与此同时，信风又因受到赤道太平洋西侧的上升气流和东侧的下沉气流的影响而加强。一旦信风因某种原因减弱，太平洋西侧的海水就会回流东方，赤道东段和中段太平洋的海温因此会异常升高，厄尔尼诺现象也就发生了。目前大多数人持这种观点。

近几十年里，科学家们对厄尔尼诺现象进行了跟踪研究，人们对它了解得越来越多了。气象学家已证实，厄尔尼诺确实会引发世界上一些地区气候异常及气象灾害，如干旱、洪涝、沙尘暴、森林大火等。因为海洋在厄尔尼诺的影响下，海表温度上升3℃～6℃，热带太平洋因而海表热力异常，地球大气的正常环流受到干扰。结果全球气候都因此变得异常，自然灾害迭起，并最终影响地球陆地生态系统。

随着科技的发展和科学家经验的积累，在过去的几十年中，对厄尔尼诺的研究工作已取得较大进展。

1997年9月，科学家们利用气象监测卫星收集到了大量数据，并据此得到了一张图片。他们发现了一块相当于大型湖泊面积30倍的水域，其水面要高出正常情况33厘米。之所以出现这种情况，是因为肆虐的贸易风推动了温暖的热带海水。它表明，一次剧烈的厄尔尼诺现象正在进行中。果然，在随后的几个月中，该水域对气候的影响像预测的那样，逐渐显露出来，全球地区几乎无一幸免。从这次预测可以发现，人类在短短十年多的时间里，追踪、分析和预报厄尔尼诺现象的科技手段，已有了很大进步。

今天，科技进展导致的天文学观测手段和计算机技术越来越先进，太平洋中出现的厄尔尼诺现象也已越来越被人们所了解。但依然有很多未解之谜需要我们继续探索研究。

臭氧层——地球的保护伞

臭氧是氧气的同素异形体，由3个氧原子结合而成，它的化学符号是O_3。臭氧是分布在距地表10～50千米之间的一层薄纱，其浓度最大处位于离地表20～25千米的地方。它的作用就像是地球的保护伞，吸收了大量太阳辐射的紫外线，使地球上的生命体免受紫外线的杀伤，也可使现有大气的热量状况趋于稳定状态。

不幸的是，从20世纪80年代初开始，人们发现臭氧层在逐渐变薄，而且在南极、北极、澳大利亚、加拿大、新西兰、智利、阿根廷等许多国家和地区的上空出现“空洞”。这些“空洞”的出现，使得地球少了一道天然屏障，大量紫外线直接照射到地球表面，增加了人类得皮肤癌、呼吸道传染病和白内障疾病的可能性，并会导致人体免疫力的下降。

到底是什么原因导致臭氧层变薄，并出现许多空洞呢？科学家们对此进行了孜孜不倦的探索。

科学家罗兰德博士于1974年提出了氟里昂破坏臭氧层的观点。他认为氟里昂在使用过程中会散逸到空中。这些游离在空气中的氟里昂，在太阳的辐射下，就会将分子中的氯原子分离出来，在这些氯原子的作用下，臭氧分子转变为氧分子。这样就造成了臭氧层中臭氧减少，甚至出现空洞。也有人认为，臭氧层出现空洞的原因除氟里昂外，还与核爆炸、飞机的频繁飞行、化肥、喷雾杀虫剂的大量使用有关。当然也有科学家对此持不同意见。如俄罗斯地理学家卢基亚什科就认为：造成南极上空臭氧层出现空洞的罪魁祸首并不是人类活动，而是大自然。他说，如果臭氧空洞是人类活动所致，那么空洞应当首先出现在人口密集、工业发达的北半球，而不是罕无人迹的南极地区。

知识窗

为什么极地上空有臭氧洞？

臭氧层是指离地球表面10～50千米的同温层中的一层气体。臭氧分子（O_3）由3个氧原子组成，能吸住99%以上的太阳紫外线，可以充当地球上人类和其他生物的“保护伞”。但是近几年，科学家们在南极上空的臭氧层中发现了一个“大洞”，又在北极上空发现了一个19～24千米深的小“臭氧洞”。这些发现都表明，地球的这把“保护伞”已被严重破坏。

天上为何会出现“臭氧洞”？科学家们对此意见不一。

多数科学家的观点是，极地上空的“臭氧洞”是人“戳”的。确切地讲，是氟利昂。随着现代工业的发展，特别是冷冻厂和家用电冰箱的不断增多，大量氟利昂冷冻剂被使用，大量的氯氟烃被排放到空气中。与其他化学物质不同，这种物质不能在低空分解，反而要飘浮升入同温层，与紫外线作用产生出游移的氯原子，夺去臭氧中的1个氧原子(1个氯原子能破坏近10万个臭氧分子)，氯原子使臭氧变成纯氧（O_2），于是“臭氧洞”就在空中出现了。而“无形杀手”紫外线就会趁机直射，危及地球上的人类和生物的生命安全。

不管原因如何，地球的臭氧层空洞已经形成一定的规模，现在补天乏力，寄希望于臭氧层自行弥合也不可能。即使从现在起全球停止生产和使用破坏臭氧的物质，臭氧层要恢复本来的面目，完全弥合臭氧空洞，也需要至少1个世纪的时间。

即使是这样，我们还是应该极力保护臭氧层，不能让臭氧层空洞继续扩大，从而使这把万物赖以生存的地球保护伞不受损害。

“死水”变成“活水”

水是生命之源，在我们眼中，它总是流动的，循环往复、永不停止。可是，大自然衰老的规律连水也逃不脱，水也会变“老”，甚至会“死”。水是十分宝贵而稀缺的资源，如何让“死水”变成“活水”，是对现代科学的一大挑战。

水之所以会“死”，是因为它是链状结构，链越长，水就越没活性。水如果长期不运动，链状结构就会不断延伸和扩大，这样一来，水就会慢慢衰老并“死去”。这种衰老的水失去了活力，也失去了养分。如果用这种水来饲养动物或者灌溉庄稼，会严重影响动植物细胞的新陈代谢，它们的生长和发育也会因此受阻。当然，水是否衰老难以用肉眼来分辨。

衰老的水从某种意义上来说，是资源的消失与浪费。人们想了许多方法使“死”水变“活”，恢复青春。亚美尼亚科学院的工程技术人员研制出了一种“水链分裂器”，类似于我国农村使用的石磨，专门用于“磨”水。“水链分裂器”之所以能“磨”水，是因为它内部装有轮子。轮子高速旋转时，会改变经过这里的“死”水或老水的链状结构，使之由长变短，这样一来，老水会恢复青春，“死”水也会复活。

其实，自然界还存在着天然的“水链分裂器”，那就是龙卷风。它们威力无比，能将大树连根拔起，吹塌房屋、折断桥梁、毁掉公路、令海水倒灌。然而水却可以在这种毁灭中获得重生。龙卷风发生时，水被高高卷起，飞速旋转，在风力的猛烈撞击下，水的长链变得支离破碎，活力大增。可见换个角度来看，龙卷风就变成了医水的“神药”了。大自然真是神奇！

恢复青春的水或者说“复活”的水，具有神奇的功效。它能加快细胞的新陈代谢，有效地促进动植物的生长发育。不仅如此，用这种水浸泡的种子，比用普通水浸泡的种子更容易发芽；用这种水养的蛙，比用普通水养的长得快2～5倍。

目前，能令“死水”复活的方法太少，而复活的水又是如此神奇。科学家们正在努力研究，以期找到更多的方法使“死水”复活，造福人类。

世界重大发现与发明大全集

基础科学研究

几何学的创立

在笛卡儿生活的17世纪，流行的是以亚里士多德学说为基础的经院哲学。在笛卡儿看来，教科书里的理论根本就是些模棱两可、自相矛盾的东西，“没有一件事不是可疑的”。笛卡儿在上学的时候因身体孱弱，校长特许他早晨可以睡到他想去教室的时候。于是，笛卡儿就利用这个小小的特权，经常不去上课，而是自己在宿舍里读一些哲学、数学、文学等方面的书籍。尽管如此，8年后，他仍以模范生毕业。

1618年，已经获得了博士学位的笛卡儿决定不再死钻书本学问，而要向“世界这本大书”讨教，于是他从军来到了荷兰的布雷达。有一天，笛卡儿在布雷达的一面墙上看到写着一道数学难题。墙上的字已经有些模糊不清了，看样子，这道题一定难倒了不少人。笛卡儿的兴趣立刻被激发了出来，他就问身边的一个人，能不能帮他把这道题翻译成拉丁文或法文。这个人先是怀疑地看了看笛卡儿，说可以，但他显然不相信这个年轻的军人能解什么数学难题。在笛卡儿一再请求下，他很勉强地为笛卡尔作了翻译。不料，两天以后，笛卡儿竟然真的做出了正确的解答，这使所有的人都大为惊叹，包括当时那个翻译者。笛卡儿后来才得知他就是当时著名的学者贝克曼。从此以后，笛卡儿就和贝克曼成了莫逆之交。

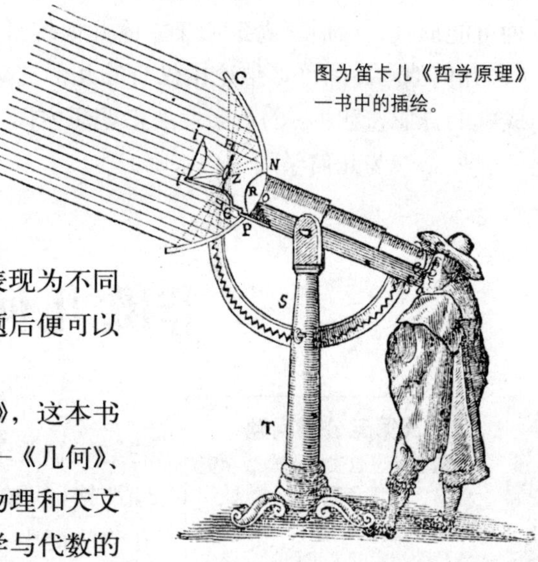

图为笛卡儿《哲学原理》一书中的插绘。

1628年，笛卡儿从巴黎移居到资产阶级已经掌权的荷兰，开始了长达20年的潜心研究和写作生涯，先后发表了许多在数学史和哲学史上有重大影响的论著。

笛卡儿的《几何学》是他所公开发表的惟一的数学著作，它标志着代数与几何的第一次完美结合，使形形色色的代数方程表现为不同的几何图形，许多难解的几何题转化为代数题后便可以轻而易举地解答。

1637年，笛卡儿在荷兰写成了《方法论》，这本书成为后世的哲学经典。其中它的三个附录——《几何》、《折光》和《气象》也奠定了笛卡儿在数学、物理和天文学上的地位。在《几何》中，他分析了几何学与代数的优缺点，指出希腊人的几何过于抽象，而过多依赖于图形，总是寻求一些奇妙的想法。代数却完全受法则和公式的控制，以致阻碍了自由的思想和创造。同时，他也看到了几何的直观和推理的优势以及代数机械化运算的力量。笛卡儿解决了这个问题，并由此创立了解析几何。

欧几里得和《几何原本》

欧几里得(约公元前330～公元前275年)，古希腊著名数学家，是几何学的奠基人。

欧几里得出生在雅典，曾经师从柏拉图，受到柏拉图思想的影响，治学严谨。后来在埃及托勒密王的盛情邀请下，到亚历山大城主持教育，成果非凡。

欧几里得在系统地总结前人几何学知识的基础上，加上自己的创造性成果，开创了一门新的几何学，人们称之为欧氏几何学。欧氏几何学的显著特点是把人们已公认的定义、定理和假设用演绎的方法展开为几何命题。从此，几何走上了独立发展的道路。

欧氏几何学的集大成著作是《几何原本》。在这本书中，欧几里得集中阐述了自己的几何思想。《几何原本》共13卷，每卷(或几卷一起)都以定义开头。第一卷首先给出23个定义，如“点是没有面积的”、“线只有长度没有宽度”等。然后则是5个假设。作者先作出如下假设：(1)从某一点向另一点作直线，(2)将一条线无限延长，(3)以任意中心和半径作圆，(4)所有的直角都相等，(5)若一直线与两直线相交，使同旁内角小于两直角，则两直线若延长，一定在小于两直角的两内角的一侧相交。5个假设之后是5条公理，它们共同构成了《几何原本》的基础。

《几何原本》前6卷为平面几何部分，第一卷内容有关点、直线、三角形、正方形和平行四边形。其中包括著名的毕达哥拉斯定理：“直角三角形斜边上的正方形的面积等于直角边上的两个正方形的面积之和”。第二卷主要讨论毕达哥拉斯学派的几何代数学，给出了14个命题。如果把几何语言转换为代数语言，这一卷当中的第5、6、11、14命题就相当于求解如下二次方程：$ax^2-x^2=b^2$、$ax+x^2=b^2$、$x^2+ax=a^2$和$x^2=ab$。第三卷包含37个命题，论述了圆本身的特点，圆的相交问题及相切问题，还有弦和圆周角的特征。第四卷，全都用来描述圆的问题，如圆的内接与外切，还附有圆内接正多边形的作图方法。第五卷发展了一般比例论，第六卷是把第五卷的结论应用于解决相似图形的问题。第七、八、九卷是算术部分、数论，分别有39、27、36个命题。第十卷包含115个命题，列举了可表述成$a \pm b$的线段的各种可能形式，最后三卷致力于立体几何的研究。

《几何原本》的许多结论由仅有的几个定义、公设、公理推出。它的公理体系是演绎数学成熟的标志，为以后的数学发展指明了方向。欧几里得使公理化成为现代数学的根本特征之一，他不愧为几何学的一代宗师。

非欧几何的创立

> **知识窗**
>
> **欧氏第五公设问题**
>
> 欧氏第五公设问题是数学史上最古老的著名难题之一。公元前3世纪，希腊亚历山大时期数学家欧几里得集前人几何研究之大成，编写了数学发展史上具有深远影响的数学巨著《几何原本》。在这部著作中，欧几里得为推演出几何学的所有命题，一开头就给出了五个公理和五个公设作为逻辑推演的前提。《几何原本》的注释者和评述者们对五个公理和前四个公设都很满意，惟独对第五个公设（即平行公设）提出了质疑。罗巴切夫斯基是在尝试解决欧氏第五公设问题的过程中，走上他的发现之路的。

1826年2月23日，俄国数学家罗巴切夫斯基宣读了他的第一篇关于平行线问题的论文《几何学原理及平行线定理严格证明的摘要》。这篇首创性论文的问世，标志着非欧几何的诞生。然而，这一重大成果刚一公布，就遭到正统数学家的冷漠和反对。

在当时宣读完论文后，罗巴切夫斯基诚恳地请与会者讨论，提出修改意见。可是，会场上一片死寂，谁也不肯作任何公开评论。一个具有独创性的重大发现被提出了，那些最先聆听到发现者本人讲述发现内容的同行，却因思想上的守旧，不仅没能理解这一发现的重要意义，反而采取了冷淡和轻慢的态度。

罗巴切夫斯基的首创性论文没能引起学术界的注意和重视，论文本身也最终是石沉大海，杳无音讯。但他并没有因此灰心丧气，而是顽强地继续独自探索新几何的奥秘。1829年，他又撰写出一篇题为《几何学原理》的论文。

1832年，罗巴切夫斯基把这篇论文呈送彼得堡科学院审评。著名数学家奥斯特罗格拉茨基院士受委托作评定。奥斯特罗格拉茨基在当时学术界有很高的声望，可惜的是，就是这样一位杰出的数学家，也没能理解罗巴切夫斯基的新几何思想，反而在给科学院的鉴定书中一开头就以嘲弄的口吻写道："看来，作者旨在写出一部使人不能理解的著作。他达到了自己的目的。"接着，对罗巴切夫斯基的新几何思想进行了歪曲和贬低，最后粗暴地断言："由此我得出结论，罗巴切夫斯基校长的这部著作谬误连篇，因而不值得科学院的注意。"

罗巴切夫斯基的创造性工作一直未能得到广泛注意，他最后用俄文、法文、德文继续发表自己的研究。1837年，用德文发表了《虚几何》一文。1840年又出版《平行理论的几何研究》一书。到1855年，罗巴切夫斯基的双目几近失明，靠口述用法文出版了《泛几何学》一书。但他的研究在生前始终没能得到学术界的重视和承认。就在他去世前两年，俄国著名数学家布尼雅可夫斯基还对罗巴切夫斯基发难，试图通过论述非欧几何与经验认识的不一致性，来否定非欧几何的真实性。

历史是公允的，1868年，意大利数学家贝尔特拉米发表了一篇著名论文《非欧几何解释的尝试》，证明非欧几何可以在欧几里得空间的曲面上实现。这就是说，非欧几何命题可以"翻译"成相应的欧几里得几何命题。直到这时，长期无人问津的非欧几何才开始获得学术界的普遍注意和深入研究，罗巴切夫斯基的独创性研究也因此得到学术界的高度评价，他本人则被人们赞誉为"几何学中的哥白尼"。

在科学探索的征途上，一个人经得住一时的挫折和打击并不难，难的是勇于长期甚至终生在逆境中奋斗。罗巴切夫斯基用自己的一生捍卫了科学的尊严。

算盘与计数

随着社会及经济发展日趋完善和复杂，商人们需要保留交易的精确记录。政府官员也需要保留重要记录，譬如地契、纳税人以及缴纳税金的数量、收成、食品和其他物品的存储量，以及军队的规模。记录当然是要写下来的，故而代表数字的方法应运而生。

最简单的方法莫过于在木棒边沿刻下一组凹点或者在动物骨骼或者石头上磨出痕迹，但这对较大的数目不适用。古埃及开始使用数字应该是在约公元前3400年，它们包括一个竖直的标记记作1，另外不同的标记辨别10的不同次方(100，1000，10000等等)，然后就可以把它们写在纸莎草纸上。几乎是同时期，苏美尔人在湿黏土上用铁笔书写类似箭头一样的形状，箭头指向下、左、右，到约公元前2400年，该计数系统发展成为楔形文字。克里特人在约公元前1200年开始使用数字，竖直线记1，水平线记为10。这种系统是以分组形式辨别的。如果"｜"表示1，则2，3和4分别用"｜｜"，"｜｜｜""｜｜｜｜"表示。还有一种做法是将所有数字都编排单个的符号表示一个特定的值。中国在公元前4世纪就发明了这样的计数系统，将1～9，还有10，100和1000等，分别赋予了特定的符号。

许多文明，包括现代的文明，均以10为基础计数。这是一种很容易理解的选择，因为我们有10个手指(脚趾)。但是这也不是唯一的选择，在巴布亚、新几内亚和澳大利亚，人们还是这样计数的：一、二、二和一、二和二、二和二和一，如此等等，这是以2位基数的二进制系统。有的还

大 事 记

公元前3400年	埃及首次使用数字
公元前3400年	首次使用苏美尔数字
公元前1200年	首次使用克里特数字
公元前4世纪	中国发明数字组系统
公元前300年	巴比伦第一个记数板制作于萨拉米斯岛
公元662年	塞维鲁斯·塞博赫特表述了印度数字
公元876年	在印度戈维利尔使用第一个位值计数系统和零
公元976年	在欧洲发现用印度－阿拉伯数字的最早记录

以3、4、5等为基数计数。玛雅人用的是二十进制，其中有一些是十二进制。英国还将十二进制沿用至今，如用于货币单位——12便士合1先令。在北美洲，十二进制还用于长度计量——12英寸合1英尺。十二进制也用于“打”(12个)和总额(12 × 12)。巴比伦人以60为基数，就是依照该系统，现代的60秒合1分钟，60分合1小时或1度。

这是一个罗马便携式记数板(或称早期算盘)的复制品。这种计数板不同于这之后的中国算盘，中国算盘是将珠子串在木棍上，而计数板是将算子(石头或者其他表示数字的物体)在凹槽中滑动。

古希腊人使用竖直杆“｜”表示1，以及用最初的字母表示数，如Γ代表5，Δ代表10，H代表100，X代表1000，M代表10000，这个系统约在公元前600年阿提卡(古代希腊中东部一地区)首次出现，即阿提卡数字。相比之下，罗马数字就容易使用得多了，学生们只需要记住I(1)，V(5)，X(10)，L(50)，C(100)，D(500)和M(1000)这些符号及其代表的数目就可以了，I，V，X和L就足够满足大多数计数需求。

我们今天使用的阿拉伯数字起源于大约公元前4世纪的印度。公元662年，居住在美索不达米亚平原一带的一位主教——塞维鲁斯·塞博赫特描述了印度数字。阿拉伯学者开始使用它们是在公元8世纪。这些数字符号出现在欧洲的一批于公元976年写于西班牙的手稿中。

所有这些计数系统用于记录数量、日期以及加减法是绰绰有余的。乘除法就相对难得多了，就像阅读长数字一样。当用数字的位置来表示数字符号代表的值时，数学也就容易许多了。例如在我们的十进制计数系统中，最右边位的数字代表的值最小，最左边的值最大。如369根据每个数字所处的位置代表着3 × 100+6 × 10+9 × 1。

一些资料表明了位值系统的早期起源，但是具体时间不详。最早的确切的位值系统的记录以及代表零的符号发现于戈维利尔(印度德里以南420千米的一个地方)，写于公元876年。

尽管没有位值系统，古代数学家使用一种计数板也能进行冗长复杂的演算，这种计数板可能源于古巴比伦，通过在板上铺上一层沙作为书写媒介。闪米特文字中，“灰尘”写作“abq”；希腊人称“计数板”为“abax”，而我们称之为“算盘”。一块在古希腊萨拉密斯岛发现的巴比伦计数板制作于约公元前300年。中国人同样也于公元前4世纪发明了计数板，1500年发明了串珠算盘——尽管早在公元190年中国人就清楚地记载了原始算盘。中国算盘约在1600年传到日本。

记数板有平行的直线，使用者在这些直线上放置计数用的石块或者其他标志物。后来，这一盘沙就被一个覆盖着石蜡的板所取代，最终演变成带凹槽的木板。现代的算盘带有绳或者棍，上面串着标记物。这些线、槽、棍子代表不同的值(十、百、千)，还有钱或度量单位。

数学的进展

中世纪的欧洲学者们游历四方，其中的一部分人掌握了阿拉伯语。英国巴斯的哲学家阿德里亚地(约1080～1160年)就是诸多将阿拉伯语作品译为拉丁语的高产的翻译家中的一个。在1142年，他完成了古希腊数学家欧几里得(约公元前300年)《几何原本》的翻译，第一次把这部欧几里得的传世著作介绍给了欧洲人。他也翻译了阿拉伯数学家阿布·扎法·穆罕默德·伊波缪萨·阿尔科瓦利兹米(约公元780～850年) 绘制的天文图，复制了其使用的阿拉伯数字。在1145年，来自英国切斯特的学者罗伯特首次翻译了阿尔科瓦利兹米的《利用还原与对消运算的简明算书》，用音译法引入了“代数学”和“运算法则”这两个词语。

尽管阿德里亚地和罗伯特都使用新的数字，但真正对它们着迷的当数意大利数学家莱奥纳多·斐波纳契(约1170～1250年)，斐波纳契出生在意大利中部的一个重要商业中心城市——比萨，致力于研究商业应用数学，在1202年发表的《算经》一书中，他解释了数字的使用规则。斐波纳契还概述了在数字体系中应用位值概念的优越性。正是他首先使用了分数线(用一斜杠来区分分子与分母，如1/4)。他也研究几何和数列，其中包括现在以他名字命名的斐波纳契数列：1，1，2，3，5，8，13，21(在这个数列中，每个数值都等于它前面2个数字之和)。在1494年，被誉为会计学奠基人的意大利教士卢卡·帕西欧利(1445～1517年)发明了复式簿记的登记方法，并在其出版的《算法、几何及比率等运算中部分细节的探讨》一书中对该方法进行了介绍。

所有早期的数学作品都是面向学者或者商人的。第一本关于数学的英文普及读物是英国学者罗伯特·瑞克德(约1510～1558年)撰写的《艺术的基石》，这本书于1543年完稿及出版，并在此后的150年间被不断重印出版。1557年，罗伯特·瑞克德成为第一个使用等号(“=”)的人；加号和减号则是由德国学者首先使用的。数学家们使用代数等式。在拉丁文中未知数被称为“cosa”，德语则是“Coss”。到了1591年，法国政治家兼律师弗朗斯瓦·维耶特(1540～1603年)撰写了《分析的艺术》一书，他用元音字母表示未知量，用辅音字母表示已知量，写出了现代数学家也能理解的第一个方程式，因此被称做“代数之父”。然而数学对维耶特而言不过是一项兴趣爱好，他最辉煌的成就是在法国与西班牙战争期间作为法国国王亨利四世的侍臣破译了西班牙菲利浦二世使用的密码。

与此同时，苏格兰莫切斯顿的男爵约翰·内皮尔(1550～1617年)正在紧张地发明一种骇人的武器，以保卫苏格兰免受西班牙的袭击。然而袭击事件并没有发生，许多人都因此认定内皮尔神经不正常。但不论其正常与否，内皮尔仍是杰出的数学家。在1594年，内皮尔发明了一种运算方法——所有数字都用指数函数表示，譬如$4=2^2$。乘法因此成了一项关于指数相加的运算，如$2^2 \times 2^3=2^5$，而除法也仅需要将指数相减。他称指数表达式为“对数”，意指成比例的数字，并于1614年公布了以e(自然对数，是个无限小数——2.71828…)为底数的对数表。

内皮尔对数(又称自然对数)沿用至今。然而一位牛津大学的几何学教授，也是内皮尔的仰慕者——亨利·布瑞格斯(1561～1630年)指出，取10而不是e作底数将使运算更简便，因为这样log10=1，而log1=0。布瑞格斯发明了“常用”对数。在1624年，他公布了从1到100000的对数表。他还发明了应用于长除法的现代计算方法。

西蒙·史蒂文(约1548～1620年)是一位佛兰德物理学家、工程师和数学家。1585年，他首次提出了十进制记数法，但内容上并不完整。直至30年后约翰·内皮尔引入小数点这一符号，才使小数得到充分应用。

内皮尔极渴望能加快计算速率，1617年他带来了个人

大事记

1142年 欧几里得的《几何原本》被翻译成拉丁文

1145年 阿尔科瓦利兹米(约公元780～850年)的《利用还原与对消运算的简明算书》被翻译成拉丁文

1202年 斐波纳契在《算经》一书中解释了阿拉伯数字的使用规则

1494年 出现复式簿记

1543年 英文版《艺术的基石》出版，这是第一本关于数学的普及读物

1585年 出现小数

1591年 使用字母来表示代数等式中的量

1594年 发明自然对数

1614年 自然对数表被发表

1617年 内皮尔发明“内皮尔骨”

1619年 小数点被发明

1622年 计算尺被发明

1624年 常用对数表被发明

的第三个创新——“内皮尔骨”。它们是些笔直的棍子，每支都相应刻有乘法表。使用者按一定规则将它们排列组合后，任何繁冗的乘法计算即成为简单的加法。改进后的工具可旋转，其内部安放了12个圆柱体“骨头”。

大约在1622年，英国数学家威廉·奥特瑞德(1574～1660年)发明了“计算尺”。在20世纪后叶电子计算器被发明以前，数学家和工程师们一直使用计算尺来计算对数。奥特瑞德在两把尺身上标记了对数刻度，凭借另一把尺在计算时的机械移动来获取结果。在一本1631年出版的书中，奥特瑞德还引入“×”符号来标记乘法，用“：”标记比例。

宋元数学四大家

中国古代数学经过从汉到唐1000多年的发展，在宋元时期（10～14世纪）达到了最高峰。宋元时期是以筹算为主要内容的中国古代数学的鼎盛时期，其发展速度之快、数学著作出现之多和取得成就之高，都可以称得上是中国古代数学史上最光辉的一页。尤其是从13世纪中叶到14世纪初叶，短短几十年的时间里，陆续出现了秦九韶、李冶、杨辉和朱世杰四位著名的大数学家；他们是宋元数学的杰出代表。

秦九韶（1202～1261年），字道古，鲁郡(今山东兖州)人，生于四川。青年时代，秦九韶随父亲来到临安(今浙江杭州)，学习天文历法和数学。宝庆元年(1225年)，秦九韶随父返回四川，绍定六年(1233年)前后做过县尉。

端平二年(1235年)，秦九韶离开四川。后来做过蕲州(今湖北蕲春)通判及和州(今安徽和县)守。淳四年(1244年)担任建康通判；同年十一月，因母丧回家守孝。在守孝的3年时间里，秦九韶埋头著述，于淳七年(1247年)完成巨著《数书九章》。时人称赞秦九韶“性极机巧，星象、音律、算术以及营造等事无不精究”。

守孝期满后，秦九韶又去做官，开始热衷于功名利禄。他攀附权臣贾似道，于宝六年(1258年)任琼州(今海南海口)守。后又追随吴潜，于开庆元年(1259年)任司农寺丞。景定元年(1260年)，吴潜罢相，秦九韶受到牵连，被贬梅州(今广东梅县)，不久死在任所。

《数书九章》共18卷81题，按用途分为大衍、天时、田域、测望、赋役、钱谷、营建、军旅、市易9类。该书突出的成就是对“大衍求一术”(整数论中的一次同余式解法)和“正负开方术”(数字高次方程的求正根法)的研究；其中的“大衍求一术”在世界数学史上占有崇高的地位。

李冶（1192～1279年），生于金代大兴城（今北京）的一个官僚家庭。童年的李冶独自在元氏（今河北元氏）求学。1230年，李冶往洛阳应试，中词赋科进士。初授高陵（今陕西高陵）主簿，没有赴任，后担任钧州知事。1232年，蒙古军攻破钧州城，李冶弃职隐居晋北峰山（今山西绛县）一带。在此期间，他完成了数学名著《测圆海镜》。

1251年左右李冶回到元氏，并在封龙山买下田产。与张德辉和元裕的交往最密，当时人称“龙山三老”。

1257年五月，忽必烈召见李冶于上都（今内蒙古多伦附近）。他的回答得到忽必烈的赞赏。1261年，忽必烈征召李冶，遭到拒绝。1265年李冶被召为翰林学士，任职1年，以老病辞去。辞职后李冶隐居封龙山，1279年卒。

《测圆海镜》共12卷，收170个问题，是最早记述“天元术”的著作。李冶还写了《益古演段》，共3卷64个问题，是学习“天元术”的入门书。

杨辉（约13世纪中叶），字谦光，杭州人。生平事迹史载很少。他一生中写过许多数学著作，有《详解九章算法》12卷、《日用算法》2卷和《杨辉算法》7卷。在这些著作里收录了不少现已失传的、古代各类数学著作中非常有价值的算题和算法，为后世保存了十分宝贵的古代数学资料。

朱世杰（约13世纪末14世纪初人），字汉卿，号松庭，河北人。他著的《四元玉鉴》和《算学启蒙》是我国古代数学发展进程中的一个重要里程碑。既有以天元术和高次方程的解法等为代表的北方数学成就，也有日用和商用算法、各种歌诀等南方数学的成就。朱世杰不仅全面继承了中国古代数学的光辉遗产，而且还作出了创造性的贡献。

宋元四大数学家所取得的辉煌成就再次证明：宋元数学是中国传统数学的高峰，代表着当时世界的先进水平，在世界范围内处于遥遥领先地位。

代数的发明与发展

印度人在数千年前就开始使用数字。印度人和苏美尔人一样，在几千年前就开始建造大城市，众所周知，没有数字和数学是不可能完成建筑工作的。印度人对数字产生兴趣还有另一个原因，即印度宗教——印度教，是利用数字来操作的——使用非常大的数字。

如果一门宗教想告诉人们世界是什么时候开始存在的，常常说世界是在几千年以前创立的。《圣经》说，世界大约有4000多岁。但是印度教偏好更大的数字，他们宣称世界产生于数十亿年前。如此巨大的数字在人们的日常生活中是不会用到的——直到进入20世纪，我们才开始计算十亿以上的数值。因此，一开始人们根本没有机会书写这类数字。

希腊人解决了这个问题，他们将所有较大的数字都称为Myriade，这个词现在已经很少使用，除非所提到的数额还不确切。但是，印度人并不满足于此，所以进行了一项重要发明：独立的数字符号。

希腊人用普通的字母来代表不同的数字。在某些情况下，现代人仍然使用的罗马数字也是由字母来表示的。罗马的字母I表示1，V表示5，X表示10，L表示50，C表示100，M表示1000。可以想象，这种表示方式会带来什么问题。数字的表达和单词相似，如果同时出现，会给数学家带来相当大的困扰。另一个问题是，罗马的书写方式中，较小的数字都必须写得很长很复杂。比如说数字337用罗马数字写出来是：CCCXXXVII。

如果要为数字创建独立的符号，也造成一个问题，即如何来确定界限。因为数字是无限的。我们可以随意说出一个很大的数字，但总能说出比它更大的数字。因此，为每个数字创立一个独立的符号毫无可能。

印度人发现，如果我们将简单的10个符号不断重新相互组合，就能表示每个数字。但必须有

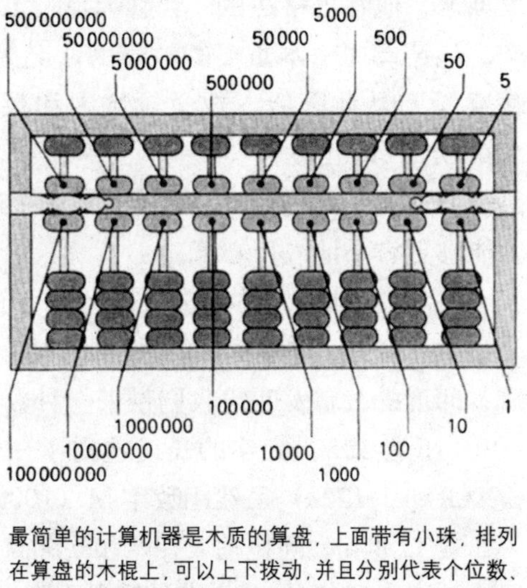

最简单的计算机器是木质的算盘，上面带有小珠，排列在算盘的木棍上，可以上下拨动，并且分别代表个位数、十位数、百位数等等。横杆上方的算珠分别代表该数位上5的倍数，而下方的算珠只代表单倍的数字。计算的时候，拨到紧靠横杆的算珠代表计算的数字。在中国，几千年前人们就开始使用算盘。算盘的历史十分久远，人们已经完全无法查证其产生的时间和地点。

一个前提条件，也就是字符的位置能表明数字的数位。在印度数字系统中，数字字符的顺序非常重要。

要解释这一点并不容易，我将试着用一个例子来说明。我们来看一下数字3764，用印度数字系统来书写它，最右边的字符是个位数。3764中4处于最右边，意味着，它代表的值是4 × 1；个位数左边的位置是十位数，十位数上是6，则意味着，它代表的值是6 × 10；每当我们向左挪一个位置，该处的数字符号的值都会更大。因此，十位数左边的是百位数，字符必须乘以100。既然百位上是7，那么数值就是7 × 100。3处于千位数的位置，也就是说代表的值是3 × 1000。全部值加起来是3000 + 700 + 60 + 4。

在上面的例子中，如果交换3和7的位置，就得到数字7364，几乎是原来数字的两倍。也就是说，数字所在的位置决定数字的大小。罗马数字系统不是这样的。数字3764在古罗马写为：MMMDCCLXIV，数字7364则写为MMMMMMMCCCLXIV。

由此可以看出，古罗马的数字是多么让人头疼。

可是，并非所有数字都有个位数值，我们该怎么办？也许没有人相信，数学家们为这个问题苦苦思考了几百年的时间。还是印度人找到了解决办法。他们发明了一个符号，代表个位数位置上的值不存在。这个符号就是0。在数字450中，0表示没有个位数值；而在数字703中，0表示没有十位数值。

没有被称为零的这个符号，印度的数字系统就无法正常发挥自己的作用。我们不知道，这个天才般的想法是何时产生的。最早提到零的数学家是布拉马格普塔，他于公元598年出生于现在巴基斯坦所在的地方。

印度数字的巨大好处在于，可以极大地简化计算。如果要将两个大额数字相加，只需要将其中一个写到另一个的下方，计算各个数位的数字和。十位数和十位数相加，百位数和百位数相加。

在古希腊和古罗马，计算过程相当复杂。即使是简单的运算如乘法和除法，人们都必须利用计算尺（古时的一种计算工具）来进行。

阿拉伯人很快注意到，用印度数字计算比用希腊数字或者罗马数字更简便。印度数字对于科学的发展意义极其重大，第一位认识到这一点的阿拉伯科学家是来自伊朗的亚尔法里斯米。他在巴格达的“智慧大厦”工作，他曾在书中说明，如何借助数学知识来分配遗产。他还写了一本重要的数学书，名为《Al−Gebr》（意思是“各个分隔出的部分之间的联系”）。从此以后，数学领域内和数字打交道的部分（所有非几何的部分）就被称为Algebra，即代数。

商人也开始应用罗马数字，推动了这项知识在阿拉伯世界的传播。使用罗马数字后，商人能够更容易地进行心算。

在阿拉伯地区，能快速心算对一个商人来说十分重要。在我们购买商品的过程中，商品上如果有价签，许多国家的人还是习惯于和卖家还价。

印度的数字发明给我们带来一种数字的感觉。我们自然而然地就知道，哪个数字更大，1000还是228。数字的长度透露了一切情况。但是罗马人却不能快速地作出判断：数字CCXXVIII（228）虽然比数字M（1000）小，看起来却更大。

在12世纪，阿拉伯人开始和欧洲商人做生意。那时候的欧洲还使用着罗马数字。欧洲人很快就注意到，阿拉伯人在计算方面更占优势，但是他们却无法学习新的计算方法。直到16世纪，印度数字体系才被完全引入欧洲。

毕达哥拉斯定理的故事

毕达哥拉斯最先提出，物质宇宙的一切构造都可以用数学来表示。

虽然许多古老的民族很早就发现了“勾三股四弦五”这一特殊的数值关系，但是关于一般直角三角形三边关系的证明却要归功于毕达哥拉斯学派，他们提出了“毕达哥拉斯定理”，即直角三角形的两条直角边的平方之和等于斜边的平方。关于该定理的证明过程，还流传着“百牛大祭”的故事。

毕达哥拉斯曾中提出两个问题：第一，是否所有直角三角形都满足“两直角边的平方和等于斜边的平方”这一关系；第二，如果反过来是否成立，即如果一个三角形两边的平方之和等于第三边的平方，那么该三角形是否一定是直角三角形呢？问题提出后，学派内部就展开了激烈的辩论。最后得出结论：直角三角形的这种数值关系永远成立，反之亦然。学派上下一片欢腾。因为他们知道证明直角三角形的这种数值关系是非常重要的，由此可以推导出许多重要的结论来。于是，毕达哥拉斯决定宰100头牛来庆祝这一成就，所以这个定理也称“百牛定理”。

毕达哥拉斯定理只是一个纯粹的数学定理，在当时并不会给毕达哥拉斯和学派带来任何现实的利益，但他们却为此举行了隆重的“百牛大祭”，让人难以理解。其实在古希腊的数学家们的心里，学术研究就是追求科学真理，而不会去考虑什么现实的利益，他们对科学真理的探索是纯粹的，甚至还带有一点如“百牛大祭”般的狂热。在他们眼里，人生的意义在自己的心灵里，而不在于外界的什么东西。他们孜孜以求的仅仅是去解开自然的一个又一个谜，使自己一次又一次得到心灵上的快乐和精神上的满足。

据说毕达哥拉斯曾断言：数只有两种，整数和两个整数之比（即分数）。但毕达哥拉斯的学生希伯斯在研究正方形的对角线长度时，发现了一个无论如何也无法用两个整数之比来表示的数——2。毕达哥拉斯的弟子们知道这件事后都非常惊恐，要求希伯斯不要宣布这个发现，不然就要处死他。因为希伯斯的这个发现不但与老师毕达哥拉斯的结论相抵触，更为严重的是动摇了毕达哥拉斯学派关于数的神秘主义的世界观基础。但希伯斯不同意。就这样希伯斯被同门师兄弟抛入大海处死了。后来，毕达哥拉斯学派成员经过推理证明，发现希伯斯的结论是正确的。但希伯斯已为真理献身了。毕达哥拉斯学派在他死后还存在了200年左右。

知/识/窗

第一次数学危机——无理数的发现 大约公元前5世纪，毕达哥拉斯学派的希伯斯发现了一些直角三角形的斜边不能表示成整数或整数之比（不可通约）的情形，这与毕达哥拉斯提出来的“万物皆数”的著名命题相抵触，触犯了该学派的数学信仰，导致了当时认识上的“危机”，从而产生了第一次数学危机。

第二次数学危机——无穷小是零吗？1734年，贝克莱对微积分的基础——无穷小的问题提出了质疑，即所谓贝克莱悖论。他提出了无穷小量究竟是不是零，无穷小及其分析是否合理的问题。由此引起了长达一个半世纪的争论，导致了数学史上的第二次数学危机。

第三次数学危机——悖论的产生 1897年，福尔蒂揭示了集合论中的第一个悖论。两年后，康托尔发现了很相似的悖论。1902年，罗素又发现了一个悖论，它除了涉及集合概念本身外不涉及别的概念。罗素悖论曾以多种形式被通俗化。承认无穷集合，承认无穷基数，就好像一切灾难都出来了，这就是第三次数学危机的实质。

莱布尼茨和微积分

莱布尼茨博览群书，研究范围涉及了数学、逻辑学、地质学、物理学、哲学等领域，并不依赖牛顿而创立了微积分，提出符号逻辑学的基本概念、线性方程；第一次认为动能守恒是一个普通的物理原理，并充分地证明“永动机是不可能”的观点；他利用微积分中的求极值方法，推导出了折射定律……但是，他最大的功绩是与牛顿分别独立地创立了微积分学，这一发明是将两个貌似毫不相关的问题联系在一起，一个是切线问题(微分学的中心问题)，一个是求积问题(积分学的中心问题)。这是继17世纪笛卡儿创立解析几何后数学界最重要的突破。

莱布尼茨曾在1676年与牛顿圈子里的数学家进行探讨，后来却引发了无穷小微积分的发明者究竟是他还是牛顿的争论。图为莱布尼茨像。

微积分的创立，奠定了近代数学和科学的基础。然而关于微积分的发明者，数学史上曾掀起了一场激烈的争论。牛顿在微积分方面的研究虽早于莱布尼茨，但莱布尼茨研究成果的发表则早于牛顿。早在1684年10月的《教师学报》上，莱布尼茨就发表了关于微积分的论文。1671年，牛顿写下了《流数法和无穷级数》，书中提出了流数术，其中流数术所讨论的中心问题便是微积分的问题。可惜这本书到了1736年才出版。牛顿在1686年出版的《自然哲学的数学原理》的第一版和第二版也写道：“10年前在我和最杰出的几何学家G.W.莱布尼茨的通信中，我表明我已经知道确定极大值和极小值的方法、作切线的方法以及类似的方法，但我在交换的信件中隐瞒了这方法……这位最卓越的科学家在回信中写道，他也发现了一种同样的方法。他描述了他的方法，它与我的方法几乎没有什么不同，除了措词和符号之外。”(但在第三版及以后再版时，这段话被删掉了。)因此，后来人们公认牛顿和莱布尼茨是各自独立地发明微积分的。牛顿建立微积分学主要是从物理学、运动学的观点出发，而莱布尼茨则从哲学、几何学的角度去考虑。他所创设的微积分符号，远远优于牛顿的符号。同时，莱布尼茨也是第一个认识到二进制记数法重要性的人，并系统地提出了二进制数的运算法则。二进制对200多年后计算机的发展产生了深远的影响。关于微积分的发明者是牛顿还是莱布尼茨的争论持续了许多年，1711年，皇家学会宣布发明者为莱布尼茨，但争论并没有真正地平息下去。

这场争论迟迟不能平息下来，造成的后果是，欧洲大陆的数学家与英国数学家的长期对立。英国数学在一个时期里闭关自守，囿于民族偏见，拘泥于牛顿的“流数术”中停步不前，因而数学发展整整落后了100年。

知/识/窗

莱布尼茨

莱布尼茨出生于德国莱比锡。莱布尼茨11岁时自学了拉丁语和希腊语；15岁时进入莱比锡大学学习法律；20岁时就写出了《论组合的技巧》的论文，创立了数理逻辑的新思想。获得博士学位后，莱布尼茨便投身外交界。在出访巴黎时，莱布尼茨深受帕斯卡事迹的鼓舞，决心钻研高等数学，并研究了笛卡儿、费尔马、帕斯卡等人的著作。他当过皇家学会会员、法律顾问、图书馆馆长、科学院院长，是当时欧洲学界的风云人物。他对中国文化十分崇拜，也是最早研究中国文化和中国哲学的德国人。他如痴如醉地研读有关中国文化和哲学的著作，甚至惊奇地发现《易经》中的八卦和二进制惊人的相似，为此他于1716年发表了《论中国的哲学》一文，专门讨论八卦与二进制。后来，莱布尼茨还把自己研制的乘法机的复制品赠送给中国皇帝康熙，以表达他对中国的敬意。

伽罗华理论

伽罗华是法国著名的数学家，他的最主要成就是提出一整套关于群和域的理论。为了纪念他，人们称之为伽罗华理论。伽罗华理论对近代数学的发展产生了深远影响，并渗透到数学的很多分支中。

伽罗华有着天生的数学头脑，在他17岁时，就已经开始着手研究数学中最难的问题之一“一般n次方程求解问题”。在他生活的时代，数学家们在求解1次到4次代数方程时使用了只包含有理运算和求根的公式，但在求解5次方程时却遇到了难题。少年伽罗华借鉴高斯等前人的经验，总结出群论研究的初步结果。

年轻的数学家伽罗华才华横溢，富有高度想像力。

1829年，伽罗华在他中学最后一年快要结束时，他把关于群论研究的初步结果的第一批论文提交给法国科学院。科学院委托当时法国最杰出的数学家柯西作为这些论文的鉴定人。在1830年1月18日柯西计划对伽罗华的研究成果在科学院举行一次讨论会。他在一封信中写道：“今天我应当向科学院提交一份关于年轻的伽罗华的工作报告……但因病在家，我很遗憾未能出席今天的会议，希望你安排我参加下次会议以讨论已指明的议题。”然而，在此后没多久当柯西向科学院宣读他自己的一篇论文时，并未介绍伽罗华的著作。这是一个非常微妙的“事故”。

1830年2月，伽罗华将他的研究成果详细地写成论文交上去了，以参加科学院的数学大奖评选，论文寄给当时科学院终身秘书傅里叶，但傅里叶在当年5月就去世了，在他的遗物中未能发现伽罗华的手稿。就这样，伽罗华两次递交的数学论文都遗失了。

1831年1月，伽罗华在寻求确定方程的可解性这个问题上，又得到新的结论，他写成论文提交给法国科学院。这篇论文是伽罗华关于群论的重要著作。当时的数学家S.D.泊松为理解这篇论文绞尽脑汁，整整花了4个月时间才看完，最后他在论文上批道：“完全不能理解。”

对事业必胜的信念激励着年轻的伽罗华。虽然他的论文一再被丢失，也得不到应有的支持，但他并没有灰心，进一步向更广的领域探索。不幸的是，1831年年轻气盛的伽罗华卷入了一场无聊的风波，他为了所谓的“爱情与荣誉”与人决斗而身亡，年仅21岁。

伽罗华的理论在生前始终没有机会发表。直到1846年，法国数学家刘维尔领悟到这些演算中所迸发出的天才思想，他花了几个月的时间试图解释它的意义。最后他将这些论文编辑发表在他的极有影响的《纯粹与应用数学》杂志上。1870年法国数学家约当根据伽罗华的思想，写了《论置换与代数方程》一书，在这本书里伽罗华的思想得到了进一步的阐述。

对伽罗华来说，他所提出并为之坚持的理论是一场对权威、对时代的挑战，他的群论完全超越了当时数学界所能理解的观念。也许正是由于年轻，他才敢于并能够以崭新的方式去思考，去描述他的数学世界。也正因如此，他才受到了冷遇。但是，历史的曲折并不能埋没真理的光辉。今天，伽罗华的群论，不仅对近代数学的各个方向，而且对物理学、化学的许多分支都产生了重大的影响。

康托尔和集合论

1的后面是2，2的后面是3，……依此类推，那么最后一个数是什么？数学家把它称为“无穷”。从自然数1一直到“无穷”，构成了一个集体或集团，数学家们把它叫做“无穷集合”。许多涉及无穷的问题长期争论不休，因此，大多数数学家对无穷集合采取避而远之的态度，德国数学家康托尔却勇敢地向这个神秘莫测的无穷集合发起了进攻。康托尔从事关于连续性和无穷的研究从根本上背离了数学中关于无穷的使用和解释的传统，从而引起了激烈的争论。通过研究，康托尔得出了很多看似荒谬的结论：一厘米长的线段内的点和太平洋内的点、地球内部的点竟是一样多！函数的自变量根本不是自变的……当运用一一对应去研究集合时，他发现了惊人的结果。1873年他证明了有理数是可数的，而全体实数是不可数的。1883年，他出版了《集合一般理论的基础》。

康托尔通过建立数学中的无限的基本技巧而推动了分析与逻辑的发展，凭借古代哲学中关于无限的思想而导出了关于数的本质的新的思想模式。图为康托尔像。

这些结论立即招来了众多的讨伐之箭，批评、讽刺、嘲笑、攻击，这使康托尔在精神上受到很大的压力。

在围攻康托尔的论战中，言辞最激烈的便是他的老师克罗奈克。他对康托尔的集合论持完全否定的态度。当康托尔需要在柏林谋得一个教授职位时，他竟然出口伤人：“一个连常识都搞不清楚的人，还想来柏林弄个教授职位，真是一个疯子！”由于克罗奈克的阻挠，康托尔到柏林从事研究的愿望始终没有实现。这一时期，康托尔一方面要为生活而东奔西走，一方面又要承受来自四面八方的攻击，这使他的生活和研究处于极其艰难的状态。

面对种种非难和攻击，康托尔陷入了极度痛苦之中。在这样的困境中康托尔还是废寝忘食地作研究，在1895～1897年，他提出了超限序数与超限基数的理论，称全体整数的基数为阿列夫零，称后面较大的基数为阿列夫一、阿列夫二等，并证明了全体实数的基数大于阿列夫零。这就引出了他著名的连续统假设：在阿列夫零与全体实数的基数之间，不存在任何别的基数。这个问题在20世纪引起了全世界的数学家的兴趣。

1897年，在第一次国际数学家会议上，康托尔的集合论得到传播并获得了世界公认。康托尔开创的集合概念大大扩充了数学的研究领域，成为函数论、分析与拓扑的基础，集合论不仅影响了现代数学，而且也深深影响了现代哲学和逻辑。

黄金分割律的发现

黄金分割律很早就被人们发现了。公元前4世纪古希腊数学家攸多克萨斯曾对“如何在线段 AB 上选一点 C，使得 $AB:AC=AC:CB$？”这样一个问题进行过深入细致的研究，最终发现了世界上赫赫有名的黄金分割律。

然而 C 点应设在何处呢？要解决这个问题，我们可以先设定线段 AB 的长度是1，C 点到 A 点的长度是 x，则 C 点到 B 点的长度是（$1-x$），于是

$$1:x=x:(1-x)$$

解得 $x = \pm\frac{\sqrt{5}}{2}-\frac{1}{2}$

去掉负值，得

$x = \frac{\sqrt{5}}{2}-\frac{1}{2} = 0.618$。

“0.618”就是唯一满足黄金分割律的点，叫做黄金分割点。

后来，人们慢慢地发现了更多黄金分割点深层而有趣的秘密。

100多年前，一位心理学家做了一个非常有趣的实验。他别出心裁地设计了许多不同的矩形，并邀请许多朋友前来参观，请他们从中挑选一个自认为最美的矩形。最后，592位来宾选出了4个公认为最美的矩形。

这4个矩形个个都协调、匀称，让人看了倍感舒适，确实能给人一种美的享受。大家不禁要问，这些矩形的美是从何而来的呢？

该心理学家亲自对矩形的边长进行了测量，结果发现它们的宽和长分别是：5，8；8，13；13，21；21，34。其比值又都非常接近0.618。

5∶8 = 0.625；8∶13 = 0.615；13∶21 = 0.619；21∶34 = 0.618。

这太令人惊讶了！

难道这些纯粹是一种巧合吗？

只要你留心观察，就不难发现“0.618”的美丽身影。一扇看上去匀称和谐的窗户，一册装帧精美的图书，它们宽与长的比值都接近0.618。经验丰富的报幕员，决不会走到舞台的正中央亮相，而是站在近乎舞台长度的0.618倍处，给观众一个美的享受。

哪里有“0.618”，哪里就有美的影子。我们如果去测量一下女神维纳斯雕像其躯干与身长的长度，就会发现二者的比值也接近0.618，难怪我们会觉得维纳斯奇美无比呢！

一般人的躯干与身长之比大约只有0.58，这就是为什么芭蕾舞演员在翩翩起舞时，不时地踮起脚尖的原因，他们在人为地改变那个比值，以期接近那个完美的0.618。

所有这些都不是偶然的巧合，因为它们都在有意无意地遵循着数学上的黄金分割律。

人们珍视这一定律，故在其名上冠以“黄金”二字。黄金分割律在生活中的应用极为广泛。艺术家们发现，如果在设计人体形象时遵循黄金分割律，人体的身段就会达到最优美的效果；音乐家们发现，如果将手指放在琴弦的黄金分割点处，乐声就变得格外洪亮，音色就变得更加和谐；建筑师们发现，如果在设计殿堂时遵循黄金分割律，殿堂就显得更加雄伟壮观，在设计别墅时遵循黄金分割律，别墅将变得更加舒适；科学家们发现，如果在生产实践和科学实验中运用黄金分割律，就能够取得显著的经济效益……

黄金分割律的应用极为广泛，给人们的生产、生活带来了无穷的好处。

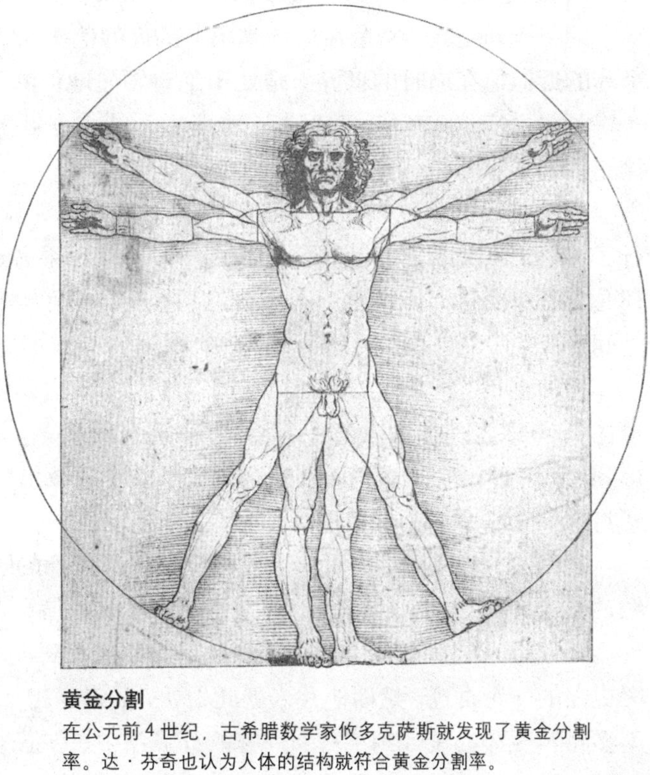

黄金分割

在公元前4世纪，古希腊数学家攸多克萨斯就发现了黄金分割率。达·芬奇也认为人体的结构就符合黄金分割率。

人类对圆周率的探索历程

在所有的几何图形中，圆是我们人类最早认识的几何图形之一，在这个简单而美丽的几何图形中却包含着一个神秘的数值，那就是圆周率π。为了探索这个奥秘，人类历经了数千年的努力。

圆周率指的就是圆的周长与其直径的比值，通常以“π”来表示。古人关于这个比值的看法莫衷一是：古埃及人认为，这个比值应该是3.16，古印度人认为是10，而古罗马人则认为是3.12……

公元前3世纪时，古希腊著名数学家阿基米德第一个研究圆周率。首先，他画了一个内接于圆的正三角形，然后又画了一个外切于圆的正三角形。众所周知，正多边形的边数越多，其周长就越接近于圆的周长，为此他不断地增加多边形的边数。

当阿基米德将正多边形的边数增加到96时，这样就得出正的近似值为22/7，取其值为3.14，这样将π值精确到小数点后2位，是世界上首次计算出来的圆周率值。为纪念阿基米德的这一伟大贡献，人们将3.14叫做“阿基米德数”。

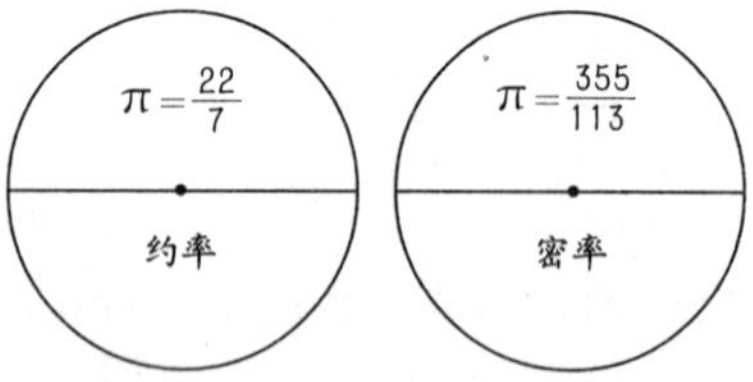

中国南朝数学家祖冲之将圆周率精确到小数点后7位。他还创立“约率”和“密率”2个相当精确的分数来使用。

在我国最早的几部数学著作中，凡涉及到圆周率的时候，一概采用了“径一周三”的方法，即认为圆的周长是直径的3倍，相当于π等于3。这一圆周率的数值是非常粗糙的，后人遂将其称为“古率”。

公元3世纪时，我国数学家刘徽创造性地提出了“割圆术”，开启了我国古代圆周率研究史上的一个新纪元。刘徽最后计算出π的近似值为3927/1250，相当于取π等于3.1416。这个π的近似值在当时的世界上是处于绝对领先地位的，后人称其为“徽率”。

刘徽之后200多年，我国著名数学家祖冲之立足于前人的研究成果，更进一步，从圆内接正六边形算起，一直算到圆内接正24567边形。

为了完成这项复杂的计算工程，并力求做到计算准确，祖冲之对至少9位数字反复进行了多达130次以上的运算，其中的开方运算和乘方运算就有近50次之多，有效数字多达18位，第一次将π值精确到了小数点后6位，并确定出圆周率值在3.1415926和3.1415927之间。

祖冲之用“约率”22/7和“密率”355/113这2个分数来表示圆周率。其中，分子、分母在1000以内时，祖冲之用“密率”来表示圆周率。直到1573年，德国数学家奥托才重新得到355/113这个分数值，祖冲之为数学的发展做出了杰出的贡献，人们为了纪念他，便特意将355/113命名为“祖率”。

在西方，对圆周率的研究主要建立在阿基米德的研究成果之上。若干年来，许多数学家经过艰苦计算，越来越精确地确定了圆周率的数值。

1596年，德国数学家鲁道夫将π的精确值推进到小数点后15位，从而创造了圆周率研究史上的一个奇迹。然而他并未就此罢手，后来又把π值精确到小数点后的35位。鲁道夫差不多将其生命都投入到了对圆周率的计算当中。鲁道夫去世后，人们为了纪念他，便将他呕心沥血算出的这一π值称为“鲁道夫数”，并铭刻在他的墓碑上。

1767年，德国数学家兰伯特提出“π是无理数”的假想，并对其进行了研究证明。他明确指出：π的小数部分一定是无限而又不循环的，这从理论上宣告了彻底解决π的精确值问题的所有努力的破产。

然而人们的积极性并未因兰伯特的断言而受到影响，反而更加热衷于对π的计算。1841年，英国的卢瑟福将π算到小数点后208位，其中正确的有152位。9年之后，他又重新计算π值，将π值推进到了小数点后第400位。

英国学者威廉·欣克采用无穷级数的方法，耗尽30年心血，终于在1873年将π算到小数点后的707位，这是在电子计算机问世之前人类计算π值的最高历史记录。

颇具戏剧性的是，76年后有人却发现欣克的π值因计算疏漏，将第528位小数5写成了4。这就意味着他后面的计算结果全部作废。

改写这一历史的是美国的几个年轻人。

1949年，世界上第一台计算机问世，这几个小伙子用它来计算π值，连续奋战了70个小时，把π的值计算到小数点后的2037位。

从此以后，由于计算机技术的飞速发展，在先进的计算手段的辅助下，人们求出了更加精确的圆周率。

1984年日本的计算机专家，在超级电子计算机上，连续工作一天一夜，将π值算到了1000万位小数，它成为当时世界上最精确的圆周率。据说，目前人类已经可以将π值计算到2.0132亿位小数。

埃拉托斯芬巧测地球周长

公元前3世纪，在古希腊生活着一位罕见的奇才，他叫埃拉托斯芬。他在很多方面都很优秀，但任何一个方面都不是最杰出的，总是屈居第二位。

他与“第一号”——伟大的阿基米德生活在同一时代。二人还是密友，他们经常鸿雁传书，切磋解题方法，交流研究心得。在阿基米德的影响下，埃拉托斯芬解决了一个令人望而生畏的难题：地球有多大？

地球如此庞大，怎么测量它的周长呢？地球既然是球形的，其周长便为一圆周。埃拉托斯芬就是利用他的数学知识想出了一个巧妙的办法。

埃拉托斯芬居住在亚历山大城，在该城正南方向785千米处有一个城市叫塞尼。塞尼城中有一口枯井，在每年夏至的正午12点，阳光能够直射到枯井的最底部，此时太阳正好位于塞尼城的天顶。而几乎与塞尼城处于同一个子午线上的亚历山大城在同一时刻却不会出现这样的现象，因为亚历山大城上空的太阳会处于略微偏离天顶的位置。埃拉托斯芬在一个夏至日的正午，在亚历山大城中竖立起一根小木棍，以此来测量太阳光线与天顶方向

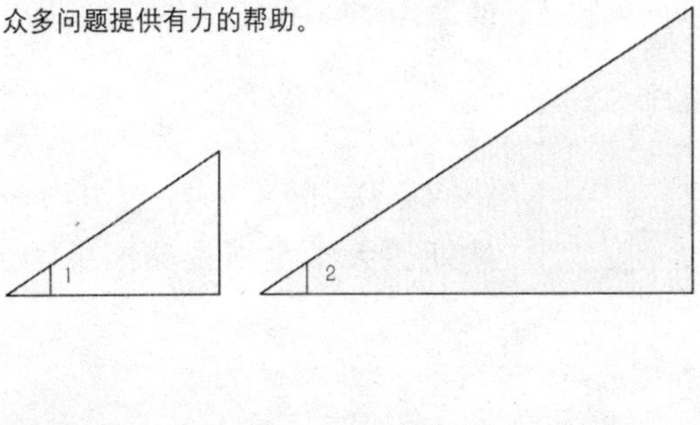

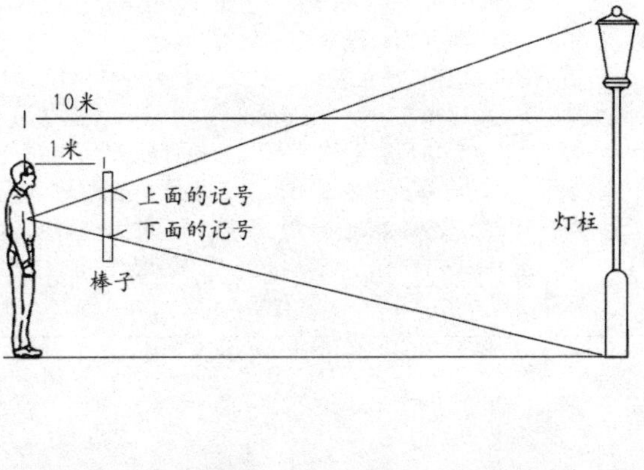

相似三角形之间的关系可以为解决其他方面的众多问题提供有力的帮助。

的夹角，经过精心测量，他测出这个夹角是7.2°，正好是一个圆周360°的1/50。

由于地球与太阳之间的距离遥远，所以可近似地把阳光看成是平行光线。于是，根据有关平行线的定理，埃拉托斯芬得出了一个结论，即∠1等于∠2，如下图所示。因而，∠2也为7.2°，也是360°的1/50。根据几何学原理，亚历山大城和塞尼城之间的距离，即这段弧度，也应该是地球周长的1/50。埃拉托斯芬又量出亚历山大城与塞尼城之间的实际距离，然后乘以50，结果算出了地球的周长为39250千米。

如今科技已非常发达，人们可以借助先进的遥感技术对地球进行航拍，从而轻易地测算出地球的周长，而其结果与埃拉托斯芬的结果居然十分接近。这不由得让我们对2000多年前埃拉托斯芬的惊人智慧赞叹不已。

华罗庚的数学研究

华罗庚(1910～1985年)，江苏省金坛县人，中国现代数学家，也是我国在世界上最有影响的数学家之一。

华罗庚出生于一个贫穷的家庭，父亲以开杂货铺为生。华罗庚自幼喜爱数学，常常因为思考问题过于专心而被同伴们戏称为“罗呆子”。

1921年，华罗庚进入金坛县立初中，他的数学才能被老师王维克发现，王维克尽心尽力地培养这位有着独特天赋的数学奇才。

1924年，华罗庚初中毕业后，升入上海中华职业学校，因为拿不出学费而中途退学。

辍学回家的华罗庚，开始一边帮着父亲经营杂货铺，一边顽强地自学数学。他每天学习达10个小时以上，有时睡到半夜，想起一道数学难题的解法，也会翻身起床，点亮油灯，把解法记下来。经过5年时间的努力拼搏，华罗庚终于学完了高中和大学低年级的全部数学课程。

1928年，华罗庚不幸染上伤寒病，全靠新婚妻子的照料才得以保住性命，但是却落下终身的左腿残疾。

在贫病交加中，华罗庚始终没有放弃数学研究，他接连发表了好几篇重要的论文，引起清华大学熊庆来教授的注意。

1931年，在熊庆来教授的帮助下，华罗庚来到清华大学数学系，担任一名助理研究员。他用1年半的时间学完了数学系全部课程，还自修了英文和德文，能用英文写论文。在这期间，他在国外杂志上发表了三篇论文，被清华大学破格聘为助教。

1936年夏，华罗庚被保送到英国剑桥大学进修，两年之内发表了10多篇非常有价值的论文，博得国际数学界的赞赏。

1938年，华罗庚回国，担任西南联合大学教授。在昆明郊外一间牛棚似的小阁楼里，他写出了20世纪的数学经典论著《堆垒素数论》。

1946年3月，华罗庚应邀访问苏联。同年9月，应组约普林斯顿大学邀请去美国讲学。

知/识/窗

华罗庚的恩师熊庆来

熊庆来(1893～1969年)，字迪之，云南省弥勒县人，我国著名数学家、数学教育家，东南大学数学系创始人。1907年考入云南高等学堂。1913年以第3名考取云南留学生，1913～1914年在比利时包芒学院预科学习，1915～1920年在法国留学，1921年初回国任教。1926年秋，应邀担任清华学校教授。1929年，主持开设清华大学算学研究所，次年录取陈省身等为研究生。1931年召华罗庚至清华大学任助理研究员。1949年9月，随梅贻琦团长赴巴黎出席“联合国教科文组织”第4次大会，会议结束后暂留巴黎做研究工作。熊庆来的突出贡献是建立了无穷级整函数与亚纯函数的一般理论。

1948 年，华罗庚被美国伊利诺依大学聘为终身教授。

1949 年，华罗庚毅然放弃国外的优裕生活，于 1950 年 3 月携全家回到祖国。他先后担任了清华大学数学系主任、中科院数学所所长等职。期间华罗庚对于人才的培养格外重视，发现和培养了王元、陈景润等数学人才。特别是他发现陈景润更是数学界的一段佳话。他亲自把陈景润从厦门大学调到中科院数学研究所。

1958 年，华罗庚担任中国科技大学副校长兼数学系主任。从 1960 年开始，华罗庚在工农业生产中推广统筹法和优选法，足迹遍及27个省市自治区，为新中国创造了巨大的物质财富和经济效益。1978 年 3 月，他被任命为中科院副院长，1984 年又以全票当选为美国科学院外籍院士。

1985 年 6 月 12 日，华罗庚应邀到日本东京大学作学术报告，原定 45 分钟的报告在经久不息的掌声中延长到 1 个多小时。结束讲话时，突然心脏病发作，不幸逝世，享年 74 岁。

华罗庚在数学方面贡献巨大。他一生主要从事解析数论、矩阵几何学、典型群、自守函数论、多复变函数论、偏微分方程、高维数值积分等领域的研究，并取得了突出的成就。华罗庚在上世纪 40 年代就解决了高斯完整三角和的估计这一历史难题，得到了最佳误差阶估计（此结果在数论中有着广泛的应用）；证明了历史长久遗留的一维射影几何的基本定理；给出了体的正规子体一定包含在它的中心之中这个结论的一个简单而直接的证明，被称为嘉当－布饶尔－华定理；对 G．H．哈代与 J．E．李特尔伍德关于华林问题及 E · 赖特关于塔里问题的结论作了重大改进，至今仍是最佳记录。华罗庚的著作《堆垒素数论》系统地总结、发展与改进了哈代与李特尔伍德圆法、维诺格拉多夫三角和估计方法及他本人的方法，发表后 40 余年来其主要成果仍居于世界领先水平，成为 20 世纪经典数论著作之一。另一部数学专著《多个复变典型域上的调和分析》以精密的分析和矩阵技巧，结合群表示论，具体给出了典型域的完整正交系，从而得出了柯西与泊松核的表达式，在国际上有着很深的影响。华罗庚以其杰出的数学成就，当之无愧成为我国 20 世纪伟大的数学家之一。

陈景润挑战哥德巴赫猜想

陈景润(1933～1996 年)，福建闽侯人，我国现代著名的数学家，在数论和哥德巴赫猜想研究方面获得了卓越的成就。世界级的数学大师阿 · 威特尔称赞他道：“陈景润的每一项工作，都好像在喜马拉雅山顶行走。”

陈景润出生在一个工人家庭，父亲是一位邮政工人，陈景润在众多的兄弟姐妹中排行老三。1945 年，陈景润随家迁居福州，并进了英华中学。陈景润从小性格内向，只知道啃书本，同学们给他起了一个绰号“书呆子”。陈景润从小就对数学情有独钟，喜欢钻研，刚好这时候学校来了一位著名科学家沈元教授，他在一堂数学课中，讲了17世纪德国数学家哥德巴赫提出的一个猜想。他还打了个形象的比喻，自然科学的皇后是数学，数学的皇冠是数论，而哥德巴赫猜想就是数学皇冠上的明珠。他的这堂课深深刻在陈景润的脑海里，他暗下决心，一定要摘取这颗“数学皇冠上的明珠”。

1950 年，陈景润高中尚未毕业，就以同等学力考入厦门大学。1953 年，陈景润大学毕业后被分配到北京一所名牌中学任教。由于他不善言辞，个性也不适宜教书，压力很大，人

知/识/窗

哥德巴赫猜想

在整数里面，能够被2整除的叫偶数，不能被2整除的叫奇数。只能被1和它本身整除而不能被别的整数整除的叫素数；反之，能被别的整数整除的就叫合数。1742年，哥德巴赫写信给欧拉时，提出了：每个不小于6的大偶数都是两个素数之和。这个简单的命题被称为“哥德巴赫猜想”。

征战“哥德巴赫猜想”之旅

1920年，挪威数学家布朗证明了（9＋9）（即：9个素因子之积加9个素因子之积）；1924年，数学家拉德马哈尔证明了（7＋7）；1932年，数学家爱斯尔曼证明了（6＋6）；1938年，数学家布赫斯塔勃证明了（5＋6）；1940年，布赫斯塔勃又证明了（4＋4）；1948年，匈牙利数学家兰恩易证明了（1＋6）；1956年，数学家维诺格拉多夫证明了（3＋3）；1958年，我国数学家王元证明了（2＋3）；1962年，我国数学家潘承洞证明了（1＋5）；1962年，王元、潘承洞又证明了（1＋4）；1965年，数学家布赫斯塔勃、维诺格拉多夫和庞皮艾黎都证明了（1＋3）；1966年，陈景润证明了（1＋2）。

也病倒了。当时该中学领导在一次会议上碰上来北京的厦门大学校长王亚南，向他抱怨陈景润不行。王亚南了解陈景润的个性和价值所在，于是把他调回厦门大学担任学校图书馆管理员。陈景润回到厦门大学，病也开始好转了。他利用这个有利的时机，如饥似渴地研读了华罗庚的《堆垒素数论》和《数论导引》。他要努力研究，做出成绩来，才不辜负信任和爱护他的人。

功夫不负苦心人，陈景润终于写出了第一篇数学论文《关于塔利问题》，并把它寄到中科院数学所。他希望自己的数学才能能得到当时著名数学家华罗庚的认可，像当年华罗庚被熊庆来赏识一样。果然，华罗庚盛情邀请陈景润参加1956年全国数学论文宣读大会。1956年底，华罗庚把他调到中国科学院数学研究所担任实习研究员。

陈景润调到北京后，在华罗庚的栽培之下，迅速成长起来。他在圆内整点问题、球内整点问题、华林问题、三维除数问题等方面，都改进了中外数学家的结果，取得了最新的成就。但是他并不满足，他要完成青年时期的梦想，向哥德巴赫猜想挺进。陈景润当时居住在6平方米的小屋内，借一盏昏暗的煤油灯，进行繁复的计算，条件十分艰苦。但是他浑然不顾，废寝忘食，昼夜不舍，潜心思考，达到了痴呆的地步。有一次一头撞在树上，还问是谁撞了他。1966年5月，陈景润耗去了几麻袋的草稿纸，写成论文《大偶数表为一个素数及一个不超过二个素数的乘积之和》，攻克了世界著名数学难题“哥德巴赫猜想”中的(1+2)，创造了距摘取这颗数论皇冠上的明珠(1+1)只有一步之遥的辉煌。可是论文太长了，厚达200多页。考虑到科学的简明性，闵嗣鹤教授建议他简化一下。他又投入到更加艰巨的工作中去了。这时文革开始，陈景润受到了一定程度的影响，但他并没有放弃。1973年，陈景润终于将论文简化完成。

陈景润的工作轰动了世界，国际上的反响非常强烈。当时英国数学家哈勃斯丹和西德数学家李希特的著作《筛法》正在印刷所校印，他们见到陈景润的论文后，立即要求暂不付印，并在这部书里加添了一章“陈氏定理”。他们把它誉为筛法的“光辉的顶点”。一个英国数学家在给陈景润的信里称赞他说：“你移动了群山！”

陈景润分别在1978年和1982年两次收到在国际数学家大会作45分钟报告的邀请。他本想在他有生之年内完成（1+1），彻底摘取皇冠上的明珠。可惜的是，在他生命最后的10多年中，帕金森氏综合症困扰他，使他长期卧病在床，最终未能实现夙愿。虽然小有遗憾，但是陈景润在数论和哥德巴赫猜想方面的研究上取得了举世瞩目的成就，他将永垂千古，流芳中国科学史。

阿基米德的发明与发现

阿基米德(约公元前287～公元前212年)是古代世界最伟大的数学家和物理学家，他出生于今意大利西西里岛东部的锡拉库扎，是天文学家费迪亚斯的儿子。阿基米德家族与锡拉库扎国王希伦二世关系甚好，甚至可能是亲戚。阿基米德在埃及的亚历山大学习，他的导师是著名数学家欧几里得(约公元前300年)的学生。当学业完成后，他回到了锡拉库扎，并在那里度过余生。

尽管阿基米德并不是第一个使用杠杆的人，但他是第一个发现杠杆定理的人。他宣称，如果给他一个合适的地点，一个长度与强度足够的杠杆，他可以撬起地球。该“妄言”激起了希伦国王强烈的好奇心，他于是要求阿基米德移动非常沉重的物体。据说阿基米德用相互关联的一系列杠杆和几个滑轮做成了一个装置，让希伦国王自己一个人将载满乘客和货物的皇家轮船“锡拉库扎”放入海湾之中，该船从存放新制船的干船坞中被吊起，穿过陆地，拖至港口！

传说，阿基米德还独立设计了行星仪和灌溉庄稼的螺杆泵(尽管埃及人的螺杆泵可能早于他的发明)。这种螺杆泵是将一个螺杆装入一个圆柱体之中，当螺旋杆转动时，水就会上升。螺杆泵一直沿用至今。

阿基米德还发明了许多武器。据说在公元前215年，罗马人围攻锡拉库扎城时被阿基米德发明的新型武器打得闻风丧胆。由于顾忌罗马人的进攻，于是国王任命阿基米德建造城市防卫系统。工程包括重建城墙以安放强力弹射器以及吊车，用以吊起大石块装入弹射器，将城下进攻的敌军砸死。此外，还有几样新式的武器。他的武器将罗马的军队打得束手无策，久攻不下，双方僵持了3年之久。罗马对锡拉库扎城的围攻到最后竟然演变成了罗马军队与阿基米德个人的较量。

“阿基米德之爪”也是阿基米德发明的令人心惊胆寒的众多武器之一。它可以放下至任何攻击范围内的船只上，扣住船身后剧烈摇晃，将船高举到空中，然后猛烈地来回旋转摇动，一直到所有士兵被甩出船身，最后将船砸向岩石毁掉。没有人知道这个爪钩的工作原理，有人猜想这装置可能是由一台吊车牵引一个爪形大吊钩而成，大吊钩将船身举起，然后就在船几乎要垂直之前忽然将其释放。

还有传说描述了他将聚焦的镜子作为“打火玻璃”的事情。据说任何足够靠近“打火玻璃”的船只都会着火——它的打火弧度范围在锡拉库扎城墙之内。但是这种武器是否真正存在至今查无实证。

阿基米德被大众和他自己所接受的身份主要还是一个数学家。他计算的圆周率π已经相当接近于现在的值。它总结的计算一个有曲面的物体体积和表面积的方法也是两千年后出现的积分学的起源。

罗马人最后于公元前212年攻陷锡拉库扎城，而马塞勒斯将军则下令不要伤害阿基米德及其住宅。一个罗马士兵发现阿基米德时，他还在解决一个数学难题。当该士兵命令阿基米德跟他走时，阿基米德却还在埋怨，叫这个士兵不要弄坏了他画在沙上的圆。士兵很不耐烦，便杀死了阿基米德。

大事记

公元前287年 阿基米德生于锡拉库扎城

约公元前250年 阿基米德发明了螺杆泵

约公元前215年 古罗马发动了对锡拉库扎城的围攻，阿基米德发明作战武器

公元前212年 围攻战争结束，古罗马军队杀进锡拉库扎城，阿基米德被一名古罗马士兵杀害。

苹果落地带来的灵感——万有引力定律

勤奋好学的牛顿在19岁时以优异的成绩考入了著名的剑桥大学三一学院。学校的教学设备十分优良，图书资料丰富，学术气氛浓厚，以及许多老师都享有盛誉，使牛顿获益匪浅。大学期间，他刻苦学习，悉心钻研数学、光学和天文学，这为他将来在物理学领域取得举世瞩目的成就奠定了坚实的基础。

1665年，刚从剑桥大学毕业的牛顿被留在学校的研究室工作，开始了他的科研生涯。此后不久，为了避免一场传染病，牛顿回到了家乡——林肯郡乌尔斯索普。有一次，牛顿正在苹果树下专心思考地球引力的问题，忽然一只苹果从树上落下来，恰好打中牛顿的脑袋，然后滚进了草地上的一个小坑里。苹果落地这一十分平常的现象引起了他的沉思，他不由地苦苦思索：为什么苹果不会向上飞去而往下掉呢？如果说苹果有重量，那么重量又是怎样产生的呢？他想，地球上大概有某种力量，能把一切东西都吸向它。每一件物体的重量，也许就是受地球引力作用的表现。这说明地球和苹果之间互有引力，而整个宇宙空间都可能存在这种引力。他又将想象由一只苹果的落地转移到星体的运行。

牛顿是17世纪最伟大的自然科学家，现代科学的奠基人。在物理、天文、数学等领域都作出了卓越的贡献。

牛顿深入地思索着：如果地球的引力没有受到阻止，那么月亮是否也受到地球的吸引力呢？月亮总是按照一定的轨道绕地球旋转，不正是地球对它有吸引作用的结果吗？他又进一步推测：太阳对各个行星必定也有吸引作用，才使得各个行星围绕着太阳运转。

在探索苹果落地之谜后，牛顿得出结论：“宇宙的定律就是质量与质量间的相互吸引。”从恒星到恒星，从行星到行星，这种相互吸引的交互作用遍及无边的空间，使宇宙间的每一事物都在既定的时间，依照它的既定的轨道，向着既定的位置运动。牛顿把这种作用力称之为“万有引力”。

牛顿从1665年起，就开始用严密的数学手段来进一步研究物体运动的规律和理论。从力学的角度分析，牛顿认为：开普勒所提出的行星运动的三个定律都是万有引力作用的结果。于是，牛顿从这些定律入手，通过一系列的数学推论，用微积分证明：开普勒第一定律表明，吸引力是太阳作用于某一行星的力，它与行星到太阳中心的距离的平方成反比；开普勒第二定律表明，作用于行星的力是沿着行星和太阳的连线方向，这个力只能起源于太阳；开普勒第三定律表明，太阳对于不同行星的吸引力都遵循平方反比关系。然后，牛顿从对天体运动的分析中，得出了普遍的万有引力定律。

爱因斯坦与他的相对论

著名科学家爱因斯坦是一位将怀疑权威同“相信世界在本质上是有秩序的和可认识的”这一信念结合在一起的科学工作者。他不盲目相信权威，只是充分利用前人的经验积累，然后再加上自己的独立研究，才得以迈向一个又一个的科学高峰。

爱因斯坦的相对论便是在牛顿力学的基础上提出来的。自17世纪以来，牛顿力学一直被人类视作全部物理学，甚至整个自然科学的基础，它可以被用来研究任何物体的运动。进入20世纪后，人们发现传统的理论体系无法解释在一些新的物理实验中产生的现象。对牛顿力学坚信不疑的科学家们陷入了迷茫，尽管他们无力调和旧理论和新发现之间的矛盾，但他们仍然不敢怀疑牛顿力学。就在这场物理学革命中，爱因斯坦选择了一条与其他科学家不同的道路，终于成功提出了狭义相对论。

爱因斯坦的狭义相对论包括两条基本原理：相对性原理和光速不变原理。

狭义相对论可以推导出物体的质量与运动速度有着密切的关系，质量会随着运动速度的增加而增加，还推论出质量和能量可以互换。爱因斯坦得出的质能关系式为：$E=mc^2$，其中m表示物体的质量，c表示光速，E是同m相当的能量。爱因斯坦的这个方程式对原子内部隐藏着巨大能量的秘密作了揭示，为原子能应用的主要理论基础，为原子核物理学家和高能物理学家的科学研究提供了便利。

根据狭义相对论的两条基本原理，还可以推导出前人无法想像的结论。比如，飞船上的一切过程都会比在地球上慢。假如飞船以每秒钟30000千米的速度飞行，那么飞船上的人过了1年，地球上的人就过了1.01年；假如飞船以每秒钟299900千米的速度飞行，那么飞船上的人过了1年，地球上的人就过了50年。这是多么神奇啊！

有一点需要说明，相对论的效应在低速运动时非常微小，很难被察觉，因此牛顿力学与相对论的结果非常接近。只有当速度大到能够和光速相比时，才可以改用相对论力学。因而，我们日常生活中所能接触到的各个领域，还必须都应用牛顿力学的原理和公式。

1912年10月，爱因斯坦在苏黎世大学任教。在此期间，他继续钻研，不断对狭义相对论的思想进行丰富和充实。1913年，爱因斯坦和他的老同学数学教授格罗斯曼，合作写了一

1933年爱因斯坦提出能量聚集的新理论。

篇重要的论文《广义相对论和引力理论纲要》，为广义相对论的建立扫清了障碍。

1915年，爱因斯坦终于完成了创建广义相对论的工作。次年，他发表了自己的总结性论文《广义相对论的基础》。在这篇论文中，他提出了新的引力方程，这与200年来在科学界占垄断地位的牛顿引力方程不同。人们将这篇论文称为20世纪理论物理学的巅峰。

爱因斯坦后来又在广义相对论的基础上导出了一些重要结论，如光线在太阳引力场中发生弯曲；水星近日点的旋进规律；引力场中的光谱线向红端移动等。

1919年5月29日发生了一次日全食，由英国派出的两支天文考察队分别在两个地点进行了独立观测，并拍摄到清晰的日食方向的星光照片。观测结果证明爱因斯坦的预言是正确的。光线不但呈现弯曲，就连弯曲的程度和数值也同于爱因斯坦的计算结果。其他两项预言也在后来相继得到证实。

爱因斯坦被人们誉为“20世纪的牛顿”。他的广义相对论如今已成为现代物理学最主要的理论基础，标志着原子理论时代的到来。

霍金的科学研究

从托勒密到哥白尼，再到牛顿、伽利略、开普勒、爱因斯坦……科学家们都曾致力于宇宙的探索，这些科学家对于我们的现代生活来说，仿佛太遥远了。当代科学家霍金是新世纪宇宙探索的热点人物，他的一本《时间简史：从大爆炸到黑洞》使得他的名字在世界范围内几乎是家喻户晓，妇孺皆知。

霍金，英国物理学家。1962年，他进入了剑桥大学，但在第二年却不幸遇上了一场巨大的灾难：被诊断出患了肌萎缩性脊髓侧索硬化症，这是一种退化性神经肌疾病。医生甚至预言霍金活不过两年。1985年，霍金由于一次严重的肺部感染，不得不实行气管造口手术，从而失去语言能力。现在霍金终日活动范围便是一台电动轮椅，用仅有的能活动的三根手指控制一台带语音合成器的计算机与别人交流。在某种程度上他已是一个生物、电子和机械的合成人。但霍金似乎没有为此消沉。

还是在剑桥上学的时候，霍金的导师夏马对那时在伦敦伯克贝克学院的一位年轻的应用数学家罗杰·彭罗斯提出的奇点理论很感兴趣，所以经常带着包括霍金在内的学生们去参加彭罗斯的学术讨论会。在那些讨论会上，他们听到了彭罗斯关于黑洞中央有时空奇点的观点。在一次从伦敦回剑桥的火车上，霍金突然闪过一个念头：“如果将彭罗斯的奇点理论应用于整个宇宙，不知会发生什么情况？”就是这个念头，使得霍金完成了一篇有分量的博士论文并顺利获得博士学位，而彭罗斯也成为霍金最重要的学术合作伙伴之一。

霍金对于黑洞的物理学作出了很大贡献，他在1971年提出如下科学观点：在重达10亿吨的物质而仅占一个质子空间的物体，称为微型黑洞。这些物体的独特之处在于，它们的质量和引力巨大，应服从相对论的诸定律；同时，它们的体积极微小，又应服从量子力学的诸定律。1974年，霍金提出，根据量子论的预测，黑洞在不断发射亚原子粒子，直至耗尽其能量而最终爆炸。过去认为，有关黑洞的一切都是不可知的，而霍金的工作则大大激励了人们从理论上勾画出黑洞的性能。霍金的工作的重要作用还在于，它展示了这些性能与热力学和量子力学的关系。

后来，与霍金有过数度合作的剑桥大学出版社的一位编辑约请霍金写一本宇宙学方面的通俗读物。在1982年下半年，霍金开始着手写通俗读物。这就是后来成为畅销书的《时间简史：从大爆炸到黑洞》。这本书受到世界各国读者的欢迎，迄今已发行2500万册，在英国是仅次于《圣经》和莎士比亚著作的长销书。

由蚂蚁举重引发的机械动力革命

一位科学工作者曾在无意中看到一只蚂蚁将一个小石头从洞中搬了出来。好奇的他分别称了一下蚂蚁和小石头，结果令人大吃一惊，这个小石头的重量竟是蚂蚁体重的50多倍！

机械工程师们从这一自然现象中受到了启发，开始研制像蚂蚁腿上肌肉那样的发动机。大家都知道，一般发动机是通过燃料燃烧，将能量变成热量，再变成机械能，因此效率一般都不会高于30%。而这种由几十台特殊的小发动机组成的发动机，其效率是一般发动机的好几倍。肌肉发动机是用聚丙烯酸制造出的“人造肌肉”。如果将一些酸性溶液喷在“人造肌肉”上，它就会收缩；再将一些碱性溶液喷淋在上面，它又会伸长。机器（机器人）就是靠这一收一伸动起来的。

有一点非常值得一提，机器人专家给机器人制造的“肌肉”有许多种。有一种“人造肌肉”是材料中的许多细微小孔装上的凝胶体，一遇到水就会伸展，再遇到丙醇溶液便会收缩。其反应速度可与一般人的肌肉相媲美，仅为0.3秒。

机器昆虫

将来军事机器人可以携带纵火材料，用来点火，这些像蚂蚁一样的机器人有四只、六只或八只腿使它们保持稳定并使它们能跨越路上遇到的障碍物。

科学工作者们据此研制出了一种有弹性腿的机器昆虫，它虽然只有一张信用卡的1/3左右大，但一小时能前进37米，还可以轻轻松松地越过障碍。发明家们采用了一种新方法，从而使“牵动关节必须加发动机”的观念得以突破。他们用铅、钛、锆等金属条做成一个双压电晶片调节器。这个调节器在充电时弯曲，充完电后又弹回原状，反复充电，它便成了振动条。把昆虫肢体装在振动条上，振动条振动便成了机器昆虫的动力。每次振动，昆虫都会前进2毫米。

看来，蚂蚁虽小，却果真能引发一场机械动力的革命。

共振现象的发现

在坐公交车的时候，你有没有遇到过这样一种情况：整辆车突然间剧烈地振动起来，大有散架的趋势？在用洗衣机洗衣服的时候，你有没有发现洗衣机也会突然间急剧地振动起来？这是共振现象的表现。如果你细心观察，还能在生活中发现很多这种现象。早在古代，这种现象就被古人注意到了。关于共振现象，还有一个有趣的小故事。

唐朝时，洛阳寺院里有一个奇妙的磬。磬作为一种打击乐器，本来应该在敲击下才会鸣响，可是这个磬非常奇怪，它经常自己就鸣响起来。这件事把负责管磬的一个和尚吓出了病。恰巧这个和尚有一位爱好音乐的朋友，叫曹绍夔。他得知这件事后，就特意去看望这个和尚。

事也凑巧，这时随着寺内的钟敲响，和尚的磬又自己鸣响起来了。曹绍夔一下子就看出了其中的奥妙，他对和尚说："明天就可以给你除去'妖怪'，治好你的病。"并且还半开玩笑要和尚好好招待自己一顿。

第二天，曹绍夔按时赴约，来到寺院，吃饱喝足后，曹绍夔用先前带来的锉刀在磬上锉磨了几下，从此以后这只磬非常听话，再也不不敲自鸣了。后来，和尚的病也好了。和尚就向他朋友打听这是怎么回事。曹绍夔向他解释道："你的这个磬和寺里的钟的振动频率刚好是相同的，当敲钟时，由于共振的原因，这个磬也就自己振动起来，不敲自鸣现象就是这样产生的。我虽然只把它锉去一点，但由于改变了它的振动频率，所以它就不能和寺内的钟共鸣了，原先的特异功能也便消失了。"

知识窗

共鸣

大多数物体都能振动。物体自然振动的频率称作共振频率。在物体附近发出一个频率与其共振频率完全相同的声音，物体会从声波中取得能量随之振动，这就是共振，在声学中叫共鸣。在房间内播放声音较响的音乐时，你经常能听到共鸣。某个音符会引起门板或喇叭附近物体的共振。如果歌唱家唱歌时的频率与酒杯的共振频率相同，玻璃杯可能会由于共振而破裂。

原来，在自然界中如果两个物体振动频率相同，共振的现象便会产生，如果是发声物体，就会产生共鸣。人们正是巧妙地利用了大自然的这种原理来辨听远处微弱的声音的。

我国古代在军事上运用共振原理的事例非常多。比如兵临城下时，为了监视敌人的动向，监听敌人是否在城墙下挖地道，每隔一定距离就在城墙里面的地下挖下深坑，然后在坑内埋上蒙着皮革的大瓮。这样蒙上皮革的瓮便成为了共振器。士兵通过在瓮口听声音就能够判断敌人的动向。一旦从瓮口听到声音，就能确知敌人在挖地道攻城，甚至攻城的方向和位置也可以确定。明代名将戚继光在抗击倭寇时，把长竹去掉节，埋在地下让士兵听筒口，及时地发现和消灭了倭寇，也是利用了共振的原理。

在现代生活中，运用共振的例子更是数不胜数，大夫用的听诊器、收音机里的调频、音乐家使用的琴等都是对这一原理的巧妙运用。在工业生产中还可以应用共振原理来进行振动检测、振动焊接、振动去渣及用激振器消除金属内部的残余物等。

比萨斜塔上的实验

实践出真知，谁要是违背了这条真理，谁就注定要在科学面前栽上一个大跟头，哲学大师亚里士多德都不能例外。

原来，古希腊著名的哲学大师亚里士多德曾作出这样一个著名论断：两个铁球，如果其中一个是另一个重量的10倍。然后两个铁球在同一高度同时落下，那么重的铁球落地速度必然是轻的铁球的10倍，这话并不难理解：重的物体当然比轻的物体先着地，这还用问吗？而且这话是大师说的，人们对此深信不疑。而一个十七八岁的毛头小伙子偏不信这一套，招来人们一阵又一阵的冷嘲热讽。

43岁时的伽利略

此时的伽利略已取得了多项科研成果，但由于教会的阻碍，他还没得到社会大众的认可。

这个毛头小伙子就是18岁的伽利略。他经过多次实验发现亚里士多德的说法是不对的，但当时没有人相信他，1590年的一天，伽利略当众宣布自己要检验一下圣哲的话是否正确。这天天气格外晴朗，好像老天也要见证一下这个历史时刻，地点就选在著名的比萨斜塔。消息传出，人们奔走相告。时过不久，

> **知识窗**
>
> **伽利略发现钟摆的等时性原理**
>
> 伽利略18岁那年的一天，他在教堂里祈祷完之后，就坐在长凳上看远处的景物。他的视野中浮过雪白的大理石柱、美丽的祭坛……突然，教堂的执事进来破坏了沉静的氛围。原来他是来点教堂的灯，这种灯是用长绳系在天花板上的。当这位执事点灯时，不小心碰动了它。借助惯性，吊灯就一左一右地摆个不停。这时，伽利略的注意力又转移到灯上。目光随着吊灯左右摆动。突然，伽利略发现一个有趣的现象。那就是，尽管吊灯摆动的幅度越来越少，但完成摆动周期所花的时间始终未变（当时他测定时间是靠脉搏的频率）。伽利略由此发现了钟摆的等时性原理。

比萨斜塔周围便密密麻麻地挤满了人，就像今天的某种大赛事要开场一样。人们要亲眼看看大师的话到底对不对。

伽利略带着他的助手，信心十足地步入斜塔，然后快步走上塔的最高层。他环视四周，人们的面孔有的充满惊奇，有的则略带嘲讽，还有的漠然以待。伽利略不慌不忙将器具一一取出。这些器具包括一个沙漏（用于计时），一个铁盒，底部可以自动打开，还有两个分别重为10千克和1千克的铁球。伽利略的助手将这两个铁球装入盒子，然后将盒子水平端起，探身到拦杆的外侧。最后由伽利略在众目睽睽之下按动按钮，盒子的底部自动打开，两个铁球同时从盒中脱落，自由落向地面。这时成千上万的人全都屏住呼吸，目光随着铁球向下移动，在铁球从铁盒落到地面的短暂间隔中，人群异常安静，地上连掉一根针都能听到。只听“咚”的一声，两个铁球同时砸到了地面上，时间不差分毫。平静的人群立即沸腾了，有的人对着塔上的伽利略欢呼，有的人惊得合不拢嘴，那副神情分明在说：“我的上帝，亚里士多德大师也有错的时候！”伽利略则浑身轻松，心满意足地微笑着。

自由落体实验在人们的一片沸腾声中结束了，亚里士多德的“落体运动法则”不攻自破。可敬的伽利略并没有为这点小小成绩（在他看来，这仅仅是一点小小的成绩）而飘飘然，从塔上下来后，他就投入到新的科学研究中。

凭着这种追求真理、尊重实践的科学精神，伽利略又接连作出一系列的重大发现。他发现了摆的等时性原理，从而发明了钟表；他在李希普发明望远镜的基础上发明了放大20倍率的天文望远镜。他著有《论运动》、《关于托勒密和哥白尼两大世界体系的对话》、《关于两种新科学的对话》、《关于太阳黑子的通信》和《关于力学和位置运动的两种新科学的对话和数学证明》等科学专著。伽利略为科学事业作出巨大贡献，被称为近代自然科学的奠基人。

马德堡半球实验

科学总是在人们的一片惊呼声中前进，空气压力的证明即是如此，它是通过著名的“半球实验”完成的。

主持这项实验的人名字叫奥托·冯·格里克，他于1602年出生在德国名城马德堡的一个富裕家庭。此人天资聪明，15岁便考入著名的莱尼兹大学学习文科。但数学、物理等自然学科好像对他更有诱惑力，他热衷于科学实验，甚至一度赴英、法等当时被认为较先进的国家专门学习自然科学。三年以后才又回到了马德堡。由于格里克本人知识丰富，工作勤勉，于1646年当选为该市市长。在成为市长后，他仍旧兢兢业业地工作，为当地人谋福利。

尽管格里克政务繁忙，但仍然抽空继续在自然科学领域进行研究，尤其是在真空领域。几经探索，他发明了抽气机。在抽气机的帮助下，格里克又完成了一系列的真空、大气压强的实验。其中就有最著名的马德堡半球实验。

知识窗

格里克对真空的研究

1647年，格里克制造了一个空吸泵，空吸泵由一个圆筒和活塞组成，圆筒上带有两个阀门盖。格里克想用这个装置抽出密封啤酒桶中的水从而得到真空。可是，当他用这个装置抽出木质啤酒桶中的水时，听见了笛声噪音，说明空气进入了啤酒桶。格里克又把啤酒桶放在一个大的盛水容器中密封起来重新进行实验。当他把啤酒桶中的水抽出时，大容器中的水又渗进了啤酒桶。

为了解决渗漏问题，格里克让人做了一个底部带孔的空心铜球进行实验，当他让工人从球中抽出空气时，铜球随即塌瘪了。为了获得真空，格里克坚持研究，他终于发明了真空泵，用真空泵做实验他获得了成功。格里克做了许多关于真空的实验：他把钟放到真空中，发现听不到钟的声音；把火焰放在真空中，发现火熄灭了；把鸟和鱼放在真空中，发现它们都会很快死去；把葡萄放在真空中发现能够存放较长的时间等。

格里克在实验过程中发现，无论抽气口放在铜球的哪个位置，在抽气过程中，容器中的残留空气都分布于铜球的整个内部空间。由这一现象他发现了空气具有弹性。由这个重要结果出发，他研究空气密度随高度的变化并得出结论，空气密度随高度而减小，由此他推理大气层以外的空间是真空的。他还通过实验研究空气做功等。

显然格里克生活的年代，人们已有了一定的近代自然科学知识，但对于格里克描述的强大的大气压力仍是将信将疑，议论纷纷，甚至有人公开说他在吹牛。

为了使人们对大气压强有个更明确的认识，格里克决定做一次公开实验，向公众证明自己学说的正确性。事先，格里克做了充分的准备：他先命工匠铸造了两个空心的铜制半球。这两个半球直径超过1米，异常坚固，边缘也非常平滑，为的是两半扣在一起不泄漏空气而且禁得住拉拽。此外还有从马车行里特地挑选的壮马。

一切就续以后，格里克于1654年在马德堡市市政中心广场进行了这次实验。他先命人将马匹分成均匀的两组，每一组集中拴在一个铜半球后面。然后将两半球紧密接合在一起，严丝合缝。再用准备好的抽气机将球内的空气抽净。最后号令员一声令下，两组马匹向相反的方向奔去，将拴在马匹与铜球之间绳索绷紧、绷紧、再绷紧，最后只听见绳索发出咯吱咯吱的响声，马啼踏地的咚咚声，还有马粗重的喘气声，而铜球却如同铸死一般，两个半球始终紧密接合，纹丝不动，直到16匹马大汗淋漓，四腿乱颤依然如故。看热闹的人们见状吃惊不小，一个个嘴巴张了多大合都合不拢。一声哨响，实验圆满结束，其结果与格里克说的分毫不差。呼喊的人群扑向格里克，将其高高地举过头顶。

格里克胜利了，他向人们成功展示了科学的伟力，赢得了人们的尊敬。后来人们称这两个金属半球为“马德堡半球”。

帕斯卡与帕斯卡定律

静止流体中任一点的压强各向相等，即该点在通过它的所有平面上的压强都相等。这就是名噪一时的帕斯卡定律，该定律以其发现者名字命名。与这条定律同样出名还有帕斯卡本人。

帕斯卡，全名布莱斯·帕斯卡，1623年出生于克勒加菲朗。自幼聪明伶俐，善于思考，被称为神童。16岁的帕斯卡就参加了巴黎数学家和物理学家小组（法国科学院的前身），一度成为新闻人物。17岁时，他就发表了《圆锥截线论》一文，在文中他提出了帕斯卡定理：在圆锥曲线内接六边形，其六对边六交点共线，此书的数学水平之高令笛卡儿都难以置信。

这些成就在旁人看来已经很了不起了，但帕斯卡并不满足。之后他又专注于大气压强和流体力学方面的研究。帕斯卡在这一领域的研究也是基于前人的基础。1643年，托里拆利用水银证实了大气压强的存在，并测定了其具体数值。帕斯卡在这方面也投入很大精力。在1646年和1647年两年的时间里，他反复做着如下的实验。即把几根长数米的各种形状的玻

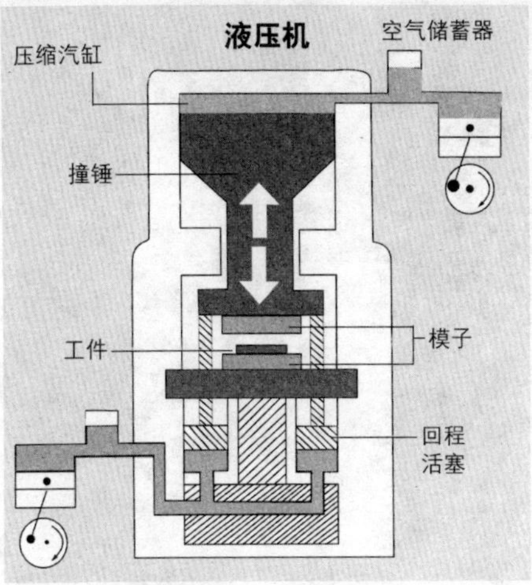

帕斯卡水压机原理图
操作时，用活塞推动两个压板平台来锻造铸件。

璃管固定在船桅上，然后分别在不同的玻璃管中加注水和葡萄酒，再将管子倒置固定。结果发现水的液柱要比葡萄酒的高，这是由于水的密度小于葡萄酒的密度。此实验证明了大气压强的存在，其对液柱底面所成的压力与液柱自身的重力相等。

此外，帕斯卡还组织了不同海拔高度条件下的类似实验。如在1648年他让自己的妻弟佩里埃把气压计带到了多姆山上测量那里的大气压。结果发现随着海拔高度的增加，大气压强逐步变小，通过不同天气条件下的实验，帕斯卡还发现大气压与天气有很大的关系。

在一系列关于大气压强的实验中，帕斯卡逐渐总结出：处于气体(或液体)某一深度的点所受的由于气体(或液体)重量所产生的压强仅仅与这个点所在的深度有关，而与方向无关。这就包含了帕斯卡定律的基本内涵。

通过进一步的液体实验，他更加充分的证实了这一点。实验是这样设计的：取一个大木桶并在其中灌满水，之后将其密封，只在封盖上开一小孔，然后拿一根细长的管子插入小孔，管子的粗细要与小孔直径相当，保证插入后小孔和管子之间没有丝毫缝隙。之后把管子向上拉直，在顶端灌一杯水。由于管细，一杯水就可使管中水面骤然升高，这时奇迹发生了，桶内压强急骤升高，桶壁不负重物，水就四散溅开。

这一实验进一步解释了帕斯卡定律，即在流体(气体或液体)中，封闭容器中的静止流体某一部分压强发生变化，这一变化将会毫无损失地传至流体的各个部分和容器壁。帕斯卡还在《液体平衡的论述》一文中讲到该定律的应用价值。一个上端有两个开口的容器，其中一个开口面积是另一个的100倍，在容器中注满水，再往每个口插入大小合适的活塞，当一个力压小活塞时，就会在大活塞一端产生相当于这个力100倍且方向相反的压力。根据这一力学原理，帕斯卡就发明了注射器和水压机。这两者分别在医疗领域和工业领域起着举足轻重的作用。

探索光的性质的历程

大事记	
1621年	斯奈尔定律(光的折射定律)
1640年	费马原理
1665年	胡克提出光的波理论
1675年	牛顿提出光的粒子理论
1676年	罗默测定光速
1801年	托马斯·扬发现光的干涉现象
1900年	普朗克提出量子理论
1924年	证明波粒二象性

我们可以明显地看到平行光线经过透镜后汇聚于一点，而集中的光线可以使得焦点处温度陡然升高，从而使得放大镜成为“取火镜”。放大镜的这一用途在古希腊时代便为人们所知晓。据说公元前212年，希腊科学家阿基米德使用取火镜击退来犯的罗马战船，保卫锡拉库扎。但是在这种情况下光线的光路是如何改变的？在其偏转的角度之间又存在着什么性质？这些问题一直没人能够解答，直到1621年荷兰数学家威尔布罗德·斯奈尔(1580～1626年)成为首位研究并测量光线偏转角度的科学家。他发现光线由空气进入玻璃中时，入射角(光线进入玻璃时的角度)与折射角(光线被扭曲偏转后的角度)的关

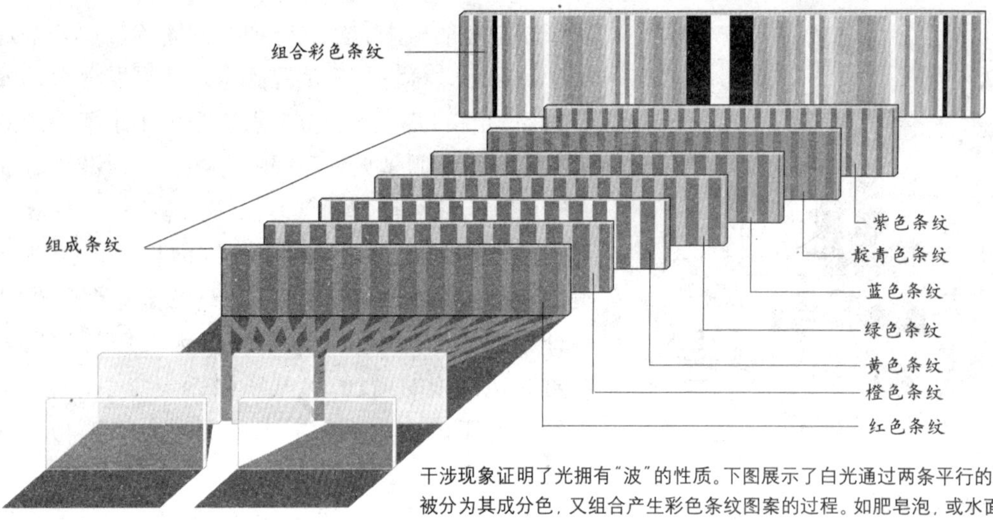

干涉现象证明了光拥有"波"的性质。下图展示了白光通过两条平行的狭缝后，被分为其成分色，又组合产生彩色条纹图案的过程。如肥皂泡，或水面上漂流的油膜上很常见。

系同玻璃的属性有关，称之为“折射率”。

另一位数学家、法国人皮埃尔·德·费马(1601～1665年)揭示光能投影的原理。1640年，费马指出由于光沿直线传播，因此不可能“绕过障碍物”照亮阴影，这就是“费马原理”。同时，费马也观察到光线在较为稠密的介质中传播速度较慢。

1676年，丹麦天文学家奥列·罗默(1644～1710年)首次尝试测定光速。他重新核对了意大利天文学家乔瓦尼·卡西尼(1625～1712年)观察记录中关于木星卫星发生“星食”(当卫星运动到木星背面看不到时所发生的现象)的时间记载，发现当地球朝木星方向运行时所观测到的“星食”发生的时间比当地球向远离木星方向运动时所观测到的时间要提前很多。罗默因此意识到光一定传播了某段距离，因而光速是有限的，由此入手，他开始计算时间差并测量光速。罗默的计算值为225000千米／秒，大约是光速实际值的约75%。大约200年后，法国物理学家阿曼德·菲索(1819～1896年)设计出更为精确的测量光速的方法，并测得光速值为315000千米／秒，比光速实际值大了约5%。随后，美国物理学家阿尔伯特·迈克逊(1852～1931年)于1882年改进了菲索的方法，重新测量光速为299853千米／秒。当今采用的标准光速值为299793千米／秒。

1675年，英国科学家牛顿(1642～1727年)认为光是以微小粒子流的方式传播的，因此提出了光的“粒子”理论。数年间，多位科学家均不同程度地质疑过这一理论，而罗伯特·胡克(1635～1703年)于1665年提出的光的“波”理论就直接挑战着“粒子”理论。胡克根据光线被玻璃折射的现象以及光在密度较大的介质中传播速度较慢的现象等，推断光必然以波的形式传播。1801年，英国物理学家托马斯·扬(1773～1829年)发现光的干涉现象，这对“粒子”理论是最致命的一击。干涉现象即为白光透过狭缝时，被分成由各种色彩组成的虹，而在当时，只有“波”理论能够解释这一现象。1804年，托马斯·扬将这一成果发表。

但是“粒子”理论与“波”理论的争论仍未停止，直至20世纪初德国物理学家马克思·普朗克(1858～1947年)提出量子理论之后，才最终将这场争论画上句号。量子理论认为包括光在内的所有形式的能量，在空间中均以有限“量子”(普朗克又称其为“小微粒”)的形式传播，这同牛顿的“粒子”理论非常接近。但随着现代物理的发展，1924年，路易斯·德·波尔(1892～1987年)提出波尔量子理论，认为所有移动的微粒亦同时表现出“波”的性质，即“波粒二象性”，并证明了这一理论的正确性。因此，牛顿、胡克等人的理论均是正确的，科学上一个伟大的争议话题也最终画上了句号。

光速的测量方法

意大利科学家伽利略是第一个想出测量光速的方法的人。1607年，他做了下面这个实验：他先让两个手各提一盏有盖的信号灯的人分别站在相距1.5公里的两个山头上。接下来，让第一个人先打开灯盖，对方一看到灯光就立即打开灯盖，用光将信号传出来。伽利略本来想测出这段时间，便可以计算出光速了，可是两个人的动作衔接时间太长，因此测量时间不准确，再加上光速又太快，所以这一实验还是以失败而告终了。

250年后，刚满30岁的法国物理学家斐索对伽利略测光速的实验作了仔细研究，终于找到了这个实验失败的原因。大家对镜子的反光现象一定都很熟悉吧！光一照射到镜面上便会立即反射，因此一条光线从反射到返回就是连续的。斐索从这一现象中得到启发，认为只要可以准确地测量出光发射和返回接收到的时间差，就可以将光速准确地计算出来。

斐索对实验装置又作了改进。他用一面镜子代替第二个人，又用一只旋转的齿轮代替钟表计时。斐索选择了两个相距7公里的山头，将旋转的齿轮和一面镜子分别放在上面。实验开始后，斐索首先让光通过齿轮的两个齿之间，照到另一个山头的镜子上，光线经过镜子反射后，又从齿轮的另外两个齿之间传回来。这样便可以根据齿轮旋转的速度，计算出光往返所用的时间。斐索的试验结果是：光的速度为每秒钟315000千米。

光速测量镜

它是通过光的无数次反射后到达某一点所用的时间而得出的。

历史上测量光速结果最精确的人是美国物理学家麦克尔逊。1873年，毕业于美国海军军官学校的麦克尔逊因为学习成绩优异而留校工作。由于理论研究和航海方面的实际需要，麦克尔逊对测定光速非常感兴趣。当时美国的航海历史局局长纽科姆对这项工作也很感兴趣，于是两人开始合作并得到了政府的帮助，进一步改进了光速测量装置。麦克尔逊和纽科姆整整用了50年的时间，不断地进行改进和重复测量。不幸的是，在一次光速测量中，麦克尔逊突发中风并因此而去世，享年79岁。他的测量结果是：光速为299764 ± 4千米／秒。这个结果是目前为止最精确的。

激光的诞生

1917年，德裔美国物理学家阿尔伯特·爱因斯坦(1879～1955年)意识到存在激发原子和分子并使它们发射光线这种可能。这就是激光原理的源头。但直到20世纪50年代，物理学家才设想出一种能够产生激光束的装置。1952年，美国物理学家查尔斯·汤斯(1915年～)描述了一种利用微波激射器(通过激发辐射散射得到的微波放大)的原理激发氨分子发射微波辐射的方法。两位前苏联物理学家尼古拉·巴索夫(1922～2001年)和亚历山大·普罗霍洛夫

大事记	
1917年	爱因斯坦提出受激辐射
1952年	构想受激辐射微波放大器
1958年	从理论上论证了制造激光的可行性
1960年	梅曼发明红宝石激光器

(1916～2002年)也提出了同样的想法，但是，他们直到1954年才公布，而汤斯已经在1953年建造了一台微波激射器。不过三位物理学家同时获得了1964年的诺贝尔物理学奖。微波激射器用于原子钟和射电望远镜中，并用来放大发自人造卫星的弱信号。

微波辐射是不可见的，但在1958年，汤斯和另外一名美国物理学家肖洛(1921～1999年)发表了一篇论文，说明建造一种能够发射可见光的装置存在着理论上的可能。这种装置将发出激光—通过受激发的辐射得到的光放大。但汤斯和肖洛没能建造出这样的装置。1960年，美国物理学家西奥多 · 梅曼(1927年～)成为世界上第一个制造出激光的科学家。

当物质吸收能量(如热能)时，其内部的原子或分子会从低能层跃迁到高能层，当落回低能层时，多余的能量就会以光的形式发射出来。一般，每一个原子或分子都会独立地发出不同波长的光，但是，如果物质在处于其高能层的短暂的瞬间暴露在有着特定波长的强光下，它就会发出与照射光波长一致的光。这就是物质为什么会受激发的原因，并且这种激发会进一步提高光的强度。下一步就是利用镜子放大这些光，位于这种装置一端的镜子将光通过受激中的物质反射回去，位于装置相对端的半银制镜子又反射一部分这些光，余下的光则以激光形式发出来。

激光发射一道窄束的相干光，是一道单波长、单色、定向的连续光束或系列短脉冲。

许多物质都能受激，发出相干光。梅曼红宝石晶体——人造氧化铝晶体——制造出了红宝石激光。钕元素也已被用于激光中，如氧化钕或氯化钕的氯氧化硒溶液，以及一氧化碳、氰化氢、氦氖混合气等气态溶解物。后面列举的几种是已经应用了20多年的主要物质。

手电筒或汽车前灯发出的光是四处发散的，所以能照射较大的区域。而激光束能更好地被聚焦——氦-氖激光器发出的激光束散失率不到千分之一。如果激光束从望远镜的相对端通过，激光的散失率将会进一步降低。这种类型的激光可以用做铺设管线和钻探隧道机械的引导装置。红宝石激光可以在钻石上钻孔。

激光撞击在一个表面上时，表面会吸收激光部分能量且温度会升高。激光可以在很小的面积上产生高热，所以人们利用激光去除如精密电子部件上的多余材料，甚至用激光给眼疾病人做视网膜手术。

窄激光束也可以用来测距：激光脉冲撞击到物体的表面时，有部分会被反射回来，由于光速是一样的，所以只要计算出激光脉冲发射与反射回所用的时间就可以计算出两地之间的距离。这种激光装置称做激光雷达。乘坐“阿波罗11号”宇宙飞船登陆月球的宇航员及阿波罗计划的后继者在月球建立了激光反射装置，利用激光雷达测量的月球与地球之间的距离偏差只有几英尺。测绘人员利用激光测绘地貌的平面图，而利用激光雷达精确测距。

激光雷达也可用于测量运动中的物体的速度。如果物体正后退，那么反射回的激光波长要比发射激光的波长略长。换句话说，激光发生了红移。如果物体正在接近，那么反射回的波长就变得稍短，也就是激光发生了蓝移。物体运动得越快，激光的波长改变得越大。

这是一张摄于1960年的梅曼的照片，照片中他在观察自己制造出来的世界上第一束激光。关键部件就在玻璃筒中——能发射激光的红宝石。

预知水下奥秘的声纳

大家都知道，如果我们对着高山或峭壁喊话，就会听到回声。声纳这种用电力在水下定位的仪器，就是利用回声的原理工作的。利用发声率得到的回声，就能够找到障碍物的所在，根据接收到回声的时间长短，还能对发声体距离目标的远近作出判断。

同光波和雷达电波不一样，声波从空气进入海水后，不但不会很快被海水吸收而消耗掉，而且它的传播速度还会由在空气中的每秒钟340米猛增至每秒钟1700米，而且水越深，声波的损耗也越小，传播速度则越快，传得也更远。

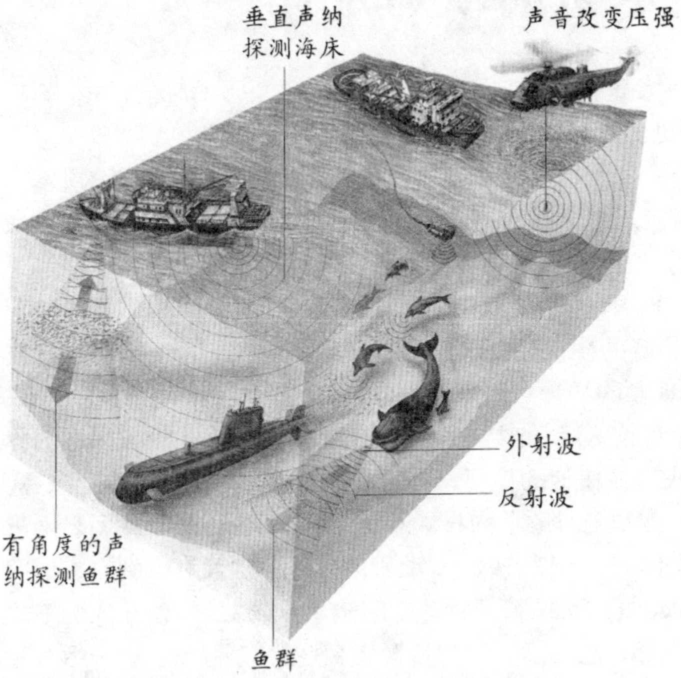

声纳是德国物理学家朗之万研制的，它通过从水底物体传来的回声波提供有关信息。垂直回声波提供海床信息；有角度的回声波提供潜艇和鱼群的信息。

回声测位仪就是利用声纳制成的，它的发射机能够产生一种特定频率的电信号，这种电信号通过换能器变成声信号发射到水里以后，声音一碰到水下障碍物就会有回声出现。仪器中装有灵敏度非常高的侦听仪器，所以它在接到回声后，既能辨别出回声传来的方向，还能自动地把声波从发出至接收到回声的时间转化为里程。如此一来，水下障碍物的位置就可以被准确地确定下来，再由显示器指示出障碍物的种类和运动速度。

根据不同的工作方式，一般把声纳分为主动声纳和被动声纳两种。主动声纳可往水中发射声信号，再接受它在目标上的反射回波。被动声纳只用于接收和监测水下目标发出的信号，它的本身并不发射声波。

为了满足军事和海洋开发的需要，导航、侦察、探雷、测距等声纳系统相继问世。在探测、通讯、侦察等许多方面发挥着巨大的作用。

物质存在状态的研究

1879年，英国物理学家克鲁克斯在对阴极射线进行研究时，发现了物质的第四种状态，即等离子态。这种状态可以从气态转化而来。温度如果上升到几万摄氏度甚至几百万摄氏度，或在高强度射线作用下，气态物质中的电子会脱离原子核的吸引，离开自己的轨道，成为游离状态，而原子也成为带正电的离子，这种混合物便被称作等离子态。整个宇宙中大部分发光的星球都处于等离子态。

“超固态”是物质存在的第五种状态。20世纪20年代，人们发现了一种新的恒星——白矮星，它的密度差不多是水的100万倍。组成它的物质处于超高压状态。原子中的电子在压力达到140万大气压时，就会被压缩到与原子核紧密地挤在一起，此时物质里面就没什么空隙。这种物质便是“超固态”。

“中子态”是物质存在的第六种状态。如果把巨大的压力再加在“超固态”物质上，原来已挤得很紧的原子核和电子就再也紧不起来了，这时原子核里面就会放出质子和中子。

因此，物质的状态绝对不止固、液、气三种。随着科学技术的发展，也许人们还会发现更多的物质的状态。

被推迟承认的欧姆定律

在许多看似简单的真理背后，往往饱含着发现者们无数的艰辛。更多的时候，一个真理被接受的过程往往比它的发现过程更为曲折复杂。欧姆定律就是如此。

在1827年，德国科隆耶稣学校的一个叫欧姆的普通教师通过实验发现了这样的定律：流过导体的电流和电势差（电压）成正比，它们的比值等于导线电阻值的大小，电阻与导线的长度成正比，与其截面积成反比。这就是后来物理学上著名的欧姆定律。

紧接着，欧姆又运用傅里叶热分析理论，从理论上推导出欧姆定律，并引入了微分形式，将他的研究成果总结在《数学推导的伽伐尼电路》一书中。这本书被认为是19世纪德国的第一部数学物理论著，德国物理学的转折点。

在当时的德国，人们思想保守，科技落后，把持物理学界的都是些学术上十分保守的物理学家。他们推崇定性的实验，忽视理论概括的作用，对法国人的数学物理方法嗤之以鼻。因此，运用了数学方法的欧姆定律要想被当时的业内权威承认，可以想像该是一件多么困难的事情了。当《数学推导的伽伐尼电路》一书发表以后，欧姆的发现不仅没有得到官方部门的重视，还遭到来自物理学界一些权威的责难。德国物理学家鲍尔首先发难，他让人们不要看这本书，说“它纯是不可置信的欺骗，它的惟一目的是要亵渎自然的尊严”。这种绝对片面的说法不仅激怒了欧姆本人，也让一些支持欧姆的科学家愤愤不平。但鉴于鲍尔的势力，大家都敢怒不敢言。在重重压力之下，欧姆只好给国王写信以求公断。于是国王路德维希一世就责令巴伐利亚科学院专门组成一个学术委员会来讨论评估欧姆的著作。可笑的是，那些委员对电学的发展本来就谈不上什么了解，更别提裁决了，他们只好求助于自然哲学的创始人谢林。欧姆本以为德高望重的谢林能给一个公正的说法，但谢林竟然拒绝作出评价。欧姆只好失望地告诉朋友：“《数学推导的伽伐尼电路》的诞生已经给我带来巨大的痛苦，我真是抱怨它生不逢时，因为身居朝廷的人，学识浅薄，他们不能理解它的母亲的真实情感。”

虽然欧姆定律遭到了物理界权威的强烈反对，但却受到了年轻一代物理学家的欢迎。有一位物理学家写信鼓励他说：“请相信，在乌云和尘埃后面的真理之光最终会投射出来，并含笑驱散它们。”

正如这位物理学家所说的，随着黑格尔唯心主义思想对于科学界的影响逐渐减少，实事求是的科学风气也逐渐在德国各地传播开来。欧姆定律终于被人们接受，并且飘洋过海，传播到英国、美国等地。

为了纪念欧姆在电学上的伟大贡献，在1881年召开的第一届国际电气工程师大会上，人们决定以“欧姆”命名电阻的使用单位。从此以后，欧姆的名字随着电阻的使用而被全世界的人们所熟知。

迈克尔·法拉第与电磁学

大事记	
1821年	法拉第制成简单的电动机
1823年	法拉第液化氯气
1825年	法拉第发现苯
1831年	法拉第发现电磁感应现象
1834年	法拉第提出电解定律

1791年9月22日，迈克尔·法拉第出生于伦敦附近的萨里郡纽英顿伯特地区，父亲是一名铁匠。法拉第13岁便辍学成为一名书籍装订商的学徒，这一工作使其有机会阅读大量的科学书籍，同时激发了他对科学的兴趣，他甚至还做过简单的电学实验。1813年，法拉第成为英国皇家研究院的化学家汉弗莱·戴维的助手，其部分工作便是为戴维的演讲完成演示实验。尽管在此工作的薪水还没有之前为书籍装订商工作时高，这却是法拉第一生的转折点。法拉第跟随戴维到欧洲大陆游学，结识了安德烈·安培（1775～1836年）等一批著名科学家。1824年法拉第当选皇家学会会员。1827年，他接替戴维的职位，成为皇家研究所讲师，并于1833年担任皇家研究院化学教授。

法拉第在化学领域做出了重要贡献。1823年，他通过将氯气封在一根管子里加热的方法液化了氯气，而在此之前，仅有另外两种气体被成功液化，即1784年，法国科学家加斯帕·蒙日(1746～1818年)成功液化的二氧化硫；1787年，荷兰人马丁尼斯·范·麦如姆(1750～1837年)成功液化的氨气。1825年，法拉第分离出纯度较高的苯，他称之为氢的重碳化合物，因为他认为这一化学物质的化学式为C_2H(实际上应该为C_6H_6)。1834年，法拉第重点研究电解——一股电流通过两个电极之间的一种溶液(电解液)时产生的化学变化——通常是气体在某一电极产生，或者金属在阴极沉淀等。基于实验结果，法拉第总结出电解定律，该定律指出：第一，在电极上析出(或溶解)的物质的质量与通过电解液的总电量成正比(电解第一定律)；第二，通过各电解液的总电量相同时，在电极上析出(或溶解)的物质的质量与各化合物的化学当量成正比(电解第二定律)。

在物理学领域，法拉第同样做出了巨大的贡献。1821年，他设计制造出最初的电动机。他直接将一根较长的硬质导线悬挂在装满水银的盘子上方，导线下端则浸入水银之中，同时在导线的旁边放入一根与盘底垂直的磁棒。当电池的两极分别接通导体以及水银时，导线的底端就会绕磁铁旋转，这就是最初的电动机。1831年，法拉第将两根分离的螺旋线绕在一个铁环上，并一根连接检流计(一个检测电流的装置)，当他将另一根导线与电池的两极接通时，检流计的指针跳动了，显示有电流存在。同时，法拉第亦通过实验证明，当磁铁从导线圈中移入移出时，导线圈中会产生电流，从而发现了电磁感应现象，奠定了电磁学的基础。

迈克尔·法拉第在此图中以化学家的身份出现。他在化学领域最重要的贡献是发现了苯(也被称做芳香烃)，这奠定了有机化学中一个新的分支的基础。

法拉第一生做了许多持久性的贡献，包括创办“星期五晚讲座”以及为儿童开设的“圣诞节演讲”等。1826年，法拉第在皇家研究院开始其第一次“圣诞节演讲”，此后他亲自演讲达19年之久。其中一次演讲的课题——《蜡烛的化学史》至今仍在不断地印刷出版。直至今日，一年一度的圣诞节演讲仍在继续，由当今各个学科的著名科学家上台主持。为了纪念法拉第为科学的发展所做出的贡献，科学界用法拉第的名字命名两种科学单位，其中“法拉”是国际单位制中电容的单位，1法拉等于1库仑/伏特。而另一个单位则是“法拉第常数(F)”，代表每摩尔电子所携带的电荷，它的值为96485.3383 ± 0.0083C/mol。

天才麦克斯韦的电磁研究

成功的百分之九十九要用汗水铸就，但也不可否认天才确实存在。19世纪的詹姆斯·克拉克·麦克斯韦就是一例，但他像一颗划破夜空的耀眼的流星，转瞬即逝。

麦克斯韦1831年出生于英国苏格兰的一个名门望族。他出生的那年，法拉第刚刚发现电磁感应。他确确实实是一个天才，10岁左右便在数学上崭露头角。14岁时他发明了用大头针和棉线做出准确椭圆的方法，并将其整理成一篇小论文发表在《爱丁堡皇家学会学报》上，由此获得爱丁堡学院数学奖。很快，他又完成两篇论文——《关于摆线的理论》和《论弹性体的平衡》，交给皇家学会。

1850年，麦克斯韦进入剑桥大学的三一学院学习数学和物理。1855年，刚刚毕业的麦克斯韦进入电磁研究领域，这一年法拉第又恰好告退，但二人还是走到一起，看来他们的缘份确实不浅。法拉第富有物理学洞察力，数学一塌糊涂，专攻实验研究。而麦克斯韦长于理论概括和数学方法，他以数学方式准确地表述了法拉第的物理思想。二人珠联璧合，通力合作，联手把近代电磁学向前推进一大步。

1855年，麦克斯韦发表了《论法拉第的力线》一文，第一次采用几何学的方法，对法拉第磁力线概念作出准确的数学表述。此举不但直接推进了实验研究，而且暗含了他日后得出的一些重要思想，为其进一步研究扫清了道路。

麦克斯韦在1862年发表的《论物理的力线》中提出了“位移电流”和“涡旋电场”等概念，在诠释法拉第相关实验结论的同时，发展了法拉第的思想。这是电磁理论首次较为完整的表述。

1873年，麦克斯韦写出了著名的麦克斯韦方程组，以简洁、优美的数学语言对电磁场作了完整表述。此外，他汇总了从库仑、安培奥斯特到法拉第再加上其个人研究成果，写成《电磁学通论》一书。该书堪称电磁理论的集大成之作，对麦克斯韦以前的电磁学进行了深刻分析和全面总结，具有极高的学术参考价值。爱因斯坦称之为“物理学自牛顿以来的一场最深刻最富成果的变革”。

麦克斯韦的高明之处在于把电和磁统一起来。他意识到二者之间的相互转化，认为其以波的形式传播扩散。他称这种波为电磁波，并预言了光波的存在。因为电磁波传播的速度与当时测定的光速相等，从而使麦克斯韦方程也成为光学的基本定律。

“尽管麦克斯韦理论具有内在的完美性并和一切经验相结合，但它只能逐渐地被物理学家所接受。”物理学家劳尼如是说，事实也是这样，没有几个人能弄懂他的理论，他们认为“他的思维太不正常了。”但是金子总有一天会发光的，麦克斯韦逝世10多年后，德国物理学家完成了对电磁理论的验证工作。至此，麦克斯韦理论广为世人所接受。从法拉第到麦克斯韦，再到赫兹，科学的进程如同一场超越时空的接力赛。

无论如何，麦克斯韦的《电磁学通论》揭示了电磁现象的普通规律，标志着电磁理论体系的成熟，麦克斯韦本人也因此被誉为电气时代的缔造者。

卡文迪许的研究科学

卡文迪许是英国杰出的物理学家和化学家，1731年生于法国尼斯的一个贵族家庭。11岁时进入了纽科姆博士在哈克尼办的一所中学学习，这是一所主要招收上层阶级子弟的学校。

后入剑桥大学彼得豪斯学院学习，那时，他与父亲一起居住在伦敦马尔特罗大街，父亲在家里装备了一间实验室和工作室。在父亲的引领下，卡文迪许开始接触科学实验。父亲查尔斯是一位杰出的实验科学家，实验技巧非常卓越。他对卡文迪许产生了一定的影响，并引领卡文迪许进入伦敦的科学界。1760年，卡文迪许成了皇家学会会员。

在卡文迪许40岁时先后继承了父亲和姑妈的两大笔遗产，于是他成为了一名百万富翁。但巨额的财富并没有使卡文迪许的生活方式发生丝毫的变化，科学研究始终是他的最爱。

卡文迪许对物理研究很感兴趣，他最初着手研究的是动力学。1686年出版的牛顿的《自然哲学的数学原理》一书对卡文迪许的影响很大。他基本上赞成牛顿的观点，但在某些问题上也坚持自己的观点。1798年，卡文迪许通过扭秤实验（他所采用的方法和装备是与地质学家J.米歇尔提出和设计的，这一设备是用金属丝吊着两个重球的扭秤），验证了牛顿的万有引力定律，同时确定了万有引力常数和地球的平均密度。

卡文迪许在电学研究上持续的时间很长，直到1781年才结束，这是他一生中最持久、最艰苦的尝试。他首先研究了两个带电体的相互作用，在多次实验的基础上，他明确地指出：同种带电体的相互作用是互相排斥，不同种带电体的相互作用是互相吸引，相互作用力随距离的某次方成反比例变化。这为后来库仑发现的库仑定律奠定了基础。卡文迪许先于法拉第证实了电容器的电容量与两极板间的物质有关，揭示了电介质极化存在束缚电荷这一事实。在关于各种电导体的一系列实验中，他还先于欧姆发现导体两端的电势差与通过它的电流成正比。更令人惊异的是，卡文迪许是在当时还无法测量电流强弱的条件下，用自己的身体作为一只测量电流的仪表而得出这一正确结论的。当时的卡文迪许是用手指抓住电极的一端，根据仅仅是手指，还是手指到手腕，或者是手指一直到肘关节都感到电流的体验，从而估计出电流强弱。

遗憾的是卡文迪许的电学研究成果当时没有完全公开发表，书面发表的只有两篇，涉及的材料并不是最重要的文章。大约过了100年，麦克斯韦用他一生中的最后5年的时间，整理了卡文迪许留下的大量的资料、实验记录和文稿，他在1879年出版了《亨利·卡文迪许的电学研究》一书，至此人们才得以了解卡文迪许在电学方面的工作和成果。同时，卡文迪许关于热学的大部分研究成果在他生前也未发表。这些工作均先于苏格兰化学家J.布莱克后来的研究。据说，卡文迪许推迟发表研究成果是有意而为，目的是避免与布莱克竞争。

超导体的发现与应用

超导体对流经的电流没有任何阻碍。超导体在1911年就被发现了，但是多年以来，科学家们认为超导只有在导体温度极接近绝对零度(−273.15℃)时才会发生。超导现象发生时的温度即为临界温度(Tc)。在大部分Ⅰ型超导体中，首先被确定的是金属或准金属(介于金属与非金属之间的一类物质)，并且它们只有在极低的温度下才能发生超导现象。某些合金和金属化合物被划入Ⅱ型超导体，具有更高的临界温度——特别是施加超高压时。直到1985年，科学家发现了在普通大气压下具有的最高临界温度为23.2K(−249.95℃)的超导体——铌的一种合金。

1986年，“高温”超导研究取得了突破性的进展。1986年，IBM苏黎世欧洲研究中心的两位科学家阿列克斯·穆勒(1927年～)和贝德诺尔茨(1950年～)在镧－钡－铜－氧化物陶瓷材料上发现了高温超导电性——尽管陶瓷材料常用做绝缘材料。这种金属氧化物陶瓷材料的超导临

大事记

1986 研制出超导临界温度为35K的陶瓷材料
1987 研制出超导临界温度为98K的陶瓷材料
1988 许多实验室报道有超导临界温度高至125～140K的材料
1991 发现"巴基球上的超导性"
1993 研制出超导临界温度为133K的陶瓷材料
2003 研制出磁悬浮测试列车

界温度约35K(−238.15℃)。尽管35K还是一个超低的温度，但是这个发现暗示找到具有更高超导临界温度的材料是可能的，这就进一步激发了科学家研究的兴趣。就在穆勒－贝德诺尔茨超导新发现发布几个月后，一些实验室用锶代替原来的钡，将超导临界温度提高到39K(−234.15℃)。1987年3月，中国物理学家朱经武(1941年～)及其同事在美国休斯敦大学，以及阿拉巴马大学的吴茂昆等研究人员，用钇取代原来的金属镧，构成的钡－钇－铜金属氧化物陶瓷材料的超导临界温度升高到98K(−175.15℃)。他们将其命名为"ibco"，并且根据材料中的三种原子钇、钡、铜组成比例将这类的超导材料称做1−2−3化合物。在1987年上半年，至少有800篇关于高温超导研究的论文发表在科学期刊上，并且在下半年，这方面的论文以每周30篇的速度迅速递增。1988年，许多实验室称，由铊、钡、钙、铜和氧组成的化合物超导临界温度达到了125K（−148℃）；还有报道称，铊化合物超导临界温度已高达140K(−133.15℃)。铊基化合物在英国被称为"烟草"。铊类化合物很难被分析，因为其具有超强的毒性。

在许多科学家继续研究陶瓷材料时，另一些科学家则转向了全新的超导研究方向，并在"巴基球"(1985年富勒发现)上发现了超导性。巴基球是碳原子的三种同素异构体之一(另外两种形式是石墨和金刚石)，巴基球分子(C_{60})是由60个碳原子以球状相互键合而成，外观形状像一个微小的足球。1991年，AT&T(美国电报电话公司)贝尔实验室研究人员将钾原子掺杂在C_{60}中构成K_3C_{60}，发现其是一种超导体，超导临界温度为18K(−255.15℃)。其他的研究人员后来改变了K_3C_{60}的组成，用铷或铯取代钾原子，其超导临界温度提高到33K（−240.15℃）；当用铊取代钾时，超导临界温度升高到42K(−231.15℃)。

1993年，超导临界温度问题又取得了突破性的进展，在瑞士苏黎世联邦技术研究所，由汉斯·R·奥特领导的研究小组研制出一种由汞、钡、钙、铜和氧四种元素组成的陶瓷化合物材料，其超导临界温度达到了133K(−140.15℃)。同年不久，休斯敦大学的朱经武和法国格勒诺布尔极低温度国家研究中心的曼努尔·努伊兹－雷盖罗研制的汞基陶瓷材料在15万～23万倍于海平面大气压的超高压条件下，其超导临界温度达到了153K(−120.15℃)。有些研究小组声称已经发现了室温——300K(26.15℃)——下的超导体，但是没有任何证据证明其真实性。

由于低温的作用，超级冷却的超导体使磁铁在其周围"飘浮"，这就是磁悬浮现象。超级冷却的材料也可以产生蒸汽，如图中显示的一样。

物理学家们都在积极地寻求有价值的研究成果。低温超导体材料必须浸在液氦中，这既不方便又很昂贵。与之相反，液氮不但丰富、价廉而且使用方便。液氮的沸点为77K(−196.15℃)，适合高温超导体材料的冷藏。

由超导体材料制成的导线用于制造超导磁体。超导磁体在磁分离及医学成像方面有重要作用，而且还可以用于磁悬浮列车。磁体使列车悬浮，消除了列车与车轨之间的摩擦。2003年12月，日本一列磁悬浮列车在山梨磁悬浮测试线上行驶速度高达581千米/小时。由超导导线制成的发电机体积只有传统发电机的一半大小，但是其发电效率超过传统发电机的99%。闭合超导线圈可以储存电流而没有一点损耗，可用来制造零损耗充电电池。

德谟克利特提出原子理论

德谟克利特(Democritus)，古希腊哲学家，出生于色斯雷的阿布德拉，是古希腊朴素原子论的集大成者。需要指出的是，这里谈到的原子论与现代科学原子论不同，它只是哲学层面上的原子论。

德谟克利特小时候就对自然科学发生了浓厚的兴趣，热衷于学习和思考。他曾经师从波斯术士和星象家，初步了解了一些神学、天文学知识。在这一阶段，他还注意培养自己的自制力和想象力。

德谟克利特成年以后，先后游历埃及、巴比伦、印度和雅典等文明中心，学习哲学、数学和水利等。及至他回到家乡阿布德拉时已经有很高的学问，并被公推为该城的执政官。但即便在从政期间他也从未丢下对哲学、自然科学的研究工作。

德谟克利特在原子论领域作出的贡献离不开其恩师留基伯的引导和教诲。正如牛顿所说，只有站在巨人的肩膀上，你才能看的更远，取得更大的成就。德谟克利特完全继承了老师的原子学说，认为原子从来就存在于虚空之中，无始无终；原子和虚空构成了宇宙万物，原子本身是最小的、不可再分的物质粒子。“原子”一词在希腊语中的本意即为不可分割。这种观点在当时是很先进的，对后来的科学原子论的形成也有一定启发作用。

德谟克利特在继承老师的成果基础上，又进一步提出：原子虽不可分，用肉眼不能观测到，但在体积、形状、性状和位置排列的特征方面仍存在差异，他举例说水之所以能够流动，就因为水原子表面光滑，彼此之间易于滑动；而铁的形状非常稳定，则源于其原子表面凹凸不平，原子之间易于啮合而非常稳固。德谟克利特还从原子的角度解释了“生”与“死”。他说原子虽然不生不灭、不增不减，但它们所构成的化合物却由于原子的排列次序等不同而性质经常发生改变，从而使一种物质演变为另一种物质。于是人们由此产生了“生”与“死”的概念。这一点与事实基本吻合，体现德谟克利特的研究水平。

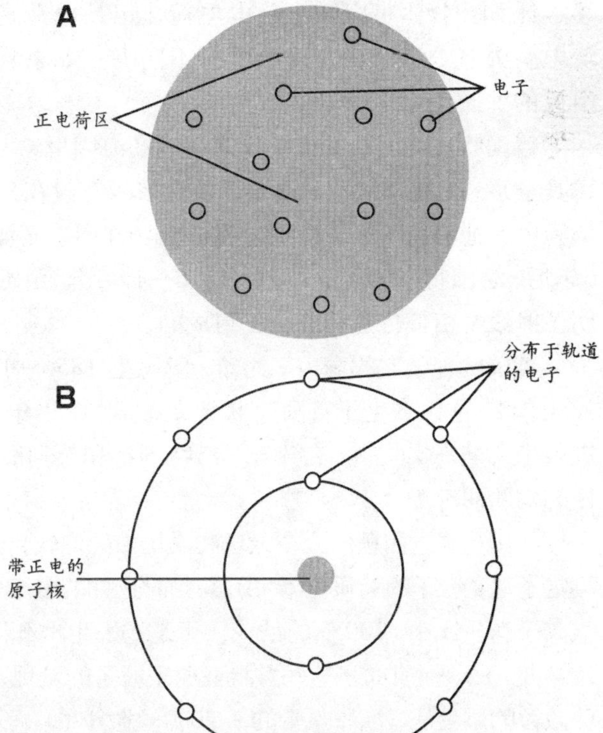

早期的原子模型图

早期的欧洲科学家认为：原子由原子核和带电的电子构成。电子均匀地排列在以原子核为中心的圆形空间区域内。

德谟克利特根据他的原子理论发展了天体演化学说。他认为在原始的宇宙旋涡运动中，质量较大的原子逐渐成

德谟克利特的认识论

知/识/窗

德谟克利特本身作为一个哲学家，他同样关注认识论问题，不过他还是利用了原子论。他认为"影像"是由从事物中溢出的原子构成。这种所谓的影像作用于人的感官和心灵，感觉和思想由此产生，这看起来很是牵强。德谟克利特对于认识论的主要贡献在于区分了感性认识和理性认识。他把感性认识称之为"暧昧的认识"，而理性认识称为"真理的认识"。他认为感性认识是对原子本身性状的感知，而人们对周围事物不同颜色、形状的判断就是理性认识。由于原子本身没有质的差别，所以感性认识有必要上升为理性认识。这对于认识论的发展有着非凡的意义。

为旋涡的中心，由于自身旋转而形成球状聚合体，如地球。同时质量较小的原子则围绕该中心旋转，宇宙空间的部分原子由于高速旋转而日趋干燥，最终燃烧形成恒星体。

德谟克利特理论的进步性还表现为：他否定了神的存在。他认为神是原始人由于自然知识贫乏，对自然现象解释不清而莫名恐惧才臆造出来的。他还解释说，所谓灵魂也是由原子构成的物体，一旦原子间的结合方式改变，这种物体也会消亡。

德谟克利特的原子论在当时看来虽然先进，但与现代科学原子论仍有着质的差别。它只能算是哲学领域的原子理论，因为他的结论产生于思维和直觉，而现代科学理论都建立在定量试验和严密的数学推理的基础上。同时他一直认为原子不可再分，与事实不符，这不能不说是一个遗憾。不过在他生活的时代，能达到这样的认识水平已属难能可贵。

德谟克利特一生的研究涉猎天文、地理、生物、物理、数学、逻辑等诸多领域，并且有许多创见和专著。马克思称之为"古希腊第一个百科全书式的学者"。

神秘的电子

到19世纪末，随着物理学各种各样的发现的增多，许多无法解释的问题也随之出现了，比如：物体可以带上静电电荷，但是电荷是以何种方式存在的？沿着导体流动的电流电荷究竟是什么，与静电电荷不同吗？如果物质是由原子构成的，那么原子是由什么组成的？

德国吹玻璃工及实验室仪器制造商海因里希·盖斯勒(1815～1879年)首次在实验中使用了真空泵。大约1850年，盖斯勒将金属板密封在只含有痕量惰性气体(氖气或氩气)的真空玻璃管中，他将高压电连接到金属板上，并产生了漂亮的闪光，就像管中的气体在发光一样。6年后，法国物理学家让·佩林(1870～1942年)用磁场和电场将产生闪光的阴极射线偏转，证明了射线是由带负电荷的粒子组成的。

英国物理学家约瑟夫·约翰·汤姆生(1856～1940年)揭开了电子的神秘面纱。汤姆生于1856年12月18日生于英国曼彻斯特郊区，1880年，汤姆生进入剑桥大学三一学院，毕业后，进入卡文迪许实验室，在约翰·斯特列特和瑞利爵士(1842～1919年)的指导下进行电磁场理论的实验研究工作。

汤姆生通过阴极射线在电场和磁场中的偏转，测得它们的速度(比光速慢得多)。他进一步测定了这种粒子的荷质比(e/m)，与当时已知的电解中生成的氢离子荷质比相比较，得出其约比氢离子荷质比小1000倍的结论。于是汤姆生推测阴极射线是由微小的带负电的粒子构成的。1897年，汤姆生宣布了这些首批亚原子粒子的发现，他称之为"微粒"。两年后，汤姆生发现这些微粒的质量是氢原子质量的1/2000这微小的粒子被命名为"电子"。电子成为了科学家们追寻已久的电的基本单位。由于电子是从不带电的真空管的阴极金属板激发产生的，所以电子必然是所有原子最基本的组成部分。

汤姆生继阴极射线的研究之后，开始对阳极射线(由不带电的真空管中的阳极激发产生的)进行实验研究。这项1912年研究成果的重大意义就是借助电荷性质的差异，可以分离带有不同电荷的微粒。1919年，弗朗西斯·阿斯顿(1877～1945年)应用此原理发明了质谱仪。1919年，汤姆生退休后，由他的前任助手、新西兰裔英国物理学家欧内斯特·卢瑟福接替了他的位置。卢瑟福最后提出了包含原子核的原子结构。1906年，汤姆生获得了诺贝尔物理学奖，他的助手中有7位也获得了诺贝尔物理学奖。

洛伦兹与电子论

洛伦兹像

经典电子论是连接传统理论物理和现代理论物理的一座桥梁。它的创立者是荷兰物理学家洛伦兹。洛伦兹于1853年出生在荷兰一个普通家庭，洛伦兹在校时学习成绩优异，并很早就对物理学表现出浓厚兴趣。1873年，洛伦兹以优异的成绩通过了博士考试，两年后获得博士学位。洛伦兹的博士论文是物理光学方面的，题目是《关于光的折射和反射的理论》。这个课题已有前人做过，但洛伦兹运用麦克斯韦的电磁场理论重新进行了处理，这项研究确立了洛伦兹在物理学上的学术地位。

1892年，洛伦兹发表了经典电子论的第一篇论文。在这篇论文中，洛伦兹明确地把连续的场和包含分立电子的物质完全分开，同时又为麦克斯韦方程组追加了一个洛伦兹力方程。于是，连续的场和分立的电子，就由这个洛伦兹力来联系。在此基础上，洛伦兹把当时所得到的电磁光学的各种结果重新整理，确立了经典电子论的基础。许多从他那里学习电动力学的理论物理学家认为，这是洛伦兹一生中最伟大的贡献之一。

洛伦兹的经典电子论认为电具有“原子性”，电的本身是由微小的实体组成的，后来这些微小实体被称为电子。洛伦兹以电子概念为基础来解释物质的电性质，从电子论推导出运动电荷在磁场中要受到力的作用，即洛伦兹力。他把物体的发光解释为原子内部电子的振动产生的。这样当光源放在磁场中时，光源的原子内电子的振动将发生改变，使电子的振动频率增大或减小，导致光谱线的增宽或分裂。

1896年，他的学生P.塞曼证实了他的理论。但这种电子理论没能解释迈克耳孙－莫雷实验的否定结果。这一实验是企图比较来自不同方向的光的速度，从而测得地球通过设想能传递光的以太时的运行速度。洛伦兹试图克服这种困难，作出了种种新的设想。1904年扩展了自己的思想，得出了洛伦兹变换。后来，爱因斯坦把洛伦兹变换用于力学关系式，创立了狭义相对论。

洛伦兹的电子论把经典物理学推上了它所能达到的最后高度。洛伦兹本人几乎成了19世纪末、20世纪初物理学界的统帅。但此时经典物理学已经走到了尽头，当世纪之交的物理学革命打破了经典物理学时，洛伦兹甚至遗憾地说，他为什么不在旧的基础崩溃之前死去。但是洛伦兹的个性是“超个人”的，他对过去价值的惋惜很快就被愉快地接受新事物所取代了。

这种海纳百川的气魄和勇气使洛伦兹在科学领域取得了极高的威望。

普朗克的量子假说

19世纪中后叶，经典物理学日趋完善，但科学的进程是不会就此止步的，在继续前行的路上遇到了黑体辐射，从而引发了“紫外灾难”。

在研究热能辐射时，德国物理学家基尔霍夫提出“黑体”概念。所谓黑体，即为可以全部吸收电磁辐射能量，且毫无反射、透射，看上去全黑的理想物体，如只有一个小孔的空腔物体，可近似地视为理想黑体。黑体辐射区别于其他辐射的特点在于，其辐射能量的分布只取决于黑体自身的温度，而与其成分无关。

1884年，奥地利人波尔兹曼对黑体辐射做了初步理论解释。1896年，德国人维恩根据热力学定律，对其实验结果进行归纳，给出一个半经验性质的，用予描述黑体能量分布的理论公式，称为维恩公式。按照公式计算得到的数据在高频部分(即短波区)与实验结果趋于一致，而在低频部分则与之相去甚远。1900年，英国的瑞利从统计力学和经典电磁学的结合部出发，给出一个新的辐射公式，与维恩公式相反，它在低频部分的计算结果与实验数据较为一致，在高频部分与实验值相差很远。根据瑞利公式，黑体辐射的能量将随着频率的提高接近紫外光区趋于无穷大，而实验测得值趋于零。如此一来，该公式显然是不成立的，但它又是完全符合经典物理学原理的。后来，人们就把这个困难局面称为“紫外灾难。”

“紫外灾难”的出现，给了普朗克施展才华的机会。马克斯·普朗克是20世纪初德国最著名的物理学家之一。他从小就表现出超群的数理才能，19岁便获得物理学博士学位，1880～1890年发表大量论文，精辟地阐述了化学平衡理论。1894年，年仅36岁的普朗克成为柏林物理学界最具影响力的物理学家，同时为了克服“紫外灾难”而转入黑体辐射方面的研究。

对于瑞利公式与维恩公式都不能与实验结果完全相符合的问题，他给出了自己的辐射公式加以解决，他的公式以瑞利公式为基础。普朗克利用了数学内插法将上两个公式中的谬误改正，使之无论在高频部分还是低频部分都与实验值相符。普朗克的这一公式被称为普朗克公式。它虽然与实验结果非常吻合，但仍带有很强的经验性，理论性是不够的。为此，普朗克开始在理论上重新解释自己的公式，可惜经典物理学上通常被奉若神明的原理在此派不上用场。

既然沿着经典物理学的道路走不通，普朗克就提出一个异常大胆的假设：黑体的腔壁由无数能量不连续的带电谐振子组成，其所带电量是一个最小能量单元量子的整倍数。带电谐振子通过吸收和辐射电磁波，与腔内辐射场交换能量。这些谐振子的能量不是连续变化的，而是以某一固定值的整数倍跳跃式变化。这就是著名的普朗克量子假说。他将这一假说整理成《关于正常光谱的能量分布定律的理论》一文，并于1900年12月发表。

普朗克提出量子假说也不是偶然的。从其所运用的术语和主导思想可以看出，该假说明

知/识/窗

紫外灾难

“紫外灾难”是由埃伦菲斯总结研究物体的热辐射时而提出来的，指的是传统的热力学的基本定律，对热辐射过程中的能量分布关系无法提供一个令人满意的理论解释，由此导致了整个经典物理学大厦的动摇。根据经典物理学，黑体辐射的能量应该是连续分布的。所谓“黑体”是指吸收率是100%的理想物体。黑体不是真实存在的，但我们可以把一个表面开有一个小孔的空腔看作是近似的黑体。19世纪末，卢梅尔等人作了一个著名的实验，发现黑体辐射的能量不是连续的。这个实验结果简直不可思议，当时，人们都试图从经典物理学出发寻找实验的规律。然而都归于失败了。英国物理学家瑞利和物理、天文学家金斯认为，能量是一种连续变化的物理量，在波长比较长、温度比较高的时候，实验事实比较符合具体辐射公式。但是，根据瑞利和金斯按经典热学推导出来的公式，在短波区（紫外光区）随着波长的变短，辐射强度可以无止境地增加。事实上，这是不可能的。因此，该公式在短波的紫外光谱区遇到了不解之谜，埃伦菲斯特称之为“紫外灾难”。

显受到奥地利物理学家波尔茨曼的影响。波尔茨蔓曾于1877年提出把连续可变的能量分立，将其看成是无数带电谐振子的思想。普朗克的量子假说由于突破了经典物理学的成规，很难让人接受，就是普朗克本人，有时也对自己的学说产生怀疑，但无论如何，他的量子假说首次将能量不连续的思想引入物理学，在物理学的发展历史上有着里程式的意义，为后面的量子理论的创立和发展起了引导作用。

普朗克投身这一领域，缘起于“紫外灾难”。他的普朗克公式将这场灾难圆满解决，而他为解释该公式提出的量子假说又为物理学研究开辟了新领域。

亚原子粒子

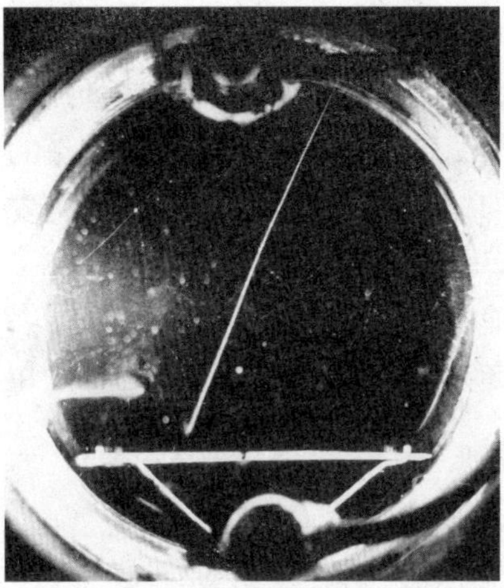

一个云室包含水和酒精的一种蒸汽化混合物，当带电粒子从中穿过时，该混合物会浓缩。混合液滴的一道踪迹路径会产生，标示着粒子运动的轨迹。这张摄于1937年的照片显示了一个α粒子(氦核)的运动轨迹。

新西兰裔英国物理学家欧内斯特·卢瑟福(1871～1937年)用α粒子(氦核)轰击氮原子时，发现氢核被释放出来，也就是说，氮核中必定含有氢原子核。1920年，卢瑟福建议将释放出的氢原子核命名为“质子”(源自希腊语中的“protos”，意思是“第一”)。质子的质量是电子的1836.12倍。原子绝大部分的质量都被原子核占据。同年，卢瑟福提出了比氢原子质量大得多的原子核还包含了不带电荷的微粒。

自1919年起，卢瑟福一直担任剑桥大学的物理教授和卡文迪许实验室的主任。卢瑟福研究的重点仍然是用α粒子(氦核)轰击不同种类的原子核。1925年，英国物理学家帕特里克·布莱克特(1897～1974年)在卢瑟福的指导下，将云室——1911年苏格兰物理学家威尔森(1869～1959年)发明——改进为一种能记录原子的瓦解的装置。但是α粒子所具有的能量还不足以将质量较大的原子核轰击成碎片，因此，对质量较大的原子核需要用能量更强的粒子轰击。1932年，英国物理学家约翰·考克劳夫特(1897～1967年)和爱尔兰物理学家欧内斯特·沃尔顿(1903～1995年)在卡文迪许实验室建造了世界上第一台粒子加速器，利用电磁铁产生的强大磁场加速质子，然后直接轰击目标。

20世纪20年代，德国物理学家瓦尔特·波特(1891～1957年)在柏林领导一个科学家小组进行了一系列的科学实验，他们用α粒子轰击几种轻元素的原子核，这些元素包括铍、硼和锂。1930年，他们发现轰击原子核时会产生高能穿透辐射，起初，这些科学家认为这是一种γ射线辐射，但是这种辐射的穿透力比任何见过的γ射线辐射都要强。

1932年，法国物理学家约里奥·居里夫妇——伊伦·约里奥·居里(1897～1956年)和弗雷德瑞克·约里奥·居里(1900～1958年)——发现用α粒子轰击石蜡或其他类似的碳氢化合物(由氢和碳元素组成)时，会发射出能量很高的质子。对这一现象的进一步研究使科学家对波特观察到的所谓γ射线推论产生了越来越多的质疑。英国物理学家詹姆斯·查德威克(1891～1974年)在卡文迪许实验室证实了轰击原子核所产生的射线不可能是γ射线，他还指出该辐射所含的粒子的质量与质子质量一样，但是不带电荷。查德威克认为这种新粒子是被束缚在一个电子(氢原子)内的质子，当他用α粒子轰击已知原子量的硼原子时，就能计算出这种粒子质量

大事记

1920年	命名质子
1925年	1911年发明的云室得到了进一步的发展
1932年	发现了第一种反物质粒子，证实了中子的存在
1934年	中微子被确定并命名
1937年	发现μ子

—该粒子为1.0087原子质量单位，略大于质子(1.007276质量单位)。因为该粒子不带电荷，所以被称为中子。在原子核内，中子很稳定，但到了原子核外，中子会衰变成一个质子、一个电子，以及一个反中微子。质子和中子构成了原子核，一起被称做核子。

沃尔夫冈·泡利(1900～1958年)是20世纪最伟大的物理学家之一，1930年，泡利正研究β射线——由不稳定的原子发射的电子流，这些电子看起来失去了一些能量，但是没有人能找出电子失去能量的原因，这与基础的物理定律之一——能量不能凭空创造和失去——是矛盾的。泡利为了解开这个谜团，他提出β辐射还包含了一种以前不为人知的粒子，具有在静止时既不带电也没有质量的特性。意大利物理学家恩里克·费米(1901～1954年)在1934年证实了这种粒子的存在，并把它叫做中微子。

英国理论物理学家保罗·狄拉克(1902～1984年)对量子电动力学的发展做出了重要的贡献。19世纪20年代后期，理论物理学家对电子的研究非常感兴趣，狄拉克对德国物理学家沃纳·海森堡(1901～1976年)对电子作出的描述很不满意，于是提出了自己关于电子的表述——狄拉克方程，并提出电子有带上正电荷的可能性。1932年，美国物理学家卡尔·安德森(1805～1991年)发现了这种粒子的存在。1933年，帕特里克·布莱克特也独立的发现了该种粒子。后来，这种粒子被称为正电子。正电子是第一种被发现的反物质粒子。

1937年，安德森与研究生塞恩·尼德梅耶(1907～1988年)合作发现了μ子——与电子相似的极不稳定的粒子，但质量是电子的200多倍。

原子核裂变

1932年，英国物理学家约翰·考克劳夫特(1897～1967年)和爱尔兰物理学家欧内斯特·沃尔顿(1903～1995年)开始在英国剑桥大学的粒子加速器中进行高能质子实验。1934年，法国物理学家伊伦·约里奥·居里(1897～1956年)和弗列德里克·约里奥·居里(1900～1958年)发现质子轰击有时会产生靶原子的放射性同位素。两年后，意大利裔美国物理学家恩里科·费米(1901～1954年)在罗马发现用中子——1932年由英国物理学家查德威克(1891～1974年)发现——在撞击原子时，比质子更有效。

1942年，科学家在芝加哥大学正在观察原子核反应堆中的可控裂变链反应情况。因为辐射无法拍下当时的情景照，这是一位画家描绘的当初的情景。

中子轰击通常会通过中子吸收产生更重的原子。但是，当费米轰击一些重元素——尤其是铀原子时，他发现会有更轻的原子核产生。1939年，德国物理学家奥托·哈恩(1978～1968年)和弗里兹·斯特拉斯曼(1902～1980年)确定铀轰击后的产物是只有原来一半质量的铀元素，他们由此证实了铀原子核已被打破，原子核裂变已经发生了。

同一年，瑞士斯德哥尔摩大学的奥地利女物理学家赖斯·梅特纳(1878～1968年)和她远在丹麦哥本哈根大学(当时与丹麦物理学家波尔一起工作)的侄子奥托·弗瑞士(1904～1979年)

共同解释了原子核裂变问题——铀原子核吸收了一个中子后发生剧烈地摆动，然后分裂成两部分并释放出2×10^8电子伏(3.204×10^{-11}焦耳)的能量。哈恩和斯特拉斯曼后来发现，除了产生大量能量之外，铀原子核裂变释放的中子会引发其他铀原子核裂变，由此引起的可能的链式反应将会释放出异常巨大的能量。这一结论后来被约里奥－居里夫妇和利奥·西拉德通过实验证明了。西拉德(1898～1964年)是匈牙利裔美国物理学家，当时和恩里科·费米一起研究可控核裂变反应，后来进入纽约哥伦比亚大学工作。

铀会自然产生3种同位素，并且总是占相同的比例：铀－238(^{238}U)占99.28%，铀－235(^{235}U)占0.71%和铀－234(^{234}U)占0.006%。波尔经过计算得出铀－235(^{235}U)比其他两种同位素更易发生核裂变。这就意味着必须用一种方法分离出铀－235(^{235}U)同位素，这种方法就是如今所知的“铀浓缩”技术。波尔还指出，如果中子被减慢，核裂变效应会更显著。西拉德和恩里科·费米建议用一种“减速剂”，如重水或石墨物质围绕铀，用来减缓中子速度。

1939年第二次世界大战爆发前两天，波尔和美国理论物理学家约翰·惠勒(1911～2008年)发表了一篇描述整个核裂变过程的论文。同样在1939年，法国物理学家弗朗西斯·佩兰(1901～1992年)提出，通过确保释放出足够多的中子撞击其他的铀核维持一个链式反应，就需要确定铀的“临界质量”。佩兰还认为，可以通过添加一种吸收中子(非减慢中子)的物质的方式来控制裂变的反应率。在英国工作的德裔物理学家鲁道夫·佩尔斯(1907～1995年)进一步发展了这些观点。1942年，恩里科·费米在芝加哥大学设计了世界上第一座原子核反应堆，12月2日开始运作。1951年，美国在爱达荷州瀑布附近的国家工程实验室建立了一座实验性增殖反应堆，并成为首座发电的核反应堆。

科学家已经意识到持续的核裂变反应可用于制造拥有巨大能量的炸弹。研制这种原子弹的工作已经在英国和美国悄然进行。1942年8月，这两个计划合并成著名的曼哈顿计划。1945年7月16日美国研制的第一颗原子弹在新墨西哥州试爆成功。

在前苏联，这项研究在独立地推进，到1940年前苏联科学家也已认识了核裂变原理并认识到链式反应的可能性。直到1942年，斯大林才被说服苏联可以发展原子弹，一项由核物理学家伊格尔·库恰托夫(1903～1960年)领导的原子弹制造计划正式启动。1948年，前苏联第一座核反应堆开始运行，1949年8月，前苏联第一颗原子弹爆炸。

大事记	
1932年	考克劳夫特和沃尔顿建造了粒子加速器
1934年	约里奥·居里夫妇通过核轰击发现了放射性同位素
1936年	费米利用中子轰击各种原子核
1939年	哈恩和斯特拉斯曼鉴定出铀核裂变的产物
1942年	建成第一座原子核反应堆
1945年	第一颗原子弹爆炸成功
1951年	核反应堆发电

超光速粒子的研究

自1905年爱因斯坦提出狭义相对论以来，人们普遍认为任何物体的运动速度都不会超过光速。因为爱因斯坦的公式说，当一个物体的运动速度与光速相等时，其质量便会变得无穷大。相对论还告诉我们，光速不受光源运动速度以及观测者运动速度的影响，即光速不变。

究竟有没有一种物体的运动速度比光速还快？如果真的有，相对论就错了，就有必要予以修正，甚至还会被推翻。人们在日常生活当中肯定找不到超光速的现象，但是这种现象也许会出现在茫茫的宇宙深处，或者细微的基本粒子中间吧。

1934年，前苏联科学家切伦科夫发现了一个现象：光在水中的传播速度要比在真空中传播

科学家设想的超光速飞行器

的速度慢，然而高能粒子在水中的传播速度会超过光速。这时，粒子会拖着一条发着光的、淡蓝色的尾巴。切伦科夫观察到了这种现象，另外，两名前苏联物理学家弗兰克和塔姆则对这种现象进行了解释，由此也产生了用来观测粒子速度的仪器。

人们开始考虑，自然界是否存在超光速的粒子，并将这种粒子称作“快子”。一些科学家认为，自然界的粒子分为三类：慢子、光子和快子。美国科学家范伯格认为，快子确实存在，但是它具有负重力的性质，也就是说，它们之间是互相排斥的。以光速为界线，存在两个宇宙，一个是“慢宇宙”，一个是“快宇宙”。在快宇宙中，粒子的运动都是超光速的。

纳米技术及其应用

就在数年前，除了为数不多的科技工作者和极少数企业之外，纳米、纳米科学技术和纳米材料这些名词还鲜为人知。然而，时至今日，随着纳米技术的广泛运用，纳米这个词已逐渐成为大家耳熟能详的一个流行语。

那么，什么是纳米呢？纳米同km、m、cm一样，是长度计量单位，它是英文“Nanometer”的中译名“纳诺米特”的简称，一纳米就是十亿分之一米。纳米技术就是研究千万分之一米到十亿分之一米尺度之内原子、分子和其他类型物质的运动和变化的学问。

大家都知道，如果用显微镜来观察事物，我们都会看到一个和平常大不相同的世界。试想，通过纳米这个尺度去观察、研究和改造我们身边这个现实的物质世界，将会产生多大的惊奇啊！运用纳米技术能把存在于自然界的空气、水、无机物质组装成人类生活所需要的各种各样的物品，如粮食、纤维、各种微型机器人、计算机等等。

被认为是爱因斯坦之后最杰出的量子物理学家理查德·费曼，在1959年的美国物理学年会上发表《底部有很大空间》（这被公认为是纳米科学技术思想的来源）的演讲，发表了一个惊世预言：“至少依我来看，物理学的规律不排除一个原子一个原子地制造物品的可能性，将会变成现实。”

1981年IBM公司的两位科学家，G.宾尼格和H.洛勒发明了扫描隧道显微镜（STM）。这种显微镜能以原子级的空间尺度来观察宏观块体物质表面上的原子和分子的几何布和状态分，还可以用它来在物体表面上刻划纳米级的细微线条，搬运一个个原子和分子。这就为实现人们长期追求的直接观察和操纵一个个原子和分子的愿望提供了有力的工具。它的发明为人类进入纳米世界创造了基础性的技术条件。

纳米技术在出现后的短短几年内，就得到了科学界和政府的重视，并很快从理论试验转入了实际生产的环节。3年前当Rice大学化学家James Tour开始向他的投资者介绍他的纳米技术时，听众寥寥无几，尽管他是纳米科学领域中最成功的专家之一。然而今天，当Tour再次作讲演时，听众席上竟然座无虚席，大家都热切地希望从演讲中获取纳米科技的知识。“在纳米科学这一领域中工作了13年后，人们说，‘这是天上掉下的馅饼，决不再是工作’。”Tour这样谈论着自己的体会。

纳米技术的广泛应用孕育着巨大的商机，目前，纳米技术应用的年营业额已达到500亿美元，预计未来10年内将高达14000多亿美元。科学家预言，未来纳米科技的应用将远远超过计算机工业，纳米时代的到来已并不遥远。纳米科技正在改变着我们的生活，并将对人类产生深远的影响。

热力学第二定律的发现

热力学第二定律是在能量守恒定律建立之后，在探讨热力学的宏观过程中得出的一个重要的结论。在19世纪50年代左右，克劳修斯和开尔文几乎同时发现热力学第二定律，但第一个给予热力学定律精确表述的人是克劳修斯。

克劳修斯是德国物理学家，1822年出生于普鲁士的克斯林（今波兰科沙林）的一个知识分子家庭。曾求学于柏林大学、哈雷大学。1850年，被聘为柏林大学物理学教授，并先后在柏林大学、苏黎世工学院、维尔茨堡大学和波恩大学执教，曾被法国科学院、英国皇家学会和彼得堡科学院选为院士和会员。

克劳修斯一生最主要的贡献就在于热力学和气体动力学方面。他是历史上第一个精确表述热力学定律的科学家。1850年，克劳修斯发表《论热的动力以及由此推出的关于热学本身的诸定律》的论文。他从热是运动的观点对热机的工作过程进行了新的研究。论文分析了卡诺定理，并在此基础上研究了能量的转换和传递方向问题，提出了热力学第二定律：热不能自发地从较冷的物体传到较热的物体。克劳修斯的这一表述十分精确，因此后人称之为“克氏说法”。它表明了热传导过程的不可逆性是自然界的普遍规律。

后来，克劳修斯通过进一步研究发现，在密闭系统中，系统的热量变化和系统的绝对温度之比，总是向着增加的方向进行。1865年他发表《力学的热理论的主要方程之便于应用的形式》的论文，把这一新的态参量（比值）正式定名为“熵”。并利用熵这个新函数，克劳修斯利用熵的概念把热力学第二定律概括为“熵增加原理”。他还用热力学理论论证了克拉珀龙方程，得出了蒸汽压力和潜热能之间的关系。

另外，在气体动力理论方面克劳修斯也作出了突出的贡献。1857年，克劳修斯发表《论热运动形式》的论文，以十分明晰的方式发展了气体动力理论的基本思想。他假定气体中分子以同样大小的速度向各个方向随机地运动，气体分子同器壁的碰撞产生了气体的压强，第一次推导出著名的理想气体压强公式。1858年，他又推导出了气体分子平均自由程公式，提出了分子运动自由程分布定律。1857年他提出分子是由连续更换位置的原子组成，电力并不是这种位置更换的原因，而只是起着导向作用。这种观点后来成为电离理论的基础。1870年他创立了统计物理中的重要定理之一——位力定理。1879年他提出了电介质极化的理论，由此与莫索提各自独立地导出电介质的介电常数与其极化率之间的关系的克劳修斯－莫索提公式。

由于在物理学领域的突出成就，1865年他当选为法国皇家科学院院士。遗憾的是，后来克劳修斯不恰当地把热

知/识/窗

热力学三大定律

热力学第一定律认为，能量既不能被创造，也不能被消灭。这个原理的结果是：流入设备的能量与流出的能量是相当的。

热力学第二定律认为，所有的自然过程都增加熵。熵是用来测量宇宙的混乱程度的。第二定律的结果是：热从热地方流到较冷的地方。那样的话，集中在一个热物体上的热向四周扩散并变得不够有序，因此这个过程增加了熵。热不会自然地从冷地方流向热地方。

热力学第三定律认为，有最低温度，即绝对零度。在此温度下，物质有一个最低的热能限度，它不可能再冷下去。

力学第二定律推广到整个宇宙，提出所谓“热寂说”。按照这一学说，在自然界中转化成热能的倾向和使温度平均化的倾向占主要地位，因此将来有一天，所有物质都将丧失做功的本领而变得僵死，整个宇宙将达到“热寂”状态。它的错误在于从实质上否认了物质运动的不灭性并且夸大了热力学第二定律的作用范围。

关于金属“记忆”的发现

1963年的一天，由于实验的需要，一群工作人员正在美国海军的某一研究机构中，忙着加工一批镍钛合金丝。由于他们得到的合金丝是弯曲的，不便使用，所以得先拉直它们，然后再用来做实验。实验开始后，当实验温度升到一定值时，工作人员竟然发现，他们费了不少工夫才拉直的合金丝，全都变回了原来那种弯曲的形状。研究人员后来又多次做这个实验，结果都完全相同。

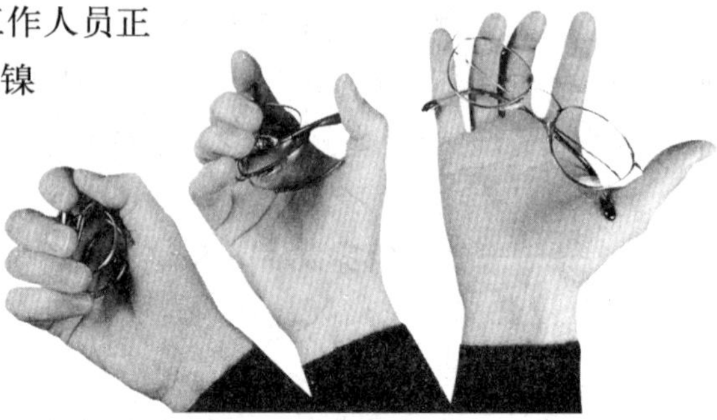
用镍钛合金制成的伸缩自如的眼镜

人们又做了许多研究，终于发现，一些合金之所以具有恢复原来形状的本领，是因为随着环境的变化，这些合金内部原子的排列会出现变化。如果温度回到原来的数值，合金内部原子的排列也会回到原来的排列方式，其晶体结构也会因之而出现相应的变化。人们把具有记忆形状能力的合金称作“形状记忆合金”。记忆合金的“记忆力”特别惊人，除了能恢复原态外，还能重复恢复原态达几百万次，而且不会产生疲劳和断裂。

阿波罗登月舱曾在月亮上设置过月面天线，宇航员的形象和声音就是通过无线电波从38万千米外的月球传送到地球上来的。月面天线的直径长达数米，科研人员就是利用记忆合金将其放进小巧的登月舱中的。他们先用记忆合金制成半球形天线，然后降低温度将其压成一小团装入登月舱。等天线随着登月舱到达月球表面时，温度由于太阳光的照射而升到转变温度，天线便恢复了本来的形状。

记忆合金还具有耐腐蚀性，因此牙医便利用镍钛合金制成矫齿丝，借助人的口腔温度，来为患者做牙齿矫正手术。医生在使用口腔矫齿丝之前，先为准备矫正的牙齿做一个石膏模型，然后根据模型把口腔矫齿丝弯成牙齿的形状，再将其固定在牙齿上，每过了一段时间就更换一次。每更换一次，矫齿丝都会更加趋向于其原来的形状。牙齿就是在这个变形过程中慢慢地得到了矫正。

将铝从“贵族”变成“平民”的冰晶石

进入19世纪，丹麦物理学家奥斯特将氯气通过烧红的木炭和三氧化二铝的混合物，得到氯化铝。然后与钾汞齐作用得铝汞齐，再将铝还原出来并隔绝空气蒸馏，除去汞，就得到纯铝。但他的这一实验成果却未引起人们的注意。

1827年，人类迎来了“铝的发现年”。这一年，德国化学家维勒曾就提炼铝的问题拜访了奥斯特。奥斯特对维勒提出的问题一一解答。维勒在返回德国后就立即投入试验，终于在年底制出了纯铝。不过，他是用钾还原无水氯化铝制得纯铝的。此外，他还弄清了铝的主要物理性质，并提炼出一些粉末状的铝。直到1845年，维勒才真正提炼出世界上第一块铝。

由于当时对铝的提炼技术非常有限，所以价格奇贵无比，每千克铝的价格为2000法郎，比黄金还贵。它的使用者只有法国皇帝拿破仑三世一人。每次拿破仑在宫廷中举行盛宴时，他就会拿着一只价值连城的铝杯与客人们共饮佳酿。望着客人们因羡慕而变得兴奋的样子，拿破仑心中却觉得非常遗憾：作为一国之尊的皇帝，为什么竟不能让客人们享用铝制餐具呢？

于是，拿破仑找来了本国化学家德维尔，拨给他大量的研制经费，专门研究如何能提炼更多的铝。1854年，德维尔终于用钠代替维勒的钾也制得了纯铝。这使铝的价格略有下降，人们可以小批量生产铝了。

1855年，法国皇帝为了展示自己的成绩，在巴黎一次世界博览会上展出了这块德维尔提炼的铝，给它起名“来自黏土的白银”，并向世界宣称铝是法国人的发明。但德维尔却明白，这项殊荣不属于自己和自己的国家。他亲手用铝铸了一枚上面刻着维勒的名字、头像和“1827”图样的纪念章，将它送给了德国的同行、发现铝的先驱维勒。

不过，那时铝的价格仍然不菲，虽然生产铝的原料随处可见。但由于人们还没有找到一种更有效的提炼方法，致使铝无法成为大众产品。而“助熔剂”的发明却改变了这种局面。

在美国的化学家查尔斯、马丁、霍尔生活的年代，炼铝的方法已发展到电解氯化铝的时代，但这种方法却无法降低成本和提炼大量的铝。

霍尔毕业后，开始研究制铝的新方法。他发现电解熔盐制铝法是将氧化铝熔化，经电解后在阴极上得到纯铝。所以成功的关键是想办法将高达2072℃的氧化铝的熔点降低。因此，霍尔开始试着寻找这样一种物质。经过多次实验之后，他终于找到了一种含铝的复盐——冰晶石作为电解时的助熔剂，使氧化铝在约1000℃的较低温度下就能在熔化的冰晶石中进行电解。这种助熔剂的发现使大规模提炼铝在设备、技术上都切实可行，而且大大降低了生产成本。

1886年，霍尔拿着自己用新技术提炼出来的铝块向美国铝业公司售出了这一方法的专利。从此，铝从“贵族”变成了“平易近人的平民”。同年，法国的一位大学生保尔·路易·托圣特·赫洛特也几乎同时独立发明了与霍尔相同的炼铝法，并也在这一年取得专利。

人们将霍尔和赫洛特所发明的提炼铝的方法叫“助熔剂”法。助熔剂的发明，不但降低了铝的生产成本，更重要的是使铝成为一种重要的原料，而且这一方法为人们更好地利用这种金属提供了更广阔的前景。

铝真正变为彻底的“平民”是在19世纪末叶。1887年，随着世界上第一台大型电解装置的问世，也为铝的大规模生产提供了条件。各国相继将铝应用于日用品、电气工业和造船工业，铝成为人们生活中不可或缺的金属。这一切都应感谢那些改变人类生活的伟大科学家。

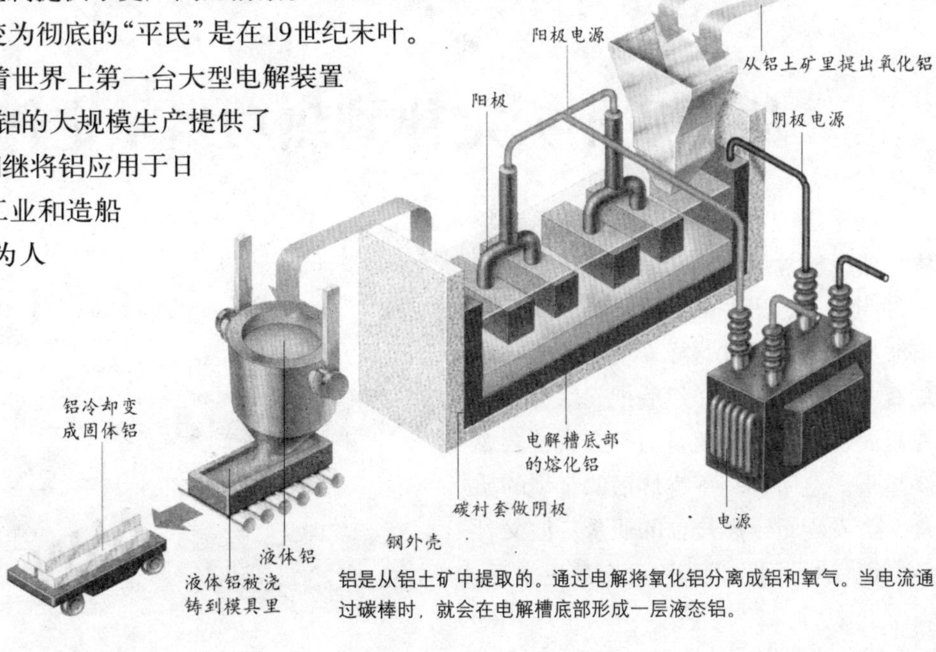

铝是从铝土矿中提取的。通过电解将氧化铝分离成铝和氧气。当电流通过碳棒时，就会在电解槽底部形成一层液态铝。

焦耳与能量守恒定律

焦耳(1818～1889年)，出生在曼彻斯特的一个酿酒师家庭。他对物理、化学有浓厚的兴趣。焦耳还专门向化学家道尔顿请教，从他那里获得不少基础理论知识。同时，他也非常重视实验。1840年前后，焦耳开始做通电导体发热方面的实验。他的实验设计如下：准备一根金属丝，并测出其电阻，然后将其连接安培计，接通电源插入水中。这时注意准确测定通电时间和水升温的度数，并适时读出安培计显示的电流强度，最后通过计算得出电流做的功和水由此获得的热量。实验事实表明，电能和热能之间可以相互转化。通过整理该实验的精确数据，焦耳发现其中的固有规律：电流通过产生的热能与电流强度的平方、用电器电阻以及通电时间长短成正比。

焦耳很快就又投入到各种机械能相互转化的实验中。比如，他曾通过测量在水中旋转的电磁体做的功和运动线圈产生的热量，得出消耗的功和产生的热量跟感应电流的强度的平方成正比关系。之后焦耳又做了许多类似的实验，逐渐发现自然界的能量既不能产生也不能消失，只能在各种存在形式之间相互转化。他还断定，热也是一种能量形式。这一论断强烈地冲击着当时科学界流行的“热质说”。

热质说可以解释温度不同的物体接触时，温度高的物体温度下降而低温物体温度上升的现象，它认为那是因为热质从高温物体流向低温物体。可是，相互碰撞磨擦的物体同时升温，热质是怎么创造出来的呢？热质说不能自圆其说，而焦耳的“热是一种能量形式”的说法却可以轻松地解决这一问题，但由于先入为主，热质说仍然很有市场。

焦耳坚持不懈，继续做有关实验，最终以更多、更翔实的实验数据测得热功当量为460千克米／千卡，与今天物理学使用的473千克米／千卡已经很接近了。在铁的事实面前，焦耳的反对派(如威廉·汤姆生)不得不承认热功当量说。最后，还是焦耳和汤姆生共同完成了对能量守恒定律的精确表述。

焦耳一生致力于能量、热功当量研究的时间超过40年，取得大量成果。这些成就多集中在他的专著，如《论磁电的热效应和热的机械值》、《关于伏打电产生的热》等。

1889年10月11日，焦耳逝世。国际物理学界为了纪念他在物理学领域的贡献，把“焦耳”作为功的单位，把论述通电导体热的定律命名为焦耳定律。

从物质不灭定律到热功当量定律

在早期的物理界，人们普遍认为物体之所以能够燃烧，是因为自然界存在一种叫做“燃素”的物质。英国物理学家波义耳曾经做过这样一个实验：将曲颈瓶中的空气抽掉，然后把一块金属放在里面加热，打开瓶口后，金属便会燃烧起来。这时称一下燃烧后的金属的质量，会发现重于燃烧前的质量。波义耳解释说，这是因为燃素跑到金属里去了。

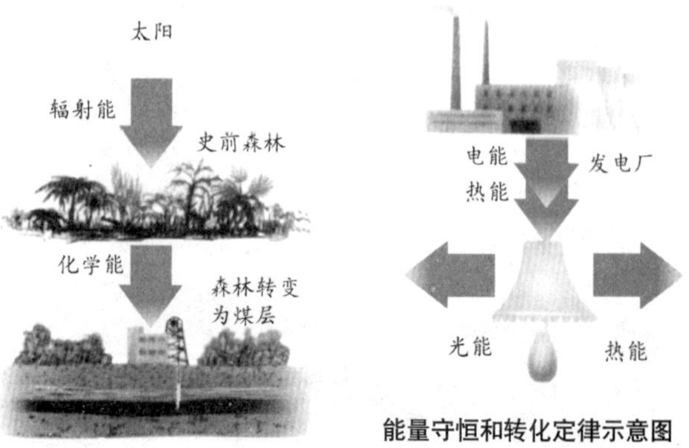

能量守恒和转化定律示意图

罗蒙诺索夫也做过这样的实验。他在打开瓶口时听到了响声。这便是大自然给罗蒙诺索夫的启示，虽然这个响声可能很轻微，但他突发灵感：一定是开瓶口时，空气与瓶口形成摩擦从而发出了响声。后来，他又进一步想到，金属在燃烧时，有物质进入瓶中，燃烧的金属质量便因此而增加。就这样，罗蒙诺索夫发现了物质不灭定律。

有一年夏天，焦耳偕同妻子一同到尼亚加拉大瀑布去旅游。水从高高的岩顶上跌落下来，水珠溅向四面八方，景色非常壮观。可焦耳却陷入了沉思：水从那么高的地方飞泻而下，一定具有很大的动能，那么水与地面撞击又会产生多少热量呢?焦耳认为瀑布底下的水温一定高于顶上的水温，于是他就在下面测量水温，然后又跑到顶上测量水温，开始做起了实验。

在后来各种各样的实验中，焦耳不仅证明了能量守恒定律，还精确地计算出把1千克水温度提高1℃所需要的机械功，这便是热功当量。焦耳在40年的时间中做了400多次实验，最后测量出热功当量的数值为424.9千克米／千卡，与现在公认的427千克米／千卡仅仅相差0.5%。可是，在焦耳那个年代，用那么简陋的仪器测量出来的数据误差竟然这么小，这是多么不容易啊!

来自太空的宇宙射线

1901年，英国几位物理学家同时发现，放在实验室里的几台带电的验电器，即使周围不存在任何放射性物质，时间一长，它们也会偷偷地放掉电荷，而且不管对仪器的绝缘性能作怎样的改善，这种漏电现象都始终消除不了。他们为了减少外界对验电器的干扰和影响，就将它装入封闭的铅盒子里隐蔽起来，可放电现象还是不能从根本上得以消除。

物理学家们从这一现象中受到启发，肯定是某种穿透性极强的射线，穿过室内，引起空气电离，这才使验电器漏电，电荷从而消失。物理学家又从多方面作更进一步的观测，发现不光是在实验室中，就连靠近地面的整个大气层都处在微弱的电离状态之中。

物理学家赫斯为了搞清楚空气中来历不明的离子来源，视自己的个人安危于不顾，只身一人乘坐气球进行高空探测。有一回，气球出了故障，赫斯从高空中摔了下来，昏迷了近20个小时。许多人都以为他不会再醒过来了，甚至还为他准备好了后事。奇迹最终发生了，他在医院的奋力抢救下，竟于第二天醒了过来。他战胜了死神!

1911年，赫斯前后做了10次大胆的气球飞行，最高升至5350米。后来他还在高楼、高山和海洋上进行测量。他收集到的资料结果说明，这些引起空气电离的射线来自太空，而且，这种天外飞来的射线发源于整个宇宙空间，与太阳、月亮、行星或天河的位置没有关系。这种辐射线一开始被称作“赫斯辐射”，1925年被正式命名为“宇宙射线”。宇宙射线便是从宇宙空间飞来的高速原子核。正因为赫斯在这一研究领域中作出了极大的贡献，他被授予了诺贝尔物理学奖。赫斯这种献身科学的精神值得每一位科学工作者学习。

伦琴射线

威廉·唐拉德·伦琴，1845年出生于德国的尼普镇，先后在荷兰机械工程学院和苏黎世物理学院学习。1869年，获博士学位，次年来到德国维尔茨堡大学，投到物理学家奥盖斯德·

康特教授门下，从此开始了他长达50年的研究生涯。

1895年11月8日，实验室里伦琴像往常一样做着阴极射线的实验，因为有其他光线干扰，他便用黑纸片将放电管包严放入暗室。之后给放电管通电，结果又发现实验台一侧离放电管约1米远的氰化钡荧光屏发出微弱的光芒。目光敏锐的伦琴没有放过这一现象，而是多次重复实验，还把不同材质的物品，如书籍、木片、铝板等挡在放电管与荧光屏之间，发现不同的物品对该射线有不同的遮挡作用，同时也表明这种射线具备一定穿透力。但它究竟是一种什么射线呢?伦琴一时搞不清，便先叫它X射线，意为未知射线。为了进一步分析X射线的性质，他把砝码放入木质的盒子里，将盒子封严整个拿到X射线下，结果感光底片呈现出砝码模糊的影像。接着，他又用该射线照射金属片、指南针等物品，无一例外地发现类似的现象。最后伦琴突发奇想，把妻子叫到实验室，拍下一张妻子右手的X射线照片，照片显示出其手部骨骼的影像。于是他对X射线的奇妙特性更加有兴趣，经过深入的分析，将其做了简单的归纳：

① X射线沿直线运动。

② X射线可以使亚铂氰酸钡和其他多种化学制品发出荧光。

③ X射线区别于其他射线极为重要的一点就是，它可以穿透普通光线所不能穿透的物质，如该射线能够穿过肌肉却不能透过骨胳。

自1895年12月起，伦琴陆续将这一发现结果整理成文，分别证明了X射线的存在，分析了它使空气和其他气体产生电流的能力，叙述了该射线在空气中发生散射的特征。X射线则被人们称为伦琴射线。

伦琴在发现了X射线之后，对其进行深入研究。他的研究成果对于后来贝克雷尔和居里夫人的放射性研究起了巨大的推动作用，同时在医疗实践中得以应用，如诊断病情，放射性治疗癌症等；在工业领域，它主要用于检测物体的厚度，内部裂纹等；在生物学上，它为研究者提供了必要的原子、分子结构信息。总之，X射线被广泛用于科研、生产等众多领域，造福了人类。

红外线与紫外线的发现

著名的大科学家牛顿曾做过一个实验，发现太阳的“白光”通过三棱镜可以被分解为红、橙、黄、绿、蓝、靛、紫7种有色光。在相当长的一段时间内，人们一直认为太阳光只能分解成这7种颜色。然而，英国物理学、天文学家赫歇尔对此却提出了质疑：在这7种可见光的“外”面，也就是在那些看不见的领域中，果真什么“东西”都没有吗?为了证实这个疑问，1800年，赫歇尔做了下面这个实验：

他让阳光通过三棱镜折射到侧面的白色纸屏上，由此得到了七色彩带，这同牛顿的发现是一样的。不同的是，赫歇尔耳不仅在每种色区内都放了1支温度计，还在红光以“外”和紫光以“外”的附近区域各放了1支完全相同的温度计。

温度计显示：在七彩光的照射下，7个可见光区的温度都升高了；而紫光外区域的温度却没变。奇怪的是，红光外区域的温度不仅升高了，而且还略高于红光区的温度。

实验结果令赫歇尔大为吃惊，因为并没有光线照射在红光外

知/识/窗

彩虹的色彩

三棱镜将一束光分解后，我们就能看到构成白光的不同颜色。三棱镜不同程度地折射不同的波长，并将其散射出去形成一张可见光谱，这样我们就能看到这些光了。红光折射率最小，紫光最大。

区域啊！它的温度为什么也会升高呢？赫歇尔不禁联想到，在离红光区更远的区域，温度会不会升得更高呢？他又做了一个实验，将温度计移到离红光区更远的区域。令人不解的是，这时的温度非但没有增加，反而降到了室温。赫歇尔被搞迷糊了，他又做了许多实验，最终确认，在红光外附近区域确实存在红外线或者“红外辐射”，而且红外线也和可见光一样遵守反射、折射定律，但与可见光不同的是，红外线更容易被空气吸收。所以，红外线在刚发现时被称作“不可见辐射”。

赫歇尔发现红外线后，科学家们又开始了更深入的探索，以期发现紫光以外区域中的秘密。他们在想，紫光以外区域的温度计示值为何没有升高呢？这里会不会存在不可见光呢？许多科学家采用物理方法做了大量实验，可仍是一无所获。而德国物理学家里特尔却独辟蹊径，他舍弃物理方法，采用化学方法来探测紫光外区域的情况。1810年，他将一张浸有氯化银溶液的纸片放在七色彩带的紫光区域以外附近的区域。没过多久，里特尔就发现纸片上的物质明显地变黑了。他又做了许多研究，最后确定纸片之所以变黑一定是受到一种看不见的射线的照射。他称这种射线为“去氧射线”，这就是我们现在所熟知的“紫外线”。此外，他还研究了各种辐射对氧化银分解作用的大小，也就是各种辐射所产生的能量的大小，并据此判断出紫外线的能量比紫光的能量大。

任何一种科学发现，都要以造福人类为其最终目的，否则它就失去了存在的意义。红外线和紫外线的发现，同样也给人类带来了极大的福音。

和太阳一样，宇宙中的很多天体都会辐射出大量的红外线。科学家们发明了红外望远镜，便运用此种望远镜对外层空间进行探测，从而更准确地探测到这些天体发出的红外线。红外线在人类生产和生活实践中的应用不胜枚举，如监视森林火情、估计农作物长势和收成、寻找地热和水源，以及金属探测、遥感、烘干、加热和“红外显微镜”等。

紫外线的主要应用在其化学作用方面。紫外线的荧光效应可用在照明的日光灯和能杀虫的黑光灯上。它的照射具有明察秋毫的能力，可以轻易地辨别出极其细微的差别来，比如紫外线能够清晰地分辨出留在纸上的指纹。另外，紫外线在治病和消毒方面也得到了广泛的应用。不过，人体吸收过多的紫外线会给身体带来伤害，因此，应该避免日光的强烈照射，避免在不穿戴防护用具的情况下进行电弧焊接等操作。

科学化学的创立

> 知识窗
>
> **怀疑派化学家**
>
> 这是波义耳1661年完成的著作。在这本书中他明确提出了化学的研究对象、研究方法及他的物质观，标志着化学成为一门独立的科学学科。《怀疑派化学家》的一大特点是全书使用了对话的形式，其中有逍遥派化学家，主张亚里士多德的四元素观点；有医药派化学家，持三元素论观点；有哲学家，在争辩中保持中立；还有作者自己代表的怀疑派化学家。四方都坚持己方主张，相互之间展开激烈地争辩。通读全书，怀疑派化学家对旧理论的批判，对元素内涵的最新认识都阐述得明白无误，最终凭借无可争辩的事实取得了决定性的胜利。

科学家从来就不是什么先知先觉，科学的进步是靠偶然性来推动的。这话不无道理，科学化学的创立就是明证。

一束淡雅的紫罗兰推动近代化学向前迈了一大步。300多年前的一天，园丁送给波义耳一束紫罗兰。波义耳顺手将它放在实验台上，可过会儿一不留神将盐酸溅到了可爱的花瓣上。他正要将其丢掉，却猛然发现紫罗兰的花朵竟变成了红色。这引起科学家的思考：既然盐酸能使紫罗兰变红，那么其他的酸或许也能，经实验证明确实能。

这回波义耳更来了兴趣：紫罗兰遇酸变红，遇碱呢?一检验，它遇碱变蓝。之后，他又用许多种植物的浸出液做相同的试验。最后发现地衣类植物中的石蕊遇酸变红、遇碱变蓝的效果最为明显。从此，石蕊试液就作为固定的酸碱指示剂。直到今天，我们在实验室中和工农业生产各领域仍大量应用这一发现。

在发现石蕊试纸过程中，波义耳充分利用化学分析的方法。事实上，正是波义耳将这一方法引入化学研究领域的，化学分析运用的最显著成果还在于由此确立的“不可分元素说”。

早在2000多年前的古希腊哲学家就提出四元素说，即水、空气、火和土，还有后来医药化学家派提出的“三元素说”，直到被称为怀疑派化学家的波义耳否定。波义耳对化学元素的定义做了现代意义上的表述，他说：我说的元素的定义和那些讲得最明白的化学家们所说的元素定义相同，是指某种原始的、简单的、一点杂质也没有的物质。元素不能由任何其他物质构成，亦不能彼此相互形成。元素是直接构成所谓完全混合物(化合物)的成分，也是完全混合物最终分解成的要素。从这句话可以看出，他所说的用化学方法不能再分解的物质即为元素，与今天科学的元素概念十分接近。

波义耳为元素下的定义对于化学从炼金术中脱出，独立发展成为一门科学起了至关重要的作用。他第一次明确了化学自己的任务，并指出化学的基本研究方法为定性分析法，使化学最终踏上唯物主义的道路。

波义耳还身体力行地进行实验研究，一生做了大量试验，直至1691年逝世前仍致力于科学试验。他一惯强调只有实验和观察才是科学思维的基础。除了对指示剂的研究，他还定义了酸和碱，将物质分为三大部类，酸、碱、盐，并首创众多定性检验盐类的方法，如利用盐酸和硝酸盐溶液混合生成白色沉淀物的性质来检验盐酸和银盐。波义耳的这些发明已过去300多年，但今天我们仍在用它们。1985年，波义耳将这些方法整理成《矿泉水实验研究史的简单回顾》一书，他不愧为定性分析的先驱。

波义耳对科学的另一重大贡献是：反对宗教与科学的完全对立。1655年，波义耳来到当时的科学圣地——牛津，发现那里科学与宗教对立的空气极为紧张，就发出了“人的得救不是靠反对什么，而是靠接受上帝白白的恩典。只要你肯，仍然可以在科学里爱上帝，敬拜上帝”的响亮号召。这一宣言使很多人的思想偏差得以扭转，从此清教徒科学家和基督徒科学家携手并肩共同把近代科学推向前进。

波义耳对科学事业尤其是化学的杰出贡献赢得了后人的尊敬，他也由此得到了“化学之父”的美誉。

门捷列夫与元素周期表

1834年2月7日，德米特里·门捷列夫(1834～1907年)出生于西伯利亚的托波尔斯克市的一个中产阶级家庭，是兄弟中最小的一个，父亲为小学教师，晚年失明，母亲不得不操持其家族开办的玻璃加工厂养家糊口。门捷列夫在13岁时，父亲去世，随后家族的玻璃加工厂也毁于一场大火。但是母亲毅然决定供门捷列夫继续读书，接受良好的教育。门捷列夫不负众望，进入圣彼得堡教育学院进修，并于1855年成为一名教师。不久，他又先后进入圣彼得堡大学以及德国海德堡大学学习化学，最终回国，

大事记	
1869年	门捷列夫完成化学元素周期表
1875年	勒科克·德·布瓦博德朗发现化学元素“镓”
1879年	克利夫发现化学元素“钪”
1886年	温克勒发现化学元素“锗”
1955年	门捷列夫发现放射性元素“钔”

在圣彼得堡大学谋得职位后，1869年开始专心编写化学(当时其研究无机化学)教科书。

德米特里·门捷列夫的元素周期表使无机化学研究领域发生重大变革，为研究原子内部结构奠定了基础。

为了从杂乱的化学元素中找到一些秩序，门捷列夫将每一种化学元素写在一张小纸片上，并写上元素符号、原子量、元素性质等，然后将它们进行排列，如同玩扑克牌一般。他按照原子量(该元素原子的平均质量)递增的顺序将这些元素排列后发现，如果每8个元素另起一行，则恰能将具有相似属性的元素排在同一列内。在每一行中，元素属性都会重复出现，由此他称这些属性为“周期性的”，于是将这一幅纵横排列的表格称之为“周期表”，也就是元素周期表。完成周期表后，门捷列夫甚至预见到元素周期表中“失踪”的元素还有待发现，同时预言了这些化学元素的化学性质与物理性质，如它们的原子量、熔点等。

1875年，法国化学家保罗·勒科克·德·布瓦博德朗(1838～1912年)发现“类铝”元素(位于元素周期表铝元素的下方)，并将其命名为“镓”。1879年，瑞典化学家拉尔斯·尼尔森(1840～1899年)发现“类硼”元素(位于元素周期表硼元素之下)，其被命名为钪(元素符号“Sc”)。1886年，德国化学家克莱门斯·温克勒(1838～1904年)发现“类硅”元素(位于元素周期表硅元素的下方)，并将其命名为“锗”(元素符号“Ge”)。门捷列夫的预言一一实现。到1914年，在92号元素之前只有7个位置空缺着。

原子序数为元素原子中的质子数量，现代元素周期表已采用原子序数排列的方式进行排版。近代，化学家引入中子数的概念(即原子核中的中子数量)，并采用原子量作为原子相对质量表征原子属性。门捷列夫创造元素周期表后无法解释元素性质的周期性排列问题，这仍有待于科学技术的发展，只有在科学家们理解原子结构，特别是理解了围绕原子核运行的电子的排列方式之后，才能解答这个问题。在20世纪中前期，化学家们逐渐意识到元素周期表事实上反映了元素的原子结构，以及电子是如何填充原子核外轨道的，因为所有的化学反应均有电子参与，特别是元素外层电子。于是元素周期表使得化学家们可以更加准确地预测哪些化学反应是可能存在的，而哪些化学反应是在实验室常态下根本就不存在的，哪些化学反应需要额外的条件例如高压、高温、催化剂等才能发生等。1955年，门捷列夫获得科学界最高荣誉，科学家将发现的第101号元素，命名为钔(元素符号“Md”)，以纪念门捷列夫为科学界所做出的伟大贡献。

新化学元素

直到1937年，在92号元素，即铀元素之前，在元素周期表中只有四个空缺的元素位置。这四个空缺的元素原子序数为43、61、85和87。于是化学家和物理学家开始利用粒子加速器——如美国科学家欧内斯特·劳伦斯(1901～1958年)在1932年发明的粒子回旋加速器——进行新元素的探测。

起初，科学家利用粒子加速器作为“原子对撞机”将元素分成更小的组成部分。例如，

大事记
1937年 发现锝元素
1939年 发现钫元素
1940年 发现砹、镎、钚元素
1944年 发现锔、镅元素
1945年 发现钷元素
1982年 发现鿏元素
1984年 发现𬭶元素

在1937年，美国科学家在加利福尼亚利用粒子回旋加速器用氘核轰击金属钼原子，氘核是氘(重氢)原子的原子核，质量是中子的2倍，是质量最大的亚原子粒子。他们把轰击后的钼原子样品交给意大利巴勒莫大学的两位意裔美国物理科学家艾米利奥·塞格雷(1905～1989年)和卡尔·皮埃尔(1886～1948年)进行分析。两位科学家发现，样品中包含有一种新的放射性元素，也就是空缺的43号元素。起初，他们将之命名为钨，后来将之更名为锝(源自希腊词technetos，意为“人工制造”)。

2年以后，也就是1939年，法国化学家玛格丽特·波里(1909～1975年)分析了锕同位素——锕-227的放射衰变产物，结果发现了另一种新的放射性元素，也就是空缺的第87号元素。起初她将其命名为锕-K，但为了纪念她的祖国，后来又更名为钫。

在1940年，塞格雷和他的同事在用α粒子(氦核)轰击铋原子时有了再一次的新发现——1947年，他们将新发现的非放射性元素称为砹，该名称源自希腊语“astatos”，意为“不稳定”。后来其他科学家发现了天然产生的质量更大的砹同位素，但是砹的同位素仍是地球上最少的天然产生的元素。直到1945年，化学元素周期表中最后一个空缺的元素，即61号元素，才被美国化学家雅各布·马里奥(1918～2005年)及同事在用中子轰击钕原子时发现。1949年，他们将之命名为钷，该名称源自希腊神话中的盗火者普罗米修斯的名字。粒子轰击原子不仅能够“击碎”原子，而且能够将轰击产生碎片重组成新的原子。这个现象在1940年发生了两次。第一次是由美国物理化学科学家埃德温·麦克米伦(1907～1991年)和菲利浦·艾贝尔森(1913～2004年)利用慢中子轰击铀-238得到了镎元素(名称源自海王星的英文单词)，在元素周期表中，镎元素紧随铀元素之后。在加利福尼亚大学伯克利工厂实验室格伦·西博格(1912～1999年)和麦克米伦领导的一个研究小组用用氘核轰击铀-238得到了钚元素，该名称源自冥王星的英文单词，在周期表中紧随镎元素之后。

镎和钚元素属于最先发现的超铀元素(比铀元素的原子序数大)，在接下来的几年中，其他的超铀元素也很快相继产生：锔元素(1944年)、镅元素(1944年)、锫元素(1949年)、锎元素(1950年)等。1974年得到的第106号元素以西博格名字命名为𬭳。1982年，德国物理学家安布斯特(1931年～)和他的研究小组在达姆施塔特重离子研究所用铁-58原子核轰击铋-209发现了第109号元素。1997年，他们将之命名为鿏，以纪念奥地利裔瑞典物理学家莉泽·迈特纳(1878～1968年)——最早将原子分裂开的科学家之一。1984年，该研究小组用铁-58原子核轰击铅-208又得到了第108号元素——𬭶。俄国科学家在莫斯科市郊

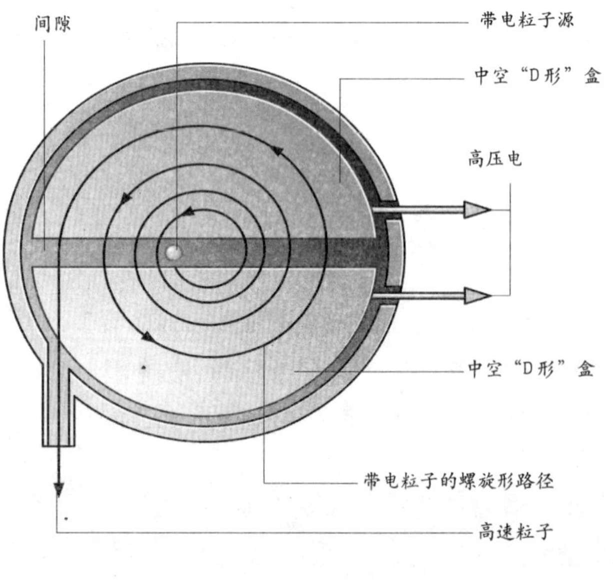

回旋粒子加速器是最早的粒子加速器之一。由回旋粒子加速器截面图可以看到，两个D形中空磁铁放置在一个真空室内，在D形中空磁铁中加高压电，加速从两磁铁间的间隙处穿过的带电粒子，并使它们从中心附近的粒子源沿螺旋形轨道向外射出，能量可达几十兆电子伏，可以“击碎”原子。左图中是1932年由劳伦斯和同事在加利福尼亚伯克利大学实验室一起建造的直径1.5米的回旋粒子加速器。

外的杜布纳利用同样的方法也得到了鏍元素。一年后，即1985年，一个俄－美联合研究小组在杜布纳用硫-34轰击铀-238时得到了鏍的一种不同的同位素。鏍元素是以德国达姆施塔特所在的黑森州命名的。

到现在为止元素周期表中总共有116种化学元素，至少在目前元素周期表元素没有继续增加。科学家只是制得了最重元素的少量原子，即使更重元素在理论上可能存在，但120号元素后面的任何元素都极不稳定而且存在的时间十分短暂。

化学家的神奇眼睛——光谱分析法

19世纪的德国化学家本生有个习惯，那就是自制实验仪器如烧杯、试管、漏斗等。没想到，这一习惯引出许多故事。

一个冬日的下午，本生独自呆在实验室的角落里，守着一个火炉，耐心地烧着玻璃，等到玻璃变软到一定程度，他便用事先准备好的气筒把这些玻璃吹成各种各样的形状。然后再放到特制的模具加工成型，造出需要的实验器皿。自己制造器具，既节约实验成本，用起来又方便顺手。美中不足的是，火焰的温度不好控制，导致出了好多废品。于是他开始研制更好的灯来烧制玻璃。

1853年，他成功地发明了本生灯。该灯的火焰可达到2300℃，而且没有颜色，不会干扰对实验结果的观察。在烧制实验器具以及做实验时，本生逐渐发现不同的化学物质被灼烧时会呈现不同的焰色，如灼烧玻璃时，火焰呈黄色；灼烧钾盐时火焰又变成淡紫色；钠盐则为黄色；钡盐在被灼烧时火焰为黄绿色；而灼烧铜盐时火焰又出现蓝绿色。五颜六色的火焰使本生意识到，通过物质被灼烧时火焰的颜色就可以辨明物质的组成。想到此，他忙碌起来，在最短的时间里灼烧了他所能找到的金属和金属盐，并记录它们的火焰颜色。最后他发现，多数金属或金属盐灼烧时火焰呈不同的颜色。这就是著名的焰色反应实验。

通过焰色反应实验，确实可以很轻松地检验、区别许多单质，但遇上化合物时，火焰呈混合颜色，这种方法就显得黔驴技穷。为此，本生大伤脑筋。

正当他一愁莫展之际，一个熟悉的身影出现在他面前，原来是物理学教授基尔霍夫。基尔霍夫问清原由之后，笑着对本生说："简单得很嘛，车路不通走马路。我们搞物理的认为仅靠观察火焰颜色来判别物质是不准确的，而它们的光谱更能准确地反映其本质。"

"光谱？"本生一时没反应过来。

基尔霍夫又接着说到："你呀，只盯着化学是不行的，有时需要物理和化学协同作战，才能攻克科学的堡垒。这样吧，我把那块珍藏40多年的石英三棱镜拿来，合作观察一下那些物质的光谱，结果会怎样呢？"

本生自然欣然领诺。次日，二人一起来到本生的实验室，将一架直筒望远镜和三棱境连在一起，制成世界上第一台光谱分析仪。仪器装好后，本生开始在物镜一侧灼烧各种不同的物质，如纳盐、钾盐、锂盐等。基尔霍夫则在目镜一侧观察、记录，两条黄线；一条紫线和一条红

> 知识窗
>
> **铷的发现**
>
> 1861年2月23日，本生和基尔霍夫将处理云母矿所得的溶液，加入少量氯化铂，即产生大量沉淀，在分光镜上鉴定这种沉淀时，只看见钾的谱线。后来，他们用沸水洗涤这种沉淀，每洗一次，就用分光镜检验一遍。他们发现，随着洗涤次数的增加，从分光镜中观察到的钾的光谱线逐渐变弱，最后终于消失，同时又出现了另外两条深紫色的光谱线，它们逐渐加深，最后变得格外鲜明，出现了几条深红色、黄色、绿色的新谱线，它们不属于任何已知元素。这又是一种新的元素。因为它能发射强烈的深红色谱线，就命名为铷（rubidium）。

线；一条明亮的红线，一条较暗的橙线。经过系列试验，他们确认：每种元素都有特定的谱线，而化合物混在一起的谱线可通过棱镜把分属各元素的谱线分开，使之射到相应的位置上，最后再加以综合分析。这就是所谓的光谱分析法。

这个新的化学成分分析法诞生后，很快显示出其威力。本生等人用它在1860年发现了新元素铯，又于第二年发现了铷。另外，铊、铟、镓、钪、锗等元素也都是通过该方法发现的。不仅如此，本生和基尔霍夫联合发明的光谱分析法还可以用来分析太阳和其他恒星的化学成分。1859年，他们让一束阳光射入光谱仪的物镜，在目镜中看到了钠－D双暗线。开始时他们以为太阳上缺少钠元素，稍后考虑到炽热的钠蒸汽既能射出钠－D双线，同时又吸收这种射线，经过与锻烧生石灰的光谱对比分析，最后确定太阳是含有钠元素的。这一年的10月，基尔霍夫向柏林科学院提交报告公布，太阳含有钠、铁、钙、氧、镍等多种元素。

基尔霍夫居然测出1.5亿千米以外的太阳的化学成分，这个消息不胫而走，整个欧洲科学界都被震动了。

光谱分析法的出现，在化学史上有着超乎寻常的意义。这一方法被称为“化学家神奇的眼睛”。

巴甫洛夫的实验研究

巴甫洛夫是苏联卓越的生理学家。他不仅有巨大的科学成就，更以崇高的品质、伟大的人格著称于世。巴甫洛夫1849年9月26日出生在俄国中部的梁赞镇。巴甫洛夫的父亲虽然没有多少钱给他，但给了他从小认真读书、热爱劳动、勤于动手的好习惯。巴甫洛夫成功后每念及此，都非常感动。他念中学时是在梁赞教会中学，而他的兴趣在科学而不在当牧师。父亲也成全了儿子，送他到圣彼得堡大学的数理系生物科学部学习，也可以说是父亲一手把巴甫洛夫送上了科学之路。

大学期间，巴甫洛夫曾作为西昂教授的助手，从教授那里他学到了许多知识和技术，后于1884年赴德国留学，在路德维希和海登海因的教导下继续深造。两年后，巴甫洛夫回到祖国，来到名医波特金教授处做助理。师徒二人在一间浴室改建的小实验室里一同工作多年。

在巴甫洛夫科学生涯的开始阶段，他主攻血液循环生理学，就在波特金教授那间不起眼小实验室中，完成了心脏神经实验。从而证明了心脏功能受4条神经支配，测定了它们的功能：4条神经分别传送阻止、加速、抑制、兴奋指令，同时他还研究了人的主观情绪和化学药物对心律、血压的影响，使人们对于神经和心脏之间的关系的认识大大加强。

知识窗

暂时性联系接通

关于条件反射的神经机制，巴甫洛夫曾提出“暂时性联系接通”的概念。他认为条件反射建立的中枢机制是暂时性联系的接通。接通的可能部位在：①条件刺激和非条件刺激的皮层代表区之间。②皮层和皮层下结构之间。他强调了第一种可能性。在60年代中国生理学工作者利用γ－氨基丁酸对大脑皮层暂时性的和可逆的抑制作用，在狗身上证明了大脑皮层在条件反射活动中的重要作用。60年代初开始用微电极技术来研究神经元的条件性活动，发现条件反射建成后，有一些神经元对阳性条件刺激表现为放电频率减少，在中枢神经系统的各个部位，这两类神经元数的比例各不相同，因此难以设想条件反射的建立是在中枢神经系统的两个部位间形成一个简单的联系。条件反射的建立、巩固和实现了需要中枢神经系统很多部位的协同作用。

随后，巴甫洛夫把注意力转到消化系统生理学实验上，其中最为著名的是他设计的“假饲”实验。该实验的设计大致是：将一条饥饿的狗放在实验台上，在它前面的盘子中放些狗爱吃的食物。但在狗吃食之前，将其食管在脖子下方开一个口，同时给它一个胃瘘，以便获取胃液。这时允许狗进食，但当狗吞咽时食物却从食管的切口掉出落到食盘中，狗的胃依然是空的，它还吃，食物仍到食盘中。过了一会儿，奇迹发生了：尽管狗没有把食物咽到胃里，但它分泌的胃液却从胃瘘不停流了下来。显然，胃液是因为大脑下达了命令而不是因为食物刺激而分泌的。原来胃的消化过程是由大脑来控制的。

巴甫洛夫在科学领域的主要贡献还集中在高级神经生理学领域，最为出名的是其创立的“条件反射”学说。一般认为他的条件反射学说是通过如下实验过程证明的，即先摇铃，然后给狗喂食，重复多次以后便只摇铃而不再给其喂食，发现狗口中依然分泌大量唾液，从而证明狗的神经系统已形成条件反射。1924年的一场大雨把巴甫洛夫的实验室灌满了水。狗由于在笼里只能眼巴巴看着大水漫过来，却不能逃生，为此它们极为惊惧。等到巴甫洛夫赶来将其救出，这些狗都出现病态反应，已形成的条件反射消失殆尽。巴甫洛夫重新培养建立起它们的条件反射。再一次做条件反射实验。这时实验室的门缝突然渗进许多水，尽管水不多，更不足以漫过实验台，但台上的狗狂吠不止，极力挣扎，条件反射再次消失。巴甫洛夫通过这一实验，向人们证实：过度的刺激会导致神经症等病理反应。他由此推论，人类的精神病是由客观环境中的强烈刺激造成的。这是人类历史上首次用唯物主义的方法来解释精神病理。

巴甫洛夫一生大部分时间在实验室度过，他的故事也就多发生在那里：一次，他与助手在实验室中由于出现操作失误而吵了起来。他一时气极，对其助手大喊：“明天你不用再到这里了。”事后助手很懊悔，正要拿过纸笔写信向巴甫洛夫承认错误，却突然发现巴甫洛夫给他的便条：“偶尔的争吵，不应妨碍正事，请你明天继续来帮忙。”生理学家的心胸之宽广可见一斑。

巴甫洛夫为科学奉献一生，同时也是一位伟大的爱国者。他不只一次表白：“无论做什么，我都将在可能的范围内，尽力为祖国服务。”

拉瓦锡和燃烧氧化说

1794年5月8日，一个叫拉瓦锡的包税官被送上了断头台。为此，数学家拉格朗日悲哀地说：“砍掉他的头只要一眨眼的工夫，可是生出一个像他那样的头大概100年也不够。”原来，包税官拉瓦锡还是个伟大的化学家。他提出燃烧氧化说，推翻了“燃素说”，开辟了化学研究新领域，提出了新的研究方法；建立了质量守恒定律；首次给化合物以合理的命名；对33种化学元素进行了早期分类，初步打开了物质世界的秩序大门；他的《化学纲要》被称为科学的奠基性著作。在法国大革命中，他被指控为罪人而掉了脑袋；但在化学革命中，他却是一位旗手，所建立的燃烧氧化学说被称为“史无前例的化学革命”。

在当时的巴黎，虽然大革命进行得轰轰烈烈，各种新思想层出不穷。但在化学领域，还存在着很多错误的传统思想。比如说，人们认为空气与水是单质组成的；能燃烧的物质中都含有一种假定为“燃素”的物质。这种对燃烧现象本末倒置的解释，在近百年的时间里一直是指导人们进行科学研究的“真理”，它大大地禁锢了人们的思想。1754年到1774年，许多杰出的化学家都分离出了一些重要的气体，比如瑞典的舍勒和英国的普里斯特利就分别用不同的方法制取了氧气，但是他们都笃信“燃素说”，因此都没能取得突破性的进展。

拉瓦锡在实验室

正是拉瓦锡的理论揭开了燃烧的神秘面纱，让化学走上了正确的发展方向。1774年11月，拉瓦锡用加热汞灰的方法制得了一种助燃能力极强、能维持呼吸的“纯粹空气”，并将其命名为“氧气”，在反复实验和研究的基础上，拉瓦锡于1777年9月，向法国科学院提交了具有划时代意义的论文——《燃烧概论》，提出了燃烧氧化学说。1789年，拉瓦锡又出版了他最重要的著作——《化学纲要》，在这篇论文中，拉瓦锡除了正确地描述燃烧和吸收这两种现象之外，还开列出化学元素的准确名称，这是化学史上的第一次。拉瓦锡用大量的事实证明了自己的理论，但一开始还是遭到了保守的人们的反对。随着化学界一系列新的定律、新化合物被发现，人们才逐渐地认识氧化学说，拉瓦锡也被尊称为“近代化学之父”，他的研究被看作是化学界的一场革命，为此他自豪地说：“我的理论已经像革命风暴，扫向世界的知识阶层。”

然而，拉瓦锡没有料到，正当他在化学界春风得意的时候，另一种革命的风暴却降临了，他曾是旧政府的包税官，如今被指控曾对人们残酷的剥削。因为在拉瓦锡成为科学院院士的同时，他当上了一名包税官，在向包税局投资50万法郎后，承包了食盐和烟草的征税大权，并先后兼任皇家火药监督及财政委员。在激进的法国大革命中，出身贵族的拉瓦锡理所当然地成为革命的对象，虽然他一生作出了那么多的杰出贡献，审判中有许多人为他求情，但法官毫不留情，并且声称“共和国不需要天才”。就这样，一个天才便被无情地葬送在断头台上。

发现氧气

发现氧气的过程与人们认识燃烧现象的本质紧密相连。17世纪，波义耳通过实验发现，火药环在空气中能立刻全部燃烧，而在没有空气的情况下就要加热很久才能燃烧。同时其他的科学家胡克、梅奥、雷伊等人也发现了相似的现象。于是，他们认为，空气中存在着一些活性物质。

一个世纪后的1774年，英国化学家普里斯特利在进行燃烧实验时，用聚光镜加热氧化汞时得到了一种既不溶于水，又能助燃，还能帮助人们呼吸的新气体。在他之前，瑞典的化学家舍勒在加热硫酸盐的过程中，也曾得到这种能让点燃的蜡烛更加剧烈燃烧的气体。这种气体，其实正是我们今天所说的氧气。但遗憾的是，在当时的情况下，无论是普里斯特利还是舍勒，他们都认为这只是一种可以与燃素结合的气体，它们本身并不参与燃烧过程。他们之所以会有这种想法，其实与当时流行的“燃素说”是密不可分的。燃素说是18世纪初德国化学家G.E.施塔尔在综合了前人的成果的基础上提出来的，认为任何可燃物中都含有燃素，空气助燃是带走可燃物中燃素的结果。这种学说，在当时被人们当作真理来接受的，尽管它无法解释为什么有机物燃烧后灰渣变轻了，而无机物金属在燃烧后灰渣却变重了。如果燃素是燃烧时被空气带走的实体，那么，后一种现象便无法解释。坚持燃素说的人认为燃素可能有负重量。在今天的人们看来，这显然是难以让人信服的。但在18世纪，它却足足统治人们的思想将近一个世纪。

本来，按照惯常的思路分析，只要顺着波义耳的实验继续往下探索，这种活性物质（氧气）就能被发现。普里斯特利已经与发现氧气近在咫尺，由于燃素说还在束缚着他们的思维，从而与氧气的发现失之交臂。

1774年，普里斯特利在访问巴黎的时候，遇上了正在研究燃烧问题的拉瓦锡。他向拉瓦锡介绍了自己的试验，拉瓦锡深受启发，经过反复的试验后终于找到了他所要寻找的那种后来被称为“氧气”的纯净空气。在氧气的发现过程中，前人经过了无数量的积累，质的突变在拉瓦锡的手中诞生了。而普里斯特利等人之所以与氧气失之交臂，就因为他们盲从于燃素说。与他们相反，拉瓦锡却能用批判的态度审视一切，敢于冲破传统，所以才成为化学发展史上真正发现氧气的人。

寻找制氢新途径

氢不是一次能源，必须通过其他能源来转换。人们现在常用的制氢方法，主要是以煤、石油、天然气为原料，让其在高温下与水蒸气反应，从而得到氢。可是这样做会消耗大量能源，也会污染环境，因此得不偿失。人们想寻找出新的制氢方法，从而使氢成为方便燃料。

一些工业部门使用电解水的方法制氢。然而，电解水要耗费大量电能，成本非常高。如今已找到新的方法，可以使电解水降低电的消耗量。

随着探索制氢新途径的发展，目前出现了一支制氢生力军。科学家发现，通过对植物叶绿素的光合作用进行模仿，从而得到氢。植物的叶子中有一种叶绿素，能够吸收阳光把水分解成氢和氧。释放出来的氧可以净化空气，而氢与二氧化碳作用可生成碳水化合物，这是植物生长所必需的养分。假如可以造出模仿植物光合作用的装置，同时使光合作用停留在分解水的阶段，这样便能利用太阳光和水产生氢气。英美等国的科学家，已经研制出了用叶绿素体制造氢的装置。利用这种装置，用1克叶绿素在1小时内就可产生1升氢气。

> 知/识/窗
>
> **氢**
>
> 氢是自然界最轻的化学元素，在地球上的储量非常丰富，因为它主要蕴藏在水中，而地球表面约70%为水所覆盖。用氢做燃料，水及少量的氢氧化物为燃烧后的主要生成物，不会产生导致“温室效应”的二氧化碳，因此有人把它称作地球环保的“救星”。

随着科学技术的发展，太阳也能制氢，这将是未来氢气的主要来源。科学家们还提出了一个大胆的设想：在未来的时代中，可以建造一些专门的核电站，提供大量电力来电解水制氢，得到的氢和氧可用专门的贮气设备贮存起来，供人们使用。人们相信，这一天已经不远了。

格氏试剂的发明

提起维克多·格利雅教授，人们自然而然地就会联想到以他的名字命名的格氏试剂。他的这一研究获得过1912年的诺贝尔化学奖。

维克多·格利雅出生在法国一个有名望的家庭。在格利雅青少年时代，由于家境的优越和父母的溺爱，使得他没有理想，没有志气，根本不把学业放在心上。21岁时，有一件事突然改变了他的生活。在一次宴会上，格利雅邀请一位刚从巴黎来的年轻姑娘跳舞，这位美丽的姑娘竟然不客气地对他说："请站远一点。我最讨厌被你这样的花花公子挡住了视线！"这话如同针扎一般刺痛了格利雅的心。他猛然醒悟，为自己的过去感到万分羞愧。于是他离开了家，留下一封信说："请不要探询我的下落，让我努力地学习，我相信自己将来会创造出一些成就来的。"

年轻的格利雅来到里昂，想进大学读书，但由于以前他学业荒废得太多，根本不够入学的资格。正在为难之时，拜路易·波韦尔教授收留了他。经过两年刻苦学习，格利雅终于补上了过去所耽误的全部课程，进入里昂大学插班就读。

在大学学习期间，格利雅苦学的态度赢得了有机化学权威P.巴尔必埃的器重。在巴尔必埃的指导下，他重复自甲庚酮、镁和碘代甲烷的混合物中制备一种季醇的实验。在大量的实验中，格氏试剂诞生了。这是一种烷基卤化镁，准确地说，这种试剂首先是由巴尔必埃制得并注意到它的活泼性，他指导格利雅继续研究它的各种反应。1901年格利雅以此作为他的博士论文课题，证实了这种试剂有极为广泛的用途。它能发生加成—水解反应，使甲醛、其他醛类、酮类或羧酸酯等分别还原为一级、二级、三级醇。能与大部分含有极性双键、三键的有机物发生加成反应。它还能与含有活泼氢的有机物发生取代反应以制取烷烃。利用格氏试剂可以合成许多有机化学基本原料，如醇、醛、酮、酸和烃类，尤其是各种醇类。这些反应最初被称为巴尔必埃－格利雅反应，但巴尔必埃坚持认为这一试剂得以发展和广泛的应用，主要归功于格利雅大量的工作。后来便把这种烷基卤化镁称为格氏试剂。由此我们看到，一个新的发现固然重要，然而将这一发现推广，找到它广泛的应用领域，同样意义重大。

格利雅进入科学的大门后，成绩斐然。仅从1901至1905年，他就发表了200篇左右有关有机金属镁的论文。鉴于他的重大贡献，瑞典皇家科学院于1912年授予他诺贝尔化学奖。

当格利雅得知自己获得诺贝尔化学奖时，心情难以平静，他知道自己取得的成绩是与老师巴尔必埃分不开的：老师把已经开创的课题交给自己去继续研究，并给予了大力支持和悉心指导，自己才得以发现了格氏试剂。为此，格利雅上书瑞典皇家科学院诺贝尔基金委员会，诚恳地请求把诺贝尔化学奖发给老师巴尔必埃。

炼金术的发明

在13世纪，阿拉伯人认识了一项来自中国的神奇发明——火药，一种黑色的、气味刺激的粉末。

欧洲人和阿拉伯人之间不断进行着战争，在战场上，欧洲人也认识了这项发明。点燃火药之后，会发生严重的爆炸，可以将之用于武器方面。比如说，在封闭管道的一端压入火药，一旦火药点燃，管子将以巨大速度在空气中行进，这就成了子弹。来自这类枪炮中的子弹，其威力要远远大于希腊人使用的投射器射出的子弹。

火药对于开发新的武器具有无可估量的意义，在漫长的历史中，也夺取了无数人的生命。火药的发明家宣称，发明火药的目的是为了找到一种能延长人类寿命的药，这种历史上的偶然发现改变了很多人的命运。

我们不知道谁是火药的发明者，可能是中国的炼金术士。炼金术士的工作就是将各种物质混合在一起，将各类金属和含有不同成分的石块溶入水中，并且将植物和树木燃烧成粉末。几乎全世界都有炼金术士，但最杰出的那些曾生活在阿拉伯和中国。

炼金术士和古希腊人不同，他们并不是真正的自然研究者。他们虽然要了解自然界中各种物质之间的区别，但是并没有兴趣探究为什么各种物质之间有差别。大多数炼金术士的欲望在于获取财富。他们认为从其他金属中能提炼出金子。这个想法很可能来自苏美尔人，公元前3000年左右，苏美尔人混合了铜和锡制造出新的金属青铜。

谁发明了炼金的方法，就能成为世界上最富有的人，因此，许多炼金术士穷其一生都在研究各种材料的混合。他们从来没有意识到，通过熔合其他金属根本不可能炼制出金子。尽管如此，他们的工作也并不是徒劳无功的。

炼金术士创建了实验室，即专门用于研究的房间，并且还发明了许多用于实验室的器具。量瓶、熔炉和精确的秤都是炼金术士最先使用的。此外，他们还发现了一些重要的化学材料。在18世纪，阿拉伯的一位炼金术士发明了一种长生不老药，据说能同时对所有疾病发挥作用，是一种所谓的万用药。但是实验并没有成功，然而，他却发现了醋酸，也就是醋的基本成分。

醋酸是具有腐蚀性和特殊气味的一种物质，如今多用于工业中。炼金术士还发现了有用的物质氯化铵和酒精。前者常用于制造洗衣粉，后者如今的用途不如从前广泛。

中国炼金术士对长生不老药的兴趣远远超过了对金子的兴趣。但是，他们也未能意识到，仅仅混合各种物质是绝对无法获得成功的。他们的长生不老药常含有有毒的物质如水银和砷，因此，服用了“生命之药”的病人也就一命呜呼了，许多帝王都没有逃脱这种命运。

中国人发明火药也是在不经意中完成的。公元9世纪的某个时期，一个中国炼金术士偶然将木炭、硫磺和称为“硝”的物质混合到一起，并点燃。我们不知道，这位炼金术士是否在点燃后存活了下来。公元850年的一本书表明，不少炼金术士用这种混合物做实验的时候，手臂和胡子都受到伤害，许多炼金房也被烧为灰烬。

也许，就是这些炼金术士断定，火药点燃后能在密封的容器中爆炸。在中国，人们特别喜欢放鞭炮，火药被装入纸卷中，点燃后爆炸时会发生巨响。每当有事情要庆祝时，世界各国都很喜爱来自中国的这种“中国鞭炮”。第一批火炮也是在节日时为了助兴而发射的，但是，很快中国人就发现，火药也能用于武器制造。公元994年的一场杀戮中，火炮首次用于战场。随后，工厂开始大批量生产军用火炮。

在11世纪，火药制造的技术也广泛传播于中国之外的地区。商人将这项技术带到了阿拉伯帝国和欧洲。中国的皇帝意识到，火药落入敌人手中有多么危险。因此，1067年，皇帝下令禁止私营商贩出售火药的主要成分。可是，行动已经太迟了。毕竟最重要的是火药的制作方法，而不是单独的成分。

探索真理过程中，最大的问题之一是：我们不能预言一项发明会带来什么后果。火药的发明者是中国人，并非偶然。中国人已经有数百项发明和发现能方便人们的生活。比如说，铁犁首先出现在中国，耕田时比传统的木犁更好用。如果将谷物成行成列地播种，收成会更好，这也是中国人首先发现的。并且，中国人首先发明了杀死害虫的毒药。

中国人挖掘石油，利用水力，制造人造材料，比世界其他地方使用纸币早了1000年。他们的许多发明今天仍在使用，比如说地图、纸牌、火柴、手推车、机械钟表、面条、雨伞、象棋、马镫、书、带手柄的鱼竿和方向盘。不过，其中的一样或者几样东西也同时在世界其他地方，由当地的人们自行发明出来。

虽然中国还不曾有如同雅典学园那样的机构，但是却有许多有能力的研究者。中国人比希腊人更早研究星空，他们还发现了太阳黑子。中国的数学家在才智上丝毫不比印度人或者阿拉伯人逊色，也发明了一种类似印度数字的数字系统。

中国医生能治疗许多疾病，并且拥有各种不同的疫苗。中国医生张仲景生活在大约公元200年，他认识到，一些疾病是由饮食不当引起的，他找到了如何医治这类疾病的方法。而直到18世纪，欧洲的医生才获得了这项知识。

大量的发现和发明使得中国成为当时世界上最富饶、最强大的国家之一。阿拉伯人完全有理由心存恐惧，并且十分尊重中国人。

但自那时起，情况发生了变化。不管是在中国还是在阿拉伯，探索真理的过程停滞了很长时间。和古罗马时代之后的欧洲一样，中国和阿拉伯在此之后很长时间也没有出现任何重要发明和发现。

导致中国出现此种情况的原因就是中国人的思想。中国历史上最有名的哲学家名叫孔子。他生活在公元前500年左右，他提出一些思想，说明社会应该如何运转，人们应该如何相互交往。

孔子推崇法律和纪律，认为人们应该遵纪守法，并顺从皇帝和其他权威人士的意愿。妻子必须听从丈夫的话，年轻人必须服从年长者。这种思想的一个问题就是，人们很难再提出自己的疑问。

贵在质疑，不要轻易相信任何事情。这类疑虑在一定程度上正好是孔子学说的对立面。他建议我们相信年长者的话，因为他们的经验更丰富。这种思想对我们的研究毫无帮助。通常，年轻人才会有独特的想法，才能提出正确的问题，而年长的研究者容易在自己的想法中固步自封。

随着时间的推移，人们在中国要提出自己的问题、接受新的观点越来越难。这样一来，中国人开始走下坡路——最后他们甚至忘记了自己的发明。17世纪，当欧洲牧师向中国人展示机械钟表时，他们竟大为惊叹，不知道自己的祖先曾经发明过可与之相媲美的东西。

阿拉伯帝国的情况和中国极为相似。虽然阿拉伯科学家才智非凡，但也无法像希腊哲学家那样提出各种问题。他们的宗教宣称已经为最重要的问题找到了答案，不需要再去深究。因此，只有少数阿拉伯人敢于和德谟克利特一样说出：神对自然界和人类的生活不起任何作用。

其间，阿拉伯社会和希腊存在同样的问题。阿拉伯人禁止妇女进行研究，他们使用奴隶，因此并没有必要进行简化工作的发明。渐渐地，宗教越来越严格，禁止越来越多的问题。从这个方面说，这种情况和欧洲很相似。

探求真理的过程好比一场接力赛。没有一个选手是从头到尾手持接力棒的，但是接力棒却一直在传递。大约1300年左右，阿拉伯人又将世界发展的接力棒递到欧洲人手中。

魏晋炼丹家与化学

魏晋南北朝时期，炼丹活动盛行，炼丹术得到了极大发展。

这一时期，战乱频繁，社会动荡，统治者感觉地位不稳固，为了寻求精神的慰藉或解脱，纷纷求取丹药，妄图成仙。另一方面，由于自身的堕落，为了强身纵欲，也需借助丹药。一大批士人隐居山林，闲来无事，也纵酒谈禅，采药炼丹。炼丹已成为当时的一种社会时尚。

葛洪和陶弘景是这一时期两大著名的炼丹家，他们对炼丹术的发展起着举足轻重的作用。

葛洪(公元283～343年)，字稚川，自号抱朴子，丹阳句容(今江苏句容)人，是早期道教的代表人物。由于家庭环境的关系，葛洪从小就受到正统儒家思想和神仙方术的熏陶。13岁的时候，家道中落，但葛洪自强不息，努力学习，终“以儒学知名”。后来拜从祖葛玄的弟子郑隐(字思远)为师，开始学习炼丹术。青年时期遭逢“八王之乱”，葛洪产生了出世思想，专注于道学。晚年入罗浮山炼丹修行，并且著书立说，直到去世。葛洪著述颇丰，有《抱朴子内篇》20卷，《抱朴子外篇》50卷，《神仙传》10卷以及医书《玉函方》、《肘后备急方》等等。

陶弘景(公元456～536年)，字通明，号华阳真逸，谥贞白先生，丹阳秣陵(今江苏南京)人，是继葛洪之后的又一大炼丹家。他出身名门望族，自幼聪明好学，10岁读葛洪的《神仙传》，颇受启发，开始专注于道教。19岁时，齐高帝萧道成聘他为诸王侍读。在这期间，他谒僧访道，学习炼丹术和医药学。37岁时，他厌倦官场，辞官隐居茅山(即句曲山，在今江苏句容、金坛之间)。在茅山，他一边修道炼丹，一边为人治病、著书，直到逝世。陶弘景著述多达60多种，现存仅有《神农本草经集注》以及收入《道藏》的《真诰》和《养性延命录》。

葛洪的《抱朴子内篇》是著名的炼丹著作，陶弘景的《神农本草经集注》虽为医药著作，实际上包含了很多炼丹术的内容。他们两人都对炼丹化学作出了杰出的贡献。

炼丹活动的盛行和炼丹术的发展，带来了炼丹化学的巨大进步。

炼丹家长期烧炼的药物中，有一种叫做九转还丹的，就是利用了丹砂的分解和化合作用。丹砂，化学名称叫硫化汞(HgS)，经过煅烧，其中的硫会被氧化成二氧化硫(SO_2)，分离出来金属汞。然后，再使汞与硫化合，生成黑色的硫化汞，黑色的硫化汞经过加热升化，再经过冷却结晶，还原为比烧制之前的丹砂更纯净的红色的硫化汞。炼丹家称之为还丹，每经过一次这样的过程，就叫做一转。葛洪在《抱朴子内篇·金丹》里这样总结道："丹砂烧之成水银，积变又还成丹砂。"

炼丹家对铅化学的认识有所提高。葛洪指出，胡粉(碱性碳酸铅)和黄丹都是"化铅所作"，其冶炼过程为"铅性白也，而赤之以为丹；丹性赤也，而白之以为铅"。陶弘景在《神农本草经集注》中也说，黄丹是"熬铅所作"，胡粉是"化铅所作"。

炼丹家已经能够制取单质砷。葛洪在《抱朴子内篇·仙药》中共记载了6种处理雄黄的方法，最后一种方法是在雄黄中添加硝石、玄胴肠(猪大肠)和松脂"三物炼之"，就能还原得到纯净的单质砷。这是世界上最早制取单质砷的方法。

对于铁与铜盐的置换反应，炼丹家也深刻认识到了。葛洪在铁的表面涂抹硫酸铜溶液，表面会析出铜来，"铁赤色如铜"，"外变而内不化也"。陶弘景扩大了铜盐的范围，用碱性硫酸铜或者是碱性碳酸铜参与反应。

在炼丹活动中，炼丹家对化学物质的特性和化学反应有了深入的认识。他们用汞溶解金属制作汞齐，用水银或氢氰酸溶解黄金，用火焰法来鉴别钾盐等等。他们的发现，有许多都是首次记录，处于世界化学的领先地位。魏晋炼丹家为我国古代化学的发展作出了杰出的贡献！

侯氏制碱法

侯德榜（1890～1974年），名启荣，号致本，福建省闽侯县人，我国著名科学家、杰出的化工专家。

侯德榜在化学工业史上以独创的制碱工艺闻名，是新中国重化学工业的开拓者，被称为"国宝"。

侯德榜出生在一个普通农家，自幼半耕半读，勤奋好学，有"挂车攻读"之美名。1903年，侯德榜得到姑妈资助到福州英华书院学习，并于1906年毕业。1907年，他考入上海闽皖铁路学院，1910年毕业后在英资津浦铁路当实习生。在这一时期，侯德榜目睹了帝国主义凭借技术优势对贫穷落后的中国人民进行残酷剥削与压迫，立志要学好科学技术，走工业救国的道路。

1911年，侯德榜考入北京清华留美预备学堂，以10门功课1000分的成绩誉满清华园。

1913年，他被保送美国麻省理工学院，1916年毕业，获学士学位。再入普拉特专科学院学习制革，次年获制革化学师文凭。1918年，又入哥伦比亚大学研究院研究制革，并于1919年获硕士学位。1921年，他以《铁盐鞣革》的论文获该校博士学位。他的论文在《美国制革化学师协会会刊》连载，全文发表，成为制革界至今广为引用的经典文献之一。

1921年，侯德榜接受爱国实业家范旭东的邀请，回国担任永利碱业公司的技师长（即总工程师）。他知道创业之初需要实干精神，于是脱下西服，换上了蓝布工作服和胶鞋，同工人一起工作。经常是哪里出现问题，他就出现在哪里。

当时在制碱行业，帝国主义实行技术垄断，中国在技术方面一片空白。侯德榜认真研究，终于揭开了索尔维制碱法的秘密，打破了洋人的技术封锁。

1926年，永利碱厂终于生产出合格的纯碱，命名为“红三角”牌中国纯碱。在当年美国费城举办的万国博览会上，一举获得了金质奖章，被誉为“中国工业进步的象征”。

侯德榜摸索到索尔维制碱法的奥秘，本可以高价出售专利而大发其财，但是他并没有这样做。跟范旭东想法一样，侯德榜主张把这一秘密公布于众，让世界各国人民共享。侯德榜把制碱法的全部技术和自己的实践经验写成专著《制碱》，1932年在美国出版。

永利碱厂投入正常运行后，永利公司计划筹建永利硫酸铵厂。侯德榜又开始了从无到有的“创业”历程，跟外商谈判，选购设备，终于在1937年，硫酸铵厂首次试车成功，并很快成为亚洲一流的化工厂。

日本侵略者看中硫酸铵厂的军事价值，先后3次重金收买侯德榜和范旭东。侯、范二人明确表示：“宁肯给工厂开追悼会，也决不与侵略者合作。”日本侵略者恼羞成怒，派飞机对碱厂进行狂轰滥炸。在这种严峻的情况下，侯德榜当机立断，组织技术骨干和老工人转移，并把重要机件设备拆运西迁。

1938年，永利公司在四川岷江岸边的五通桥组建永利川西化工厂，侯德榜担任厂长兼总工程师。当时四川的条件不适于沿用索尔维制碱法。

侯德榜决心改进索尔维制碱法，开创出更先进的技术来。他认真总结了索尔维法的优缺点，发现其缺点在于，两种原料组分只利用了一半，即食盐（$NaC1$）中的钠和石灰（$CaCO_3$）中的碳酸根结合成纯碱（$NaCO_3$），另一半组分食盐中的氯却和石灰中的钙结合成了氯化钙（$CaCl_2$），没有用途。

针对这些缺陷，侯德榜创造性地设计了联合制碱新技术。这个新技术是把氨厂和碱厂建在一起，联合生产。由氨厂提供碱厂需要的氨和二氧化碳。母液里的氯化铵用加入食盐的办法使它结晶出来，作为化工产品或化肥。食盐溶液又可以循环使用。

联合制碱法于1941年研究成功，1943年完成半工业装置试验。这一技术是侯德榜在艰苦环境中经过500多次循环实验，分析了2000多个样品，才最终成功的。新工艺使得食盐的利用率从70%一下子提高到96%，也使原来无用的氯化钙转化成化肥氯化铵，解决了氯化钙占地毁田、污染环境的难题。该方法把世界制碱技术水平推向了一个新高度，赢得了国际化工界的高度评价。1943年，中国化学工程师学会一致同意将这一新的联合制碱法命名为“侯氏联合制碱法”。

新中国成立后，侯德榜继续在化工领域努力工作，他还设计了碳化法制造碳酸氢铵的新工艺，为我国的化肥工业发展作出了巨大贡献。

探索生物的奥秘

细胞学说的创立

任何一门学科的发展，都离不开前人的基础。细胞学说的创立同样离不开细胞研究先行者们的努力。

1665年，英国科学家虎克用显微镜观察软木切片时，偶然发现其中蜂窝状结构，他将“蜂窝”中一个个“蜂房”称为“细胞”。这是细胞概念的首次提出。后来英国植物学家布朗和捷克生理学家普金叶先后观察到植物和动物的细胞核，这使人们对细胞的认识更进了一步。至此，施莱登、施旺等人创立细胞学说的条件基本成熟。

施莱登(1804～1881年)，20岁至24岁曾学习法律，并取得律师资格。但他更热衷于植物学研究，终于在1827年考入耶拿大学专攻植物学。在治学过程中，他独树一帜。在其他植物学家专注于形态分类时，他却惯于用显微镜对各种植物的特征进行观察和描述。施莱登重复了其前人虎克、奥肯、布朗等人的实验，并对他们的实验结果进行了分析和总结。

在批判地继承前人成就的基础上，施莱登提出了自己的细胞学理论。他认为细胞是构成植物体的基本单位，植物体所有器官、组织均由细胞组成，植物发育、成长的过程就是细胞发育、成长的过程。具体包括细胞的生命特征、生理过程、生理地位等方面。

在论述细胞生命特征时，施莱登指出了细胞生命的两重性，即细胞一方面要维持自身生命过程，另一方面又作为整个机体组织的一部分发挥其功能。这种提法明显带有19世纪初奥肯“两重生命论”的烙印。

施莱登认为，细胞的生理过程就是旧细胞产生新细胞，而这个过程中细胞核是关键：新细胞的生成首先是细胞核的生成，接着便是细胞的其他组成物质从老细胞组织分裂出来，最后新的细胞核与刚分裂出来细胞组织形成新的细胞。

谈及细胞的生理地位，施莱登明确提出，细胞作为植物体赖以生存和成长的根本依托，是植物生命体的基本构成单位。

以上几个方面的论述，构成了细胞学说基本组成部分。从此，细胞学说开始建立起来。后来，德国动物学家施旺又把施莱登植物细胞学说引入到动物学，细胞学说从此更加完整。

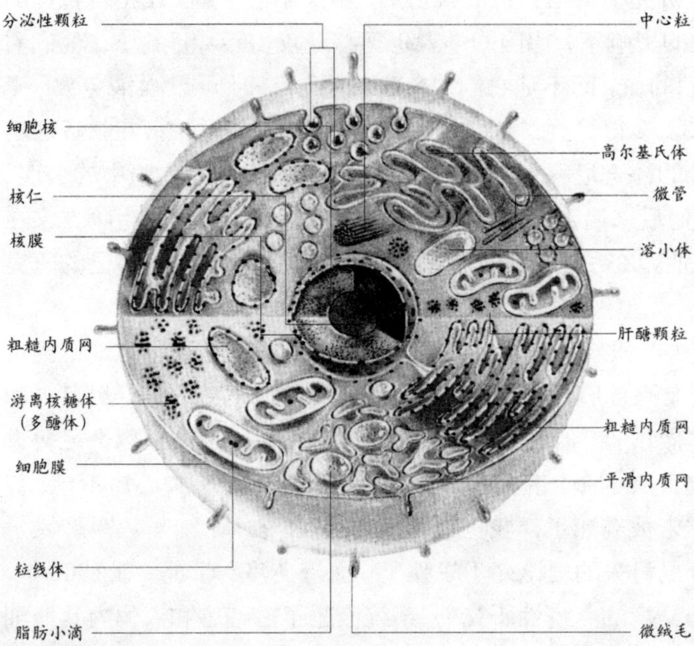

动物细胞的切面图

相对而言，动物细胞比较复杂，它由细胞核、核仁和核膜等部分组成。

施旺原来从事动物胚胎学、解剖学研究。19世纪30年代中期，胚胎学与细胞学并驾齐驱，使得施旺有意把二者加以结合。他从另外一个角度解释了细胞的生理过程：新细胞的生成要借助新陈代谢将细胞间物质转化为细胞生成所需物质，借助细胞相互吸引力浓缩和沉淀细胞间质，进而生成新的细胞。

在解释生命发育过程时，施旺直接指出，动物个体发育过程都是从单细胞开始的。单细胞生成之后，不断分化出新的细胞，整个生命个体才不断发育成长。

只有当施旺把施莱登的细胞学说引入动物学之后，生物学中统一的细胞学说才形成，虽不够完善，但为日后生物学发展指明了通路。

梅奇尼科夫发现吞噬细胞

对于一个从事科学研究的人来说，大胆的猜想往往就是打开迷宫的那把金钥匙。梅奇尼科夫能够发现吞噬细胞便是他大胆想像的结果。有一天，在意大利美丽的西西里岛上，微生物学家梅奇尼科夫正在观察海星进食。突然，他意外地发现：在海星体内有一种像变形虫一样的细胞，当海星吃下食物的时候，能够迅速地游过去并吞掉它们。海星的幼体是透明的，梅奇尼科夫清楚地观察到了整个过程。这个神奇的发现引发了他的一个大胆的设想：既然海星体内的游走细胞能够吞噬食物，那么它们也一定能吞噬有害的微生物，从而使海星免受有害的微生物的侵犯，人体内是不是也存在着同样的细胞呢？

梅奇尼科夫像

所有的科学工作都需要大胆想像，小心求证。在产生了这样一个让人极度兴奋的想法之后，梅奇尼科夫立刻冷静下来，开始了艰难而漫长的求证过程。最初，他用水蚤作为实验标本来观察吞噬细胞吞噬细菌的过程，并得到了令人满意的实验效果。接着又分别在兔子、狗、猴子等动物身上做实验，希望弄清它们的吞噬细胞会不会吞噬导致结核病、丹毒的微生物。

但是，就在梅奇尼科夫雄心勃勃的时候，微生物界和医学界的人却开始朝他大泼冷水。当时德国生物界权威人物卫科特在听完梅奇尼科夫的报告后，不仅不屑一顾，还指示自己的学生对吞噬理论群起而攻之。在他的影响下，德国的学者也猛烈地攻击吞噬理论。在他们看来，“使动物对微生物免疫的是它们的血，而不是它们的免疫细胞”。一时间，“血液免疫”学说论者的反对论文像雪片一样飞来，多得简直“可以填满三座大学的图书馆”。在权威们粗暴的指责和同行们的嫉妒下，年轻的梅奇尼科夫饱尝了人间冷暖，加上当时实验中的失误，他一度郁闷得想自杀。幸运的是，他后来遇上了独具慧眼的伯乐巴斯德。这位老生物专家在听了梅奇尼科夫的介绍后，毅然把他留在了自己的实验室，并且让他继续攻克与自己的研究领域并不相干的吞噬理论。

在巴斯德的支持下，梅奇尼科夫又重新投入了吞噬理论的研究工作。尽管不时地遭到反对者的挑战，他还是对自己的理论充满自信。为了揭示人体吞噬细胞的功能，梅奇尼科夫和他的伙伴们甚至不惜以自己的身体做试验。他们冒着生命危险吞服了霍乱病菌。梅奇尼科夫的助手朱彼勒因此而牺牲了自己宝贵的生命。带头服食霍乱病菌的梅奇尼科夫心痛不已，甚至自责得想要自杀，他悲痛地说：“朱彼勒死了，我也绝不活下去。”

经过多年的实验和论争，梅奇尼科夫的理论终于战胜了“血液免疫”学说。在1900年，梅奇尼科夫发表了《二十年来对传染病的免疫性研究》，系统论述了白细胞和人体内其他细胞的吞噬特性，正式提出了吞噬细胞免疫学说。

生命树

对于18世纪的科学家来说，宇宙几乎是由数学公式主宰的，似乎发生的任何事情都可以用数学公式来计算，且能够计算到最精确的程度。

这个观点被称为“机械主义世界观”，因为信奉者将宇宙当作一个盲目服从自然规律的巨大机器。这个世界观引起了许多问题：其中之一就是有一类科学家无法发现简单的自然规律。他们是生物学家，研究我们星球上的一切生物。

有许多生物都超乎了我们的想象，它们似乎并不遵循简单的自然规律。天文学家想描述太阳系中的行星如何运动的时候，可以借助牛顿的重力定律和一些数字。生物学家想描述森林中发生的情况时，会涉及到上百种不同的植物和动物类型，它们都以不可预见的不同形态出现。天文学家可以计算出木星在1000年之后的位置。但是没有生物学家能知道，一只蜻蜓下一刻会飞向何地。

植物和动物的世界错综复杂，毫无头绪。探险家在非洲、大洋洲、亚洲和美洲不断发现了新的生命形式之后，形势更为复杂。生物学家们无法跟上新发现的步伐。

他们的当务之急是建立一个系统，能提供所有生物的概况。亚里士多德曾试图将动物和植物分类，但是一直没有进行更多的研究。一些书带有动物和花朵的图片和描述，但没有人能改进和细化亚里士多德的分类。

最终，瑞典人卡尔·冯·林耐带来了转机，人们也称他为林耐伍斯。他出生于1707年，对花卉十分感兴趣，8岁的时候已经有了“小植物学家”的称号。林耐在瑞典学医，但主要精力集中在植物学上面。他的前辈主要满足于描述植物的颜色和形态，林耐则不同，他研究植物的各种特性。他进行了多次实地考察，不断发现和认识新的植物，通过这种方式获得的知识帮助他建立了一个新的植物分类系统。林耐的书《自然体系》于1735年出版，书中描述了新系统。

他将带有相同属性的一组生物称为一个生物属。植物中的属性可以是树叶或者花瓣（如果对象是花时）的形状，又或者是植物繁殖的方式。而动物的属性则包括皮毛上的斑点、角、耳朵的形状和不同的生活方式。

同一属的雄性和雌性可以相互交配，繁衍后代。不同属的动物很少一起繁衍后代，因为幼仔不能自行繁殖。虽然狗有不同的外形，但是都属于同一个属。因此，外形不同的狗也可以一起生育幼仔。

卡尔·冯·林耐观察到，许多属之间有相似性。他把这类属集中起来，称为种类。借助属和种类，林耐可以将所有动物和植物分类。之前人们命名一种动物或者植物完全出于偶然。不同的地方有不同的叫法，这让植物学家们伤透了脑筋。林耐则给每种动物和植物都赋予了由两部分构成的科学名称。名字的第一部分表明属所在的种类，第二部分则是属本身的名称。名字是拉丁文的，方便所有的研究者理解，不管他们生活在哪个国家。

如今我们在自然界中看到的所有生物都有两个名字，例如，春天开放的獐耳细辛，拉丁文名字叫做Hepatica nobilis。一个属的名字写法大约和电话簿中的名字相同，首先是整个家族的姓氏，然后是个人的名。这是个巨大的进步。生物学家终于拥有了固定的规则来了解自然的多样性。这个方法非常有效，林耐为16000多种植物和动物进行了命名。

他的继承人继续进行这项工作，为其他动物和植物赋予学名。同时，他们还建立了一个系统，将地球上的所有生物划归到更大的组别中。可以拿狮子来解释，所有的狮子都属于属leo，又属于种类Panthera。狮子的学名就是Panthera leo。老虎的属，也属于种类Panthera。

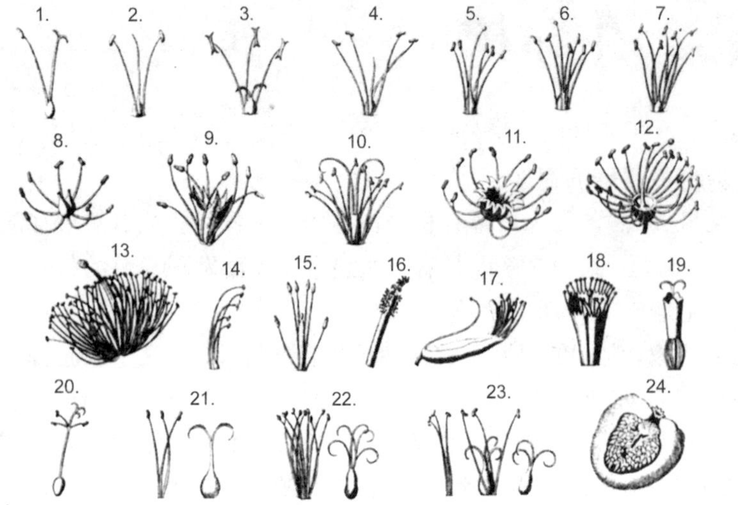

卡尔·冯·林耐精确地按照雄蕊和雌蕊的数量及构造来划分所有显花植物。第24种是包括带有隐藏生殖器官的植物。剩下的23类中又分为两类，一类是3种（21～23）带有分开的雄蕊和雌蕊的，另一类是20种带有两性花的。这20种又分为自由雄蕊（1～15）和雄蕊自行生长或者和雌蕊混合生长的。然后，自由雄蕊的类别还可以根据雄蕊是否长度一致（1～13）或者长度不一致（14、15）来细分。前13种还可以按照雄蕊的数量和位置来区分。这是件费功夫的事情，但是却提供了精确定位某种植物的科学证明。

而这个种类又属于更高的类别，称为科。所有与猫类似的动物，从家猫到山猫，再到狮子，都属于猫科。

在动物世界中有许多科。其中猫科和狗科有一个共性：两个科的动物都有尖利的牙齿，食肉。因此，它们又属于更高级的组别——目。猫科和狗科，以及熊、土狼和其他动物都属于Carnivora目（意思是食肉动物）。

食肉目的所有动物都和人类、牛、大象和鲸鱼有共性：幼仔是胎生的，并先以奶喂养。这种动物同属于另一个类别——纲。这里所说的就是哺乳动物纲。鸟类、爬行动物和鱼类也有自己所属的纲。

哺乳动物、鸟类、爬行动物和鱼类也有共性：它们都有脊椎，而昆虫和蜗牛等则没有。有脊椎的动物属于更高一级的类别，即谱。这里所指的就是脊索动物谱，或者脊椎动物。昆虫和甲壳类动物没有脊椎，它们的“骨架”就是包裹身体的外壳，因此它们也叫做无脊椎动物。

自然界中最高一级的分类将生物分成两类，一类是可以活动的，呼吸氧气；另一类是不能活动的，呼吸二氧化碳。所有的脊椎动物和无脊椎动物都属于另一个类别，即领域。“我们的”领域叫作动物领域，绿色植物则属于植物领域，还有蘑菇领域和其他两个领域。

这些类别看起来十分复杂，但是可以将整体设想成一棵树。地球上的生命构成树根。从树根生长出许多粗粗的树干——大领域。树干上生出许多细枝，每一根树枝都是一个谱。每个谱上生长着许多纲，而纲里有更小的目和科。从外部看到的最细小的分支是属。属的数量达到几百万之多，告诉我们生命树实际上是多么庞大。

生物学家在19世纪初已经知道很多相关知识。但他们无法达成一致意见，究竟这些类别意味着什么。一些类别的名称，如科和种，表明动物本身是有亲缘关系的。

但是大多数生物学家还是相信，上帝创造了属，并且让各种属彼此相似，因为上帝希望看到这种情况。林耐就是其中一个。属从过去到现在一直保持不变的状态，也会永远保持下去。

《圣经》中虽然没有关于自然界系统的内容，但是却可以说明“上帝的决定不可测”，也就是说，我们人类并不总能理解上帝的意图。如果上帝希望如此众多的猫科动物相互类似，那我们也只好接受这个事实。

可是，几个世纪以来，人们已经在石块中发现了植物和动物的痕迹。在中国的一些地方还经常出现石化的骨头残迹——叫做化石——中国人称之为“龙骨”，他们将其磨成粉末，混合到药品中。里奥纳多·达·芬奇是第一位保存死去生物遗体化石的人。

19世纪初期，人们首次发现了真正的大型动物化石。这些骨骸让人想到了蜥蜴，但是它们看起来比蜥蜴大许多。石化的“蜥蜴”体形巨大，有锋利的牙齿。研究者给它们起了个学名叫恐龙。从此，恐龙一直吸引着人们的注意，总是被当作妖怪。

然而，生物学家很难解释这些动物是如何陷入到数米深的石层中的。一种常见的解释是，

《圣经》中描述过的洪水将恐龙淹没了。后来，它们就停留在泥泞和石头中，随着时间的推移渐渐变成了石头。可是它们不可能是在很久以前灭绝的。17世纪的一位英国主教曾计算出世界被创造出来的时间。他得到的结论是，上帝在公元前4004年10月23日创造了世界。那么很明显，恐龙在灭绝以前并没有在地球上生活多长时间。

1830年，英国人查尔斯·莱尔出版了一本名为《地理原则》的书。莱尔是名地理学家，他想要了解历史进程中地球的发展。他研究了欧洲许多地方的地貌，看到了时间带来变化的痕迹，比如河流冲出了山谷，新的山脉形成等等。

莱尔相信，大多数地貌的变化都是缓慢的、一步步发生的。比如，河流要冲出一个山谷，需要上千年的时间，火山的岩浆需要喷发上万年，才能形成一座新的山。

莱尔假定，地球已经有几百万年的历史。从这个假设出发，在《圣经》中描述的时间之前，还存在一段相当长的时间。莱尔相信，在这段史前时间里已经存在生物，但后来灭绝了。化石可能就是这些生命形态的遗骸。由于化石通常存留在厚厚的岩石层中，用之前的假定就可以很容易解释。

一个名叫查尔斯·达尔文的年轻人读到莱尔的书，被深深吸引。他出生于富有的医生家庭，在大学学习了医学和神学，但却不想成为医生或者神父。查尔斯不愿意埋头苦读，更愿意亲自去发现事物。父亲十分担心，认为他将一事无成。但是在田地和森林中的漫步并不是一无是处，查尔斯对发现的一切都十分感兴趣，他主要研究昆虫，并收集了很多标本。

1831年的一天，他听说一艘即将航行世界的船还需要一个人手。查尔斯心动了，并决定行动起来，开始其关于自然科学的探险！他说服父亲让他参加。1831年的12月27日，查尔斯如愿以偿，随“猎犬号”前往南美洲。

漫长旅途的第一站是西班牙。达尔文第一次看到了热带雨林，被眼前无数颜色鲜艳的植物和动物强烈吸引。他立刻开始收集各种植物和动物，放到箱子里，让人带到英国。在巴西，他还发现了巨型树獭科动物的颅骨化石。

由于达尔文读过莱尔的书，所以他假定，巨型树獭科动物属于一个几千年前已经消失的种。他不相信洪水是动物灭绝的真正原因，而是想到了饥饿或者天气的变化，比如冰川时期。

“猎犬号”于1835年到达厄瓜多尔的加拉帕戈斯群岛，位于太平洋中的秘鲁海岸附近。达尔文在这里作出重大发现：在距离大陆几千公里远的岛上，有13种雀类，即一种体形小、类似麻雀的鸟。加拉帕戈斯群岛上的雀类和达尔文在陆地上看见过的外形一样。

它们十分相似，但是鸟嘴的形状不同。一些雀类的鸟嘴短而有力，能弄碎谷物的外壳，而另一些雀类的鸟嘴细而长，适合捕捉昆虫。

那么13种几乎相同的鸟类是如何偶然同时出现在这些与世隔绝的岛屿上的呢？达尔文并不认为这是偶然现象，他想到另一点：一种雀类在几千年前从大陆飞到这片岛屿上，随着时间的推移，一种变成了13种。

达尔文认为，一个种属会随着时间发生变化，变成多个下一级的类别。这种想法并不新鲜。米列都的泰勒斯有学生曾认定，地球上的生命有各种存在形式。18世纪，达尔文的祖父用一首很长的诗描述了变化的物种。1809年，法国生物学家让·巴蒂斯特·德·拉马克在书中表明了自己的观点。但是《圣经》中并没有内容说明动物和植物发生了变化，所以这个观点没有人支持。达尔文在“猎犬号”继续航行的途中一直思考、验证和完善自己的想法。

在整个世界航行期间，达尔文向家中寄送了很多箱植物和动物，在他1836年返回的时候，已经成为一个著名的研究者。他写了本关于这次航行的书，提升了自己的知名度。达尔文家境富裕，能随心所欲地进行研究，而不必努力去谋取大学中的教职。

达尔文始终无法摆脱自己的独特想法，即物种会变化。对植物和动物研究得越多，他就更加肯定，相互类似的物种曾经共属于一个灭绝的种属。

他花了20年的时间研究世界各地的动物和植物，和多位科学家通信交流。所有的研究结果都证明了查尔斯·达尔文的观点。他完全了解了，自己的发现可能是生物学有史以来最重大的一项。

尽管如此，他拒绝向外界公布自己的研究成果。达尔文知道，教会和自己身边的人会说什么。一位年轻的研究者阿尔弗雷德·华莱士在印度尼西亚的丛林中研究动物的生活。他发现，在那里发现的大量物种都是从以前的物种进化而来的，不论是动物还是植物。他和达尔文的观点完全一致，并询问后者的意见。

查尔斯·达尔文深受震动。他认为，华莱士现在要获得此项发现带来的荣誉了。在朋友的建议下，他以最快的速度写了一本关于自己发现的书。1859年11月24日，《物种起源》面世，仅仅1天时间，所有的印本就一售而空。书激起了巨大反响，大致存在两种看法：一种认为这是个天才般的观点；另一种认为这种看法必须被禁止。

书的名字已经说明了书的内容。书中解释了新的动物物种和植物物种是如何在时间的长河中产生的，并且这个过程还没有结束。《物种起源》的主要思想是“进化论”，说明物种是在久远的时间里通过渐变产生的。

书中还举出了各种种属变化的例子。另外，达尔文还解释了这些变化是如何在自然界中发生的，这种解释被称为优胜劣汰的理论。

生物发光奥秘的解析

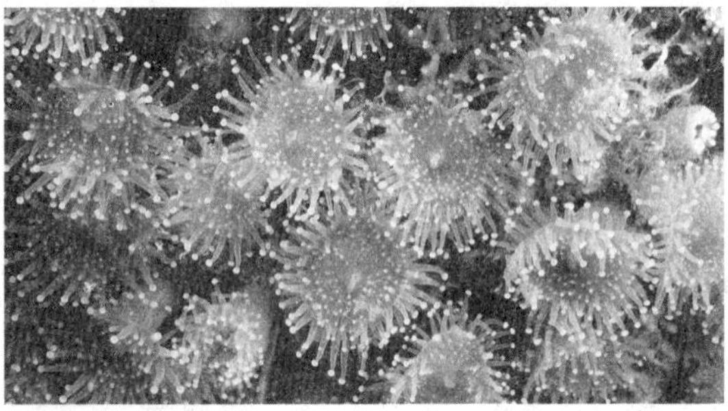

海洋生物发光的奥秘大大丰富了海底的生活。

萤火虫会发光，这我们都知道，但如果你经常出海航行的话，你就会发现，原来海里有许多生物也会发光，而且它们发出的光比萤火虫更夺目，更绚丽。世界上能发光的生物有很多，其中以海洋生物最多。

人们仍能从昏暗的海底把它们辨认出来，原因是它们的尸体熠熠发光。这是腐生在它们尸体上的发光细菌在起作用，这些发光细菌的发光效率高得出奇，20米以外也能看到它们的光亮。在海洋中，能发光的生物有：细菌、海绵、蠕虫、真菌、甲壳类、水母、珊瑚虫、鱼类、软体动物等。

有一种单细胞鞭毛藻，颜色是绿绿的，叫做“隐藻”，它所发出的光也是绿色的，好似绿色的“花朵”盛开在海面上。这些美丽的“花朵”很好看，但不能用手去拿。因为，夜光虫的粘质是有毒的，如果你在含有夜光虫的海水中游泳，皮肤就会受不了。

有一种一到夜晚便开始大放其光的甲藻也非常有名气，它能发出斑状的红色闪光，船上的白帆有时也被它们映得红光闪闪。

更有趣的是，有一种虫类能在生殖过程中发光。刚开始，雌虫先发出连续而强烈的光，雄虫则一闪一闪、断断续续地发光。到交配时，雌虫先发出苍白的光，然后整个身体一下子都放射出光芒，同时向水中泻出一些5厘米左右的球，形成一个光圈；雄虫在距雌虫3～5米远时，断续地闪烁发光，好像是在为雌虫欢呼，又好像是在等雌虫的回应。同时从深处斜向直扑雌虫的发光中心，准确地与雌虫会合。然后，这对“恋人”便翩翩起舞，在它们欢快地旋转中泻出几个发光的大圆球，同时向水中排出精子和卵子。

100年前，法国物理学家杜波依斯做了一盏使人们大开眼界、令人惊奇的灯。这盏奇怪的灯照亮了巴黎国际博览会光学宫的大厅。而它却是杜波依斯用发光细菌做成的。300多年前，英国科学家罗伯特·波义耳对细菌发光现象进行了研究。据说，他制作的装满发光细菌的瓶子，竟能把整个房间照亮。但当他用泵将瓶子中的空气抽走后，细菌在真空中就立即停止了发光；而当他再把空气送进瓶中时，细菌又恢复了发光。实验证明，细菌发光是离不开空气这个必要条件。后来人们才明白，这是空气中的氧在起作用。为了解开生物发光之谜，1887年，法国科学家杜波依斯进行了长期研究，他发现一种发光蛤的体内有两种与发光有关的化学物质存在，其中之一能和氧结合，并被氧化，这种物质被他称为“荧光素”。但荧光素只有在另一种物质存在时才能被氧化，这第二种物质就是他称之为“荧光酶”的东西。

俗话说，有一分热，发一分光。光和热似乎是不可分的，但生物却只发光而不发热，人们便称之为“冷光”。生物发光的研究，有助于揭示生物的机理，更为重要的是，这对工程技术的发展具有是不可估量的意义。生物发光不产生任何热量，并且有十分高的效率，全部光能都由化学能转化而成，没有丝毫浪费。这是任何人工光源都无法做到的。用化学方法制造冷光源，是人类从生物发光中悟出来的方法。在热光照明容易引起爆炸的火药库及充满瓦斯的矿井中，冷光有了施展“拳脚”的天地。它提供了最安全的照明设备。同时，水下蛙人理想的照明也是冷光。由于没有电源，不会产生磁场，因此，在排除磁性水雷时，冷光也是十分安全的选择。

海洋生物中的气象专家

平静的海面上，一群水母舒展开的身体像伞花一样，彩绸条似的触手从身体上伸出来舞动着，就像无数白色伞花在蓝天中飘舞着。突然，它们收缩身体，惊恐万状地向大海深处逃去。水母为何有如此反应？

科学家们经观察研究后发现，原来水母得到了暴风雨欲来的信息。水母独特的听觉系统使它能迅速地知道天气欲变的征兆。其原理是这样的：空气和海浪在形成台风的过程中不断发生摩擦，便会产生8～13赫兹的频率，以每秒种1450米以上的速度传播的次声波，它预示着风暴即将来临，就像天气预报一样。这种人们听不到的次声波，水母却能听到。

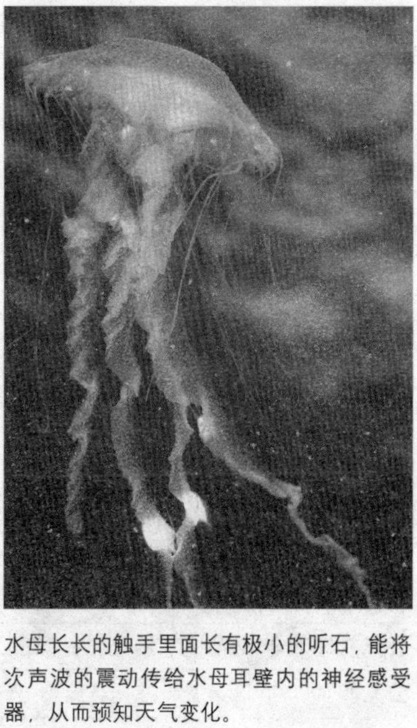

水母长长的触手里面长有极小的听石，能将次声波的震动传给水母耳壁内的神经感受器，从而预知天气变化。

不仅如此，水生生物还能预报地震。1932年，日本本州岛东北部海岸附近突然发现生活在500米深处的鳗鱼成群结队地浮出水面。不久，日本发生了强烈的地震。

科学家分析后认为：地震之前，地层深处压力增大，形成的压电效应能分解海水，产生一些带正电的微粒。而鱼类的耳朵和身体上的侧线器官能十分灵敏的感觉到高频和低频振动，对地震引起的“场”变化也能预先感觉到。

地震和海啸也可以通过海洋生物发光来得知。海洋中的许多生物都能发光，如细菌、蠕虫、海绵、珊瑚虫、水母、甲壳类、软体类、鱼类等。由于海底磁场、水压等环境条件在地震来临之前发生异常，使得海洋生物的发光加剧。千万个海洋生物聚集一起发出强大的光柱、光雾，这告诉人们地震和海啸即将来临。日本本州三陆1896年6月发生了海啸，海洋发光细菌随着汹涌的波涛，像电灯一样将海洋照耀得如同白昼。

美丽的海洋是一座巨大的宝库，科学家们正不断加大海洋研究的力度。我们期待着能发现更多的"天气预报员"，从而更好地为人类服务。

谷物和其他农作物的起源

人类最初只是狩猎者和采集者。我们的祖先以野外采集的植物为食，但如今，野生植物在我们的食谱中只占了很小的一部分。人工培育的植物不同于野生植物，在人类人工筛选后，它们经历了快速地进化，人工培育的植株所具有的特征譬如尺寸大、口味好、产量高等，与自然选择的结果不同，而且现在大多数人工培育的植物需要完全依赖人类才能生存。

这幅瑞典的岩画可追溯到公元前1800年左右的青铜器时代，画中的人驱使动物拉犁，证明当时种植业和畜牧业都已经很好地发展起来了。

农业早期的发展可能已涉及到对持续性发展的认识。植物采集者们意识到，如果把某种植物全部挖出吃光，这种植物就会永远消失。但如果只收集起一部分，或者等植物已经完成散播种子以后再收获，就仍可以在将来获得此种食物。

依赖野生植物为食的一个困难在于，野生植物往往分布在范围很大的一个区域，而且还和那些没有多少利用价值的植物混杂在一起。人类农耕业的首次谨慎尝试出现在约公元前9000年～前8000年的中东"新月沃地"，该地区从尼罗河三角洲北部到地中海东海岸，横跨今天的伊拉克，直达波斯湾。这里的人们开始在居住地附近播种从野生大麦和小麦中收集的谷粒，使得来年采集谷物变得更加容易。有证据表明，中国大约在公元前6500年或者稍晚时开始种植水稻。采集到耕作的转变，让人类得以结束狩猎－采集这种生活方式，有利于更稳定的生存、更容易预测未来，因而也更容易产生新的生活方式。

自然变异造就了一系列小麦，如种头结合紧实的单粒小麦。普通的野生小麦种头结合较松，很容易从麦穗上脱落，这一点对野生植物很有利，因为这可以使种子散播更为广泛。但在耕作时却恰恰相反，分散开的种子将会丢失，人们只能收获仍然留在麦穗上的种头。而来年的庄稼只能依靠播种这些种子获得。因此农民们一开始就选择种头结合紧实的品种，以获得更好的收成。

大事记	
约公元前9000年～前8000年	人类首次栽种单粒小麦
公元前8000年	大麦首次作为农作物的一种在中东种植和收割
公元前6000年	二粒小麦开始受到农民的青睐
公元前5000年	玉米首次在南美洲种植

大约8000年前的"新月沃地"，单粒小麦自然地与另一种野生小麦杂交，产生了新的小麦品种。单粒小麦是二倍体小麦，共有两套7条染色体。多数杂交植物不能繁育，但一些植株是特例，如染色体数目加倍，导致四倍体的杂交植物产生，这就是可以繁育的二粒小麦(共有4套染色体，每套有7条染色体)。二粒小麦的颗粒含有丰富的谷胶，可以用来制作高质量的面粉。另一个变种也适时出现，这一新品种即硬质小麦，具有优于其他品种的重要特点——易于通过打谷脱

壳，因而让农民的生活变得更轻松。现代大多数面包用的小麦源自另一杂交品种，即二粒小麦与一野生品种杂交得到的品种产生的具有6套染色体(六倍体)和高营养麦粒的品种。

早期小麦是一种相对低产的农作物，农民们种下一粒种子只能收获6粒麦粒。然而，出现在约7000年前的美洲的另一种农作物——玉米要高产得多，农民们每种下1粒玉米，就可以收获45粒之多。可能是因为早期小麦的低产，导致旧大陆上的畜牧业发展得比美洲大陆快得多。新大陆的玉米如此高产，使得人们种植玉米就足以维持生存，不求牟利的农民也就没有多少动力去培育新的变种。

谷类是人类最早系统化栽培的农作物，可能大麦、小麦在前，水稻和玉米在后。接着，根茎可食的作物和荚果开始出现，例如甜菜和豆荚。

继而出现了果树、叶菜和用来喂养家畜的农作物。2000年前，人们开始培育特殊用途的农作物，如医用和烹制用的药草。人们甚至栽种一些仅仅是出于装饰目的的作物。尽管如今人们对植物的培育局限在一个相对较小的范围，如观赏性和稀有植物的培育，但人工栽培植物的历程始终没有停步。

马铃薯与烟草

大 事 记

约公元前8000年 南美收获马铃薯

1492年 克里斯托弗·哥伦布在巴哈马群岛得到烟叶

16世纪初 吸食烟草在欧洲风靡

1537年 欧洲人第一次见到马铃薯

1560年 让·尼柯特描述了烟草的药用性质

1597年 马铃薯植物征被详细记载

1610年 弗朗西斯·培根观察发现烟草具有成瘾性

1845～1849年 爱尔兰因马铃薯瘟疫爆发而遭受饥荒

南美的土著食用马铃薯至少有1万年的历史了。最早马铃薯很可能是从野外采集来的，但有考古证据表明印加人大约在6000年前就开始种植马铃薯，他们甚至培育出了各种耐霜冻的马铃薯新品种。

马铃薯是非常好的农作物之一，含丰富的碳水化合物，能够在低温、高海拔这样小麦、玉米等其他谷类无法适应的恶劣环境下生长良好。这种块茎易于储存，而且非常结实，可以长途运输而不受损坏。为了长期保存，印加人把冻干了的马铃薯压碎再磨成粉，这样就能贮藏好几年，在和水之后烘焙成别样的面包。

大约在1537年，西班牙的胡安·卡斯特拉诺斯成为看到马铃薯的第一个欧洲人。他惊奇地看到南美土著居民家中储藏着玉米、大豆和一种他称之为“块菌”的作物，这些所谓的“块菌”就是马铃薯。英国人约翰·杰拉德(1545～1612年)在他1597年出版的《草本植物》中对马铃薯进行了更为详细的描述。

1563年，马铃薯由英国航海家、后来的海军上将约翰·霍金斯(1532～1595年)首次引进英国。但马铃薯的普及仍经历了一个相对漫长的过程。由于难看的外表和在地底生长的属性，马铃薯遭遇了欧洲人的猜疑甚至是厌恶，它被认为是一种肮脏、不圣洁和原始的食物，只有奴隶才吃，不配被端上“文明”的基督徒的餐桌。

爱尔兰是欧洲最早接受马铃薯的国家之一，马铃薯大约在1600年引进爱尔兰，可能也是约翰·霍金斯，或者是英国的探险家沃尔特(约1554～1618年)带来的。在爱尔兰温和潮湿的气候条件下，马铃薯长势很好，到了17世纪60年代，它已经成为一种较普遍的农作物，到了19世纪80年代初，爱尔兰很大一部分人口就几乎以马铃薯作为唯一的食物来源。1845年，灾难降临了，由于马铃薯瘟疫病菌的流行，全国范围内的马铃薯都感染上了马铃薯枯萎病。

在接下来的4年内，有100多万人口死于饥荒，另外100万人口抱着对新大陆的憧憬离开了爱尔兰，但其中的大部分人死在了前往途中。

毫无疑问，爱尔兰人因为对马铃薯的过分依赖付出了生命的代价，但从人类发展的整体角度上看，马铃薯的推广仍具有积极意义。然而烟草就另当别论了。烟草植物的叶子中含有化学成分尼古丁，与咖啡因属于同一种有机化合物——生物碱。跟咖啡因一样，尼古丁也是一种兴奋剂。

南美的土著居民使用烟草叶至少有2000年的历史了，最开始他们咀嚼烟草，或者通过陶土、石头、藤条制成的烟斗抽烟，或把烟草束成小捆，用棕榈叶、玉米叶卷起来拿线扎紧后点燃吸食。英语中“雪茄”一词就是源自玛雅语中的抽烟“sik’ar”，而“烟草”源自“tobago”，是一种烟斗，同时也是加勒比海岛的别称。

1492年，意大利探险家哥伦布抵达巴哈马群岛，当地土著居民阿拉瓦人(南美洲的一支印第安人)就馈赠他水果、长矛以及一捆干烟叶作为礼物。赠送水果和长矛蕴意了然，可为什么馈赠烟草始终是个谜，哥伦布把它们扔了。几个星期后，西班牙探险家罗德里格·赫雷斯和路易·托雷斯看到古巴的土著居民点燃一捆叶子后借助Y字形的藤管往鼻孔中吸入叶子焚烧产生的烟雾，于是赫雷斯自己也开始尝试吸烟，然而这一行为在他回到西班牙后却惹来了麻烦：当看到烟雾袅绕在赫雷斯的嘴巴和鼻孔周围，当权者们认定他已经与魔鬼结盟，赫雷斯为此在监狱里蹲了7年。而在这期间，吸烟的行为在西班牙变得寻常。

早在1531年，欧洲人就开始在南美种植烟草，因其外表而得名“黄色莨菪”，并于1554年出现在佛兰德自然史学家兰伯特·多登斯(1517～1585年)的著作中。在16世纪50～70年代，烟草进入了欧洲大部分地区。到了16世纪末，南美及北美东部地区广泛种植烟草，而烟叶有时也被认为是一种能治百病的神奇药物，被推荐用于治疗牙痛、呼吸不畅、破伤风，甚至癌症。1560年，前往葡萄牙的法国大使让·尼柯特(1530～1600年)著述了烟草的药物特性。人们为了纪念他做出的巨大贡献，以他的名字命名了烟草的学名“Nicotian”，这同样也是尼古丁的由来。

人们很早就注意到烟草具有上瘾性，1610年，英国哲学家弗朗西斯·培根就评论过这一特性。早在17世纪就已经涌现了许多抵制烟草的行为：许多地区都禁止在公共场合吸烟，在中国，吸大烟甚至会被处以死刑。

赵过创代田法

赵过，西汉中期的农学家。史书上记载，大约在汉武帝征和四年(前89年)，他被任命为搜粟都尉，主管当时的农业生产。

赵过为了使农业适应保墒抗旱耕作的需要，发明了代田法，并逐步推广。而且他还发明了耦犁和耧车，为实现代田法服务。

代田法是由畎亩法发展起来的，它的优点在于能够很有效地起到抗旱保墒的作用。

代田法在技术上有以下三方面特点：其一，沟垄相间。种子是播种在沟中的，等到苗出以后，再结合中耕除草来垄土壅苗。这种做法的好处就是防风抗倒伏和保墒抗旱。其二，沟垄互换。沟垄位置逐年互换，实现了土地轮番利用与休闲。其三，耕耨结合。每年开沟起垄，耕耨结合。

随着代田法的逐步推广，农田的单位面积产量得到提高。史称“用力少而得谷多”。赵过对汉代的农业贡献颇大。

从赵过的代田法，我们可以看到秦汉时期农业的主攻方向是抗旱保墒。为了实现这个目的，汉代不仅推广使用代田法，而且也使用区田法，都取得了很不错的效果。

在北方的旱地耕作时，人们从以下四个方面来防旱保墒。一、适时耕作。春耕的适时期在春初解冻之后，夏耕的适时期则在夏至时，而秋耕的适时期是在秋分时候。二、及时耱压。耕起的大土块要及时耱碎，不然就会跑墒，引起干旱。三、因时耕作和因土耕作。根据不同的封土壤性质，确定适宜的耕作时期和方法，才能达到除草、肥田以及保墒抗旱的目的。四、积雪保墒。在冬麦田多积雪来保墒，不仅可以抗旱，而且可以防虫害。

南方在水稻栽培方面，采用了水稻移栽技术和稻田水温调节技术。稻田水温调节技术主要是针对水稻不同生长期通过调节水温来促进其生长发育。

秦汉时期，人们在农作物的栽培管理方面也总结出了丰富的经验，越来越认识到适时播种的重要性。《胜之书》中记载“种麦得时，无不善”，“早种则虫而有节，晚种则穗小而少实”，并且能够根据历法和物候，参照各种因素来确定播种期，非常科学。在农作物的播种密度方面，主要是参考其种类和地力高下。对禾，“美田欲稠，薄田欲稀”；对于大、小麦和水稻，则“美田欲稀，薄田欲稠”，非常合理。在田间管理上，中耕引起相当重视，既达除草之效，又能间苗和保墒。

综上，我们不难看出，秦汉时期的农业伴随着一系列的技术进步得到了快速的发展，并且人们在生产实践中积累了丰富的经验。尤其是汉中期以后，随着铁犁牛耕的普及，我国古代农业取得了阶段性的突破，农业生产力获得长足发展。

《尔雅》与生物分类

《尔雅》是我国古代的一部百科词典。在汉代，儿童识字之后，就要读《尔雅》，来认识鸟兽草木虫鱼，增长知识。

从字面上看，“尔”就是近正的意思；“雅”是“雅言”，即某一时代官方规定的规范语言。“尔雅”就是接近、符合雅言，即以雅正之言解释古语词、方言词等，使之近于规范。

《尔雅》是我国最早的一部解释词义的专著，也是第一部按照词义系统和事物分类来编著的词典。

关于《尔雅》的作者和成书年代，历来说法不一。《尔雅》最早著录于《汉书·艺文志》，但是没有记载作者姓名。有人认为是西周初年周公旦所作，也有人认为是孔子及其门人编写；后人大都认为是秦汉时成书，经过不断增益，到了西汉才被整理加工成今日规模。分析原因，《尔雅》的成书上限不会早于战国，因书中引用资料均来自战国时的《楚辞》、《庄子》、《吕氏春秋》等书；下限亦不会晚于西汉初年，因为汉文帝已设置了《尔雅》博士。

《尔雅》全书共收词语4300多个，分为2091个条目。这些条目按照类别又分释诂、释言、释训、释亲、释官、释器、释乐、释天、释地、释丘、释山、释水、释草、释木、释虫、释鱼、释鸟、释兽、释畜19篇。前3篇所解释的是一般语词，相当于语文词典，较抽象；后16篇根据事物分类来解释事物名称，相当于百科名词词典，比较具体；尤其是后6篇，完全是讲生物的，包含了我国古代早期丰富的生物学知识。

《尔雅》把生物分为动物和植物两大类，又把植物分为草、木两类，动物分为虫、鱼、鸟、兽四类。其中动物分类里面：虫包括大部分无脊椎动物，鱼包括鱼类、两栖类、爬行类等低级脊椎动物及鲸、虾、蟹、贝类等，鸟是鸟类，兽是哺乳动物。这个分类，比起18世纪近代分类学奠基人瑞典植物学家林奈的天纲系统，只少了两栖和蠕虫两个纲，却比他早了1800多年。在世界生物分类学史上，《尔雅》是最早的生物分类学方面的著作。

> 知识窗
>
> **《尔雅》与群雅**
>
> 《尔雅》首创按意义分类编排体例和释词方法，后人仿之著作了一系列以"雅"为书名的词书，如《尔雅注》、《骈雅》、《广雅》等，称为"群雅"。研究"群雅"的学问被称为"雅学"。
>
> **生物分类**
>
> 分类系统是阶元系统，分为7个主要级别：种、属、科、目、纲、门、界。种是基本单元，近缘的种都归合为属，近缘的属合为科，依次而上。各单元上下可附次生单元，如总目、亚目、次目等；还可增设新的单元，如族（介于亚科和属之间）。

《尔雅》所记载的生物分类和动、植物的解释，成为人们研究我国古代动植物的重要书籍。晋代郭璞对《尔雅》的研究，在生物学史上占有很重要的地位，他将《尔雅》视作研究动、植物的入门书。他在《尔雅注》序言中讲道："若乃可以博物不惑，多识于鸟兽草木之名，莫近于《尔雅》也。"他研究和注释《尔雅》达18年之久，书中引经据典，解释各种动、植物在当时的正名和别名，并对许多动、植物的形态以及生态特征作了具体的描述。因为郭璞的研究和注释，《尔雅》所包含的分类思想不仅得以保存和继续，而且更加彰显出来。

在郭璞的带动影响之下，宋元以至明清，研究《尔雅》者层出不穷，仅清代研究《尔雅》的著作就不下20种。其中与生物学关系密切的有罗愿的《尔雅翼》和陆佃的《埤雅》。《尔雅翼》共30卷，全部讲生物，分为释草、释木、释鸟、释兽、释虫、释鱼等部分。

《尔雅》对生物分类以及动植物的研究，成为中国传统生物学的重要组成部分，也成为研究我国古生物的重要参考文献。

童第周的生物研究

童第周（1902～1979年），字蔚孙，浙江省鄞县人，是20世纪中国著名的实验胚胎学家和生物学家。

童第周出生在一个农民家庭，他幼年丧父，家境清贫，全靠兄长抚养。1918年，童第周进入宁波师范读书，他学习勤奋，以优异的成绩考入省内名望极高的宁波效实中学三年级做插班生。

在效实中学，童第周因为基础薄弱，开始成绩全班倒数第一，但是他没有灰心。他经常在同学们就寝之后，在路灯光下努力学习，到期末考试的时候，他的成绩已经是全班第一了。当时的校长陈夏常感叹道："我当了多年校长，从来没有看到过进步这么快的学生！"后来童第周回忆说："在效实中学的第一，对我一生有很大影响。那件事使我知道自己并不比别人笨，别人能做到的，我经过努力也一定能做到。世上没有天才，天才是用劳动换来的。"

这件对童第周一生都有影响的事情反映出了他年纪轻轻就很有志气，这种志气使他在以后的科学之途上以巨大的努力获得令世人瞩目的成就来。因为他相信通过自己的努力，别人能做到的事情，他也能做到，而且可以做得更好。

1922年，童第周考入复旦大学，就读于哲学系心理学专业。1927年毕业后，由中央大学生物系主任蔡堡推荐，任中央大学生物系助教。1930年，童第周由亲友资助到比利时留学，师从布鲁塞尔大学著名的胚胎学家布拉舍教授，并于1934年获博士学位。在留学期间，他总是在默默地做实验，他的生物学天分引起了另一位导师达克教授的注意。1931年夏天，在法国的海滨实验室，童第周顺利完成了海鞘卵子外膜剥离实验，获得了在国际生物学界声誉很高的李约瑟的赞赏。“九·一八”事变发生后，童第周出于爱国和抗日热情，带头到日本驻布鲁塞尔使馆进行抗议，受到比利时警方的威胁。

1934年7月，童第周放弃国外优厚的条件，回到祖国，任教于国立山东大学生物系。1937年抗日战争爆发后，他随山东大学内迁到四川万县。1938年山东大学解散，他辗转了很多地方。1941年11月，童第周受聘于同济大学。在离乱的日子里，他在经典胚胎学基础理论研究上取得重大突破，引起了国际瞩目。1942年底，李约瑟访问中国，参观了童第周简陋的实验室，对他在如此破陋的条件下获得如此巨大的成就表示惊叹。1946年，童第周担任山东大学动物学系教授和系主任。1948年，当选中央研究院院士。同年，应美国洛氏基金会邀请到美国耶鲁大学任客座研究员，1949年3月回国。

新中国成立后，童第周继续担任山东大学动物系教授兼系主任。1950年他受聘兼任中国科学院实验生物研究所副所长和中国科学院水生生物研究所青岛海洋生物研究室主任。1957年担任中国科学院海洋生物研究所所长。1977年出任中国科学院动物研究所细胞遗传学研究室主任。1978年任中国科学院副院长。童第周在文革中受到迫害，后在邓小平亲自过问下，得以重返实验室。

1979年3月，童第周病逝于北京，享年77岁。

童第周毕生致力于生物研究，工作起来一丝不苟，六七十岁了还坚持自己动手做实验，用他自己的话说，科学家不自己动手做实验就变成科学政客了。学生们到实验室看到的第一个人永远是童第周。他端坐在显微镜前，似乎和这些仪器一样成为实验室不可缺少的一部分。童第周的辛勤努力使他在实验胚胎学、细胞生物学和发育生物的研究方面取得了创造性的成果。他的研究工作始终居于国内外同类研究的先进行列。他在两栖类胚胎发育研究、文昌鱼的发现及其胚胎发育机理的研究、鱼类的胚胎发育能力和细胞遗传学研究、尤其是在生物遗传学理论的研究中都有杰出的贡献。他培育出的兼具金鱼和鲫鱼性状的“单尾金鱼”被称之为“童鱼”。

童第周以他杰出的生物学研究方面的贡献，当之无愧成为我国实验胚胎学的主要创始人之一。

袁隆平和杂交水稻

在一个有着13亿人口的大国，吃饭问题显然是一个关系到国计民生的大问题。被誉为“杂交水稻之父”的袁隆平，他的科研成果不仅在很大程度上解决了这个问题，而且也被认为是解决21世纪世界性饥饿问题的法宝。国际上甚至把杂交水稻当作中国继四大发明之后的第五大发明，誉为“第二次绿色革命”。

袁隆平是新中国第一代大学生。1953年从西南农学院毕业后，被分配到偏远落后的湘西雪峰山麓的安江农校教书。1960年，一场大饥荒夺去数千万人的生命。袁隆平亲眼目睹了这场来势凶猛的灾难。严酷而沉痛的现实让他深感不安，同时也使他从此走上了解决粮食问题的艰难征程。

最初，袁隆平是按照米丘林“无性杂交”理论进行水稻试验的，但却没有得到任何有意义的结果。于是，他对国际流行的水稻没有杂交优势的学说产生了怀疑，继而转向了当时被批判的孟德尔、摩尔根遗传基因等学说进行探索，这在当时是需要很大勇气的。

1964年，袁隆平偶然发现了一株天然杂交水稻，优势非常强，这给了他很大启发。他设想利用水稻雄性不育性，通过培育不育系、保持系、恢复系“三系”配套方法，来代替人工去雄杂交、生产杂交种子，并在中国科学院出版的《科学通讯》1966年第4期上发表了一篇名为《水稻的雄性不孕性》的论文，这篇论文对杂交水稻研究具有划时代的意义。

> 知识窗
>
> **袁隆平获世界粮食奖**
>
> 2004年10月14日，在世界粮食奖颁奖仪式上，中国水稻专家袁隆平和西非水稻专家蒙蒂·琼斯博士共同获得世界粮食奖。世界粮食奖设立于1986年，由世界粮食奖基金会每年颁发一次，授给为人类提供营养丰富、数量充足的粮食中作出突出贡献的个人。此奖是国际上在农业方面的最高荣誉。

经过9年的艰难探索，袁隆平和同事们终于走出了困境，迎来了硕果累累的收获季节：他们不仅培育成适合长江流域作双季早稻的优质、高产双季早稻组合，而且选育了超高产亚种间苗头组合，这些苗头组合达到了每公顷日产量100公斤的超高产指标，比曾经轰动一时的国际水稻研究所制定的超级稻育种计划提前了6年达标。

在当今中国，有一半的水稻种植面积种植着袁隆平研制出来的杂交水稻，有60%的水稻产量来自于这种杂交水稻，从1976年到1998年累计增产粮食3.5亿吨，按人均口粮每年450公斤计算，每年解决了500多万人的吃饭问题。

鉴于他所作出的巨大贡献，曾有好事者给袁隆平的个人价值作出过无形资产评估——“袁隆平”这个名字品牌价值为1008.9亿元。当然，如果袁隆平的杂交水稻申请专利或者垄断经营的话，这一切完全有可能变为现实。在美国，买一磅常规稻种也要付给科研单位5美分。但现在，杂交水稻的成果基本上是无偿使用的。面对别人的疑惑，袁隆平说：“我没想那么多。谁想种都欢迎，而且越多越好。”

把科研成果无私地交给全社会，袁隆平当年刚刚发现“野败”最新材料的时候，就毫无保留地向全国育种专家和技术人员报告，又慷慨地把辛勤培育的“野败”材料奉献出来，分送给全国有关单位协作攻关。 现在，已有20多个国家引种杂交水稻，联合国粮农组织把在全球范围内推广杂交水稻技术作为一项战略计划，专门立项支持在世界一些产稻国家发展杂交水稻。袁隆平作为联合国粮农组织的首席顾问，每年都出国指导，他多次赴印度、越南、缅甸、孟加拉等国，并为这些国家培训技术专家。

转基因作物研究

转基因工程技术作为一门生物高新技术在最近20年才发展起来。转基因植物于1983年在世界上首次培育成功。转基因植物是指科学家在实验室中通过基因工程方法，改变作物原来的基因构成，培育出的新品种。许多转基因植物产品早就成为人们的食物，和人类生活、健康之间的关系越来越紧密。

那么，转基因作物是人类必需的吗？转基因作物是否安全呢？

一些科学家认为，不能将转基因技术的实用性看得太高。如果认为转基因“无所不能”，“无所不用”，那是一个极大的错误。根据唯物辩证法，事物有内因和外因两个方面，内因是基础，外因是条件，内因通过外因才起作用。作为内因的转基因，首先得和外部环境结合，否则将发生不了什么作用。首先，从盐碱地里长出的作物天然具有抗盐碱的基因，但这是环境通过自然选择、适者生存而产生的；如果把抗盐碱基因转移到其他脱离盐碱环境的作物上，并不一定能起作用。

转基因技术的另一个问题就是安全性。2001年夏秋之际，比利时科学家在《欧洲食品技术研究》杂志上发表文章，将他们最新的研究发现公布于众：从美国孟山都公司生产的一种转基因大豆中，发现了奇怪的基因片段。科学家们对该基因片段进行同源性分析，花费了好几个月，但最后仍无法找到它的DNA序列。呼吁各国政府：对这种可疑的转基因大豆的定购应暂缓。

孟山都公司对他们遇到的“麻烦”轻描淡写地说：这种基因改造大豆像传统大豆一样安全，只不过有一段基因需要重新测序命名。他们还“很有信心”地称：在对传统大豆的基因进行改良的过程中，无论是注入新基因还是改变原有的基因，都不会产生任何预计不到的不良后果。

就在“大豆事件”引发人们为安全问题争得难分难解之时，一份美国科学家的研究报告在英国权威的《自然》杂志上发表了。科学家在报告中称：他们首次发现转基因作物产生的杀虫毒素（BT）可由根部向周围土壤渗透。他们种下BT转基因玉米25天后发现，BT毒素通过根部渗出物进入周围土壤，仍具有很强的活力，能将虫杀死。但是这些毒素也能使害虫的抗药性增强，而且对土壤的生态环境十分不利，这一点和普通杀虫剂的负面影响没有本质区别。被人们请来“帮忙”的病毒基因，所起的作用可能相反。

另外，“转基因”是人为地从外部“转”来的，很可能会破坏原来基因家庭的亲密与和谐，对生态系统产生影响。因此，它要起正面作用，就必须和作物原来的基因家族成员“搞好关系”，取得必要的“帮助、协作”。它要和相关基因、基因诱导、调控方式、胞质因子进行适宜的结合，甚至要对细胞、组织、个体、群落、相关种群、系统、生物圈等多层次的水平和机制进行调动。

然而也有一些科学家认为，利用转基因技术拓宽了生物育种的思路；从纯技术层面来看，转基因是中性的，对人体不存在利弊问题。根据跟踪观察，转基因农作物及食品的安全性问题，在于转进了是否合适的基因，而不在于转基因动植物本身。他们认为，目前的转基因动植物是人们平时食用起来安之若素的食品，转进的基因大都是动植物自身的基因。部分植物生理学家呼吁，公众应该消除有关转基因食品不安全疑虑。

事实上，探索理想的生物技术与人类休戚相关。因此，采取更温和、更周全的步骤，寻找更符合自然天性的方式，改善作物品种，增加粮食产量，造福人类，这实在是一件功德无量的事情。

阿魏草和阿魏蘑菇的“神通”

中国古书有“山有葱，下有银；山有薤，下有金；山上有姜，下有铜锡；山有宝玉，木旁枝皆下垂”的记载。应该说，很久以前，人类就已经懂得利用植物找矿了。

植物为什么有这种神奇功能呢？原来植物根系深深地扎在地下，不停地从土壤中汲取养料。假如地下有矿床，矿床的矿物元素就会通过土壤传到植物根系，这样就会使植物的分布

铜草花

又名海州香薷，是铜矿的指示植物。凡有铜矿的地方，这种喜铜植物就长得十分茂盛，在铜绿山遍地生长着铜草花。

和植物的性状受到影响。人类若是仔细观察这些植物，便会从中得到一些启示，从而顺利地找到矿床。

在戈壁滩上生长着一种叫做阿魏草的多年生草木植物。这是一种较为名贵的中药。在每年4、5月份的时候，冰雪刚刚消融，这时在阿魏草根茎枯烂的地方，便会长出一棵棵乳白色的伞状蘑菇，这就是阿魏蘑菇。

1978年，地质队两名钻工到野外去捡阿魏蘑菇，他们在采集中无意捡到了一块黑褐色石头。经过采样化验，发现这块黑褐色石头中竟然含有较高的铜和镍。后经钻探，在这里找到了一个品位很高的铜镍矿。这是近几年地质找矿的一个重大发现。

为什么在阿魏蘑菇生长的附近竟能找到铜镍矿床?正如我们上面所说，铜镍矿对阿魏草产生了影响，阿魏草又影响了阿魏蘑菇，所以在生长着阿魏蘑菇的地方很可能就有铜镍矿。

阿魏草、阿魏蘑菇的分布具有比较明显的地域性：阿魏草多产于低洼处，主要分布在阿尔泰山脉西南坡，往北则比较稀少，性状也发生了很大的变化。对于阿魏草、阿魏蘑菇在富矿带、贫矿带，矿区、非矿区有规律的变化，科学家们将作出进一步的研究和探索。

关于植物感情的研究

相对于人类和各种动物而言，植物常被认为是一种低级的生命形态。它们不言不语，默默地生长着，似乎真的“草木无情”。其实不然，植物虽然不像人类或动物那样具有丰富的情感，但是它们对外界各种刺激作出的反应，却远远出乎人们意料。所以，这个意义上说，植物也是有感情的。

如果你用手碰一下含羞草，它就会像少女一样羞涩地低下头；花生、大豆的叶子到了夜晚就会紧紧合拢……这一切都是植物对外界刺激所做出的反应。

令人感到惊奇的是，植物对人类才会欣赏的音乐也有很高的鉴赏能力。法国一位园艺学家曾做过这方面的一个实验。他把耳机套在一个番茄上，每天播放3个小时的音乐。结果，这个番茄成熟后比一般番茄大许多。

还有人曾专门用仪器对植物的感觉作了记录。美国著名的测谎机实验者克里夫·巴克斯特曾在1966年把测谎机的电极连在一种热带植物——龙舌兰的叶子上，然后浇上充足的水，结果测谎机把植物饥渴喝水的“情景”记录了下来，很像人在短暂的感情冲动时反应的情景。

日本“新世纪”公司经过长期研究后发明了一种能够测定植物对外界刺激反应的机器。为了了解花草的“感性状况”，他们先用一种叫“蜘蛛抱蛋”的花草做试验，把这个用电池作动力的小装置放在花盆边，把两根电线分别夹在“蜘蛛抱蛋”的叶子和茎上，第二根电线插进土里。“蜘蛛抱蛋”受到外界刺激时会发出一种电脉冲，装置会感受到任何细小的变化，然后通过电线把植物脉冲传导给装置里面的扬声器，扬声器会发出一种类似鸡蛋在杯子里煮爆了的噼啪声，声音随着脉冲增强而提高。更让人惊奇的是，若植物的主人与它对话时它则会很高兴，当主人走近它以至于它能感受到他的呼吸和体温时，植物能够感受到将要发生什么，并在10秒钟内快速作出反应。

专家认为，未来人与植物的“联网”也许会成为现实。人与植物交流的效果比对植物放音乐的效果要好得多。

探索珊瑚褪色之谜

不久前，澳大利亚悉尼大学生物科学院的古尔贝格教授，根据自己15年来对珊瑚礁进行的调查研究，向人类提出了一个严正警告：美丽的珊瑚正出现白化现象，假如海水的温度再比夏天的水温升高一度，那么大部分珊瑚都会白化并随之死去。

在澳大利亚的布里斯班港，那里的珊瑚五光十色，非常壮观。红的、粉的、紫的、绿的、黄的……五颜六色的珊瑚有的像一窝峰巢，有的像孔雀开屏，有的像一丛鹿角。龙虾、海蟹、海龟、海鳗以及各种贝类都喜欢在珊瑚丛中漫游繁衍。这种美丽的生物把整个海底打扮得美丽异常。可是大约100年后，五彩斑斓的珊瑚将从我们这个星球上彻底消失。珊瑚为什么会失去色彩，为什么会患上“白化病”呢？

珊瑚礁在地球上所占的位置非常重要。作为海洋生态生物链中的一环，珊瑚如果消失，那么所有依赖其生存的生物都会受到影响，最后很可能发展到威胁整个海洋生物系统。科学家们迫切需要搞清楚珊瑚失去色彩的原因。

原来，海洋中生活着一种叫做珊瑚虫的生物。这种腔肠动物附着在海底的礁石上，与一些五颜六色的藻类共生。藻类通过光合作用生成营养物质，并将其提供给珊瑚，这同时也是珊瑚形成外骨骼的原料和美丽颜色的来源。比如，与绿藻共生的珊瑚就呈现出漂亮的绿色。作为“交换”，珊瑚虫提供生活的场所给共生的藻类。假如与珊瑚虫共生的藻类弃珊瑚虫而去，珊瑚虫就会因为失去营养物质的来源而死去。而失去共生藻类的颜色点缀，珊瑚当然也就会变成白色了。

五彩斑斓的珊瑚将整个海底装扮成一个美丽的大花园。

一位研究生态气候学的专家加西亚说：“珊瑚出现白化病，都是由于海水温度升高引起的。”由于目前大气中二氧化碳含量过高，地球气候越来越暖，而海水温度也随之升高，就迫使与珊瑚共生的藻类不得不离开珊瑚虫。

人类要想制止珊瑚白化现象的蔓延，就必须控制海水温度的升高，降低空气中二氧化碳的含量。为了不让地球成为一个无色的星球，让我们所有的人都从点滴做起，去爱护和保护整个地球家园的生态平衡。

探索植物自我保护机制的成因

人类是有智慧的生命，具有自觉的自我保护、防御侵害的意识，而动物也具有自我保护的本能，当有敌害出现时，它们会逃走或用独特的方法去抵御。然则，大多数人可能认为，植物受到昆虫侵害时只会逆来顺受，它们既没有手反抗，也没有脚逃跑。它们没有办法对这些昆虫进行自卫反击战。

植物学家们经过长期观察发现，面对敌害，植物并不是无动于衷，它们会用独特的方法保护自己。比如，受到舞毒蛾的侵害以后，橡树的叶子就会集中地分泌一种叫做单宁的化学物质。吃了以后，舞毒蛾就像吃了迷魂药一样，它们迷迷糊糊，反应迟钝，行动缓慢。

有一种赤杨树受到枯叶蛾的攻击时，它们的树叶就会转移营养，并迅速分泌出更多的单宁酸和树脂。吃不到好东西，这些蛾子就只好飞向了另一棵赤杨，以为可以寻找美味佳肴。结果那棵赤杨已经接到了敌害入侵的信号，也迅速把营养成分转移到身体的其他部分，而且还分泌出大量有毒液体，等待着那些枯叶蛾。

植物的这种自我保护方式引起了科学家的兴趣，他们通过各种方式观察、研究植物，试图搞清这种自我保护机制形成的原因。他们发现，植物对于防碍自己生存的其他植物，也会表现出自我保护的行为。有一个实验：科学家们从种植着野草的花盆里取出一些水来，浇到苹果树的根部，苹果树也在花盆中，经过观察，发现苹果树吸收这些水后，生长速度明显地减慢了。经过分析，科学家得出结论认为，野草能够分泌一种化学物质对苹果树造成危害。

那么，植物为什么会做出这种似乎是有意识的反应呢？目前，科学家对这一问题还无法作出令人满意的解答。但可以肯定的是，植物的自我保护机制是普遍存在的，它们独特的保护方式应该是在长期的生存竞争中，通过自然选择而逐渐形成的。至于自我保护机制形成的具体过程和原因，还有待科学家的进一步研究。

解开“步行仙人掌”“步行”的奥秘

动物之所以被称为动物，是因为它们有自由行动的能力。而植物没有腿，没有脚，只能留在原地不动。然而，奇怪的是，有些植物似乎打破了这一常理，它们不会常年厮守着方寸之地，而是四处“行走”。

葡萄是我们常见的一种植物，它伸出的卷须能不停地向周围四处探索，如果遇到可攀援的物体，就会紧抓不放，同时“顺竿爬”，从而开花结果，长得枝繁叶茂。此外，很多住宅、教堂的墙壁从远处看是一片令人心旷神怡的翠绿色，这就是人们常说的“爬山虎”。它的学名叫地锦，又名常青藤、红葛。虽然葡萄能到处“游走”，地锦能“漫游”四壁，可它们的根茎依旧立在原地而无法动弹半步。因此，它们还不能算是真正会“走路”的植物。

萨瓜罗仙人掌，这是世界上最高的仙人掌之一，约20米高，同时它也是最大的仙人掌，生长在美国南亚利桑那州、东南加州和西北墨西哥州的干旱山麓和沙漠地区，它有1米粗，6吨重。

在戈壁、沙漠地区生长着一种“步行仙人掌”，它可以称得上“步行高手”了。与葡萄、地锦不同，这种仙人掌能够连根带茎一起四处“行走”，可谓居无定所、四海为家。

可是，不管怎样，“步行仙人掌”仍旧是植物，它又怎么会“步行”呢？

植物学家经研究发现，“步行仙人掌”的根由一些带刺的嫩枝组成，它不会扎进土壤很深。因为戈壁、沙漠经常刮风，“步行仙人掌”就可以在风的帮助下四处“走动”，风停后，它就在新的地方“落脚”生长。

但是，“步行仙人掌”的根既然不能深深地扎进土壤，在干旱的环境里，它如何吸收养分呢？原来，奥秘在“步行仙人掌”的叶茎里。它的叶茎非常肥厚，既能从空气中吸收营养，又能将其贮存。而它的根只管“步行”，吸取养料的作用并不大。

行踪不定的马尾藻

马尾藻是一种普通的海藻，可是生长在大西洋的马尾藻却与众不同，它们连绵不断地漂满约450万平方千米的海区，以至于这个海区被称作马尾藻海。

马尾藻海位于北大西洋环流中心的美国东部海区，约有2000海里长、1000海里宽，如果把北大西洋环流比喻成车轮，那么马尾藻海就是这个车轮上的轮毂。

1492年9月16日，当哥伦布的探险船队正行驶在一望无际的大西洋上时，忽然，船上的人们看到在前方有一片绵延数千米的绿色的“草原”。哥伦布欣喜若狂，以为印度就在眼前。于是，他们开足马力驶向那片“草原”。当哥伦布一行人驶近草原时，不禁大失所望，原来，那“草原”却是一望无际的海藻，即今天的马尾藻海。

马尾藻海有“海上坟地”和“魔海”之称。这是因为许多经过这里的船只，不小心被这些海藻缠绕，无法脱身，致使船上的船员因没有食品和淡水，又得不到救助，最后饥饿而死。

马尾藻海一年四季风平浪静，海流微弱，各个水层之间的海水几乎不发生混合，所以这里的浅水层的营养物质更新速度极慢，因而靠此为生的浮游生物也是少之又少，只有其他海区的1/3。这样一来，那些以浮游生物为食的大型鱼类和海兽几乎绝迹，即使有，也同其他海区的外形、颜色不同。相反，这里却成为马尾藻的“天堂”，上百万吨的马尾藻肆意在这里生长，形成了一片辽阔的“海上大草原”。

马尾藻海除了蔚为壮观的“海上草原”之外，还有许许多多令人费解的自然现象。马尾藻海位于大西洋中部，形状如同一座透镜状的液体小山。强大的北大西洋环流像一堵旋转的坚固墙壁，把马尾藻海从浩瀚的大西洋中隔离出来。因此，由于受海流和风的作用，较轻的海水向海区中部堆积，马尾藻海中部的海平面要比美国大西洋沿岸的海平面平均高出1米。

马尾藻海究竟是怎样形成的呢？如果把大西洋比做一个硕大无比的盆子，北大西洋环流就在这盆中作圆形运动。而马尾藻海则非常安静，所以许多分散的悬浮物都聚集在这里，海上草原就是这样形成的。但是，马尾藻海里的马尾藻究竟是怎么来的，人们还没有找到一个肯定的答案。有的海洋学家认为，这些马尾藻类是从其他海域漂浮过来的。有的则认为，这些马尾藻类原来生长在这一海域的海底，后来在海浪作用下，漂浮出海面。

最令人称奇的是，这里的马尾藻并不是原地不动，而是像长了腿似的时隐时现，漂泊不停。一些经常来往于这一海区的科学家经常会遇到这样的怪事：他们有时会见到一大片绿色的马尾藻，然而过了一段时间，却不见它们的踪影了。

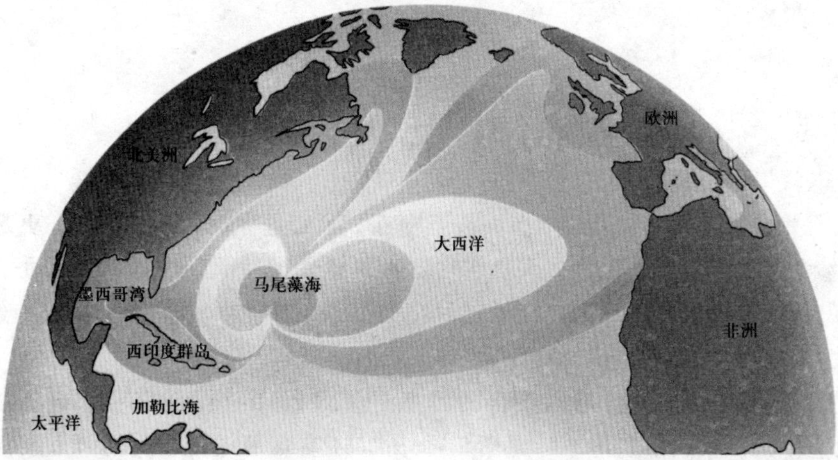

马尾藻海示意图

树木年龄的发现

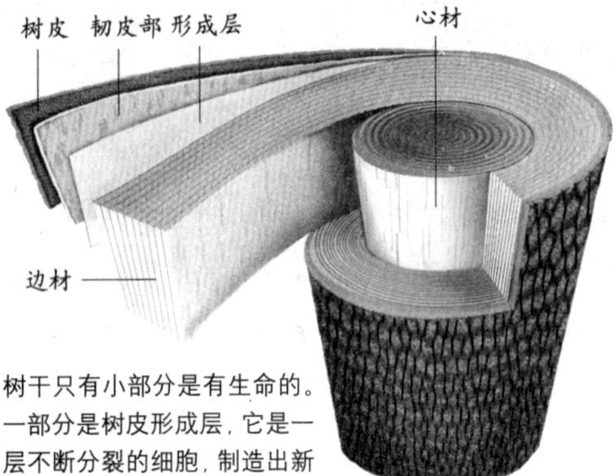

树干只有小部分是有生命的。一部分是树皮形成层，它是一层不断分裂的细胞，制造出新的树皮。另一层形成层每年制造出新的边材，老的木质部细胞则称为心材。

在深山古刹，我们常常能够看到参天古木，它们的寿命少说也得有几百上千岁。树木一般都很长寿。要想知道它们的年龄，乍看不是一件容易的事。不过，只要人们掌握了树木的生长习性、生长规律，那么，判断一棵树的年龄就有据可循了。人们通常用数马齿来断定马的年龄，用"数年轮"的方法来判断树木的年龄。

所谓年轮，就是树木茎干每年形成的圆圈圈。我们可以从大树树干上锯下来一段木头进行观察，你会发现，原来树干是由一圈圈质地和颜色不同的圆圈构成的。

科学研究发现，在树木茎干的韧皮部内侧，生活着一圈特别活跃的细胞，被称为形成层，因为它们生长分裂得极快，能够快速形成新的木材和韧皮组织，可以说，它们是增粗树干的主导力量。这些细胞在不同的生长季节，生长情况有明显的差异。春夏最适于树木生长，因此，在这2个季节，形成层的细胞分裂较快，生长迅速，所产生的细胞体积大，细胞壁薄，纤维较少，输送水分的导管数目多，称为春材或早材；而在秋天，形成层细胞的活动较于春夏2季明显减弱，产生的细胞当然也比较小，而且细胞壁厚，纤维较多，导管数目较少，叫做秋材或晚材。

由以上的说明我们就可以知道，早材的质地比较疏松，颜色相对浅淡；晚材的质地比较紧密，颜色相对浓深。树干上的一个圆圈就是由早材和晚材合起来形成的，这就是树木一年所形成的木材，称为年轮。顾名思义，年轮1年只有1圈，这样一来，我们就可以根据树木年轮的圈数，轻松地数出一株树的年龄了。但是，也有例外的，一些植物如柑橘的年轮就不符合这条规律，它们每一年能够有节奏地生长3次，形成3轮。当然，我们不能把它当成3年来计算。这样的年轮，我们称其为"假年轮"。

凡事都不是绝对的，年轮虽然能够清楚地记下树木的寿命，但不是所有的树木都能够用"数年轮"的方法来确定年龄的。为什么呢?主要是气候的因素。热带地区由于气候季节性的变化不明显，形成层所产生的细胞也就不存在太大的差异，年轮往往不明显，只有温带地区的树木，年轮才较显著。因此，要想推算热带地区树木的年龄，当然也就比较困难了。

秋天树叶发黄的研究

每到秋天，很多树木的叶子会变黄，甚至变红。尤其是枫树，到了秋天，更是一派"红枫如火"的景象。从古至今，无数文人墨客对这种景象发出赞叹，最有名的莫过于唐代诗人杜牧的名句"停车坐爱枫林晚，霜叶红于二月花"。人们不禁要问：在赞叹红叶美景之余，为什么有的树种的叶子到了秋天就会发红呢?

直到近代，科学家才发现，叶片所含的色素不同，叶子的颜色也不同。绿色色素在一般的叶子中大量存在，我们称之为"叶绿素"。另外，还有黄色或橙色的胡萝卜素，以及红色的花青素等等。

叶子的叶绿素和胡萝卜素能够进行光合作用。它们在阳光的作用下，吸收二氧化碳和水，呼出氧气，产生淀粉，所以叶绿素十分活跃。但叶绿素却很容易被破坏。叶子在夏天之所以能保持绿色，是因为被破坏的老叶绿素不断地被新的叶绿素替代。到了秋天，天气转凉，叶绿素就不那么容易产生了。这样，叶绿素遭破坏的速度很容易超过它生成的速度，于是树叶的绿色逐渐褪去，变成了黄色。

有些树种的树叶会产生大量的红色花青素，叶子就变红了。叶子产生花青素的能力和它周围的环境变化密切相关。如冷空气一来，气温突然下降，这非常适合花青素的形成。因此，秋天有些树上的树叶就会变红。

尽管叶子变红的原因我们已经弄清，可是至今为止，人们对于花青素究竟是什么样的物质，它在植物叶子中起什么作用仍不清楚，这将有待于科学家的进一步研究。

能独树成林的榕树

在我国热带和亚热带地区，经常会看到高大的榕树，每棵榕树都有宽大的树冠，而且树冠上悬垂一根根支柱根，远远望去，每一棵树都像是一片小小的森林。

榕树是一种常绿阔叶乔木，喜欢高温多雨、空气湿度很大的气候，所以在低海拔的热带林、热带和亚热带沿海海岸及三角洲等低湿地区，它们生长得十分茂盛。

由于湿热的气候，榕树生长得很迅速，并且每棵树都生有很多的侧枝和侧根。榕树的主干和枝条上长着很多皮孔，从每个皮孔处都生出枝条来，一根根向下悬垂着，好像老爷爷的长胡子一样，我们称这些倒生的枝条为“气生根”。这些气生根一直向下生长着，直到它长得碰到了地面后又入土生根，并渐渐长粗，长成一个真的树根，只不过这些根不生枝，不长叶，人们把这些根叫做支柱根。榕树的支柱根和其他根一样，帮助榕树吸收水分，汲取养料，同时还支撑着不断往外扩展的树枝，使树冠不断扩大。榕树的寿命很长，据统计，一棵古老的榕树能够长出1000多条支柱根。

其实，在植物界中，不仅榕树生长支柱根，除了榕树以外，棕榈科的伊利亚棕、露兜树科的露兜树、桑科的刚果桑、木麻黄科的苏门答腊木麻黄和第伦桃科的第伦桃等树木，它们

成都黄龙溪渡口大榕树

也长出支柱根，只不过榕树的支柱根生长得更为壮观。

榕树的果实味道甜美，是小鸟最爱吃的食物，它们把果实连同坚硬的种子一起吞到肚子里，然后到处飞翔。如果你在热带和亚热带地区的古塔顶上、古老屋顶上和古城墙上，看到了郁郁葱葱的小榕树，那一定是小鸟的杰作，是它们把榕树的种子随粪便到处撒播，甚至小鸟还把含有种子的粪便拉在大树顶上，种子生根发芽长成小榕树，形成树上有树的奇观，成为热带林的一大风景。

园林工作者们根据榕树生长的特性，别出心裁地对榕树的气生根和树冠加以整形和打理，竟把榕树做成一种庭院绿化中具有奇特景色和富有岭南特色的盆景，真是不简单。

假如有一天你有机会走进热带和亚热带丛林，你一定一眼就会看见那些高大的生了胡须一样的榕树，把它们称为小森林毫不夸张。

没有根的花中之王

在我们印象中，植物都应该有根，否则它们以什么为依托呢？然而，有些植物偏偏没有根，大花草就是其中的一种。大花草不仅没有根，连茎、叶都没有，甚至不能进行光合作用。可就是这种“一无所有”的植物，却是当之无愧的“花中之王”。

大花草是大花草科植物中的一种，又被称为“阿尔诺利基大花草”，这个名称来自于大花草的发现者——著名博物学家阿尔诺利基。19世纪初，阿尔诺利基与英联邦爪哇省总督拉夫尔兹爵士去苏门答腊旅行，发现了这种奇特的植物，阿尔诺利基用自己的名字给它取了名。拉夫尔兹爵士曾在一封信中写了一段大体意思是这样的话：这次行程中我们发现了大花草，我觉得，它的美丽是任何语言都无法形容的。它的重量超过7千克，直径90多厘米，世界上没有别的花比它大，比它美丽。这是我们最大的收获。

大花草在印度尼西亚被称作“本加·帕特马”，意即荷花。实际上它长得一点也不像荷花，它有五个暗红色的花瓣，而且肥厚多肉，花瓣上布满白斑，鼓鼓囊囊的。花瓣中央有一个长着很多小刺的“圆盘”，保护着花蕊，给人一种神圣不可侵犯的感觉。阿尔诺利基大花草的每一部分都异常大，“圆盘”大，花瓣大，花蕊也大。每片花瓣长30～40厘米，厚数厘米；中央的大圆盘其实是一个密槽，这个槽高30厘米，直径达33厘米，里面可容纳5000～6000克水。根据对标本的测量，阿尔诺利基大花草直径为70～90厘米，最大能够达106.7厘米，无愧于“花中之王”的称号。

不能进行光合作用，没有根、茎、叶的大花草却是当之无愧的“花中之王”。

原来，大花草是寄生类的植物，它靠别的植物活着。大花草有一种类似蘑菇菌丝体的纤维，利用这种纤维深深扎进葡萄科植物白粉藤的木质部，通过吸取白粉藤的大量养料，来供给自己生长。

大花草的种子异常小，它挤进白粉藤的擦破处，接着开始膨胀，萌发成像幼芽似的东西。用不了多长时间，“幼芽”慢慢长成扭曲的花蕾，有小孩的拳头那么大。此后，花蕾舒展开来，就会露出5片花瓣来，呈砖红色。刚开始时，大花草散发出一种清香。三四天后，气味变得极其难闻，这种气味和肉色的花瓣会招来大批厩蝇，通过它们完成授粉工作。就这样，大花草借助其他植物的力量，最终长成了花中之王。

植物中的“活化石”——银杏

“公孙树”银杏

距今2亿多年前，地球处于中生代三叠纪至侏罗纪时期，那时银杏树遍及全球，种类繁多。而第四纪冰川期来临之后，除了中国外，各地的银杏树均遭遇冻灾，从此银杏成了中国特有的树种，也成了植物中见证历史的活化石。

银杏是一种落叶大乔木，单种属树种，在裸子植物银杏科属中独一无二，其高度可达40米，直径4米。它出现于古生代二叠纪，受第四纪冰期影响在世界大部分地区绝迹。之所以在我国存活下来，得益于我国独特而又复杂多样的地理环境。

目前，野生银杏仅仅生存在浙江省天目山海拔500～1000米的天然混交林中。银杏的别名很多，大家都熟悉的是白果，而鲜为人知的名字有鸭掌树、公孙树、佛指甲等。银杏树形十分优美，高大的树冠像宽宽的绿色华盖，每片叶子则像一把把小扇子在风中摇摆。到了秋天，树叶转黄，银杏树更像是穿了黄艳艳衣服的少女，婀娜多姿，令人忍不住驻足观看。

银杏果实呈椭圆形，果核也是圆形。成熟的果实像一枚杏子，外面包着橙黄色肉质的种皮，而果实的内壳却是白色的，所以把它取名为银杏，俗名叫做“白果”。在自然状态下，银杏树的生长比较缓慢，一般20年后开始结籽，到了30～40年后才进入盛期，盛期之后，结子能力就百年不衰了。俗话说“公公种树，孙子收实”，就是说银杏的这种生长特点，这也是银杏的别名“公孙树”的来历。

银杏虽然生长缓慢，但它繁殖能力很强，有着一套高超的“求偶”本领。因为银杏树雌雄异株，在雌花与雄花授粉时，距离给它们带来了困难。可是在风的帮助下，雄树仍然可以将它异常细小的花粉，送到数千米之遥的雌树那里，让雌花和雄花完成“生儿育女”的使命。科学家们还发现，银杏的“精子”依然像2亿年前它的祖先那样，具有鞭毛，会游动，这使它成为了植物学家研究原始裸子植物的“活标本”。

银杏树的寿命也很长，树龄千年以上的古银杏树在全国各地随处可见。而寿命最长的一株古银杏，生长在山东省莒县定林寺前，树龄达3100多岁，树高24米，直径1.57米，至今还能开花结果，成了树木中的“老寿星”。

> 知识窗
>
> **银杏**
>
> 银杏是银杏目唯一现存的植物，已超过25000万年。原产于中国及日本，而今被引入世界各地，当作观赏之用。银杏一般株高20～25米，有时可达40米，成树的树皮为灰色而有深沟。叶长于短枝末端，成簇生或单生。叶片成扇形，长约5厘米，宽5～7厘米。雌雄异株。雄花成短穗状花序般的一丛；雌花通常成对，长于短枝上。种子为核果状，直径约2.5厘米，具有一个大的银色核仁，有一种不悦的味道，所以，庭园较少栽植雌株。

谈及银杏树的用处，真是数不胜数。可以说，它浑身是宝，比如，银杏材质细密，纹理直，有光泽，在建筑、家具、雕刻中用材时不翘、不裂，又很容易加工，是木材中的上品。就更不用提银杏的果实了，它富含淀粉、脂肪、蛋白质和维生素，既可食用，又可入药。连《本草纲目》中都记载着这样的句子：“熟食可温肺盈气，定咳嗽，缩小便，止白浊，生食降痰，消毒杀虫。”银杏叶也是一宝，可提制冠心酮，用来治疗心血管系统疾病，把银杏叶放在书柜，或夹在书中，它清香的味道还可以驱除书内蠹虫。

银杏树的这些特点，使它备受人们喜爱，人们也经常把它栽种在庭院、庙宇内外，来点缀风光。银杏在我国已有了悠久的栽培历史，全国20多个省、市、自治区均有栽培，尤其是四川、广西更为广泛。不久，这种古老的植物将作为观赏树种来美化首都主要街道，银杏树也会再次像远古时候一样随处可见了。

不怕干旱和盐碱地的胡杨

胡杨，属于杨柳科，是温带落叶林树种，河旁湖畔是它的家。其形象很奇特，幼树的枝条、叶子跟柳树相似，长高几米后，叶子的形状就变成了椭圆状，很像杨叶。

凡是有一些生物常识的人都知道，植物是很难在盐碱地生长的。因为，如果植物的根细胞里含有太多的渗透压很高的盐水，就会阻碍根进一步吸收水分，时间一长，植物会因得不到水分而枯死。另一方面，如果土壤中积累过多的可溶性盐类，根细胞就会“中毒”，从而受到伤害。事实证明，大部分植物在含盐量超过0.05%的土壤里都不能成活。但是，胡杨却能在含盐1%～3%的盐碱地里生长，这是为什么呢？

20世纪60年代，2位澳大利亚科学家和美国科学家伯恩斯坦在经过多年的研究之后，提出了“渗透学说”，向人们揭示出胡杨的这种特异功能。他们认为，胡杨之所以能在盐碱地生存，是由于其叶面的蒸腾作用比普通植物低，这样就保证了自身生存所需的水分，因此它的抗旱和抗盐碱能力才如此强大。胡杨的茎叶上布满了可以把从盐碱地中吸收的过多盐分排出体外的泌盐腺。

除了胡杨之外，黄须的抗盐能力也是很突出的。黄须是一年生草本植物，叶多汁肥厚，像长满了茸毛的小棍棒。黄须的根系极为发达，从而将土壤变得疏松，加强渗透力。人们常叫黄须为“吸盐器”。因有人曾做过这样一个实验，在盐碱地上种了一片黄须，1年后，通过取土化验，结果发现75厘米深的土壤内含盐量只剩0.1%。

除了胡杨、黄须之外，世界上还有许多抗盐碱、抗旱能力强的植物，像碱蓬、盐角草、胡颓子、田菁、艾蒿等。碱蓬和盐角草都有肉质叶和茎，它们之所以具有高度的抗盐能力是因为它们茎、叶内的细胞质与盐并不排斥而是能够相结合，以至于它们细胞含水量高达95%。胡颓子、田菁和艾蒿的根细胞对盐的排斥力很强，同时，它们的细胞内还含有较多的有机酸和糖类，从而使细胞吸水的能力加强了。瓣鳞花能将吸收的盐分与水充分溶解，然后通过叶面分泌出去，水分干了之后，叶面上的盐的结晶颗粒被风一吹就散落了。

由于具有了抗旱耐盐碱的“特异功能”，所以盐碱地也就成为像胡杨这样的植物生长的乐园。

叶绿体与光合作用

你想过没有，我们吃的食物是从哪里来的？我们呼吸的氧气又是从哪里来的？是谁在滋养着我们人类？也许大家没有想到，这些都源自于那些普普通通的绿色植物。它们不仅是我们人类生存所需的食品的主要来源，而且还通过吸收空气中的二氧化碳，将其转化为供人呼吸的氧气。

那么，绿色植物是怎样茁壮生长的，它们又是如何制造氧气的呢？

科学研究表明，绿色植物的细胞中有一个特殊的器官，它叫叶绿体。叶绿体在不同的植物中的含量不同。通常，在高等植物的叶细胞中，每个细胞中含有30～500个不等的叶绿体；而在低等的地藻类植物的细胞中，每个细胞所含的叶绿体数量就相对少多了，大多只有一个到几个。绿色植物的叶片和幼枝之所以呈现出绿色，就是叶绿体起的作用。

不过，单单有叶绿体还不行，还不能制造食物和氧气，还缺什么呢？那就是阳光。

俗话说：万物生长靠太阳。如果没有太阳，地球就漆黑一片，植物就不能生长了。绿色植物的叶绿体在太阳光的照射下，以空气中的二氧化碳和水为原料，通过光合作用，合成碳水化合物(如淀粉等)，并放出氧气。这个化学过程可以通过下面的式子直观地表示出来。

$$\text{二氧化碳}+\text{水}+\xrightarrow[\text{太阳光}]{\text{叶绿体}}\text{碳水化合物}+\text{氧气}$$

就这样，绿色植物的叶绿体，在太阳光的作用之下，转化成人类所需的物质食粮。所以说，叶绿体在太阳光作用下发生的这一个光合作用，不仅为绿色植物自身的生存提供了必要的条件，也为世间万物解决了“吃饭”问题，同时它吸收空气中的二氧化碳，将其转化为氧气，再释放回空气中，为世间的生物提供了生存所必需的氧气。

据统计，在光合作用之下，绿色植物每年大约可以将1500亿吨二氧化碳和600亿吨水转

光合作用吸收二氧化碳和水分，制造葡萄糖和氧气。其化学方程式如下：

$6CO_2+6H_2O \rightarrow C_5H_{12}O_6+6O_2$

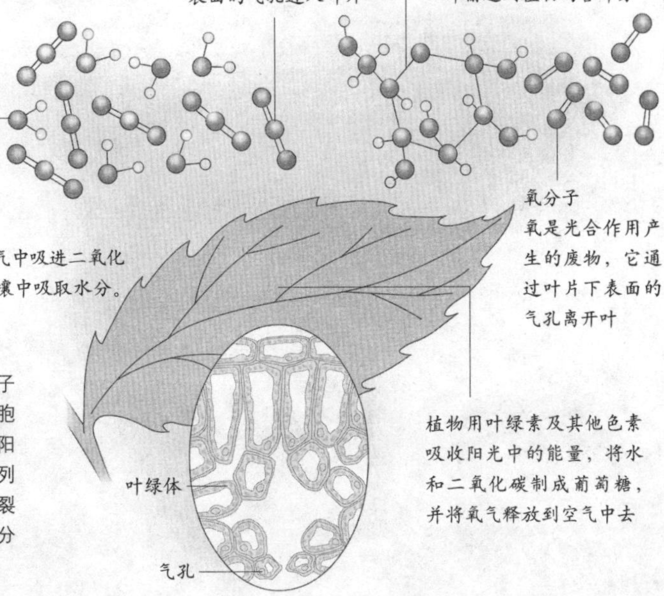

大多数植物都在叶片中进行光合作用。叶子中的许多细胞内有一种叫叶绿体的微小细胞器，叶绿体中的绿色素和其他色素会吸收阳光中的能量。有了这一能量，便开始一系列复杂的化学反应。在化学反应中，水分子裂解成氢原子和氧原子。氢原子与二氧化碳分子结合成葡萄糖并将氧气作为废物排出。

化成1000亿吨营养物质（即碳水化合物，诸如淀粉之类）和1000亿吨氧气。由此可见，光合作用多么重要啊！要是没有了光合作用，这个星球就会失去生机和活力，变得死寂冷清。

从小的方面来说，叶绿体及其光合作用对于美化、净化我们周围的环境也是很有用处的。人们经常在居室内外种植一些花花草草，一方面是为了美观，另一方面，这些绿色植物能够吸收空气中的二氧化碳，释放出氧气，这对于人们的身体健康是大有好处的。所以，我们万万不可小瞧了这些绿色植物哦！

植物吃虫的发现

在自然界，动物吃植物已经是天经地义的事。牛、羊、马吃草，猴子吃果子，熊猫啃竹子，连小鸟也寻找植物种子充饥。可如果反过来说，植物吃动物，就让人觉得太不可思议了。不过，世界上真的有“吃”动物的植物，它们被叫做食虫植物。

18世纪中叶，科考人员在美洲的森林沼泽地进行科学考察时发现了一种珍奇植物——孔雀捕蝇草。这种草的叶子是长方形的，很厚实，叶面上长有几根尖尖的茸毛，叶的边缘还有十几个轮牙。每片叶子中间有一条线，把叶子分成两半儿，就像开屏的孔雀一样，可随时开合。

平时，孔雀捕蝇草会散发出一种香甜的气味，以此来诱惑那些贪婪而愚蠢的昆虫。昆虫如果不小心触动了捕蝇草的叶子，捕蝇草就会迅速叠起来，边儿上的轮牙也互相交错咬合，这只贪婪的虫子就成了它的食物。捕蝇草的叶子既可以用来捕捉食物，又是其自身的消化器官。叶子会分泌出消化液，将昆虫消化掉。虫子越挣扎，叶子就夹得越紧，分泌的消化液就越多，直到只剩下虫子的残骸为止。猎物很快就被吃完了，然后叶子又设下新的陷阱，等待着别的虫子上钩。但是，孔雀捕蝇草一生只有3次打猎的机会，然后就逐渐枯萎了。

捕蝇草捕食昆虫
有些食肉植物如捕蝇草，具有可活动的陷阱。陷阱由位于叶端处的圆裂片构成。圆裂片的边缘长有很长的褶边，内面呈红色并长有灵敏的长毛。这些长毛可感受到轻微的触动并启动陷阱。

最有代表性的食虫植物是猪笼草。它看上去像普通的喇叭花或百合花，有的还能散发出像紫罗兰或蜜糖一样的香味，吸引昆虫的到来。猪笼草是一种生活在中国海南岛、西双版纳等地潮湿的山谷中的绿色小灌木。每片猪笼草的叶子尖上，都挂着一个伸长的带盖的小瓶子。由于它们很像南方运猪用的笼子，所以被称为“猪笼草”。它身上的瓶子有红的、绿的、玫瑰色的，有的甚至还点缀着紫色的斑点，十分鲜艳，而且，这些瓶子在瓶口和内壁处能分泌出又香又甜的蜜汁。小虫子闻到香味就会爬过去吃蜜，正在享受之际，小虫子的脚下突然一滑，一头栽进了瓶子里，再也爬不出来了。小瓶子里盛满了酸溜溜的黏液，被粘住的小虫子便成了猪笼草的一顿美餐。

在沼泽地带或潮湿的草原上生活着一种淡红色的叫做“毛毡苔”的植物猎手，在毛毡苔的生长环境里还繁衍着众多的小虫和蚊子，它们最终都要成为毛毡苔捕获的对象。毛毡苔的叶子只有一枚硬币大小，上面长着200多根既能伸开又能合拢的茸毛。茸毛像一根根附着在叶子上的纤细的手指。在茸毛的尖上有一颗闪亮的小露珠，这是茸毛分泌出来的黏液，散发出蜜一样的香味。昆虫禁不住香味的诱惑，就会迅速飞过来。昆虫一碰上茸毛，茸毛尖上的黏液就会粘住昆虫，然后像手一样抓住昆虫，不让它跑掉。接着，茸毛又分泌出可以分解昆虫的蛋白酶。最后，毛毡苔的叶细胞就把消化后的养料吸到植物体内。一切结束后，毛毡苔的茸毛又伸展开了，一只倒霉的昆虫就这样化为乌有了。

捕蝇草、猪笼草、毛毡苔都是陆地上的食虫植物，水中食虫植物的代表之一就是狸藻了。狸藻(utricularia)漂浮在池塘中，叶子像丝一样分裂开来，长达1米。在狸藻的茎上长有很多扁圆形的小口袋。这些口袋能产生消化液，在袋口还有个向里打开的小盖子，盖子上长着能“绑”住昆虫的茸毛。一棵狸藻上长有上千个这样的小口袋，每个小口袋就像是一个小陷阱，在水里分散开来，形成了一个疏而不漏的陷阱网。如果有小虫子不小心撞进这个陷阱网，只要碰到袋口的茸毛，小口袋就会张开，小虫子随着水就进入了陷阱，小口袋很快就把虫子囚禁起来，这时候，口袋的内壁就会分泌出杀死虫子的消化液，不多时，小口袋便能恢复原来的样子，等待下一个猎物自投罗网。

地球上像这样的食虫植物还有很多，主要分布在热带和亚热带地区。目前的统计数据显示，地球上的食虫植物共有500种左右。其中，在我国境内的品种约有30种。

这些食虫植物的身上都具有特殊的武器，一是各种陷阱，用来捕捉昆虫；二是香饵或伪

黏胶捕捉

茅膏草植物的叶子上覆盖着红色的布满腺体的茸毛，这些茸毛能分泌出透明清澈的黏性液体。昆虫被闪光的小黏液滴吸引着跌落而被粘住。昆虫的挣扎会刺激旁边的茸毛向其弯曲缠绕。当叶子将猎物完全包围后，植物就释放出消化酶，将昆虫溶解。

装，用来诱捕昆虫，像气味、花蜜、颜色等；三是含有可以溶化昆虫的消化液。

那么，为什么这些植物要“吃”虫子呢？

一些科学家认为，食虫植物之所以吃虫子，也许跟它们生存的环境有关。此类植物一般分布在酸性沼泽地、泥炭地、水中、平原、丘陵或高山上。它们居住的地方一般缺少阳光和养分，其生存受到了严重威胁，但那里一般有很多昆虫。于是，食虫植物便学会了捕食昆虫的本领，就是因为这种本领才让它们能在当地活下去。

当然，这只是人们的一种猜测，很多问题现在都无法解答，比如，食虫植物是否有神经系统呢？为什么这些植物有如此灵敏的感觉？当外界的刺激出现时，食虫植物又是如何在体内传递信息的呢？但愿在不久的将来，科学家们能够找到这些问题的真正答案。

可用来提炼铀的浮游生物的发现

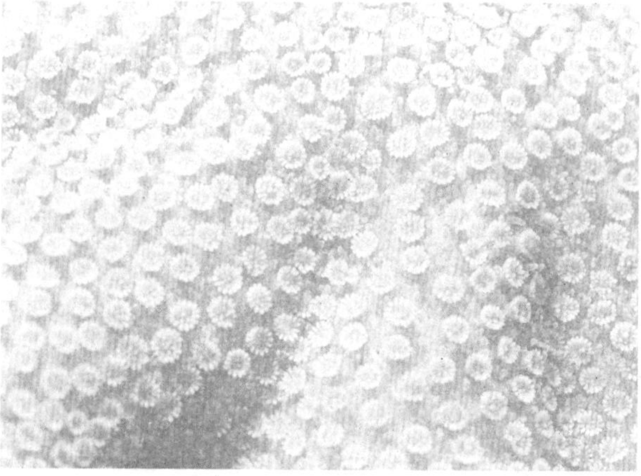

浮油生物尸体堆积成软软的海底沉积物，这些沉积物中含有大量的铀。

目前，全世界对铀的需求量随着核能发电的蓬勃发展而迅猛增长，核电站对铀的需求量很大，这使得原本储藏量就极为有限的铀矿越来越珍贵起来。为了解决这个问题，科学家们开始寻找铀的新来源，很自然，铀蕴藏量巨大的海洋引起了人们的注意。

海洋里的铀矿分布情况与陆地上集中分布的情况不同，海洋中的铀是溶解在海水里的。虽然海洋中有45亿吨铀，然而海水中铀的含量却是很低的，1000吨海水中仅含3克铀。因此，如何把铀从海水中提炼出来就成了一个非常重要的问题。

为此，科学家们展开了研究，开始时多数人认为可以研制一种机械装置，这种装置可以将铀直接从海水中提炼出来，甚至其中的一些人还将这种想法付诸实践，但这些努力最终都没有成功。

后来，人们开始把注意力转移到微生物上，一个德国科学家发现了一种用肉眼看不见的海洋浮游生物。这种浮游生物能吸收铀。当海水中的铀被这种微生物吸收后，铀便与其体内的天然糖、蛋白质相结合，从而其体内铀的浓度比海水中铀的浓度高出1万倍。科学家们在进一步观察中发现：这些浮游生物死后的尸体慢慢沉入海底。经过一段时间后，这些尸体便堆积成软软的海底沉积物，其中含有大量的铀。目前，科学家们在黑海的海底就发现了这样一个大铀矿。然而，以目前的开采技术，这些铀矿还不能被开采出来。

为此，人们开始研究利用这样一种方法来开采铀矿：即将这种浮游生物体内那些可以与铀结合的糖分离出来，再通过人工的方法合成，这样就可以像鱼的饲料一样，把它投入海水中，等它与足够多的铀矿结合后，再用化学方法从中提炼铀。

这种方法很快被人们付诸实践，并且取得了初步的成功。目前，这一技术正处于进一步完善的阶段，等到这种技术推广之后，必将给人们开采铀矿带来极大方便。

查尔斯·达尔文的进化论

1831年，查尔斯·达尔文于剑桥大学毕业后，以“贝格尔号”军舰船长罗伯特·菲茨罗伊朋友的身份随行，进行科学考察。达尔文立志成为一名博物学家，通过此次长达5年的航行，达尔文获得千载难逢的机会得以观察遥远的地球另一侧的各种生物。“贝格尔号”先后到达特内里费岛、非洲西海岸的佛得角群岛等，随后绕过南美洲最南端的合恩角前往南美洲西海岸巴塔哥尼亚、智利、秘鲁以及加拉帕戈斯群岛，继而横穿太平洋航行至塔希提岛以及新西兰，最后借道毛里求斯(非洲岛国)以及非洲南海岸好望角返回英国，前后共历时达5年之久。每到达一个港口，达尔文都上岸考察，并且收集岩石、动植物标本。

在5年的航行中，达尔文在南美洲上岸的次数远远多于其他地方。事实上，他待在岸上的时间比在船上的时间还多。除了收集奇异动植物的标本外，达尔文还研究所到之处的岩石成分以及地质学特征。在巴塔哥尼亚，达尔文发现一处高达6米的沙砾层岩石，其中包含巨大的骸骨，而这些骸骨实在是太大了，不属于任何现存的物种。达尔文发现，除了太大之外，这些骸骨同南美洲的犰狳以及树懒非常相似。达尔文很快意识到这是可能是它们已经灭绝的远古祖先。但到底是什么原因导致了它们的灭绝？是否是因为它们已经不适于生存？

1836年秋天，“贝格尔号”返回伦敦后，达尔文一直潜心研究地质学，并支持地质均变论。地质均变论最初由苏格兰地质学家查尔斯·莱尔(1797～1875年)提出，该学说认为整个世界处于匀速的变化之中。随后，达尔文还拜读了英国经济学家托马斯·马尔萨斯(1766～1834年)的诸多著作，书中提出了“生存竞争”一说。

达尔文意识到“生存竞争”同样也发生在动物界，比如为什么一些鱼类在食物明显不足的情况下仍坚持繁衍大量的后代？但是这些后代中的一部分又确确实实的生存了下来。这一现象启发了达尔文，使之萌生了“只有最适应环境的动物才能生存”的观点，换句话说，自然选择的过程是自然界的一个内在机制，该机制运作的结果使得自然界不断地选出最适合的生存物种。

就在达尔文将自己的这些观点归入进化论的同时，威尔士博物学家阿尔弗雷德·罗素·华莱士(1823～1913年)通过在亚洲及澳大利亚的长期观察，也得到了同样的结论。1858年，华莱士写信给达尔文阐述了自己的观点，随后二人联合在林奈协会生物学杂志上发表了一篇关于进化论的论文。次年，达尔文出版巨著《物种起源》。1889年，华莱士也出版了关于达尔文学说(进化论)的书籍。

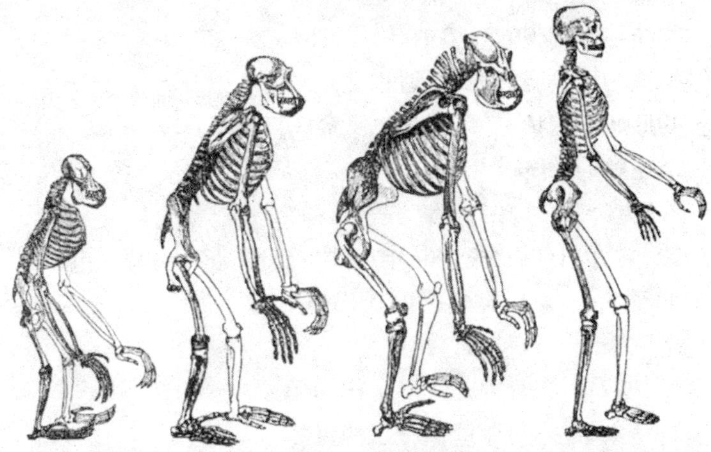

如果比较3种类人猿——猩猩、黑猩猩和大猩猩（从左到右）与人类的骨架，可以很明显地看到相似性。类人猿的牙齿数量和人类一样，都有薄薄的鼻中隔，类似的手部，并且大拇指都能活动，半直立的姿势，没有尾巴，类人猿从卵到成年的发育阶段基本和人类相似。不同之处在于，人类完全直立，手和身体之间的距离更短，头盖骨以及大脑明显更大更重。达尔文谨慎地给出结论："我们不能错误地假定，猴子和人类共同的祖先就是存在于现今的某一个猴子，或者是和它相似的某个猴子。"

达尔文的理论认为，自然界通过突变来达到进化的目的。有利的突变会遗传给后代，逐步地改变整个物种。最终，一个全新地更加适应自然界的物种生存了下来，而另一些不适应的物种则走向了灭绝。当然，达尔文及其同时代的科学家都无法解释为什么生物界会发生突变。但他们不知道的是，这一问题早在6年前就被深居奥地利修道院的隐士格里格·孟德尔(1822～1884年)解决了。他在自己的花园中通过种碗豆揭示出遗传的本质，提出了遗传的基本定律——“分离定律”与“独立分配定律”，即物种后代通过遗传获得前代的基因，而基因的存在为“突变”铺平了道路，也就是物种进化的手段。

克隆动物

1892年德国胚胎学家汉斯·杜里舒(1867～1941年)在显微镜下观察到一颗海胆受精卵分裂成两个细胞，然后，他不断地摇晃盛满海水的烧杯直至这两个细胞分开。每一个细胞继续发育成一个正常的海胆幼体。由此，杜里舒已经制造出了一致的双胞胎或克隆体。

1902年，另外一位德国科学家汉斯·施佩曼(1969～1941年)更进一步：他把二细胞期的蝾螈胚胎细胞分离，结果每个细胞均发育成蝾螈成体。在接下来的40多年中，施佩曼继续研究克隆的可能性，并预言：将一个分化的成体细胞的细胞核植入原先的细胞核已移除的一个卵细胞中以制造克隆体在未来将成为可能。这就意味着新创造出来的胚胎将是细胞核供体的精确复制体，而不是亲代双方基因的混合体。

施佩曼的预言成为现实经历了两个阶段。1952年，美国胚胎学家罗伯特·布里格斯(1911～1983年)和托马斯·J.金(1921～2000年)把取自北方豹蛙的胚胎的细胞移植到一个去核的蛙的未受精卵细胞中，结果克隆体正常发育。1962年，英国科学家约翰·戈登(1933年～)领导一个研究小组在牛津大学进行了相似的克隆实验，用紫外线破坏了非洲爪蛙的卵细胞核，将蝌蚪小肠细胞的细胞核植入该无核卵细胞中，结果，这个“重组卵细胞”发育成了一个正常的爪蛙。戈登的研究证明了已经高度分化的动物体细胞核在卵细胞的环境中，仍然可以保护细胞核全能性，回复到它在分化上的原始细胞状态，并再分化发育成一个完整的个体。

“克隆”一词由苏格兰遗传学家约翰·霍尔丹(1892～1964年)在1963年的最后一次公众演讲中提出来，这个词来源于希腊语“嫩枝”。

1977年，在日内瓦大学工作的德国科学家卡尔·伊尔曼西称已经克隆

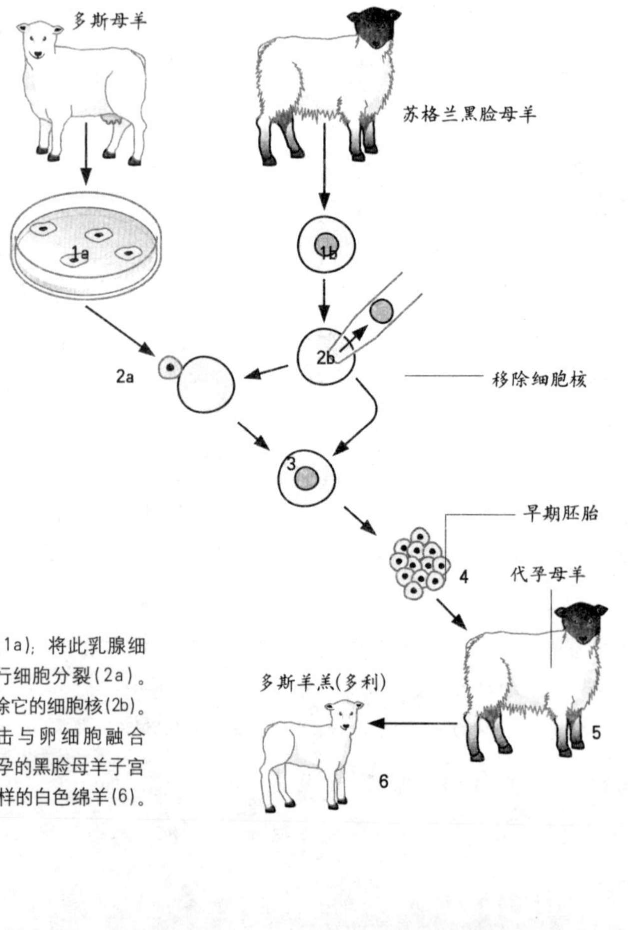

克隆多利的过程：从多斯母羊的乳房中提取乳腺细胞(1a)；将此乳腺细胞在低营养条件下培养，阻止其在DNA复制开始前进行细胞分裂(2a)。一个卵细胞(1b)从苏格兰黑脸母羊体内提取出来并且移除它的细胞核(2b)。细胞核从培养的一个多斯母羊细胞中提取出来并通过电击与卵细胞融合(3)。细胞开始分裂形成胚胎(4)，然后将之移植到一只怀孕的黑脸母羊子宫内(5)。多利出生了——只与细胞核供体(即多斯母羊)一样的白色绵羊(6)。

出三只老鼠，引发了科学界的震动。伊尔曼西称他采用了与之前创造出两栖动物克隆体相同的细胞核转移技术。很快，其他的科学家对其提出质疑，因为哺乳动物细胞要小得多，没有人知道他是如何控制这些细胞完成克隆过程的。伊尔曼西从来没有拿出让人信服的证据，他的声明因此被科学家认为是一个科学谎言。

1984年，丹麦著名的生殖学家斯蒂恩·威拉雷森(1944年～)在剑桥大学表示他以胚胎细胞克隆出第一只绵羊，被认为是采用细胞核移植技术复制哺乳动物的第一个成功案例。1986年，苏格兰生物学家伊恩·维尔莫特(1944年～)在生物技术研究中心——爱丁堡罗斯林研究所开始研究克隆技术，并且因成功克隆出绵羊“多利”而一举成为世界知名的科学家。在同事的协助下，他成功地从几只母羊的卵巢中提取出未受精的卵细胞，还从一只单体成年母羊乳房提取了一小块组织样本。细胞核从卵细胞中移出，然后融进单个乳腺。这是一个技巧性的过程，因为这种融合必须在这两个细胞处于同一分裂阶段才能发生。一个融合的细胞继续生长，成为早期胚胎，叫做胚泡，然后植入一只成熟雌性绵羊的子宫。这只母羊继而会产下代孕的羊羔，新出生的羊羔即为闻名世界的多利。多利通过正常途径繁育6只小羊羔，但它的健康状况却不佳。2001年，多利患上了关节炎。

自多利以后，越来越多的哺乳动物被克隆出来。1997年，绵羊波利的诞生是基因技术的进一步突破，维尔莫特研究小组先将用于克隆的胚胎纤维母细胞细胞核在体外经人类IX因子基因转导改造，然后再进行克隆后继步骤。其他的克隆动物包括猪、牛、鼠，另外还有2005年克隆的一匹赛马。

家畜的由来

数千年前，原始人类捕猎现代家畜的野生祖先。在此之前，原始人从死亡动物的残骸中获取肉食。随着人类的发展，人们逐渐发现了动物的多种用途。动物的残骸不仅是食物的来源，而且可以提供其他有用的材料，如皮毛、皮、肌腱、角和骨。

人类饲养家畜可能开始于公元前8000年，那时东亚和美索不达米亚的人们圈养山羊和绵羊，后来(公元前7000年)又开始饲养野猪。我们很容易想象出这是如何发生的：在日常狩猎中，人们猎杀动物时留下幼崽，把它们圈养在离居住地很近的地方，直到它们长大到有利用价值。直接饲养已经完全长大的动物也很有益，因为人们可以利用这些动物获得新鲜的肉。

大约在公元前6500年，非洲人和印度人开始饲养牛。约公元前5500年，东南亚人开始饲养鸡。家养动物的其他用途随之产生，比如提供奶、血和毛。同样有证据表明，约公元前4000年，中东人利用畜力完成重体力劳动——负载重物或拉犁。同时期的欧洲人开始饲养马。最初人们利用马获取肉和奶，但不久，人们就开始骑马—乌克兰发现的某种马的牙齿已经具有6000年历史，上面有着可能是衔铁造成的磨损。直到公元前2000年，马成为人们地位的象征，因为只有富人或显赫的人物才能骑马。在战争中，马也可以用来抗击敌人，比如骑兵驾驭马作战或者用马拉战车。约公元前2500年，阿富汗北部的人们开始饲养巴克特里亚骆驼。约公元前3000年，新大陆的人们开始饲养美洲驼，而在公元前2000年左右开始饲养天竺鼠(豚鼠)，后者很长一段时间都是作为一种肉食来源，后来才变成宠物。

有些动物与其他动物相比，更适合人类饲养。但很少有某种动物具有适于饲养的所有条件。经济性是其中一个基本的要求。最廉价和最容易饲养的动物是草食性动物，如牛和绵羊，人们只需要驱赶它们，让它们自己去找草吃就可以了。山羊和骆驼也很容易饲养，但人们必须多加留心，因为这些动物会吃掉所有可以吃的东西。马需要谷粒和草料，这使得饲养马的成本变高，也解释了为什么人们在饲养其他家畜之后才开始养马。另一个出于经济因素方面的考虑是动物成长和成熟的速度，从农民的立场考虑，只有能迅速成熟并多产的动物才值得饲养。

还有一个要考虑到的因素是动物的行为特征。动物的脾性十分重要，比如，牛、马比斑马、河马要容易控制得多，而绵羊、猪比鹿、羚羊更不容易受到惊吓。对圈养生活感到拘束的动物往往不适合饲养。人类成功饲养的动物还有一个共同的特征，即有形成社会化群体的倾向。家养动物的野生祖先都以一定的等级形成一个群体，它们已经习惯由一个头领来领导群体，因而让它们服从人类的支配就相对容易些。

很多种家养动物的野生祖先现在已经灭绝。今天，已经没有纯种的野生马、单峰驼、美洲驼或豚鼠。现存的野生种类是家养动物逃脱后繁衍产生的后代，或是人们有意重新放归自然发展出来的。1627年，最后的野牛(家养牛的祖先)消失了。野生的巴克里特亚骆驼和野生的犁牛都是濒临灭绝的物种。但另一方面，如果人类没有饲养动物，野生羊驼也不会存在，而且永远也不会出现——野生羊驼是美洲驼的远亲，可能是在人工饲养过程中进化产生，或者是由美洲驼和野生驼马杂交产生。

破解动物肢体再生的奥秘

动物世界是一个弱肉强食、适者生存的世界。大自然中的竞争如此激烈，使得动物在进化过程中逐渐具备了各自的防御本领。其中有一部分动物为了自卫，可以瞬间舍弃自己的一部分肢体，掩护自己逃生，过不了多久，它们的肢体又会重新长出来。这让人惊叹不已。

动物世界中的肢体再生之王当属海绵，它有着无与伦比的再生本领。若把海绵切成许许多多的碎块，非但不能损伤它们的生命，相反，在海中它们中的每一块都能逐渐长大形成一个新海绵，各自独立生活。即使把捣烂过筛的海绵混合起来，只要条件良好，它们重新组成小海绵的个体也只需要几天的时间即可成活。

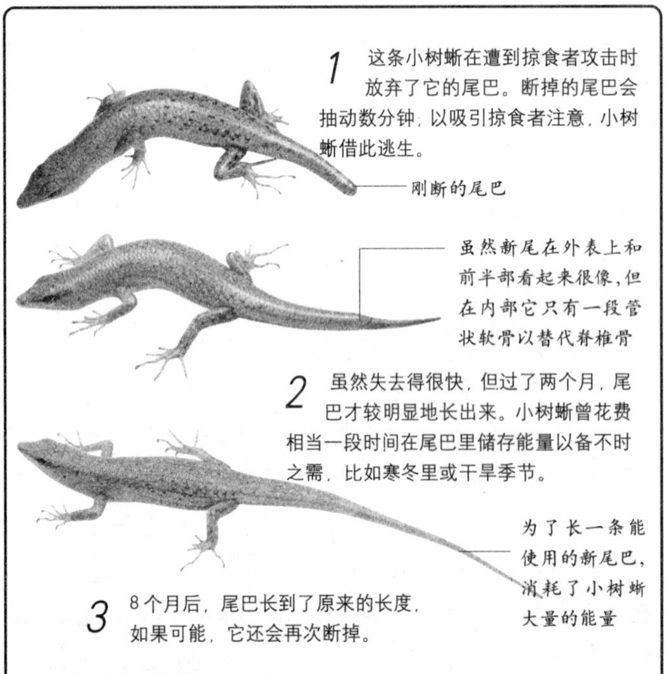

小树蜥断尾再生

海星也分身有术。海星是养殖业的大敌，因为它吃贻贝、牡蛎、杂色蛤等养殖场的饲养物。养殖工人把海星捉起来，碾成粉末后再投入大海，结果每一块海星碎块都繁殖出了新的海星。这令养殖工人大为光火。

还有海参，遇到敌人时，它倾肠倒肚，把内脏抛给“敌人”，过不了多久，只剩躯壳的它又再造出一副内脏。再生，成了海参逃命的重要工具。

章鱼也有利用腕手逃生的本领。章鱼的腕手在平时是很结实的，当有人抓住它的某只腕手时，这只腕手就像肌肉回缩被刀切一样地断落下来，掉下来的腕手还会用吸盘吸在某种物体上蠕动。当然这只是障目法，章鱼并不是整个肢都断了，而是在整个腕手的4/5处，腕手断掉后，它的血管自行闭合，极力收缩以避免伤口处流血。6小时后，闭合的血管开始流通，受伤的组织也有血液的流动，结实的凝血块将腕手皮肤伤口盖好。第二天伤口完全愈合后，新的腕手就开始慢慢长出。1.5个月后，就能恢复到原长的1/3了。

不仅海星等水中动物有肢体再生的能力，陆地上的动物也有这方面的高手，我们最熟悉的莫过于壁虎了。处于险境的壁虎，可以自行折断尾巴，当进攻者被断了的扭动的尾巴所迷惑的时候，壁虎已逃进了洞穴。夏天未过完，壁虎尾巴折断的地方就长出了新的尾巴。

兔子也有弃皮的本领，当兔子的肋部被别的动物咬住时，它会丢掉被咬住的皮，自己逃跑。兔皮跟羊皮纸一样薄，被扯掉皮的地方没有一点儿血，并且很快地，新的皮毛就在伤口处长出来了。还有山鼠，它毛茸茸的尾巴一旦被猛兽咬住，皮很容易脱落，山鼠则秃着尾巴逃跑了。据说黄鼠、金花鼠都具有再生的本领，遇到危险时，它们也会露上一手绝技。

动物的这种“丢卒保车”般的再生本领实在令人羡慕。那么能否使人的断肢重新长出来呢？研究动物的再生能力，无疑对人类有很大的启发。

在美国，贝克尔在研究中发现了一种生物电势：蝾螈的肢体被截断了，在未复原时，有一种生物电势产生了，残肢末端的细胞通过电流获得信息，开始分裂，形成新的组织，最后新的肢体长出来了。研究表明青蛙之所以不能再生失去的肢体就是因为没有这种电流产生。老鼠前腿的下部被切断，并让电流从此断裂处通过实验的结果让人震惊，老鼠失去的肢体开始复原了。

我们是否揭开了动物再生的秘密呢？答案是否定的，因为现在还没有充足的实验证据，而且并非所有的有再生能力的动物都遵从这一理论。但是，可以肯定地说，不久的将来，我们一定能揭开动物再生之谜，那时人类肢体的再生将再也不是梦想。

探索恐龙灭绝之谜

距今大约6500万～7000万年前，曾经称霸地球长达1.4亿年之久的庞然大物——恐龙突然从地球上消失得无影无踪。长期以来，科学家们对恐龙这种人类史前生物的灭绝，一直有多种猜测：究竟是因为它们自身进化的失败，还是因为飞来的天外横祸呢？

陆生恐龙和巨大的海洋爬行动物大约在50万年前灭绝，地球当时可能受到巨大陨石的撞击，太阳被灰尘遮掩，导致了一个“漫长的冬季”，于是植物死掉了，大部分以植物为食的爬行动物以及以爬行动物为食的动物也相继灭绝了。

最初，一些科学家依据达尔文的进化论，认为导致恐龙最终灭绝的原因是恐龙自身种族的老化，以及在与新兴的哺乳动物的进化竞争中的失败。在几千万年前，正当恐龙称霸于地球时，出现了一种新兴的高等动物——哺乳动物。哺乳动物的体形当然无法与庞大的恐龙相比，可它们却依靠能够隔热和保温的毛皮和脂肪层、高度发达的大脑和非常高的幼仔成活率，成功地在地球环境变化中生存下来。而体形庞大的恐龙在这场残酷的生存竞争中，却注定了要失败，它们只能退出生存的历史舞台。

还有一些生物学家则认为恐龙是由于慢性食物中毒才灭绝的。原来，为了保护自身的生存和繁衍，曾在中生代遍布全球的苏铁、辛齿等裸子植物，在自己体内产生了一些有毒的生物碱，如尼古丁、吗啡、番木硷等。当一些食草恐龙吞入这些植物时，也就相当于吞下了“毒药”。由于食物链的关系，食肉恐龙也间接中毒。就这样，恐龙体内的毒素越积越多。在毒素的侵袭下，恐龙神经变得麻木，直到最后整个种群都消失殆尽。

除此之外，还有氧气过量说、便秘说等等，但这些观点都是纯粹从生物角度提出来的，现代科学家们认为，它们都有一个不足之处：生物学意义上的物种灭绝是需要一段极为漫长的时间的，而根据人们目前已经掌握的资料判断，恐龙是在距今大约6500万年“很短”的一段时期内突然灭绝的。因此，这些生物学假设现在备受冷落。

现在，越来越多的科学家支持是宇宙天体物理变化导致了恐龙灭绝这种观点。1979年，美国加州大学伯克利分校著名物理学家、诺贝尔奖获得者路易斯·阿尔瓦雷兹，提出了著名的“小行星撞击说”，为人类探讨恐龙灭绝之谜开辟了一条新的道路。

1983年，美国物理学家理查德·马勒、天文学家马克·戴维斯、古生物学家戴维·罗普和约翰·塞考斯基，以及轨道动力学专家皮埃·哈特等人，根据各自的研究，共同提出了“生物周期性大灭绝假说”，也叫“尼米西斯假说”。他们认为，地球上类似恐龙消失这种“生物大灭绝”是周期性的，大约每隔2600万会在地球上上演一次。这是因为，银河系中的大多数恒星都属于双星系统，太阳当然也是如此，它有一颗人类从未见过的神秘伴星——“尼米西斯星”。“尼米西斯星”大约每隔2600万～3000万年，就会从太阳系的外围经过。受其影响，冥王星周围飘荡着的近十亿颗彗星和小行星就会脱离原来的轨道，组成流星雨进入太阳系，其中难免有一两颗不幸撞击或者落在地球上，使一些生物遭到灭顶之灾。

还有一些科学家认为，是太阳系在银河系中的“死亡穿行”引起了恐龙的灭绝。大家都知道，太阳系的九大行星围绕着太阳旋转，而太阳系围绕着银河系的中心旋转，旋转一周得需要2.5亿年时间。由于受从中心释放出的强烈的放射性物质的影响，在银河系的一部分地区便形成了一块“死亡地带”。在距今6500万年至7000万年前，太阳系刚好穿行于这个“死亡地带”中，所有的地球生物因此都受到放射性射线的袭击，恐龙也惨遭灭顶之灾。

根据最近的科学研究，恐龙的灭绝实际上也持续了几十万年，在此期间，恐龙至少经历了两次大规模的死亡。因此，说其灭绝是一个“突然”现象，但这个“突然”是相对意义上的。可是，“飞来横祸”和地球自身的突变，对地球产生的影响都是短期的，不可能持续几万年，甚至几十万年。看来，这些观点都无法圆满地解答恐龙灭绝之谜，人类暂时还无法证实或是推翻这些“推断”和“假设”。

奇异的大象“死亡葬礼”

非洲地区流传着这样一个古老传说：大象到了老年，在预知自己将要死去的时候，便会主动离开象群，独自跑到密林深处一个神秘的地方——大象墓园，静静地等待死神的降临。

1978年12月，一位动物学家在调查非洲象的分布时，声称他在无意中看到了一场“大象的葬礼”。他看到在距离密林不到70米处的一片草原上，几十头大象围着一头雌象。那头雌象是一头患了重病的老象，连站都站不住了。过了一会儿，老象蹲了下来，低着头，不停地喘着粗气，偶尔扇动一下耳朵，发出一声低沉的声音。围在四周的象用鼻子把附近的草叶卷成一束，投在雌象的嘴边。可它已经吃不了任何东西了，只是困难地支撑着身体。最后，雌象终于支持不住，倒在地上死了。这时，周围的象群发出一阵哀号，一头为首的雄象用自己的象牙掘松地面的泥土，并用鼻子卷起土块投到死象身上。其它的大象纷纷向它学习，用鼻子把石块、泥木、枯草、树枝卷成团，投到死象身上。过了没多久，死象就被完全掩埋了，地面上堆起了一个土墩。为首的雄象边用鼻子卷起土加在土墩上，同时用脚踩踏土墩。其他的象也跟着去踩那土墩，将它踩成了一座坚固的“坟墓”。最后，只听雄象发出一声洪亮的叫声，象群马上停止踩踏，开始绕着土墩慢慢地绕圈。象群就这样一直走到太阳下山，才耷拉着头，甩着鼻子，扇着耳朵，万分依恋地离开土墩，向密林深处走去。

象的体形虽然笨重，但它却是哺乳动物中极富智慧的动物之一，它们情感丰富、喜好交际、关心同类，并且具有爱憎分明的个性。

这场罕见的“大象葬礼”引来了许多议论。有的动物学家从生物进化的角度出发，来解释大象这种神秘的“殡葬”行为。群居的大象可能会表现出对死去同伴的某种怜惜，就像前述动物学家观察到的那样，它们可能掩埋伙伴，或者为其收尸。有时候，大象也许会用长长的鼻子，把象骨和象牙卷起来放到某一个集中的处所去，这便是它们的“公墓区”。也可能因为象牙是大象生命的某种象征物，所以大象会拿走死去同伴的象牙。但是，一些科学家仍然认为，目前要想证实大象有真正的“殡葬”行为，还缺少足够的确凿的资料。所以，对于“大象葬礼”，人类还是持谨慎态度为好。

前苏联探险家布加莱斯基兄弟，曾经根据“大象墓园”这个传说，去非洲的肯尼亚寻找象牙。据说有一天，他们在一座高高的山顶上，看见对面山上有许多白花花的动物尸骨，一头大象正摇摇摆摆地走到骨堆旁边，哀叫了一声后便倒地而亡了。惊喜万分的兄弟俩确定那里就是大象的墓地，于是立刻奔了过去，却在途中遭到了野兽的袭击，前面又是深不可测的沼泽，他们只好无功而返。

由于没有值得信任的人真正去过那里，所以人们一直怀疑有关大象墓地的传说。更多的学者则认为，自从象牙进入贵重商品的行列后，在非洲流传的那些有关动物生活习性的神秘说法，就日益变味、走样。特别是当法律禁止猎杀大象后，为了达到自己不可告人的目的，一些偷猎者故意渲染所谓“大象墓园”的传说。他们在探险、科学考察的幌子掩盖下，肆意捕杀大象、攫取象牙，事后却声称自己是在“大象墓地”中找到象牙的。

看来，人类应该进行一些真正的科学考察，这样才能更多地了解大象，更好地保护它们。

破译旅鼠“轻生”之谜

1868年春季的一天，阳光灿烂、晴空万里，一艘轮船满载旅客，航行在碧波荡漾的海面上。突然，船上的人们发现有一大片东西在远离挪威海岸线的大海中蠕动。后来才知道这是一大批旅鼠在海中游泳。它们一群接一群地从海岸边一直游向大海深处，游在前面的，游到精疲力竭时，便溺死在大海里。奇怪的是，跟随其后的旅鼠却仍奋不顾身，继续前进，直到溺死为止。最后，数以万计的旅鼠就这样溺死了，尸体漂浮在海面上。

1985年春天，一群旅鼠成群结队，浩浩荡荡地挺进挪威山区，凡其踪迹所至之地，庄稼被吃得一塌糊涂，草木被洗劫一空，甚至连牲畜也被它们咬伤。一时之间，旅鼠成灾，当地遭受

褐旅鼠的耳朵很小，掩在浓毛中，毛色会因时变化。

了极大的损失，为此人们日夜烦忧。但是，不知是什么原因，在4月的时候，旅鼠大军却突然以每天50千米的速度直奔挪威西北海岸。一旦在行程中受河流阻挡，走在前面的旅鼠便毫不犹豫地跳入水中，用身体为后来者架起一座“鼠桥”；一旦遇上了悬崖峭壁，许多旅鼠便自动抱成了一团，形成一个个大肉球，勇敢地向下滚去。一路行来，尽管是伤亡惨重，但活着的又会继续前行。就这样，它们遇水涉水，逢山过山，前赴后继，勇往直前，几乎是沿着一条笔直的路线奔向大海。来到海边后，它们毫无惧色地纷纷跳下大海，并且奋力往前游去，直到所有的旅鼠都溺死在水中。

旅鼠为什么要集体“自杀”呢?至今人类还没找到一个让人信服的解释。

有人提出“生存压力说”。他们认为，由于旅鼠具备过强的繁殖力，数量太多，以至于得不到充足的食物和生存空间，所以它们必须另找生路。但是它们为什么非得自杀不可呢?而且也只有生活在北欧挪威的旅鼠，才会有这样的举动。一些生物学家又作出了进一步的解释，他们指出：在几万年前，挪威海和北海并不像现在这么宽，因此旅鼠很容易便能游过大海，从此旅鼠迁徙的习性就形成了一种遗传本能。可是如今的挪威海和北海比过去宽得多，然而旅鼠的遗传本能却仍在起作用，它们照样迁移，当然会淹死在海中。可这一解释并不能令人信服，因为旅鼠一般以北寒带所有的植物为食，按理说，即使它的数目达到每公顷250只的密度，“吃饭”也不会有问题。再说旅鼠在迁移过程中，通常也会遇到食物丰富、地域宽广的地带，但是它们并不因此而停驻不前，所以认为旅鼠是因为缺少足够的食物和生存空间才向外迁徙，以至于集体自杀，这种说法不是很可信。

为了找出更合理的解释，前苏联科学家又提出了新的想法。他们认为，在1万年以前，地球正处在寒冷的冰期，北冰洋的洋面在这个时期结了一层厚厚的冰，风和飞鸟分别把大量的沙土和植物的种子带到冰面，正因为如此，一到夏季，这里水草丰盛，旅鼠在此生存不成问题。只是由于后来气候变化，原有冰块不复存在。而如今旅鼠之所以要向北方迁徙，而且最后跳入巴伦支海，正是为了寻找当年居住的“乐土”。这一解释虽然听来很有道理，但是也缺乏充足的证据，所以，只能说差强人意。

还有人提出，由于旅鼠的种群数量的急剧增加，它们的神经变得高度紧张，社群生存压力也大为增加，因此旅鼠的肾上腺增大，变得焦躁不安。与此同时，它们又具有非常强烈的运动欲望，所以便进行分散和迁移来运动。旅鼠擅长游泳，因此它们便妄图横渡江河湖泊甚至大海，可是最后还是因为体力不支而被淹死。

除此之外，有些科学家研究旅鼠的生命周期，他们的发现表明，旅鼠体内的化学过程和内分泌系统会在其数量急剧增加的时候发生变化。有人认为，这些变化可能正是生物体内的“开关”，控制其种群数量。当其数量多到一定程度时，就会促使该种群大量的“集体自杀”。

蝌蚪自动脱落的尾巴

春天到了，蛙卵变成了小蝌蚪。蝌蚪与成年时代的自己——青蛙外貌完全不同。蝌蚪身体扁圆，屁股后面拖着一条长尾巴。随着它们一天天长大，后肢与前肢都慢慢长了出来，尾巴却悄悄地自动脱落了。

两栖动物蛙的生命周期

其实这只是一个非常简单的生命现象，可细心的科学家却在思考：蝌蚪的尾巴为什么会自动脱落呢？由此，科学家研究出了一个重要的学说——“细胞凋亡学说”。科学家们经过研究认为，细胞在生长过程中，可能有一道已经编制好的“程序”。正是这些“程序”安排了什么时候哪些细胞该生长繁殖，什么时候哪些细胞该自动死亡，蝌蚪的尾巴细胞便是在规定的时间自动死亡了。同样的道理，大树在冬天到来之前会自动落叶，这也是因为枝芽中间的某些细胞在发育的某个阶段自动死亡了。也是因为这个原因，人类胚胎时期的小拳头会逐渐分为五指。

这种细胞按照程序死亡的现象被科学家们称为“细胞凋亡”，或者“程序死亡”，可能是由一种“自杀基因”控制的。在研究肿瘤的生长和消亡中，“细胞凋亡学说”具有非常重要的理论意义和实际价值。肿瘤细胞本是一群应该自动死亡的细胞，可是由于这些细胞内的“程序”出了问题，“自杀基因”不能完成自己的功能，所以它们竟不听“指挥”，继续无序地生长，越长越大，越繁殖越多，就这样无限制地繁殖下去，完全已经忘记自己应该“自杀”了。

科学家们设想：假如可以设计出某些药物，让它们提醒那些应该“自杀”的细胞，死亡的时候已经到了；或者使“自杀基因”清醒，诱导肿瘤细胞自我凋亡，这样就能解决癌症的治疗问题了。

我们希望人类能早日研制出这样的药物，等到了那一天，人类的杀手之一——癌症就奈何不了我们了。

揭开鳄鱼和海龟的“流泪”之谜

对于人类而言，赖以生存的是淡水，尽管海水占地球水量97%，却不能直接饮用。然而，许多海洋生物却照饮不误，这是什么原因呢？原来这些海洋生物的体内都有自己的“海水淡化器”。

“鳄鱼的眼泪”经常被用来形容假慈悲的伪君子。这是因为它们在吞食猎物时，总是流着似乎悲痛的眼泪。近年来，生物学家研究发现，原来鳄鱼的“泪水”另有目的，并不是出于什么怜悯或悲伤，而是它排泄出来的盐溶液。为了排掉体内的多余盐类，鳄鱼形成了以肾脏为主的特殊腺体功能，它的“海水淡化器”——盐腺便位于眼睛附近。

人们还发现海龟也有类似的情况。它们在登陆后，好像因为离开海洋而感到伤心似的，也会流淌出两行眼泪。当然，海龟流出的也不是眼泪，同样是从体内排出的盐溶液。它的盐腺与鳄鱼一样，也是位于眼睛旁边，所以人们才会误将它排出的盐溶液当作眼泪。

还有一些海鸟，如海鸥、海燕和信天翁等，会把海水喝进去再吐出来。这是什么原因呢？

原来它们的眼睛附近也有盐腺。盐腺排出来的盐液经过鼻孔流到鸟喙，又从喙尖上滴下来，看上去就像是喝了又吐一样。这些动物的盐腺构造大体相似，中间是一根管子，如同一把刷子一样向四周辐射出几千根血管。这些血管同许多血管交织在一起，分离出血液中的多余盐分，再通过中间的那根管子排到身体外面去。盐腺把海水中的多余盐分除去了，动物得到的自然便是淡水了。

据估计，目前地球上可开发利用的淡水仅占地球水分总储量的0.64%左右，而也有人估计淡水资源还可以多一些，可占3%左右。然而，全世界约有20亿人口仍处于干旱缺水地区，饮用水严重不足。国外战略家预言：21世纪国与国之间争夺的将不再是版图，而是水。人类可以从动物的海水淡化术中受到启发，从而对取之不竭的海水进行淡化。

蜜蜂小巢中的大发现

著名生物学家达尔文曾经说过："如果一个人看到蜂房而不倍加赞扬，那他一定是个糊涂虫。"勤劳的蜜蜂是一个高明的建筑师，它的筑巢技能令人类惊叹不已。

早在2200多年前，一位叫巴普士的古希腊数学家，就细致地观察并研究了蜂房结构。在其著作《数学汇编》中，巴普士这样写道："蜂房里到处是等边等角的正多边形图案，非常匀称规则。"著名天文学家开普勒也曾经指出：这种对称蜂房的角，应该与菱形12面体的角相同。法国天文学家马拉尔弟则亲自动手对许多蜂房进行测量，结果发现：每个正六边形蜂巢的底，均是由3个完全相同的菱形拼成的。除此之外，每个菱形的锐角都是70°32′，钝角都是109°28′。

18世纪初，法国自然哲学家列奥缪拉提出这样一个设想：蜂房假如是从这样的角度建造起来的，那么肯定是相同容积中最省材料的。列奥缪拉为了证实自己的这个猜测，便向巴黎科学院院士、瑞士数学家克尼格请教。克尼格用高等数学的方法对这个数学上的极值问题做了大量计算，最后的结论是，每个菱形的锐角应为70°34′，钝角应该为109°26′，这样才能建造出相同容积中最省材料的蜂房。这个结论与蜂房的实际数值仅差2′，应该说这种差距是非常小的。

蜜蜂筑巢的技能令所有的建筑大师叹为观止。

就在人们对蜜蜂的极小误差表示诧异时，数学名家马克劳林却发现了一个令人震惊的事实：要建造相同容积中最省材料的蜂房，每个菱形的锐角应该为70° 31′ 44″，钝角应该为109° 28′ 16″。蜂房的实际数值与这个结论正好吻合。原来，数学家克尼格在计算时使用的对数表被印错了。

数学家到18世纪中叶才计算出来，蜜蜂在人类有史以前就已经运用到蜂房上去了。因此，即使是万物之灵的人类，也不该小觑动物的智慧。

会发光的萤火虫

夏天的夜晚，我们常常会看到一只只萤火虫在空中发出点点亮光，一闪一闪，活像一只只小灯笼，非常有趣。同时，人们也感到奇怪：萤火虫为什么会发光？

萤火虫是一种世界性昆虫，全球约有2000多种，而且基本上都能发光。不光是萤火虫的成虫，就是它的卵、幼虫、蛹也能发光。

可萤火虫为什么能发光呢？科学家们揭开了这一秘密。原来在萤火虫的腹部有个发光器，这个发光器分成3部分发光层，发光层下面还有反光层，在发光层上面还有形成小窗孔的透明表皮。这些发光层拥有几千个发光细胞，每个发光细胞都含有萤光素和萤光酶。当萤光素在萤光酶的作用下，就会和氧化合从而发出萤光，而氧气便是由发光器周围的气管供应的。

那么，为什么萤火虫的光亮总是一明一灭呢？这是因为当气管输送的氧气减少后，萤光便会变弱，甚至看不到。但是，在萤火虫体内有一种高能化合物——三磷酸腺苷，这种特殊化合物便为它一次又一次地再度点亮“活灯笼”充当了能源。每次光线变弱后，萤光素便会依靠与三磷酸腺苷的相互作用而再生。

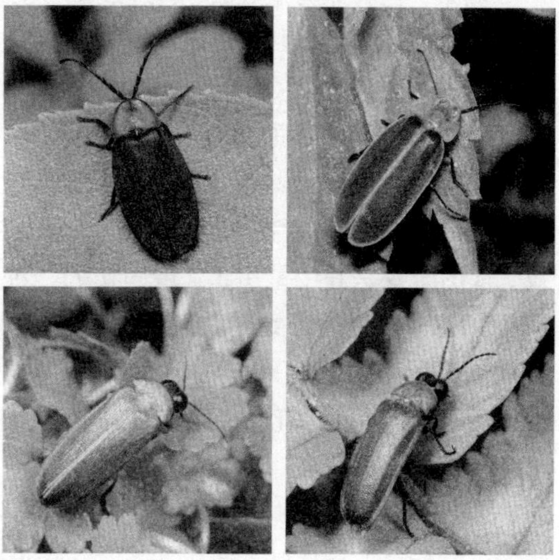
形态各异的萤火虫

萤火虫的发光特性启发了科学家。他们很快用化学方法人工合成了萤光素称之为“冷光源”。目前，我们所使用的光源，只能把电能的1/10转化成光能，其余9/10都成为热能而被损耗掉了，发光效率很低，而且也不够安全。而萤光素是再生资源，加上冷光源光色柔和，适于人的视觉，最重要的是它的能量转化率极高，几乎95%的化学能都可以转化成光能，可以放心使用。

科学家预言说，在未来生活中，不仅是电灯被冷光替代，人造的冷光物质还将广泛地用来制造衣服、地毯、墙壁等，人类的生活将变得更安全舒适和多姿多彩。

蚂蚁王国的探索

与人类一样，小小蚂蚁也有自己的王国，这些弱小的生灵凭借其智慧，把自己的王国打理得井井有条。人类有时不得不对这些生灵产生敬意：如此弱小却能在动物王国里以顽强的生命力活着。聪慧的蚂蚁们是如何在弱肉强食的世界里生存的呢？人类对这些不起眼的生命充满了好奇。

在人类历史发展的进程中，奴隶社会曾经作为一种社会形态存在过。谁也没有想到，在蚂蚁世界里，也有一种蚂蚁竟靠掠夺、蓄养奴隶而生。科学家们发现生活在南美洲的蓄奴蚁便以此种方式实行王国统治。

蓄奴蚁是一种十分强悍的蚂蚁。它们分工很不明确，没有兵蚁、工蚁之分，所有的工蚁也都能成为兵蚁。这些蓄奴蚁都懒惰成性，它们从不进行像造巢、抚幼、觅食、清洁这样的

凶猛的食肉游蚁像一支正规作战部队，当遇到猎物时它们会毫不犹豫地群起而攻之。

切叶蚁将咬下叶子的一部分带回巢内，在那里叶子被反复咀嚼和反刍后就成为理想的食物。

蚂蚁一般不会迷路，它们在爬过的地方留下一种气味，在归途中沿着这种气味，就不会走错家门。

工作。它们是如何生存的呢？

原来，它们都勇猛好战，通过战争，它们闯入其它蚂蚁的蚁巢，将其它蚂蚁的幼虫和蛹抢夺过来抚养长大，最终就成为蓄奴蚁蓄养的“奴隶”。它们做造巢、觅食、抚育幼虫、打扫卫生等种种蓄奴蚁懒得去做的繁重的工作。由于“奴隶”蚁寿命不长，蓄奴蚁就得不断发动战争，去补充“劳动力”的不足。

蚂蚁之间的战争

科学家们发现在南美洲的热带丛林里，生活着很多种类的蚂蚁。食肉游蚁是其中最厉害、最凶猛的一种。一次，食肉游蚁遇上了睡在草丛里的毒蛇，它们立即把毒蛇团团包围起来，并且包围圈越缩越小，然后，一些游蚁就开始狠狠地咬毒蛇。毒蛇惊醒过来，疼痛使它向四周猛冲猛撞，可是食肉游蚁并不放松，迫使它不断退缩回来。游蚁们同毒蛇扭成一团，边咬边吞食蛇肉。这样，只需几小时，地下就剩下了一条细长的蛇骨骼。

聪明的蚂蚁们在蚁群的集体行动中，其自身的化学信息素也发挥着神奇的作用。搬运食物时，它们会发出气味，形成一条“气味走廊”。它们还能发出警戒激素，别的蚁群接收到这种警戒激素，能做好防卫或逃离的准备。

有一次，几只蚂蚁半抬半推地搬出了一只乌黑强壮的蚂蚁。这只蚂蚁一次一次地回到蚁巢里，却很快一次一次地被抬出洞外。这是怎么回事呢？原来，那只蚂蚁沾上了死蚂蚁的气味，回巢后，引起了蚁群的误会。众蚂蚁可不允许洞内有“死亡气味”，无论你是死是活。于是，它被当作死尸抬出洞外，不管它如何挣扎。直到它身上的气味完全消失了，才被允许回来。

人们早就发现蚂蚁经常跟在蚜虫后面。深入研究后还发现，蚜虫在蚂蚁触角的按摩下，分泌出“乳汁”。担任“运输工”的蚂蚁负责把乳汁运回巢中。有趣的是，在蚂蚁的按摩下，有些蚜虫能不断分泌蜜滴。例如，每只椴树蚜虫分泌的蜜汁达23毫克，超过自身体重好几倍。

“嗉囊”最大的黑树蚁平均容量是2立方毫米，而褐圃蚁只有0.81立方毫米，全体“搬运工”必须往返数百万次才能将5升蜜滴运回蚁穴。负责按摩的“挤奶员”占到蚁群总数的15%～20%，它们每天分别要“挤”25次“奶”。在老树根上筑巢的2万个黑树蚁家庭在一个夏天能得到寄生在豆科植物上的蚜虫分泌的“奶汁”高达5107立方厘米。

蚂蚁不惜花费大力气修建“牧场”来保证蚜虫的生活。在聚集大量蚜虫的枝条的两端，它们用黏土垒成土坎，形成一个牧场，牧场的“入口”和“出口”就是土坎上的两道缺口。这两个“拱门”都有蚂蚁严密把守，以免有小偷混入。有时“牧场”的蚜虫繁殖过多，这多余的蚜虫会被蚂蚁转移到新的地方。蚂蚁不惜向其它家族的蚁群开战来保护和抢夺蚜虫。

令人惊讶的是，没有蚂蚁的地方就绝对找不到斯托马菲奈夫蚜虫，这种蚜虫连越冬卵也保存在蚁穴里。蚂蚁像照顾自己的孩子一样照顾着虫卵。春天，孵化的小蚜虫马上就被蚂蚁小心翼翼地护送到幼嫩的树梢上。研究者发现，没有蚂蚁有力的按摩，斯托马菲奈夫蚜虫就不会产生蜜滴，而蜜滴就成了蚂蚁的“美味佳肴”。

小小蚂蚁有着人类不可小觑的聪明和智慧，人类对蚂蚁王国的探索永没有止尽。

骆驼——不怕干旱的沙漠之舟

骆驼素有“沙漠之舟”的美称，它可以在炎热和缺水的条件下，日行30千米以上，而毫无身体的不适。那么，到底是什么使骆驼有如此本领呢？

一些科学家认为，骆驼抗旱的奥秘在于它的驼峰贮存着大量的胶质脂肪。驼峰可以随着气温的变化而增大或缩小：天气炎热时，驼峰里的脂肪被消耗，驼峰就变得又低又软；到了秋天，随着天气转凉，驼峰又渐渐鼓起来。据统计，贮存在驼峰中的1克脂肪经过氧化后，可产生1.37克水。因此，假定一只骆驼的驼峰中有40千克的脂肪，也就是相当于骆驼贮存了50多千克的水。骆驼不吃不喝时就靠驼峰里的脂肪氧化分解来补充营养、能量和水分。目前，赞同此种观点的人似乎占绝大多数。

另外，科学界还有一种“水囊说”，这是由意大利自然科学家蒲林尼提出的。他认为骆驼的真胃有3个室，其中最大的一个叫瘤胃，瘤胃里有许多肌肉带将瘤胃分隔成几个部分，起到了“水囊”的作用。在水源充足时，骆驼就会利用“水囊”贮存一些水，一旦遇到干旱缺水的情况，就可以从“水囊”中取水解渴。

然而，“水囊说”很快就被美国生理学家施密持·尼尔森推翻。通过解剖，他发现“水囊”的体积其实很小，根本起不到贮水器的作用，而且瘤胃内部也并没有像蒲林尼所说的那样分隔开。他认为骆驼耐旱的秘密在于骆驼本身的抗脱水能力。人在沙漠中若失去12%的水，就会中暑死亡，而骆驼即便失去相当于体重25%的水，也只是体重略微下降而已，不会妨碍它的生存。对此尼尔森是这样解释的：人失去的水来自血液，人一旦失水，心脏的负担会随着血液浓度的急剧升高而加重。而骆驼失去的水却是来源于它的体液和组织而不是血液，因此不会有什么危险。而且骆驼即使严重脱水，一旦补充水分，身体状况就会马上恢复正常。

尼尔森对骆驼为何耐干旱的解释看起来很合理，但也有很多人不同意这种说法。日本学者太田次郎曾写过一本名为《生命的奥秘》的书，他在书中提出这样的观点：骆驼出色的保水能力才是耐旱的主要原因。因为骆驼很少出汗，体温也很稳定，只有在最热的时候才稍微出点汗。还有学者认为是骆驼的肝脏在起作用，才使得它特别能耐干旱。骆驼肝脏的作用可以使大部分尿素得到循环利用，这样，骆驼身体流失的水分会大大减少，尿中毒的情况也不会发生。

最近，科学家又有新的发现：一般动物在呼气时，由于排出的空气温度和体温相同，肺部的水分被大量带出。而骆驼呼出的空气温度比体温低，由于冷空气比热空气含水量少得多，因此，骆驼通过呼吸丧失的水分比一般动物少45%，所以骆驼耐干旱的原因是由其独一无二的鼻子决定的。

以上的结论究竟哪一种是正确的呢？我们暂时还无从知晓，但不管哪种结论是正确的，骆驼拥有这种神奇的本领是毋庸置疑的。

有翅不能飞翔的企鹅

各式各样的企鹅

企鹅是一种人们非常喜爱的动物，它生活在南极洲，是那里鸟类中最大的宗族。企鹅虽然长着鸟的头和喙，还有两个翅膀，却不能飞翔。相反，它一到海里却活蹦乱跳地像条鱼，能以每小时18千米的速度在水中遨游。为什么企鹅有翅却不能飞翔呢？

古生物学研究表明，企鹅出现在5000万年前的第3纪，但是迄今为止仍未发现4500万年前的企鹅化石，因此进一步的论证陷入了停滞状态。谈及企鹅的起源，大家都很关心究竟是企鹅的祖先本身就不会飞呢，还是企鹅原本会飞，后来在进化中改变了生存方式呢？

科学家们指出，企鹅有一个突出的特征，说明它的祖先可能会飞，这就是因为它的身上存在着尾踪骨。鸟类的祖先是蜥蜴型的，它们继承了一个鞭状的由脊椎骨组成的长尾巴。在进化过程中，受流体动力和运动的影响，鸟的尾骨逐渐缩短，最终缩成一块小的骨节，用来支持呈扇形排列的尾羽，即尾踪骨。从最早的始祖鸟到所有现代鸟类都有尾踪骨，企鹅的尾踪骨无疑是其祖先会飞翔的证据。

同时，企鹅的许多特征都表明它的祖先会飞翔。企鹅的鳍翅尽管变成了桨状，但仍属飞翼，这种腕和掌骨形成的联合结构适合于飞羽翮羽的附着，这正是飞翔所必需的结构。虽然企鹅早就没有翮羽了，但支撑翮羽的结构依然存在。不仅如此，企鹅胸骨的许多特征也和飞翔鸟相似，比如有明显的龙骨在企鹅的胸骨处突起，这正是飞翔肌肉所附着的地方，而且，飞翔鸟的小脑很发达，这是由于在飞行中，它们需要迅速调节肌肉的活动及协调身体的动作，而企鹅的小脑也相当复杂而且发达，这也应该是祖先会飞的一个遗迹吧。此外，企鹅同翅膀发达的飞翔鸟一样，都是把喙插在翅下睡觉的，不会飞的鸟一般不会有这种姿势，这说明必然有某种关系存在于企鹅和飞翔鸟之间。

也有人不同意这种观点。科学家孟兹比尔认为鸟类的起源不是单一的，与其他鸟类不一样，它们是单独从爬行类动物演变来的，它们的祖先并不会飞翔。企鹅的鳍翅是一个爬行类的前肢在水下的直接应用，而不是所谓的翅膀的变异，它并不像飞翔的鸟一样经历过飞翔的阶段。

近年来，在研究南半球的企鹅和北半球的已经灭绝的海鸦的构造之后，鸟类学家们认为企鹅和美洲沿岸发现的海鸦化石之间可能有着密切关系。海鸦化石有3000万年的历史，故有的学者提出企鹅起源于北大西洋海鸦，而这些海鸦都不会飞行。海鸦与企鹅在骨骼体形方面有许多相似之处，在适应水面游泳和潜水方面表现得尤为突出。孟兹比尔的理论似乎得到了论证，但仍存在一个问题，就是很难判断它们之间的亲缘关系。因为它们一个位于北半球，一个位于南半球，而且它们的化石几乎是在同一个时代出现的。

撇开以上理论不说，假设现今的企鹅真的是由会飞的海鸟进化而来的，那么，企鹅究竟从什么时候开始不会飞的呢？据说，在距今2亿年前，地球上有一个冈瓦纳古陆是由若干大陆组成的，冈瓦纳古陆开始分裂和解体，从中分出南极大陆，并开始向南漂移。此时，有一群鸟发现漂移的南极大陆是一块生活乐园，于是它们就降落到这块土地上。起初它们生活得很美满，可是随着这块大陆不断南移，气候越来越冷，生活在大陆上的鸟儿们的身体构造也发生了变化，以适应气候的变化。最终，南极大陆盖上了厚厚的冰雪，除了企鹅的祖先，原来种类繁多的生物大批死亡。在冰雪茫茫的陆地上，它们找不到可吃的东西，只好到茫茫的海洋里去寻找食物。它的翅膀退化后，就不会飞翔了，也渐渐开始直立行走，经过漫长的岁月，终于演变成现今企鹅的模样。

这种说法也有些科学根据，尽管听起来像故事。在南极洲，古生物学家曾发现类似企鹅的化石，它高约1米，体重约9千克，或许这个具有两栖动物特征的企鹅化石就是企鹅的祖先。对企鹅起源及其演变的科学解释由于缺乏足够的证据，目前动物学家仍无法完整地揭开这个谜。

传说中的美人鱼——儒艮

提起美人鱼，人们便会想到它那美丽的容貌、动人的歌喉。但很久以来，似乎它只属于人们美丽的幻想。然而，许多国家的史籍中都有关于美人鱼的记载。为了弄清楚美人鱼究竟是一种什么样的动物，科学家们进行了许多研究和探索。

早在2300多年前，巴比伦的历史学家巴罗索斯就在《古代历史》一书中留下了美人鱼的记载。17世纪时，英国伦敦出版的一本名为《赫特生航海日记》的书中，也提到了美人鱼："美人鱼的身材与普通人差不多。它露出水面的上半身像一位女子，皮肤洁白，背后拖着长长的黑发。当它潜入水中时，人们发现它长着一条海豚似的尾巴，上面还有像鲭鱼一样的斑点。"

对于美人鱼的解释有很多说法。17世纪时，有人认为传说中的美人鱼就是"儒艮"这种海洋哺乳动物。这种解释在19世纪末得到了普遍承认。儒艮通常生活在热带海洋或湖泊中，体长在1.5～4.0米之间，体形如一只圆桶，皮肤呈灰白色。它们喜欢在河口或浅湾处栖息，食物为藻类和其他水生植物。雌性儒艮的乳腺与其他动物不一样，它不是分布在腹部，而是在胸前。所以儒艮在为幼崽哺乳时，便会用前肢把幼崽搂在胸前，头部露在水面

传说中的美人鱼——儒艮

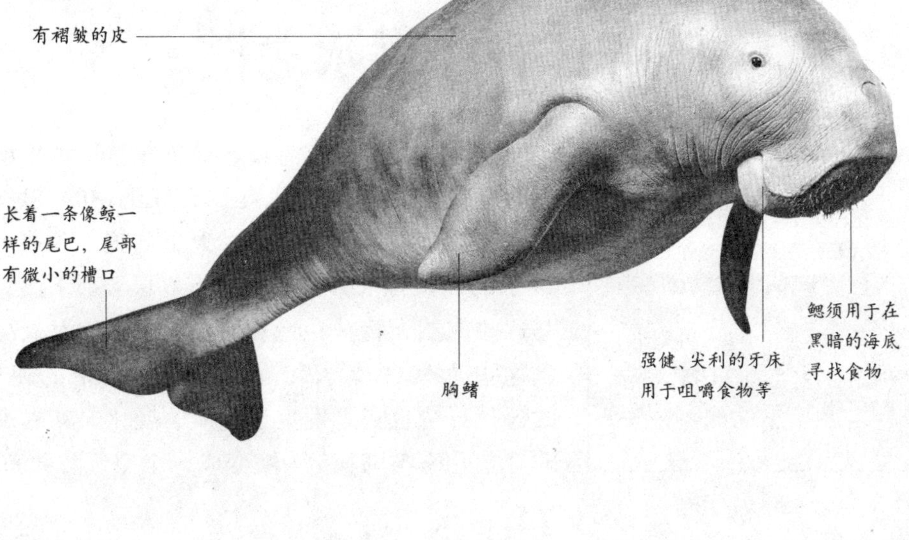

上。而且，儒艮的背上还长着一些稀疏的头发。因此，人们便产生了错觉，以为那就是美人鱼。

最近几年，人们向这种传统的解释提出了挑战。大家都知道，如果把一根筷子斜插进装有水的玻璃杯中，看上去就会觉得筷子好像被水折断了。这是因为，在穿过密度均匀的物质时，光线的传播方向和速度一般都不会发生变化。但是，如果光线倾斜地穿过密度不同的两种介质时，那么在两种介质接触的地方，除了传播速度发生改变外，其行进的方向也会发生偏折。这在物理学中叫做“光折射”。加拿大的莱恩和施罗德两位博士经过多年研究，提出美人鱼只不过是一种大气光学现象，世界上其实根本就没有什么美人鱼。所谓美人鱼，只不过是诸如海象、逆戟鲸等海洋动物的光学畸变像。

当暴风雨来临之前，由于海面上方冷空气团和热空气团发生了剧烈交锋，空气用的密度非常不均匀，光线和人的视线都因此受到了严重影响。这时候，假如观看者刚好处于海面上某一适当的高度，与某种显现于海面的物体，如海象、逆戟鲸等的头部或部分身躯相距一定的距离，便可以看到这些动物的畸变像。也就是说，气温、观察者的眼睛距海面的高度及与物体之间的距离，都与畸变像的形成有关。

1980年5月2日，莱恩和施罗德博士为了验证畸变像的形成，对一块在平静的天气里露出湖面的石头进行拍照，拍摄时相机镜头高出湖面2.5米，距离被拍照的石头110米。结果，他们发现照片上真的出现了所谓“美人鱼”的形象。

不过，还有人认为，美人鱼可能是一种至今不为人类所知的生物。据说，在南斯拉夫海岸，有科学家的确发现了完整的美人鱼化石，这便是美人鱼在世界上存在过的有力证据。据考古学家奥千尼博士研究，这只动物约于1.2万年前因水底山泥倾泻而被活埋。周围的石灰石使这只雌性动物的尸体得以保存下来，成为化石。根据化石，美人鱼高约100厘米，腰部以上极像人类。它的头部比较发达，眼睛没有眼睑。除此之外，它的牙齿非常尖利，完全可以致猎物于死地，应该是一种比较凶猛的食肉鱼类。

英国生物学家安利斯丁·爱特博士的看法也比较独到。他说：“美人鱼可能是类人猿的另一变种。婴儿在出生前就生活在羊水中，一出生就会在水中游泳。因此，一种可以在水中生存的类人猿动物的存在也并不是一件十分奇怪的事。”爱特博士的这种观点也得到了一些美国科学家的赞同，也就是说，美人鱼是目前未被确认的“海洋人”的一种。

可究竟孰是孰非，美人鱼又究竟是一种什么样的动物，人们至今还没有公断，就让科学研究和探索继续去发现真相吧。

破解抹香鲸潜水之谜

知/识/窗

“海上巨无霸”

海洋中的许多动物都是潜水能手，其中真正称得上潜水冠军的是号称“海上巨无霸”的抹香鲸，它可以屏气潜人水下达1小时之久，潜水深度可达2200米。与人类相比较，它的潜水时间之长、深度之高让人类吃惊不已。科学家们力图从抹香鲸身上得到启示，因而他们开始了对抹香鲸潜水之谜的探索。

据海洋生物学家考察，抹香鲸是一种生活在海洋中的肉食性的哺乳动物，生活在深海中的头足类动物，例如乌贼是它的主要食物。大王乌贼个头很大，长达17米的乌贼伸展开来的触手有6层楼那么高。抹香鲸与这些庞然大物搏斗绝非易事。它经常潜入深海去捕食这些动物，日久天长，练就了一身深潜的硬功夫。鲸的呼吸系统也随之发生了相应的变化，其右鼻孔通道的容量几乎与肺相等，演变成一个空气贮藏室。因此，抹香鲸的肺容量几乎增加了一倍。

潜水时，人类不能像抹香鲸一样下潜太深，更不能停留过长。潜水员上浮时也不能太快，否则就会使得压力骤降，身体组织遭到破坏，或神经受压，引起血管闭塞或麻痹，甚至死亡。然而，令人感到惊奇的是，抹香鲸却能自由地下潜和上浮，它上浮、下潜的速度达每分120米，却毫无不适之感，更没有什么潜水病。

为什么海兽们能自由地下潜和上浮而人却不能呢?原来，鲸类在潜水时，胸部会随着外部压力而进行调节，压力大，胸部会收缩，肺部也随之缩小，因而肺泡就不再进行气体交换了，这就防止氮气自然溶解到血液中去。这便是1940年，一位叫斯科兰德的科学家发现的“肺泡停止交换学说”。

目前，这一发现正被用于研究适用于人体的肺泡停止交换器。我们期待着人类有一天也能像抹香鲸一样自由地上浮和下潜。到那时，人类征服大海也为时不远了。

奇异的魔鬼鲨自爆

“魔鬼鲨”的本名叫加布林鲨鱼，它是一种凶猛的噬人鲨。它的牙齿非常锋利，就如同一把把寒光闪闪的三角刮刀一般。特别是它的鼻吻，比以凶猛残忍著称的虎鲨还要尖还要长，样子十分恐怖狰狞，让人不寒而栗。加布林鲨鱼一般只在深海活动，由于它牙齿尖利，凶猛异常，人们便称之为“魔鬼鲨”。

加布林鲨鱼也是一种极为特殊的鲨鱼。在现代战争中，一些飞机或航天器之类的秘密武器都带有自爆装置，只要落入敌人之手或有重大故障出现，就会自行爆炸销毁。加布林鲨鱼也天生具有这种独特的本能。直到目前为止，世界上还没有任何人看到过一条活的魔鬼鲨，也没有任何一个国家捉到过一条完整的魔鬼鲨，这是为什么呢?原来魔鬼鲨一旦落入渔网而又不得脱身时，它就会自行爆炸成为大小不一的碎块，宁愿粉身碎骨也不愿被活捉。所以一般情况下人们见到的只不过是魔鬼鲨的碎块而已。

科学家发现，魔鬼鲨自爆后留下的碎块，几乎所有的断口都参差不齐，与砖石或瓷器破碎后的断口极为相似。魔鬼鲨的皮肉很厚，缺少韧性和弹性，特别是鱼皮就像陶器制品一样坚硬。平时，我们不小心打碎了一件瓷器，可以将断口完全拼接在一起。爆炸后的魔鬼鲨碎片也可以拼接，甚至分毫不差。

遗憾的是，至今人类也不曾知晓魔鬼鲨体内究竟有什么特殊的构造，致使它在危难关头能自爆身亡。

魔鬼鲨体内含有一种“自爆装置”，在遇到重大伤害的时候，就会自行爆炸。

探究海豚发达的语言系统

除了人类有语言之外，其他动物也有自己的“语言”，它们用自己特有的信号传递着讯息。在浩瀚的海洋里，生活着被誉为“水下智者”的海豚，它的语言系统非常发达。现在，我们在动物园里经常能看到海豚表演节目，在训练人员的要求之下，它能表演各种各样的动作。它能听懂人的语言，海豚的语言系统为什么会如此发达呢？科学家们一直都在对海豚的这种非凡本领进行研究。

科学家们在研究中发现，海豚有复杂的声讯系统。法国著名生物学家布斯耐尔教授曾经做过一个有趣的实验，即用木棒击水可以引来海豚。

他是在非洲发现这一现象的。那里的渔民主要依靠海豚捕鱼，他们先把网支在岸边，然后一个人在水中用木棒击水，发出“啪、啪、啪”的响声。不到一刻钟，远处地平线上便出现了一排小黑点。小黑点是由成群的海豚组成的，大批的鱼儿在它们的驱赶下向岸边涌来。成千上万的鱼儿惊恐地逃命，争先恐后地跃出水面，落入渔民的网中。这种有趣的捕鱼方式使渔民们不费吹灰之力，便捕到了大批的鲜鱼。此后，在美国佛罗里达海岸，布斯耐尔本人亲自在众多的海洋生物学家们的面前进行了表演，大家都惊呆了。有人还认为他在施魔法呢。

许多人都感到奇怪，为什么会出现这种情景呢。经过细致分析，研究人员们终于解开了这个谜。原来，海豚喜欢吃的一种鱼发出的声音就像木棒击水的声音。因此，海豚错把木棒击水的声音当成了食物信号。非洲渔民对海豚通信的妙用使他们能很容易捕捉到大量的鲜鱼。

但就是这种系统，有时也会给海豚惹来麻烦。海豚经常成群结队地闯入日本渔民的作业渔场，袭击鱼群。尽管民怨四起，但海豚是一种十分珍贵的海洋动物，各国法律都不允许狂捕乱捞，伤害海豚，以致破坏生态平衡。那么，怎样才能不伤害海豚又保护鱼群呢?日本的一个渔业研究所的科学家们，制造了一种塑料的身长4米的人造虎鲸，虎鲸肚子里装着一部声波发射机，录有虎鲸叫声，不停地进行播放。虎鲸是海豚的天敌，因此一听到虎鲸的叫声，海豚便会惊慌四散地远离渔场。

海豚不仅有十分完善的通信功能。生物学家还发现它们有非常丰富的“词汇”。它所发出的一系列类似哨声的声信号就是它的通信信号。美国科学家发现，大西洋海豚和太平洋海豚发出的叫声共有32种，除两者通用的9种，大西洋海豚经常使用的还有8种，太平洋海豚经常使用的还有7种。海洋学家们认为，不仅同种海豚可以利用声波信号进行通信联络和交流，而且不同种的海豚之间还可以进行对话。

海豚凭其出色的“语言”系统和灵敏的反应，成为人类在动物界中最亲密的朋友。

这种聪明的海洋动物，是否也具有类似于人类语言的表达能力呢？

美国生物学家厄尔·默奇森曾做过一个试验：他向一只名叫凯伊的雌海豚提出了20个问题，凯伊前有两个圆球，它推红圆球表示有，推蓝圆球表示没有。厄尔把一物体放入水中，这些物体大小、形状各不相同，厄尔问凯伊：“那里有什么东西吗？”凯伊经过一番探测，很快地做出了令人满意的回答。随后，默奇森提出关于形状的问题："这个物体是不是圆的？"其实不论物体是什么形状，凯伊都能准确地回答。

不仅如此，海豚有很强的学习英语的能力。美国学者贡·利里教授曾做过这样一个实验，它用英语教给海豚1～10的数词，几星期后，海豚竟模仿人的声音表示了出来。刚同它作伴的另一只海豚竟然也令人惊奇地说出了这些数词！原来，几秒种之内海豚就能把所学的知识传授给同伴，而它的同伴学会这些知识竟然也只用了几秒钟的时间。

今天，科学家们仍在对海豚的"语言"进行坚持不懈的研究，我们希望海豚将来能更好地为人类服务。

由海豚引发的发明

据科学家们观察，海豚是一个"游泳健将"，每小时可以游70千米，在追赶动物时甚至能达到100千米的时速。海豚的身体呈流线型，这样游泳时阻力不大。它特殊的皮肤分为5层：表皮、真皮、密质脂层、疏质脂层以及筋腱。海豚的真皮层有许多极为细小的"管状突"，里面有水质物。当海豚游动时，它的皮肤受到海水的冲击，会因"管状突"而充满弹性，以适应海水的冲击力，而海水同身体的摩擦系数也就最小。

军事专家正试图利用海豚的声纳来排除水雷或进行水下预警。

海豚这种特点引起了科学家们极大的兴趣，他们试图将其培养成海上"看家狗"，在海里用它帮忙或者向它学习。在越南战争期间，海豚被美国海军用来对付越南的蛙人。前苏联海军还制定过一项"海洋哺乳动物系统"计划。他们还设立了两个训练中心，其中一个位于塞瓦斯托波尔海军基地附近的卡查亭湾。1990年初，卡查亭湾中心驯养了大约100只海豚、34头海狮以及2头白鲸。被训练成"看门狗"的海豚组成了两支巡逻小队，每隔12个小时换一次班。海军就是用这两支巡逻小队守卫海军基地的出入口的。这些"看门狗"一旦发现了入侵者，就会用自己的鼻子触及一个大按钮，这个按钮连着一个音响光学报警装置，只要发出了报警的音响和闪光，港口防御网里的海豚便会游出来攻击入侵者。

科学家们从海豚的特性中受到启发，制造出了水下机器人。英国制造的"斯普尔"就是这样一种自主型水下机器人，受到了人们的注意。"斯普尔"的体形模拟海豚，身长10～11米，宽1.8米。这种机器人甚至比海豚还要高级，它的控制舱内装有运算速度达到2000万次／秒的高速计算机。根据实际需要，传感器舱可以安装上不同的仪器，可以装声纳和磁场探测器，也可以装雷达、电视摄像机、编码器以及数字识别系统等。由于采用了先进的人工智能技术，"斯普尔"还能自主选择各种航行路线、攻击方式、通信方式以及目标类别。除此之外，英国还制造出一种叫做"海豚"的水下机器人，用它横渡大西洋。"海豚"可以测量出海水的流动速度和温度，再通过人造卫星把这些数据传往世界各地。

能预知潮汐的招潮蟹

招潮蟹

招潮蟹是一种与潮汐密切相关的生活在潮间带的海洋生物。通常，落潮时它出来活动，四处觅食；潮水上涨时它用土块、石头或用大螯把洞口挡住，自己躲在里面休息。令人惊奇的是，招潮蟹停止活动后10分钟内就会来潮水，它们能迅速而安全地躲进自己的家。并且它们的体色也也随着昼夜不断变化着。为什么小小招潮蟹会具有这样的天赋？

为了解开这个谜，科学家们从海边捉来招潮蟹，放到终日漆黑的实验室中。招潮蟹远离海洋，既无法看到潮汐涨落，也看不到昼夜的变化。然而，几个星期过后，它们的体色仍像在海洋中一样昼浅夜深！科学家由此判断，这种现象的答案，只有一个：招潮蟹的体内必定有着自己的计时器，即生物钟。科研人员还发现，招潮蟹生活在不同地区，改变自身体色的时间也各不相同。生活在大西洋沿岸马撒葡萄岛上的招潮蟹，要比科德角海滩上的招潮蟹改变自己体色的时间晚4个小时！

经多年观察后，生物学家们发现招潮蟹具有一种神奇本领，它能测时间，而且它的海洋生物钟与所在地的时间是一致的。

受这种神奇的生物钟的启示，科学家们正在研究制造像招潮蟹那样的时钟，这种时钟既能与太阳的运动一致，又能与月亮的运动一致。

会自我防御的箭鱼

在第二次世界大战期间，曾发生过这样一件真实的事情，那时二战已进入尾声，一艘英国轮船“巴尔巴拉号”在横渡大西洋的一次定期航行中，值班水手突然在船的左舷发现了鱼雷。于是轮船上顿时警报大作，所有人都慌作一团，往甲板跑去。当时主舵手为了改变航向拼命转舵。人们从左舷看过去，只见一个黑色的椭圆形的东西正飞速往轮船冲来，在其身后还掀起了一道白浪。紧接着便听到一声巨响，震耳欲聋，轮船立刻剧烈地震动了起来。船上所有的人都被这突如其来的“鱼雷”吓呆了，可是轮船并没有像人们所担心的那样爆炸，只是船底被撞出了一个大窟窿，海水涌了进来。而那可怕的“鱼雷”却突然改变了航向，居然又冲向了另一个方向。船员们终于恍然大悟，原来这“鱼雷”竟是一条巨大的箭鱼！

直到现在，在英国的自然历史博物馆里，人们仍可看到这样的陈列品：被箭鱼击穿的半米厚的船板。更让人惊异的是，前几年又有报道，一艘英国军舰居然被箭鱼击沉。从这个实例看来，对箭鱼来说，“活鱼雷”的称号还是十分贴切的。

看到这里读者也许会提出这样的问题：一条箭鱼，血肉之躯，怎么能够承受得住冲击时所产生的巨大的反作用力呢？它在撞物时是如何避免自我伤害的呢？

原来，箭鱼身体两侧长有非常结实的肌肉，它身上位于脊椎间的软骨悬垫便是冲击时极佳的抗震器和缓冲器。而其箭的基部骨则有蜂窝状结构，蜂窝孔中充满油液。因此，箭鱼不但能猛烈地冲击外物，而同时又不会使自己受到伤害。

揭示大马哈鱼洄游的奥秘

逆流而上的大马哈鱼

中国东北黑龙江是大马哈鱼的产卵地之一。当大马哈鱼夫妇在这里完成繁衍后代的任务后，便耗尽能量而死去。此时，幼鱼便离开故乡，出黑龙江口，绕过库页岛，穿越千岛群岛，横渡鄂霍次克海，最后来到日本东北部的大洋中住了下来。4年以后，它们便结伴以每小时40千米的速度重返故乡。不知经历了多少代，大马哈鱼依然沿袭着这条"家规"，不曾改变。

经过那么多年，大马哈鱼是靠什么导航识家的呢？

美国科学家做了一个非常有趣实验，在距离西雅图湾24千米的地方有一条呈Y形的小河，每个河汊中都住着一个大马哈鱼的家族。科学家趁大马哈鱼返乡时，捕捞了一些鱼，在其中一半鱼的鼻子里塞上了棉花，同时在鱼体上做了记号，然后在小河汊下游放掉捕捞到的鱼。结果不出预料，被塞住鼻孔的大马哈鱼晕头转向，找不到回家的路线；而没有被塞住鼻孔的大马哈鱼仍然顺利地回到了故乡。

> 知识窗
>
> **洄游**
>
> 芸芸众水生中，不乏长途跋涉的"旅行家"：大马哈鱼不远千里回归故乡；大洋游子"金枪鱼"总是定期洄游，从不失约；鳗鲡鱼旅行到千里之外去营造"爱情伊甸园"；大海龟在海中遨游数年也从来不会迷失方向……这些"旅行家"们出没于江河湖海之间，与激流、恶浪、险滩、暗礁勇敢地搏斗，执着地重返故乡。

后来，美国的科学家又进行了一项类似的试验。他们从威斯康星州中部的一个孵化场中捕来1600条大马哈鱼幼鱼，把这些幼鱼送到很远的南密尔沃基。其中的800条幼鱼被放在一个加有嘛啉化学药剂的水族箱里，而另外的800条则养在未加任何化学药剂的水族箱中。第二年秋季的产卵时节到了，科学家们在通向湖中的一条小河中滴入了少量的嘛啉，后来这条从河中捕捉到的212条大马哈鱼中，有185条是用嘛啉处理过的，只有27条是未经处理的鱼。

科学家经过试验了解到，原来，大马哈鱼能把自己故乡的土壤、植物、动物或其他气味长久地记住，然后便凭着嗅觉寻找这些气味，重返故里。

寻找野人的踪迹

在中国，远在3000多年前的西周初年，就有西南的少数民族捉到红毛的野人，并进贡给周成王。战国时代的《山海经》、楚国爱国主义诗人屈原的《山鬼》、南朝刘义庆编著的《幽明录》，以及明朝李时珍的《本草纲目》等都有这方面的记载。为了寻找野人，科学家们进行了一次又一次的考察。

在印度和尼泊尔，野人被称为"雪人"。关于雪人的传说可以追溯到公元前326年。100多年前，俄国有人声称，他们看到过一种直立行走，浑身披着白毛，行为举止与人类有点相似的动物，这便是传说中的"雪人"。1920年，前苏联官方首次宣布已经掌握了"雪人"存在的确凿证据。

1986年，意大利著名登山家梅斯纳在攀登喜马拉雅山时，无意中遇到了雪人。他发现雪人身高7英尺，头发浓密，腿稍短，胳膊长而有力。借着月光，梅斯纳还发现，雪人长了一双小而亮的眼睛，白色的牙齿与黑黑的皮肤形成的反差极为强烈。他又花了12年时间，专心追踪、研究雪人。后来他认为，所谓的雪人只不过是喜马拉雅山的棕熊而已。

野人

英国动物学家克罗宁却认为世界上的确存在雪人，它是巨猿的后代。克罗宁说，巨猿于700万年前出现，200万～100万年前在喜马拉雅山地区达到空前繁荣，后来逐渐进化成现在的雪人。1992年，法国科学考察团对中亚的哈萨克斯坦境内高加索深山的巨型野人作了一次考察。他们随身还配备了红外线录像机、摩托车驱动滑翔机、微型直升机、麻醉枪等先进设备。这种巨型野人被称作“阿尔玛”，它直立行走，身高2米多，浑身长满红色长毛。它的头部转动时，整个身躯也随之转动，其面型介于巨猿和“尼安德塔尔人”之间。“阿尔玛”一般栖息于3000～4000米的山上，喜欢在夜间出来活动。

1949年后的新中国也曾3次考察过野人。1959年，科学家在西藏登山运动中，曾考察过当地的“雪人”。1962年，考察队用了半年的时间，考察了云南西双版纳密林中的野人，并获得了一些珍贵的动物标本。第三次是考察神农架山区，这是中国首次对野人进行有计划的、有组织的、较大规模的科学考察活动。到目前为止，已目击野人114次，约360多人看到138个野人的活动情况或几个被打死的野人。目击者有工程师、医生、教师、农民、林业工人，还有生物学家王泽林、中央人民广播电视台高级记者陈连生等。

目前，学术界对于野人是否存在，持两种相反的观点。反对者一是认为至今没有活捉到野人。找到的那些脚印、骨头、毛发等，根本就不能证明野人身体的真实情况。第二，在考察手段上，基本上以生态环境为切入点，寻找奇异动物踪迹。因此，从发现到掌握它的生活规律需要一段很长的时间。再加上地理条件和气候变化的影响，考察野人本身就非常难。所以，现在很难肯定这些“野人”是直立古猿的后代，还是巨猿的后代，或者是猩猩、熊等等其他普通动物。

赞成者却认为，野人能够直立行走，头部能灵活地转动，身上长满长毛，头发披在肩上，脸型与现代人相似，小眼宽嘴白牙，没有犬齿，脚印有40厘米长。神农架野人行动迅速敏捷，已具有一定的思维能力。除此之外，通过多种高科技手段测定和分析，发现其毛发宽度、皮质细胞等都不同于已知动物，应属于高级灵长目动物。因此，科学家认为野人很可能是古代巨猿的后代。假如这是真的，野人就将填补从类人猿到人类的进化史上缺少的那一环节。这在动物学和人类学上都是一个了不起的发现。

列文虎克发现微生物

列文虎克，1635年7月18日生于英格兰南部威特岛的弗雷施特瓦，从小善于动手制造，后因家道中落而寄人篱下，但勤于读书学习，并能够学以致用制造各种机械装置。他于1653

年开始在牛津大学学习，后又作为波义耳的助手工作，其才华得到充分展现。

列文虎克最早发现微生物，这也得益于他长于机械制造，正所谓工欲善其事，必先利其器。列文虎克发现微生物的“器”就是显微镜。他一生制造过400多架显微镜，其中倍数最高的达到200～300倍。当时的显微镜结构较为简陋，主要包括镜座、镜柱、粗大的镜筒、目镜和物镜。与现代显微镜相比，列文虎克的显微镜样子粗笨厚重，且只有一个物镜镜头，又不能调节视距，但列文虎克就用它进行了一系列观察试验，发现了许许多多令人震惊的微生物。

列文虎克用显微镜观察过雨水、污水、血液、辣椒水、酒、头发、牙垢等物质，并且对观测结果津津乐道：“在我偶尔观察一颗水滴时，非常惊奇地看到许许多多不可思议的各种微小的生物。有些微生物的身长为其宽度的3～4倍，据我判断，它们的整个厚度比虱子身上的毫毛厚不了多少。这些小生物具有很短很细的腿，位于头部的前面(虽然我没能认出他们的头，但由于动起来这一部分老是走在前面，我还是把它叫做头)靠近最后的部分，附有一个明显的球状物体。依我判断，这最后部分是稍微分叉的。”这便是列文虎克对水中细菌的细致描述。除此之外，他还公布了其他发现。

1668年，列文虎克将鱼尾作了切片，拿到显微镜下观察，竟发现了上面的毛细血管，在镜头中可以清晰地看到涌动的血液经过这些毛细血管从动脉流到静脉，列文虎克欣喜若狂：原来意大利生物学家马尔比基关于毛细血管的论断完全正确，英国人哈维对血液循环的描述也可以更加完善了。

对于微生物的观察，列文虎克乐在其中。他于1675年在青蛙的脏器中发现了寄生虫，这引起了动物学界的极大兴趣。到了1677年，他进一步研究了动物的有性生殖，在显微镜的镜头中，他首次在动物和人的精液中发现了活泼、弯曲前进的微动物——精子。他还进一步猜想，在精子的头部可以找到真正的胚胎，这些胚胎会在将来形成生命个体，可惜他想错了。

列文虎克还作出了一项敦促人们形成良好生活习惯的发现。那是1669年，列文虎克在一位不爱刷牙的人口腔中发现，“在一个人口腔的牙垢里生活的生物，比一个王国的居民还多”。此言一出，舆论哗然，牙膏的销售量猛增。说起来这有点滑稽的色彩。总之，安东尼·冯·列文虎克发现微生物开拓了人们探索的领域，使人们对于自身和周围的事物有了一个全新的认识，促进了近代医学和其他学科的进一步发展。

知/识/窗

微生物自然发生说被推翻

在列文虎克用显微镜发现微生物之后，许多人重复了类似实验。他们发现有机物变质时，会有大量的微生物存在，即便原来没有，把它拿到温暖地方后，这些微生物也会很快冒出来，于是微生物自然发生说逐渐形成。

到了19世纪，法国科学家巴斯德在显微镜的帮助下通过一个实验推翻这一说法。他先取出一定量的营养液使之发酵，之后用显微镜观察到其中的大量微生物，然后将这些营养液注入曲颈瓶中煮沸消毒，最后将其密闭。从此，营养液长期保持清洁，不再产生微生物。这一实验使得微生物自然产生说不攻自破，巴斯德认为生命来源于生命，而不是其他。

后来，在这一研究的基础上诞生了现代生物学，并进一步推动了医学实践的发展。

病毒克星干扰素

说起干扰素的发现，还要追溯到60多年前。1935年，美国科学家用黄热病毒在猴子身上做试验。黄热病是一种由病毒引起的恶性病。这种人和猴子都会得的病有几种类型。他们先用一种致病性弱的病毒感染猴子，猴子安然无恙，可是再用致病性很强的黄热病毒感染同一只猴子，猴子竟然没有反应。这一现象使美国科学家得到启发：前一种病毒可能产生了某种物质，使细胞受新病毒的进攻时能自我防御。1937年，有人重复类似的实验，证实给经裂谷热病毒感染的猴子注射黄热病毒，猴子也没事。反复的实验证据让科学家们想到，生物界的病毒也存在着奇妙的互相干扰现象。

1957年，美国细菌学家萨克斯决心搞清“以毒克毒”的物质基础。经过大量的实验，他发现，在病毒的刺激下，细胞中会产生一种蛋白质，能抑制后来病毒的侵染。“萨克斯认为这种特殊的蛋白质能起到干扰作用，就将其命名为“干扰素”。

病毒之间的干扰作用和干扰素的发现，让科学家们很兴奋，也给了他们无穷的想象和启示。因为人类的许多疾病都是由病毒引起的，再好的抗生素也拿它们没辙，可是干扰素却是对付病毒的克星。要是能把干扰素制成药品就好了，那么人类的许多疾病不就有了迎刃而解的治疗办法了吗？

但是，要使干扰素成为药品，进入实际应用当中，必须有足够的量。那么，如何获得大量的干扰素呢？人们首先想到，用病毒刺激老鼠，让它们产生干扰素，再提取出来供人使用，但是这种方法失败了。原因是干扰素的活动场所很专一，老鼠体内产生的干扰素对人不管用。所以最理想的办法是用人自身产生的干扰素。

其实，我们生活的环境是被微生物包围着的，时时刻刻都要接触到许多微生物，其中病毒的侵染刺激也不少。科学家猜测，人的血液细胞里本身就存在干扰素。后来研究证明，这种猜测是有道理的，通过精密的血液分析，在人和许多动物的细胞中都找到了干扰素。

人们最初想到的是，通过血液制取干扰素。可惜，干扰素在血液中的含量实在是太少了，用大量的血液才能制得微量的干扰素，这种生产方式产量低得可怜，自然价格也就十分昂贵。治疗一个病人的费用高达几万美元，一般百姓只能望“药”兴叹，是名副其实的“贵族药”，干扰素无法得到普及、推广。

既然蛋白质是干扰素的本质，那么把制造成这种蛋白质的遗传基因找出来，转入大肠杆菌体内，让它们代劳进行大量生产，也许能行。经过科学家的试验，干扰素的批量生产便成为可能。1980年，终于实现了干扰素的批量生产，这是美国科学家的杰作，他们利用DNA重组技术构建了生产干扰素的基因工程。

如今，运用基因工程技术的国家有：美国、日本、法国、比利时、德国、英国以及中国等。通过DNA重组、大肠杆菌发酵等方法，大量获取各种干扰素。经过试验证明，这样制得的干扰素对乙型肝炎、狂犬病、呼吸道发炎、脑炎等多种传染病的病毒都有一定疗效。干扰素能减缓癌细胞的生长，是很有希望的防癌治癌药物，具有非常诱人的前景。

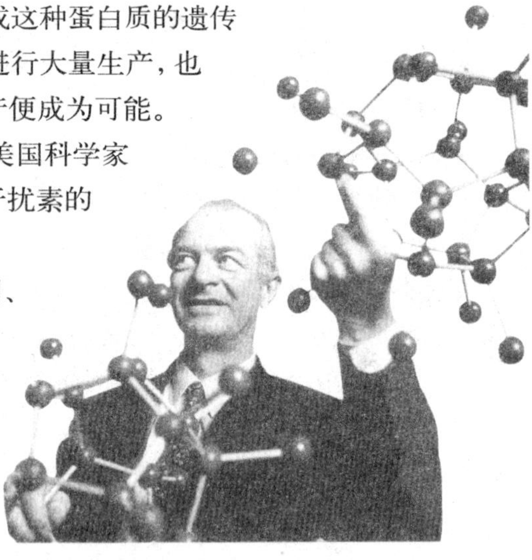

蛋白质的研究成果大大促进了干扰素的发展，这是手持蛋白质三维螺旋结构模型的美国化学家鲍林。

爱吃石油的细菌

海洋石油污染通常是由运油船在运输石油过程中或近海石油开采过程中意外倾泻引起的，但是随着现代工业的发展，人们对石油的需求越来越多，这种石油倾泻事件也随着变得多起来。大量石油流入海洋，严重污染了海洋，破坏了海洋的生态平衡，造成海洋生物大量死亡。

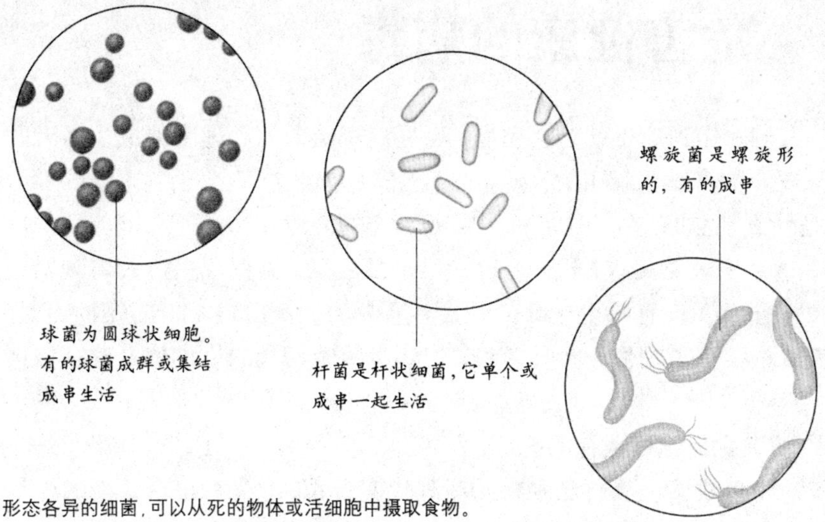

形态各异的细菌，可以从死的物体或活细胞中摄取食物。

人们每年要付出大量人力、物力和财力来控制、防止海洋污染，净化海洋环境，但结果却并不那么令人满意。

1993年1月5日清晨，英国设得兰群岛海面上狂风大作，波涛汹涌。满载8.4万吨原油的“布莱尔”号油轮，被海浪拍打得左右摇摆，不幸触礁，乌黑的原油源源不断地从触礁处的窟窿中泄漏，迅速在海中蔓延，造成了极为严重的石油污染。伦敦交通部海上污染控制中心主任克里斯·哈里斯得知这一情况后，马上带领手下开展了救灾清污的工作。

为了防止原油继续泄漏，他们将油轮上剩下的原油用抽吸机抽出。哈里斯从中心调来了8架飞机，随时准备喷洒油污清除剂；志愿人员则整装待发，他们的任务是抢救被原油围困的海洋动物。风力稍减，根据污染情况，需喷洒400吨清除剂才能消除污染。飞机在海面上喷洒了100吨清除剂，耗时7个小时，恰在此时，增大的风力使得飞机的喷洒行动被迫停止。风暴肆虐了几天才停息下来，可是人们发现，污油却已经烟消云散，海水清洁如初。是什么让污油消失了呢？人们疑惑不解。经过查证，发现海面上的油污是被微生物吃掉了。这些微生物为什么会有如此神奇的本领呢？

由于人类在不断地污染着海洋，破坏自身和其他生物的生存环境，而生活在海洋中的生物最先遭受其害，它们为了自己的生存，不得不练就一身“清洁”的本领。海洋细菌的体内能产生一种酶，它是分解石油的特殊催化剂。这种酶是由细菌体内的遗传物质脱氧核糖核酸产生的，脱氧核糖核酸存在于细胞质内的质体上，在一定条件下，质体可以在相互接触的细菌间转移。

根据海洋细菌的这种遗传原理，科学家们在这种微生物的启发下，开始利用微生物来制造石油。他们建造了一个人工湖，并有意把一种微生物“放养”到水里，而且还在水里溶解了足够的二氧化碳以供细菌食用。没过多久，这种微生物便成千上万倍地疯狂繁殖。科学家用过滤器将这些人工培养出来的微生物收集起来，送到专门的工厂去，从这些微生物里就可以炼出石油来。

用这种办法来炼油，十分方便简单，只要人们能给微生物提供充足的二氧化碳，二三天就能制造出石油来。而且这种供细菌造油的炼油厂和人工湖在哪儿都可以建造，也不管什么气候条件这些微生物都能持续不断地生产石油。

美国通用电气公司的查克拉巴蒂就用几种细菌培养出具有超级吃油能力的细菌。这几种细菌具有能分解不同石油成分的醇。这种高效细菌能快速分解和破坏各种石油烃，并消耗掉原油中的烃基。它们的分解力之大，速度之快，是已知的任何微生物都不可比拟的，它们在几个小时内完成的任务相当于其他菌种1年的工作量。

危害健康的病毒

“SARS”病毒过后，人们一提到病毒就为之色变，可见病毒给人们心理上造成了多大的恐惧感。其实每种病毒只要我们真正了解了它，就会战胜它，病毒也就不像我们想象的那么可怕了。那么病毒究竟是什么?它的存在又是怎样影响着人们的健康呢?

病毒是一个小颗粒，这个小颗粒共有2层：外边一层是蛋白层，蛋白层里边裹着一层核酸分子，像把守大门的2个士兵，而且每个士兵的职责各有分工。蛋白层不但要保护病毒，还要选择病毒寄生的细胞；核酸分子则像一台计算机，把病毒繁殖后代的全部信息储存记录下来。

那么，病毒这个小颗粒究竟是怎样生存的呢？

原来通过自然选择，病毒形成了一套自己独特的新陈代谢方式。它先找一个其他的生物细胞，我们称之为“寄主”，进入寄主身体后它开始借用寄主的酶系统，为自己服务：先命令酶系统合成病毒需要的蛋白质和核酸；再命令寄主把合成的蛋白质和核酸改造成新的病毒颗粒；这一系列工作完成之后，病毒把寄主分解消灭并一脚踢开，同时把数以千计的新造病毒放出来，这些病毒又按同样的方式不断扩大自己的队伍。

为什么病毒一定要找一个寄主才能生活，它不能独立生存吗？答案是肯定的。因为生物存活于新陈代谢的基础上，当新陈代谢终止的时候，生命也就结束了。新陈代谢是生物靠自身体内一系列酶的工作来完成的，一切能够独立生活的生物都有自己的一套酶系统，可是病毒没有，它只有去寻找一个新的生物细胞，再去依靠这个细胞的酶来进行新陈代谢。

既然病毒不能独立生活，那么科学家又是怎样培养大量的病毒用来研究抗病毒的疫苗的呢?他们先把受过精的鸡蛋孵化5～10天，然后，在无菌条件下把这个鸡蛋敲掉一小块蛋壳，再把需要的病毒从这个小孔送进鸡蛋里，用石蜡封好开口，继续孵化。这样就为病毒生长提供了一个良好的环境，大量的病毒就繁殖出来。预防天花、流感和其他一些病毒的疫苗就是通过这种鸡胚培养法生产出来的。

因为病毒能够在许多生物的细胞内生存，所以我们可以按细胞的种类给病毒分类。寄生在动物细胞内的病毒叫动物病毒；寄生在植物细胞内的病毒叫植物病毒；在细菌(一个细菌为一个细胞)内的病毒，即吃细菌的病毒，叫噬菌体。

经过统计，人类传染病有80%是由病毒引起的，像肝炎、流行性乙型脑炎、脊髓灰质炎、艾滋病等甚至流感，这些人类常见病都是因为病毒张狂肆虐所造成的。

由植物病毒引起的水稻黄矮病、马铃薯退化病等，对农作物生产的危害也极大，间接地影响着人类的身体健康。

在彻底地分析了病毒之后，我们知道避免病毒侵害首当其冲的是斩除病毒寄生的环境根源，让病毒真正地远离我们人类。

世界重大发现与发明大全集

探究奇妙的人体

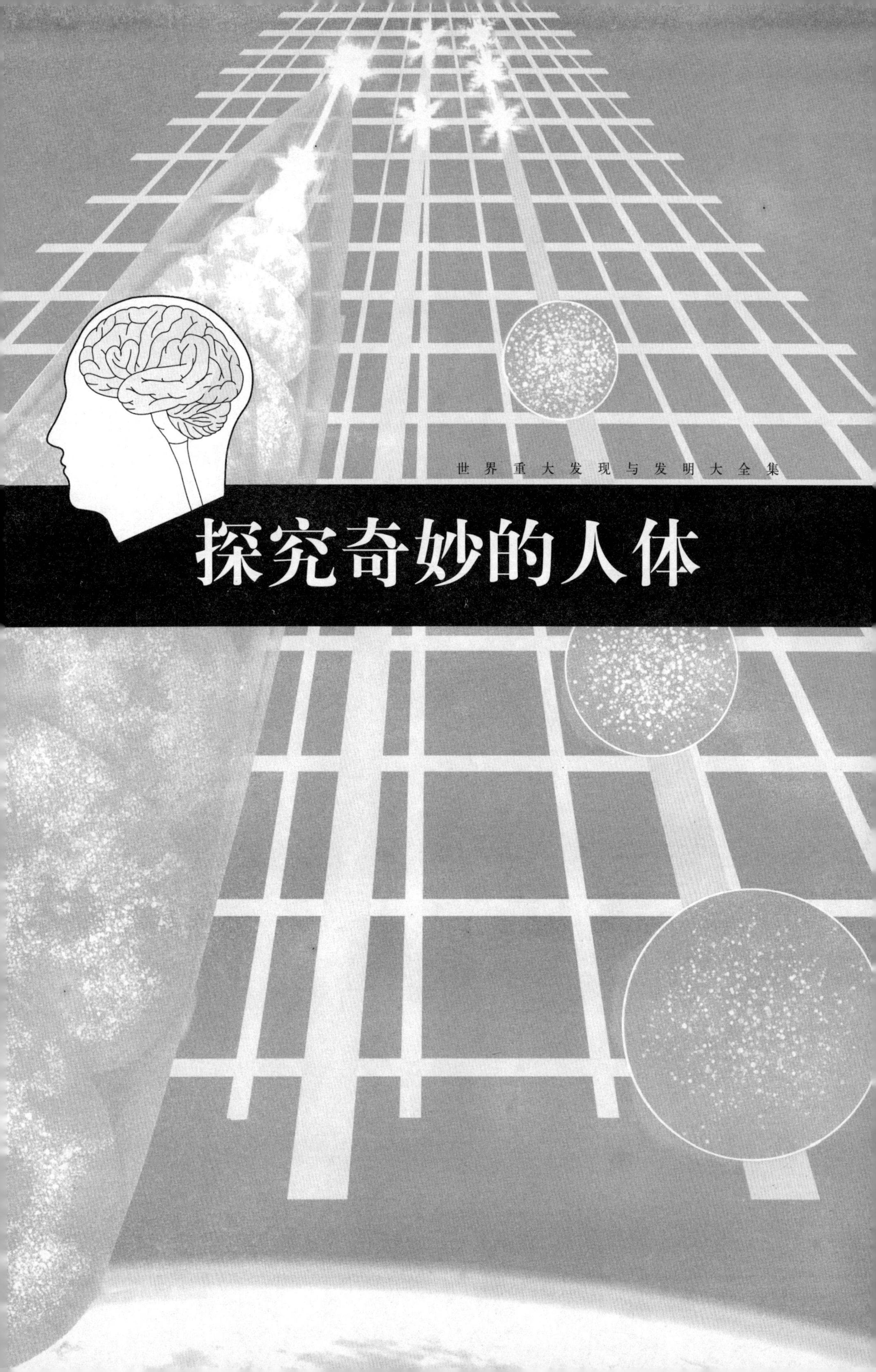

孟德尔与遗传学

格里格·孟德尔原名约翰·孟德尔，1843年进入修道院后才更名。他的豌豆种植试验奠定了现代遗传学的基础。

格里格·孟德尔(1822～1884年)出生于奥地利西里西亚地区的海因茨多夫(今捷克海因斯地区)。1843年，孟德尔在大学里完成学业后，成为圣奥古斯丁教信徒，并于1868年成为布尔诺修道院院长。从1856年起，孟德尔逐渐对杂交繁殖产生了浓厚的兴趣，并开始栽培豌豆。在接下来的6年当中，孟德尔共种植豌豆约3万余株，期间，他通过人工授精的办法，将一株豌豆花中的花粉涂抹到另一株豌豆花上。例如他将高豌豆苗与矮豌豆苗两种不同类型的杂交，随后计算其后代高、矮豌豆植株的数目。他发现第一代均为高植株，但是第二代则既有高也有矮植株，数量比恰好为3∶1。

孟德尔得出结论，认为所有的植物都接收两套遗传因子，分别来自亲代双方。在上述豌豆的例子中，第一代的每棵植株都从亲代中获得一套高遗传因子和一套矮遗传因子，但所有的植株均表现为高植株，是因为高遗传因子是显性的，而矮遗传因子则是隐性的。只有当两套隐性因子同时出现在单棵植株中时，才能表现隐性特征，这也正是第二代出现矮植株的原因。

依据这些观察，孟德尔推导出两条定律，其中，分离定律指出：两套遗传因子独立地控制各自的遗传性状，并将其传给分离的生殖细胞(卵子和精子)。而独立分配定律则指出：在生殖细胞形成时，成对的遗传因子能够各自独立遗传。1865年，孟德尔将实验结果报告送给布尔诺自然历史学会，并于一年后在学会的刊物中发表。然而，当时并没有人注意孟德尔的研究成果，不过他对植物研究的热情并未就此消退，但修道院事务日渐繁忙，孟德尔不得不将主要精力投入修道院的管理等方面。

孟德尔提出的遗传因子就是现在常说的等位基因，是基因的一种形式。有机体任何一个体细胞内的每一个基因均由两个等位基因组成：一个来自父体，一个来自母体，在一条染色体上占据同样的位置。通常一套等位基因是显性，另一套是隐性。一个生殖细胞(又称“合子”)，即卵子与精子，均只含有一套等位基因。当精子与卵子结合形成受精卵时，两套等位基因在新个体中结合，新个体则继承亲代双方的性状，新个体的外表取决于何种性状是显性的。

19世纪90年代，孟德尔去世后，欧洲一些科学家也开始各自独立地研究植物的遗传现象。其中荷兰植物学家雨果·德·弗里斯(1848～1935年)得到了与孟德尔一致的结论，一次偶然的机会使它看到了孟德尔所发表的论文，这促使其于1900年宣布自己的结果。德·弗里斯的论文又激发了德国植物学家卡尔·科伦斯(1864～1933年)以及奥地利生物学家埃里克·冯·切尔马克·塞塞内格(1871～1962年)等人发表自己的观察发现。这些发现均从不同程度上证实孟德尔多年之前的结论是正确的。由此，这4位科学家奠定了遗传学的基础。

孟德尔所做的豌豆实验，显示了遗传的规律。将紫色花朵的豌豆植株与白色花朵的豌豆植株杂交，获得杂交种子后种植产生第一代杂交体，生物学上称之为“F_1 表现型”(由于自身基因的组成而造成的动植物的外观)。F_1代所有的

大事记

1856年	孟德尔开始豌豆种植实验
1865年	孟德尔向布尔诺自然历史学会递交实验报告
1866年	孟德尔发表自己的实验结果
1900年	德·弗里斯、科伦斯以及切尔马克·塞塞内格三位科学家均证实孟德尔结论的正确性。

花朵均为紫色，这可以解释为紫色的等位基因A是显性，而白色的等位基因a则是隐性。随后让F_1代自交，获得的种子种植后，得到两种颜色均包括的花，但紫色、白色花朵比例为3∶1，这是因为F_2代基因型中1/4为AA型，表现为紫色；1/2表现为Aa型，同样表现为紫色；另有1/4为aa型，则表现为白色。白色的性状仅在两套隐性基因(a)共同存在的情况下才会表现。

有时，某些性状的遗传基因可能位于一条染色体上(对于哺乳动物而言即X，Y染色体)。例如，位于X染色体上的某段基因可以有效防止色盲的产生。但当一条等位基因存在缺陷时，情况则会多有变化。患色盲症的病人当中，男性比例较高，其原因就在于男性染色体组中仅包含1条X染色体，而女性染色体组中则包含两条X染色体，因此男性患该病症的几率要比女性大得多。血友病也是同样的状况。

性染色体的发现

十月怀胎，一朝分娩，婴儿呱呱坠地，真是一个奇妙的过程。这其中最令人疑惑不解的是，为什么孩子一出生性别就已经决定了?生男生女到底是由什么决定的呢?这个问题已经困扰了人们上千年的时间。早在很久之前，对妇女怀孕后是生男还是生女，人们就提出过各种猜想。我国古代有这样一种说法：“山气多男，水气多女。”人们认为人生活在山地，就会受山气的影响，容易生男孩；人生活在水边，就会受水气的影响，容易生女孩。古希腊人则认为，母亲怀孕时的睡姿与生男生女有关——如果睡觉时转向右侧，则生男；如果睡觉时转向左侧，则生女。

但这无非都是些猜想，性别到底由什么决定这个谜团却一直没有解开。真正找到生男生女的原因是在1901年，美国学者麦尔开隆，在昆虫中首次发现性染色体。原来，性染色体才是决定人类的男、女性别的关键。

具体的过程是这样的。男女成年之后，要产生配子。在配子过程中，男性与女性的一对性染色体会自行分开，分别进入不同的配子。在这个过程中，

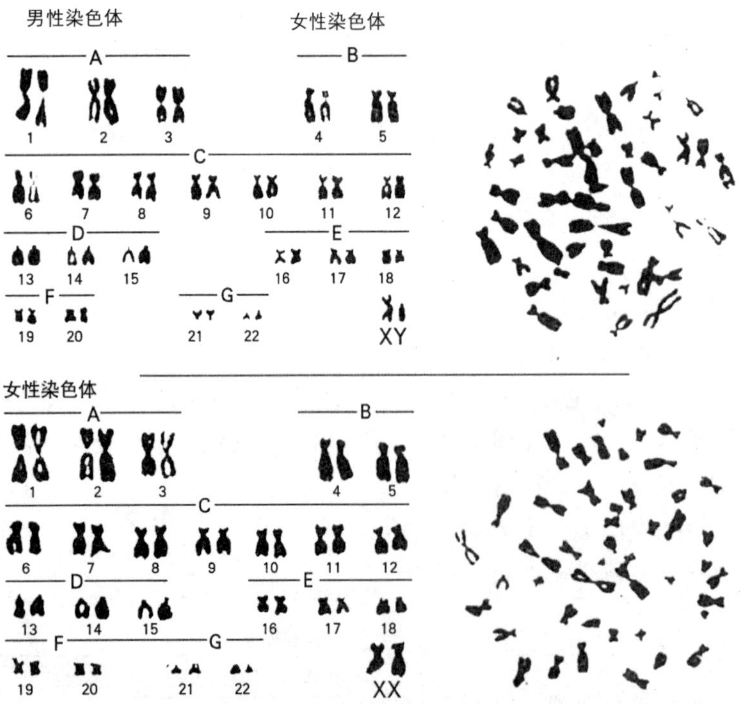

染色体
左 根据核型分析，将相同对按照大小之顺序排列。
右 核分裂中期的光学显微镜像。

就性染色体而言，女性(X X)只产生一种雌配子(X)；男性(XY)产生两种雄配子X和Y，它们的数目各占一半。换一种角度说就是，这是因为男性有一对形态不同的性染色体(XY)，女性有一对形态相同的性染色体(XX)。更进一步说，X 染色体的体积是 Y 染色体的体积大小的 5 倍。

而性染色体的作用主要发挥在配子结合，即卵子受精的过程中。具体的情况如下：雌配子(X)和雄配子(Y)结合产生男孩(XY)；雌配子(X)和雄配子(X)结合产生女孩(XX)。可明显看出，在一对夫妻是生男还是生女的问题上，丈夫有绝对的决定权。只要丈夫带有(Y)染色体的精子与妻子带有(X)染色体的卵子结合，生的就是男孩，它的性染色体表现为(XY)；只要丈夫带有(X)染色体的精子与妻子的带有(X)染色体的卵子结合，生的就是女孩(XX)。

另外，我们还会提出这样的问题，性染色体的随机搭配不会造成男女比例的失调吗？答案是这样的，对于性染色体来说，由于男性产生的两种配子数目相等，所以在人群中，男人和女人的数目相等，即二者的比例为 1∶1。

这真是大自然精妙绝伦的设计！通过染色体配对，人的性别刚形成受精卵的时候就已经决定了。而且通过这种途径，在自然界中的两性比例轻易地达到了完美的平衡。我们也可以从染色体配对中明显地看出，父亲决定孩子的性别。

观察胎儿在母腹中的生活

胎儿生活在母亲的子宫里，始终离不开胎盘、脐带和羊水。

胎盘，是一座专为胎儿生活准备的供应站。

胎儿虽有肺，但还不会呼吸。不但氧气要靠胎盘来供应，就是其体内产生的废物，也得依赖胎盘才能往外送。平时，胎儿所需的营养物质，都要通过胎盘方能从母亲的血液里获得，比如葡萄糖、氨基酸、维生素、无机盐和水分。

胎盘，还是胎儿的一道天然的防线，也称“胎盘屏障”。它像铜墙铁壁似的，使各种病菌都无法越过胎盘去损害胎儿。同时，母体在消灭病菌时所产生的抗体，却能经胎盘输送给胎儿，这就是威力无穷的“母传抗体”。而且在胎儿出生的半年里，仍能发挥它那奇特的免疫力。只有麻疹、水痘和流感的病毒，才能越过胎盘屏障。为此，孕妇不可接触传染病人，也不

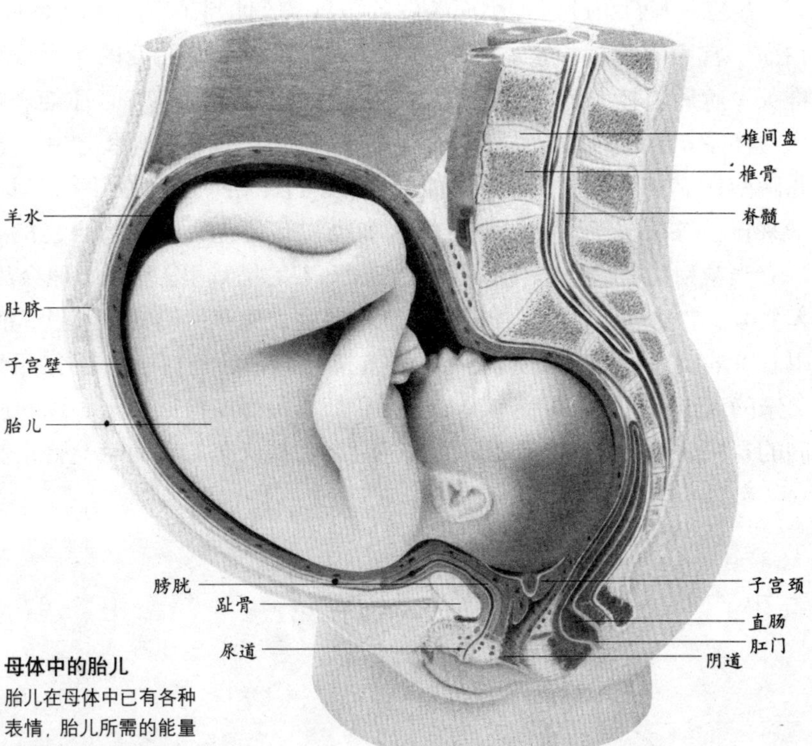

母体中的胎儿

胎儿在母体中已有各种表情，胎儿所需的能量主要靠脐带来传输。

知识窗

婴儿成长数字一览

全世界每天有320000个婴儿出生。
初生婴儿平均体重：3公斤。
初生婴儿平均身长：50厘米。
婴儿出生后6星期已懂得微笑。
女婴18个月时身高是成年时身高的一半。
婴儿出生后6个月开始长牙。
到了3岁，20只乳牙便会全部长出。

要滥用药物，以免破坏胎盘的屏障作用。对从事冶炼、油漆和橡胶工业的孕妇，应在医生的指导下，暂时调换工作，以免毒物会通过胎盘而影响胎儿。

脐带，是胎儿的生命线。它的一端连接在胎儿的脐部，另一端附着于胎盘上。直径只不过1.5～2厘米的脐带，却有3条血管——中间是脐静脉，两边又各有1条脐动脉。胎儿全靠这条脐带作桥梁，才能与母体进行营养和代谢物质的交换，才会不断地发育和成长。

正常的脐带长为30～70厘米，也有不足30厘米的，那就是“脐带过短”，不但会影响胎儿的下降和娩出，而且胎儿还会因缺氧而窒息，万一拉断了脐带，就会有母婴出血的危险。

脐带过长的现象也会存在。这样，胎儿在羊水里会如鱼得水一样的自由活动。由于频繁的转动，脐带若缠在颈部，会像上吊似的胎死腹中；如果脐带绕在肢体上，如五花大绑般的，反而造成脐带过短，会影响母子的安全。为此，医生可根据胎动的情况，查看羊水中有无胎粪的污染，做出判断，及时进行安全措施。

羊水，是母体血清通过胎膜，进入羊膜腔的透析液；该水分也能透过胎儿的皮肤。所以羊水也来自胎儿的血浆。

随着妊娠的进展，羊膜的面积会扩大，羊水量也会增加。怀孕15周时，羊水有137毫升，到30周时可达1100毫升；以后会逐渐下降，到足月时为500～800毫升。怀孕4个月后，羊水中就杂有胎尿，还有胎儿体表、呼吸道和泌尿道脱落下来的细胞。据分析，在羊水的有机物中，一半是蛋白质和它的衍生物；其中由胎儿卵黄囊及肝脏所合成的甲胎蛋白会逐渐下降，但无脑儿反会明显地升高。为此，产前检查羊水，通过对蛋白质、氨基酸、酶、激素和代谢物的分析，能查明胎儿发育的情况，可以减少先天性畸形儿的出生，有利于优生工作的开展。

过去，胎儿被人们认为是个又聋又瞎、整天在母体中睡大觉的人。

现在，人们通过一种小而柔软的望远镜，伸到子宫里去观察他们的行为，或用超声波扫描子宫中的胎儿，通过电视屏幕，人们可以观看胎儿的一举一动。有时，他在那里打哈欠、吮吸、抓东西、伸懒腰、眨眼睛和做鬼脸等，有时还能表现出他的喜怒哀乐呢！

怀孕6个月的胎儿，就一直浮在子宫的海洋——羊水之中。早晨，胎儿睡醒了，一睁开小眼，就爱伸伸懒腰，打个哈欠，并顺手抓起身边的脐带来玩。等玩够了，就把小手伸到嘴边，有滋有味地吸起自己的手指来。

当孕妇在走动时，胎儿好像处在摇动着的摇篮里。于是，他会甜蜜地进入梦乡。忽然，外界的广播吵醒了他的美梦。他在妈妈的子宫里，能听到妈妈心脏的跳动，也能听出胃肠蠕动声和肺叶的扇动呢！有时，还会听到母亲和父亲的对话。他最爱听慢节奏的音乐，节奏最好能接近母亲心跳的速度。不同的音乐，还会引起胎儿不同的反应。如听到优美的乐曲时，胎儿就会安宁

⑤即将分娩的母亲

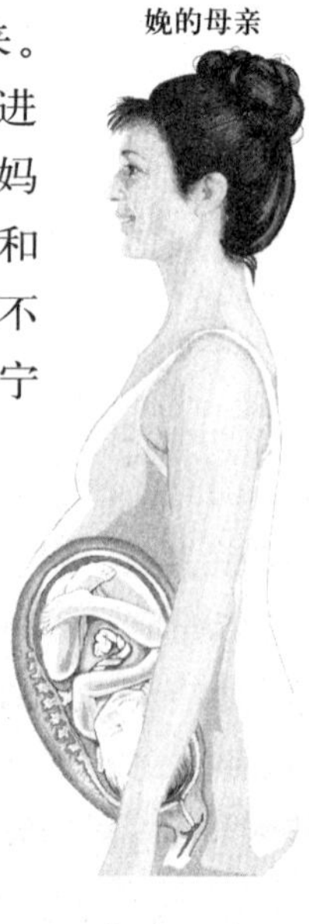

①2个月后，胎儿才有点成形。

②胎儿的手指、脚趾和脸，已经形成了。

③营养和氧气，通过胎盘的血管，从母体传给胎儿。

④胎儿在温暖的子宫里发育生长。

胎儿的发育过程

下来；要是遇上杂乱无章的摇滚乐，胎儿还会以躁动不安来表示不满呢！

据试验，在一所产科医院里，医务人员把录有母亲心律的磁带放给婴儿听，他不但奶吃得多，也睡得甜，哭得少，连体重都增加得快。当吃奶的婴儿，听护士在说话时，吮吸的动作就慢；听母亲说话时，又会快速地吸奶。这是什么缘故呢？胎儿在听母亲读唐诗，等他出生后，也特别爱听胎儿时听过的那首唐诗。

胎儿能通过子宫壁和羊水，看到微弱的亮光。当一束强光照到母亲肚皮上时，他会睁大眼睛，将脸扭到那个亮亮的地方去，看到像手电穿过指缝时淡淡的亮光；要是发现不停地闪光，他的小眼还会眯起来，像在研究似的；如轻轻地摸一下腹部的左侧和右侧，经过反复几次，他会主动来顶你的手指；要是碰碰他的小脚丫，他会把脚张成一面小扇似的；再碰碰他的小手，他就会握起拳来。当母亲与人相争时，他在腹中也会拳打脚踢起来，似乎想帮妈妈一把呢！

人在思考时，心跳频率会快些。胎动前的6～10秒钟，胎儿心率也会快起来，像正在用思考来做出运动的决定似的。这说明6个月后的胎儿，也会动脑筋了。

胎儿既能听，又能看，做母亲的就可给胎儿进行教育了。胎教，我国古代就很重视。如《史记》中有“大伍有娠，目不视恶色，耳不听淫声，口不出傲言”。这些主张都是十分科学的。现代生理学家和心理学家，也主张给孕妇安排丰富的营养，定出合理的作息时间，还让她们多听些优美的乐曲，读些抒情的文学作品，欣赏些能使人心情开朗的名画，这样才有益于胎儿身心的发育，才能生出聪明健康又有高尚情操的宝宝来。

研究初生婴儿大哭的学问

婴儿出生时哇哇的哭声宣告了新生命的诞生。佛经上说，极乐世界只有欢乐，人间却苦难种种。出生就是来到人间的第一种苦难，哭喊几声是难免的。当然，这种说法不足为信，我们要相信科学的说法。那么婴儿刚生下来时到底为什么要哭呢？

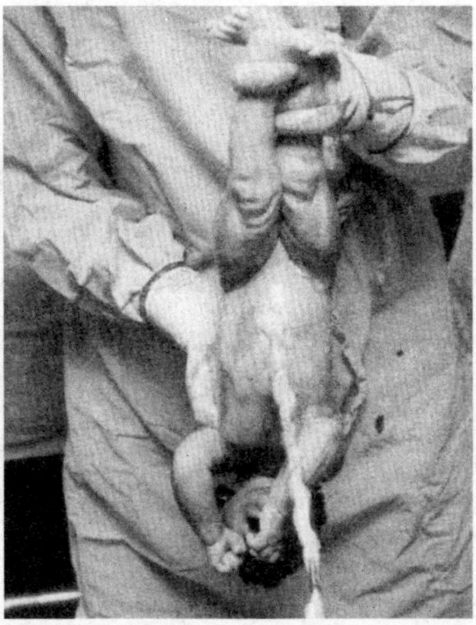

哭泣

刚出生的婴儿第一声哭，是在帮助他清理、护理呼吸道。

我们都知道胎儿在母体里时呼吸微弱。出生的时候，胎儿会受到新环境的刺激，空气、衣物、接生的手等都对婴儿的机体有所影响，更重要的是脐带的断离，使血液中二氧化碳的积聚和酸碱度有所改变，种种因素促使婴儿如果不在极短时间内进行呼吸，就无法在新环境里生存。而啼哭能使口腔和咽喉放开，使呼吸道通畅，而且进入体内的空气还使原先缩紧的两肺可以迅速地膨胀起来。啼哭正是大口吸气、呼气的表现。肺功能就是在哭声中开始发挥作用并逐渐完善的。科学告诉我们，落地一声哭的意义就在于：婴儿通过这一声哭喊已经能够自由呼吸了。从此，呼吸将一直伴随他们走到生命的最后一息。可以这么说，哭是一种始动力，是它促成了新生儿的第一次呼吸。

1667年一个名叫斯维麦丹的科学家发现，呼吸过的肺脏能够浮在水面上。一般情况下，吸入体内的空气只有大约20%留在口、鼻、咽、喉、气管和支气管中，而其中的大部分都进入肺泡中。就是最用力的呼气，也还有不少剩余气体留在肺内，死亡后也是这样。就如新生儿在没有进行第一次呼吸之前的肺脏约重58克，呼吸后由于里面充入了空气和更多的血液，重量可增至90克。科学家的这一发现在法医学上也有很大的价值。1681年，一位年轻的女士因被怀疑杀害了刚生下来的活婴而遭到了控告，但她坚决不承认。一位负责此案的法官就让人将死婴的肺脏取出，沉于水中，结果发现婴儿出世时并未呼吸过，案情至此便真相大白。

DNA——双螺旋

大事记
1951 描述具有螺旋分子结构蛋白质
1952 鲍林制作出DNA模型
1953 沃森和克里克发表论文描述了DNA分子的双螺旋结构
1973 第一种遗传工程技术生物产品问世
1983 转基因胰岛素问世

1951年，美国化学家李纳斯·鲍林(1901～1994年)开发了一种解析生物大分子结构的技术。他描述了一组具有螺旋(三维螺旋)分子结构的蛋白质。他清楚地认识到基因将会是“下一件大事”，于是将研究的重点转向了脱氧核糖核酸(DNA)。

对于从英国剑桥大学生物学系毕业的弗朗西斯·克里克(1916～2004年)来说，DNA的结构是一个神秘而又吸引人的谜团。克里克一开始可能去研究血红蛋白，但他对DNA的激情完全超过了对一般学科研究的兴趣，并且找到了一位志同道合的朋友詹姆斯·沃森(1928年～)——1951年来到剑桥大学的美国生物物理学家。于是他们开始了对遗传物质——脱氧核糖核酸(DNA)分子结构的合作研究。由于当时几大研究机构相互竞争并且积怨甚深，他们的研究工作只能暂时保持低调。当时，伦敦国王学院的新西兰裔英国生物物理学家莫利斯·威尔金斯(1916～1958年)和英国的物理化学家罗莎琳·富兰克林(1920～1958年)也致力于DNA结构的研究，他们采用X光衍射设计了一系列复杂的实验来破译DNA结构。富兰克林在研究过程中已经提出过DNA分子螺旋结构的构想，却最终放弃了，然而，沃森和克里克认同了这一构想。1951年，克里克和沃森制作了DNA分子三重螺旋模型，但是马上遭到了富兰克林的第一个反对，因为这和她用X光衍射实验得出的数据不吻合。克里克和沃森承认了自己的错误并再次回到草图阶段。1952年，鲍林提出了自己的DNA分子模型，该模型也显示DNA分子结构是有三条缠绕的线的螺旋。鲍林只提出过一次错误的模型，而且很快遭到其他科学家的否定。

DNA包含四种不同的化合物，即碱基，这些分子以一种可预测的方式自然地配对，这种认识让克里克和沃森的研究沿着正确的方向前进。美国哥伦比亚大学的奥地利裔化学家夏尔加夫(1905～2002年)发现了腺嘌呤(A)与胸腺嘧啶(T)配对而鸟嘌呤(G)与胞嘧啶(C)配对的研究成果，于是，克里克和沃森意识到这不仅体现了DNA的结构，还是DNA自我复制的途径。1953年4月，他们将关于DNA和这项举世闻名的研究成果发表在了《自然》杂志上。1962年，他们两人和威尔金斯一起获得了诺贝尔医学奖。

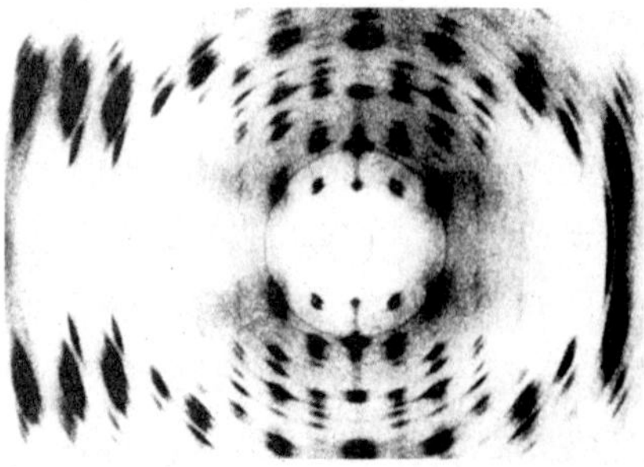

这是一张DNA分子的X光衍射结构图。化学家利用X光衍射技术可以判定化合物的晶体结构。沃森·克里克从图中的黑点认识到DNA分子是双螺旋结构。

20世纪40年代末至50年代早期，许多科学家，包括美国遗传学家林德博格(1925年～)、德国生物物理学家德尔布吕克(1906～1981年)和爱尔兰遗传学家威廉·海耶斯(1918～1994年)做了许多有关细菌质体的研究并取得了很有价值的发现。质体是从细菌主染色体分离出来、漂移在细菌细胞质中的微小圆形DNA颗粒。因为质体具有易分离易操控，而且还能以修饰过的形式再插入细胞等优点，因此成为了现代遗传学上最重要的“工具”。

1968年，美国斯图瓦特·林恩(1940年～)和瑞士生物物理学家维尔纳·亚伯(1929年～)在日内瓦发现了一组名为限制酶的蛋白质，它能够在特定位点“切开”DNA分子链。切开的链末端极易能轻易地重新接合在一起，或者与DNA的其他段的末端接合在一起。1969年，美国遗传学家乔纳森·贝克韦斯(1935年～)分离出了第一种单体基因——包含在大肠杆菌糖代谢物中。所有这些研究成果为从DNA序列中删除或插入新的基因提供了理论上的支持，所以实现这样的想法只是时间上的问题。不久，在1973年，美国生物学家斯坦利·科恩(1922年～)和赫伯特·伯尔(1936年～)成功地从大肠杆菌的质体中移走了一段DNA并且在其位置上植入了另外一种细菌的基因，由此产生的结果就是第一个基因工程有机体。于是，一个新兴的但一直存在争议的科学分支诞生了。

科学家可以利用基因工程技术按照自己的意愿删除或取代生物体中的基因。例如，20世纪80年代，科学家成功地将人类胰岛素基因插入大肠杆菌内，后来成功地插入了酵母中，为糖尿病治疗技术带来了革命性的变化。在农业方面，科学家利用基因工程技术培育出了抗病能力更强、产量更高的农作物，以及培育出繁殖能力更强的用于医学研究的动物。但全世界对使用这项新兴技术的争议一直存在，在世界的某些地区，人们对转基因生物存在着怀疑，关注的中心在于这类生物体给人类健康与环境带来的影响。科学家希望通过基因替代疗法来祛除遗传疾病患者的痛苦，但是现在技术还不成熟，全世界的科学家还在孜孜不倦地探索，希望能尽快取得这项技术的突破，造福人类。

人类基因组计划

大事记
1911 斯特蒂义特开始测绘果蝇基因组序列
1956 布雷内开始研究蛔虫基因组
1992 人类基因组计划启动
2001 人类全部基因组图谱草图问世
2003 完整的基因组序列测序完成

绘制基因图谱始于美国遗传学学家艾尔弗雷德·斯特蒂文特(1891～1970年)的研究工作。当斯特蒂文特还是一位年轻的毕业生时就知道，在一条染色体上的两组基因越相近，生物体在繁育时这两组基因一起传递给下一代的概率就越大。于是他利用这种基因连锁性原理开始绘制果蝇上的基因图谱。

制造一个有机体的全部基因或遗传指令称做基因组。因为所有生物体都是继承前代的基因，所以基因组就提供了有关其祖先的重要信息。对于人类来说，与其他生物体一样，基因代码中的错误或变异将会导致通常是医学上所指的遗传病。

基因是染色体上携带的指令。染色体由脱氧核糖核酸(DNA)组成，DNA结构由美国生物物理学家詹姆斯·沃特森(1928年～)和英国生物物理学家弗朗西斯·克里克(1916～2004年)在1953年破译。人类基因组是由四个字母：A、T、C和G拼出的代码，这四个大写字母分别代表四种化学碱基：腺嘌呤、胸腺嘧啶、胞嘧啶和鸟嘌呤。这些碱基相互配对，用氢键连接起来，形成DNA双螺旋梯形结构中的“梯级”。

微生物学家悉尼·布雷内(1927年～)出生在南非，父母是英国人，他的大部分工作都是研究微小的蛔虫——秀丽杆线虫。利用蛔虫这种结构简单的生物作为实验对象，他可以跟踪其细胞分裂过程，还可以诱发其基因突变。布雷内的工作为人类基因研究技术打下了基础。布雷内加入了英国剑桥大学的分子生物实验室，和英国人约翰·萨尔斯顿(1947年～)和美国人

聚合酶链式反应技术是绘制人类基因组图谱用到的技术之一。这些成排的机器可以制造出用于分析的人类DNA片段的精确复制样本。

罗伯特·霍维茨(1942年～)一道进行基因方面的研究。萨尔斯顿接手绘制了蛔虫每一个体细胞图谱并追溯到其胚胎时期的状态。

到20世纪80年代末，科学家利用当时已有的技术开始缓慢地将组成所有生物有机体基因组的DNA序列片断拼接在一起。

萨尔斯顿开始测定蛔虫的基因组序列，他的这项工作走在了1990年启动的人类基因组计划的前面。人类基因组计划(HGP)由美国和英国领导，并由多个国家的研究所共同参与完成，旨在为由30多亿个碱基对构成的人类基因组精确测序，发现所有人类基因，搞清其在染色体上的位置，破译人类全部遗传信息，并为生物学研究提供依据。这项计划(HGP)预计要用15年完成，但事实上提前两年实现了全部的任务。在英国剑桥大学的桑格中心，由萨尔斯顿领导的测序小组完成了约1/3的测序任务，而大部分测序任务由美国完成。人类基因组计划得以提前完成，得益于美国塞来拉基因组公司的总裁兼首席科学家J.克雷格·文特(1946年～)在基因组研究所对基因组测序技术的改进。

但是，正当人类基因组计划平稳快速推进时，在政治上却出现了问题。在这项计划执行期间，巨大的伦理分歧在文特和萨尔斯顿各自领导的小组之间开始出现。文特是私人资助该计划的代表，他领导的塞来拉基因组公司也为此注入了不少资金，主要目的是想通过售卖研究成果获利。而公众资助计划的代表萨尔斯顿主张将研究成果保留或申请专利，于是在两位科学家之间形成了不愉快的鸿沟。

在2001年2月，两套测序结果分别在英国《自然》和美国《科学》两份权威杂志上发表。两份杂志都印刷了第一份人类全部基因组的细节性图谱草图——包含了占总数90%的30亿个碱基对的列表。全部的测序任务在2003年完成。

对于普通民众来说，人类基因组长且难懂，但是参加测序的科学家却发现它所包含的基因数目出乎意料地少——2.5万个，这个结果比早先估计的5～12万个小得多。事实上，人类基因组的数目只是果蝇基因组的2倍。

摩尔根创立基因说

托马斯·摩尔根(1866～1945年)，出身美国的豪门大族，但从小养成了良好的生活习惯。他热爱大自然，喜爱户外活动，经常四处游历，最后决定献身于探索自然的科学事业。

1880年，摩尔根考入肯塔基州立学院预科，后转入学院本部。1886年获得学士学位，同年进入霍普金斯大学研究生院进修，主攻生物形态学，4年后获博士学位，此后在该领域颇有建树，成为一名年青的博物学家。曾随美国地质勘探队赴野外考察，期间对各种生物的性状发生兴趣，遂逐渐转入实验生物学研究领域。

那时，生物学已发展到一定水平。特别是1904年美国的萨顿证明了可染色体成对存在，

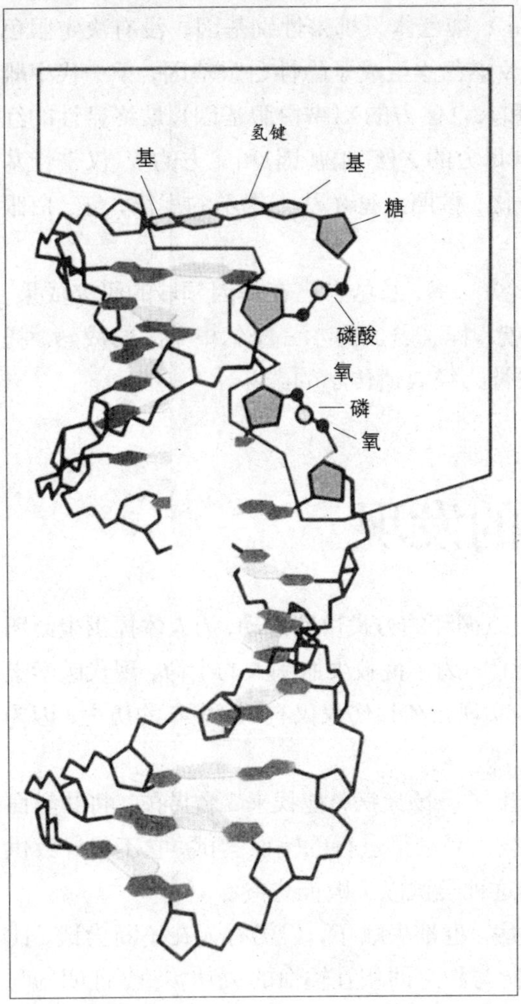

基因的构造模型

从这个基因模型上可以清晰看见肉眼所无法看到的基因的形状。

每个配子只包含一对染色体中的一条，每条染色体携带多个遗传因子。到了1909年，丹麦的植物学家约翰逊以“基因”一词替代以前的所谓“遗传因子”一词。“基因”的称谓由此而来。

为了进一步探索染色体中基因的存在状态和排列特征，1908年摩尔根开始了著名的果蝇实验，专门研究这一课题。

摩尔根将捕获的果蝇放在实验中特定条件下加以培养，如让它们吃各种各样带刺激性的食物，让它们的产卵过程以及幼虫的成长分别在较高温和低温环境中完成，必要时则对其进行紫外线照射以促其发生变异。经过很长一段时间，摩尔根发现果蝇有4对染色体，但雌雄果蝇所产生的配子的染色体状况有所差异：雌配子产生时从母体细胞的4对染色体中各得一条，所以该种配子所含染色体相同，均呈棒状，而雄配子的染色体中只有3条相同，第4条为钩状。在此基础上，雌雄配子结合发育成的雌性果蝇体细胞中的4对棒状染色体完全成对，雄性果蝇的细胞中则仅有3对棒状染色体成对分布，第4对由1条棒状染色体和另外的1条钩状共同组成。摩尔根将区分性别的染色体称为性染色体。他由此得出结论：生物性别由性染色体决定。

1910年4月，摩尔根的实验又获得突破性进展。一次，他对一群红眼果蝇进行X射线照射，在子一代个体中发现一只白眼雄果蝇。他随即让这只白眼果蝇与未经X线照射的红眼果蝇交配，结果完全符合孟德尔法则：子一代全是清一色的红眼果蝇，子二代的个体则出现分化，1/4为白眼果蝇，且全部是雄性，其余的3/4则为红眼果蝇。摩尔根对此分析后认为：眼色由一对基因控制，其中红眼为显性，白眼为隐性。

为了清晰地解释这一过程，摩尔根把雌性染色体称为X，称雄性染色体为Y。他认为未

知识窗

噬菌体的基因复制

噬菌体是专门侵染细菌和放线菌的一类病毒。它体积小，结构简单，除六角形头部含有DNA外，周身披有一个起保护作用的外壳和一个蝌蚪状的尾巴。侵染细菌时，先从自身尾部分泌出一种溶菌酶，将菌体某处的细胞壁溶解，然后再把头部的DNA经由这个缺口送入细菌体内。噬菌体侵染细菌的过程有两种类型。一种叫烈性感染，即侵人菌体内的噬菌体DNA立即进行自我复制，产生新的DNA和蛋白质外壳，然后分泌溶菌酶使菌体细胞壁裂解，释放出新的噬菌体；另一种类型叫温和感染，即噬菌体DNA进入菌体细胞后，并不立即进行自我复制，而是插入到被感染菌体细胞的染色体内，潜伏下来。当细菌染色体进行自我复制时，它也跟着复制，并随染色体一同悄悄地进入子细胞内。可是一遇到紫外光照射等外来刺激，温和噬菌体的DNA就会立即脱离细菌染色体，迅速复制，进而使菌体裂解，释放出新的噬菌体。温和的噬菌体侵染有鞭毛的沙门氏菌进行自我复制时，阴差阳错地误把菌体细胞中决定鞭毛性状的DNA片断，也裹进了自己的蛋白质外壳内，而当它们再去感染无鞭毛的沙门氏菌时，就把这种决定鞭毛性状的DNA片断带进了无鞭毛的沙门氏菌中，使得无鞭毛的菌长出鞭毛。这种现象叫“转导现象”。这一实验不仅再次证明，生物细胞中的DNA可以从一个细胞转移到另一个细胞，而且表明，在实现这种转移的过程中，噬菌体是一种理想的运载工具。

经X线照射的果蝇的X染色体携带红眼基因，而Y染色体只携带性别基因，没有决定眼色的基因。在X线的照射下，其中的一只雄果蝇的X染色体生成了隐性白眼基因。子一代中雌蝇的两条染色体分别来自母方的X(带红眼基因)和来自父方的X(带白眼基因)，最终显性的红眼基因性状得以表现；雄蝇的染色体组成是来自母方的X(红眼基因)和父方的Y(仅带性基因)，也呈现红眼特征。子二代个体的眼色出现分化，按照孟德尔法则揭示的规律，红、白眼果蝇数量比为3：1，而且白眼果蝇均为雄性。

在实验的基础上，摩尔根整理出版了《基因论》一书，总结自己在基因领域的研究成果，并且归纳了20世纪以来20多年的遗传学研究成就，标志着孟德尔—摩尔根学派的成熟。托马斯·亨特·摩尔根本人也因创立基因学说，被誉为经典遗传学的泰斗。

人体血型的发现

血液是人体中最重要的液体成分，它在血管中以循环的方式快速流动，为人体提供生命所需要的氧气、养分和热量。流血过多往往会导致死亡。为了挽救失血病人的生命，现代医学上通常采用输血的方式。但是，使用输血方法成功地实现救死扶伤仅仅有100多年的历史，因为在此之前，人们还不知道血有不同的类型。

15世纪时，昏庸、年迈的罗马教皇英诺圣特生了一场大病，他找来3名男孩，将其鲜血输入自己体内，这个残暴的输血事件可能是有记载以来最早进行的输血尝试，它不仅导致供血者全部死亡，而且使得病人也在痛苦中死去，这种尝试以失败而告终。

此后，又有人将动物的鲜血输入人体内来治病，也都失败了，但仍有人在不断尝试。比如一位叫布伦道的英国妇产科医生，他曾经通过狗与狗之间相互输血的成功实验，证明狗与狗之间确实可以输血。因此，他认为人与人之间也是能够互相输血的。1824年的时候，他曾为产后大出血的8位产妇输入人血，其中5人获救，另外3人则悲惨地死去。这种截然相反的结果给人们带来深刻思考：为什么有人能存活下来，有人却比输血前更痛苦地死去呢？

潘弗克和兰多伊斯是德国的2位病理学家，他们经过20多年的合作研究，于1875年发现了溶血现象。当不同人的血液混合在一起时，有的互不相干，有的则发生溶血现象，这种溶血现象就使血液中的红细胞被溶解破坏而死亡。因此，只有在不产生溶血现象的人之间，

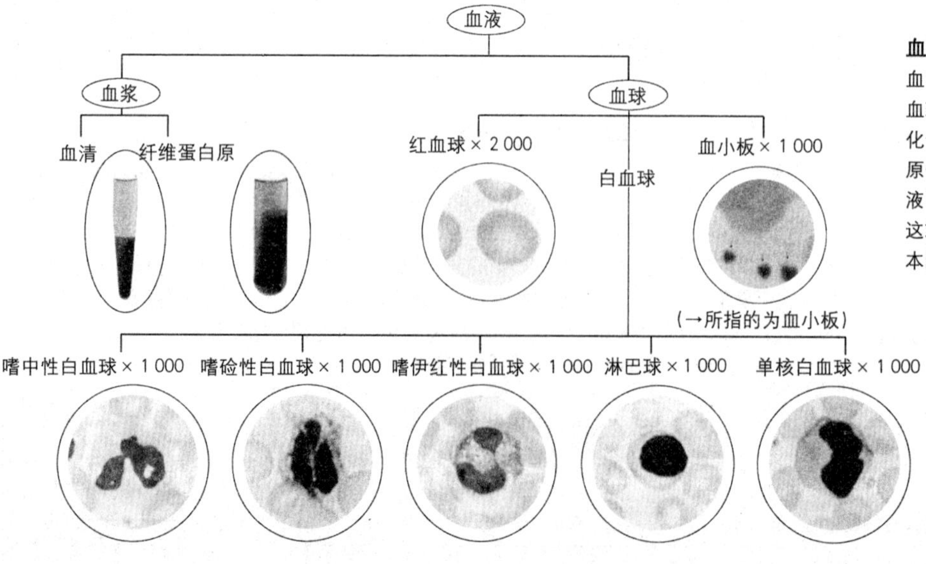

血液的构成
血液的主要成分是红血球、血小板和碳水化合物。红血球中抗原性决定了不同的血液不可以混在一起。这就为输血确立了基本的原则。

才可以互相输血。

在血液研究中做出杰出贡献的应该是奥地利的医生兰斯坦纳。1900年，兰斯坦纳通过对人体的体液组织——血液的研究，发现了红细胞的凝集反应。所谓凝集反应就是当一个人血液中的红细胞与另一个人的血清混合后，有时这些细胞会凝成一团，其凝集相当紧密，即使用力振荡，也不能让它们散开。这种凝集反应出现在人类的不同个体以及不同种的动物之间，这种红细胞凝集是血清免疫反应的一种表现。因为红细胞表面含有一些统称为凝集原(或称标记物)的抗原性物质，所以，红细胞在异体或异种血清作用下会发生凝集反应。而血清中则含有相应的统称为凝集素的特异性抗体，当含有某种凝集原的红细胞遇到一种与它相对抗的凝集素时，就会发生一系列的凝集反应，使红细胞凝集成团。

兰斯坦纳选择不同的人，采集他们的红细胞和血清进行交叉反应，通过广泛的实验和临床实践以及细致的比较发现，有的时候，红细胞出现或大或小的凝集状，而有的时候红细胞则不会出现凝集现象。他发现在人类的红细胞中含有2种不同的凝集原，他将其命名为A和B。兰斯坦纳进一步分析了这些成分，并按字母表的顺序，把人类血液分为4种基本类型：A，B，AB，O型。凡是红细胞中含有A凝集原者，其血型为A型；含B凝集原者，其血型为B型；含A和B两种凝集原者，其血型为AB型；两种凝集原都没有者，则其血型为O型。

“ABO型系统”的出现，在当时医学界引起了很大的轰动，解决了外科手术中大量失血的问题。无数失血过多的病人，通过输入与自身血型相吻合的他人的血液而重获生命。

知道了血型发展的历史，我们更应感谢兰斯坦纳，尤其是在我们需要输入血液的时候。

破译人体血液循环之谜

血液对人来说是无比重要的，但人体的血液是怎样流动的呢?这个问题自古以来就吸引着无数科学家去探索。而在17世纪以前，古希腊人盖伦的血液运动理论在医学界一直占统治地位，直到哈维出现，才真正揭开了血液循环之谜。

在17世纪以前，由于盖伦的血液运动学说中充满了神秘色彩，而教会很需要这种宗教气息，因而，盖伦的学说为不可动摇的经典理论。

曾因怀疑及试图修正盖伦理论的比利时医师和解剖学家维萨里，被流放到耶路撒冷。因批评盖伦的理论而戴上异端罪名的西班牙医生塞尔维特也被宗教裁判所判处火刑，惨死在日内瓦。然而，教会和经院哲学的黑暗势力丝毫吓唬不了追求科学真理的进步学者们，他们坚强不屈地继续进行观察和实验，从不同的侧面驳斥盖伦的理论体系。

哈维正是这样一位真理的探索者。他在帕多瓦大学求学开始，不断地对动物进行解剖、观察与研究。在长期的观察过程中，他积累了大量的实验记录材料，通过这些材料，他逐渐发现盖伦的血液运动理论与解剖学事实相距甚远，显得漏洞百出，自相矛盾。

经过一次次坚持不懈地活体解剖，哈维终于发现了人体血液运动的奥秘。他发现，人体中的动脉血液从心脏里流出来，然后又经过静脉回到心脏，如此周而复始，始终向着一个方向循环着。依靠这种血液循环，人体的新陈代谢才能正常进行。他的这一重大发现，找到了当初他的导师不能解答的问题的正确答案，并最终揭开了千百年来的血液循环之谜。

1616年，哈维在为圣巴多罗买医院做的系统医学演讲中，第一次把酝酿已久的、与盖伦学说截然不同的血液循环运动思想公布于众。在演讲中，哈维提出了“心脏水泵”说，即心脏像个水泵，血液的循环运动由心脏的搏动而引起。

人们对哈维的这一发现议论纷纷，支持的和反对的人各执一词。有人警告哈维，让他记住布鲁诺被烧死的惨痛教训。但哈维并没被困难所吓倒，他沉着冷静，坚持不懈地工作着。为了使自己的观点更完整严密，他对40余种动物进行了活体心脏解剖、结扎、灌注等实验以及大量的尸体解剖。经过无数次科学实验、观察，他更坚信自己的发现是正确的。

1628年，哈维的《动物心血运动的解剖研究》一书在法兰克福出版了。这本又译为《心血运动论》的专著凝聚着哈维20多年的心血和坚强不屈的革命精神。

德国出版商菲茨热心承担了该书的一切费用，使它得以顺利出版。作为世界科学史上最重要的著作之一，它宣告了盖伦体系的彻底解体，终止了长达1500年之久的错误理论，并提出了血液循环的基本规律，论述了完整的血液循环运动理论。该书还开拓了近代生理学的活体解剖实验法，把人体生理学和运动生理学确立为科学。哈维勇敢地冲破神圣不可侵犯的传统与权威的束缚，在斗争中确立了科学的新学说。这一伟大功绩和他百折不挠、无所畏惧的革命精神，一直让世人敬仰，他对科学和真理的不懈追求也鼓舞和启迪了后人。

1675年6月，哈维在伦敦逝世。在哈维诞辰300周年的日子，人们在伦敦为他举行了纪念大会，以此来纪念他的科学功绩。大会由著名科学家赫胥黎主持，到会的人数众多。不久，人们又为他建立了铜像和纪念馆。1905年，美国成立了哈维学会。哈维的学说至今对学术界的影响颇为巨大，而他高尚的品格也受到人们的崇敬。

麦奇尼可夫发现白细胞

麦奇尼可夫是俄国著名的科学家，他对研究生物的内部结构与功能有着浓厚的兴趣。他很想了解动物是怎样生长发育的，又是怎样逐渐衰老，直至死亡的。在这一系列的过程中，动物的身体内部又是如何变化的。因此，他经常找来各种各样身体透明的小动物来做实验。

有一天，他在研究水蚤的消化作用时，发现水蚤体内有一种能够游过去吞噬某种酵母菌的细胞。有一次，他随手在海星的身体里插进一根蔷薇刺，刺上有各种细菌。他观察到那种细胞很快就从各处游到蔷薇刺的周围，拼命围攻闯进来的细菌。这些现象使他产生了许多问题，他决心把这件事研究透彻。于是，他找来了一些透明的虫子，在这些虫子的身体里面注射了一些细菌。细菌在虫体里刚活跃起来，虫体里的那种细胞就很快围拢上去。结果是，如果进入虫体里的细菌很多，而且繁殖得较快，那种细胞就会被打败，虫子也会随之死亡；而如果进入虫体的细菌不多，它们就会被那种细胞吞噬，虫子依然正常地生活着。

血凝块形成示意图

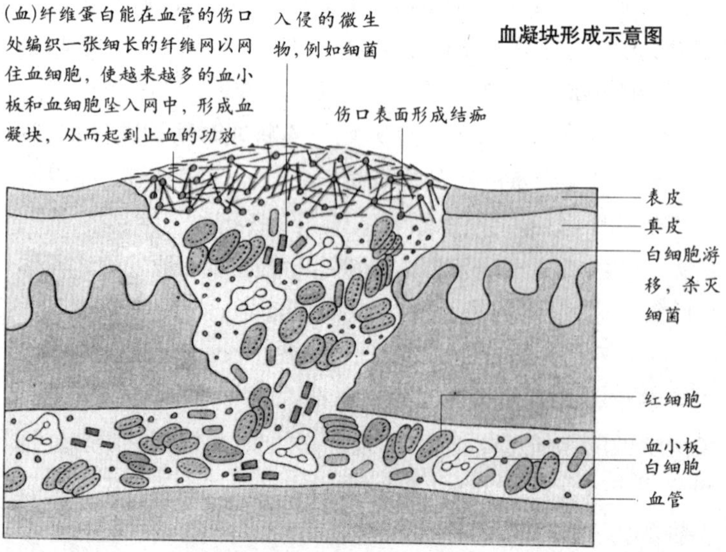

经过多次研究，麦奇尼可夫终于弄清那种细胞是保护身体的“警卫战士”。他把这种细胞叫做“白细胞”。根据他本人的解释，“白细胞”在希腊文中的意思就是“吞噬细胞”。

白细胞的大小比红细胞要大得多。它本身并没有颜色。医生在验血时，常常要对白细胞进行染色才能看清楚。

白细胞平时是在人体和动物的血管里流动的。一旦有细菌入侵，它能很快地“游”出血管，奔向细菌入侵处。为了包围和吞食细菌，白细胞根据情况随时变换自己的形状。它把细菌吃到肚子里，再放出一种叫酶的物质，把细菌消化掉。而最新的研究显示，白细胞竟然可以施放一系列的化学毒气来杀灭细菌。

在人体每立方毫米的血液里，大约有4000～10000个白细胞，平均约7000个。它游走于全身各个部位，如果细菌进入身体，它就通过“化学信使”传来的消息，毫不犹豫地杀灭来犯之敌，并且调动起全身的各种防御力量，一致对敌。例如，“巨噬细胞”就能吞噬白细胞不能吞噬的较大的病菌；有种“补体”可以帮助溶解细菌；体内分泌的杀菌素、凝集素、抗毒素，同样是对付细菌的重要力量。病菌要是避开了白细胞而逃向肝脏，肝脏会将其扣留；经过脾脏，又会被脾脏抓住不放；肾上腺、骨髓等处，也都能拦截这些细菌。

据估计，一个白细胞就能够消灭20个入侵的细菌。当然，在发炎组织的脓液里，不仅有被杀灭的细菌，也有不少是死亡的白细胞。虽然白细胞只有10天左右的寿命，但它却是身体健康的有力保证。

如今，美国的癌症研究人员已经在研究用白细胞杀死体内癌细胞的方法。他们抽出白细胞，把它们放在一种特殊的溶液里培养几天，再将它们注入人体。这种经过特殊处理的白细胞就能与癌细胞战斗了。

1997年俄罗斯科学家发现了白细胞的新作用，认为它也参与了将吸进的氧气运送到全身去的工作；并且还能把氧“激活”，大大增加氧离子的数量，同时也提高了自身的杀菌能力。

白细胞对身体至关重要，如果过少，就会严重影响机体的抵抗力，但也不能过多。除非妇女怀孕、婴儿初生等特殊情况，如果每立方毫米血液中的白细胞超过1万，就应当引起重视，因为这一般都是有病的前兆。

胃的消化过程大揭秘

在医学还不发达的古代，人们曾经认为胃是“磨子”、“蒸锅”。因为人们发现虎、猪、豹、羊吃进的骨头、肉块、粮食和草料，经过胃消化后却变成了一堆糊状物，于是认为胃有“磨子”或“蒸锅”的功能。

意大利生理学家斯帕兰札尼对此说法持怀疑态度，为了弄清胃的真实功能，他设计了这样一个实验：把一块生肉塞进一个金属管中，并在这个金属管上扎许多小眼，然后将两端封严实，以防肉掉出来，接着，强行让山鹰吞下金属管。过了一段时间，斯帕兰札尼取出金属管，发现小管完好无损，两端的盖子也还牢牢地封在上面，但原来管中的生肉块却变成了一些黄色的液体。通过这个实验，斯帕兰札尼明白了胃消化肉的过程是一个化学过程，但是这个化学过程是如何进行的，以及黄色液体是怎样产生的，他仍然没能搞清楚。

1822年6月2日，发生在美国靠近加拿大边界的密执安小岛上的一起意外的猎枪走火事件，揭开了有关胃的消化作用机理的秘密。

那天，18岁的圣马丁在集市上被猎枪误伤，他的胃被打穿了一个孔。闻讯赶来的当地驻军军医鲍蒙特，帮助他止血治伤。经治疗，一年后恢复了健康的圣马丁的腹部却留下了一个直径约2.5厘米的瘘口。通过这个由一层薄膜覆盖着的洞口，鲍蒙特直接观察到了胃的消化过程。

他对圣马丁进行了长达11年的观察，他终于知道了胃液含有稀盐酸，具有消化食物和杀菌的作用，并发现了蛋白质在胃中转化为氨基酸的情况，他还观察到胃壁内有一层淡红色的黏膜覆盖组织。于是，鲍蒙特公布了他的观察结果："胃液能溶解包括坚硬的骨头在内的各种食物，它是一种最普通的天然溶剂。有大量证据表明，胃液对食物的作用纯粹是一个化学过程。"

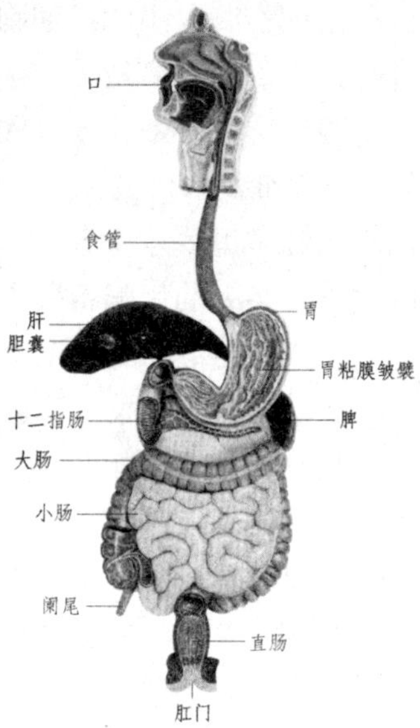

人体消化系统

鲍蒙特初步揭开胃的消化秘密之后，科学界关于胃的探索不断深入。1836年，德国科学家施旺发现了胃蛋白酶，俄国生理学家巴甫洛夫则在1894年发现了食物引起胃液分泌和胃运动的神经反射过程。至此，人们总算基本了解了胃的性质和机理，并进一步知道：胃用同样的方式进行活动，消化人类吃的各种食物。

胃里虽然存在着大量能够消化各种蛋白质的胃酸和胃蛋白酶，但由蛋白质组成的胃自身并不会被这些胃酸和胃蛋白酶消化掉。这种现象引起了科学家们的兴趣，人们又开始了对它的研究。

美国密西根大学医学系德本教授，曾在实验中把手术中切除下来的胃放在一个容器中，然后在容器中加入按人体胃液配制的盐酸和胃蛋白酶，并置于37℃的温度条件下。结果，德本发现胃被溶解掉了。实验中的胃无法避免胃液的消化作用，但人体中的胃却安然无恙，德本教授百思不得其解。

德本教授联想到胃壁内那层黏膜，认为是黏膜上的细胞发挥了防护作用。从动物试验中，他知道了胃壁细胞所分泌的脂类物质，的确是隔离胃酸与胃组织的一道防线，这种脂类物质可以防止pH值低至0.9～1.5的胃酸对胃的腐蚀以及粗糙食物对胃的机械性损坏。经过进一步研究，他还发现当这类脂类物质受损，被胃酸腐蚀后，胃腺中的黏液细胞就会增加黏液的分泌，在胃壁表面覆盖一层黏液膜，这层黏液膜具有不溶性，可以满足保护胃壁的需要。倘若情况更加危急，这层细胞就会自动脱离，由组织内的新生细胞取而代之，从而完成黏膜细胞的自我修复。

对此，人们仍有许多疑问，比如，关于一些胃病，人们就无法理解。人们会问：胃能自我修复，那么胃溃疡又是怎么回事?德本教授针对这一问题，作出了详细的解答：胃壁黏膜并非固若金汤，当破坏的程度超过了黏膜的自我修复能力时，胃酸就会透过黏膜而腐蚀胃，这就是产生胃溃疡的原因。

德本教授关于胃不会自我消化的解释尚未被所有人接受。原因有两个，一个原因是缺少足够的科学证据，另一个原因是这种起屏障作用的物质的整个构成还没有被完全搞清楚。因而，人们不由得设想，胃不会被消化的原因或许是因为其还有另外一些尚未可知的防护机制，其中的奥秘还有待人们进一步去探索。

探索男人易患色盲之因

在生活中，我们有时会发现一些人天生对某几种颜色分辨不清，这种病症被称为"色盲"。而且我们还发现患色盲的多为男人，以致有人戏称色盲是男人的"专利"。那么男人为什么比女人更容易患色盲呢?

人体眼内视网膜上的锥细胞产生了人类的色觉。色觉的产生过程是由于各种光线的不同混合以及锥细胞的三种色素(感红、感绿、感蓝)按不同比例分解，从而产生了色觉，蓝天、青山、白云、绿草也就随之而产生了。由于某种原因，如果一个人对红光的刺激缺乏辨别能力，则成为“红色盲”，依次类推有“绿色盲”、“紫色盲”等等。当一个人红绿两种颜色均不能辨认时则称他为“红绿色盲”。如果某人对于红、绿、蓝三种颜色均不能辨认，则他就是“全色盲”。对于全色盲的人来说，全世界没有什么美丽的色彩，一切五彩缤纷的东西，在他的眼里都是黑、灰、白，就如看黑白电视机一样。这种全色盲的患者并不十分多见，红、绿以及红绿色盲在现实生活中则较为常见。色弱与色盲产生的病理原因一样，不过是分辨能力较正常人差，而比色盲者要强罢了。

人类认识色盲只有100多年的历史。1875年在瑞典发生了一次严重的火车相撞事故，在事故调查中，两辆火车司机都肯定自己是按信号灯指示驾车的，没有违规操作。最后发现其中一位司机是色盲患者，根本无法分辨红色和绿色，以致酿成大祸。

从此以后，各个国家对于汽车、飞机、火车、轮船的驾驶员的从业资格进行了严格规范。同时，对驾驶员也进行严格筛选，对今后参加这个工作的人员也提出了要求，规定患有色盲、色弱的人不能从事驾驶员工作。其后，军事、印染、艺术、纺织、化学、医药等一些与色觉密切相关的行业也制定了对色盲、色弱的限制规定。这些限制和规定，并不是对于色盲和色弱人的歧视，而是因为在这些与色彩有着密切关系的行业中，一旦色觉上出现问题，往往会造成不可估量的损失。

在后来的观察研究中，医学家们发现男性的色盲发病率明显高于女性，并且男性呈显性，女性呈隐性。譬如：父母都是色盲，其所生的儿子则因其为男性，色盲呈显性而表现为色盲，而其女儿则会因色盲呈隐性而表现为色盲基因携带者，但其本身并不是色盲。其女儿结婚后所生的儿子有一半的机会可能是色盲，即如果有两个儿子，那么其中的一个可能就是色盲。同样，其所生的女儿则有一半的机会是色盲携带者。

通过专家临床观察发现，色盲多为先天性遗传而来，也就是说，色盲不会由后天发生的疾病而产生。其病因在患者的父母身上，其发生原理可能是由于锥细胞缺乏某种或全部感光色素所致。由于感光的合成不足可能产生色弱，或继发性视网膜炎、视神经炎等疾病。与色盲不同的是，色弱既可以是先天性的，也可以是后天其他疾病引起的。而对于为什么男性色盲患病率高于女性这一问题，专家们的解释是这样的：在人体中男、女遗传因素上存在性染色体的差别，男性性染色体为XY，女性的为XX，因而，其遗传基因很可能与性染色体有关。但是，对于具体的原因，专家们仍不能提供进一步的解释，因而，对这一问题，医学界尚无定论。看来，色盲之谜还有待人们进一步去探索，色盲成为男性“专利”的原因总有一天会真相大白。

研究睡眠的学问

人的一生中有三分之一左右的时间是在睡眠中度过的。古今中外，还没有出现过不需要睡觉的人。在一天紧张的学习和工作之后，如果能舒舒服服地睡上一觉，便会疲劳全消，可以以更充沛的精力投入到新的工作和学习中去。睡眠既然如此重要，那么我们就了解一下人为什么要睡觉，难道人体内真的有“瞌睡虫”吗？

从19世纪初开始，科学家便进行了一系列的实验研究，终于发现了“瞌睡虫”——“睡眠因子”。“睡眠因子”可以催眠，可以抵抗对人体不利的细菌，还能增强免疫功能，并在一定程度上具有替代麻醉药的作用。这么说来，“瞌睡虫”真是个有用的“多面手”。但是，瞌睡虫并非细小的“虫”，它只是一种结构奇特的化学物质，由四五种氨基酸组成，末端还附有一种胞壁酸糖，不同于已知的人体其他物质。

睡眠是人体不可缺少的一种生理现象，因此“瞌睡虫”对人来说是非常重要的。疲劳过度的士兵甚至在行军的时候也会睡着，虽然他仍在走动。曾经有人对一些健康的人做过试验：让他们连续72～90个小时不睡眠，结果这些人都出现了各种“精神异常”现象，但睡过几小时后，这些异常现象便不治而愈了。

出现这种“精神异常”现象的原因是由于不能睡觉便不能消除脑细胞的疲劳，积累到一定程度后，“司令部”的工作就会产生“混乱”，全身的新陈代谢无法正常运行，结果必然是衰竭而亡。

人类十几天甚至几十天不吃食物也能生存，但要是有这么多天不睡觉，人就无法生存下去了。动物试验表明：狗可以连续25天不进食仍然存活，但强制它5天不睡觉，有些便会死亡。

人每天的睡眠时间是因人而异的，有人睡得多，有人睡得少，而年龄是影响睡眠时间的重要因素之一。新生儿几乎整天都在睡，2～4岁的宝宝睡12小时左右，5～6岁的宝宝睡11小时左右，7～14岁时约需10小时，15岁以后大约8小时就可以了，60岁开外的人，睡眠时间常常降到6小时以下甚至更短。有人统计，25岁左右的健康人，他们每天总的睡眠时间平均为368.3分钟，而古稀老人只有300.5分钟。

知识窗

有助于睡眠的生活习惯

睡觉前最好用热水浸泡双脚。

晚饭避免进食过多。

醒后不要突然起床，最好先躺在床上“闭目养神3分钟”，让头脑完全清醒，血液和氧气的供应恢复正常时再起床。

睡眠不仅与年龄有关，还与长期形成的习惯有关。澳大利亚的健康专家唐戈博士对睡眠进行了长达15年的研究后证实：一个人需要的睡眠时间，是由他的身体素质、生活习惯、所从事职业以及遗传等多种因素决定的。唐戈发现，巴西赤道线附近的土著居民，数百年来一直保持每天睡4个小时的习惯，这是由于当地四季闷热，夜里难以入睡，而白天酷热，使得人们无倦意，这是“习惯成自然”的结果。唐戈还发现，北极地区的因纽特人每天却要睡足11个小时，睡不够的话，他们就会在白天哈欠不断。唐戈认为，这是由于北极的黑夜长达半年，特殊的自然环境使因纽特人十分“贪睡”。唐戈在调查中还发现，阿根廷有个家族，其中有好几个人都可以连续三四昼夜不睡而仍精神饱满。

睡眠是给人“充电”、“加油”的一种方式，是补足精力的一种“最佳营养品”，所以经常熬夜不睡觉是要不得的，对身体健康非常不利。尽管有的正常幼儿每天只睡三四个小时，但那只是极其个别的现象。正在生长发育的少年儿童，更应注意保证有充足的睡眠，因为睡眠还具有帮助长高的作用。有研究表明，儿童的生长速度在熟睡时要比醒时快3倍。因为睡眠时，人体能分泌出更多的“生长素”，这样看来，少年儿童更应该睡足、睡好。

梦境成因大发现

研究表明，刚出生的宝宝大约要用一半的睡眠时间去做梦，而60岁的老人只用睡眠时间的15%去做梦。我们无法了解腹中的胎儿或出世不久的婴儿究竟在做些什么“梦”，但是科学家认为，宝宝们的神经联络系统需要通过梦才能良好地建立，从而促进脑的发育。对一个古稀老人来说，他至少有5年时间是在梦中度过的，而梦中往往充满了焦虑和死亡的阴影。由于从小就看不到周围的世界，先天盲人做的梦就不可能像正常人那样绚丽多彩。但是他们

弗洛伊德

拥有触觉、嗅觉、听觉，所以就真实感而言，盲人的梦境与常人是一样的。戴维·福克斯是美国亚特兰大市埃默里大学的心理学家。他曾对6名盲人的梦进行研究后发现，后天失明的盲人能在梦中见到周围的景物和人，而先天失明的盲人则只能描述梦中用手收拾厨房里的蔬菜和听到洗衣机的转动声，人的谈话声……

那么，为什么每个人都要做梦呢？科学界对此众说纷纭。

有许多专家都认为：人在睡着后，脑子对刺激产生某种反应，梦境就产生了。梦境常常很荒诞，这是因为做梦时，只有部分脑细胞在活动。梦见熊熊大火可能是阳光照在脸上；光脚在冰雪中奔跑的梦可能是双脚露在棉被外。有人做过一次试验，给33个睡着的人皮肤上轻轻滴水，其中有14人梦见水。

为什么这些轻微的感觉会被“放大”，科学家们认为是大脑在睡眠中失去整体调节功能的缘故。德国的《快捷》画刊在1991年的一篇文章中说：“人做梦，是大脑在打扫房间。”文章认为梦对白天的各种信息和情感体验进行加工和整理后，会有选择地储存一部分。荣获诺贝尔医学和生理学奖的英国科学家克里克也说：“只要做了梦，人的头脑就会灵敏。”这是因为做梦使脑力得到恢复的同时能清理掉脑中的无用信息。

著名学者弗洛伊德提出“日有所思，夜有所梦”的理论，他认为梦是因潜藏的愿望而引发。1999年初发表的研究报告证实了这一理论。

新的研究资料告诉我们：做梦时，大脑肯定在进行有意识的、解决问题等思维活动。可以这样认为，大脑在宁静的夜晚处理问题更灵敏，因而效率也就更高了。许多科学家甚至认为做梦有益于身心健康。

做梦能提高记忆力。加拿大的研究者发现，做梦时间长的学生，的确学得快、记得牢。做梦能帮助解决难题。以色列韦茨曼科学院的神经专家卡尼建议道，对于尚待解决的问题“先做梦，明天再说”。医学博士罗滕贝格认为，人在生活中必然会遇到危难，梦则是使人度过危难的一种机制。

魔力十足的催眠术

催眠术由来已久，它的历史与巫术、医学甚至魔法的历史一样古老。实际上在远古时代，催眠、巫术和医学往往天然地结合在一起。催眠术不仅能激发人的潜意识，而且还能治愈疾病等。

当受眠者接受催眠师暗示双眼闭合，并表现出生理上的深度松弛(例如深呼吸)时，代表着他已经进入了完全被催眠的“失迷”状态。“失迷”是一种与睡眠类似的恍惚状态，但又不同于睡眠状态。表面看来，受眠者被催眠后像睡着了一样，但是真正处于睡眠状态下的人，神经系统和外界基本上是隔绝的，外界刺激对他没有反应。但处于催眠状态的人大脑局部神经系统恰恰相反，它处于兴奋状态，并且完全集中于催眠师的暗示下，但他对催眠以外的各种刺激都没有反应。

说起催眠术用于治病，其实在科学意义上认识、运用催眠术早在18世纪时就开始了。1766年，奥地利内科医生麦斯默首次将催眠术在医疗上得到运用。在对此前曾十分流行的

夏尔科医生的实验课
作为精神病学的先驱，他极其重视在神经病理学治疗当中的"催眠"状态。

"动物磁气说"进行改造的基础上，他提出有关疾病、健康的理论。在他看来，地球的万有引力通过确实存在于人体和自然界的一种气流体影响着人的健康。这种看不见的气体被他称为"磁气"。他认为，疾病就是因为这种磁气在人体内流动时受到阻碍而产生的。当人处于一种"失迷"的临界状态即催眠状态下，这些阻碍可以被消除，磁气能恢复自然流动。为了使这种自然流动恢复，麦斯默发明了许多种方法，统称为"催眠疗法"，即"麦斯默术"。

随着人们对催眠术研究的不断深入，催眠术又有了新的发展。

到了19世纪70年代，科学界对催眠术产生了广泛的兴趣。上个世纪最伟大的精神分析大师西格蒙德·弗洛伊德正是这时出场的。1885年秋，弗洛伊德前往巴黎求学，师承法国著名学者夏尔科。求学期间，催眠术治疗神经失调症的巨大潜力，使弗氏记忆深刻。1886～1938年间，弗洛伊德开设了治疗精神疾病的私人诊所。他起初用催眠术治病，后来发现这种方法存在很多局限。在著名医师布洛伊尔的启发下，他采用宣泄法，在催眠的条件下让病人畅述内心的积郁，以达到治疗目的。此后不久，弗洛伊德自创精神分析或自由联想法，作为分析和治疗的根据。由此，弗洛伊德在创建自己的心理分析体系时将催眠术扬弃，转向了自由联想。在现代心理分析学者看来：催眠术是从属于自由联想的一个特殊分支。

如此看来，催眠术已在科学的殿堂上有了一席之地，但它仍有许多神奇的现象令科学界无法解释。

科学家们发现，受眠者在催眠状态下可以完成平时不可能完成的事情，并出现一些非常规的现象。例如，一个娇弱的女子在催眠状态下会变成一根僵直的棍子，将她的脚和头肩用两个支撑物支起，这时就算在她身上站一个比她重得多的男子，她仍然会像桥面一样坚硬，面部表情无异。这完全超过了人的身体一般所能承担的限度。

由催眠术所产生的各种奇异现象，研究者还无法做出科学的解释。一般认为，人们在平时很难进入潜意识的世界；但在催眠状态下，如果处于α脑波状态，人们的注意力会非常集中，很容易被引导打开潜意识的记忆库，给潜意识输入积极、正面的信念。

通过催眠术我们可以接触到在人类物质世界背后深藏的不可思议的意识和精神世界，它所体现出来的巨大能量令我们为之着迷，因而人们相信对它的进一步探索有助于我们创造更美好的明天。但我们也应该清楚地明白，催眠术的研究要得出正果也并非易事，它需要科学界的共同努力。

神奇的人体辉光

在中国古代的一些宗教画中，人们往往发现那些被人崇拜的圣人周身总是笼罩着一层薄薄的光辉。在西方，早期的基督徒也用美丽的光环来描绘他们神圣的始祖——耶稣。这种光环在其他一些国家古老的宗教图画中也会看到。那么，这种神圣的光环存在吗？它究竟是什么？

其实，古人是否发现了人体辉光，我们现在就不得而知了。但到了近代，人体辉光的发现使辉光研究有了进展。

1911年，英国伦敦的华尔德·基尔纳医生把一块玻璃用一种双青花染料刷染了，然后他用这块玻璃展开观察，发现人体的外围的确有一圈光晕，约15毫米宽，色彩丰富，若隐若现，非常奇妙。而且，光晕的具体形状和色彩会因人的健康状况发生改变。

基尔纳用此方法看到了人体辉光，后来的科学家们发明了很多仪器，进一步对人体辉光进行了研究，取得了不少成果。

在前苏联的列宁格勒，一位生物学家塞杰耶夫发明了一种仪器，能记录与心电图相连的静电和磁场变化，用这种仪器发现的人体某些部分所显示的明亮闪光与针灸图上的741个穴位完全一致。

上个世纪80年代以后，在美、日等国，许多科学家开始用高科技仪器研究人体辉光。日本的科学家用世界上敏感程度最高的、可用于检测微弱光线的光电倍增管和医学装置，对人体放射出来的辉光成功地进行了图像显示。现在，这一研究成果已被用于医学和保健。

人体辉光的研究已不再单纯是一种科学研究或是人类出于好奇所作的探索，它也具有很高的实用价值。

科学家们经研究发现，人体不同部位、不同状况的辉光也存在着差异性。人的头部辉光为浅蓝色，手臂辉光稍深，为青蓝色，相对手、脚辉光，胳膊、腿、躯干的辉光亮度要弱。人平静的时候辉光为浅蓝色，发怒时辉光呈橙黄色，恐惧时会出现橘红色辉光。另外，随年龄的增长，辉光还会增强，但中年以后又呈减弱趋势。身体强壮的运动员的辉光强于一般人。

有人对一个饮酒者手指辉光的变化进行了拍摄：开始时光斑清晰、发亮，其后辉光显得不调和，并趋向暗淡，开始无力地向内闪烁。

人体辉光还可作为爱情的衡量“标志”。在一家照相馆，美国学者曾用一种高科技微光检测仪，观测一些拍订婚照、结婚照的男女。当情侣手挽手时，女性指尖上会出现特别亮的光晕并向男方的指尖延伸；男性指尖光晕则会向后缩，顺应女性光圈。当双方真情拥抱接吻时，彼此的辉光交织格外明亮。还有个有趣的发现，单恋的人遇到对方时，两人的辉光正相反，会一弱一强，一暗一亮。因而科学家们得出结论，恋人是否真心相爱或能否组成家庭，利用人体辉光即可检测出来。

人体辉光还可随思维方式、行为意向发生改变。如果一个人想用刀子去捅死另一个人时，他指尖会出现红色旋光；而预感的受害者指尖会出现橘红色的一团，向下弯曲下去，形象十分痛苦，身上也会忽然出现蓝白色的光晕。说谎的犯人身上则会出现各种色彩斑点交替的闪耀跳动的辉光。

神秘的人体辉光是怎么产生的，科学家们还没有一致的意见。有的认为，由体表的某种物质、射线和空气复合而产生的。也有人认为，是水气和人体盐分与人体高频电场作用产生了辉光。

尽管众说纷纭，但我们期待着科学家们能早日撩开辉光的神秘面纱。

疼痛的感知

古人曾有过疼痛在心还是在脑的争论。直到现在才知道，痛是由脑感知的。至多经过1秒钟，大脑就知道脚趾被刺痛了。丘脑最先感到痛，而辨明痛的部位和程度的任务是由大脑皮层完成的。

那么，如果脑子根本没有过疼痛又会怎样呢？一只狗若在隔离状态下养大，从出生以后它就未经历过碰撞或擦伤的痛苦，它忍受针刺的能力与众不同，鼻子碰到燃烧的火柴也不马上跑开，它比在正常环境下饲养的狗有更多的“忍痛”能力。

巴甫洛夫的试验进一步证明：饥饿的动物为了获得生存所必需的食物，哪怕是经受电击、经受烧灼的痛苦也在所不惜。因为“脑子”告诉它们，这时食物比疼痛更重要，因此也就不怕痛了。在神情专注或其他特殊情况下却感觉不到痛，究竟是什么原因呢？

有一种“闸门控制”的理论，在国际上流传甚广。根据此种理论，神经系统只能处理有限的信息量，这中间有一道“闸门”，过多的信息将被拒之门外。比如，脚趾踢痛了，用手去抚摩几下，这种疼痛和抚摩的感觉到了“闸门”那里，就只能“合二为一”地通过。一半是疼痛，一半是抚摩的快感，与刚才全是疼痛的感觉相比觉得抚摩以后痛的程度轻多了。

但“闸门控制”理论对疼痛的解释并未做到尽善尽美。“幻肢痛”就是一个未解之谜。据统计，切去肢体的人中有将近30%有过或轻或重的“幻肢痛”现象，有些人甚至在许多年后还无法消除它。1995年一封读者求医的信件在一家报纸上刊出，说是他母亲虽因工伤绞断右臂达30多年之久，可患处一直疼痛不止。

为什么截肢、断臂者在截肢、断臂之后仍感肢体存在且有疼痛的感觉呢？对此问题美国一位科学家曾在1996年发表论文指出，因为肢体被截后，大脑中感知该肢体的信号就会发生转移，邻近的感知信号与之混合，因而能同时感知两种感觉。至于为什么会有疼痛，对此最可能的解释是：过去脑子留下的对切肢之痛的“印象”太深刻了。

对于一般人来说，不同的人对同等程度的刺激的感受不同。一般说来，女性比男性怕痛。根据有关的研究资料，除了大腿骨部外，人体各部位的疼痛都是女比男怕痛。女子更怕痛的原因或许是因为女性纤细柔弱，也可能是由于女性自以为“弱者”，不以喊痛为耻。但“男子汉大丈夫”们却要逞英雄，既使疼痛难忍也不肯轻易叫痛。美洲的印第安年轻男子，常用钩子穿过皮肤，把自己吊起来，从此为娱乐方式并引以为荣。此时他们谈笑自若，似无痛感。

长期以来，疼痛是医学界惟一难以定义而又不能客观测量的病症。但科学家相信，对疼痛的研究将在疼痛是否与性格有关，是否有疼痛记忆、如何测定疼痛程度等方面。让我们对新的研究成果拭目以待吧。

皮肤的多种作用

覆盖着人体的皮肤，好像是件具有多种功能的外衣。它能保护人体，也能调节体温，又可辅助呼吸，还能感知外界的刺激。

一个人的皮肤，约占体重的16%，面积在1.4～1.6平方米之间。它由表皮、真皮和脂肪层3部分所构成。真皮中有多种纤维组织、淋巴管、神经末梢、毛囊、汗腺、皮脂腺和血管。

捍卫人体的长城

皮肤，好像是座捍卫人体的万里长城。在表皮内，有一层基底细胞，中间夹着些能产生色素的黑色素细胞。夏天，当阳光的紫外线辐射到体表时，黑色素的色素粒会增加，皮肤就会变黑，好保护皮肤不再受伤害。

真皮下面的脂肪层，具有弹性，好像是个软垫，遇到外物的碰撞时能起缓冲作用，是保护内脏和骨骼的铜墙铁壁。

在皮肤的表层，寄居着20多种细菌，它们“合作共事”，又互相制约，形成一道“生物屏障”，是皮肤上的一个“微生态平衡”网，对皮肤能起免疫作用。若一旦碰破这层网，或搓擦过度时，便会打破平衡，人就容易患皮肤病。

在每平方厘米的皮肤上，平均有300万个细胞、95条汗腺、14个皮脂腺、10根汗毛、90厘米长的血管、2900个感官细胞，还附有300多万个微生物，又几乎布满着寄生螨。你就是天天洗澡，也难以完全洗清。好在大家都有一道保险的生物屏障，也就不必“除垢务尽”了。而且皮脂腺分泌的酸性物质，也能杀灭落到体表的病菌。

调节体温

皮肤能帮人体感知温度的变化，并通过腺体、血管和脂肪，迅速作出相应的调节反应。如遇寒冷时，靠近皮肤表面的血管会立即收缩，使血流减少，让皮肤降低温度，叫毛孔闭合起来，使热量不会很快散失。当气温升高的时候，血管就会因扩张而充血，使血液的热量能通过皮肤散发到体外去。同时，汗腺也会大量分泌出汗液，通过排汗带走体内多余的热量。

看起来，皮肤好像是个自动的空调器，通过保温和散热，能使体温始终处在恒定的状态。

皮肤会呼吸

唐代名医孙思邈，路见抬过的棺材有鲜血在外滴，便要求开棺给“死者”诊治。后来发觉人虽停止了呼吸，但仍有微弱的脉搏在跳动。通过扎针，“死者”居然被救活了。这是什么缘故？

当肺刚停止呼吸时，皮肤血管里的血红蛋白，仍能透过皮肤来吸收氧气，排出二氧化碳。经实验证实，整个人体的皮肤都能起呼吸作用，而且比肺泡能多吸入28%的氧气，多排出54%的二氧化碳。不过皮肤的表面积不大，而肺泡展开的面积有70～100平方米，平时就显得不重要。但在特殊情况下，依靠皮肤的呼吸，可以为病人赢得抢救的时间，因此成为使人起死回生的功臣。

敏感的皮肤

皮肤有丰富和灵敏的神经末梢，又与脑有密切的联系，能接受外界的各种刺激。如在手背的皮肤上，每平方厘米内有120个感痛点、18个感冷点、2个感热点、25个感压点，还有1800个神经末梢，所以人能感知冷、热、痛、痒和压等感觉，连一片羽毛的轻轻触动，都能迅速传给大脑。而最敏感的部位是嘴唇和手指，那里的痛点也格外多，所以有“十指连心”的说法。

皮肤纵切面图

从显微镜下看：皮肤的构造极为复杂，主要由表皮皮下组织和真皮组成。

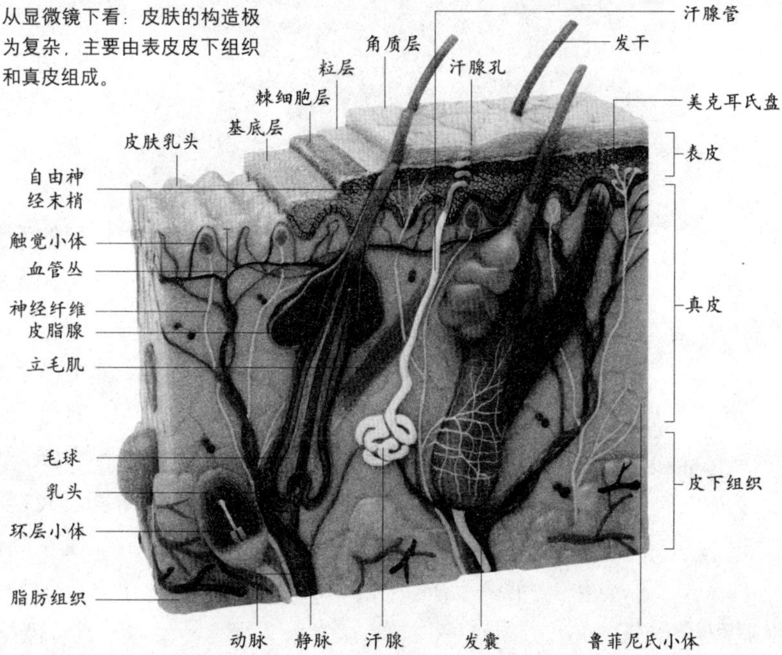

通过皮肤的感觉，人们能作出正确的判断，及时避开危险，达到保护自己的目的。如耳聋和失明的人，皮肤的感

觉就特别灵，常能通过触摸来感知物体的形态和位置，帮助他们认识周围的事物。

能表达心态

从胚胎发育上来看，皮肤和神经系统，都起源于外胚层。因此，通过拥抱和爱抚，不仅能使婴儿感到愉快，还有益于孩子的身心发育。

皮肤也是一种表达心态的器官。如人在高兴时，就会“喜形于色”，显得“满面春风”；在发怒时，又会“满脸怒容”，还会“怒发冲冠”呢!若遇到了惊恐，常会“面如土色”，现出“不寒而栗”的样子；在焦虑时，往往是“愁眉苦脸”的，甚至会不自觉地“抓耳挠腮”起来；姑娘怕羞时，还会“面红耳赤”，甚至是“汗流满面”呢！其实，这全是皮肤下面的血管在收缩、扩张，以及竖毛肌的收缩和汗腺大量分泌的结果。

大脑的结构与功能

大脑是人体的司令部，它与双手相结合，才使人成为万物之灵。我们脑的平均重量为1.2千克，体积只有0.015立方米，而神经元的数量却有140亿个，几乎与银河系中的恒星一样多。

人的全部智慧，都寓于大脑之中。脑的重量虽然只占体重的2%，却要消耗人体20%的能量和氧气。若中断供氧超过10秒，人就极有可能丧失意识。据研究，在1秒内，大脑能发生10万种不同的化学反应，能贮存100亿个信息单位，所以才能形成丰富的思想、感情和行动。

大脑的奥秘

大脑像左右分开的两半球，依靠底面的胼胝体相连。而大脑对人体的管理，是一种交叉倒置的关系，也就是左半球支配着右半身的运动，而右半球却控制着左半身的行动。因此，两半球的功能就出现了不同：左脑被称为“语言脑”，它具有语言、逻辑、写作和数学计算的功能；右脑又称“音乐脑”，具有音乐、美术、识别容貌与图像和快速阅读的功能。

人的左右手是由对侧大脑所支配的。据观察，当两手的手指在自然交叉相握时，常以优势半脑支配的手指居上方。若左拇指在上的人，就是右脑功能占了优势，多倾向“艺术型”，往往喜欢音乐、美术和装饰，平时就讲究仪表，又富有想象力，并善于模仿，不但观察力强，性格外向，连情绪的变化也较大；要是右手拇指在上的话，常属左脑优势，属“思维型”，长于数学计算和逻辑思维，做事有耐心，性格内向，而情绪却比较稳定。

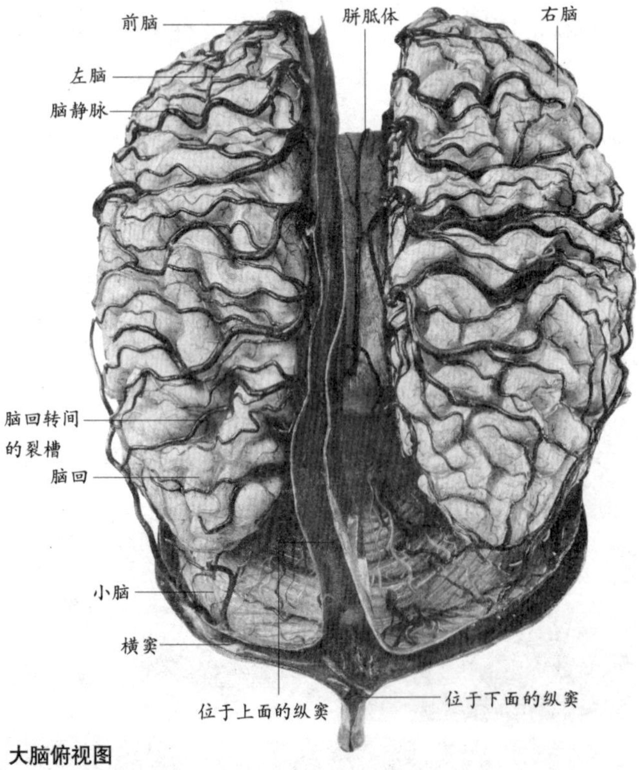

大脑俯视图

据研究，女性大脑中联系两半球的神经纤维束的比重大于男性。因此，相互间的信息交换量也大。当男性在使用左半球或右半球时，女性能左右两半球同时并用。一般说来，男性的空间想象力比女性要出色，空间抽象概念及数学问题，往往会胜过女性；而女孩开口说话，不但比男孩要早，连说的句子也比男孩要长而复杂。

总之，各人的大脑优势，早在婴儿时受激素及遗传的影响就开始形成，往往是终身不会改变的。

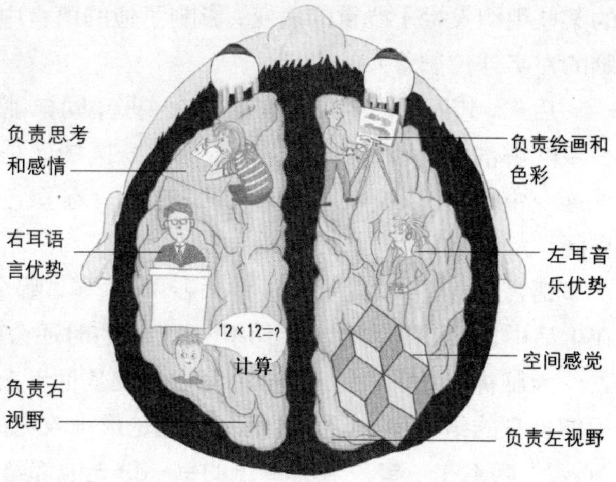

大脑功能分区示意图

智商可靠吗

过去，人们总以为脑的重量越重，人就越聪明。据研究，成年男子的平均脑重量约1450克，成年女子约1330克。但并不是脑的重量越重就会聪明，如俄国作家屠格涅夫的脑重为2014克，法国作家法朗士却只有1017克。而世上最重的大脑是2850克，可惜它的主人却是个白痴。

后来，巴黎市教育委员会请阿尔福雷德·比奈博士来甄别弱智儿童，他提倡“智力年龄”，把只能答出3岁以前问题的人，称为“智力年龄3岁”，并以此作为智慧发达与否的标准数：即用智力年龄与实际年龄之比，再乘以100，所得的结果叫“智商”。此方法传到美国后，塔曼先生又把智商作了分类，认为智商在140以上的为“天才”，90～110的为“普通智能”，70以下的人，就算做“智力低下”者。其实，智商只不过是记忆的好坏、脑子反应的快慢和抽象思维强弱的部分表现而已。科学家们曾对中小学生的智商作过一番跟踪调查，8年之后，有1/3的人的智商数值发生了变化，原因是教育环境对智商起着很大的作用。孩子成年后，他们的实际成绩和能力，几乎和以前所测的智商无多大关系了。如10岁是“神童”、15岁是“天才”的，等过了20岁，已成为“普通人”了。如是不信，不妨举几个例子来看看。如三国时的张松，他的记忆力很强，看一遍《孟德新书》，就能背诵。可惜只会贮存信息，却无创新。相反，爱迪生的记忆力就很差，不但背不出书，连考试也不及格，是学校开除的“低能儿”，可是他却成为世界上有名的大发明家呢！

寻找大脑的语言中枢

19世纪，法国有一位著名的神经科医生，名叫布朗克。一天，有位病人来找布朗克看病。进入诊室后，他一句话也不说，只是目光中充满了焦虑。布朗克问他：“你怎么不舒服？”病人还是一言不发，布朗克以为他是个聋哑人，于是递给他笔和纸。这位病人通过文字告诉他：他既不聋也不哑，以前一向很正常，后来在一次大病中突然失去了语言表达功能。

布朗克大夫对这位有口难言的患者非常同情，为把病因搞个水落石出，他当即决定亲自专门负责对这位病人的治疗。尽管布朗克想尽办法让病人恢复语言功能，但直到患者离开人世都未能如愿以偿。

在征得患者家属的同意后，布朗克认真地剖析了病人的遗体，发现这个病人大脑左半球的某些组织发生了严重的病变，影响了他的语言中枢功能。这时布朗克大有顿悟，原来是人脑的左半球控制着人的说话。

后来，其他神经生理学家的多次实验，同样证实了布朗克的发现是完全正确的。经过进一步的解剖分析确定：布朗克发现的这一区域就是大脑皮层区域中专管语言运动的中枢。如果这一中枢出现障碍，就会得“失语症”。为了纪念布朗克，人们便把这一区域命名为布朗克区。

语言中枢还分为看、听、写、说四个区域，哪个区域受损，就会影响哪部分的功能。所以在生活中，我们常遇见口齿不清的患者。有时还会碰到能正常读书，却变得不会写字的患者。

大脑神秘极了，大脑结构的复杂程度是世界上最高级的计算机集成电路的若干倍。人类了解自身的结构和功能，最后一个也是最难攻克的堡垒也许就是人的大脑了。脑与我们的“心灵”联系在一起，“脑球”上的每一份土地都隐藏着永远搞不清的巨大信息，因此脑科学的发展不像基因科学那样迅速。科学家们从对现代脑的实验研究中得到启示，随着脑科学研究的不断深入，人们将会不断找到使自己越来越聪明的办法，把我们大脑中贮存的巨大潜能开发出来。

“人工鳃”的发明

鱼类在水下呼吸凭借的是它们十分特殊的呼吸器官——鳃，一片片鲜红的鳃瓣藏在鳃盖下，鳃瓣上布满了纵横交错的鳃丝，鳃丝上满是微血管。因此，鱼类的鳃总是红色的。

鱼类的鳃引起了海洋生物学家极大的兴趣。经过认真观察，他们发现，鱼鳃的微血管是一种具有渗透性的薄膜，非常薄，这一薄膜有着非常奇妙的本领，水无法透过的薄膜，氧和二氧化碳却是非常容易地就能透过。正因如此，溶在海水中的氧气进入鱼鳃后，经过鳃丝的微血管进入到鱼的血管中。这便是鱼儿们呼吸的全过程。

鱼类正是有了这种独特的水下呼吸系统才能够在水中自由自在地遨游，科学家据此推测，要是人类具有这样的水下呼吸系统，那人类也能尽情遨游水下世界吗？

1964年，在鱼鳃的启示下，美国科学家用硅酮橡胶薄膜成功地制成了“人工鳃”。这种薄膜仿造鱼鳃，造得极薄，溶解于水中的氧气能安然通过而水却被拒之“膜”外。“人工鳃”制成后，他们便拿老鼠做试验，结果老鼠在这个“人工鳃”帮助下足足在水中存活了18个小时之久。

“人工鳃”的试验成功只是向成功迈出的第一步，远未真正解决问题。因为水中的氧气含量仅相当于空气中的1/3，这点氧气对生活在空气中的人类来说，实在是“杯水车薪”，更何况这个“鳃”的渗透能力又十分有限。于是，人们只好把研究的注意力转向其它动物。

这样，有着高超的潜水技术的龙虱便进入了科学家们的视野。龙虱是陆生动物中一种体形较大的甲虫。科学家们在对其进行了长期的观察和研究后发现了其呼吸的奥秘。

龙虱是潜水能手，它们在潜水之前，先去捕捉一团空气，这样便形成一个“气囊”，它将其挟在翅鞘之下，然后下潜。这个“气囊”比蛙人身上背的氧气瓶更为方便实用。它相当于龙虱的呼吸调节器，它从里面把龙虱呼出的二氧化碳溶解到水中，而后又从这里滤取水中的氧气。

无独有偶，科学家们发现同龙虱一样的还有银蛛。银蛛在潜水前也去捕捉一团空气，形成一个气泡，用前足抱住，把头伸进气泡里呼吸，由此便能在水下自由地呼吸。

观察到的现象启发了人们，生物学家做过一个实验：只要能在水中营造一个空穴，水里的氧气和氮气便会慢慢地充满这一空间，最后就会达到与陆地上的空气相同的程度。有了这样的水下空穴，人和一切陆生动物都可以在这里自由自在地呼吸。龙虱正是以自己本身的构造解决了这个空穴问题。

科学家们最后想出了一个办法。他们利用“人工鳃”薄膜来制造一个空穴，一个供人呼吸的水下空气就这样人为地造出来了。他们把“人工鳃”的薄膜绷在一个空架上，从而形成了一个2平方米的水下空穴，然后把小动物放进去进行潜水试验。此办法被实验证明是十分有效的。因为，每分钟有10毫升左右的溶解氧通过每平方米的人工鳃，这足够小动物们呼吸的了。然而，人在静止状态下，每分钟最少要呼吸260毫升左右的氧，运动起来，需要的氧会更多，所以说，科学家想出来的这个办法尽管十分巧妙，但是对人类来说，差距还是相当大的。

除了“人工鳃”，人们又造出了“人工肺”。目前出现的“人工肺”就是英国科学家根据同一原理创造出来的，这个肺是用硅做成的薄膜。这个“人工肺”在医生给病人做手术时，用它代替肺来呼吸，通过这个“人工肺”，氧气直接进入血管。也许，这一成果经过适当改进之后，会对人类的潜水技术做出重大贡献。

细头发中的大发现

成语“擢发难数”，是形容头发很多的意思。据计算，一个人的头发约有10万～12万根。它每天能长0.4毫米，寿命有2～6年，可以长到1.06米，平均每天脱落30～120根。

头发，是由角质化的上皮细胞成熟后，被角质蛋白所填充，成为一种无生命的角质蛋白纤维，所以理发也不会感到疼痛。它对人来说，不仅可以增添我们的风采，而且是头部的“保护伞”，既可挡风，又能保暖，还能散热呢！你看运动场上的小伙子，跑得头上直冒热气。因为体内的余热，也能通过头发散发。由于头发富有弹性，遇到外力的撞击，还可起一定的缓冲作用。

头发的颜色

在旅游区，我们看看国外游客的头发，便可判断金发女郎是白种人；红发青年是美洲来的印第安人；而我们炎黄子孙的头发，总是乌黑的。

一根头发的直径只有0.05～0.125毫米，但在它的毛囊里也有毛细血管，好让血液为头发送去足够的营养素。因此，人体中的各种微量元素，就与毛囊里的角质蛋白结合在一起，而且比血液里的含量要高10倍。于是，人们把头发看成是与微量元素相接触的“录音带”。只要查查头发，就能鉴别出性别、年龄、人种和居住的环境。如黑发之中含有等量的铜和铁；金发里面含有较多的钛元素；含钼多的头发，往往又是

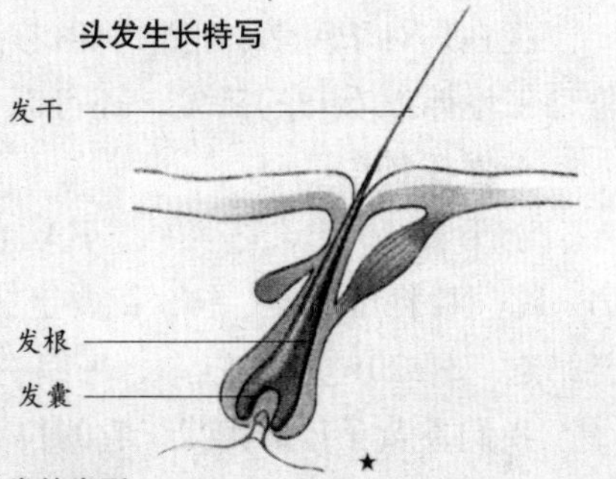

头发的类型

头发的形状是由发囊的形状决定的。

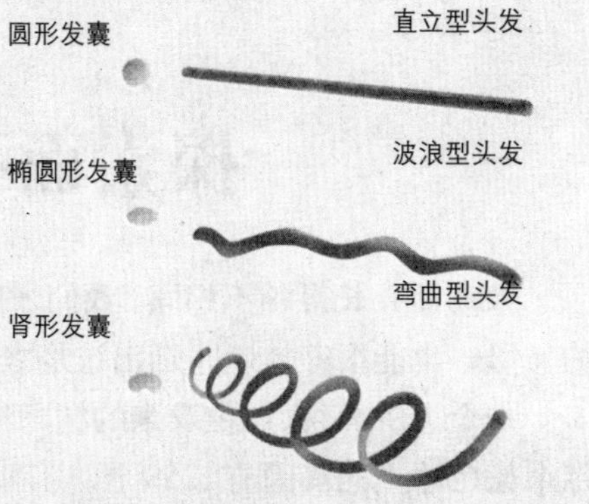

红褐色的；要是铜、铁、钴的含量都多的话，头发就成红棕色。据报载，美洲有2位姑娘，因常用流经铜矿区的水，毛囊里的铜元素比常人高出10倍，于是她们的头发都变成绿颜色了。

平时，看到老人的白发，你也许会说，那是一种“自然现象”。可是有人问：“有些少年，为啥头上也会有白发呢?”

据研究，少年的白发，有的是受遗传影响的结果；有的是忧虑过度，或是精神过于紧张的缘故。当供应头发的血管产生痉挛时，因血流不畅，头发得不到足够的营养，就会影响色素的合成，黑发就会变成白发。相传春秋战国时，有个名叫伍子胥的楚国人，在逃奔吴国，刚到昭关时，得知官府正要捉他，他万分焦急，只一夜时间，就急成一头白发。

一发窥全身

头发，不仅能反映出人体内微量元素的多少，而且也是健康的“晴雨表”。如头发中钴的含量过少，就容易患白内障；要是含钙太少，还会出现心血管系统的疾病。为此，医生通过查看头发中铬的含量来诊断糖尿病；查硒的含量，又可查出克山病来。

头发是一种不透明的角质结构，能长久保存其中的微量元素。如1821年，死于流放地的拿破仑，后人化验他的头发，发现砷的含量超过常人的40倍，那是砒霜中毒而死的证据。经过一番调查，才知暗害他的凶手是个被人收买的厨师。

现在，通过对头发的化验，还能预测出少年学习成材的趋向。据美国马里兰大学的研究，认为头发中含铬量高的学生，其“心领神会”的能力较弱，学文科的成绩就不够理想。如果头发中铜、锌含量较高，智力也会高一些，这是因为铜和锌是多种酶的组成物质；若是含量不足，对蛋白质和酶，都会失去催化的活性，不但会阻碍人体的生长和发育，也会影响智力的发展。

现在，对于医学、犯罪学和考古学来说，对头发的分析，是一种非常重要的手段。如化验马王堆西汉女尸的头发，还可以知道她是A型血呢！

一发千钧

别小看头发纤细、柔软，其实它很有力度。经测试，一根头发，经得起0.01牛以上的拉力，比同样粗细的铅、锌、铝要坚韧些。如果将一个人的10万根头发，编成一根大辫子，还能吊起一辆20吨重的汽车，所以有“一发千钧”的说法。

我们炎黄子孙的黑发，它的拉力就更强。据说要拉断富有弹性的一根头发之前，还能将其拉长20%。如果想拉断一位新疆男子的一根头发，至少得用0.16牛的力。因此，杂技团的姑娘，能将自己的头发倒悬在空中，表演一番古代仕女的飞天造型呢！

探索面孔中包含的信息

人的面孔长得各不相同，我们才能毫不费力地从人群中找到张三或李四来。就是双胞胎的父母，也能很容易地区别出谁是老大，谁是老二。

一个人的面貌，是由双亲的精卵细胞内染色体上的遗传物质——基因所决定的。据研究，每个染色体上的基因有1250个，对同一对父母来说，照精卵细胞的排列，若要使基因完全相同的话，也只有70万亿分之一的可能性。而世界人口只有57亿，所以就很难出现面孔完全长得一模一样的人来。

面孔的识别

出生两周的婴儿，就会看人的面孔。等长到3～4个月时，还会朝着别人的面孔笑呢！

知识窗

面部表情与表情识别

面部表情就是情绪在脸部的表现。情绪能够使人产生生理和行为的显著变化，面部表情是情绪传达的一个重要方面。眼、眉、嘴、鼻、脸色等的变化最能表示一个人的情绪。如两眼闪光表示惊喜，眼泪汪汪表示悲哀委屈，眉毛紧锁表示忧愁，扬眉表示得意，双目圆睁表示愤怒，嗤之以鼻表示厌恶，脸色苍白表示惊恐等。这是由于人的各种情绪同脸部肌肉和血管等的变化有关，故而脸部肌肉和血管的变化能表示一定的情绪状态。例如，喜悦与颧肌有关，痛苦与皱眉肌有关，忧伤与三角肌有关，羞愧因血管舒张而脸红，恐怖因血管收缩而苍白。达尔文最早开展面部表情的观察研究。他用20张照片代表不同的表情，让20个判断者断定，若大家一致，就认为这张照片的确代表某一情绪。他的研究还指出，人的面部表情极可能保留了动物祖先的某些行为遗迹。

在日常生活中，我们往往要根据交往对象面部表情的变化来判断其思想和情感状态，以便做出合适的反应或者行为。这就是俗话说的察言观色、喜形于色的道理。目前，表情识别领域定义了高兴、恐惧、悲伤、惊奇、愤怒、厌恶6种基本表情和33种能够识别的表情倾向，你的面部表情在很大程度上能够显示出你的态度。大多数人在沟通时会注意对方的表情，他们能从你的面部表情里看出你是喜是忧、是怒是惑。面部表情是非常自然的东西，呆板的面部表情难以让人接受。面部表情不是总与言语一致，出现不一致时，人们往往相信面部表情，而不是你的言语。由此可见面部表情在沟通过程中起着很重要的作用。

孩子最爱看他熟悉的面孔。他在吃奶时，就爱看母亲的脸。母亲的脸，也是婴儿记住的第一张面孔。

在人类社会里，面孔好像一张活的名片，会不自觉地流露出隐藏在各自内心的秘密。如人在得意时，往往显出满面春风的样子；在失意时，又会现出一副满面愁容的样子。若有人跟一位少女讲话，她还会羞得满面通红呢。

人的美和丑，多表现在脸上。如果五官长得端正而且匀称，就会给人以一种和谐的美感。平时，人们都喜欢笑脸相迎。而怀春的少女，大都希望找一个浓眉大眼、面阔口方的少年郎；对小伙子来说，又爱寻一个瓜子脸、樱桃口和丹凤眼的美貌女子。当然也会有情人眼里出西施，一见而钟情的特殊情况。

观面能知病

唐代诗人白居易在《长恨歌》中，描写杨贵妃是“芙蓉如面，柳如眉”的美女。中国人通常认为面孔应该是黄中略显红润，而且又有光泽的。人在发烧时，往往会现出潮红来；如果营养不良，面色就会变得苍白无华；一氧化碳中毒时，还会显出一脸的樱桃红来。

农民刚完成“双抢”时，面孔会被太阳晒黑；一到冬天，面色又能恢复正常。在吃抗癌药的人，面孔也会变黑；只要停药，黑色就会很快褪去。如果患肾上腺皮质技能减退症的人，由于肾功能不全，出现面色变黑，那他们就得去求医服药了。

医生在长期的临床实践中发现，患有先天性心脏病和肺原性心脏病的人，不仅面色发青发紫，甚至连嘴唇也会发紫呢！要是患了黄疸性肝炎，由于肝细胞受到了损害，或因胆道的阻塞，使血液里的胆红素浓度超出正常范围，就会渗到组织和黏膜中去，面色就会被染黄。所以医生能通过观察病人的面色，帮他找到病因。

鼻子中的奥秘大发现

人人都希望有一个挺拔的鼻子，它成为我们面部漂亮的标志。

鼻子是呼吸器官，又是嗅觉器官，还能平衡我们的身体，并能增加吃东西的滋味。

人类在进化的历史中，从湿润的森林走向干冷的平原后，鼻子的呼吸功能就显得更为重要。你看，鼻腔的前端有鼻毛，能阻挡空气里的小虫和灰尘。鼻腔表面又有一层黏膜，黏膜内有丰富的毛细血管，能加热吸入的冷空气。据试验，鼻腔能将−7℃的冷空气加温到29℃，不让冷空气刺激肺和气管；黏膜分泌出来的黏液——鼻液，既可保暖又可保持鼻腔的湿润，而且还能清洁鼻腔。

鼻涕中的溶菌酶，有抑制和溶解细菌的作用；鼻黏膜内有丰富的感觉神经，当接触到异物或嗅到刺激性的气体时，能引起末梢神经的兴奋，使鼻神经和鼻肌肉发生连锁反应，人就会打喷嚏，将这些不受欢迎的物质喷到鼻腔外。由于鼻子是人体的第一道防线，我们就应当养成用鼻子来吸呼的习惯。

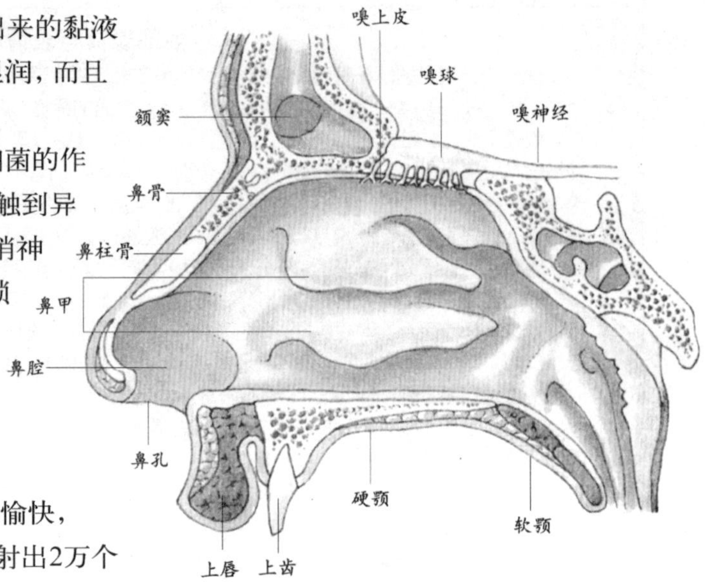

鼻子横截面示意图

人在无病时打喷嚏，会感到轻松和愉快，但喷嚏也是感冒的预兆。一个喷嚏能喷射出2万个唾沫星子，还能飞散到40米外，并带有成百上千的病菌。因此，我们打喷嚏时须用手帕来捂鼻，免得传播疾病。

一个成年人，每分钟呼吸16次；一天就得呼吸2.3万次，足见鼻子的任务是不轻的。

奇妙的嗅觉

人是怎样区别香和臭的呢？

嗅觉，是由化学气体的刺激而引起的一种感觉。嗅觉感受器的嗅细胞，位于鼻腔的最上端，在淡黄色的嗅上皮内，被隆起的鼻甲所掩护。因此，带有气味的空气，只能以回旋式的气流来接触嗅觉感受器。而嗅细胞是一种双极细胞，它向外突出成为“嗅树突”，末端有细小的嗅纤毛。依靠嗅纤毛的运动，嗅觉感受器的兴奋才会产生动作电位。将它输入嗅觉小球时，人就能闻到桂花的芬芳，也能知道鱼的腥味。若再经嗅觉皮层，传送到丘脑和大脑皮层，还能将眼前的景象与气味进行一番比较；另一路会传给扁桃体和海马区，那是处理情绪和记忆的地方。这样，当我们再闻到一个特定的气味时，就能回想起多年前一个有关气味的经历。

人的嗅觉细胞有500万个，但还不如狗的嗅觉灵敏。常人只能嗅出4000种不同的气味，但能通过训练提高。据说纽约有一位号称“香料大王”的钱特，他经过艰苦的训练，3000多种香料，依靠他那“伟大的鼻子”就能辨认出来。他不但创制出1万多种气味来，还应面包商人的请求，把装面包的塑料袋，做成带有酵母的气息，使人感到面包带着浓郁的香甜，像刚出炉似的，会引起顾客的食欲。他还对人说：“凡是人们需要的气味，我都可以制造得出来。”

一般说来，女性的嗅觉比男性要好。人在20～50岁时，嗅觉是最灵敏的；50岁后，嗅觉会逐渐衰退；80岁以上的老人，有半数闻不到气味。因此，老人会常常抱怨食物无味，原因就是鼻子不灵，闻不到菜肴香味的缘故。嗅觉的适应性强，你在桂花树下多坐一会儿，就闻不出花香来。所以有“入芝兰之室，久而不闻其香；入鲍鱼之肆，久而不闻其臭”的说法。

鼻子的协同作用

患感冒时，为啥不想吃东西呢？原因是鼻甲暂时肥厚，造成气流不畅，降低了嗅觉的功能，是闻不出菜香的缘故。可见味觉也得靠嗅觉来帮忙才行。

嗅觉是与生俱来的。一个6周大的婴儿，就是依靠嗅觉来识别母亲的，由于内分泌的差异，男性的汗液中含有雄酮气味，女性却含雌性激素。因此，到青春期，身体产生的气味，对异性有很大的诱惑力，使彼此产生爱意。为增强这种诱惑力，不同香味的化妆品便被研制出来了。

鼻子和耳朵都有平衡人体的作用。在鼻子里有3对鼻窦组成的空气平衡器。人若患鼻炎会使平衡失调，容易晕车和晕船，还会引发“美尼氏综合症”。老年性气管炎的人，有90%是有慢性鼻炎的。所以鼻子也是医生诊断病情的地方。鼻子发肿的人，可能患了心脏扩大病；鼻尖发硬是动脉硬化的象征；鼻翼的扇动，是高烧病人发生呼吸困难的标志。

有时鼻子的嗅觉比耳目还重要。人能及时逃避中毒和窒息等意外事故，就全靠鼻子的帮忙。歌唱家最怕患感冒，那是鼻腔不能起共鸣的缘故。平时，我们在讲话时，也要依靠鼻子的适当加工，才会显得娓娓动听呢！

耳朵的功能大揭秘

耳朵，不仅是我们的听觉器，而且是人体的平衡器官。

声音是怎样听到的

要想知道听觉的产生，就得从耳朵的构造谈起。人类的耳朵分3部分。外耳的耳廓，起着收集声波的作用，它包括一个2～3厘米长的外耳道与中耳道相通。中耳包括鼓膜、鼓室和听小骨，还有一条通向咽部的咽鼓管。当声波槌打只有西瓜子那么大、厚仅0.1毫米的鼓膜时，声波就被传到蚕豆般大的鼓室，使声波放大10多倍，然后再传导给内耳。

听觉的功能，主要在内耳。它由耳蜗、前庭和半规管所构成，而且管道弯曲盘旋，所以称它为“迷路”。耳蜗是主管听觉的，内有约1万个像毛发似的听觉细胞，都浸入淋巴液中，好像水草在水中摆动起来就会产生电流，用来刺激听神经，再传向大脑。于是，我们就听到声音了。

耳朵，仿佛一副立体声的耳塞机，它能听到每秒振动16～20000次之间的声波。低于16次的次声波，高于20万次的超声波，都不能使鼓膜跟着振动起来，所以不会被人听到。耳朵不仅能区别音调，而且还能分辨出音响和声色来。悦耳的丝竹合奏，就是一种很好听的轻音乐，不但能排解寂寞，还可用做“音乐疗法”；能治疗神经衰弱，又可延年益寿。平时收听广播和看电视，如果音量开得太高，就会变成有害耳朵健康的噪声。

保护耳朵的方法

你知道耳朵挖不得的原因吗？

耳朵里面的耳屎，也叫“耵聍”，它能粘住想要闯入耳内的灰尘和小虫，还能抗潮湿和真菌，对耳朵起到很好的保护作用。当你在张口吃东西的时候，多余的耳屎会自动从耳内滑出来，又何必去挖它呢！而且，如果不小心还会刺破耳膜呢。

人在感冒时，往往感觉耳朵有些“背”。这是什么缘故呢？

那是由于咽鼓管的黏膜有些水肿，中耳里的空气被血液所吸收，使鼓膜内外的压力失去了平衡，声波的传导减弱，耳朵就会不灵敏。

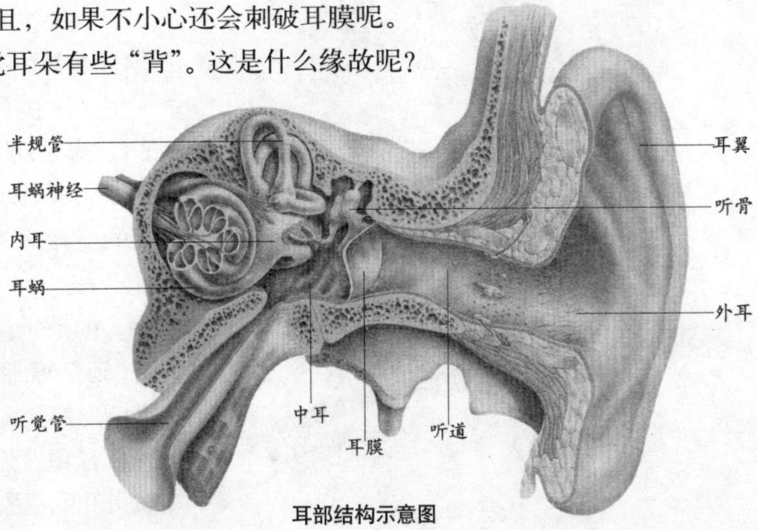

耳部结构示意图

平时，咽鼓管总是闭合着的，只有在张嘴、吞咽、唱歌和打呵欠的时候，才会充气而张开，使气体通向鼓室，调节鼓室的气压，好与外界的气压保持平衡，确保鼓膜和听小骨不会受冲击。因此，在碰到强声的时候，除了捂耳外，也可用张嘴来做保护。乘飞机时，空中小姐会给乘客分糖果，让大家在吃糖时，好好咀嚼和吞咽，使空气进入中耳，这样，耳朵就不会发生航空性的中耳炎。

平时擤鼻涕时，千万不可用力过猛，以免不洁的分泌物通过咽鼓管，倒灌到中耳里去而引起中耳炎。如果患了鼻炎和口腔炎，也应及时进行治疗；否则，也会引发中耳炎。

耳聋怎么办

当传导声音的鼓膜和听小骨受到损伤时，就会引起传导性的耳聋。如果耳蜗和听觉中枢受到损伤的话，又会产生神经性的耳聋。据调查，世界上2%的人有听力障碍，其中大多数患者是老年人，但可通过佩戴助听器来恢复听觉。助听器的选择，最好是到医院里去测听检查，也可通过试戴的效果来决定。配用助听器后，在老年性耳聋的患者中，有85%的人能恢复听觉；而病变性的耳聋者，有效率只有60%；药物中毒和损伤性的耳聋患者的有效率只有30%；先天性的耳聋者中仅1%的人有希望恢复听觉。近来，美国研制出高传真的新颖助听器，使75%的失聪者能恢复听觉，而且还能享受高传真音乐功能。

有关牙齿盛衰的研究

一个出生才6个月的婴儿，就开始长出乳牙了。到3岁时，就能长齐20颗乳牙。到了6岁，乳牙会松动，原因是恒牙要长出来了。总之，自6～13岁，口腔里既有新长出来的恒齿，也有迟迟不肯让位的乳牙。

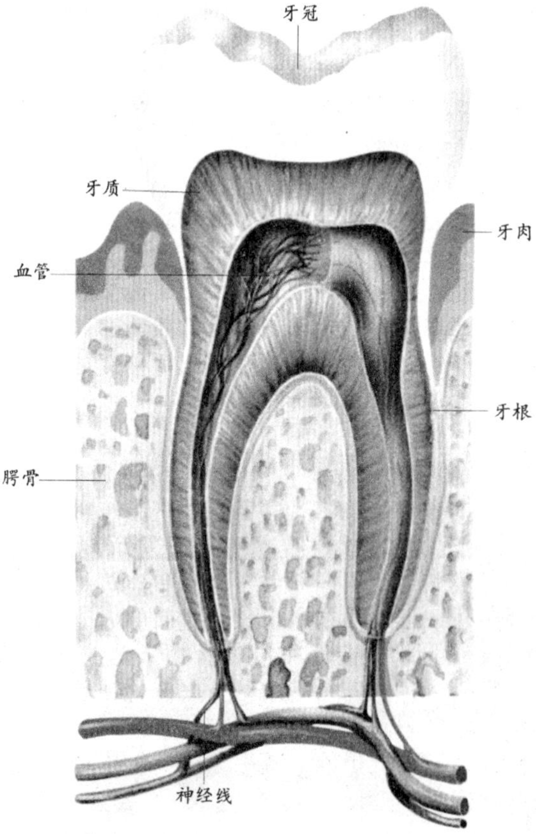

牙齿结构示意图

恒牙分中切牙、侧切牙、尖牙、第一前磨牙、第二前磨牙、第一磨牙和第二磨牙各4个，还有称为“智齿”的4个第三磨牙，共32个。但智齿通常要到25岁才会长齐，也有只长2个或全不长的。

牙齿的功能

牙齿，主要是用来咀嚼食物，但也能协助我们发音，而且还有美容的作用。

当大块食物送进嘴里时，前面的切牙(门齿)就会将食物切成小块；接着，便让尖牙来刺穿和撕裂成纤维；再由双尖牙(前磨牙)来捣碎这些食物；最后，方让磨牙来磨烂。当牙在咀嚼时，食物又经唾液的搅拌成为糊状的食糜，才好吞咽到胃里去。

如果牙齿有了缺失，不但会影响咀嚼，还会增加肠胃的负担，甚至连唱歌和说话，都会因“漏风”而发不好门齿音、唇齿音和舌前音了。为此，教师、播音员、演员和歌唱家，都要有一副健美的牙齿，才能使语音圆润，歌声婉转悦耳。如果你有一副整齐又洁白的牙齿，脸面就会丰满。怪不得有人爱用“明眸皓齿”来描绘少女的娟秀。

牙是大力士

牙，是人体中最硬的骨组织。牙冠表面的珐琅质，有相当于水晶一样的硬度，可咬碎坚硬的食物。如成年人一对最小的门牙，它的垂直咀嚼力有15千克，臼齿可达72千克。男子牙齿的总咬合力高达1408公斤，连女子也有936千克。所以，杂技团的女演员能用牙咬住一个支撑物，表演凌空倒竖的绝技。因此，人们称赞牙齿是人体中的“大力士”。

《吉尼斯世界纪录大全》中，有一位男子，曾用他的牙齿拖动一个笨重的火车头呢!不过牙虽坚硬而有力，可是它的寿命却不长。据世界医学界的调查，牙齿的平均寿命，男子为61.1年，而女子只有57.9年。

怎样保护牙齿

牙齿寿命不长，多半是不注意口腔卫生的缘故。据世界卫生组织的调查，龋齿是仅次于心血管病和癌症的第3号疾病。而我国又是个患牙病的大国，全国有6～7亿患龋齿和牙周炎的病人，平均每人有2.5颗龋齿。

龋齿，是一种常见的口腔疾病，它的主要元凶是变形链球菌。变形链球菌往往会在齿表形成一个无色的黏性斑块。当我们吃了含糖的甜食之后，菌斑上的细菌就会把糖分解成酸性的物质，只要20分钟，就会侵蚀和溶解牙釉质。经化验，在每毫克的菌斑里，就含有8亿个细菌，它们所分泌的酸性物质，就是腐蚀牙齿的罪魁祸首。

保护牙齿的最好办法是早晚刷牙，饭后漱口。如能选择含氟的牙膏，便可以及时补充牙釉质中的氟元素。当早晨刷牙后，轻轻叩齿25下，既可促进齿部的血液循环，又能强壮牙龈和骨槽骨，还可以预防牙齿的早衰。

探索舌头的一专多能

舌头，是个一专多能的器官。它不但是我们的味觉器官，而且还具有辅助食物的搅拌、吞咽和发音的作用。

辨味的能力

一切美食佳肴，或是难咽的苦药，都逃不出舌头的审查。

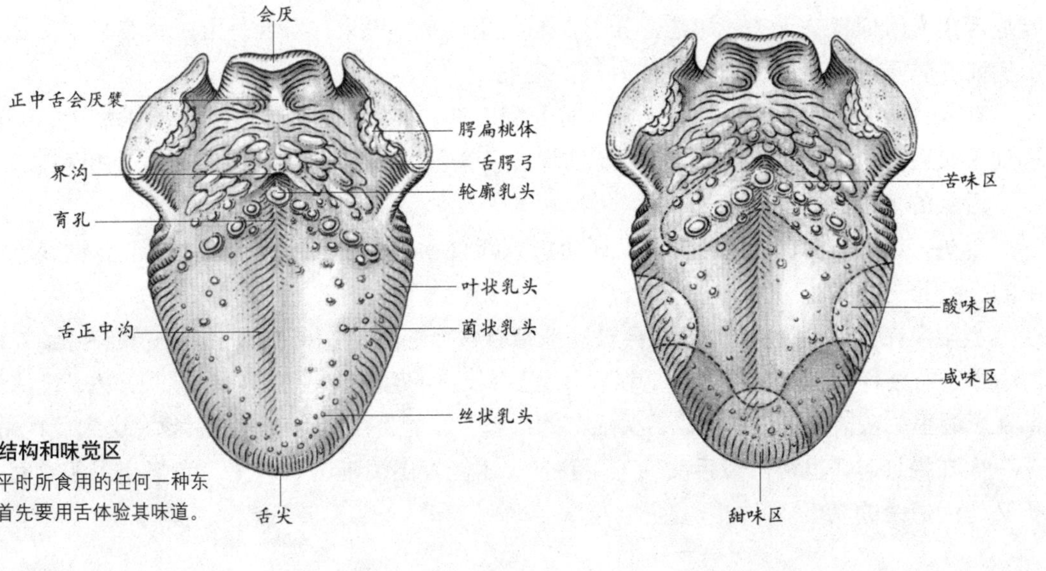

舌的结构和味觉区

我们平时所食用的任何一种东西，首先要用舌体验其味道。

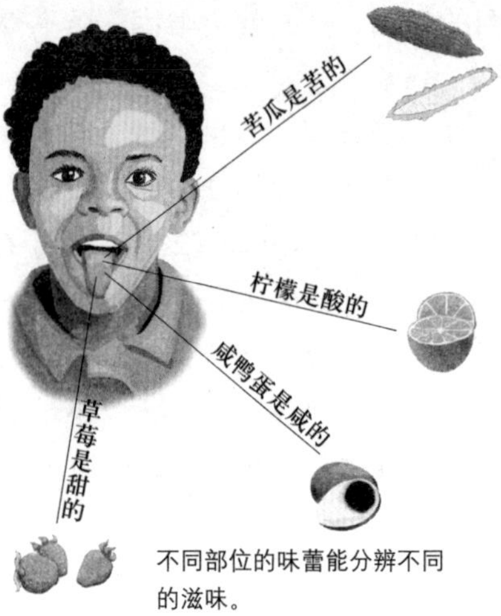

不同部位的味蕾能分辨不同的滋味。

舌头是怎样识别甜、酸、苦、咸的呢？让我们先从舌的构造说起吧！舌头是由横纹肌和舌黏膜所组成的。它的前部是舌体，后部为舌根。舌体主要受三叉神经的支配，舌根又为咽神经所支配。在舌面和两侧，有许多突起的小乳头。乳头的四周，有像花蕾似的小体叫“味蕾”，它是味觉的感受器。在每个味蕾上，都有一个小味孔，还有10～12个味细胞，各有一个突起的味毛伸到味孔口，专门用来辨别食物的滋味，进而引起神经的冲动，等传入大脑，人就能知道甜、酸、苦、咸等滋味了。

由于味蕾蛋白成分的差异，使结合的化合物也有所不同，便会出现味蕾感受上的差别。如舌两侧中部的味蕾，喜欢与氢离子亲和，所以对酸味就最敏感；舌缘的味蕾与氯离子的亲和力最强，就对咸味最敏感；舌尖虽能感受甜、咸和酸味，但它格外爱甜味；舌根对苦味最敏感。它们各司其职，又共同协作，才使我们吃到了各自喜爱的美味。在人的一生中，儿童的味蕾最旺盛，约有1万个；45岁后，因舌上的细胞已逐渐老化，到老年期，味蕾只有20%，所以常有茶饭不香的感觉。

平时，学习或工作过于紧张的人，因太疲劳了，味觉就会减退，往往就不想吃东西。发烧的病人，虽能区别酸、苦、咸，却尝不出菜肴的鲜味来。人在愤怒或感到恐怖的时候，由于交感神经受到了抑制，又因胃液减少，味觉也会变差。当体内缺乏糖质、脂肪和维生素时，人的味觉就要受到影响。在人群中，约有8%的人不知道苦味，这叫“味盲”，患者多为男性和老人。

舌苔能知病

舌苔人人都有，那是舌面小乳头新陈代谢脱落下来的角化上皮，加上一些食物的残渣、唾液和细菌的混合物，成为舌面上一层白而薄的“舌苔”。平时，随着人的说话和吞咽，舌苔就会不断地脱落和更新。

医生很重视舌和舌苔的变化，认为它是“胃病的镜子”，也是一个“外露的内脏”。一般说来，一个健康的人，舌质是淡红色的，不但柔软润泽，又能灵活转动，连舌苔也是薄白、洁净的。一旦舌头转动不灵活，往往与脑溢血和脑肿瘤有密切的关系；若遇舌质淡白又浮肿时，常是贫血、肾炎和内分泌失调的征兆；出现青紫舌，可能是心脏、肝脏出了毛病，或是一种癌症的反映；舌苔厚腻，是消化不良的缘故；黄腻苔，是肺炎、痢疾和胆囊炎的先兆；要是舌头光滑似镜又无苔，那是营养不良的结果。一般说来，当舌苔由白转黄又变黑色，预示病情的转重；相反时，又是病体好转的征兆。

有人发现舌苔厚，又感饮食无味，常爱刮舌苔。其实，这样做既不能除去病因，而且舌苔刮了又会再生，还容易损伤乳头，一旦刺破了味蕾，不但舌背要发麻，连味觉也被破坏了。

舌头的多能

舌头，除了区别食物的滋味外，还负责判断食物，测试食物的冷暖，甚至能觉察出猪肉中的一根猪毛来呢！

当牙齿在咀嚼食物的时候，舌会自动地帮着食物翻动，掺和能够消化淀粉的唾液，并检查其中是否有硬物，判断能否吞咽。就是咀嚼已经停止的时候，它仍不停地探来探去，设法清除粘在牙缝里的残渣。也只有依靠舌头后部的拱起，才能将浸泡着唾液的食物，送到喉咙里去。

人在说话时，也得依靠舌头的上下移动，才能发出清晰的声音来。当与恋人相吻时，舌头又是沟通爱的功臣。

探索脚的奥秘

由于气候干燥，古猿生活地区的森林逐渐稀疏起来，为下地来找吃的，古猿才开始直立，由脚担起负重和行走的任务。这一来，不但手被解放出来，连大脑也发达起来了。怪不得人类学家克拉克会说：“用脚直立行走，是人类进化的关键。”

劳苦功高的脚

脚的负担可不轻，它要承受50千克左右的体重，一生还得走42万千米的路，足可绕地球10圈呢！

你别小看脚的面积不大，却有52块骨头、33个关节、107条韧带和19条错综复杂的肌肉在互相作用着，还有无数的神经和血管。这样，人才能站得稳，走得步履轻盈，又能跑和跳，而且还能爬到树上去。

俗话说：路是人走出来的。其实，脚力也是靠走路而练出来的。人的脚与猿类不同，我们的脚上都有一个富有弹性的“足弓”。有了足弓，体重可以均匀地传到脚的各个部位，不会使某一处过于疲劳，走起路来也不会引起脑震荡。为保护足弓，婴儿不宜早早学站，刚会走时，也不可让他多走，以免形成“平脚板”。女孩最好不穿高跟鞋，以免影响脚的正常发育。

鞋，是用来保护脚的。穿鞋也是人类文明的一个标志，既可防止脚受损伤和污染，又有保暖的作用。但鞋头不可过尖，鞋跟不宜超过3厘米高，大小合适，能有利于行走的才是好鞋。

祸从脚下起

血液里的胆固醇和脂肪酸，本是古人狩猎所必需的能量。而现代人不但不必上山去打猎，还可用车来代步，胆固醇和脂肪酸这些物质不能充分利用，于是就沉积在血管里，成为心血管病的一大诱因。据铁路系统的调查，步行较少的工作人员，患冠心病的最多；而步行较多的养路工人，却很少生这种病。

安步当车，是锻炼脚劲的好办法。歌德曾说过：“最宝贵的思维及最好的表达方式，是在散步时出现的。”经常步行，通过和谐有节奏的运动，来激发人的情绪，协调血管的收缩和舒张力，能使心肌获得更多的休息时间，有助于改善心肌的缺氧现象，也可缓解冠心病病情的发展。

人到老年，首先表现出步履的蹒跚和双腿的乏力，所以有“人从脚

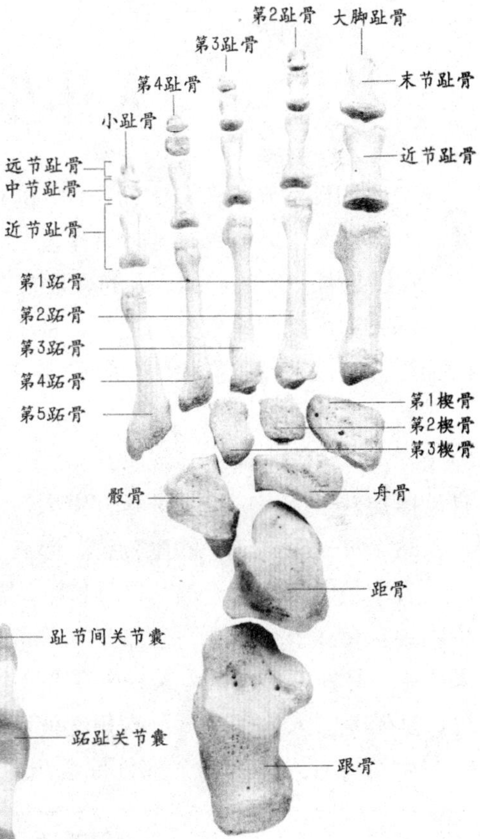

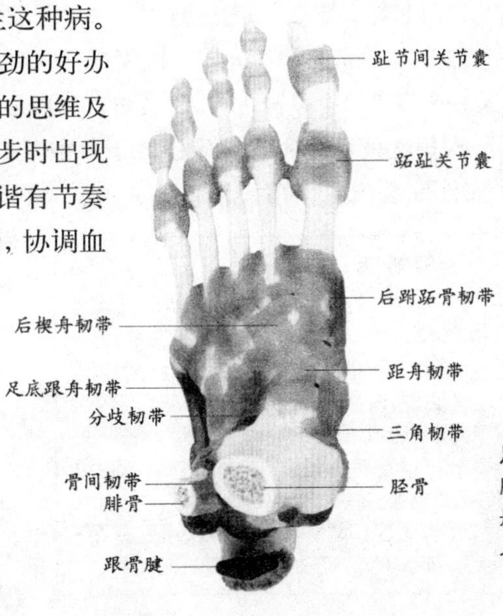

足部骨骼结构示意图

脚由表皮、皮下组织及骨头组成。脚是人体的重要组成部分，它负担着人的体重、行走、跑步等基本功能。

底老”的说法，这是因为人有6条经脉和66个穴位是分布在脚上的。于是，日本在小学里开展“赤脚教育”，让学生赤脚活动，使脚常受到刺激，既可调整全身的血液循环，又可促进新陈代谢，增加植物神经和内分泌的功能，并能健脾益智、镇静安神、强骨明目，还可延年益寿。

步态的异常

人的步态，往往是一种复杂的神经活动，人能保持正常的步态和姿势，得依靠健全的骨骼、肌肉和身体平衡器官的密切配合。如果某些功能受到损伤，步态就会出现异常。如鸭行步态、剪刀步态、慌张步态和小脑步态，就是某些疾病的一种反映。

鸭行步态人，是臀中肌无力，引起髋关节不能固定，走起路来，就会像鸭子那样左右摇摆不定。走路出现剪刀步态的人，是脊髓有病变，步行时每步需交叉到对侧。慌张步态的人，多系脑动脉硬化、颅脑损伤的缘故，走起路来身体会向前冲，前臂微屈而不能自由摆动，髋、膝关节微弯，步伐会越来越快。当小脑出现肿瘤时，往往双脚分开，走路左右摇摆，步态不稳，在停步或快速转身时就更为明显，这叫“小脑步态”。这些步态的异常，往往是医生判断病情的依据。

人体生物钟的发现

人体和自然界的许多生物一样，也有生物钟。所谓生物钟就是生物生命活动的周期性节律。比如植物在每年的一定时间开花、结果，候鸟在每年的一定时间迁徙，都是生物钟的表现。女性每月一次的月经，人的昼食夜眠也是生物钟作用的结果。有人说，婴儿在白天也可以呼呼大睡，夜间也依然能进食，他的“昼食夜眠”的生物节律可不明显呀！其实，这只是因为婴儿还没有完善有效的生物钟系统。

科学家们认为，人体内的“时钟”通常情况下只能运行100多年。假如这钟因故而中途停止走动，人的寿命便会减少几年、几十年。即使它能够顺利地运转，100多年后，它也会自动停摆。俗话说“世上难逢百岁人”，这便是其中的一个重要原因。

这个“走时准确”的生物钟，存在于生物体的哪个部分呢？

日本科学家发现，雄鸡按时打鸣的“钟”就在脑的松果体里面，因此，科学家认为人的生物钟也存在于大脑中。也有人持不同意见，认为它位于视交叉处，有的认为在脑垂体或松果体中，另外还有人认为人脑中存在2个“钟”：一个负责饮食睡眠，一个负责体温变化。不过，从脑是“人体司令部”的角度推论，生物钟应该处于脑中某个位置。

生物钟对人体的各个部分都会产生作用，我们要利用生物钟更好地生活。科学家通过实验证明，人类记忆力最佳的时段是早上6～7点、上午10～11点、晚上7点钟左右，我们应当在这些时候抓紧时间多看书；而下午4～6点为“健康”时间，最适合锻炼身体；下午3点左右，人的手指最灵巧，适合做手工劳动等。

知/识/窗

潮汐节律

与动物的昼夜节律和季节节律一样，很多海洋生物的活动与潮水涨退的变化相适应，这种节律行为叫做潮汐节律行为。例如，生活在海滩上的招潮蟹，落潮时它在海滩上寻找食物，而在海水再次涌来还差10分钟时，它就准时地藏进了洞穴。因为潮汐现象有个规律，每天总要比前一天晚来50分钟，而招潮蟹钻出洞穴觅食和躲进洞穴栖息的时间，每天也恰好向后推迟50分钟。如果把招潮蟹转移到一个没有潮汐更迭的环境中，它仍会表现出与潮汐变化时间相呼应的活动规律。

除招潮蟹外，其他海洋生物也有潮汐节律行为。例如，牡蛎和蛤蜊等在涨潮时在水下觅食。有些珊瑚、环节动物等，在潮汐达到高潮时产卵。

那么，体内的“钟”能否不按自己的意愿“拨动”呢？有时候是可能的。德国的研究人员发现，2组人同样是午夜时分入睡，其中一组被告知次晨6时必须起床，另一组则被告知可以睡到次日上午9时，结果是前者的“促醒剂”比后者提前了约3小时左右。这表明，“压力”对生物钟的影响相当重要。

当然，生物钟的运行与民族、地域以及个人的生活方式都密切相关，因此生物钟会因人而异。我们只能从自己的日常生活中寻找自身的生物钟运行规律，合理地安排作息时间，这样对我们的健康是非常有益的。

人体骨骼探秘

据《圣经》所记，男人的肋骨要比女人少1根。其实，男女的肋骨都是12对，共计24根。不过从解剖的结果来看，大约每20个人中，就有1人多1根，而且男的又比女的多些。

据调查，我国大多数人只有204块骨头。这是什么缘故呢？原来，中国人的第5足趾骨只有2块，而欧洲和美洲人却有3块。

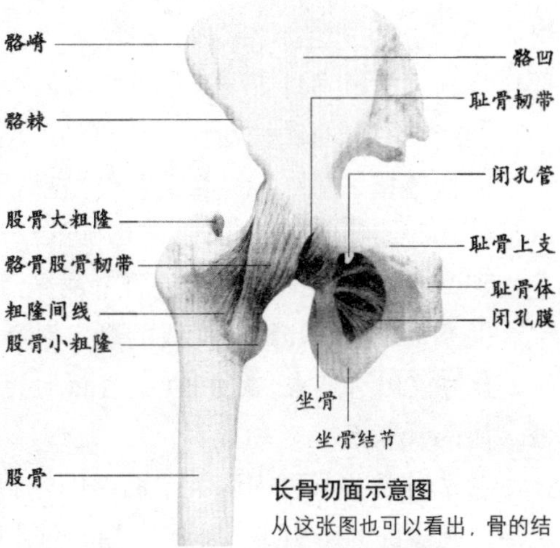

长骨切面示意图

从这张图也可以看出，骨的结构也是极为复杂的。

骨头的形状

骨头的形状各不相同，名称也就不同了。如生得又长又粗的是股骨，就称它为“长骨”；最短的是腕骨和跗骨，就称它们为“短骨”；肋骨和颅顶骨是“扁骨”；椎骨又是“不规则骨”。还有样子像蝴蝶的就叫它“蝶骨”；多角形的，就称为“大多角骨”，小一些的就叫“小多角骨”。还有些骨头，是用生长的部位来命名的。如长在头顶上的叫“顶骨”。

总之，由于每块骨头的任务不同，便逐渐长成最适合自己功能的模样。如颅骨和肋骨，都是些像板块似的扁形骨，内外都是些薄而紧密的物质，中间夹着疏松的物质，只有这样才经得起外物的碰撞，好保护大脑和心肺等重要器官。一些承担重量的大腿骨和手臂骨，都是些空心的管状骨，既可减轻自身的重量，又不易弯曲和折断。还有些表面像沟槽的骨头，可以让血管和神经顺利通过。你看，骨头的构造多巧妙！

骨头的构造

骨头，也是一种生长着的器官，它由骨质、骨髓和骨膜构成。骨质是构成骨头的主要成分，它分布于骨头表面，结构致密而坚硬，耐压性很强。骨膜是覆盖在骨表面的一层结缔组织膜，里面含有丰富的血管和神经，有营养骨质的作用。遇骨折时，对骨的愈合和再生起着十分重要的作用。

骨髓在长骨的骨髓腔和骨松质的空隙中，在短骨的内部，像海绵一样的疏松。年幼时有造血的功能，称为红骨髓；长大后，为脂肪细胞所替代而变成黄骨髓，失去了造血的功能。只有头盖骨、肋骨、脊椎骨和骨盆是终生造血的工厂。

骨由有机物与无机物组成。前者主要是胶原、粘蛋白等蛋白质，使骨有弹性；后者主要是磷酸钙等钙盐，使骨具有一定的硬度。若将骨头浸在盐酸里，便会脱去骨中的无机盐，会加强骨的韧性和弹性，还可卷曲起来打个结。小孩骨内的无机盐少，所以杂技演员要从小就训练。这时，应特别注意坐姿，以免脊柱变形。

长骨的中央叫骨干，两端有骨骺。童骨在两者之间有软骨层，在骨干与软骨交界处能不断地增生新的骨组织，让骨逐渐变长。20～25岁时，软骨层才会消失。在骨膜与骨接触处，因骨膜中成骨细胞不断增生新的骨层，又能使骨加粗。骨内还有一种破骨细胞，能破坏骨髓周围的骨组织，使骨髓腔逐渐扩大。

知识窗

身高早晚的变化

据测定，人的身高早晨要略高于傍晚。这是为什么呢？原因很简单：原来，脊柱的椎骨之间都由椎间盘联结着。而椎间盘又富有弹性，因此它的形态可以随所受力的变化而不同：当受到压力时，椎间盘被压扁；除去压力时，又可以恢复原状。由于椎间盘有上述特点，所以，当人体经过一天的劳动之后，椎间盘会因受到压力而变扁，整个脊柱的长度也会为之缩短，身高就降低了。但是，经过一整夜的休息之后，椎间盘又会因未受到压力而恢复原状，脊柱也相应地恢复到原来的长度，而身高也就恢复到原来的高度了。这就是身高早晚变化的秘密所在。

骨的连接

骨的连接形成骨骼。连接的形式有两种。一种叫直接连接，如我们的颅骨是由8块扁骨组成的，它们的边缘像锯齿，相互交错嵌合连成一个整块，成为一种不动的关节。还有两块脊柱骨之间的椎间盘，垫着一块环状的软骨，靠一种有弹性的韧带把它们绑在一起，使头颈和胸腰能左右弯曲和转动，但关节间的活动范围不大，人们就称它为“少动关节”。

间接连接，是关节的主要形式。这种关节，在人的一生中要活动亿万次，却又不会磨损。这是什么原因呢?因为它有一套巧妙的结构。一个关节有关节面、关节囊和关节腔。关节面是相邻两骨的接触面，它覆盖着一层光滑的关节软骨，好减少两骨之间的摩擦。

关节囊，是结缔组织构成的囊，它附着在关节面的周围，包绕着整个关节。内层是骨膜层，会分泌出滑液来，好润滑关节面和关节囊，能减少运动时的摩擦。外层是厚而坚韧的韧带，使两骨联系得更加牢固。

关节腔是关节囊内两关节面之间密封的空隙，腔内有少量滑液，因此，能使关节牢固又灵活。在肌肉的牵引下，能产生屈和伸，既可内收和外屈，又能旋转和环转。不同部位的关节，作用就不一样。如能向内运动的肘关节，可向后屈而不能前翻的膝关节，能环绕一周运动的肩关节等。

探究人体中的蛋白质

当你碰破一点皮肤的时候，就会流出血来，那含铁的红细胞里充满着血红蛋白。过一会儿，血就会凝固起来，伤口周围还会出现一层透明的血清。在血清中，就含有血清蛋白质。我们的头发、汗毛、指甲和皮肤等，几乎都是由纯粹的蛋白质组成。据计算，蛋白质在血液和肌肉中占1/5，脑子里占1/12，连牙齿的珐琅质中也含有1%的蛋白质。因此，蛋白质是维持生命、构成所有活体组织的重要物质。所以有人称它是“生命之砖”，是构成细胞的建筑材料。诸如人体的生长发育、衰老组织的更新、受伤组织的修补，都少不了蛋白质。蛋白质又是构成酶、激素和抗体的成分，既能调节渗透压，又能提供一部分热能。

蛋白质，主要是由碳、氢、氧、氮4种元素构成的化合物，有的还含有硫、磷、铁、碘和铜等元素。这些元素先共同组成较简单的含氮化合物——氨基酸，再由许多氨基酸按一定的方法连结成为蛋白质，所以氨基酸是构成蛋白质的基本单位。

德国科学家曾做过试验，他们用糖和脂肪来喂养的动物都先后死亡了，而专用蛋白质来饲养的动物，却都活得好好的。这是什么缘故呢？通过一番研究，才发现蛋白质在动物体内，能制造出糖分和脂肪来，而糖和脂肪中，因无氮元素，所以就制不出蛋白质来。

人体内有20种氨基酸，其中的赖氨酸、蛋氨酸和色氨酸等8种氨基酸，由于在体内不能合成，都得从食物中去摄取，因此称它们为“必需氨基酸”。凡同时含这8种必需氨基酸的食物蛋白质，就称为“完全蛋白质”，如奶类中的酪蛋白和乳蛋白，就是完全蛋白质；而含有种类不全的必需氨基酸的食物蛋白质，称为“不完全蛋白质”。此外，还有12种能在体内合成的氨基酸，它们被称为“非必需氨基酸”。

目前，国际上对蛋白质中的氨基酸进行了评分，认为氨基酸越接近100的食物，必需氨基酸就越齐全，配比也较平衡，所以营养价值就高。如人奶、鸡蛋为100，牛奶为95，大豆为74，大米为67。食物中的蛋白质，在进入肠胃后，要经过各种消化酶的作用，才被分解成各种氨基酸，再由人体的“蛋白质制造厂”（细胞质），用20种氨基酸作原料，重新合成蛋白质。如果原料配备不齐，当缺少某一种氨基酸时，就会影响其他氨基酸的吸收和利用，蛋白质的合成也要减少。如蛋氨酸不足，就会引起肝脏坏死；若遇赖氨酸不足，又会出现脂肪肝；要是缺少色氨酸，就会发生中枢神经系统功能紊乱。

小麦、玉米和薯类，所含的必需氨基酸虽不齐全，但能通过互补来提高各自的营养价值。如我国北方用玉米和大豆制作的混合面，让玉米中的赖氨酸来弥补大豆蛋白质内的不足，而大豆又可补足玉米中蛋氨酸和色氨酸的不足。当前风行的强化食品，如在小麦中加入0.1%的赖氨酸，便可提高小麦蛋白质的营养价值。平日，我们用粮菜搭配和荤素混食的办法，都可提高食物的营养。

人体中的蛋白质，约占体重的18%，而每天约有3%的蛋白质需要更新。为此，一个成年男子，每天应从食物中摄取60克的蛋白质，妇女需要50克，孕妇为85克，哺乳期的妇女为100克。体内缺少蛋白质，体重会减轻，肌肉要萎缩，还会引起贫血，从而降低抗病力；遇到创伤，就不易愈合，连病后康复也很缓慢；严重缺乏蛋白质时，甚至会出现营养性的水肿。处在生长发育阶段的青少年，由于新细胞的天天增生，每天必须从食物中摄取60～100克的蛋白质，一旦供应不足，不仅发育会缓慢，而且人也会消瘦，进而还会影响智力的发育。

据分析，在每100克食物内，虾米的蛋白质最多有47.6克，大豆有36克，奶粉和花生各含26克，肝脏有21克，其他如肉、鱼、蛋的含量也不少。不过蛋白质的摄入量也不宜过多，一旦超过人体的需要，不仅是一种浪费，而且还会增加肝脏和肾脏的负担。

补钙的学问以及补钙法

我国在调查国民营养情况时，发现儿童、孕妇和老人都普遍缺乏钙，缺钙直接影响着他们的健康。

平时应多吃核桃等食品，以利于身体吸收钙。

钙的作用

钙，是人体中含量最多的一种矿物质，又是体内最为活跃的元素。它是骨骼和牙齿的重要成分。神经冲动的传递，心动节律的维持，伤口血液的凝固，肌肉和神经的应激性，都需要有钙的参与。

1970年，美籍华人张槐耀和王学荆在人体的多种细胞内还发现一种“钙调蛋白”，它与钙离子结合成复合物后，能激活有关的酯酶、淀粉酶、蛋白质水解酶等，对各种细胞能起调节作用。诸如肌肉细胞的收缩和舒张，神经递质的释放，前列腺素的合成，糖代谢的调节，精子的泳动，细胞的分裂繁殖等，都离不开钙和钙调蛋白的协调作用。因此，当钙的供应充足时，胎儿的骨骼才能钙化，婴儿的牙齿方能形成，儿童才会正常地生长发育起来，成年人才能抗老和防衰，老人也才能延年益寿了。

当婴儿的血浆钙不足时，就会出现抽搐；儿童缺钙，会患佝偻病；中老年人缺钙，不但骨质会疏松，还会患骨质增生和肩周炎。看来，钙和人体的健康有着密切的关系。

补钙的食物

为了及时补充体内钙的需要，平时应多吃些牛奶、鱼、骨头汤、大豆、海带、紫菜和核桃等含钙的食品。鲜山楂的含钙量，占鲜果之首。青少年应经常喝排骨汤，可增加钙盐的摄入。

有时，我们虽然吃了含钙的食物，但因同时吃了含有草酸的葱、笋、菠菜和苋菜，钙会和草酸结合成为不溶于水的钙盐，人体就难以吸收了，往往70%～80%的钙会从粪便中排出。因此，缺钙的人在吃含钙食物的时候，最好暂时不要吃含有草酸的蔬菜。

钙还有个怪脾气：它在碱性食物中，常成为不溶于水的沉淀物；而在酸性的菜肴里，就能以离子的形式溶解在汤里，人体便容易吸收了。

据研究，钙的吸收和年龄也有一定的关系。如青少年可以吸收30%～40%的钙质，而成年人却只能吸收20%～30%，而老年人，仅仅能吸进15%的钙质。因此，老人就应常吃些含钙的食物才行。在炖肉骨头的时候，应当加点醋，好让骨头里的钙能大量溶进肉汤中去。还有钙的吸收，需要有足够的维生素D来帮忙。

身体中微量元素的发现

在人体内，含量少于万分之一的铁、锌、铜、碘等物质，统称为微量元素。如大脑里含有极其微量的银；眼睛的色素层中，也含有微量的钼；在血液里，不仅有0.4微克的镍和6毫克的铬，而且还有微量的溴、钛、锶、硫、砷、硼、钴、硅、锂、钡等微量元素呢！

以上这些微量元素，平时会受到体内平衡机制的调节和控制。据研究，我们体内各种微量元素的总和，还不到体重的0.2%。可是某种微量元素缺乏时，就会影响健康了。

吃泥土的人

人体一旦缺少必需的微量元素时，往往会出现“嗜异症”。

据山东德州的有关报道，说那里有100个儿童爱吃煤渣和泥土。通过验血，才发现他们

人体中的主要微量元素简表

种类	主要来源	功能	对人体的影响
铁	肝、心及肾等内脏	是构成血红素的主要成分，帮助血红素负责氧的运输	摄入不足，易患贫血；过多则会损害肝及胰脏
碘	海产类食物、食用加碘盐	维护甲状腺正常功能所必需	婴幼儿缺碘易患呆小症；碘摄入过多会引起甲状腺功能亢进
铜	家畜肝脏、贝类、可可粉、坚果和蘑菇	是许多酶的辅助因子，对结缔组织的形成起重要作用；对骨骼健康生长有用	缺铜，引起贫血或骨骼疾病。
锌	肉类、肝脏、蛋、海产品、牛奶、全谷	是某些重要酵素的成分，为人体所必需；在医疗上被用来促进伤口愈合	缺锌易患侏儒症；轻微缺锌，会使味觉不敏锐并会损害其生长
硒	海产品、肝、肾及肉类	防止氧化损伤保护细胞膜；促进免疫球蛋白生成，防治心肌梗死和克山病	缺乏可出现脱发、指甲脆、易疲劳和激动等
氟	饮用加适量氟的水	预防龋齿	摄入低，易患龋齿；摄入高，易造成斑齿

都患了缺铁性的贫血症，等用硫酸亚铁合剂来治疗后，嗜异症也消失了。

在陕西的礼泉县，还有些育龄期的妇女，都爱吃一种红色的黏土。这是什么缘故呢？经过土壤的分析，发现这些黏土含有一种人体所需的锌。锌是多种酶的必需成分，它有加速细胞分裂的功能。缺锌会影响骨骼的生长和性的发育。在各种动物的眼球里，都含有较多的锌。人若能从食物中获得锌的补给，那就不会再吃黏土了。

酶的微量元素

酶，是人体内促进新陈代谢的“化学师”，许多代谢反应都要有酶的参与才能顺利地进行。可是酶要依靠铜、钴、锌、锰、镁等微量元素的帮助，方能充分发挥代谢作用。

现以铜来说，它是多种酶的催化剂，也是合成血红蛋白的辅助原料，还能提高白细胞的灭菌力，又能使人体的氧和氢合成水。由于铜不能在体内贮存，所以必须从食物中摄入。人体一旦缺铜，就会引起贫血，胆固醇也会升高，中性白细胞要减少，头发和皮肤的色素会脱失，甚至会出现白癜风。同时，血管也容易破裂，骨的脆性会增大，情绪易激动，生长会变慢。有些少年白发者，往往与铜的代谢失调有一定关系。

对人体来说，必不可少的微量元素，倒也不是越多越好。正如俗语所说的“物极必反”一样，若铜的摄入过多，就会患溶血性贫血，又会损伤细胞膜，肝、胆容易坏死，还会精神失常呢！

硒能抗癌

在肝癌的高发地区，经研究发现那里的土壤和出产的粮食中，含有较多的铜和锌，却少有钼和硒。据研究，科学家认为硒的多少与肝癌的发病率有密切的关系。因硒能增强机体的抗病力，也能阻断黄曲霉素的致癌作用，当人在庄稼地里喷施一些亚硒酸钠后，不但能提高粮食中的含硒量，同时也会降低肝癌的发病率。但是若人体吸收过多的硒，便会出现神经官能症，也会诱发肝病，还会引起精神分裂症。

钼，在人体中的含量虽极微，而作用却很大。在缺钼的儿童中，骨的发育会受影响，连龋齿也会增加。

镉与痛痛病

日本富士山平原上，有条神通川。因上游建起一座铅锌冶炼厂，导致含镉的废水污染了饮水和农田。当人摄入含镉的水和粮食时，就引起镉的慢性中毒，不但影响肾脏，造成分泌失调和高血压，还使全身出现关节痛、骨痛和神经病，严重时，连呼吸也很痛苦。最后，骨会软化、萎缩而骨折，直至不能吃饭而在疼痛中死去。这就是震惊世界的8大公害之一——“痛痛病”。

现在，人们已经知道某些微量元素能对另一种有毒的元素起抑制作用。如硒对镉有抑制作用，可以减轻镉的毒害。对镉引起的高血压，可用锌来医治。因此，对重金属引起的癌症，也能用硒或锌来做治疗剂。

探究维生素与身体的关系

维生素，它既不是人体的组织成分，也不能给我们提供一点能量，只是一类能在新陈代谢中起些调节作用的微量有机物，但它却是生长发育不能缺少的营养素。

目前，已被发现的维生素有20多种，得到世界公认的就有14种。其中的维生素A、维生素B_1和维生素B_2，还有烟酸、维生素C和维生素D，是人体最重要的6种维生素。其余的维生素，以及可由肠道菌丛合成的维生素K，在这里就不做详细介绍了。

维生素A、维生素D、维生素E、维生素K，都是脂溶性的；而维生素C和B族维生素，都是水溶性的。平时，只要我们合理地饮食，一般是不会缺少维生素的。

维生素A，有的来自动物的肝脏、蛋黄及奶类；还有的来自绿色蔬菜、番茄、胡萝卜与玉米之中的维生素A元，也叫“胡萝卜素”，它在体内必须通过酶的作用，才能转变成维生素A。

维生素的作用，好像八仙过海一样各显神通。如维生素A，它能合成眼球内的视紫质，提高暗适应力，又是看电视的保健营养素，还能维护呼吸道、消化道、泌尿道、性腺和其他腺体中上皮细胞的健康，增强抗病力，促进幼儿的生长和发育。如果缺乏它，就会导致夜盲症、干眼病，又会使上皮细胞萎缩和角化，连皮肤也会因干燥而脱屑。

维生素D的日摄取量为10微克，可以用来增强小肠吸收钙和磷的能力，促进牙和骨的成长。一旦缺乏时，儿童会患佝偻症，成人的骨骼会疏松或软化，还容易患龋齿和副甲状腺肿大。

我国规定成人日需维生素C为70～75毫克，孕妇为100毫克，哺乳期的妇女为150毫克。这可以用来防治坏血病，保护细胞膜，又具有解毒的作用，还能使3价铁还原成2价铁，用来治疗缺铁性贫血，又能促进胆固醇的排出，也能使亚硝酸不会形成致癌的亚硝胺，还是预防感冒、保护心脏、提高应激能力的良药。如果缺乏它，易生坏血病，骨的钙化就会不正常，连伤口的愈合也会变慢。要是长期不能补充维生素C的话，细嫩的毛细血管会变脆而破裂，皮下出血成紫癜，这就是坏血病的初期症状。那时，牙周会出血，还常伴有牙周炎和口臭，密布在心脏周围的血管会逐渐硬化而破裂。所以晚期的坏血症病人，常死于内脏的出血。

维生素也不是多多益善的东西，切不可任意滥用。如长期过量服维生素A、维生素D的话，毛发就会枯干而脱落，皮肤会干燥而发痒，食欲会减退，体重要下降，肝脾要肿大，心律易失常，而且会出现头痛、眼花、烦躁和神经衰弱等症状。

长期服用大量维生素C的人，一旦停药或减少剂量，不但会腹痛肚泻，还会诱发糖尿病和肾结石。维生素E的副作用因较缓慢而被忽视，如服用过量，人会疲倦，容易引起血栓性静脉炎、高血压和肌萎缩，还会出现男性乳房女性化。

维生素一览表

维生素和类维生素物质	主要来源	缺乏的结果	最初影响的部位
A和它的前驱物	鱼肝油、绿色植物、黄色蔬菜	夜盲症、干眼病	眼睛、皮肤、嘴、呼吸器官、泌尿生殖器官
B族			
硫胺素B_1	酵母、猪肉、肝脏、全谷类	脚气病	脑、神经、心脏
核黄素B_2	酵母、奶、蛋白、肝脏、叶菜类		皮肤、口腔、眼睛、肝脏、神经
烟碱素	酵母、麦芽、肉	癞皮病	胃肠道、皮肤、脑
B_6	全谷类、酵母、蛋黄、肝脏		皮肤、红血球、脑、肾脏、肾上腺
泛酸	肝脏、肾脏、绿色蔬菜、蛋黄		肾上腺、肾脏、皮肤、脑、脊髓
生物素	肝脏、肾脏、酵母		皮肤、肌肉
叶酸	肝脏、深绿色叶蔬菜		红血球
B_{12}	肝脏、肉	巨红血球性贫血	红血球
C(抗坏血酸)	柑橘水果、新鲜蔬菜、马铃薯	恶性贫血	骨骼、关节、口腔、微血管
D	鱼油	坏血病	骨骼、牙齿
E	谷物和植物油	佝偻病	生殖器官、肌肉、红血球、肝脏
K	绿色蔬菜		血液凝血酶原
肌醇	全谷类、肝脏		
对氨息香酸	酵母		
胆碱	蛋黄、脑、全谷类		肝脏、肾脏、胰脏

总之，维生素不是补品，千万不可滥用。最好在医生的指导下服用，才能收到对症服药的功效。

探索素食的功与过

本以牛肉、鸡肉为主要菜肴的美国人，已开始厌荤和戒肉，居然掀起一股提倡素食的风气。连一度受到冷落的茄子、丝瓜和空心菜，如今也成为餐桌上的常客了。不管是总统，还是平民百姓，都养成爱吃蔬菜的习惯，连纽约的麦当劳也推出“豆腐汉堡”来了。许多年轻人发现吃素的人不但举止文雅，富同情心，而且连性情也变得平和起来，据说人的思路都比以前要清晰得多呢！

据研究，人若多吃谷物和蔬菜，就能降低体内的胆固醇，又能清除胆盐和减少血脂，净化血液，还能降血压。这样，人就不会患心脏病和脑溢血。而吃素的妇女，排出的雌激素就比较多，使血液中的雌激素不会循环使用，就不易产生乳腺癌，又可减少胆结石和骨质疏松症的发生。素食的男子，会降低血液中的雄激素，就不易产生前列腺癌等激素类型的癌症。

蔬菜中的纤维素可以增加肠胃的蠕动，缩短粪便中代谢毒素在肠内的滞留时间，使结肠免受毒害。据挪威科学家研究，素食有助于风湿性关节炎的治疗，这与我国中医的理论正好不谋而合。中医认为雄鸡、鲤鱼和牛羊肉为发物，会加重风湿性关节炎的病情。

由于许多人见到吃素的好处，于是都认为素食是有利于健康和长寿的。

近来，根据营养学家的调查和研究，认为完全吃素也不是好办法。他们对常吃素的僧尼做过一番检查，发现终生吃素者都患有一些营养不良的症状，原因是饮食中的营养素不全面，无法满足机体代谢的需要。素食虽能从豆制品中得到较好的蛋白质，但蔬菜中缺少维生素B_2，维生素B_{12}，而且维生素D也显得不足，还必须从荤腥中获得锰、钙和锌等微量元素。如果人体缺锌，易患心脏病，会引起肝脾肿大和性功能减退，它对少年儿童的成长和发育，也是十分重要的；缺少锰和钙的话，不仅头发会变白，骨质会疏松，甚至连牙齿也易脱落呢！

素食者的营养不良，会降低人体的免疫力，使人容易感染各种疾病。据古书《黄帝内经》所载，“五畜为益”，这“五畜”指的是牛、羊、猪、狗、鸡，认为这5种肉类有补脑和健身的作用，也是平衡膳食之中的主要辅食，可补五谷之不足，因所含的高蛋白多系完全蛋白质，含有人体所必需的8种氨基酸，比植物蛋白质要优越，还含有高脂肪和高热量，可以提高人体的素质，增强抗病力，还能促进少年儿童的发育。你如不信，可以发现新疆的老寿星特别多，而他们常吃的就是牛肉和羊肉。

素食的优点虽多，却也有不足的地方。要是走进吃素食、不沾荤腥的死胡同，对身体是有害而无益的。若用科学的观点来看，对正在成长中的少年儿童来说，荤腥是不可少的营养菜；对少女来说，还须适当吃些肥肉，才不会

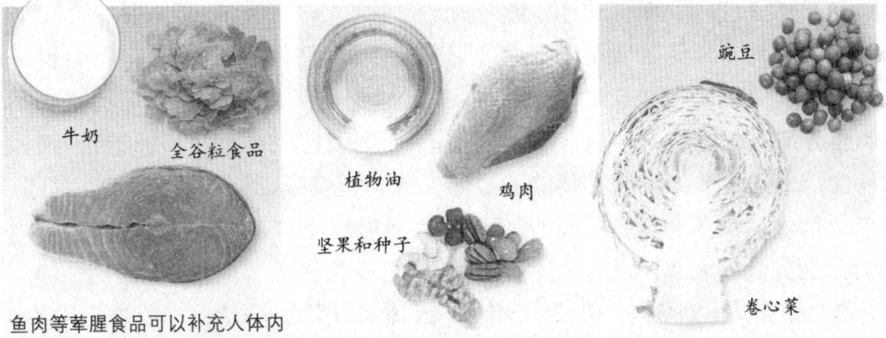

鱼肉等荤腥食品可以补充人体内的锰、锌、钙等微量元素。

影响性器官的发育和成熟；而青年的三餐，最好是采取荤素各半的办法；只有肥胖的中年人和老年人，才可多吃素食，少吃荤腥。

探讨合理的一日三餐

据调查，世界上的许多国家都是通行一日三餐制的。也许你会问，为啥一天不吃两餐或四餐呢？

首先，从胃的消化食物能力来看，它对混合物的消化，大概需要4个小时，而一日三餐的间隔，正好符合胃的消化功能。同时，大脑要日消耗145克的葡萄糖，我们能从每餐饭内摄入50克。而早、中、晚这3个时间里，又是人体消化酶最活跃的时候，所以一日三餐是最合理的。

冬季，天亮得晚，人们往往起床就较迟，常会影响吃早餐。因此，许多家长会让孩子去买油条、烧饼来充饥。由于夜晚体内水分消耗得比较多，肠胃的功能又没有完全恢复到兴奋状态，吃干燥的点心就很难消化；而有的同学却把钱留在口袋里，认为不吃也没啥关系，挨到上午的最后一节课，常会饿得无精打采的，甚至还会出现头昏眼花的现象。这样，既不利于学习，也会影响身体的健康。近来，科学家发现人在紧张时，肾上腺素会产生一种"应激激素"的物质来，能调整机体因受刺激而产生的不平衡。如不吃早餐，因不能产生足够的"应激激素"，就会出现焦躁不安和失眠，人会疲倦而头痛，还会引起食欲不振呢！从医学的观点来看，不吃早餐，不仅皮肤会干燥而起皱纹，人也会提早老化呢！

我们在学习和活动的时候，都要消耗血液中许多的葡萄糖。葡萄糖是大脑的能源，若空腹用脑，脑细胞的燃料就显得不足。如人在空腹时，每100毫升的血液里，血糖水平只剩80～100毫克，若不吃早饭，随着学习和活动，血糖还会不断被消耗。当血糖下降到60毫克时，人不但感到饿，而且也没有劲了。如果血糖降到45毫克，医学上称为低血糖，还会影响中枢神经的功能，人就会眩晕、恶心和呕吐。

冬季，气温很低，人体要保持体温的恒定，肝脏必须多支付一些葡萄糖才行。何况上午的气温又比下午要低，而正在成长发育的青少年，对葡萄糖的需要量也比成年人要多，故而学生就更经不起饥饿了。为此，就一定要吃饱早餐。

午餐不仅要吃饱，而且还要吃好。原因是我们经过半天的紧张学习之后，体内贮存的糖类、蛋白质、脂肪和维生素已经消耗了不少。这和蒸汽机火车在途中要添煤和加水一样，我们也要及时吃中午饭，才能进行能量的补充，而且还得有所贮备，好达到下午继续学习的需要。

有些人因工作忙而不回家吃饭，常用糕点来代餐，认为这样既省时间又方便。谁知这种用苏打粉发酵制成的食品会中和胃酸，不利于食物的消化。为此胃酸增加分泌，又会引起十二指肠的溃疡。

一日三餐，从热量的消耗和营养的补充来看，最好的比例是午餐占40%，早晚两餐各占30%。

从晚餐到第二天早餐之间，时间虽隔得较长些，但睡眠中的消耗不多。如果也像中餐一样的吃法，多余出来的能量就容易积成脂肪。若经常多吃，身体就要肥胖起来，又会增加肠胃的负担，还会影响你的睡眠。饱胀的胃肠，不但会使消化道过于紧张，又会压迫肝、胰和胆道，而为消化高脂食物，就要增加胆汁和胰液的分泌。若胆道受压而阻塞，会引起急性胰腺炎。当人在饱食入睡后，因血流得缓慢，血脂会沉积在血管壁上，动脉就容易硬化。

晚上要学习和写作的人，晚餐倒可多吃些，大脑才能充分获得营养的供应。

对多数人来说，晚餐最好在6时左右。吃得太迟了，人体排钙的高峰活动正好在睡眠中，让尿液蓄积在膀胱里，钙质会沉淀而结晶，就容易形成尿路结石和膀胱结石。

医学成就面面观

牛痘接种法的发明

天花，有史以来它的阴影就一直笼罩着人类。保存完好的几千年前的木乃伊身上就有天花留下的痘痕，其历史之久远可见一斑。14世纪前后的欧洲，天花竟夺去了上亿人的生命。在很长一段时间里，人们对天花束手无策，只好任其肆虐。

在探索治疗天花的时候，人们逐渐发现有些人虽然患了天花却侥幸活了下来，这些人以后就再也不会染上天花。是什么原因使这些幸存者具有免疫性的呢？18世纪70年代的英国医生爱德华·琴纳试图揭开其中的谜团。

琴纳花了很长时间去研究患过天花的人的身体肌理，但发现他们除了皮肤上比其他人多些麻坑之外没有任何特别之处。琴纳顿感困惑，但他决心一定要将这个问题弄清楚。

琴纳发现天花病感染者不分男女老幼。一次，在一个村庄调查时，琴纳发现这里牛奶场的挤奶女工没有一个人患天花。这一现象引起琴纳极大兴趣，他进一步核实了情况，发现不但那些挤奶工，就是跟农场牲畜打交道的人得天花的概率也很小。难道这些牲畜有什么魔力。

琴纳跟这些女工深入聊了这个问题，这才知道她们开始从事这个职业时经常染上牛的脓浆，之后就出现了轻微的天花症状，但很轻微，一般是不治而愈。琴纳发现这种身上有脓胞的牛其实是患了天花，但死亡的极少，皮上也不会留下麻坑。琴纳忽然悟到了什么，他人为地将牛痘的脓浆接种到一个叫詹姆斯·菲普斯的小男孩身上，小孩发了几天低烧，身上也长了些水泡，但很快痊愈。给这位孩子接种牛痘的那一天是1756年5月14日。菲普斯是人类第一个接种牛痘的人。过了几个月，琴纳又给小菲普斯接种天花病人身上的脓浆，过了一段时间发现他根本不会再染上这种病，同那些得过天花病的幸存者一样获得了某种强大的抵抗力。琴纳成功了，他用事实说明：在健康的人身上接种牛痘，就可以使这个人再也不得天花。多么伟大呀！吞噬了无数生命的恶魔——天花终于被科学扼住了喉咙。天花肆虐的时代过去了，无数人激动地流下了热泪。

伟大的琴纳给天花这个恶魔套上了绞索，全人类又经过200多年的努力，终于在1980年将它绞死。那一年联合国卫生组织宣布天花已在全世界绝种。

琴纳发明接种牛痘，不仅普救众生，还发现对抗传染性疾病的又一利器，那便是免疫，从而奠定了免疫科学的基础。

合成药物的发明与应用

大事记	
1799年	笑气作为止痛剂
1815年	乙醚作为止痛剂
1828年	水杨甙从柳树中提取出来
1847年	氯仿用于妇女分娩
1859年	大规模生产水杨酸
1910年	胂凡纳明(606)生产出来

人类利用自然界存在的物质作为药物已经有几千年的历史了。其中有一些，如鸦片，用做止痛药。但是这些药物并不十分可靠，而且经常会带来一些无法预料的副作用。

第一种完全合成的药物是气体。1799年，英国的化学家汉弗莱·戴维(1778～1829年)发现一氧化二氮(也就是我们熟知的笑气)具有止痛的功能。1815年，科学家发现乙醚也有止痛的效用。这两种药物在当时受到了大众的欢迎。但是，令人不解的是，直到30年后医生才将它们用在外科手术的麻醉镇痛上。1874年，苏格兰产科医生詹姆斯·辛普森(1811～1870年)发现了另一种麻醉效果更强的试剂——氯仿蒸气，并把它用做妇女生产时的麻醉止痛剂。这些麻醉气体都是有副作用的，它们可以使病人进入无意识状态，或者至少是无知觉状态，当大剂量使用的时候，它们还有致毒作用。

人们利用一些植物来止痛和退烧已经有很长的历史了：古埃及人用桃金娘；古希腊人和中世纪的欧洲人用柳枝和绣线菊；美洲土著人用白桦树枝。现在已经证明这些天然植物里含有同一种活性成分——水杨甙。

英国牧师爱德华·斯通(逝世于1768年)重新发现了柳树的药用功效。1763年，他称其利用柳树皮成功地帮助50名病人退烧。德国药剂师约翰尼·布赫勒(1783～1852年)于1828年首次从柳树中成功地分离出了水杨苷。10年后，意大利化学家雷非勒·皮立亚提取出了活性成分—水杨酸，这是一种无色的晶体。1853年，法国化学家查尔斯·盖哈特(1816～1856年)改变水杨酸结构，制得了乙酰水杨酸。但是关键性突破是德国化学家荷尔曼·科尔比(1818～1884年)鉴别出了水杨酸的分子结构，并提出了以煤焦油为初始原料进行大规模的化学合成而并非从植物直接提取的方法。利用科尔比反应，水杨酸得以大批量生产。

水杨酸的镇痛效果非常明显，但是它也会造成严重的肠胃不适，所以科学家考虑对其分子结构进一步调整，使其副作用降低到最小。最后，德国化学家霍夫曼(1868～1946年)在拜耳公司完成了水杨酸分子结构的调整。霍夫曼利用查尔斯·盖哈特早期提出的水杨酸分子结构合成了乙酰水杨酸，并在1899年由拜耳公司以阿司匹林的商品名将其推向市场。起初，阿司匹林只有经过医生开的处方才能拿到，但到了1915年，阿司匹林已经成了非处方药，病人直接到药店里就可以买到。

在阿司匹林上市的同时，另外两种具有光明前景的镇痛药物也开发成功，具有镇痛解热功效的退热冰(乙酰苯胺)和非那西汀(乙酰对氨苯乙醚)分别在1886年和1887年被研制出来。非那西汀于1888年作为药物开始使用。对乙酰氨基酚在许多方面优于前述的化合物，它是一种非那西汀的衍生物，并且分子主体结构可以迅速地转化为其他的分子结构形式。但是，它的优点并没有马上体现，直到20世纪50年代对乙酰氨基酚才作为一种替代阿司匹林的镇痛解热的药物面世。

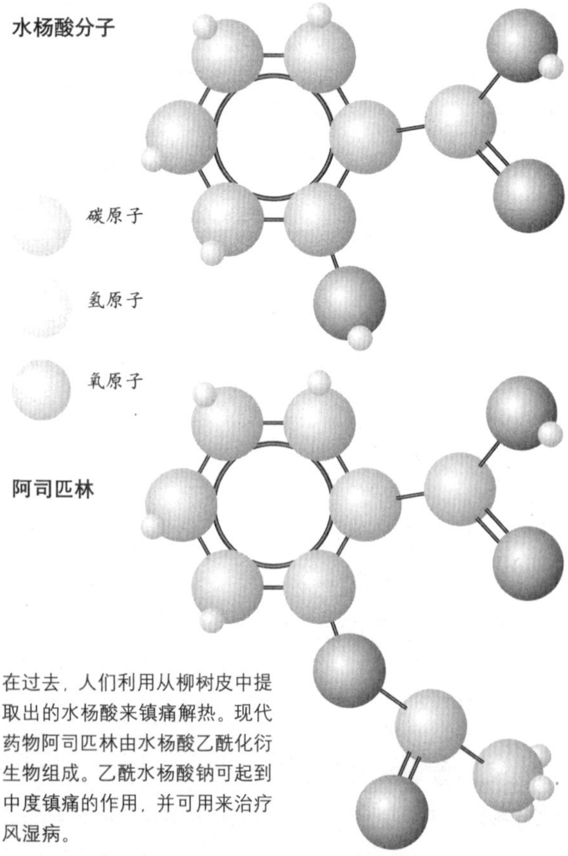

在过去，人们利用从柳树皮中提取出的水杨酸来镇痛解热。现代药物阿司匹林由水杨酸乙酰化衍生物组成。乙酰水杨酸钠可起到中度镇痛的作用，并可用来治疗风湿病。

第三个重要的化学合成药物——胂凡纳明(606)在20世纪初就开始研发，以撒尔佛散商品名投入市场销售。这种砷基药物主要是治疗性病传染病——梅毒。德国化学家保罗·埃尔利希(1854～1915年)发现某些含砷化合物具有抗梅毒的功效，于是在1906年开始着手研究并对大量的含砷化合物进行反复地实验测试。最终发现第606个含砷化合物对引起梅毒的病原菌(一种名为苍白密螺旋体的细菌)具有高效的杀灭功能。1914年，化学家对606结构作了部分调整，并以胂凡纳明商品名上市。在这种药出现之前，梅毒已经给人们带来了多年的痛苦。

20世纪医疗事业突飞猛进的发展，使制药科学进入了一个崭新的历史阶段。合成新的药物分子并对其分子结构进行调整组合以提高药效或改变药力是现代制药发展的基础。

古代医学

巴比伦鼓励每个人都去帮助病人。生病的人躺在街道上是当时的习俗，便于路人们提供帮助。职业医生检查动物的肝脏分析出现的病症，用以判断病因。

向朋友和邻居征询治病的建议是处处可见的古老传统，而这种民间“偏方”沿用至今。在尚未发现人类的身体构造和功能时，人们常把疾病分为两种，较轻的病，如消化不良、头痛和感冒是日常生活中常见的病。人们忍受这些病痛，并采取一切可能有用的疗法治愈疾病。较严重的疾病，如发热、天花或痢疾，被认为是潜入身体的邪气或被触怒的神所为，他们会采取报复措施，把刺或虫投到患者的身体里面，或抽走身体中某些重要的部分——通常是灵魂。治疗的过程包括去除刺、虫或作祟的邪气，或是引导灵魂回归到身体的正确位置。从事治疗工作的人采用他们认为恰当的方法，如吸，或用物理性手段除去致病物，同时让患者口服草药，并伴随祛邪咒语。因此治疗涉及到幻术和宗教仪式，而这将由“巫医”或“巫女”来完成。

在颅骨顶部钻出直径2.5～5厘米的孔被认为是一种可以将所有致病物释放出来的方法，这一过程叫做开颅手术，世界上的许多地方都应用此法治疗疾病。欧洲的许多地区和秘鲁都曾发现过古代开颅手术的证据。令人惊讶的是，在经历了如此残酷的治疗过程以后，病人往往可以存活下来，因为在已发现的颅骨中可以看到，术后重新长出的骨组织使开颅后造成的骨孔愈合。

埃及有外科医生和内科医生之分，印和阗是最早的外科医生之一，同时他还是高级行政官、星相学家、建筑师，以及公元前2630～前2611年在位的统治者左塞国王的辅佐者。印和阗在其死后的100年里，被人们奉为医神。

中国的医学起源于4500年前。中国的医生认为，疾病是由阴阳失调引起的，治疗的目标就是调和阴阳。医生们使用草药治疗疾病，比如用麻黄治疗哮喘和支气管炎。最著名的草药可能是人参。

早在4500年前，中国人就开始使用针灸。中国的学者被禁止解剖人体，所以他们对人体的构造没有准确的认识。他们认为人体有3个“燃烧空间”，阴阳之气通过十二经脉在身体内循环。针灸的目的是为了调和十二经脉和燃烧空间中阴阳之气的分配。具体方法是用不同长度的热的或冷的金属针穿透皮肤，扎进那些与器官相关的身体的穴位上，或是正好对应病灶的器官的穴位上——人的全身分布着数百个这种穴位。

约3000年前产生的阿育吠陀医学源自宗教作品《吠陀经》，在印度沿用至今。它的目标是通过改变生活方式，运用保健法和瑜伽来预防疾病，利用草药、矿物调理和健康饮食来治疗疾病。从事阿育吠陀疗法的医者并不是简单地治疗某一种疾病，而是帮助病人调理全身。

阿斯克勒比阿斯是希腊神话中阿波罗众多儿子中的一个，他由人马(一种具有马的身体、人的头、躯干和四肢的生物)中最具智慧的奇仑养育长大。奇仑教会了阿斯克勒比阿斯医术，而希腊人也把阿斯克勒比阿斯奉为治愈疾病的神。为阿斯克勒比阿斯建造的数百座神庙遍布希腊，这些神庙相当于医院，病人们则造访神庙寻求帮助。蛇与阿斯克勒比阿斯联系在一起，因为人们认为有时候阿斯克勒比阿斯会以蛇的姿态示人。当阿斯克勒比阿斯(或者是蛇)出现在病人的梦中，治疗过程就开始了。患者在神庙中过夜，第二天把自己的梦讲述给祭司听，祭司会告诉他们治愈疾病的方法。

阿斯克勒比阿斯可能是一个真实存在的人，如果是这样的话，他生活在公元前1200年左右。传说他有两个儿子——波达利里俄斯和玛卡翁，他们都成了军医。

黄帝与中医的起源

《黄帝内经》是我国现存最早的一部中医理论专著，相传是黄帝与岐伯、雷官等六臣讨论医学的论述，故后世也以“岐黄”称呼中医。

《黄帝内经》这部著作，并不是出自一人之手，也不单是一个时代、一个地方的医学成就，而是在相当长的历史时期内，中国各医家的经验总结汇编。加上“黄帝”的名字，不过是后人伪托而已。学者一般认为该书写成于战国时期，编成书后，两汉或更晚一些时期的学者又作了补充和修订。

传世的《黄帝内经》实由《素问》和《灵枢》两部独立著作组成，各有9卷81篇。以此两书当作《黄帝内经》，肇始于晋人皇甫谧，他撰《针灸甲乙经》时称：“按《七略》、《艺文志》，《黄帝内经》十八卷，今有《针经》九卷、《素问》九卷，二九十八卷，即《内经》也。”(《针经》即《灵枢》)后人信而从之。宋之后，《素问》、《灵枢》始成为《黄帝内经》的两大组成部分。

《黄帝内经》将阴阳五行等哲学思想用于解释人体之生理、病理，形成了人与自然紧密关联的基本认识。在解释具体问题时，以脏腑、经脉为主要依据；在治疗方面，针灸多于方药。

首先，我们谈一谈《黄帝内经》的基本理论，即阴阳五行说。阴阳五行说是我国古代的哲学思想，认为宇宙间万事万物都存在着对立统一的两个方面，可以用“阴阳”二字概括。例如日为阳、月为阴，男为阳、女为阴，气为阳、血为阴，热的为阳、寒的为阴等等。阴阳代表着一切事物或现象中相互对立而又相互统一的矛盾着的两个方面，从这种意义上讲，阴阳学说是符合辩证法的。五行就是金、木、水、火、土，它渗透在医学领域之后，就和人体的五脏相配合，肝属木，心属火，脾属土，肺属金，肾属水。五行学说认为五行之间既有相互推动的作用，即“五行相生”；又有相互制约的作用，即“五行相克”。运用五行说说明人体内部脏器的联系时，处于正常的生理状况下，便是有规律性的；处于生病的状况下，规律性便会遭到破坏。阴阳五行说表现了我国古代医学中的朴素唯物主义哲学思想。

然后，我们再从以下三个重要方面谈谈《黄帝内经》的科学成就。

一、公然宣布与巫术决裂。在商周时期，我国医学中鬼神观念占据统治地位，人生病之后，求神问鬼，治病也用巫术驱除。直到春秋战国时期，这种错误认识才被医者抛弃；他们在实践中渐渐明白，人体病因与鬼神无关。名医扁鹊和《内经》的著作者们鲜明地反对鬼神说。《史记·扁鹊仓公列传》记载扁鹊行医“六不治”，其中之一就是“信巫不信医不治”。《内经》里《素问·五脏别论》中也强调：“拘于鬼神者，不可与言至德；恶于针石者，不可与言至巧。”这种朴素唯物的立场和观点，保证了后世医学的健康发展。

二、高明的医疗技术。《内经》虽然是一部理论著述，但也涉及医疗技术方面的知识。如书中介绍了灌肠技术、水浴疗法和截肢术等，而且还记载了用筒针(中空的针)进行穿刺放腹水的医疗技术。筒针穿刺放腹水技术虽然不能从根本上治疗腹水，但是它作为一种医疗技术在后世继续得到发展和应用。

三、生理研究以及人体解剖的成就。《黄帝内经》中记述消化系统功能、血液环流周身功能、泌尿生殖系统功能，也不乏科学论断。例如血与脉的关系，不但对血管分为经脉(大血管)、络脉(大血管之分支血管)和孙脉(细小血管)，并且指出血脉是运行人体饮食消化产生的营养精气等物质的，强调血液运行周而复始。从《黄帝内经》的记述中，我们发现其著作者很可能直接参与了对人体的解剖研究，并且实地进行了对人体体表与内脏的解剖。如对消化道的解剖，《灵枢》中描述的大小、长度、容量、形态和相互关系，和现代人体解剖基本一致，符合解剖实际。

从以上的论述中我们不难发现，《黄帝内经》作为中医学基础理论与针灸疗法的奠基之作，当仁不让地成为我国中医发展的理论源头，历代医学家论述疾病与健康理论，莫不以《黄帝内经》作为立论的准绳。

中医在我国有着悠久的历史，远古时代，人们在与大自然作斗争的过程中创造了原始医学；在不断实践与总结中，积累了丰富的中医理论知识。《黄帝内经》在我国中医史上，以其不可替代的四个最早(最早建立医学理论体系，最早研究和描述人体的解剖结构，对人体血液循环有最早认识，最早总结针灸、经络的理论和实践)，为我国的中医发展作出了伟大而杰出的贡献。

医圣张仲景发明人工呼吸

张仲景，名机，约生于公元150年，卒于公元219年，东汉南阳郡涅阳(今河南南阳)人，是东汉末年著名的医学家，被后人尊称为“医圣”。

史载张仲景自幼聪颖好学，喜欢研究岐黄之学，对名医扁鹊很是推崇，并以其为榜样。他拜同乡著名中医张伯祖为师，因其刻苦，很快便尽得真传。

汉灵帝时，张仲景被举为孝廉，继而出任长沙太守。他虽居要职，却淡泊名利，不屑于追逐权势。他心里所关心的是百姓的疾苦。传说他为太守之时，每逢初一、十五停办公事，亲自到大堂之上为百姓诊病，号称为“坐堂”。至今药店仍称做“堂”，应诊医生被称为“坐堂医生”。

东汉末年，战乱频繁，瘟疫横行，民不聊生。张仲景虽然也在居官之暇行医，但是所救治之人毕竟有限。他在做官与行医的利弊权衡之间犹豫不决。这时，南阳病疫流行，他的家族在10年之内，竟死去2/3。面对这种打击，张仲景决定辞官行医，悬壶济世。

张仲景在行医过程中，不仅潜心学习汉代以前的医学精华，而且虚心向同时代的名医学习，博采众家之长。他向王神仙求医的传说在民间广为流传。

张仲景听说当时襄阳有个很有名的王姓外科医生，治疗疮痈很有一套，人称“王神仙”。于是就整装出发，为了学到本领，他隐姓化名，自愿给“王神仙”做药店伙计。他的勤奋聪明很快就取得了王神仙的欣赏和信任。有一次，“王神仙”给一个患急病的病人看病，所配的药方里有一味药剂量不够。张仲景觉得有问题，但还是照方抓药。结果，病人病情加重，“王神仙”束手无策。张仲景挺身而出，自告奋勇一展身手，果然手到病除。“王神仙”很吃惊地看着眼前这位年轻人，知道他大有来历，一问才知他是河南名医。“王神仙”深受感动，遂将其技艺倾囊相授。

张仲景“勤求古训，博采众方”，凝聚毕生心血，于3世纪初，著成《伤寒杂病论》16卷。原本在民间流传中佚失，后人搜集和整理成《伤寒论》和《金匮要略》两部书。

《伤寒杂病论》是中医四大经典之一，它系统总结了汉朝及其以前的医学理论和临床经验，是我国第一部临床治疗学的专著。

《伤寒论》是一部阐述多种外感疾病的著作，共有12卷，著论22篇，记述397条治法，载方113个，总计5万余字。《伤寒论》论述了人体感受风寒之邪而引起的一系列病理变化，并把病症分为太阳、阳明、少阳、太阴、厥阴、少阴等“六经”，进行辨证施治。

《金匮要略》是一部诊断和治疗各种疾病的书，共计25篇，载方262个。《金匮要略》以脏腑脉络为纲，对各类杂病进行辨证施治。全书包括了40多种疾病的诊治。

在《伤寒杂病论》中，张仲景还创造了世界医学史上的三个第一，即：首次记载了人工呼吸、药物灌肠和胆道蛔虫治疗方法。

《伤寒杂病论》成书之后，成为中国历代医家研究中医理论和临床治疗的重要典籍，隋唐以后，更是远播海外，在世界医学界享有盛誉。从晋朝开始到现在，中外学者整理研究该书的专著超过1700余家，可见其影响之深远。

医圣张仲景以及他所创立的学术思想，已成为全人类的共同财富。他当之无愧受到万世千秋的景仰！

巴斯德与微生物学

路易·巴斯德，1822年出生在法国的多尔，是近代著名的化学家和微生物学的奠基人。

巴斯德早年家境贫困，靠半工半读于21岁考入巴黎高等师范学院，专攻化学。早期一直致力于晶体结构方面的研究，并取得相当的成就。1854年以后，巴斯德逐步转入微生物学领域。

人们很早就在日常生活中，发现做好的饭菜和奶制品等放久会变酸的现象，但不知到底是什么原因使其发生这样的变化。巴斯德于19世纪50年代投入这一问题的研究，他以牛奶为实验对象，准备一份鲜奶和一份变酸的奶，然后分别从中取出少量放到显微镜下观察，结果在两个样本中发现同一种微小的生物，即我们今天所谓的乳酸菌。区别仅在于所含细菌数目不同，鲜奶中的乳酸菌数量明显少于酸牛奶。接着，巴斯德又对新酿造的酒和放置一段时间已变酸的酒进行类似的实验，在两种酒中也发现同样的生物—酵母菌，而且前者所含细菌少于后者。他经过进一步分析、研究，最终确认无论是牛奶还是酒变酸都是因为细菌数量的增加和活动的加强所致。巴斯德把这类极小的生物称为“微生物”。并且以乳酸菌和酵母菌作为它们的代表对其生活习性，营养状况、繁殖特征等方面进行了深入分析。1857年，巴斯德关于微生物的第一个成果《关于乳酸多酵的论文》正式发表。此文标志着一个新的生物学分支—微生物学诞生。

1863年巴斯德发明防止葡萄酒变酸的高温密闭灭菌法，后来称之为“巴斯德灭菌法”。在研究解决丝蚕病的过程当中，他对致病菌有了进一步认识，从而在60年代末提出了病菌学理论，这引起了一些临床医学家的注意。当时的许多外科手术过程非常顺利，就是术后病人死亡率居高不下。英国名医李斯特意识到这可能与创口感染病菌有关，遂用巴斯德灭菌法对手术器械和场所消毒灭菌。此举使其术后病人死亡率从45%骤降至15%。

进入18世纪70年代以后，达内恩医师受巴斯德灭菌法的启发，发明了碘酒消毒法。后来美国的霍尔斯特德和英国的亨特又开医学戴消毒手套和口罩的先河。这些灭菌法和防菌法至今仍在外科手术领域广泛应用。

然而，巴斯德在开创微生物学之后更大的贡献在于免疫学方面的研究。病菌侵入人体就会使人产生抗体，那么要是让失去毒性的病菌进入人体，使之产生抗体以杀灭后来侵入的有毒病菌，不就可以达到免疫效果吗?巴斯德在这方面进行了大量探索。其中最值得一提的是其培育的狂犬病疫苗。1880年，巴斯德收集了一名狂犬病患者的唾液，将其兑水后注射到一只健康的兔子身上。一天以后，兔子死去，他再把这只兔子的唾液接种到另外一只健康兔子身上，它也很快死去。巴斯德在显微镜下观察死兔的体液，发现了一种新的微生物，进而用营养液加以培养，再将菌液注射到兔子体内，结果毒性再次发作。他在观察这些染病动物的体液时发现了与培养液中相同的微生物，巴斯德初步确认是这种病菌(其实是病毒)导致兔子死亡的原因，于是对培养这类病菌用低温(0℃～12℃)的方法减毒，后又用干燥的方法再次加以减毒。过了一段时间后，经实验发现其毒性已不能使动物致病，可以用来免疫。1885年6月，巴斯德第一次使用减毒疫苗治愈了一名患狂犬病的男孩。从此，狂犬疫苗进入实用阶段。

在战胜了狂犬病之后，巴斯德被誉为与死神抗争的英雄。为了表彰其在微生物学领域的杰出贡献，巴黎建立了“巴斯德学院”。该学院后来为推进微生物学的发展起了重要作用。

古罗马医术

2000多年前，古罗马人往往为倒睫所苦。当时古罗马医生的办法是直截了当地将它摘除：把眼皮外翻后用手术钳将令人心烦的睫毛拔掉，然后将精细的铁针烧热，插入睫毛的根部进行烧灼，以防止睫毛再次长出。这样的手术对经验老到的古罗马外科医生来说是轻而易举的事，但摘除白内障所需要的技术就没有这么简单了。同现在一样，白内障是当时引起半失明和完全失明的最常见原因。而将白内障摘除是当时惟一的治疗手段。

知/识/窗

金针拔障术

1000多年前，中国医生用“金针拔障术”对白内障患者施行手术。患者接受手术后，一般能重见天日。“金针拔障术”最早见于唐代文献大师王焘的《外台秘要》（公元752年）一书中。18世纪，中国的金针拔障术已取得相当成熟的经验。眼科学家黄庭镜著成《目经大成》一书，将金针拔障术的操作方法归纳为八个步骤，称为金针拔障术“八法”。

古罗马医生塞尔苏斯在他的医学著作中对白内障摘除手术作了详尽的描述。

塞尔苏斯在书中强调，准备阶段尤其需要精心。准备工作就绪后，古罗马的眼外科医生就可以着手工作了。有些医生使用复杂的器械，诸如在法兰西蒙特贝莱出土发现的工具(在一只铜箱子里发现了两枚针式注射器和另外3枚较为普通的带把长针，这些制作极为精良的长针都放置在粗细合适的针管里，可以插入抽出)，这一手术器械的发现证明，公元2世纪希腊医生盖仑对白内障摘除手术的复杂步骤所作的描述是真实可信的。将这件器械插入晶状体并将细针推出针管，就能够破碎白内障。把细针拔出后，外科医生便用针管吸出碎片并对晶状体进行清理。

塞尔苏斯详加描述的这一手术现在被称作“白内障压下术”。同样的做法如今仍然为医生们所采用。如果不发生感染，手术之后视力能得到某种程度的恢复。对高度近视的人来说，手术会产生极佳的效果，原因就在于手术有助于矫正视网膜与角膜之间的焦距。

古罗马的外科医生是从何处学到这项非凡技术的？

在塞尔苏斯笔下，这一技术似乎已臻于完善。然而，在其他许多方面都走在古罗马医学前面的古希腊医生们，却根本没有做过与之类似的手术。在印度的医学典籍《妙闻集》（大概编撰于公元前的最后几个世纪）一书中，有一部分专门谈到了眼科疾病，篇幅相当于塞尔苏斯所写内容的4倍。在述及白内障压下术时，措词用语也大体相同。该书甚至建议外科医生用左手穿刺右眼，用右手穿刺左眼。但是，早在古罗马人或古印度人之前，古巴比伦人好像就已经发展了眼外科。可惜的是，我们在古代文献中至今未能发现古巴比伦人对眼科的种种描述，只知道公元前8世纪古巴比伦国王汉穆拉比所制订的著名法典提到了这类手术。法典提到，用铜制柳叶刀“切开纳卡谱图”可以治愈失明这一疾患。“纳卡谱图”的含义很难译出，有位眼科专家认为其含义肯定是“白内障”。后面这段译文带有浓重的文学色彩：“如果医师用铜制柳叶刀为一位贵族施行大手术，挽救了他的生命，或者用铜制柳叶刀切开一位贵族的眼窝，挽救了他的眼睛，他应当得到10枚谢克尔银币。为病人治愈眼疾，从平民那里可得到5枚谢克尔银币，从奴隶那里可得两枚。”很难想像，法典中所提到的假若不是塞尔苏斯所描述的白内障压下术，那它还会是什么手术呢？

此图反映了古希腊的医疗技艺。图中的医生手握解剖刀正为一位患者放血。

李时珍编撰《本草纲目》

在中国古代丰富的医药学著作中，有许多流传千古的旷世杰作，《本草纲目》就是其中著名的一部。这部巨著的作者是明代卓越的医药学家李时珍。

李时珍出身医学世家，自小便对医学产生了浓厚兴趣。曾出任太医，因看不惯官场作风很快又辞职回乡。回到故乡后，一面行医，一面搜集大量资料，并写下许多读书札记。他发现历代的药物学书籍不但分类杂乱，而且内容上也存在许多错误，漏载了许多药物，非常不可靠。于是，他决心以宋代唐慎微的《证类本草》为蓝本，重新编撰一部本草书籍。

为了编好这本书，他走遍湖北、江西、安徽、江苏、河南等地，历尽千辛万苦，上山采集药物标本。深入民间，向有实际经验的农民、药农请教。甚至冒着生命危险，遍尝百草。为了解药物，李时珍并不满足于走马看花式的调查，而是一一采回对实物进行研究。当时，太和山五龙宫产的“榔梅”被道士们说成是“吃了可以长生不老的仙果”。他们每年采摘回来，进贡皇帝。官府严禁其他人采摘。李时珍不信道士们的鬼话，竟冒险采了一个亲自来试试，看看它究竟有什么功效。结果，发现它跟普通的桃子、杏子一样，是一种变了形的榆树的果实，仅能生津止渴而已，根本没有什么特殊功效。

在多年观察实践的基础上，并参考了历代医药等文献800余种，李时珍将各种药物进行分类对比，然后着手编写和绘图。经过反复修改，从1552年到1578年，前后整整用了27年的时间，终于完成了190万字的巨著《本草纲目》。该著作52卷，共收载历代诸家本草所载药物1892种，插图1100余幅，附处方1万多条，总结了明万历以前中国民间丰富的药物经验，对后世药学发展影响甚大。它打破了明代以前药物学上的传统分类法（三品分类法），采用按植物、动物、矿物等比较科学的分类法，把中药分类学向前推进一步。他所创造的科学的动植物分类法，比西方早150多年。

《本草纲目》出版后，传到国外，受到世界生物学和药物学学者的重视，先后被译为日、英、法、德等多种文字。西方称这部书为“东方医学巨典”，给予了高度评价。

中毒的蜘蛛与消肿药的发明

每当人们被马蜂蜇了或被蝎子咬上一口，伤口就会肿胀起来，几天甚至几周之内都不能消肿。但如果敷用一种芦荟制成的消肿药，伤口便很快愈合，伤者的疼痛也很快消失了。这种消肿药的发明，还得提到华佗。

那是一个夏天的傍晚，华佗在院中乘凉。在一棵枣树的树杈上，一只大蜘蛛刚结完了网，停在网边休息。就在这时候，不知从哪儿飞来了一只大马峰，一下子撞到了蜘蛛网上。

华佗对这只蜘蛛产生了兴趣，想看它如何对付一只会蜇人的马蜂。他看见马蜂为了挣脱蛛网的束

知识窗

奇妙的动物自疗法

国内外很多动物试验和跟踪观察表明，热带森林中有一种猿猴，每遇身体不适，打寒战时，就会寻找并咀嚼金鸡纳霜树皮，很快即病愈康复；乌干达森林中的一些猩猩一旦患肠道病，便食以白尖木和茜草属的一些植物自疗；野兔受伤后，会撞擦蜘蛛网上的黏性网丝止血；大象怀孕时，主动觅食紫草科小树枝叶，而这类小树枝叶经分析含有催产素成分……

动物的自疗防治疾病之本领，启示人们开发研制了不少新药，蛇医用半边莲解蛇毒是受了狗的启迪；云南白药的研制就得益于此。

缚而死命挣扎着。这时，蜘蛛正守候在网边，它见状飞快地爬了过去，想把挣扎的马蜂用蛛丝缠住，却被马蜂狠狠地蛰了一下。蜘蛛的身体当即肿胀了起来，因此它不得不往后退去。最后，蜘蛛竟从网上掉了下去，落在草丛里。挣扎着爬起来的大蜘蛛迅速朝一棵叫芦荟的植物爬了过去，接着竟然在那棵芦荟上撕咬打滚儿，不停地滚来滚去。奇怪的是，打了几个滚的大蜘蛛身子马上变得灵活起来，紧接着又回到网上继续攻击马蜂。

那棵帮助蜘蛛消肿解毒的芦荟引起了华佗的注意，他走过去观察，并做了记录，画了图样。通过反复试验和研究，华佗用它制成了消肿药。

一日，华佗来到广陵(今扬州)行医。他在路上碰到一个小孩，这个小孩被大马蜂蜇肿了脸，正痛苦地捂着脸叫喊。华佗在安慰他的同时，掏出自制的消肿药敷在小孩肿疼的脸上。一会儿，孩子的脸上就露出了笑容。

回去后，华佗又对药方进行了研究，进一步改进了配方，最终制成了我们今天仍在使用的消肿药。

啤酒桶与叩诊法的起源

叩诊法诊断疾病

叩诊法现在已成为每位医生的基本功了，而谈到叩诊法的起源，这里面还得提到一位医生，他是18世纪中叶奥地利的一位医生，名叫奥斯布鲁格，他首先采用了叩诊法来给病人进行诊断。

有一天，一位老年病人去世了。病人在去世前曾有胸痛症状，并伴有发热咳嗽现象，奥斯布鲁格很想弄清楚这位去世老人的病因，于是，他征得家属的同意，决定对尸体进行解剖。他将死者的胸腔切开后，一股淡黄色的液体顺着切口流出来。一个正常人的胸腔内主要有肺脏和心脏，以及一些大血管，而没有液体，如果发现胸腔积液，就可能患有胸膜炎。病因清楚了，但是，奥斯布鲁格仍在苦苦思索：既然胸腔中有液体存在，为什么不能早些发现呢？这个问题一直困扰着奥斯布鲁格，后来，他父亲检查酒桶内酒的存量的方法触动了他的灵感。奥斯布鲁格的父亲在乡间开了一间酿酒的作坊。他有着丰富的酿酒经验。不用把桶盖打开，就能知道桶里还有多少酒。只要用手指轻轻敲打酒桶，仔细听一下酒桶发出的声音；如果桶内盛满酒，敲打后发出的是沉闷的“吧、吧”声响；如果是空桶，敲敲桶底，会发出“蓬、蓬”的清脆声音。

父亲敲木桶的事启发了奥斯布鲁格。他想，人的胸腔也像一只空桶。如果有积水在胸腔内，就好像酒桶里盛了酒，发出的声音必然不同。

奥斯布鲁格想到这里，十分兴奋，连忙跑进病房内，对几位病人进行检查。结果发现胸腔内积水的病人发出的声音与其他的人不同。

奥斯布鲁格经过反复的实验和摸索，终于掌握了叩诊的技术。1761年，他的论文《新的诊断法》发表了。这在医学界引起了很大的轰动。

现在，尽管各种仪器和设备都很先进，但叩诊法仍然被医生们广泛运用。

受儿童游戏启发发明的听诊器

雷奈克是听诊器的发明者，他是19世纪的法国医生。以前的医生给病人做检查时，需要把耳朵紧贴在病人的前胸，通过听心脏或肺部发出的声音来诊断病情。然而，如果遇到身体肥胖的病人，就不能准确地对症下药。

为此，雷奈克百思不得其解。有一次，他走在大街上的时候，看见几个小孩子在用一根木头做游戏。在木头一端的小孩用一根普通的别针划着木头，另一个小孩则在木头另一端用耳朵听别针划出的声音。看到这里，雷奈克突然有所启发。他赶紧回到病房，将一本软皮的书卷成圆筒状，然后把自己的耳朵贴近书筒的一端，书筒的另一端则放在病人的心脏部位。这时，雷奈克清晰地听到了心脏的搏动声，比以前直接用耳朵听更清晰。雷奈克因此欣喜万分。

雷奈克回到办公室后，一直坐在椅子上沉思，琢磨怎样制作一个适用的听诊工具。经过几次设计和实践，最后他用一根大约长30厘米左右的杉木，将中间挖空，做成管状，管子的直径约为3厘米，管心只有0.5厘米。为了便于携带，雷奈克把这根管子分成两截，并把这个听诊器雏形称为“探胸器”。因为这个造型奇特的听诊器像一只木笛，所以，当时的人们也把它称为“医者之笛”。

雷奈克用他的“探胸器”为病人听诊，听到了很多以前靠耳朵难以听清楚的声音，他分门别类地将这些不同的声音加以叙述，并且还为这些听到的声音起了名字。如果病人的支气管或肺部发炎，就能听到支气管痰鸣音、肺部罗音等等。直到今日，医生们依然沿用雷奈克描叙的这些术语。

雷奈克的《论间接听诊法》一书于1819年出版，书中详细介绍了采用听诊方法诊断疾病的经验。他的这一伟大发明，一直沿用到今天。随着时代的变化，虽然现代医生手中的听诊器不再是当年雷奈克木制的直管式样，但在检验胎儿心音时，妇产科医生们仍然习惯用木制的直管听诊器。

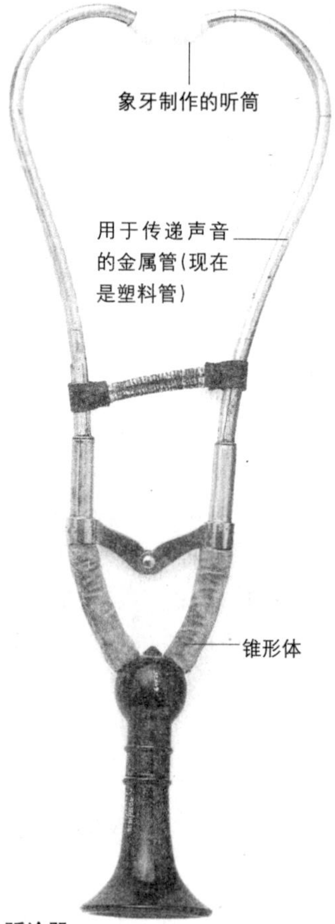

听诊器

雷奈克的单管听诊器后来被发展成1855年型的听诊器，也就是现在还在使用的听诊器形状，有2个听筒。听诊器可以用来听诊心脏、肺或者血管发出的声音，还可以用来听婴儿在子宫内的心跳。

揭开王室“血友病”的秘密

19世纪以来，在欧洲一些王室里，出现了一种非常神秘的“王室病”，这种病后来被称为“血友病”。奇怪的是，这种病的“传送者”为女性，而病人只有男性。科学家们在发现了这个奇怪的现象后，通过大量的实例调查慢慢地揭开了“血友病”的秘密。

在多年之后，科学家们才分析得出，欧洲“王室病”的传播者是英国历史上赫赫有名的维多利亚女王。她一生健康，活了81岁。但是这位集权力与荣耀于一身的女王却是一位“血友病”的隐性基因的携带者。

维多利亚身为大不列颠及北爱尔兰联合王国的女王和印度女皇，可以说是享尽了人间的荣华富贵。但是，也有让维多利亚烦心的事情。她的一个儿子很小就死于血友病。而她远嫁到欧洲奥匈帝国、俄国和西班牙等国王室的女儿们，其子女也出现了这种疾病。所以，“王室病”是当时血友病的代称。

“血友病”究竟是一种什么样的病呢？原来，血友病患者的血液中缺乏一种被称为“第八凝血固子”的成分，一旦出血后，血液不会形成血凝块，所以很难止血。奇怪的是，将这种疾病一代一代遗传下去的“传送者”是女性，而病人却只有男性。

经过反复的试验和研究，科学家们发现血友病与色盲一样，属于与性别联系在一起的伴性遗传病。维多利亚女王身体细胞中的一条X染色体上带有血友病基因，而她没有患病的原因，是因为有另一条X染色体上所带的正常基因起到了保护作用，而当她把这个不利的隐性基因通过X染色体传给她的儿子时，由于没有了保护伞，男孩子患病就不可避免了。

至此，欧洲“王室病”之谜才被揭开了，“血友病”也真相大白了。

探寻夜盲症的病因

你听说过这样一种现象吗？有些人像鸟儿一样，他们的眼睛白天看东西非常清楚，但是到了夜晚就看不见了。这其实也是一种病，现在称之为“夜盲症”。

早在公元7世纪，当时正是中国隋、唐两代的交替时期，隋炀帝杨广命当时一位著名的医学家巢元方主编一部医学著作《诸病源侯论》。巢元在这部书里，介绍了一种奇怪的“雀目症”，意思是“像鸟儿眼睛一样的疾病”。这种“雀目症”就是今天的“夜盲症”。

鸟儿为什么到了夜晚就看不清东西呢？＝您对这个问题可能百思不得其解。

原来，人的眼睛里有一种视网膜，它与视觉有密切的关系。有两种能够感光的细胞位于视网膜上，一种是视锥细胞，另一种是视杆细胞。视锥细胞专管强光和有色光的刺激，而视杆细胞专管弱光的刺激。视杆细胞中含有一种被称为视紫红质的感光物质，视紫红质是由维生素A和视蛋白结合而成的。如果人体缺少维生素A，无法合成视紫红质，视杆细胞就不能发挥作用。因此，在晚上或光线很弱时，病人就看不见东西了。而鸟儿们又是怎么一回事呢？在鸟的视网膜内，视杆细胞本来就不存在，所以它们只能在白天活动，而蝙蝠之类的动物视网膜里没有视锥细胞，所以就只能在夜间活动。

世界上关于夜盲症的最早的医学报道见于1684年：一位英国医生威廉·布拉格来到了英国在北美的殖民地纽芬兰岛上，他发现当地的夜盲症十分普遍。而患者大多为当地的劳动人民，如矿工和渔民。他们由于贫穷，吃不起昂贵的蔬菜、水果，而不得不常年吃些黑面包、咸肉、咸鱼、白糖和茶。

第一次世界大战时期，欧洲许多国家都卷入了战争，普通百姓过着十分艰难的生活，他们常常靠玉米糊、土豆之类为食。在这样艰苦的生活环境下，越来越多的人患上了夜盲症。这时，有一位学者对丹麦的夜盲症患者人数进行分析，发现如果该国某年的奶油、乳酪、牛奶、鱼类或鱼肝油的销售量多，那么这一年的夜盲症病人就少；而如果某一年上述食物的消费量小，夜盲症的病人就相应增多。

1923年，美国的两位医学家发现了维生素A，并且指出，患夜盲症的最主要原因就是缺乏维生素A。而鱼类、动物肝脏、胡萝卜中的维生素A含量丰富。这样，科学家就逐渐找到了明确、可靠的治疗夜盲症的方法。

弗莱明发明青霉素

电子显微镜下的青霉素品种

青霉素是一种抗菌性物质，它在现代医学上已得到广泛的应用，给人类的健康带来福音。然而，说起青霉素的发现，也就是20世纪的事。科学发现总是垂青那些善于思考的人，一个偶然的机会让英国细菌学家弗莱明成为了青霉素的发现者。

1928年夏季的一天，弗莱明像往常一样，在伦敦大学圣玛丽医学院的实验室里，从事着有关机体中防御因子(特别是白细胞)抵抗葡萄球菌致病因子的作用机理的课题研究工作。为了研究葡萄球菌，他全身心地扑在实验室，对这些细菌在培养过程中的变化进行仔细观察，研究影响这些变化的条件。每次当他将培养皿的盖子打开，取出里面的细菌，放在玻璃片上，准备拿到显微镜下观察时，飘浮在空气中的细菌或霉菌，常常“乘机”飘落到培养皿里，这些外来的微生物在培养皿中繁殖，经常妨碍实验的正常进行，对于这些“不速之客”，弗莱明真是讨厌极了。但是在这一天，那些“不速之客”却引他起了他的注意。当弗莱明正准备用显微镜观察从培养皿中取出的葡萄球菌时，一个特殊现象引起了他的注意，在原来长了很多金黄色葡萄球菌菌落的培养皿里，有一种来自空气中的青绿色的霉菌菌落长了出来，并已开始繁殖。使他更为惊讶的是，在这个青绿色的菌落周围，原来培植的葡萄球菌落全被溶解了，而离得较远的葡萄球菌则依然如故。弗莱明推测这个青绿色的霉菌可能分泌了一种能够裂解葡萄球菌的自然抗菌物质，而这种物质可能正是他多年来寻求的。这种青绿色的霉菌引起了弗莱明的极大的兴趣，他详细地记录下这个偶然发现的奇特现象，同时异常小心地把这些青绿色的霉菌从培养皿中分离出来，培养在液体培养基中，让它迅速繁殖。

这种青绿色的霉菌被弗莱明称为“青霉菌”。根据青霉菌“吞食”顽固的葡萄球菌这一事实，他推测青霉菌分泌了一种极强的杀菌物质，正是这种可以扩散的物质，把周围的葡萄球菌消灭了。在整个试验过程中，他都观察得十分仔细。当葡萄球菌布满了培养皿整个平面时，青霉菌周围仍旧没有任何细菌。由引可以证明，青霉菌能阻止细菌的蔓延，并且能把它们加以消灭。

那么是否能把青霉菌的分泌物提取出来呢？弗莱明开始思考这个问题。于是，他立即动手进行实验。第一步，他把青霉菌接种到肉汤培养液中，让它迅速地繁殖；第二步，把长满青霉菌的液体异常小心地过滤出来，得到一小瓶澄清的滤液。随后，这种滤液被弗莱明滴进长满葡萄球菌的培养皿里。几个小时以后，原来长势旺盛的葡萄球菌全部被消灭了。

这个发现让弗莱明兴奋不已，他又开始了一系列实验。弗莱明在以前研究溶菌酶过程建立起来的测定技术的基础上，用水稀释这种滤液，重新做实验，鉴定这种培养液对各种致病菌的抑制性状。试验结果表明：1∶1000浓度的培养液对葡萄球菌的生长仍具有抑制作用。弗莱明又以十分凶恶的链球菌作为测试的对象，结果表明，1∶100的培养液就能杀死它们。弗莱明称这种抗菌物质为“青霉素”。

青霉素尽管被发现了，但真正把它运用于医学上还经过了很长一段时间，因为提炼医用青霉素的过程相当困难，要经过青霉素的培养、滤液的浓缩、提炼和烘干等一系列过程，弗莱明自己是无法完成的。因此，他邀请了一些生物化学家合作，打算把培养液中的青霉素提取出来供临床试用。但是这种很不稳定的化学物质，在一般的溶液中很快就遭到破坏，所有提取青霉素的试验都失败了，他也因此一直没有获得过青霉素的提取物。但是，弗莱明丝毫没有气馁，青霉素的光明前景在激励着他。十多年以来，他在自己的实验室里耐心地将这个青霉素菌株一代一代地繁殖下去，终于取得了骄人的成绩。

1939年，澳大利亚病理学家弗洛里注意到了弗莱明关于青霉素的论文，便向弗莱明索取该菌作进一步的研究。弗洛里和当时侨居在英国的德国生物化学家钱恩，在几位科学家的协助下，克服了种种困难，将青霉素的棕黄色粉末提炼了出来。经试验，这种青霉素粉末的杀伤力是前所未有的。

1941年，青霉素第一次在被葡萄球菌传染的病人身上做临床试用，效果良好。青霉素的显著疗效得到了医药界的承认并广泛地普及开来。此后，青霉素的工业制药取得了突飞猛进的发展。

豪斯菲尔德发明CT

现在，CT在医院里已经得到了普遍应用，它的用途很广泛，检测效果也非常好，CT的发明将人类的医疗水平提高到了一个新的层次。你知道CT这种高精端的医疗设备是谁发明的吗？他是英国的电器工程师豪斯菲尔德。其实，与豪斯菲尔德同时期也有一个人在研制CT，他是开普敦大学的物理学讲师科马克。

他在监督时发现，医生在对放射剂量做计算时，是把人体各组织按均质对待的，也就是一样对待任何部位和器官。本来，人体各个部位和器官都不相同，按均质对待显然不对。他获得了启示，只有先弄清X射线通过人体时，各个部位和器官吸收的系数，才能改进这种不正确的做法。一旦获得这些信息，再加以处理，一幅或一组人体的断层图像就可能被勾画出来，用来诊断疾病。所以他决心解决这个难题。

经过六年的研究，他于1963年制作出第一台CT原型。并发表了一篇有关人体不同组织对X射线吸收量的数学公式的论文。令人遗憾的是，科马克的研究成果并没有引起人们的重视。而当时的电器工程师豪斯菲尔德也在进行研究，同时他独立发明制造了CT。在研究过程中，X射线通过人体启发了他的灵感，他想，可以从许多不同角度将人体对X射线的吸收系数测出来，然后利用计算机，将测量结果重新构成一张照片，这样就可能把人体各种组织器官区分开来。这一想法与科马克一致。

CT的发明者科马克和豪斯菲尔德因在诊断技术的发展上取得重要成就，荣获了1979年的诺贝尔医学奖。

CT的发明为人类带来了健康的福音，而CT的伟大发明者——科马克和豪斯菲尔德也被永久地载入了史册。

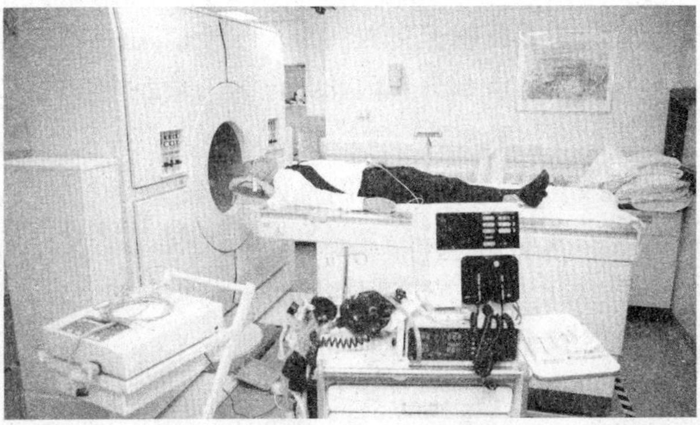

躺在CT机上的病人正准备扫描。

生命的杀手——可怕的艾滋病

艾滋病自从20世纪70年代被发现以来，正以迅猛的速度向四处蔓延，目前它已成为夺取人类生命的第四大杀手。人类从认识艾滋病到今天，仅有短短的20多年，然而就在这短短的时间里，却有2000多万人被它夺去了生命。艾滋病是怎样起源的呢？人类最终能够战胜艾滋病吗？全世界的科学家们都在为此坚持不懈地努力着。

世界上第一位被报道的艾滋病病人是一名以前一直都很健康的33岁男性，他从1981年1月开始突然出现发烧、干咳、呼吸困难等症状。医生对他作出的诊断是肺炎。但令医生奇怪的是，他们从病人的呼吸道里没有检查到任何与肺炎有关的细菌或病毒。通过支气管镜，医生从病人的肺部取出一小块组织进行病理检查，发现引起病人患肺炎的病原体，竟是肺囊虫。这位病人怎么会感染上肺囊虫呢？显然，这是由于病人的免疫系统出了毛病。其他4位病人也患有同样的肺囊虫引起的肺炎症状。肺囊虫通常不是人体免疫系统的对手，一般不会引起疾病，只有在人体患重病或者大量使用免疫抑制剂，使得人体免疫系统无法正常工作后，才会导致发病。

不久，医生和专家们对一份来自纽约的报告更是疑惑不解。26个年轻人突然患上了一种很罕见的，只有老年人才会得的病——卡波济肉瘤。这种由19世纪的匈牙利医学家卡波济首次发现的恶性肿瘤发病率极低，在20世纪6、70年代，整个纽约市只出现3个病例，以致一般的医学教科书对其甚至不予介绍。而这一次，一下子就冒出了26个相同的病例，确实值得世人关注。

紧接着，罕见病突发的现象在美国的旧金山也出现了。城市出现的3个病人的一个共同点是都伴有严重的霉菌感染，各种感染轮番上阵，防不胜防。人们从这个现象得到启示，即这些人患了免疫低下症。对患者进行的血液分析证明了这种猜测是正确的，因为这些人血液中的另一种免疫细胞——T淋巴细胞的数量远远低于正常值。

美国在短时间内接连出现患有同样怪病的患者，这引起了医学专家的高度警觉。美国疾病控制中心的多位专家通过详细的调查，正式把这种新的人类疾病，定名为“获得性免疫缺损综合症”。现在人们俗称的“艾滋病”就是这种病。

科学家们通过研究发现，艾滋病正是通过将人体免疫系统瓦解，使人体失去免疫力，任凭各种病菌肆意攻击人体。一些病毒对具有免疫能力的人根本不具有威胁作用，却能直接使免疫缺乏者丧生。因遗传因素先天缺乏免疫能力的情况虽有发生，但毕竟很少；而艾滋病是后天获得性的，通过一些途径感染他人。

据联合国有关机构不完全统计，在发现艾滋病20年后，全球染上或死于艾滋病的人已经超过6000万人；与此同时，感染病毒和因此死亡的人数还在不断上升。如今，非洲撒哈拉沙漠以南地区的头号杀手就是艾滋病。随着时间的推移，艾滋病对人类的安宁、发展和社会稳定造成的威胁越来越大。艾滋病如此猖獗，它究竟从何而来呢？它的“始作俑者”又是谁呢？专家们意见不一。

有些学者认为，中非可能是艾滋病的起源地，可能是猴子传染给人类的。在那里苍莽无边

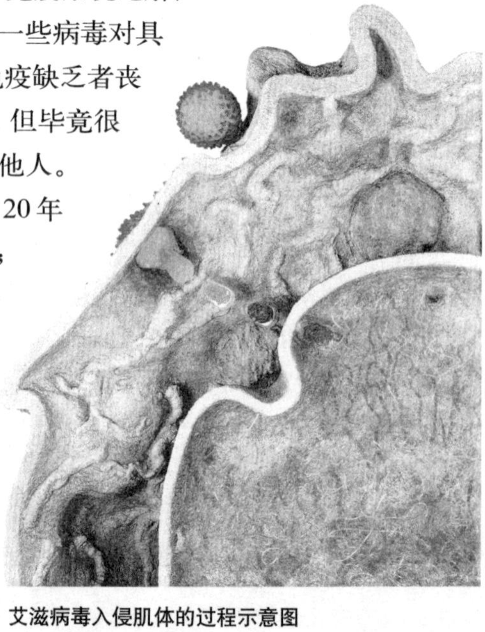

艾滋病毒入侵肌体的过程示意图

的原始森林中，有多种猴子生活在那里，其中包括绿猴在内。美国哈佛公共卫生学院的一些科学家检查了67只绿猴的血液后，发现其中40%的猴子身上携带着艾滋病抗体。他们得出的结论是，当地曾感染过艾滋病病毒的猴子可能占其总数的一半。

事实上，在20世纪50年代，人类为了进行各种科学实验，就曾广泛地饲养过绿猴。有人指出，可能正是在这一过程中，绿猴身上所携带的病毒发生变异，传染给了人类。但也有一些美国人类学家，为了寻找艾滋病病毒来源、最初传播途径等具体答案，对非洲大湖地区土著部落的生活进行长期观测。原来，当地的土著居民相信，注射猴血可以治疗一些疾病，但结果却适得其反，病没有治好，反倒被感染上猴子身上携带的艾滋病病毒。随后，这种疾病被大批来到非洲猎奇寻欢的美国人和一些以卖血为生的美洲西印度群岛人从非洲带到了美国。此后，艾滋病病毒又通过不安全的性行为、静脉注射毒品和输血等多种方式，在全世界广为传播，危害人类的生命健康。

也有人提出，艾滋病病毒同猴子无关，而是发源于人类自身。甚至有少数人认为，艾滋病病毒是某些别具用心的狂人或者研究机构研制出来的。

不管艾滋病是怎样产生的，这个“潘多拉的盒子”一旦打开，产生的后果令人难以想像。现在，不仅那些生活方式不检点的人是艾滋病的受害者，一些完全无辜的人(如通过输血感染)也难以幸免；甚至一些纯真无邪的婴孩、儿童，也通过母婴感染，在降临这个世界时就已经惨遭不幸，这实在是一个极大的悲剧。

要想战胜艾滋病，人类面临的困难还很多。虽然治疗艾滋病的有效药物已被科学家研制出来了，但昂贵的药价使那些真正需要帮助的人不敢问津。

相信人类依靠科学和勇气，借助必须的医疗手段，最终一定能战胜艾滋病。

人造血液的制造法

自从发现了输血的秘密后，在病人大出血的情况下，如果能将同型血液及时输入体内，病人就不会出现失血性休克，从而脱离危险。科学家们因此设想，如果能研究出类似血液功能的“人造血液”，不就可以永久地解决这个难题了吗？

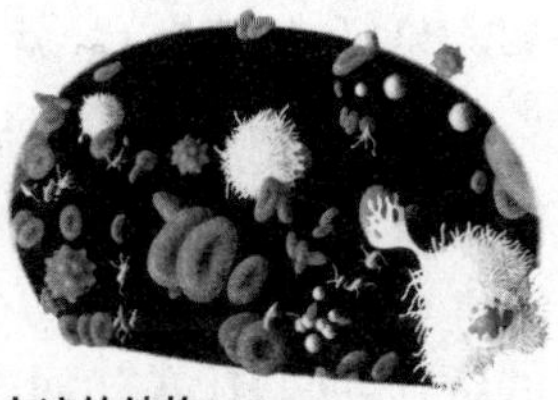

血液的结构

自从发现了输血的秘密后，在病人大出血的情况下，如果能将同型血液及时输入体内，病人就不会出现失血性休克，从而脱离危险。科学家们因此设想，如果能研究出类似血液功能的“人造血液”，不就可以永久地解决这个难题了吗？

他们先从血液的研究做起，结果发现：红细胞中的血红蛋白有携带氧气的能力是血液中红细胞的最主要功能。如果能合成出血红蛋白，就容易解答人造血液的难题了。怎样制造这种血液代替品呢？科学家们苦苦地追寻着答案。无独有偶，一天，一只老鼠偶然掉进了汤锅，遂引发了科学家的灵感……

1966年的一天，美国一位医学家克拉克博士，正在实验室里认真地做实验。一只常用的实验动物小白鼠不知道从何处跑出来，却不小心掉进了盛有氟碳化合物的容器里。

许久以后，克拉克偶然回头，无意间发现了掉进容器里的小白鼠。令人惊奇的是，它仍然具有活力，这一偶然现象使克拉克忽然悟出：该不是氟碳化合物具有某种不为人知的“神奇”功能吧？

于是，他又找来一只小白鼠，将它放在盛有氟碳化合物的容器里，然后对眼前发生的一切仔细进行观察。小鼠在溶液中挣扎着，几个小时以后，小鼠仍然精力旺盛，奋力往外爬。如果小白鼠是掉进水里，过了这么长的时间，早就死了。

克拉克博士于是开始研究氟碳化合物。结果表明，这种溶液含氧能力相当强，甚至超过血液两倍。

目前，人造血液的研究仍在继续着。我们相信，坚冰已经被打破，科学家们的不懈努力终会取得成功，人类的血液短缺问题也将会得到有效缓解。

人体器官移植研究之路

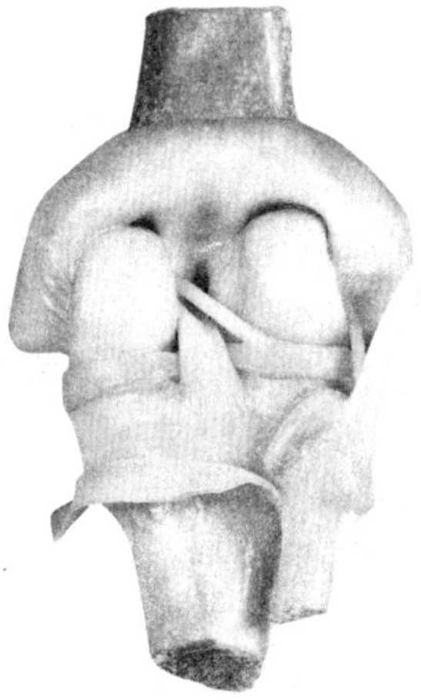

人工合成的膝关节已为数万人带来了福音。

人的身体由很多部件组成，如果把人体比作一部由许多零件构成的大机器，那一点也不为过。惟一不同的是，人体是一个构造非常紧密、组织非常严格的有机体。如果某个部位出现问题，它不能像机器零件那样轻易地就可以换个新的零件。当然，现在的“换心”、“换肝”、“换肾”等成功的事例也不少。但是，面对着大自然的挑战，人体器官移植的道路上仍布满荆棘。

人体免疫排斥问题是科学家们在器官移植技术中遇到的最大难题。我们每个人的细胞中都存在着一种人体组织相溶性抗原，简称HLA，这种特殊的抗原专门对付不属于自己的外来组织。每个人具有各不相同的HLA，所以把别人的器官移植到病人身上时，病人的免疫系统就会辩认出这种外来的器官而加以排斥。在日常生活中，如果一根手指断了，它会一直断着，原因是人体细胞里的遗传基因已经高度特化了，断指处长手指的基因也不会被开启，只好由它断着。就连一小块损坏的皮肤，固执的基因也不肯让它重新长出来。

大自然赋予我们的免疫系统，给科学家出了一道难题，但还是有很多器官移植成功了。他们是如何做到的呢?原来，医生们采取了两个好办法：第一，使用免疫抑制剂，使病人的免疫系统变得迟钝，暂时认不出外来的东西，使植入的器官能较长时间地保留；第二，对提供器官者的HLA和病人的HLA进行对比，尽量使它们具有更多的相同处，减少排斥反应。

可是使用了免疫抑制剂后，又出现了新的问题：迟钝的免疫系统虽然不排斥外来器官了，但对外来有害病菌的抵抗能力也大大降低了，所以，病人往往避免不了感染，常死于肺部或其他部位的感染。

面对新的问题，科学家们又开始了新一轮的探索。经过研究，人们发现，主要是一种简称T的免疫细胞引起了组织排异反应，这种免疫细胞只占免疫系统的一小部分，如果能开发出只抑制它的药物，不就可以解决这个问题了吗?现在这种新药已经研制出来了，并在临床上取得了比较好的效果。

但是以上的办法都不能从根本上解决问题，因为人体的排异反应十分复杂。给病人提供不会引起排异反应的器官才是最根本的解决办法，相信经过科学家们的努力，人体换“零件”将能像机器换零件那样轻松自如。

寻找“产褥热”的病因

“产褥热”是一种非常可怕的疾病，它常发生在妇女分娩后，曾经夺去了很多妇女的生命。医生们一直在寻找这种疾病的原因，几个世纪以来，人们走过了一条不寻常的探索之路。

抗菌药物青霉素和磺胺在被发现之前，许多产妇都死于“产褥热”。所以，那时产妇分娩是一件非常危险的事情，有不少产妇没能跨越这道“鬼门关”。产褥热常在产后两三天开始发病……究竟是什么原因导致了这种病?人们在探寻着。

19世纪初，匈牙利医生塞麦尔维斯经过多次调查发现：在实习医生助产的产房里，产妇的死亡率比例较大。由此他推想，患有产褥热的产妇死亡后，实习医生经常要对尸体进行病理解剖，做完后，直接就进入产房，用没有经过认真清洗的手为其他产妇接生，在这种情况下，那些健康的产妇很容易被传染上疾病。

于是，他吩咐产房里所有的医生和护士，在检查产妇或接生前，都务必先要用漂白粉溶液将双手消毒，同样也要用漂白粉溶液浸泡产科器械。这项措施在他主管的病房实行后，产褥热的发病率明显地降低了。

塞麦尔维斯于1850年回到家乡布达佩斯，任一所医院的产科医师，与以前一样，他坚持在产房里使用漂白粉溶液为接生人员的双手和产科器械消毒。结果，产生了令人非常满意的效果，发生产褥热的产妇人数有了明显的下降。

后来，随着微生物领域内的细菌进入到人们的视野，医学界对细菌的研究逐渐深入，也发现了产褥热的病因，原来这个人间悲剧是由细菌感染造成的。而医生不干净的手和污染的医疗器械，充当了细菌的传递媒介。由此证明了塞麦尔维斯多年前论断的正确性。

至此，“产褥热”的病因才真正找到了，人们也开始踏上了治疗“产褥热”的科学之路。

水下人体减压装置的发明

在人类的足迹已跨向宇宙的今天，那近在身边的深海对人类来说仍是一块有待探索的禁地。人类的脚还无法踏上深海海底。为何潜入深海是如此困难呢？那又如何防止因深海潜水而产生的减压病呢?这一个个问题困惑着很多人，人类为此进行了富有意义的探索。

我们知道，水下的压力很大，是人难以逾越的一道屏障。水的深度每增加10米，压力便要增加1个大气压。这就会造成潜水员的呼吸困难，甚至承受不了水中的压力。

为了能在水中停留更长时间，这就势必要克服因压力差造成的呼吸困难。于是潜水员们穿上潜水服，背上一个钢筒，在钢筒中注入高压空气，再装上一个压力调节器。就这样“水肺”诞生了。“水肺”是保证潜水员在水下能吸收到与周围环境压力相同的高压空气的压力调节器，当潜水深度变化时，减压阀就会灵敏、及时地调整供气气压。

然而，新的问题又出现了，危险的减压病又成为对潜水员生命的一大威胁。因为当潜水员在水下呼吸高压空气时，氧、氮等气体会更多地进入他的血液中。如果他潜水完毕立即上浮，那么由于压力减小，迅速释放出来的气体会形成气泡。当气泡在血管内形成时，血液流通受到阻塞，容易造成循环障碍，阻塞心、脑血管，后果非常可怕。

为了克服减压病，人们进行了多次可行的尝试，减压舱便是一种可行的减压工具。让水下工作完毕后的潜水员立刻进到里面，减压舱的作用是让潜水员逐步减压，可以让潜水员身体里由于压力减小释放的气体(特别是氮气)逐渐从身体组织流往血液，再经血液流入肺部而逸出体外，从而避免了减压病的困扰。

经过反复研究实践，1989年日本建造了一个常压载人深潜器，可达水深6500米的海底，潜水员坐在密封的深潜器中，自由自在地呼吸着和水面以上气压完全一样的空气。

如今，各种用途的载人深潜器纷纷诞生，相信不久的将来，“减压病”再也不会困扰人类，人类将自由地在海洋里遨游。

中医诊断法与神医扁鹊

人们都知道“望、闻、问、切”是中医诊断病症最基本的方法，在我国已经有上千年的历史。这种古老的中医诊断法的创始人就是战国时期的名医——扁鹊。

扁鹊原名叫秦越人，是战国时期的齐国人。秦越人在年轻的时候与一个名叫长桑君的人结识，两人结伴四处游历。在这期间，秦越人向长桑君学习了医术。孜孜不倦的学习加之不断的摸索实践，秦越人的医术越来越精湛，渐渐地成为当时远近闻名的良医。他不仅深谙内科，而且还精通小儿科、妇产科、五官科等。后来，秦越人在越国行医，以其精湛的医术和高尚的医德博得了当地百姓的爱戴。人们将其视作传说中黄帝身边的御医扁鹊，称赞他就像能使人起死回生的神医一样。因此人们就称其为“扁鹊”，而他的真名却被人们淡忘了。

扁鹊汲取前人的经验并结合自己的医疗实践，总结出了一套比较完整、科学的诊断方法，即通过观察病人的脸色，仔细聆听病人发出的声音，向病人询问病情、感受，同时为其诊脉，这就是望、闻、问、切的诊断方法。在这4种方法中，望诊和切诊是扁鹊最为擅长的。

有一次，扁鹊行医来到蔡国。当他见到蔡桓公后，一看其气色便确知其身体有病了，但病症很轻，刚刚潜伏在皮肤部位。于是，扁鹊劝蔡桓公及早治疗，以免病情加重。可是桓公觉得自己身强体壮，也没有什么不适的感觉，所以根本不把扁鹊的话放在心上。几天之后，扁鹊又见到了桓公，对他说：“大王您的病已经进入到血液中了，快快医治吧，要不然会越来越重。”桓公听了仍是一脸的不屑。又过了一段时间，扁鹊再次去进见桓公，发现他的病果然又比上一次加重了，于是再次劝道：“大王您真的不能再拖了，现在您的病已深入肠胃中了。”可桓公非但不听，而且满面怒容，干脆不理扁鹊了。就这样又过了大约几十天，扁鹊再次见到蔡桓公，看了看他，一句话也不说就转身走了。桓公觉得奇怪，便派人追出去问个究竟。扁鹊对那个人说：“当桓公的病潜伏在皮肤时，用熨帖之法就可以治好；病深入血脉时，用针灸法也能治好；即使后来病深入肠胃，用汤剂、药酒还能治疗。我一次次地劝他，他却不相信我的话，现在桓公的病已侵入骨髓，已经无药可救了，我也无能为力了，所以我也就不劝他了。”说完，扁鹊就头也不回地走了。没过几天，蔡桓公就死了。

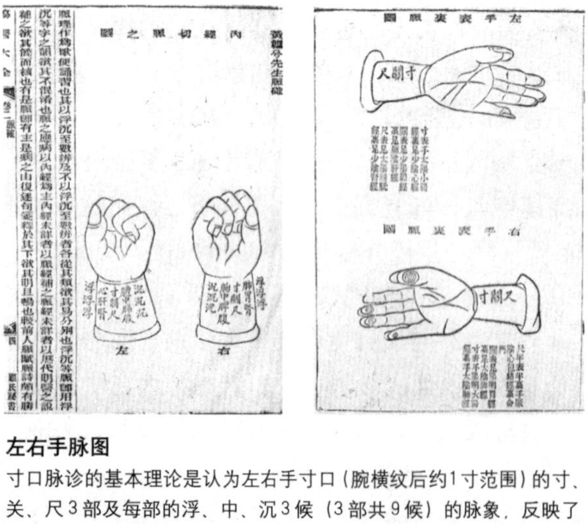

左右手脉图

寸口脉诊的基本理论是认为左右手寸口（腕横纹后约1寸范围）的寸、关、尺3部及每部的浮、中、沉3候（3部共9候）的脉象，反映了人体五脏六腑的生理和病理情况。图为《疡医大全》中的左右手脉与脏腑对应关系图。

这就是历史上有名的“扁鹊见蔡桓公”的故事，扁鹊高超的望诊技术由此可见一斑。

除此之外，扁鹊的切诊技术更是出神入化。一次，扁鹊带着自己的弟子们行医来到虢国，刚巧遇上这个国家的太子病亡。当扁鹊得知太子的病情复杂，死去还不到半天，便来到宫中，请求看一下太子的尸体。虢国的国君对扁鹊这位名医的医术早有耳闻，就抱着试试看的态度带扁鹊来到停放太子尸体的地方。扁鹊先是贴近太子的鼻子听了听，发现还有一丝气息，再用手摸了摸其胸口和大腿，还有体温，接着他又给太子诊了诊脉，发现脉还有轻微的跳动。于是扁鹊诊断太子是得了昏厥症，就是现在人常说的“休克”，根本没有死。确诊后，扁鹊为太子扎了几针，又进行热敷，并给他灌了汤药。没过多久，太子竟“起死回生”了。

像这样，扁鹊凭借自己的高超医术治病救人的故事不胜枚举，在《韩非子》、《战国策》、《史记》等书中都有记载。

扁鹊一生为人正直，以自己高超的医术治病救人，并将自己的医技传授给了9个弟子。在他死后，人们为了纪念他，在其生前走过的地方建庙修祠，后代医家还尊称他为“脉学之宗”、“神医扁鹊”。

坏血病及其治疗法

患坏血病的人开始常常会牙龈肿痛、溃烂、牙齿脱落；接着皮下出血，内脏也跟着出血；身体日益虚弱，病情严重的可引发死亡。现在，对于坏血病，人们已经掌握了一定的预防和治疗方法。但当初人们认识坏血病以及发现它的治疗方法的过程，却颇费了一番周折。

1535年，英国探险家卡特带领整船水手进行远洋探险。船在途中可以不断得到食品和淡水的补充，所以船员们不会受到饥饿的折磨。但是，船出发不久，水手中间就出现了一些奇怪的病症，陆续有人牙龈肿痛，然后溃烂，接着牙齿松动脱落。时隔不久，病人皮下出现紫一块、红一块的淤血，随后出现了内脏出血。病人身体极度虚弱，甚至路都走不动，贫血症状也一天比一天加重，形容枯槁，直至死亡。等到了纽芬兰岛附近时，船上的100名水手无一幸免都患上了坏血病，其中已经有25人死亡。水手们恐慌极了，一起跪倒在甲板上，向天空伸出双手，祈求能够得到上帝的佑护。

知/识/窗

坏血病

疾病简介：维生素C缺乏能引起坏血病，所以，维生素C缺乏病主要是指坏血病。但维生素C缺乏不仅能引起坏血病，还与炎症、动脉硬化、肿瘤等多种疾患有关。坏血病在历史上曾是严重威胁人类健康的一种疾病。过去几百年间曾在海员、探险家及军队中广为流行，特别是在远航海员中尤为严重，故有“水手的恐怖”之称。关于坏血病的明确记载始于13世纪十字军东征时代。另据称，在原始社会人类的遗体上也曾发现坏血病的遗迹。关于坏血病的防治，早在17-18世纪就已经发现可以利用新鲜蔬菜、柑橘及柠檬等防治。时至今日，随着现代医疗水平的提高，它已经成为一种罕见的疾病。

病因和发病情况：主要由于食物中缺乏维生素C而致病，人工哺乳婴儿及成人食物中长期缺乏新鲜果蔬菜(嗜酒、偏食等)、或长期感染对维生素C需要量增多时，可患本病。

症状：维生素C缺乏之后数月，患者感倦怠、全身乏力，精神抑郁、虚弱、厌食、营养不良，面色苍白，牙龈肿胀、出血，并可因牙龈及齿槽坏死而致牙齿松动、脱落，骨关节肌肉疼痛，皮肤淤点、淤斑，毛囊过度角化、周围出血，小儿可因骨膜下出血而致下肢假性瘫痪、肿胀、压痛明显、髋关节外展，膝关节半屈，足外旋，蛙样姿势。

预防：(1)选择含维生素C丰富的食物，改进烹调方法，减少维生素C在烹调中丧失。人工喂养婴幼儿应添加含维生素C的食物或维生素C。疾病，手术后，吸烟者、口服避孕药时、南北极地区工作者均应适当增加维生素C摄入量。(2)对症处理。如保持口腔清洁，预防或治疗继发感染，止痛，有严重贫血者可予输血，给铁剂。重症病例如有骨膜下巨大血肿。或有骨折，不需要手术治疗，用维生素C治疗后血肿可渐消失，骨折自能愈合。

其实在更早些时候，坏血病在人们还不甚了解它的时候，就已悄悄地侵袭了远航的水手们。1487年，葡萄牙航海家迪亚士发现了非洲最南端的好望角。10年后，另一个葡萄牙探险家达·迦马沿着迪亚士开辟的航线继续向东方远航，进行探险。远航历时1年，所有的水手都患上了一种怪病，100名水手死于这种怪病……船上的水手相继死去，但是在当时的医疗水平下，谁也不知道究竟是什么使水手们患上了这种怪病，而这种怪病是陆上所少有的，他们只知道这种病被称作血疽病。“疽”的意思是人体组织坏死，当时人们已经认识到可能是血液病引起了坏死。后来人们经过研究，证明当时在达·迦马船上流行的血疽病，就是现在我们所说的坏血病。

船长卡特决定靠岸，来度过这个危急万分的时刻。他们登上一个小岛，印第安人是这个小岛的土著居民，他们热烈欢迎这些白人。他们了解到这些白人患了坏血病，就将当地虎尾枞树的针叶泡在水里，煎成汤药，这是当地土著祖传的偏方。他们把制成的汤药送给卡特船长和他的水手服用。奇迹发生了，接连几天治疗后，病弱不堪的水手康复了。

一个多世纪过去了。1747年，英国医生詹姆斯·林德找到了分析坏血病的病因思路，他从水手的饮食结构入手，并联系那次印第安人治疗坏血病使用新鲜树叶的例子。他指出，由于船上无法冷藏，新鲜蔬菜、水果类的食物无法保存，缺少新鲜水果和蔬菜造成饮食结构不合理，身体无法得到均衡的营养，这就是坏血病的病因。于是他治疗坏血病以食用新鲜水果和果汁为方法，疗效显著，相当可靠。

1780年1年内，英国海军的哈斯兰医院中就接待了多达1457个坏血病病人。到了1804年，英国海军下达命令，上船后的官兵必须每天服用柠檬汁。这项措施效果明显，1806～1807年在加服柠檬汁后的2年中，患坏血病的只有2名。

科学家们于1932年发现，引发坏血病的原因是身体缺乏维生素C。他们称维生素C为抗坏血酸。我们都知道新鲜蔬菜和水果中，含有丰富的维生素C。所以，预防和治疗坏血病的最好方法是经常吃新鲜蔬菜和水果。

班廷与胰岛素的发现

班廷——胰岛素的发现者之一

1921年，加拿大医生班廷和贝斯特设法分离出胰岛素，这种激素有利于治疗糖尿病。

胰岛素是治疗糖尿病的灵药，它可以弥补体内胰腺分泌胰岛素的不足，调整糖代谢紊乱，抑制血糖增高，给糖尿病患者带来了一线生机。要说胰岛素，得先从胰岛素的发明者班廷说起。

1891年11月14日费德里克·格兰特·班廷出生于加拿大安略阿列斯顿的一个小农庄里。1916年，他毕业于多伦多大学医学院。同年12月，他应征入伍，参加第一次世界大战，任加拿大陆军医疗队上尉。战争结束后，班廷到安大略省医学院做兼职教员。有一次，为了能够讲好“胰脏的功能”这一课，他查阅了当时所有的教科书和各种资料，但是收获微乎其微。人没有胰脏会得糖尿病死掉，这个定义困扰了班廷很久。德国人敏考斯基曾经用狗做过实验，如果将狗的胰腺管扎起来，狗不会得糖尿病；可要是切除它的胰脏，狗会以令人难以相信的速度干渴、饥饿、消瘦，最后倒下，不出10天就会因为得了糖尿病而死去。

这是怎么回事？是否胰脏里面含有一种神秘的物质，它对我们周身的细胞吸收糖的量起到协助作用，而且这种神秘的物质并不是通过肾胰管输送的？这种未知的东西究竟为何物？

我们都知道，胰脏在人体消化方面作用巨大，它像一座小发酵厂，能分泌一种神秘的物质帮助人体消化糖，分解蛋白质和脂肪供人体吸收和使用。这时，班廷突然记起一篇医学论文是这样写的：“在健康人的胰脏上，布满了岛屿状的暗点。”胰脏上的“暗点”到底是何物呢？它的存在到底有什么作用呢？医生们曾多次对这些暗点进行分析化验，但都失败了，可他们却发现了这样一个现象：即患糖尿病的人死后，这些暗点就会变得只有原来的几分之一大，而由其他疾病致死的尸体上则不会出现胰脏暗点变小的现象。这一切都激发了班廷研究胰脏神秘物质的兴趣。

人体主要激素

激素	来源	作用
雄性激素	睾丸	男性性征的发育；刺激蛋白质的生成
雌性激素	卵巢、胎盘	女性性征的发育
甲状腺素	甲状腺	生长；维持氧消耗量和热的保持
胰岛素	胰脏	降低血糖；促进组织细胞利用糖；促进脂肪和蛋白质制造
胃泌素	肠胃道黏膜组织	促进胃液的分泌
肠泌素	肠胃道黏膜组织	促进胰液和胆汁的流动
胆汁	肠胃道黏膜组织	胆囊的收缩
血管收缩素	血球细胞	提高血压；促进肾上腺皮质分泌醛固酮
糖皮质类固醇	肾上腺皮质	促进糖类的合成；蛋白质的代谢；对外来压力的舒适
肾上腺素	肾上腺髓质	增加心跳速率、血压、心输出量以及通过骨骼肌、肝脏和大脑的血流量；造成皮肤苍白，血糖含量升高，抑制肠道功能
生长激素	脑下垂体；前叶	蛋白质的合成；骨骼和肌肉的成长；脂肪和醇类的代谢
滤泡激素	脑下垂体；前叶	女性：卵巢滤泡的形成；男性：精子的形成
黄体生成激素	脑下垂体；前叶	女性：黄体的形成；动情激素与女性激素的分泌；男性：睾丸男性激素的分泌
催产素	下视丘（神经分泌细胞）	乳汁的分泌；分娩；精子细胞的运送

班廷向他的上司麦克劳德申请了1个助手、10条狗，决心在8个星期的时间里突破这个难点。1921年5月16日，班廷在多伦多大学医学院大楼一间狭窄阴暗的小房间里建立起了自己的实验室。他和助手贝斯特信心十足地大干起来。然而，实验进展得并不顺利，10条狗早就用完了却没有得到他们想要的结果。但是他们并不灰心，继续试验，一直到第92条狗被用于实验时，实验终于成功了。班廷证明了正是胰脏“岛屿”的提取物协调了狗体内的糖代谢。他将这提取物定名为“岛汀”，即胰岛的化学物质。

麦克劳德教授听到这个振奋人心的消息后，马上亲自主持这场实验。他首先把“岛汀”这个名称改成拉丁文的胰岛素。接着，麦克劳德教授前往美国参加美国医师协会，并且宣读了《在我的实验室里所做的实验》的正式报告，这个报告引起了很大的轰动。糖尿病有了“克星”，大批大批的病人赶来，要求注射能救命的胰岛素。为满足患者需求，人们很快就建立工厂，开始大规模生产胰岛素了。在酸性和冷冻条件下从牛胰脏中提取的方法被大规模地应用到胰岛素的生产中。

鉴于这个巨大的贡献，班廷被授予医学博士的头衔。1923年他晋升为医学教授。同年，班廷与麦克劳德共同获得了这年的诺贝尔生理学及医学奖，他们为发现胰岛素做出了巨大的贡献。这年，班廷年仅32岁，是迄今为止诺贝尔生理及医学奖最年轻的获得者。

云南白药的发明

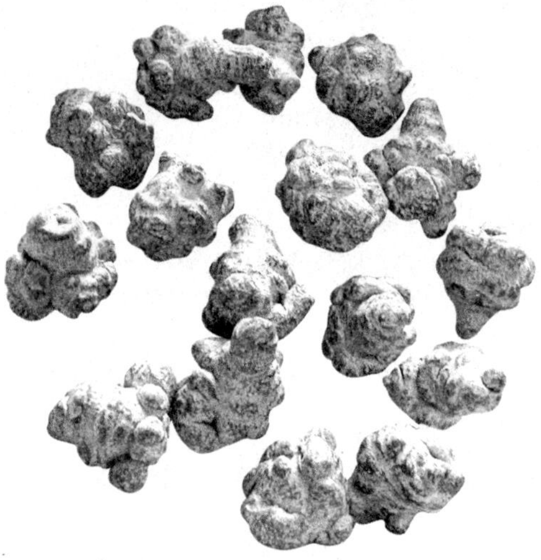
三七——云南白药的主要成分

云南白药治疗跌打损伤效果显著，并以它的神奇疗效而享誉全球。它更是家家户户的常备药。而关于云南白药的发明，却有一段曲折离奇的故事。

云南白药最早被称为“曲焕章白药”，而曲焕章正是云南白药最早的研制者。曲焕章1878年生于云南，自幼父母双亡，成了一个孤儿。曲焕章先是在一个布店里当小伙计，后来就跟一个乡村医生学医。

一次，曲焕章自己一个人上山采药，下山时天色已晚。暮色中，他突然看见一只野兽卧在草丛中。这时他想跑也来不及了，于是他就大胆搬起一块大石头狠狠地砸向野兽，正好砸在了野兽的头上。结果，这只野兽挣扎了几下便动弹不得了。曲焕章走近一看，才发现是只老虎。他害怕极了。他怕老虎不死，又用挖药工具对着老虎头狂打了半天。这时天更晚了，他一个人无法搬动那么大的老虎，于是决定先回家，心想明早再来取虎也不迟。村民们听说他打死了一只老虎，都想来看看。第2天，几个村民在曲焕章的带领下去抬死虎，出乎意料的是，老虎却没了；从留下的印迹看来，这只老虎并没有死掉，而是带着创伤跑掉了。他们开始顺着老虎的血迹寻找那只受重伤的老虎，沿路看到好多处血迹旁都有一些烂糊的野草，看来像是老虎嚼过的。老虎从来都是吃肉，为何嚼草呢？这引起了曲焕章的注意。难道老虎是用这种草为自己疗伤吗？如果真是这样，就可以用这种草制成药，治疗人的外伤。于是，曲焕章不再追这只受重伤的老虎，而是收集了地上残剩的药草，带回去跟师傅一起研究。实验证明，这种植物确实对治疗跌打损伤具有奇特的疗效。

后来，曲焕章通过反复研究，不断试验，终于在1908年研制成功了以他自己的名字命名的“曲焕章白药”，并投入了生产。后来“曲焕章白药”又被改名为“云南白药”。

大自然的动植物实在奇妙，只要善于发现，善于借鉴，就一定可以使它们造福人类。

世 界 重 大 发 现 与 发 明 大 全 集

开启应用技术之门

照亮人类文明进程的火

史前人类很可能夜以继日地燃烧着篝火。熊熊的篝火不仅能为人类带来温暖，还可以用来烧熟食物，也能让大部分动物避而远之。

获取火种和生火改变了早期人类的生活方式。火不仅带给人类温暖，还为人类提供了一种防御手段，并且使人们可以定居在原本不适宜居住的地方。烹制食物大大丰富了人类的食谱，人类的身体也因此变得更强壮。人们围坐在温暖的火堆旁时，为提高交流能力创造了机会，这有利于促进人类智力的发展和社会的形成。

火对人类文明的进步具有重要意义。人类利用火烧熟食物、抵御寒冷、获得耕地、制作陶器，并熔化金属铸造货币。历史学家通常认为生活于距今185万～40万年前的原始人的一支——直立人首次使用了火，接着，火的使用逐渐从非洲传播到亚洲和欧洲。

原始人目睹了闪电是如何点燃干燥的草木的，并且在世界的某些地方，他们还发现熔融的岩浆和热的火山灰会点燃植物。最初，人类可能只是简单地从自然界获得类似上述的火种，然后采用一定的方法维持火种，比如，保留炽热的煤或火盆里的木炭。后来人们开始用持续燃烧的灯或蜡烛长期保存火种。

事实上，生火十分困难，而所有早期的生火方法都依靠摩擦——当两个物体表面相互摩擦时，它们会变热。早期的生火方法使用两片木头摩擦生火。这些方法用到了火棍和火钻。火棍是一根干木棍，一端很钝，可以在一块较大的木头上的小孔中迅速转动。人们把火棍放在两只手掌中，来回迅速搓动，木棍随之转动，木头之间的摩擦使它们逐渐升温，最终达到着火点，产生的热量点燃了小孔中的干草。棍槽法是火棍法的演变形式，这种方法是把火棍在木块的凹槽中用力来回摩擦。

火钻法的原理是用弓来转动火棍，弓上的线在火棍上缠绕几圈，随着弓被前后拉动，火棍向着不同的方向转动，摩擦生热。原始人还用燧石敲击黄铁矿(硫化铁矿类)产生的火星来生火。火星落到诸如干草、羽毛或干木屑等易燃物上，再用力吹就可以让火着起来。人类使用火绒箱已有超过2000年的历史，火绒箱包含了生火必需的所有物品：燧石、可供敲打的硬物以及可被火点燃的易燃物(通常是干苔藓或干羽毛)。

尽管如此，火柴的发明才是人类取火的最终突破，但这直到19世纪伴随着化学的进步才得以实现。

轮子的发展

历史上，轮子经历过多次发明与再发明的过程。轮子出现在至少5000年以前，关于轮子最早样式的详细情况已湮没于久远的历史中。对于最早的轮子是如何发明的，始终存在着分歧。

6000年前，人类已经开始使用各种拉拽工具，如犁、雪橇和旧式雪橇车(用两根拖杆组成的奇妙设计)用来拖动重物。世界上某些地区的人用木辊拖拽诸如石头和船只等重物——当

大事记

公元前3500年 美索不达米亚出现最早的陶轮

公元前3200年 美索不达米亚出现最早的有轴车轮

公元前2800年 中国人很可能独立发明了轮子

公元前85年 希腊出现水轮

公元500年～1000年 中国出现纺纱轮

物体向前移动时，人们从后面取出木辊，再放到前面。木辊可能是车轮的起源，我们很容易从它们的运动状态联想到这一点。从某些方面推测，可能是有人将雪橇和可以滚动的圆木结合而发明了轮子。当一套圆木使用了一段时间后，它们就会因为在使用过程中与雪橇刮擦而磨损，结果雪橇会陷入木辊损坏的部分。而这或许启发人们想到了带轴的轮。轴的突出特点在于：以其较小的圆周、消耗更少的能量，就能带动整个轮子的转动。

然而辊子理论存在问题——整条圆木在压力下滚动时，很容易裂开和散开。而有证据显示，最早出现运输轮的中东地区高且直的树并不多。

考古学家通常认为具有固定轴的轮子的发明是相对先进的文明的一个标志。最早的有轴轮可追溯到公元前3200年，美索不达米亚（今伊拉克）的苏美尔人绘制的图画中就有坚固的车轮形象，这种车轮是将两块厚木板拼在一起，并切割成圆形，轴穿过每个轮子的中心，被制轮楔固定住。约公元前2500年，苏美尔人还制作了用于战车的类似车轮。毫无疑问，这种车带给军队很大的益处，但它们依然非常沉重而且很难控制。大约在500年以后，苏美尔人又发明了辐轮，这让战车变得更轻也更易操纵。随后的500年里，这种设计广泛传播，并被其他文明——包括埃及和罗马加以改进。

不同文明可能独立制作出轮子。比如约公元前2800年，中国出现了轮子。中国人还可能在公元前100年左右就发明了独轮推车，这项发明比欧洲早了很多年——法国南部的沙特尔大教堂里一幅13世纪的釉彩玻璃窗画描绘了西方最早的独轮推车。

但是最初的轮子可能并不用于运输。公元前3500年以前留下的证据表明，陶工们利用简单的转盘制作光滑平整的陶器。希腊人和埃及人进一步改进了早期的陶轮，在此基础上发明了飞轮，飞轮可以把振动型的能量，如踩压踏板的能量，转化为平稳连续的能量。飞轮和车轮一样重要。希腊人还对轮子进行了其他极其重要的机械改造。公元前4世纪～公元前3世纪，钝齿轮、齿轮和滑轮纷纷问世。水轮是基于轴轮的又一项重要发明，水轮最早出现在公元前85年左右，借助水轮，人们得以利用水的能量推动重型工具，如碾磨谷粒的石磨。

从古至今，与轮子相关的发明总是不断涌现。公元500～1000年，中国人开始使用纺纱轮纺纱，而在13世纪早期，欧洲才出现了纺纱轮。纺纱轮是飞轮的一种改进形式：轮的转动带动纺锤将纤维缠绕成线——比手工操作要快得多。

轮子具有惊人的可塑性，它的产生带来了钝齿轮、齿轮、发动机飞轮和涡轮机的发明，以及各种各样使用轮的运输方式的发展。利用牛拉动水车，把水抽送到一个灌溉体系中——直到今天人们仍然在使用这种装置。

飞轮在工业革命中也扮演着重要的角色，当飞轮和由蒸汽机驱动的活塞相连时，它可以把不连续的原动力转化为平稳的运动，用来驱动磨房和工厂中的机器。当然它也可以为机车提供动力。后来，以轮子为基础的发明不断涌现，包括汽轮机、环动轮和家具上的脚轮。轮子这一有着5000年历史的发明仍在不断发展。

水车的广泛应用

大事记

公元前80年 下水流水轮车首次在东地中海地区使用

公元8年 中国开始使用水平水车

公元300年 罗马建造上水流水车

公元725年 中国人使用水轮驱动机械水钟工作

古代，所有机器都是靠人力或畜力驱动的。帆船利用风力航行，后来的风力磨也是如此。但是最早的机械动力主要是来自水。约公元前80年出现的水车就是由水提供动力的。

水车是安装有一组涡轮叶或明轮翼的圆轮，当水流过这些涡轮叶和明轮翼时，水车就会转动。一根连接到圆轮中心的转杆可以通过转动带动一些装置。在人们使用水车的初期，驱动的几乎总是碾磨谷物的一对磨石。正因如此，人们一般都会把水车本身称做“磨坊”。

最简单的水车形式是水平水车，这种水车有时也被称为“希腊磨坊”或者“挪威磨坊”，竖直安装的转杆可以直接连接到一块磨石上。这种水车也可以驱动一系列的水罐舀水，或被当做水泵抽水使用。轮则被安装在溪水急流中。类似地，水通过渠道直接被引向水轮涡轮叶。在过去，一些水平水轮通常被安装在河上拱桥的桥洞里，甚至是河中心停泊的驳船上。

有的水车是垂直安装的，驱动一根水平转杆。水车形式多样。在下水流水车中，下部涡轮叶浸没在溪流中，水流冲击涡轮叶使水轮转动，转动方向与水流方向一致。在其他垂直型水车中，则需要齿轮传动装置通过水平转杆转动磨石(因为重量的原因，磨石几乎都是水平安装的)。早期的工程师将小木片插在木质圆盘上做成简易的齿轮。下水流水车以基本恒定的水流为推动力。为了保证这样恒定的水流，工程师们就在主河道上筑起大坝，修建蓄水池以保证稳定的流速，这也被称做“磨坊用水流”。在各种下水流水车中，有一种“齐胸水车”，也就是水流没过水车的一半，水的重力结合水流的冲击力推动水车转动。下水流水车有时也被称为“维特鲁威水轮”以纪念罗马建筑师马科斯·维特鲁威·伯利奥(生于公元前70年)，他在约公元前20年详细描述了这种水车结构。

在上水流水车中，水流沿水渠或者水槽(称做“流水槽”)流出，到达水轮顶部。涡轮叶有一定的角度或扭曲，形成小的凹槽，落入凹槽中的水的重力驱动水轮向与水流相反的方向转动。当然，也可以将涡轮叶反方向扭转，这样水轮转动方向就与水流一致了。上水流水车的工作效率以及驱动动力较之下水流水车要高很多，一个直径为2米的上水流水车的驱动力可以高达6马力（1马力约合735瓦），而相同尺寸的下水轮水车只有约0.5马力。在约公元300年时，古罗马人在法国南部的巴比盖尔建造了一个有16个上水流水车的面粉磨坊，这个磨坊可以产生30马力的动力，平均每日磨谷物超过27吨。

上水流水车所需要的水量不及下水流水车那么多，也没有必要安装在激流附近以获得足够的动力。上水流水车的建造成本很高，但成本与其所带来的利润相比仍是小的。在接下来的1000多年中，这种水车

巨型多叶片水车，即“戽水车”，在经历若干个世纪之后仍保持原貌。图中两座水车位于叙利亚共和国奥伦提斯河。

一直最受人们青睐——到 11 世纪末期，仅在英国就有近 6000 座这样的水车磨坊。除了为磨面作坊提供动力，水车还可以驱动锯子切割建筑石料，将原木劈成木板，将水抽起用于灌溉。公元 725 年，中国人甚至用水力驱动机械水钟。

大型的水车，又称做“戽水车”，直径达 12 米，修建在中东国家的河流上，给附近的农田供水。在工业革命初期蒸汽机出现以前，水车一直是人们使用的主要动力装置。

鲁班发明锯和雨伞

你知道锯的发明人是谁吗？他就是我国古代著名的能工巧匠鲁班。

鲁班像

我国春秋战国时期的能工巧匠和著名发明家。

有一天，鲁班外出干活，走山路时不小心，手指不知被什么东西划破了。他四处看了看，周围除了野草灌木，也没有什么锋利的东西。他越发觉得奇怪，蹲下身子仔细找了起来，一株叶子两边长满了小“牙齿”的小草引起了他的注意。于是鲁班摘了一片叶子，试着在别的草上来回划了几下，果然被那草割断了。

鲁班兴奋极了，马上跑回家仿照那株小草的样子刻了一片长满小“牙齿”的竹条，然后用它去割树枝，树枝很快就被划出一道深深的印痕。鲁班又找了根更粗的树枝做实验，结果这次竹条上的小齿反而被粗树枝磨掉了。能不能用更结实的东西来代替呢?鲁班想了很久，突然灵机一动，去了铁匠铺。见到铁匠之后，鲁班将自己的意图说了一遍。于是两个人开始动手试验起来，很快一片长满小“牙齿”的薄铁条打造好了。他们用铁条锯树枝、木头，果然锋利无比。就这样我们人类的第一把锯诞生了。

除了锯之外，雨伞也是鲁班的发明。由于鲁班经常外出干活，免不了受日晒雨淋，所以他特别希望能有一种防晒遮雨的工具。后来，他和几个木匠一起在路边修建了许多亭子。这样一来，人们在太阳晒的时候就可去亭子里歇凉；下雨时，也可以去亭子里躲雨。可是这样对那些着急赶路的人来说还是不方便，要是可以随身带着亭子走那就好了。但是，谁又有那么大的力气呢？为这个问题鲁班想了很久很久。

一个夏天的午后，天气非常闷热，鲁班在一片荷花塘边的亭中乘凉，看到有很多头顶荷叶的小孩子在塘边嬉戏打闹。他不禁走到荷花塘边，摘下一片荷叶仔细观察了起来。就在这时，鲁班突然想到了一个解决问题的好办法。他跑回家，找出一些羊皮、竹子，将竹子劈成几十根竹丝，扎成一个荷叶状架子，然后将剪圆的羊皮扣在架子上扎结实。鲁班将这个荷叶状的东西拿给他妻子看，妻子提议，如果它能收放自如或许更好，这样会更加便于携带。鲁班采纳了妻子的建议，进行了改进，很快一把活动自如的伞做成了。

知/识/窗

伞简史

伞在《史记·五帝纪》中就有了记述，由此可见，伞在中国已有4000年的历史。古人最初把伞叫做“盖”，又因用丝帛制作而成，还称作“繖”。直到南北朝时才有了“伞”的名称。

汉朝以后，随着造纸业的发展，人们开始采用廉价的纸代替昂贵的丝帛做雨伞，并涂上桐油一类的油脂，小巧玲珑，经久耐用。到明朝，出现了精工彩绘的花伞，从此伞也就更为人们所喜爱。伞除了挡风、避雨、避光外，还被用作馈赠佳品。

现在，中国的伞已由古老的“华盖”发展成纸伞、布伞、尼龙伞、折叠伞、自动伞等多个品种，样式日趋繁多，色彩日益鲜艳，成为实用美观的艺术品。

春秋晚期的生铁冶炼技术

干将和莫邪，传说是春秋时期一对铸剑的夫妇。

有一天，吴王把干将请去，让他为自己铸两把绝世的宝剑。吴王给干将一块生铁和一些铁胆肾。生铁据说是王妃夏日纳凉，抱了铁柱，心有所感，怀孕而生。铁胆肾则是两只吃钢铁的小兽被杀后取出来的。

> 知识窗
>
> **春秋铸造技术的进展——失蜡法**
>
> 先用蜡制成与所要铸件相同的模型，然后再在模型外敷以造型材料，形成整体铸型，接着加热使蜡熔化倒出，形成空腔铸范，最后注入金属熔液，冷却后即可得到所要的铸件。

干将回到家中，便与妻子莫邪架起炉子，装好风箱，另外还采了五方名山铁的精华，混合在生铁和铁胆肾里。他们观天时，察地利，等到阴阳交会的时辰便开始铸剑。刚到3个月的时候，天气骤冷，铁柱不熔化了。于是莫邪就剪下自己的头发和指甲，投入到熊熊的炉火里；干将也割破手指，滴血入炉，铁水就开始沸腾了。

夫妻二人辛苦锤炼，历时3年，才将剑铸成。剑铸成的时候，两朵五彩祥云坠入炉中。二人开炉一看，只见“哗啦啦”喷出白气，震得地动山摇，白气直冲上天，久久不散。再看炉子，已冷如冰窟，炉底一对宝剑青光闪烁。剑成之后，为了纪念自己的辛勤劳动，他们用自己的名字命名宝剑。雄剑叫干将，雌剑叫莫邪。

干将和莫邪铸剑的故事，反映了春秋战国时期我国冶铁技术已经达到相当高的水平。

我国古代用铁的历史可追溯到商代。但冶铁术出现较晚，到西周晚期才见端倪。虽然我国古代大约在公元前1000年才出现人工冶铁，显然要晚于西亚诸国，但是在随后的400年左右的时间里，接连出现的一系列冶铁技术的重大进步，使我国冶铁术跃居世界先进地位。

春秋时期大量铁制品的出土，表明大约在公元前8～7世纪，我国冶铁业已有了块炼铁冶炼术和块炼铁渗碳钢技术。这两项技术对于农具、手工工具，尤其是兵器质量的提高起了很关键的作用。在河北易县燕下都战国墓葬出土的钢剑和钢戟，就是运用块炼铁渗碳钢技术冶炼而成，还经过了淬火热处理。淬火热处理技术的使用，也是我国冶铁技术进步的一个表现。

最迟在春秋晚期，生铁冶铸技术出现了，它是我国冶金史上一个划时代的进步。生铁，亦称铸铁，需要在较高温度(1100℃～1200℃)下，使铁矿石液化还原而炼得的铁。生铁优点很多，如含碳量高(2%～4%)，质地硬，熔点低，适于和便于铸造成型。这就使得较大量和较省力地提炼铁矿石、铸造复杂器形的铁器成为可能。而西方直到14世纪才真正开始用生铁铸造物品。

在战国早期，人们已经熟练掌握了生铁热处理脱碳技术。这又是一项意义重大的技术进步。运用这项技术，对生铁进行柔化处理，不仅增长了铁器的使用寿命，而且加快了铁器替代铜器的步伐，从而使生铁广泛用于铸造生产工具成为可能。这项技术比欧美早了2000多年。

值得一提的是，在战国早期，我国就已经出现了生铁制钢工艺，在世界冶炼史上处于遥遥领先的地位。它是生铁铸件通过有控制的退火处理，在保温的状态下脱碳，从而成钢。伴随着冶铁技术的进步，冶铁业也蓬勃兴起，生产规模不断扩大，成为当时手工业生产最重要的部门之一。在战国早期，冶铁业相对集中于秦、楚等地区，到战国中、后期已遍及广大地区。钢铁制品从兵器到各种手工工具，再到各种生活用具，种类繁多，质量越来越好，社会各行各业的生产效率得到了大幅度提高。

综上不难看出，冶铁技术在我国虽然起步较晚，但是发展极其迅速，伴随着一系列重大的冶铁技术进步，在春秋战国时期(尤其是战国中后期)，我国冶铁业得到了空前的发展，迅速跃居世界冶铁业的前列。

杜康造酒与酿酒技术

酒在我们生活中随处可见，它已经深深根植于中华民族的血脉之中。逢年过节、婚丧嫁娶等重要的场合都少不了它的身影。

我国酿酒起源很早。《说文解字》中说："古者仪狄作酒醪……杜康作秫酒。"最普遍的说法就是杜康作酒。

杜康，传说是黄帝手下的一位大臣，主要负责保管粮食。那个时候还没有仓库，所以杜康就把丰收的粮食堆在山洞里。尽管杜康很负责任，但是由于没有科学的保管方法，山洞过于潮湿，粮食全霉坏了。黄帝知道这件事情后，十分震怒，降了杜康的职，还警告他说，如果再让粮食霉坏，他就会被处死。

杜康经历了这件事情非常伤心，但是他还是想把这件事情做好。有一天，他看见森林里有几棵枯死的大树，就想，如果把树掏空，用来储存粮食该多好。他这样一想，马上就付诸实施了。可是没想到，两年以后，装在树洞里的粮食经过风吹雨淋，慢慢发酵了。时间一长，就从里面渗出一种闻起来特别清香的水，喝上一口，味道辛辣而醇美。但喝多了就会头晕目眩，昏昏沉沉。

杜康没有保管好粮食，却意外发现了粮食发酵而来的水，他不知是福是祸，可还是如实报告了黄帝。黄帝召集群臣商议，大臣认为这是粮食的精华，无毒。就命仓颉取名曰"酒"。后人为了纪念杜康，就尊他为酿酒始祖。

杜康造酒的故事，从一个侧面表明了酿酒技术在我国起源极早。

在农业产生以前，人们在采集野果时，发现成熟落地的果实，在微生物作用下，经过一段时间，会产生酒的醇香，口感很好。人们自此开始接触到天然的果酒。

在农业产生后不久，人们才开始酿酒，我国人工酿造最早的酒是谷物酒。我们从前面章节知道，新石器时代就有了农业，储藏在陶器中的谷物，因受潮发芽，再经过发酵，就会变成天然的谷物酒。在这个过程里，人们通过观察实践，模仿自然酒的产生过程，有意识地制造谷物酒。酿酒技术的时代到来了。

从化学的观点来看，从谷物生产出酒来，实际上需要两个过程：第一个过程就是淀粉转化为糖类的糖化过程，第二个过程就是糖类变成酒的酒化过程。我们也知道，第一个过程需要催化剂作用才能发生，后一个过程有微生物参与很容易发酵成酒。所以制造酒的关键就在第一个过程。这个过程所需的催化剂也就是酶，有两种方法可以获得酶：其一，利用人口中的唾液淀粉酶，咀嚼过的谷物在天然状态下非常容易发酵，日本就有少女嚼谷粒造酒的方法；其二，利用植物体中的糖化酶，谷物受潮发芽后含有这种酶，古巴比伦人就用此法酿造啤酒。

我国在商代就已经掌握了用麦芽做反应酶酿酒的方法。《尚书·说命》中记载说："若作酒醴，尔惟曲蘖。"蘖就是谷

①将酿酒原料蒸煮，加上酒曲(人工培植的酵母)。

②将煮好的酒料放在大口罐中，待其发酵。

③酿成酒，用漏斗装进储酒器内。

中国古代酿酒工序图

物的芽。商代人们还使用了“曲”。曲也是利用微生物发酵，将稻米、大小麦和豆类分解而成的有益霉菌。酿酒过程使用酒曲，糖化和酒化可以同时进行，不仅大大节省了工序，而且能酿造出更醇美的酒来。商代酿酒所用的“曲蘖”，实质就是由谷物芽和生霉谷物所组成的“散曲”。曲与蘖在酿酒中的区别是：曲是酿酒中的发酵剂，酿出的酒酒精成分多而糖的成分少；而蘖本身就是原料，酿出的酒里酒精成分少而糖分多。我国最初酿酒以蘖为原料，到了商代既用曲也用蘖，到西周时就基本只用曲了。

青铜器中的科学

大家想必对青铜器并不感到陌生，因为它离我们并不遥远，在历史博物馆里便可见它们的身影，像河南安阳出土的司母戊大方鼎就闻名于世。就在我们的语言中，也不乏相关术语，像是问鼎、晋爵、炉火纯青等，这些都与青铜器息息相关。

我们知道，青铜是人类历史上一项伟大的发明，它是铜与锡、铅等化学元素的合金，因其颜色呈青灰色而得名。青铜器是我国金属冶铸史上最早出现的合金。

青铜器文化在中国历史久远，我们一般将其分为三个阶段，即形成期、鼎盛期和转变期。形成期是距今4000～4500年的龙山时代，相当于尧舜禹所处的时代；鼎盛期包括夏、商、西周、春秋及战国早期，延续约1600余年，即中国的青铜器文化时代；转变期是指战国末期到秦汉时期，这时青铜器正逐步被铁器所取代，数量骤减，形式上也由在礼仪祭祀和战争活动等重要场合使用的礼乐兵器变为日常用品，随之而来的是器制种类、构造特征和装饰艺术的转变。

在青铜器文化的鼎盛期，特别是夏、商、周时代，青铜器被赋予丰富的文化内涵，可以用来制造各种变化多端、优美典雅的器物。“国之大事，在祀及戎”，代表当时冶铸技术最高水平的青铜器，也被广泛用在战争和祭祀礼仪上，其功能为武器和礼仪用器以及围绕二者的附属用具。此时的青铜器遍及各个领域，包括青铜兵器、青铜礼器、青铜乐器以及青铜工具、青铜饮食器具等。

青铜器纹饰是青铜文化的一朵奇葩。商代的青铜器上以饕餮纹、云雷纹和夔龙纹为主，到了商后期和西周时期，各种各样的动物纹饰也出现了。青铜器文化的另一个价值体现在铭文上。为了颂扬先人和自己的功业，或是为了纪念某一重要事件，就在青铜器以铸造纹文，以求流传不朽。这些铭文对于历史学者而言，起着证史、补史的作用。

千姿百态精美绝伦的古青铜器，全面反映了我国青铜冶炼铸造技术的杰出成就。在商周时代，我国的青铜冶炼铸造技术更是达到了前所未有的高度，令当时其他世界各国望尘莫及。

青铜器的制作工艺大体分为冶炼和铸造两大部分。

我们先说说青铜器的冶炼。冶炼是制造青铜器的一道重要程序。我们知道，合金里面要加的主要是锡和铅。加锡的作用是降低合金的熔点，提高青铜的强度和硬度，减少金属线收缩量；加铅则是为了减少枝晶间显微缩孔的体积和改善金属的切削加工性能。首先要选取原料，孔雀石是用来冶铜的矿物原料，锡矿石和方铅矿分别用来冶炼纯锡和纯铅。紧接着就是熔炼。先分别炼出铜、锡、铅，然后再将三者按照一定的比例混合，进行第二次熔炼。

然后就是青铜器的铸造。铸造是最后成型的关键一步。夏商周时代，铸造器型复杂的铜器都是采用多范铸造的方法。最早的范是石范，大约商中期以后，陶范迅速取代了石范。陶范的基本铸造法就是先用泥制出模型，再在泥模上筑一层泥，作为外范。在外范之上刻出花纹来，然后将泥模刮去一层，刮出的厚度就是铜器的壁厚，将刮过的泥模作为内范，最后在内、外范之间空隙中浇铸铜液，冷却后拆除范，铜器就铸成了。对于复杂的器型，主要采用分铸法。分铸法分为三种：一、分别铸出主、附件，然后用钎焊连接；二、先铸主件，在主、附件连接部分留出榫卯结构，然后将附件范与主体结合，浇铸附件；三、先铸附件，再将附件与主件范连接，再浇铸主件。这是一种非常巧妙的方法。

提花机的发明与汉代的纺织技术

美丽的绮罗，柔软的绡纱，丰富多彩的花纹，这些古老美观的纺织品，都是由纺织机织出来的。

我国早期简单的纺织机械有纺车和布机。纺车用来纺纱，布机用来织造一般布帛。我国汉代的纺车是由一个大绳轮和一根插置纺锭的铤子组成。轻轻摇动绳轮，铤子就被迅速转动起来，既可加捻或合绞纱料，又能随即把加捻或合绞的纱料绕在纺锭上。这种纺车跟后世纺车已基本相同。布机是由经轴、卷布轴、马头(提综杆)、蹑(脚踏木)和综框等主要部件加上一个适于操作的机台组成。脚踏蹑来提沉马头和综框，经纱上下交换梭口，进而投梭引纬、再打纬。布机的作用，提高了织布的速度和质量。

这些简单机械只能织平纹的织物，要想织造有复杂花纹图案的织物，就需要在织机上加一个提花装置，提花机因此就被发明出来。

我国是世界上最早发明提花机的国家。在数千年浩瀚的历史长河中，我国发明的各式提花机一直遥遥领先，早在3000多年前的商代就有了提花设备。到了汉代，提花机形趋于成熟，性能更加完备，应用也更为广泛。在《西京杂记》中有这样的记载，西汉宣帝时，巨鹿(今河北省巨鹿县)陈宝光之妻发明了一种新提花机，用120蹑，60天就能够织成一匹散花绫，“匹值万钱”。这种提花机用多蹑多综来提沉经纱，能织造出花纹各异的织品。

汉代的提花机已经是具有机身和织造系统的联合装置，各种主要部件已具备，完全可以织造出任何复杂变化的纹样来。汉代王逸在《机妇赋》中这样描绘提花机：“兔耳跧伏，若安若危。猛犬相守，窜身匿蹄。高楼双峙，下临清池。”形象而生动地描绘了提花机织造的全过程。

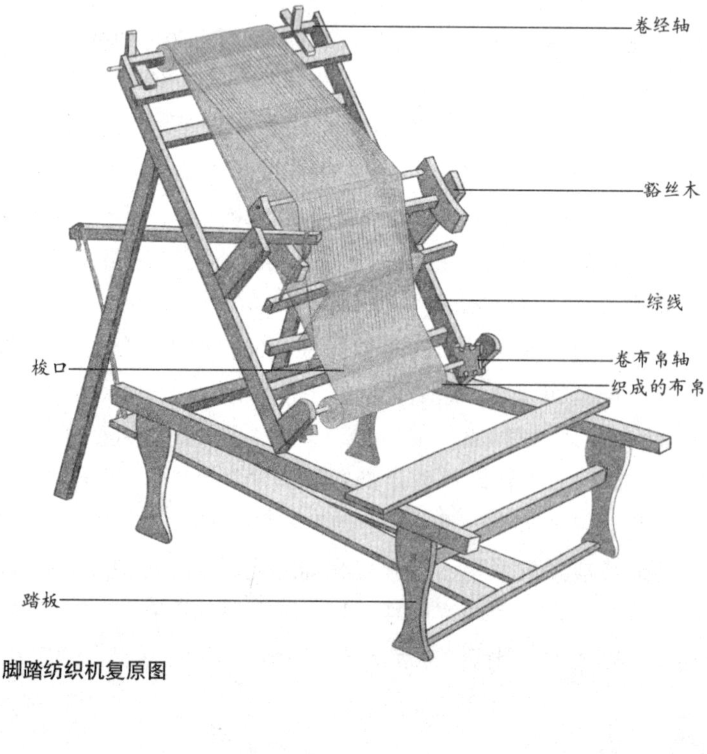

脚踏纺织机复原图

上述所提及的纺织机械，在当时是世界上最先进的机具。欧洲直到公元7世纪才从中亚、西亚辗转得到中国提花机，到了13世纪才在织机上安装蹑。中国的提花机对欧洲的提花技术发展产生了极其深远的影响。

汉代提花机的使用和改

进，反映了我国汉代纺织技术已经达到了很高的水平。

在汉代，我国的纺织业非常繁荣。仅汉武帝元封元年(公元前110年)一年，朝廷从民间征集而来的帛就达到500万匹。在这种大环境下，妇女积极投入纺织行业生产之中，她们的聪明才智得到极大的发挥。纺织技术也不断得到提高。

在湖南省长沙市马王堆汉墓出土的大量纺织品，从一个侧面反映了汉代的纺织技术水平。

在马王堆一号汉墓中，出土了高级成衣50余件，单幅丝织品46卷，还有各种绣枕、巾、袜、香囊等等，种类繁多，精美绝伦。其中有一种平常织物——绢，其经线密度在80～100根之间，最密的情况下达到164根，纬线的密度是经线的1/2到2/3。这组数据表明当时已有了很先进的织机。

马王堆汉墓中也出土了不少素色提花的绮和罗，以及各色的锦。花纹图案相当丰富，有菱纹、矩纹、对鸟纹、杯形纹、孔雀纹、茱萸纹、花卉纹等等，配色自然而得体。可见当时的纺织技术是非常高超的。

汉代的冶炼技术

西汉时期，铁器迅速取代了铜、木、石等器具，占据了农业和手工业生产中的主导地位。铁器优良的性能和功用，使它成为人们生活中不可或缺的工具。

伴随着社会对铁器需求的激增，汉代的冶铁业得到了空前发展。汉武帝时，朝廷采取了由国家统一经营冶铁业的政策，共在全国设立了49处铁官。冶铁业的官营对钢铁生产的发展起到了积极作用，它不仅推动了生产技术在较大范围内的交流和传播，而且集中了人力、物力和财力来从事钢铁生产。冶铁业的繁盛，直接带来了西汉中期以后铁器的迅速普及。

与冶铁业空前发展相应的是钢铁冶铸技术的巨大进步。在这一时期，有一系列的技术革新和进步。

首先，在采冶程序与工艺方面较之以前更趋完善。与之相关的，在炼炉、耐火材料、鼓风技术和熔剂方面都有很大的改进。汉代的冶炼工序已相当完备，包括选矿、配料、入炉、熔炼、出铁以及随后的热处理、锻造等步骤。整个过程从选矿到冶炼再到最终制出成品，环环相扣，协调合理。为满足不同工艺要求，冶炼炉也呈多样化，有炼铁炉、低温炒钢炉、退火炉、锻铁炉、熔化炉和窑炉等等。这些冶炼炉，上部用耐火砖垒砌，并抹拌草泥在炉壁之上，炉底垫耐火土。耐火砖种类多样，因炉而异。鼓风设备先进，鼓风动力有人力、畜力和水力。尤其是水力鼓风技术的发明，不仅提高了冶铁的效率，而且降低了生产成本。

其次，炒钢技术的发明，随之而来的百炼钢工艺的成熟，两者成为汉代冶炼技术发展的主要标志。炒钢技术，古代称作“炒铁”或“炒熟铁”。它以生铁作为原料，经过加热成为半熔融状态之后，通过鼓风、搅拌(“炒”)的工序，利用空气中的氧和铁矿粉里已有的氧，把生铁中的碳氧化掉。通过“炒钢”既可以炒成熟铁，然后再经过锻打渗碳成钢；也可以有控制地把生铁含碳量炼到某一指数，直接成钢。欧洲18世纪才出现炒的技术，比中国晚了1900多年。百炼钢，百，顾名思义，指反复锻炼的次数；百炼钢，就是以炒钢为原料，经过反复多次地加热锻打，达到既去除杂质，又渗入碳质，从而得到百炼钢的目的。汉代百炼钢工艺的成熟，使铁兵器完全取代铜兵器，铁制农具也得到更广泛的普及和运用。

其三，铸铁热处理技术获得长足发展。铸铁通过热处理，可以改变或影响铸铁的组织及性质，从而获得更高的强度与硬度，达到改善其磨耗抵抗力的目的。铸铁通过脱碳热处理后可以获得黑、白心可锻铸铁或铸铁脱碳钢件。黑心可锻铸铁多用于要求耐磨的农具等，白心可锻铸铁多用于耐冲击性高的手工工具。考古出土的汉代铁器中带放射状球状石墨的铸铁件，代表着我国古代铸铁热处理技术的杰出成就。

最后，在金、银、铜、锡、铅、汞和锌7种有色金属的冶炼上，冶炼工艺有了较大的突破，生产规模也有所拓展。汉代已经能够很巧妙地制造出金粉和银粉来，湿法炼铜术也有所发展。汉代已大量生产铜，生产规模已趋扩大。

综上所述，在汉代我国的冶炼技术已经发展到比较成熟的阶段。钢铁冶炼的重大技术发明和突破，带来了铁器的大规模普及和推广。铁制农具广泛应用于农业生产，铁兵器被应用于军事，不仅增强了综合国力，而且也促进了社会生产力的大发展。

木牛流马——现代机器人的先声

知/识/窗

《三国演义》木牛造法

方腹曲胫，一股四足，头入领中，舌着于腹，载多而行少，独行者数十里，群行者二十里，曲者为牛头，双者为牛脚，横者为牛领，转者为牛足，覆者为牛背，方者为牛腹，垂直为牛舌，曲者为牛肋，刻者为齿，立者为牛角，细者为牛鞅，摄者为牛仰双辕，人行六尺，牛行四步。每牛载十人所食一日之粮，人不大劳，牛不饮食也。

古希腊学者的五种简单机械理论

古希腊学者希罗提出五种简单机械理论，认为以下五种是最基本的简单机械，任何复杂机械都缘于它们。这五种分别是：杠杆、斜面、滑轮、轮与轴、螺旋。

看过《三国演义》的人，大概都知道诸葛亮为了解决山道运粮困难的问题，发明了木牛流马。它们不喝水，不吃食物，只需扭动一下机关，便能在山道上行走如飞，比现代的机器人还要好使。

木牛流马已经失传，虽然有尺寸设计，后世却不能组合复原成功；至少在功能上存在着差异。从木牛流马不难看出，我国古代机械发明的高超。

我国是世界上机械发展最早的国家之一。早在2.8万年前就发明了弓箭，这也是机械方面最早的一项发明。在公元前18000到公元前2800年期间出现了陶轮；公元前6000年到公元前5000年，出现了农具。这些都是较早的机械。

什么叫机械呢？在我国古代典籍中没有一个确定的定义。“机械”这个词最早见于《庄子》：“有机械者必有机事，有机事者必有机心。机心存于胸中，则纯白不备。”机械在这里含有一些贬义。随着人类社会的进步，人们逐渐认识到机械对我们的生活所起的巨大作用，人们所使用的机械也越来也复杂，涉及的层面也越来越宽泛；想要给机械一个简明精确的定义，确实有点费周折。我们只能简单笼统地说，利用力学原理来实现某些任务的装置，叫做机械。

机械始于最简单的工具，像人类早期制造的石器，如石刀、石斧和石锤等。后来，随着社会的发展和科技的进步，工具的范围逐步扩大，种类越来越丰富。

我国古代的机械发明，五花八门，不一而足，涉及到社会生产的各个行业、部门。举例而言，有缫车、纺车、织布机、提花机等纺织机械，有浑天仪、水运仪、地动仪以及铜壶滴漏等天文观测和计时机械，有辘轳、翻车、筒车等提水机械，也有锄、犁、耧车等农业机械，还有指南车、计里鼓车以及各类车船等交通机械，还有冶炼、锻造、加工等加工机械，更有弓、弩、发石机等军事机械。这些机械在社会生产中起着巨大的作用，反映了古代劳动人民的杰出智慧。

在三国两晋南北朝时期，由于战争的需要，机械发明在攻防器械、兵器以及造船等方面有了很大进步。

首先在攻防器械和兵器制造方面，有了很大程度的发展。这一时期，在攻守器具方面，有火车、发石车、虾蟆车、钩车等，还有飞楼、撞车、登城车、钩堞车、阶道车和火车等。攻防器械的制造，在战争中发挥了巨大的作用。在兵器方面，各种兵器的质量和数量都大大提高。在三国两晋时期，弩机趋向大型化。三国时，诸葛亮改进了连弩，“以铁为矢”，“一弩十矢俱发”，威力陡增。晋《舆服志》记载：“中朝大弩卤簿，以神弩二十张夹道……刘裕击卢循，军中多万钧神弩，所至莫不摧折。”

在造船方面，这一时期技术也有了巨大的发展。晋在攻吴时，发明“连舫”，就是把许多小船组装成一艘大船。这一时期水上重要的运输工具是由两只单船构成的舫船。在必要时，舫船可以拆开。南北朝时，祖冲之造“千里船”。梁朝，侯景军中还出现160桨的高速快艇，是历史上桨数最多的快艇。

机械的发明创造，大大促进了文明的进步，推动了社会向前发展，已经深深地融入到我们的生活之中。

马钧发明龙骨水车

三国时期，曹魏有一个叫马钧的人发明了龙骨水车；这是我国古代最先进的排灌工具，也是当时世界上最先进的生产工具之一。

龙骨水车，在当时叫翻车。东汉时期，有个叫毕岚的人做过“翻车”，但是它的用途只是用做道路洒水，跟后来的龙骨水车不同。马钧制造的“翻车”，就是专门用于农业排灌的龙骨水车。它的结构很精巧，可连续不断提水，效率大大提高，而且运转轻快省力，连儿童都可以操作。

由于马钧发明的龙骨水车具有巨大优点，故而一问世就受到普遍欢迎，并迅速推广普及，成为农业生产的主要工具之一，并沿用了1000多年。

通过龙骨水车的发明，我们知道马钧是一个多么了不起的人！他是这一时期伟大的机械发明家，他的发明革新对后世产生了深远的影响。后人称颂他“巧思绝世”。

马钧，字德衡，三国曹魏时扶风(今陕西兴平东南)人，曾任魏国博士。他非常喜欢研究机械，刻苦钻研，取得了机械制造方面的杰出成就。但是因为当时的统治集团对机械发明非

翻车模型

翻车又称龙骨车，是一种农业灌溉用具。东汉灵帝（公元168～公元189年）时毕岚发明，三国时马钧予以完善、推广。它由手柄、曲轴、齿轮链板等部件组成，初以人力为动力，后进而利用畜力、水力和风力。由于制作简便，提水效率高，很多地方一直沿用至今。

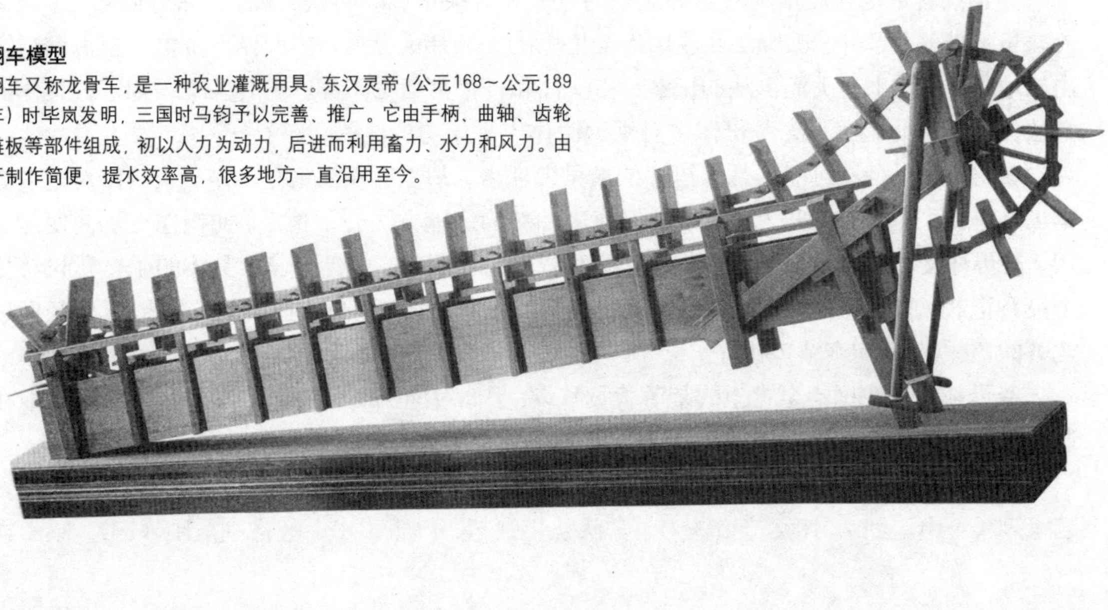

知/识/窗

翻车

翻车，也叫龙骨水车、踏车，是一种木制的提水灌溉器械。它的基本结构包括木槽、一条带有龙骨板叶的木链、大轮轴、小轮轴以及木架等。它的工作原理是，人扶在木架上，通过双脚踏踩来驱动轮轴旋转，从而带动木链板叶上移，将水提升起来。

常不重视，所以他一生都受到权势们的歧视，郁郁不得志。推崇马钧的傅玄这样感慨地说道，马钧，“天下之名巧也”，可与公输般、墨子以及张衡相比，但是公输般和墨子能见用于时，张衡和马钧一生未能发挥特长。

马钧在手工业、农业、军事等诸多方面都有革新和创造。

马钧改进了古代旧式织绫机，重新设计了新绫机。三国时的织绫机虽经简化，仍然是“五十综者五十蹑，六十综者六十蹑”，用脚踏动，非常笨拙，生产效率极其低下。马钧设计的新织绫机简化了踏具(蹑)，改造了杼运动机件。将“五十蹑”，“六十蹑”都改成十二蹑，这样使新绫机操作简易方便，大大提高了生产效率。新织绫机的诞生是马钧最早的贡献，它大大促进了纺织业的发展。

在农业方面，马钧发明了龙骨水车，前面已经提到。

在军事方面，马钧改进了连弩和发石车。当时，诸葛亮改进的连弩一次可发数十箭，威力已很大。马钧在此基础上进行了再改进，威力又增加了5倍以上。马钧还在原来发石车的基础上，设计出了新式的攻城器械——轮转式发石车。它利用一个木轮，把石头挂在上面，通过轮子转动，连续不断地将石头发射出去，威力相当大。

马钧还制成了失传已久的指南车。指南车是一种辨别方向的工具。远古传说中，黄帝大战蚩尤之时，在雾气中迷失方向，于是制造指南车，辨明方向，打败了蚩尤。东汉时张衡制造过指南车，可惜失传了。马钧想把指南车重造出来，遭到了许多人的嘲笑和诘问。马钧苦心钻研，反复试验，终于运用差动齿轮的构造原理，制造出了指南车，“天下皆服其巧”。

马钧研究传动机械，发明了变化多端的“水转百戏”。他用木头制成原动轮，用水力来推动，使上层陈设的木人都动起来。木人能做各种动作，十分巧妙。

綦毋怀文发明灌钢法

在汉代炒钢和百炼钢技术的基础之上，南北朝时期炼钢技术出现了新的突破，发明了灌钢法。

灌钢法就是把含碳量高的熔融状态的生铁和含碳量低的熟铁合炼，让碳分散均匀，成为含碳量较低的优质钢。灌钢法是我国冶金史上的一项伟大创造，在世界冶金史上也占据着突出的地位。文献上有关灌钢法的记载，在汉代和晋代都语焉不详，使后人难以知道其具体的方法。到了南北朝时期，綦毋怀文对灌钢法作出了无与伦比的贡献！

綦毋怀文，虽然可能不是灌钢法的最早发明者，却是灌钢法最早的革新者。他对这一炼钢工艺进行了重大的改进和完善，从而使这种新的炼钢方法趋于稳定，使操作更加简便和实用。綦毋怀文，复姓綦毋，名怀文，是我国南北朝时期著名的冶金家。具体的生卒年代历史上没有记载，只知道他生活在公元6世纪北朝的东魏、北齐年间。他喜欢“道术”，曾经做过北齐的信州(今四川奉节)刺史。

綦毋怀文在我国冶金史上的划时代贡献，在于他对灌钢法突破性的发展和完善以及他在制刀和热处理方面的独特创造。

綦毋怀文在信州做刺史期间，制造了一种“宿铁刀”，采用的技术就是灌钢法。《北史·艺术列传》中记载：“怀文造宿铁刀，其法烧生铁精，以重柔铤，数宿则成刚（钢）。以柔铁为刀脊，浴以五牲之溺，淬以五牲之脂，斩甲过三十札。”这里“生”是指“生铁”，“柔”是指熟铁，把含碳量高的生铁熔化，然后浇灌到熟铁上，降低熟铁的含碳量，这是明确的灌钢法记载。

这种灌钢法，较之以前的百炼法和炒钢法有着明显的优点。运用灌钢法，在高温下，液态生铁中的碳分及硅、锰等与熟铁中的氧化物发生氧化反应，这样就能达到去除杂质、纯化金属组织的目的，从而提高金属的质量。灌钢法明显减少了锻打的次数，提高了劳动生产率。这种方法操作简便，特别容易推广。

知/识/窗

宋沈括《梦溪笔谈》中灌钢法

“世间锻铁所谓钢铁者，用柔铁屈盘之，乃以生铁陷其间，封泥炼之，煅令相人，谓之团钢，亦谓之灌钢。”

明宋应星《天工开物》中灌钢法

“凡钢铁炼法，用熟铁打成薄片如指头阔，长寸半许，以铁片束包尖紧，生铁安置其上(广南生铁名堕子生钢者，妙甚)，又用破草覆盖其上(粘带泥土者，故不神化)，泥涂其底下。洪炉鼓鞴，火力到时，生铁先化，渗淋熟铁之中，两情投合。取出加锤，再炼再锤，不一而足，俗名团钢，亦曰灌钢者是也。”

綦毋怀文制作“宿铁刀”时，在热处理方面，使用动物尿和动物油脂作为冷却介质。动物尿中含有盐分，作为淬火冷却介质，冷却速度比水快，得到的钢较坚硬；动物油脂冷却速度比水慢，得到的钢有韧性。在此之前，人们一直用水作为淬火的冷却介质，直到三国制刀能手蒲元等人也没能突破水的范围。綦毋怀文对钢铁淬火工艺的重大改进，不仅扩大了淬火介质的范围，而且也能通过不同冷却速度获得不同性能的钢。

綦毋怀文还可能使用了双液淬火法，即先使用动物尿淬火，然后再使用动物油脂淬火，这样就能得到性能较好的钢。在工件温度比较高的时候，选用冷却速度比较快的淬火介质，主要是为了保证工件的硬度；在温度比较低的时候，选用冷却速度比较慢的淬水介质，是为了防止工件开裂和变形，保证工件的韧性。双液淬火法是一项比较复杂的淬火工艺，要求操作者有很高的技术水平和丰富经验，而綦毋怀文早在1400多年前就掌握了这种技术，这是热处理技术史上一项了不起的成就。

綦毋怀文对灌钢法突破性的发展和完善，标志着这一时期我国冶金技术的重大进步，使我国冶金技术遥遥领先于世界。

黄道婆改进棉纺技术

宋元时期，棉纺技术的普及和发展是我国纺织史上重大的成就。我国元代民间纺织女工黄道婆，在这一方面作出了非常重大的贡献。元代陶宗仪《南村辍耕录》卷24记载有她的事迹。

黄道婆，又名黄婆，生卒年不详，松江乌泥泾镇（今上海华泾镇）人，是我国元代著名的女棉纺织革新家。黄道婆大约出生于南宋末年，传说她小的时候给人家做童养媳，因为不堪忍受屈辱，在18岁左右逃脱出来，流落到海南岛崖州。

黄道婆到了崖州，在黎族地区生活了将近30年。当时海南岛盛产木棉，黎族人民的棉纺织技术非常精湛。黄道婆向黎族人民虚心学习，掌握了先进的棉纺织技术；再经过30年的刻苦努力，终于成为一位技艺精湛的棉纺织家。

中年的黄道婆开始思念自己的家乡，此时元朝已经取代南宋，江南开始恢复生产，经济状况好转。黄道婆回到了自己的家乡，为故乡人民带回了先进的纺织工具和她精湛的纺织技艺。

黄道婆一边向人们无私地传授纺织技艺，一边利用她的聪明才智，对棉纺织工具和技术

元代的棉纺织品

进行全面的改进和革新。

其一，黄道婆改革了擀籽工序。开始人们都是用手剖去籽，既麻烦又费时。她就教人用铁杖来擀尽棉籽。后来又引进搅车（轧车），利用机械轴间的空隙辗轧挤出棉籽来，大大提高了生产效率。擀籽工序的改革，是当时皮棉生产中一项重大的技术革新。

其二，黄道婆在弹松棉花的操作上，把小弓改成1米多长的大弓，弓弦由线弦改为绳弦，木椎击弦代替手指拨弦。通过改造，弹出的棉花均匀细致，不留杂质，大大提高了纱线的质量。

其三，在纺纱这道工序上，黄道婆创造出三锭脚纺车，代替原来的单锭手摇纺车。改进后，以脚踏代替手摇，能够腾出双手握棉抽纱，同时纺三根纱，纺织效率提高了两三倍，操作也省力；这是棉纺织史上的又一次重大革新。这种纺车是当时世界上最先进的纺织工具。元初著名农学家王祯在其著作《农书》中就介绍了这种纺车，其中的《农器图谱》还对木棉纺车进行了详细的绘图说明。这种新式纺车以其优异的性能受到人们的广泛欢迎，在江南一带得到迅速推广和普及。

其四，在织布工序上，黄道婆改进了以前的投梭织布机。在借鉴我国传统丝织技术的基础上，她汲取黎族人民织“崖州被”的长处，研究出了错纱配色、综线挈花等先进的棉织技术，纺织出鲜艳多彩的“乌泥径被”，驰名全国，其绚丽灿烂的程度能与丝绸相媲美。

黄道婆辛勤地向人们传授先进的棉纺织技术，不辞辛劳地进行技术改进和革新，极大地推动了江南一带棉纺织业的发展，使其一度成为全国棉纺织业的中心，历数百年而不衰。

黄道婆一生刻苦研究和辛勤实践，有力地影响和推动了我国古代棉纺织业的发展。黄道婆对于棉纺织技术的改进，反映了宋元时期我国的棉纺织业达到了高度发展的水平，在当时世界上处于先进地位。

宋元时期的纺织技术，在继承汉唐纺织技术的基础之上，又有很大的提高。在制造技术和提花工艺上，都有不少创新。

宋元时期纺织技术的突出成就是棉纺织技术的普及和发展，黄道婆在其中所作的贡献最为巨大。棉纺织技术的发展是建立在棉花的广泛栽种和普及上的。在宋元以前，棉花产地主要是在新疆等边境地区；棉花作为纺织原料，也集中在新疆、云南、海南岛和福建等地。棉花在元代得到了广泛的推广和种植，元政府对棉纺技术大力提倡。这些条件都促进了棉纺织技术的普及和发展。

知识窗

宋元纺织机械的进步

（1）纺车从手摇缫车向脚踏缫车过渡。脚踏缫车是人工缫丝机械中最先进的工具，在宋元时期得到普遍使用，完全取代了手摇缫车。

（2）棉纺织机械的创制和改进。

（3）大纺车和水力大纺车的创造。大纺车和水力大纺车的出现，是纺织机械制造方面的划时代进步，它们实现了纺织业的规模化，大大提高了生产效率。

元《梓人遗制》与纺织机械

《梓人遗制》是元代山西人薛景石所著。书中记载的7项机械中，除第1项是关于车辆制造，其余6项都是关于纺织机械。纺织机械里华机子、罗机子和立机子有很高的史料价值。

纸张的生产及应用

在历史长河中，书写被视作人类最伟大的发明之一。人们一旦有了书写的要求，就意味着需要有合适的材料用于书写，岩壁、石柱，甚至是陶土板都曾被使用，但是这些均不易携带。古埃及人发明了纸莎草纸，而书写介质真正的进步当属中国匠人发明的纸张。

约公元前2800年，古埃及人就开始用尼罗河岸边生长的芦苇制造纸莎草纸，这种芦苇的名字也是英语中“纸”一词的来源。他们将芦苇去皮，把木髓切成细条状后十字形交织起来，然后重击压平后就制成了平整的纸张，随后又用光滑的石头将纸莎草纸表面磨光滑。

其他早期的书写材料包括树皮、布料、还有薄的兽皮，后者常常被用来制成羊皮纸和犊皮纸。羊皮纸通常使用未鞣制的羊皮制作而成，很可能是以其产地帕加马(古希腊城市，现为土耳其伊兹密尔省贝尔加马镇)命名的。犊皮纸与羊皮纸类似，是用羔羊或者牛犊的皮制造的，不过更薄一些。工匠们用石灰清理皮革表面，干燥后在一个框架上将其拉伸开来，然后用锋利的刀片把皮革表面刮平，方便书写。

公元105年，汉代(公元前206～220年)中常侍蔡伦(约公元50～118年)撰写了第一部记录中国造纸术的著作。他在书中描述了用碎布片和其他比如树皮等材料造纸的过程，但这些技术可能早在100年以前就出现了。中国手工工匠还用树叶及其他植物材料造纸。一种方法是把嫩竹纤维和桑椹树皮内层混合后加水捣烂成纸浆。将纸浆倾倒在一层张在木框上的粗布上，粗布就像一个过滤器一样，水分慢慢渗透，而留在布片上的纤维则经干燥处理后做成纸张。照此法，使用麻纤维可以做出更优质的纸张，但是所有材料中最昂贵的应当算是丝绸织物制作的纸。为了使纸的表面更容易书写，造纸工人在新造的纸张表面涂上一层从淀粉中提取的浆糊胶料。粗糙的纸被用做包装纸，特制的软纸则用来当卫生纸。

世界上其他地方的人们也独立发明了纸。美索不达米亚人将难以处理的陶土制写字板换成了一种类似纸莎草纸的芦苇纸。约6世纪时，中美洲居住在墨西哥特奥蒂瓦坎的人将无花果树皮浸湿捣烂制造纸，他们先用泥灰岩漆处理，再用光滑的石头将其磨光。

尽管竭力保密，中国的造纸术还是在公元3～6世纪之间传播到朝鲜、日本以及越南。而后传至印度和中亚的撒马尔罕(今乌兹别克东部)，大约在8世纪时传播至中东的大马士革和巴格达。约公元10世纪时，阿拉伯商人将该技术传至埃及和北非，他们使用亚麻纤维制造强韧精细的纸。此后造纸业就开始使用草质纤维，譬如细茎针草、稻草麦秆纤维，最终发展成为木质纸浆。欧洲第一家造纸工场是建于1150年的西班牙港口城市瓦伦西亚。那时候，造纸厂称为“纸坊”，工厂需要水车为纸浆机提供动力可能是它们获得这个名字的一个原因，还可能

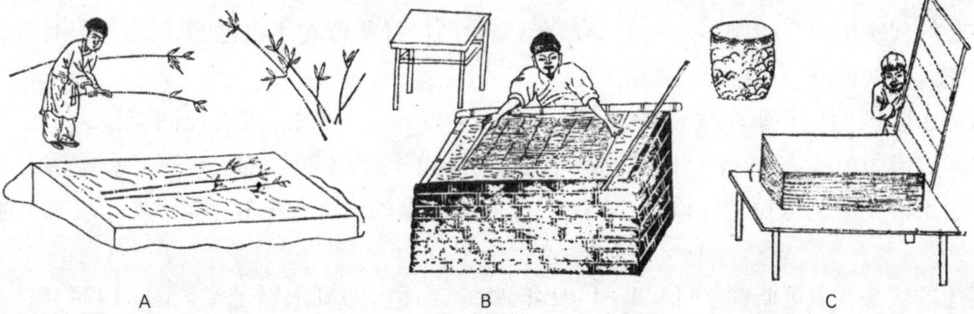

造纸术自约公元105年由中国人发明以来，其生产工艺几乎未作改变。人们首先是用诸如树叶、桑椹和嫩竹之类的植物材料(A)在研钵中与水混合捣烂成纸浆。然后造纸工人将纸浆均匀铺在一张精细的筛布或者网状织物表面(B)。最后，水分通过筛布网眼渗透流走，留在筛布上面的就是交织重叠的纤维质层，干燥后就形成了一张纸(C)。

是由于当时使用旋转石磨磨碎植物材料。

人们利用这些纸张做什么呢？当时的人们需要记录食物储备和赋税缴纳情况——直到计算机出现之前，所有的政府机构都需要大量纸张。记录员们不辞辛苦地誊写宗教经文和历史典籍。中国人还用纸制作雨伞、雨衣甚至窗户。中国士兵们则用一种加强型的厚纸板制作护身铠甲。中国人还发明了第一本装订成的书。大约在公元960年，中国人在木刻板上刻上文字图案印制大范围流通的纸币。欧洲的印刷术是由德国发明家约翰纳斯·古登堡(约1400～1468年)发明，并因此引发空前的需纸热潮，不久之后，书籍再也不是贵族们专享的奢侈品。后来兴起的报纸开始每天消耗掉大量纸张。

大事记	
公元前2800年	埃及发明纸莎草纸
公元105年	中国发明纸张
公元868年	出现第一本印刷书籍
公元960年	中国出现纸币
1150年	出现第一家欧洲造纸作坊
1442年	出现印刷出版机构

印刷术的发展

印刷术起源于中国。在大约公元9世纪，中国的印刷匠在一大块木板上刻出纸币或书本每一页上的文字和图案，做成印版，然后进行印刷。到了1045年，中国发明家毕发明了用烘干的黏土制成的活字，它们可以重复用于印刷十几年。

14世纪90年代，朝鲜开始采用铸造金属的活字，1403年，朝鲜国王太宗又下令改用青铜质活字。不过依然有许多印刷匠使用木刻版——把一整页的内容全刻到一块木板上。中国使用的汉语中共有上万个不同文字，1313年，中国印刷匠王祯用超过5万个木活字印刷了《农书》。1438年，传说荷兰印刷匠劳伦斯·科斯特(约1370～1440年)也开始在印刷中使用木活字。

15世纪40年代，德国发明家约翰纳斯·古登堡再发明了金属活字，他集合了诸多奇思妙想，设计在铜模里用低熔融态的铅合金铸造活字，用一种特别的印刷油墨，还有最为重要的压印器，可以将纸压在有油墨的印版上，这种压印器采用的是之前人们只在榨取葡萄汁酿酒时用到的螺旋式挤压器。

大约在1442年，古登堡在法国城市斯特拉斯堡开办了第一家印刷出版机构，可8年后他又回到了自己的故乡——德国美因茨，创办了一家出版机构。1455年，古登堡世界上最早用金属活字印制的书，是一本拉丁文圣经。因为书中拉丁文字按一页42行排版，人们有时又称其为“42行圣经”。与同时期印制的其他出版物一样，古登堡圣经没有页码和标题，也没有标明出版者。第一本标有印制者姓名的出版物是于1457年由皮特·斯考菲出版的一本诗集，同时该书还首创使用双色印刷。大约在1475年(当时他已经经营起了自己的印刷厂)，斯考菲开始用钢模取代铜模浇铸活字。

印刷出版机构也开始在欧洲其他地区出现。1465年，罗马附近的苏比阿克建起了意大利第一家印刷出版机构，5年后，巴黎的大学有了自己的印刷出版机构。1471年，德国天文学家兼数学家雷纪奥蒙塔拉斯(1436～1476年)在他纽伦堡的天文台办起了印刷厂，用来出版天文表。

英国的威廉·卡克斯顿(约1422～1491年)将金属活字印刷术引进了英国。1474年，卡克斯顿和佛兰德书法家曼森(当时他还身居比利时的布鲁日)一起出版了历史上第一本用英文印制的书，这本名为《特洛伊史回顾》的书是由卡克斯顿本人将法语原版翻译成英文后出版的。1476年，卡克斯顿回到英国，并于1年后在伦敦创办了一家印刷出版机构，他的这家卡克斯顿出版社在以后的15年中共出版了100多部书，其中很多是译本，源自法国，由他本人完成大部分的翻译工作。

风车的改进与推广

风车于12世纪在西欧出现，可能是十字军的士兵东征时在圣地看到了风车的运作，便把其设计理念带回了本土。但是早期欧洲的风车与早期波斯的风车有一个明显的区别：欧洲风车的翼板从一个水平轴上伸出，而不是安装在垂直轴上，整个风车安装在石塔或其他固定物的一侧，这样的设计更加有效地利用了可用气流。在一个垂直轴阻力型风车上，只有一半翼板任何时候都暴露在风中，这就意味着至少一半的可用能量流失了。通过将翼板安装在升高了的水平轴上，欧洲人制造的风车立刻将效率提高了1倍以上。

这似乎让人挺难理解：拥有更加先进技术的波斯人没有意识到这点吗？而实际上，水平轴风车是比垂直安装的阻力型风车复杂得多的装置。首先，使用一个竖立的风车去转动磨石必然会涉及到齿轮的使用，从而实现旋转90°的转力，对欧洲的水磨制造匠来说，实现这个没有问题，因为这项技术已经在水车上使用了；其次，一个竖立的风车只有在翼板正对风向时才能最有效地工作，因此欧洲早期的风车或建造得面向盛行风，或可以灵活调节。前一种设计在法国、西班牙南部海岸及地中海部分岛屿上很适用，因为这些地方常年刮着由海面吹来的风，但在风向多变的北部地区，这种设计就不再可行，为此，内陆风车，又称岗位风车，广泛地应用于这些地方，它们通常体积较小，被安置在一个立柱之上，可以根据风向而调整位置。

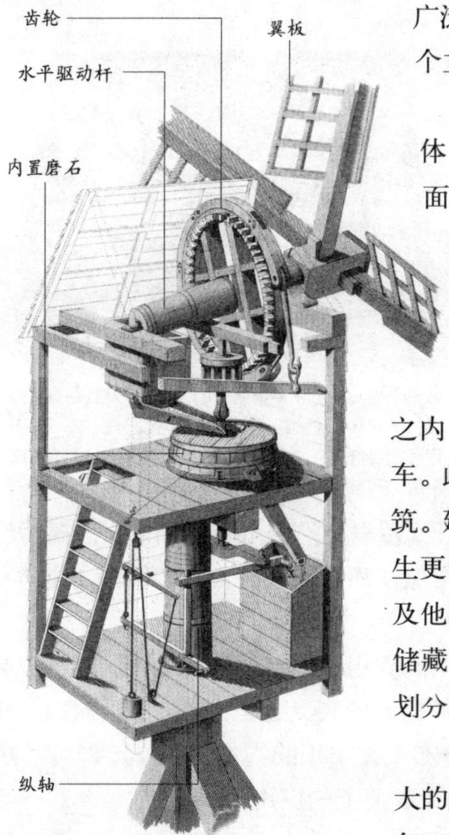

这是一架很典型的欧洲岗位风车，它的木制结构能朝着微风转动。在内部，齿轮将力转化，转动水平翼板杆，又使其变成推动围绕着一根垂直轴转动的巨大的磨石的力。

到了15世纪，风车翼板安装在一个独立于风车塔主体、可自由转向的“帽”里。当磨坊主需要调节翼板所面对的方向时，他只需要转动这个“帽”而不是整个装置。调节过程通常只需要用到一根长杆，它的一端连接在“帽”背，以一定角度垂到地上。推动这个长杆时，整个“帽”随之转动。得益于这项技术的发明，风车不再因转动时对人力的要求而局限在一定大小之内，人们因此可以用砖或是石头来盖造几层楼高的风车。此时风车不再是单纯的机械，而更像严格意义上的建筑。建造越高大的风车意味着有更大的翼板，也就可以产生更强的驱动力。风车内也有足够的空间可以提供给主人及他的家庭成员居住、工作，按照不同的生产过程，比如储藏、碾磨、从碾磨后的面粉中筛去麸皮、称重、包装等划分楼层。

起初，风车的翼板是由木制框架蒙上帆布制成，会被过大的风吹卷，甚至在非工作状态下整个被吹落。到了1772年，苏格兰的风车匠安德鲁·米克(1719～1811年)发明了弹簧翼板，它们是由木制板条制成，在弹簧作用下成闭合状态。刮大风时，翼板上承受的压力迫使板条弹开，以减小对

大 事 记

公元605年 在波斯，人们开始使用阻力型风车

12世纪 岗位风车出现在欧洲，用来碾磨谷物

1414年 风车在荷兰被用来排水

16世纪 风车技术被引入了美洲大陆

1772年 发明弹簧翼板

1854年 赫拉蒂式风车获专利

风的阻力。这个精妙的自动控制装置保证了翼板在稳定的速率下转动，能在阵风或是强风环境下安全工作。1807年，英国工程师威廉·丘比特(1785～1861年)发明了一种在翼板转动过程中改变板条角度(从而改变翼板转动速率)的方法。由于能够调节翼板的转速，磨坊主能更好地把握所生产面粉的质量。

早期风车的应用有两种目的——灌溉及碾磨。再也没有什么地方比荷兰更需要这两项应用了，因为这个国家的大片田地地势低洼，只有依靠成千上万架风车持续地抽水工作才能使其保持一定的干燥度。在16世纪后期，曲柄杆的发明意味着风车可以用来驱动锯木机。1888年，美国俄亥俄州的发明家查理·布什(1849～1929年)使用风车来发电。

欧洲殖民者在16世纪将风车引入了美洲大陆。1854年，美国机械师丹尼尔·赫拉蒂发明的赫拉蒂式风车取得专利，这种风车在随后拓荒西部的过程中扮演了重要的角色。它有一个尾翼，使其能随风向自动转动。类似的数以千计的风车至今仍然在美国的乡村及澳大利亚的内地被广泛地应用在抽取农地用水或是牲畜喂养方面。

改变世界的指南针

指南针的历史不可避免地与磁铁联系在一起。几千年前人类就发现了磁的存在，当时他们注意到了某种岩石——磁石的不寻常的特性。磁铁矿中含有大量的磁石，是一种氧化铁混合物，即天然的磁铁。根据罗马作家普林尼(公元62～113年)的记载，一个名叫马格纳斯的牧羊人注意到自己赶羊用的牧杖的铁质顶端会被某些岩石粘住，因此有了磁石的发现。

第一个指南针是在中国制造的。人们将天然磁石雕刻成勺子形状，摆放在一个刻着方向、星座分布、占卜符号的底盘上，被称为司南。最先在天文、占卜方面使用，几百年后它才在航海中发挥作用。

地球本身就是一个巨大的磁体，由熔融态的铁和镍组成的地球外核上有电流及对流存在，从而产生了磁场。就像一个简单的磁条，地球的磁场也有两极——北极和南极。把一个磁条放在撒满铁屑的纸上，铁屑会沿着由两极辐射出的磁力线分布。一个磁化的物体，例如磁石、指南针指针，也会像铁屑那样调整自己的指向，使其与磁力线的指向保持一致。

公元1世纪，中国人把磁石应用在叫做“司南”的装置中，主要用来看风水。在这个装置里，磁石被雕刻成勺子的形状，摆放在一个表面经过磨光的底盘上，会使自身指向南－北轴向。底盘上通常刻方向(东、西、南、北)、星座的分布及占卜用的符号。在公元83年，中国哲学家王充对这种装置进行了记载，但没有提到它在航海上的应用。

在公元8世纪，中国人用磁化了的铁针代替原先司南中的磁石。这种磁针是通过将铁针顺着磁性极好的磁石的磁轴放置磁化后获得的。1086年中国科学家沈括(1031～1095年)在他的《梦溪笔谈》中明确提到了一种专用于航海的磁罗盘。到了1117年，北宋朱彧写的《萍洲

大事记	
公元1世纪	司南(天然磁石)被发明
公元8世纪	铁制指南针指针被发明
11世纪	维京人在航海中使用了罗盘
1250年	欧洲水手使用便携式罗盘
1269年	罗盘刻度盘被发明

可谈》描述了指南针在海上的使用。然而直到欧洲人探险时代开始后，罗盘才被做成精密的航海辅助设备。

鉴于远东地区进行的大量革新，罗盘很可能是由阿拉伯人传入西方的。在此之前，欧洲的旅行者们利用太阳或北极星来辨别南北方向。尽管他们能通过这种天文方法来获得比较精确的定位，但这只有在天气晴朗时才能进行——不时出现的坏天气经常严重影响航海活动并导致灾难性的后果。

11世纪时，维京人可能利用罗盘航行于北欧沿岸，但是第一个关于磁罗盘的记载来自《对于万物的思考》一书中，这本书由英国学者、牧师亚历山大·尼克曼撰写，出版于1180年。

欧洲早期的罗盘将一个磁化的指针垂直插在一根麦秆中，再使这根麦秆竖直漂浮在装有水的碟子里。这样的装置在一定程度上能指示准确的方向，但在旅行中携带它极不方便。到了1250年，指针被装在了一个枢轴上，它的上方是一张标有主要方向的圆形卡片，在指针的带动下能一起旋转。

1269年，法国科学家皮特鲁斯·佩里格里纳斯第一次解释了磁铁(因此也包括了罗盘)的工作原理。他描述了磁极，并发明了罗盘刻度盘，使指针能用“度”来指示方向。

对罗盘进一步改进的技术包括将指针与刻度盘放置在一个盒子中。早期的这种盒子是用木头或者象牙等不会对施加在指针上的磁力造成干扰的材料制作的。后期使用的黄铜也是基于这个考虑。在16世纪，船上的罗盘被装在具有自动校正的轴或支架上，以保证罗盘能够在颠簸的船上始终保持水平位置。

罗盘迅速成为必不可少的工具。1594年，英国哲学家弗朗西斯·培根(1561～1626年)称罗盘指针的发明为文明社会最重要的三项进步之一(另外两项分别是火药与印刷术)。每年成千上万的水手将自己的生命托付于一个颤动的小小铁片，在航行过程中根据它的指示进行操作。后来水手们也逐渐意识到指针并不是永远准确的，它会受到来自附近物体，特别是铁制品的干扰。航海罗盘还会受到大陆的影响，当进行东西方向的航行时，航海人员知道必须做出适当的方位补偿来抵消一种称为“磁偏离”现象所造成的影响。

钟和表的发明与改进

大约在公元前3500年，埃及人使用的日影钟是已知最早的计时工具。它最基本的结构就是一根直立在地面上的木棒，当太阳在空中有较明显的位置改变时，它在地面木棒投影的位置也会随之改变，也指示着时间。

大事记	
公元725年	第一台水力驱动机械钟被发明
公元996年	钟的擒纵装置被发明
14世纪80年代	重力钟被发明
1502年	发条钟被发明
1656年	第一个摆钟被发明
1675年	游丝校准器被发明

到了公元前8世纪，日影钟发展成了日晷，日晷的三角“翼”(指针)也取代了原先的木棒。沙钟也可以追溯到很久以前的年代，最普通的类型要数沙漏，沙漏上部区域的沙子全部流到下部区域正好需要1个小时。在19世纪20年代之前，英国皇家海军就一直在航海的船只中使用沙漏。

在晚上，古埃及人利用水钟来计时，它们叫做漏壶，仅为一个装满水且内壁有刻度标记的容器。容器中的水可以透过底部的一个洞滴出来，而容器的水平面对应的刻度则反映了时间。古希腊人在此基

这个中世纪的壁钟本质上是一个安装在墙上的日晷。日晷纤细的金属指示针投影在外围刻度上的投影指示着时间。图上指示的时间是刚过正午。

础上增加了一种漂浮机制，以移动一个标示物来指示时间。中国发明家设计的漏壶用水银代替了水。

公元725年，中国工程师梁令瓒和僧一行制造了第一架机械钟——以10米大的明轮的规则运动为基础。明轮的每条桨都由一个“杯子”组成，只要里面装满水，就会使整个轮子转 1/36 圈。一套齿轮系统能给出一天中时间的读数以及一年中的日期还有月相。到了大约1090年，中国宋朝宰相苏颂制造了一个巨大的水力驱动天文钟，又称水运仪象台，可以指示恒星明显的运动状况以及时间。

欧洲第一个机械钟使用的动力是重物，重物挂在绳索的一端，缠绕在一个鼓上。一个水平的振荡条控制一个位于鼓上的嵌齿轮的旋转，使其减速，这也就是最早的钟擒纵机构。每隔1小时，一个铁锤就会敲响一个铃(那时候钟还没有指针或刻度盘)。实际上，英语中“钟”一词“clock”源自德文“Glock”，意思是“铃”。这种类型的钟据说是由法国学者兼牧师奥里拉克的吉尔伯特在他于公元999年成为教皇西尔维斯特二世之前发明的——大约在公元996年。今天，在法国的里昂和英格兰的索尔兹伯里的大教堂中依然保留着具有类似结构、可追溯到14世纪80年代的机械钟。

1502年，德国钟匠皮特·亨莱因发明了一个发条钟，带有一个水平的钟面以及仅有的一根时针。到了1656年，荷兰科学家克里斯蒂安·惠更斯设计了摆钟。1年之后，在荷兰的海牙，一个名叫萨洛蒙·柯斯特的钟匠也有了相同的发明。钟的下一个重大进展是锚形擒纵机构的设计，是由英国科学家罗伯特·胡克在1660年发明的。因为摆能够有规律地计时，所以重力驱动和发条钟均可应用。

1542年前的一两年间，亨莱因制造了第一个便携式计时器——表。不久他便离开了人世。这只表由一个发条驱动，仅有的一个时针透过发条盒正面的洞指示时间。振荡平衡轮和游丝校正器在1675年被发明，至今它们仍然被使用在机械钟表中。1680年，英国钟表制造家丹尼尔·奎尔发明了一种有重复报时装置的表，每当按下表侧面的控制杆时，它会重复最后一次报时信息。

气压计与真空

伊万格列斯塔·托里切利(1608～1647年)是意大利著名物理学家、数学家。1641年，托里切利以助手的身份协助年迈的伽利略(1564～1642年)进行科学研究，而后者则一直认为真空不可能存在。1645年，在其助手温琴佐·维维安尼(1622～1703年)的协助下，托里切利将一根2米高的玻璃管末端封闭，并用水银灌满该玻璃管。之后，使用拇指压紧开口端，使其也处于密闭状态，继而将该玻璃管倒置入装满水银的玻璃盘中，最后移开拇指。此时，一些

大事记	
1645年	发明水银气压计
1654年	古埃瑞克做马德堡半球实验
1703年	发明豪克斯比真空泵
1771年	气压计用做高度仪
1855年	发明盖斯勒真空泵
1865年	发明施普伦格汞汽泵

水银从玻璃管中流入水银盘中，水银柱的高度最终降至76厘米，但是又是什么原因导致这些水银无法全部流出呢？

托里切利推导出：作用在玻璃盘水银面上的大气压与玻璃管中剩余水银的重量相等，因此管中水银柱的高度可作为大气压的测量标准。这一设计即为气压计。同时，托里切利也注意到，玻璃管中水银柱的高度随每日天气的变化而稍微变化，由此推断，大气压必然每时每刻都处于变化之中。1647年，法国数学家莱恩·笛卡儿(1596～1650年)在托里切利发明的气压计管壁上添加垂直刻度，用其记录气象观测值。时至今日，在气象预报中，大气压仍是极为重要的参考因素之一，并且常常使用毫米汞柱为单位来表示，标准大气压为760毫米汞柱。

大气压随着海拔的变化而变化，山顶的大气压比山脚低很多，而高空飞行的喷气式飞机所处高度的大气压接近零。1771年(距托里切利去世相隔了约1个世纪)，瑞士地质学家简·德吕克(1727～1817年)开始使用灵敏气压计测量山脉高度。现代的飞机上使用的高度测量计也是由气压计改进而来的，不过已不是水银类气压计了。

托里切利所设计的气压计不利于携带，而简·德吕克带上山的气压计也不轻便。1797年，法国科学家尼古拉斯·福廷(1750～1831年)发明了轻便水银气压计。该气压计使用皮制口袋作为水银储蓄池，使用时，旋动一个螺旋钮，口袋会被稍稍挤压，使得水银面与一个指针所指的水平线恰好在同一位置上。待一切平稳后，再转动大气压力计上部的调节游标螺旋，使其升高至比水银面稍高后慢慢落下，直到游标底部同游标后部金属片的底部同时与水银柱凸面顶端相切后，即可从游标上读出刻度，精确测量大气压力。

再次回到托里切利的实验，试管中水银液面以上的空间中到底存在着什么？答案是：什么都没有。事实上，这一空间即为真空。科学家们随后开始研究真空的性质及其效应，不过，首先需要一种能够在实验室中制造出真空的方法。1654年德国马德堡市市长、物理学家奥托·冯·古埃瑞克发明了抽气泵，之所以这样称呼，是因为它是被用来从容器中抽去空气的，时至今日，我们又称之为真空泵。当时，古埃瑞克使用真空泵将一对紧闭的铜质半球中的空气抽光，使其处于真空状态。由于大气压，这两个铜质半球紧紧地连在一起，以至于16匹马也无法将它们分开。这一实验即为著名的“马德堡半球实验”。

随着时间的推移，更多的高效真空泵被一一发明，而科学家们也逐渐开始利用真空泵做相关的实验。格利克真空泵发明后不久，罗伯特·玻意耳(1627～1691年)便开始在其实验中利用真空泵研究空气与其他气体的性质。1703年，英国物理学家弗朗西斯·豪克斯比(约1666～1713年)发明改良真空泵。1855年，德国物理学家海因里希·盖斯勒(1815～1906年)使用自己发明的真空泵研究低压状态下的放电现象。10年后，英籍德裔科学家赫尔曼·施普伦格(1834～1906年)在盖斯勒真空泵的基础上再次进行改进，使其成为自动真空泵，并且能够产生更高气压的真空状态(因为一般的真空泵不能将空间中气体完完全全地抽走，总会留下少许气体分子)。今日，施普伦格真空泵仍较为常用，这是一种汞汽泵，又称“扩散泵”，其工作原理为，汞气体能够“捕获”空气分子，并将其带离所在空间，并由此产生真空。该仪器在科学研究中发挥了极大的作用，之后，科学家们利用施普伦格真空泵做出了一系列重大发现，例如发现电子，发现大气中的“稀有气体”，以及发明电灯泡等。

伊万格列斯塔·托里切利在其一系列气体压力实验中首次制造出真空。这一发现也使得水银气压计得以问世，同时也首次证实了真空状态确实存在。

改变世界的望远镜

大事记	
1608年	首台折射式望远镜被发明
1655年	惠更斯式折射透镜被发明
1663年	格里高利式反射望远镜被发明
1668年	牛顿式反射望远镜被发明
1672年	卡塞格伦式反射透镜被发明
1758年	多朗德式消色差望远镜被发明

荷兰籍德裔眼镜制造商汉斯·李伯希(约1570～1619年)于1608年制造了首架望远镜，之后将这一发明卖给荷兰政府——用于军事。但是因为他人也宣称是望远镜的发明者，所以荷兰政府并未授予李伯希望远镜的专利权。李伯希发明望远镜的消息传到意大利科学家伽利略的耳中，他也立刻自制了一台望远镜用来观测星空，伽利略利用它发现了太阳黑子、月球陨石坑、4颗木星的卫星等。

另一位同时代的天文学家——德国人约翰尼斯·开普勒(1571～1630年)正确揭示了这类望远镜的工作原理：物体光线经过凸透镜后产生放大的虚像，继而由凹透镜将其聚焦，从而达到放大远处物体的效果。同时开普勒建议使用两个凸透镜，以获得更大的放大倍数。1611年德国天文学家克里斯托弗·施内尔(1575～1650年)采纳了开普勒的设计，制造出放大倍率更高的天文望远镜。由于两个凸透镜的存在，使得该望远镜的成像为上下颠倒的，因而在此后几个世纪里，月球表面图中的“北极”总是显示在月球的底部。

当时的望远镜透镜存在诸多缺点，比如“色差”，它使图像边缘镶上了各种色彩，严重影响了观察精度。1655年，荷兰科学家克里斯蒂安·惠更斯(1629～1695年)发现经过抛光与打磨等工序后的透镜能在一定程度上减弱色差。使用此类改进型天文望远镜，他首次观测到了土星环。

直到1758年，英国眼镜与天文仪器制造商约翰·多朗德(1706～1761年)发明消色差天文望远镜，才最终解决了色差问题。他重新发现了1733年由英国业余天文爱好者切斯特·霍尔首次使用过的制作消色差透镜的方法，这种至今仍在使用的方法包括了拥有两个分离部件结合在一起的一组复合透镜。复合透镜的第二个部件由冕玻璃制成，能够修正由第一个部件(由燧石玻璃制成)引起的色差。其工作原理是这两类玻璃以不同的方式轻微地弯曲光线。

另一种避免出现色差的方法就是使用微曲率长焦距(从主镜或物镜到焦点的长度)透镜，但使用这一方法制造的望远镜很大，常常超过10米。1650年，波兰业余天文爱好者约翰纳斯·赫维留斯(1611～1687年)建造了一台长达45米的望远镜，又称高空望远镜，这类望远镜有一个大型支架系统，在观测时，则利用滑轮与绳索系统移动镜筒，观测目标。

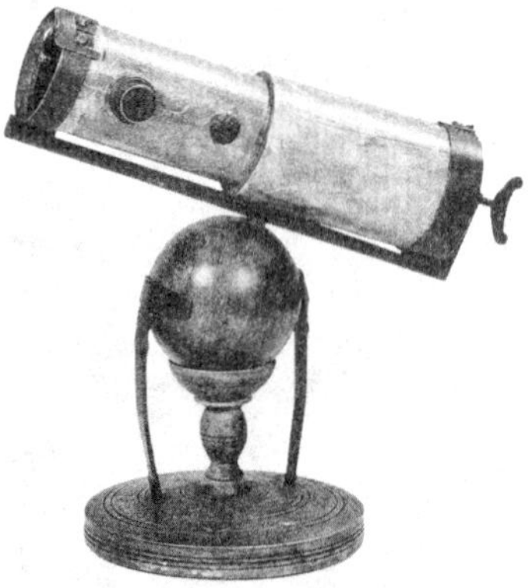

上图为牛顿式反射望远镜。1663年，苏格兰数学家詹姆斯·格里高利设计首架反射式天文望远镜。1668年，牛顿根据自己的设计，建造了区别于格里高利的反射式天文望远镜，该望远镜具有目镜结构，内含一块直径3.3厘米的反射镜，能够将物体放大40倍。

由于平面镜不会引起色差，因此使用拥有平面镜而不是透镜的反射式天文望远镜观测天体能够获得更好的成像效果。1663年，苏格兰数学家、发明家詹姆斯·格里高利(1638～1675年)在设计望远镜时意识到这一特点，于是他使用一块小的曲面副镜将光线反射回去，穿过主镜中的一个孔进入一块目镜。

后来，英国科学家罗伯特·胡克(1635～1703年)改进了这一设计。而另一些类似的反射式望远镜则分别由牛顿于1668年，以及由法国牧师劳伦·卡塞格伦(1629～1693年)于1672年设计建造。当时的卡塞格伦式反射式望远镜设计仍存在缺陷，直至1740年才由苏格兰光学仪器制造商詹姆士·肖特(1710～1768年)最终完善。1857年，法国物理学家里昂·傅科特(1819～1868年)采用镀银玻璃以制造曲面反射镜，这一设计不但制作工艺简单，而且如果意外破损，还可再次镀银，极大地改进了望远镜的制造工艺。与制造大型透镜相比，制造大型反射镜容易得多，因此，天文望远镜也开始变得越来越庞大，同时性能也越来越优良。

图中为1789年由英籍德裔天文学家威廉·赫歇尔(1738～1822年)设计建造的巨型望远镜。该望远镜的焦距超过12米。

当今，世界上最大的折射式天文望远镜座落于美国芝加哥附近的耶基斯天文台，该天文望远镜的透镜直径达1米，于1897年建造完成。而建于1948年的大型黑尔式反射式望远镜则位于美国加利福尼亚州西南部帕洛马山山顶，该望远镜的反射镜直径达5米。由于工艺上的原因，更为大型的天文望远镜不再采用单一反射镜的结构，取而代之的是由一系列较小的六边形镜片组成蜂窝状反射镜组结构，同时采用电脑控制，调整该镜片组镜片位置达到最好的反射与聚焦效果。位于美国夏威夷群岛的凯克天文台拥有两台世界上最大的反射式天文望远镜，它们各自由36块直径10米的六边形反射镜组成。

詹姆士·瓦特与蒸汽机

大 事 记	
1765年	带分离冷凝器的蒸汽机问世
1769年	瓦特的蒸汽机获得专利
1775年	瓦特同马修·博尔顿合作设计制造蒸汽机
1781年	“太阳与行星齿轮”装置问世
1782年	双向作用蒸汽机问世
1788年	飞球离心调速传感器问世

1736年1月19日，瓦特出生于苏格兰克莱德河畔的小镇格林诺克(位于格拉斯哥市附近)，父亲为木匠兼商人，而瓦特是六个孩子中最小的一个。少年时代的瓦特没有接受完整的正规教育，但曾就读于格林诺克文法学校，并在父亲的工厂学习技术。1755年，瓦特只身前往伦敦，在一家精密仪器制造厂当学徒。2年后，成为格拉斯哥大学仪器制造厂工人，并拥有了自己的车间。1764年，学校里的一台纽可门蒸汽机模型出现了故障，请瓦特前去维修。在修理的过程中，瓦特意识到该类型蒸汽机的两大弊病：首先，活塞动作不连续而且非常慢；其次，该汽缸在不断地加热与冷凝的过程中，能量大量流失，热效率十分低下。

1765年，瓦特设计发明了带有分离冷凝器的蒸汽机，克服了纽可门蒸汽机的缺陷。该设计能够将做功后的蒸汽排入汽缸外的冷凝器，令汽缸产生真空，同时又可以始终保持汽缸处于高温状态，避免了在一冷一热的过程中造成的能量消耗。据瓦特的理论计算，这种新型蒸汽机的热效率是纽可门蒸汽机的3倍以上，因此，学校教授、苏格兰物理学家、化学家约瑟夫·布莱克(1728～1799年)决定资助瓦特继续研制蒸汽机。

1767年，瓦特前往伦敦，得到化工技师约翰·罗巴克的资助，二人开始合作研制蒸汽机，但1772年他们的工厂因经营不善而破产。不过罗巴克又将瓦特介绍给自己的朋友——工程师兼企业家马修·博尔顿(1728～1809年)。博尔顿在伯明翰附近的梭霍地区设有工厂，生产各式各样的金属制品，如镀金的用具、银纽扣与带扣等，并且博尔顿还于1797年设计了英国新型铸币技术，并为此设计了专用机械。

1775年，与博尔顿合作之后，瓦特开始按照1769年设计的原型制造蒸汽机，不过与之前的蒸汽机相比，瓦特于1776年建造的第一台新型蒸汽机仍无显著提高。经过5年的不断摸索与改进，瓦特终于制造出真正意义上的实用型蒸汽机，随后便大批量生产。在此期间瓦特还不断地与仿冒侵权行为作斗争，保护自己的专利。在英国西南部城市康沃尔的铜矿、锡矿中绝大多数运行了50年之久的纽可门蒸汽机都被瓦特蒸汽机所取代。

瓦特一直潜心改进蒸汽机，为了将活塞的上下往复运动转化为旋转运动，1781年他发明了“太阳与行星齿轮”，以及杆和曲柄联动系统。这些改进使蒸汽机得以应用到机床、织布机与起重机上，结束了这些机械靠水能驱动的历史。

1782年，瓦特又设计了双向作用蒸汽机，即蒸汽能够从活塞的每一侧交替进入。这种机器在活塞的每一次运动时都利用了蒸汽力。1788年，瓦特设计了飞球离心调速器，用以控制引擎速度，这是历史上首台负反馈式装置被应用于蒸汽机之上。1790年，瓦特发明的压力计完成了瓦特式蒸汽机的历史性飞跃。至18世纪末，世界各地共有约500台瓦特式蒸汽机在不停地运作。

1783年，瓦特用“马力”作为瓦特式蒸汽机的输出功率单位，他用当时最普遍的动力源——马匹的输出标准作为参照。因为一匹马能够在1分钟之内将453千克重的物体抬升10米，所以由此计算得出马匹的动力为每分钟33000尺磅(1尺磅＝1.3558焦耳)，相当于每秒550尺磅，瓦特称之为1马力。根据这个标准，普通人的功率输出约为1/10马力，家用汽车的功率则约为20马力。

除了发明蒸汽机外，瓦特在其他领域亦做出过不少贡献，如于1780年获得专利、使用特制化学墨水复制文件的技术——胶版印刷术，以及用来复制雕塑的雕刻机等。1794年，博尔顿、瓦特以及瓦特的儿子一起开办公司，之后瓦特的儿子慢慢接手公司事务。1800年，瓦特退休，但其仍旧醉心于发明设计。1817年，小詹姆士·瓦特为“卡列多尼亚号”远洋蒸汽船设计制造蒸汽机，该船下水时，整个英国都为之振奋、欢呼。瓦特亲眼目睹了这一场景，见证了儿子的成功。

为了纪念瓦特的贡献，国际单位制中功率的单位被定为“瓦特”，在机械运动中，瓦特的定义式1焦耳/秒。而在电学单位制中，瓦特的定义是1伏特·安培。

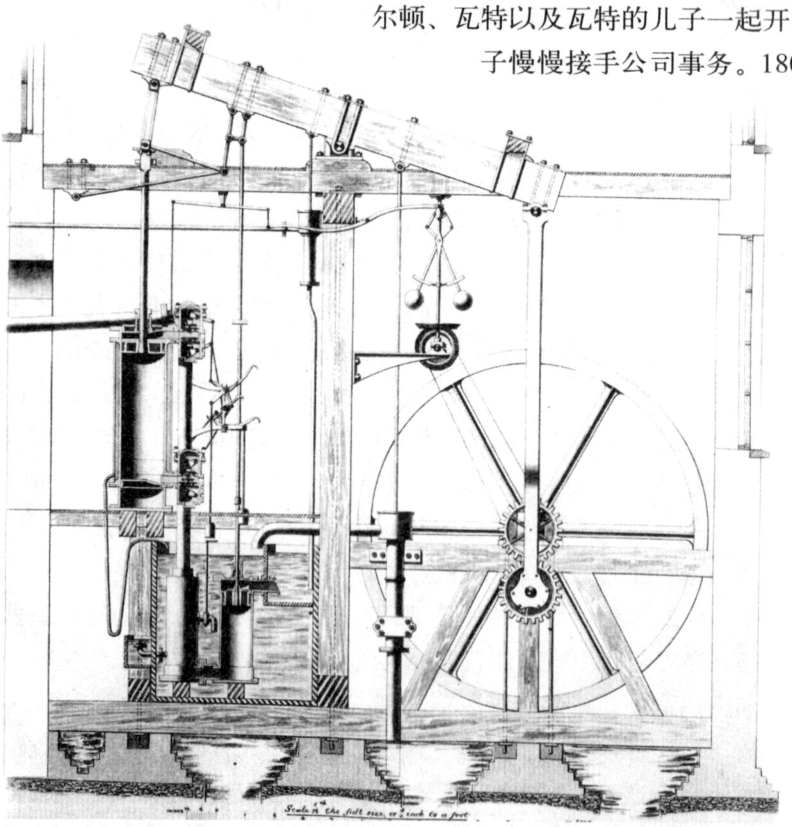

瓦特式蒸汽机的核心部件是分离冷凝器(图中中间偏左的那个小圆筒汽缸)，图中也展示了“太阳与行星齿轮”联动装置(位于最大的飞轮的中心)，这一装置将振荡杆的上下运动转换为圆周运动，从而为其他机器提供动力输出。

内燃机的发明与改进

大事记	
1859年	煤气内燃机问世
1876年	四冲程内燃机问世
1878年	二冲程内燃机问世
1885年	汽油内燃机问世
1892年	柴油内燃机问世
1929年	汪克尔内燃机（又称旋转式内燃机）问世

1859年，比利时工程师埃迪内·莱诺(1822～1900年)成功制造出首台燃料在机器内部燃烧的发动机。该发动机采用煤气作为燃料，将煤气与空气混合后，依靠活塞运动吸入汽缸。随后，当活塞运行到汽缸一半的位置时，使用电火花点燃煤气与空气混合物，产生爆炸，迫使活塞返回冲程底端。而当活塞返回时，活塞的另一端又会吸入煤气与空气混合物。这一系列过程不断地重复，便持续向外提供动力，因此该引擎称为“双动引擎”。该引擎仅能达到每分钟200转的低转速，输出功率达到1马力。因为该内燃机二次活塞往返运动非常剧烈，所以需要较重的飞轮来保持稳定。

1862年，法国工程师阿方斯·博·德·罗夏(1815～1893年)年取得四冲程内燃机专利，但他当时并未建造实体四冲程内燃机，而仅仅完成了设计工作。因此，当专利过期时，罗夏的想法被自学成才的德国工程师尼库劳斯·奥托(1832～1891年)采纳，后者则于1876年建造了世界上首台水平四冲程气体引擎，这台四冲程气体引擎的汽缸有一个孔，用于让火焰引燃燃料与空气混合物。引擎能够达到每分钟180转的转速，输出功率达3马力。在当时很长一段时间内，人们将四冲程循环称为“奥托循环”，它们是现代内燃机的工作原理。

当时，奥托内燃机依然使用煤气作为燃料，直到1867年奥地利工程师西格弗里德·马库斯(1831～1898年)发明汽化器，使得气化液态汽油成为可能，很快，气化汽油与空气的混合燃料便成为内燃机的主要燃料。1885年，两位曾为奥托工作的德国工程师卡尔·本茨(1844～1929年)与格特利普·戴姆勒(1834～1900年)各自独立发明汽油内燃机，并将这两种内燃机安装到当时的汽车与摩托车上。戴姆勒设计的内燃机能够达到每分钟900转的转速，使用红热状态的白金管点燃燃料，同时还采用了由戴姆勒的合作伙伴、德国工程师威廉·迈巴赫(1846～1929年)发明的新式表面汽化器——迫使一股气体流越过汽油表面产生油-气混合物。本茨设计的内燃机转速仅能达到每分钟250转，它所能提供的动力输出也不到1马力，但是本茨设计的汽车却有了许多现代特征，包括由电池驱动的线圈点火装置以及分流器等。

到19世纪末，随着热力学的发展，科学家在更加详尽地分析了内燃机的主要工作原理之后大胆预言：如果合适的燃料与空气的混合物在足够热、压力足够大的情况下，能够不需要火花而自发燃烧。英国人赫伯特·斯图尔特(1864～1927年)首先将这一想法付诸实施，他设计了以前被称为压燃式引擎的发动机，于1890年取得专利。两年后，德国发明家鲁道夫·狄塞尔(1858～1913年)也取得了类似内燃机的专利权。1897年，他又正式演示了该内燃机，从此，这类内燃机又被称为狄塞尔内燃机，即柴油发动机。

奥托于1876年发明的四冲程气体引擎。同莱诺的早期引擎一样，奥托引擎也需要一个大的飞轮来平衡剧烈的晃动。一条宽的传送带绕在小轮上提供最终的动力输出。

柴油发动机在许多应用方面都具有一定的优势，首先因为柴油不需要精炼，所以价格比汽油低很多，其次柴油较黏稠，且其原油产品较之汽油不易燃，较为安全，而且不需要火花塞或相关点火装置的柴油机其能量转化率可达到35%，而最好的汽油内燃机的转化率却仅为25%。当然，这同理论上理想内燃机的最大转化效率67%相比，还有相当距离。

至今，内燃机系统的变革仍尚未完成。与之前的蒸汽机一样，早期汽油发动机及所有柴油机都是往复活塞式内燃机，振荡活塞的上下运动(或者左右运动)必须转换为旋转运动才能应用于实际。

1929年，德国工程师弗里克斯·汪克尔取得了革命内燃机的发明专利，之所以这样称呼，是因为它是真正的旋转式发动机。这种发动机的第一台原型制造于1956年。一台汪克尔引擎有一个转子(像边缘稍有弧度的三角形)在一个汽缸中旋转。其中包含的几何结构创造出三个分离的区域(可以视为燃烧室)。这种引擎有四冲程，使用了1～2个火花塞及两个孔。当然，也有一些发展得较成功的“旋转”汽油发动机，比如用于飞机推进器驱动力来源的某些发动机。

加速工业革命的纺织机

大事记	
13世纪	手纺车问世
1733年	飞梭问世
1764年	珍妮机问世
1769年	精纺机问世
1779年	走锭纺纱机(又称“骡机”)问世
1785年	蒸汽动力织布机问世

最初用于协助纺纱的器械为卷线杆，在长杆开裂的一端夹有未纺织的羊毛、亚麻等。纺织工通常是妇女，她们将纺纱杆夹在一条手臂下，并搓出一股连续的羊毛绳，同时在一只手的手指间将这些羊毛绳绕在一个旋转的纺锤纱锭的一端。历史学家们通过考古挖掘发现古代美索不达米亚人于7500年前便开始使用纺纱杆，成为可与轮子匹敌的最古老的发明之一。

13世纪，欧洲开始大规模推广手纺车，手纺车具有垂直的大纺纱轮，大大简化了纺纱的工作。它有一根带子带动纱锭旋转，纺纱者一只手从垂直的纺纱杆中不断地抽出羊毛线，另一只手不断地转动纺纱轮。16世纪的手纺车又增加了脚踏板，纺纱工从此可以坐下来纺纱。

18世纪，纺纱机有两次极为重要的改进。首先是1764年，英国机械师詹姆士·哈格里夫斯(约1720～1778年)发明的珍妮机(于1770年取得专利)，其次是1769年哈格里夫斯的同胞理查德·阿克赖特(1732～1792年)发明的精纺机。早期珍妮机由手转动纺纱轮，主要用于纺织羊毛纱线，而且能够同时织8股纱线。而精纺机则是由水轮驱动，主要用于纺结实的棉纱作为经线。1779年，英国织布工萨缪尔·克朗普顿(1753～1827年)结合珍妮机与精纺机的长处，发明了走锭纺纱机，它能够同时纺出48股细纱。因为走锭纺纱机结合了早期两种纺纱机的长处，所以又称之为骡机，意为两种纺纱机的“杂交”后代。

纺织机械化大大加快了纺织速度，上图中顶端轴承带动传动带，驱动织布机工作。织布机最初由水轮机驱动轴承转动，1785年之后，则由蒸汽机逐步替代，为轴承提供动力。

这些纺纱机的原

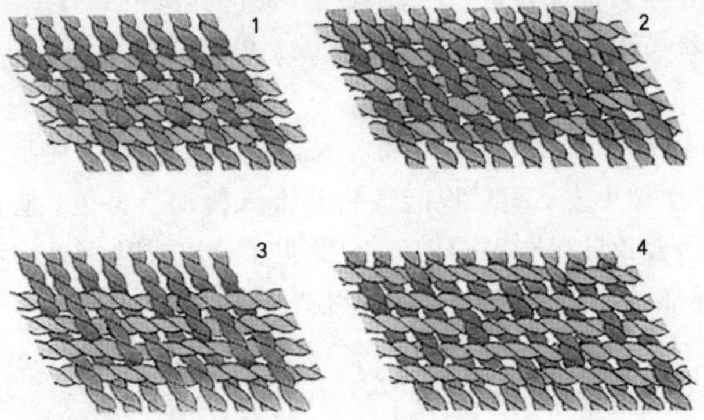

布机上能够依据综片不同的导引方式弯曲细纱,从而编织不同类型的布匹(见左图)。依次为：1. 缎纹织法；2. 平纹织法；3. 棉缎织法；4. 斜纹织法。

理大致相同，首先将纺纱纤维即粗纱缠绕在旋转的纱锭上并移到一架走锭纺纱机上，走锭纺纱机首先向外拉出细线，然后将其扭在一起形成纱线，当纱线绕在线轴上时再移回。1828年，美国人约翰·索普(1784～1848年)发明了环锭纺纱机之后，棉便在环锭纺纱机上纺。在环锭纺纱机中，粗纱穿过一系列高速滚筒后，被抽成精纱，之后每根精纱均穿过“滑环”上的小孔，将其扭成一股后，缠绕于高速旋转的垂直的纺纱锭之上时扭着纱线。

获得纱线后，纺织工便可用它制作布匹了，这也正是织布机的主要功能。最简单的织布机即为有一套平行细线(即布料经线)的一个架子。织工们以垂直的角度使用梭子导引的另一根细线(即布料纬线)织入织布机上的经线之中，生产出布匹。最初的重要改进是加上了一些绳索，用于提起所有的经线，使得梭子能够快速轻便地从一端穿到另一端。很快，纺织工便将纺织机的脚踏板引入织布机，更加方便地控制提线绳索。

1733年，英国工程师约翰·凯(1704～约1780年)发明飞梭后，更大大提高了纺织工业的工作效率。这一设计使得织工能够更加快速地将梭子从布料的一端移到另一端。随着人类文明的进步，机械织布机也逐渐登上历史舞台，最初是由水力驱动，1785年，英国发明家埃德蒙·卡特赖特(1743～1823年)发明首台蒸汽动力织布机后，蒸汽动力正式代替水力，成为纺织工业的主要动力输出。

农业机械的发明与应用

1785年，英国工程师罗伯特·兰塞姆(1753～1830年)发明了铸铁犁铧。1819年，美国工程师史蒂芬·麦考米克(1784～1875年)及其同胞叶特罗·伍德(1774～1834年)各自独立设计出完全由铸铁铸成并有可更换部件的耕犁，最终由美国实业家约翰·迪尔(1804～1886年)于1839年开始大规模生产。1862年，荷兰农场主开始使用蒸汽耕犁，与此同时，美国以及欧洲其他地方的农场主则使用蒸汽拖拉机牵拉标准耕犁。

1701年，播种技术取得重大突破，英国农学家叶特罗·塔尔(1674～1741年)发明了机械条播机。使用该机械，农场主可以均匀并排地撒播种子，不但易于锄草，而且也易于收割。收割之后，如小麦等谷物需要经过脱粒，但是使用连枷抽打谷物进行脱粒非常耗时耗力，直到1786年，苏格兰装技工安德鲁·米克尔(1719～1811年)发明谷物脱粒机后这一情况才得以改善。

农业生产中最后一项实现机械化的程序便是收割。现今一般将收割机的发明人归于塞勒斯·麦考米克(1809～1884年)。1831年，年仅22岁的塞勒斯设计制造首台收割机，并于1834年取得专利。1859年，塞勒斯与自己的哥哥利安德合伙，于1879年组建麦考米克收割机械公司，他们在芝加哥拥有大型工厂，一年能够生产约4000台收割机。

1833年，美国工程师奥贝德·赫西(1792～1860年)发明了另一类型的收割机，经过1847

年的改进之后，该机器在割草以及加工干草方面的性能甚至比麦考米克的收割机要好很多。不过很可惜，赫西没有麦考米克庞大的公司运作体系，同时也没有敏感的商业嗅觉，并未将他的设计付诸大规模生产。

同样在19世纪30年代，紧跟美国著名铁匠、发明家约翰·莱恩之后，许多工程师开始设计联合收割机，这类机器不但能够收割小麦，同时也能够将其推入传动带打包。值得一提的是，在1878年，美国人约翰·阿普莱比(1840～1917年)发明了分离式扎捆机。不久之后，联合收割机也拥有了脱粒的功能，不过，这些笨重的机器需要10匹甚至更多的马才能拉动。

蒸汽牵引引擎以及于1908年发明的蒸汽履带牵引车克服了联合收割机笨重的缺点。两年后，以汽油为动力的联合收割机逐渐走上工业机械的主舞台，比如爱丽丝·查默斯公司于1935年生产的万用作物收割机。随后，设计者们将动力设施融入收割机本身，这些横列于大草原上的自推进式联合收割机自此成为一道亮丽的风景。

水涡轮机的发明与改进

水轮是最早的能提供动力的机器之一，并且一直到19世纪蒸汽机出现后，才逐步为后者所取代。但是还有另外一种利用水能的机器，即水涡轮机。

1824年，法国工程师克劳德·波尔丁(1790～1873年)创造了“涡轮机”一词。早期对涡轮机的改进大多在法国完成。1826年，波尔丁的学生班诺特·富尔内隆(1802～1867年)在6000法郎奖金的激励下投身于涡轮机的设计之中，并于1833年设计出实用涡轮机，从而赢得了这一奖项。该涡轮机为外流式涡轮机，具有30片30厘米长的叶片，每分钟旋转2000转，并能够提供50马力(37285牛顿)的动力输出。1855年，大型富尔内隆涡轮机问世，该机器能够提供800马力(596560牛顿)的输出动力。

大约1820年，法国数学家、工程师让·维克多·彭斯莱(1788～1867年)发明了离心涡轮机，他将叶片设计在轮轴附近，水流由中心冲入涡轮，但最终，由萨缪尔·豪德于1838年在美国取得专利权。1840年，爱尔兰裔英国人詹姆士·汤姆森(1822～1892年)设计出能够控制涡轮机内部水流方向的方法。1844年，美国工程师乌利亚·博伊登(1804～1879年)进一步改进了汤姆森的这一设计。随后，汤姆森于1850年在贝尔法斯特取得这一设计的专利权。该涡轮机有水平放置的涡轮，由威廉森兄弟在英国建造。

现代涡轮机主要分为三类，分别以其发明人的名字命名。美籍英裔工程师詹姆士·弗朗西斯(1815～1892年)于1849年发明弗朗西斯涡轮机，这是一种反作用涡轮机，有闭合的叶片——一个没入式水平放置的涡轮最多有24片弯曲的叶片，其外围有一套导管系统，使水流流向叶片。在中等水压情况下，该涡轮机效率最高。

佩尔顿水轮机于1870年由美国工程师莱斯特·佩尔顿(1829～1908年)发明。佩尔顿对曾用于驱动加利福尼亚金矿的采矿机械的水车做了改进，该水轮机属于冲击式水轮机，水流由一个喷嘴喷出，冲击斗状叶片，由此使水轮机旋转。它的涡轮组垂直地装在一根水平轴上，在高压水流下效率最高。1880年，佩尔顿取得该水涡轮专利权，不久便将专利权转卖给旧金山佩尔顿水轮机公司。当代佩尔顿水轮机的能量转化效率已达到90%。

1913年，奥地利机械工程师维克多·卡普兰(1876～1934年)发明卡普兰涡轮机，又称低压转桨式涡轮机，也属反作用涡轮机，专门用于低流速水流，由8片倾斜度不同的叶片组成，如同垂直安装的轮船推进器，不同之处在于二者轴向恰好相互垂直。这也是今日各个水电站以及潮汐发电站水轮机组中最常用的涡轮机类型。

诺贝尔和安全炸药

黑火药是中国古代四大发明之一，俗称火药。黑火药发明后，阿拉伯人将这一技术传入了欧洲，一直就用到19世纪。在使用过程中，人们发现黑火药有致命的弱点：威力不大，而且不容易引爆。为了满足飞速发展的工业的需要，科学家们开始寻找一种新的爆破动力，而在这一领域做出杰出贡献的当属瑞典科学家阿尔弗雷德·伯纳德·诺贝尔。

诺贝尔，全名阿尔弗雷德·伯纳德·诺贝尔，1833年10月21日出生在瑞典首都斯德哥尔摩。幼年的诺贝尔家境贫苦，但受作为发明家的父亲的影响，热衷于发明创造。

诺贝尔从小勤奋好学，虽然只接受过一年的正规学校教育，但他精通英、法、德、俄、瑞典等多国语言，甚至可以用外文写作，其自学能力可见一斑。不只在外语，在发明领域小诺贝尔的学习劲头更足，他可以连续几个小时观察父亲的实验。

在诺贝尔9岁的那一年，父亲带他去了俄国，并为其聘请了家庭教师，教授小诺贝尔数、理、化方面的基础知识，为他日后搞发明打下了基础。同时，诺贝尔在学习之余在父亲开的工厂里帮忙。这使他的动手能力进一步增强，并具备了生产和管理方面的知识和经验。

当时由于工业革命的开展和深入刺激了能源、铁路等基础工业部门发展。为了提高挖掘铁、煤、土石的速度，工人频繁地使用炸药，但当时的炸药无论是威力，还是安全性能都不尽人意。意大利人索布雷罗于1846年合成了威力较大的硝化甘油，可惜安全性太差。那时又盛传法国人也在研制性能优良的炸药，这一切促使诺贝尔的注意力转移到炸药上来。

1859年，在家庭教师西宁那里，诺贝尔第一次见识了硝化甘油，西宁把少许硝化甘油倒在铁砧上，再用铁锤一敲便诱发了强烈的爆炸。诺贝尔对硝化甘油做了进一步分析，发现无论是高温加热还是重力冲击均可以导致其爆炸，他开始为寻求一种安全的引爆装置而忙碌。经过无数次实验，最后他发现若是把水银溶于浓硝酸中，再加入一定量的酒精，便可生成雷酸汞，这种物质的爆炸力和敏感度都很大，可以作为引爆硝酸甘油的物质。用雷酸汞制成的引爆装置装到硝酸甘油的炸药实体上，诺贝尔亲自点燃导火索，只听“轰！”的一声巨响，实验室的各种器物到处乱飞，他本人已被炸得血肉模糊。从废墟中爬出来他用尽最后一点气力说，“我成功了。”然后就昏死过去。科学的进程是如此悲壮！不管怎样，雷酸汞雷管发明成功，他在1864年申请了这项专利。很快，诺贝尔的发明传播开来，用于开矿、筑路等工程项目中，大大减轻了工人们的挖掘强度，工程进度也快了许多。正当人们沉浸在炸药给生活带来的幸福之中时，灾难却向诺贝尔一家袭来。

瑞典化学家诺贝尔

他发明的安全炸药为人们在生产领域提供了很大的方便。但它的另一个副作用就是促进了战争的升级。

1864年9月3日，诺贝尔的弟弟埃米尔和另外4名工人在实验中被炸身亡，不久年迈的老诺贝尔因经不起丧子之痛含悲而逝。诺贝尔强忍巨大悲痛，在斯德哥尔摩郊外采点设厂，开始整批地生产硝化甘油。但世界各地的爆炸事故接连不断，有些国家的政府为此甚至禁止制造、运输和贮藏硝化甘油，这给诺贝尔的事业带来极大的困难。经过慎重考虑，诺贝尔决定赴美国加利福尼亚就地生产硝化甘油，并研制安全炸药。在试验中，他分析了一些物质的性质，认为用多孔蓬松的物质吸收硝化甘油，可以降低危险性，最后设定25%的硅藻土吸收75%的硝化甘油就可形成安全性很高的炸药。

威力强劲、使用安全的猛炸药的出现，使黑色火药逐步退出了历史舞台，堪称炸药史上的里程碑。诺贝尔在随后的几年里，又发明了威力更大、更安全的新型炸药——炸胶。1887年燃烧充分、极少烟雾残碴的无烟炸药在诺贝尔实验室诞生了。

循着威力更大、更安全和更符合人的需要的原则，诺贝尔在发明炸药道路坚定不移地走下去，为人类的进步做出了杰出的贡献，受到后人的尊敬。

无处不在的硫化橡胶的发明

如今，橡胶的应用极为广泛。小到橡皮擦、松紧带，大到汽车、轮船、飞机等等，橡胶无处不在。那么，人们是如何发现橡胶的呢？

最初，印第安人发现有一种树的树皮里会流出一种白色的树汁，当地人形象地称其为“树的眼泪”。1493年，哥伦布在第二次航行时，到达了美洲海地岛，他看见印第安人在唱歌时还玩一种球，而且他们一边唱一边拍，球弹得很高。当时，哥伦布十分惊讶。后来，他才知道在海地岛上生长着一种树，只要人们在树上切个口子，这种树就会流淌出一滴一滴的乳白色的胶汁。然后，人们用晒干的胶汁就做成了现代人称之为“橡胶”的物品。

哥伦布结束航行，回到欧洲后，也把这些令人困惑的东西带到了欧洲。刚开始很多人都不知道橡胶有什么用，也不知道它叫什么，只知道这是个软绵绵的不怕水的东西。多年以后，一位名叫马幸托斯的英国商人，开发了橡胶，他是欧洲第一个利用橡胶的人。

首先，马幸托斯将橡胶压成薄片，然后这种薄片被用两层布夹着缝合起来，就成为可出售的雨衣。尽管这种雨衣在雨天可以防水，但其使用寿命却极其短暂。天气酷热难耐的时候，它又黏黏糊糊地粘在一起无法使用；天气寒冷的时候，它又硬又脆，极易损坏、破裂。

有一个通晓化学知识、名叫李德章尔的美国人，由于生活贫困，没有着落，无奈之下，他也做起了这种本小利大的橡胶生意。不过，橡胶制品在使用时的种种缺陷使他极为不满，也给他带来了诸多无法解决的麻烦，于是，他开始着手研究一种方法来改变橡胶这种缺陷。

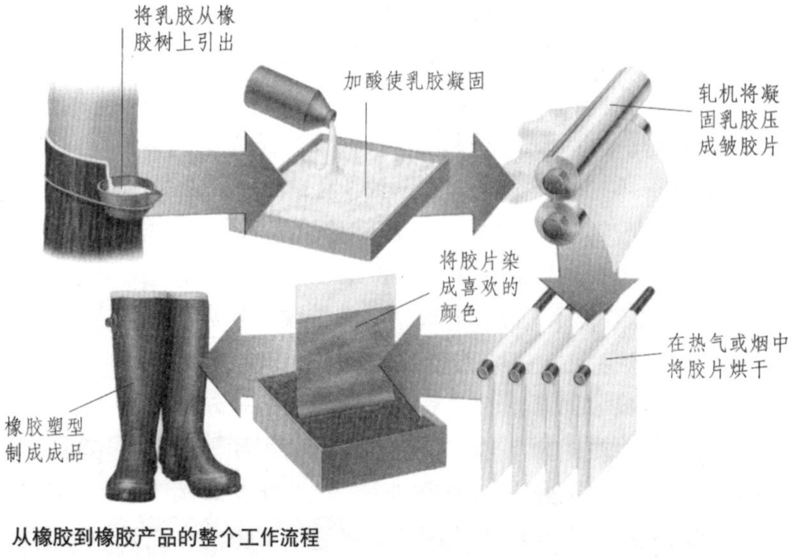

从橡胶到橡胶产品的整个工作流程

一晃过去了好几年，李德章尔的研究仍然没有什么头绪，没有一点儿进展。在1833年夏天的一个实验中，由于他忙于做实验，一包硫磺被他一不小心碰掉并直接掉进了正在熬制橡胶的锅中。一筹莫展之际，他无奈地刮下锅中的橡胶，以便重新开始新的实验，但令他惊奇和欣喜的是，橡胶再也不像刚开始那样黏了。

李德章尔锲而不舍，历经无数次的改进、实验，最后终于发明了橡胶硫化法。这种方法就是把数量相当的催化剂和硫磺放入刚采下来的橡胶中，通过高达130℃～150℃的高温处理，最后，就能生产出一种不同于以往的橡胶制品，这种新产品不但耐磨、耐用，而且极富弹性，软绵绵的，和我们今天所使用的橡胶相差无几。从此，“树的眼泪”真正走进了人类的生产、生活中，发挥着巨大的作用。

雷达的发展

在20世纪20年代和30年代，美国和英国的无线电工程师称：飞过的飞机会使他们的广播信号失真——部分无线电信号被飞机“弹开”了。于是，科学家们意识到这种类型的无线电反射可以成为探测飞机或其他物体如船只或冰山的一种方法。

大事记	
1874年	布劳恩的整流器问世
1947年	面点接晶体管问世
1948年	音频放大器问世
1948年	面结型晶体管问世
1958年	集成电路问世
1959年	发展出平面工艺技术

雷达意为“无线电侦察和测距”，这很好地表达了雷达的功能。雷达探测飞机时，首先发射出高频率的无线电脉冲(微波)，然后用接收天线捕捉任何飞机反射回来的无线电信号，微波信号被反射回来的方向就揭示了目标的方向，而且目标的距离可以根据微波从发射和接收所耗的时间计算得出。

1904年，德国工程师克里斯蒂安·侯斯美尔(1881～1957年)发明了一套利用上述原理工作的装置，并取得了专利。他设计了一套利用连续波(非电磁波脉冲)的系统来预警船只在海上可能发生的相撞。1922年，美国华盛顿海军研究实验室的工程师发射的无线电信号越过波拖马可河，并探测到了过往的船只。1938年9月，随着第二次世界大战的迫近，英国沿着东海岸和南海岸建起了一条筑在100米高的塔台上的“本土链”雷达网，这样他们可以监测到320千米以内的敌机。

高频雷达信号需要特殊的电子，早期的雷达发射机上用的是美国物理学家阿尔伯特·赫尔(1880～1966年)在1921年发明的真空管——磁控管。1934年，法国半导体公司(CSF)亨利·古东发明了磁控管的改进版。谐振腔式磁控管利用共振的“腔室”或空腔来产生信号，它是由英国伯明翰大学的两位教授约翰·纳达尔(1905～1984年)和亨利·布特(1917～1983年)于1939年发明的。这种新装置产生的波长可以小到9厘米，雷达利用它可以探测到11千米外的一艘潜水艇的潜望镜。1938年，美国无线电工程师罗赛尔·瓦里安(1898～1959年)兄弟发明了速调管——一种专门用于产生和放大高频电流的可用于雷达的装置。

第二次世界大战结束后，雷达在和平时期找到了更多的用武之地。前苏联天文学家在1962年用雷达探测了水星，并且在1963年探测了火星。美国太空总署(NASA)利用空间轨道探测器测绘地球海底地貌，甚至探测了金星的表面状况。天气预报拓展了卫星雷达的用途，气象站上旋转的雷达可以探测天空各高度的云层、云的种类、移动方向和速度，便于气象专家作出中短期的天气预报。执法部门如交通局可以借助雷达测速的方法来判定汽车是否超速行驶。

随着人类科学技术水平的提高，雷达的应用领域也越来越广泛。科学家们把电子计算机技术与雷达探测功能相结合，开创了雷达应用的广阔前景。

收音机的发明

大事记	
1864年	赫兹预测无线电波的存在
1887年	赫兹发现无线电波
1890年	发明粉末检波器
1894年	马可尼首次发射无线电波
1903年	首创振幅调制(AM)技术
1904年	发明二级真空电子管
1906年	发明三极真空电子管
1933年	掌握了频率调制(FM)

无线电通讯借助电磁辐射也即电磁波进行信号的传送与接收，电磁波以光速传播。无线电与有线电报和电话有显著区别，后两者都需要导线连接发送者与接收者才能进行信号的传送和接收。

无线电在19世纪就已经开始引起了科学家的注意。1864年，苏格兰物理学家詹姆斯·克拉克·麦克斯韦(1831～1879年)通过数学演算预言了电磁辐射的存在，并得出“光也是电磁辐射谱中的一部分”的结论。1887年，德国物理学家海因里希·赫兹(1857～1894年)发现了电磁辐射的一种新类型——无线电波。他利用高压将两个靠得很近的铜球之间的空气击穿，在两个小球之间产生了蓝色的火花，整个装置形成了高频振荡回路，产生了电波(也被称做赫兹波)。

1890年，法国物理学家爱德华·布朗利(1844～1940年)制作了一个密封的金属填充的玻璃管，玻璃管两端装有电极，可以接收单独信号，称为粉末检波器。存在电波时，管内的金属粉末就会凝聚(粘在一起)，足以导电，形成一个回路。1894年，英国物理学家奥利弗·洛奇(1851～1940年)改善了布朗利的粉末检波器，并将之与一个电火花发送机连用，可在150米内传送莫尔斯电码。1年后，俄国物理学家亚历山大·波波夫(1859～1906年)也进行了相似的电码传送实验。

1894年，意大利物理学家古列尔莫·马可尼(1874～1937年)在并不知晓该领域发展的状况下，也开始进行无线电实验。在实验过程中，马可尼发明了无线电天线，并利用设备通过地面收发无线电信号。不久，他利用自己的装置将代码信息发送超过了3000米的距离。这项发明，也即无线电报迅速发展，尤其是1896年马可尼移居英国之后，无线电报技术发展更为迅猛，到1901年，无线电报信号已经可以跨大西洋传送。

无线电报较传统电报的优势在于不用借助线路传送信号，而普通的电话通过导线可以传送声音信号。这样，人们就开始考虑无线电波能不能携载人的声音信号呢？这一想法促进了无线电话的发展。加拿大裔美国电气工程师雷吉纳德·菲森登(1866～1932年)已经完成了该技术的早期研究工作，发明了调制技术。无线电报发射的长短脉冲信号代表莫尔斯电码中的“划”和“点”。无线电话中，发射出的信号是连续的，称之为载波，载波的振幅随着麦克风中声音信号的强弱变化进行同步调制。菲森登在1903年演示了振幅调制(AM)技术。1906年圣诞前夜，雷吉纳德·菲森登在美国马萨诸塞州采用外差法振幅调制实现了历史上首次无线电广播。

在20世纪初，意大利发明家古列尔莫·马可尼是世界上第一位将无线电应用到国际通讯中的科学家。

无线电技术的新发展需要性能更优异的检波器。1906年，美国电气工程师皮卡德(1877～1956年)设计制造了晶体检波器。晶体检波器利用了金刚砂(碳化硅)、方铅矿石

(硫化铅)，或纯硅晶体，整流器接收到的无线电信号，将交变信号(AC)转化为直流信号(DC)。晶体检波器通过一段可调节的细导线连接到无线电电路上，后来这细线得到一个昵称——猫须。

英国工程师约翰·弗莱明(1849～1945年)在1904年发明了性能更优异的整流器/检波器系统，它有一个带两个电极的真空管—二极管。两年后，美国工程师李·德·福雷斯特(1873～1961年)对二极管进行了改造，又添加了一个电极，这就是后来的三极管。真空管可以用来放大微弱的无线电信号。随着新装置的涌现，无线电工程师就可以进一步优化发射机和接收机的电路设计。1917年，马可尼开始研究极高频率(VHF)传送技术，但当时没有实际应用，直到20年后由于电视机发明才投使用。1924年，马可尼利用无线电短波从英国将讲演的声音信号传送到了遥远的澳大利亚。

1912年，菲森登设计发明了允许更多选择调谐的外差电路。1918年，美国工程师埃德温·阿姆斯特朗(1890～1954年)发明了超外差电路，可以使收音机接收到更加微弱的信号，进一步提高了收音机的性能。阿姆斯特朗最杰出的贡献是1933年掌握了调频技术(FM)。与调幅(AM)不同，调频(FM)是将载波的频率用广播发射的信号频率进行调制。调频的信号在传播过程中更稳定，对大气中的电磁波干扰更加不敏感，这样，听众接收到的声音信号更加清晰悦耳。

第一台电视机

约翰·洛吉·贝尔德(1888～1946年)，1888年8月13日出生于苏格兰西部，并在格拉斯哥接受教育。第一次世界大战爆发后，贝尔德由于体弱多病而免于兵役，但他因健康的原因而失掉了电气工程师的工作。在遭受了三次生意失败的打击后，1922年贝尔德去了英国南部海岸的海斯汀修养，就是在这里，他开始了关于电视的实验。所有的电视摄像机都具有扫描图像功能的某些方法，贝尔德将具有高转速的尼普科夫盘——波兰电气工程师尼普科夫(1860～1940年)发明并获得专利——用在他的电视系统之中。尼普科夫盘是一个按螺旋形打了一系列孔的圆盘(贝尔德用的是纸板)，当圆盘转动时，观察者可以通过圆盘上的孔看到物体变成了由许多的曲线或扫描线组成的图像，图像中的每一条线都是由圆盘上不同的孔产生的。1925年贝尔德扫描的第一张图像是一位口技表演者的玩偶图像——Stookey Bill。贝尔德电视扫描的第一个运动的对象是他位于伦敦的研究室的一位行政助理。

贝尔德正在调整早期的接收装置。在图中央位置就是尼普科夫盘，随着圆盘转动，圆盘上螺旋形的一系列孔能有效地扫描图像。

起初，贝尔德通过导线来传输电视图像。贝尔德的“红外线摄像机”利用红外线来扫描，这样就可以在黑暗处拍到图像。1927年，贝尔德通过电话线在伦敦与格拉斯哥之间进行了图像传输，一年后，又通过大西洋海底电报电缆将图片发往纽约。

1929年9月，英国广播公司(BBC)开始尝试用贝尔德机械式

大 事 记
1923 年 斯福罗金发明了光电摄像管
1925 年 贝尔德扫描出第一张电视图像
1929 年 BBC 开始商业电视播出
1938年 斯福罗金发明的电视显像管获得专利
1941 年 CBS 开始尝试彩色电视的播出

电视系统播放电视节目。起初，闪烁模糊的电视图像由30线组成，后来增加到60线，最后达到了240线。1932年，贝尔德用无线电短波进行了电视图像信号的传送，试验性的播出一直持续到1935年。商业性的电视播出在英国从1937年才真正开始，当时BBC用的是由英国Marconi–EMI公司开发的405线电子式电视系统。但是由于第二次世界大战的爆发，电视播出不得不暂停。在第二次世界大战结束前夕，贝尔德制造出了彩色电视机，拥有三维画面宽屏系统(利用投影)以及立体声。在他逝世后，电视播放又恢复了，这时的电视所采用的全是电子式的电视系统。

1908年，苏格兰电气工程师阿兰·阿奇博尔德·坎贝尔－斯文顿(1863～1930年)提出了电子电视摄影系统的原理，但当时的设备还无法将他的想法变成现实。后来，他设想将阴极射线管用在电视的摄像机和接收装置中。他认为图像信号可以借助电线传送，或借助新发明的无线电技术，只要在电视播放发射的范围内就可以接收到图像的信号。

在美国，俄裔美国电气工程师斯福罗金(1889～1982年)从研究的开始就摒弃了贝尔德圆盘技术路线，而转向了电子式路线，1923年，斯福罗金将阴极射线管发展成了光电摄像管，利用电子束来扫描图像。摄像机透镜将外部场景的光聚焦在用铯－银细粒镶嵌的信号板上，每颗金属细粒释放出的电子数量与投射光的量成比例，而光电摄像管的电子束在扫描信号板时，会不断补充电子。于是，从信号板放出的电子流会随着光的强度的变化而变化，现在我们将这种输出的信号称为视频信号。1927年，美国发明家菲洛·法恩斯沃思(1906～1971年)开发了一台相似的摄像机(1930年获得专利)。斯福罗金后来加入到美国无线电公司(RCA)，并在随后几年里对自己的电视系统做了改进。从1939年起，美国无线电公司却不得不向法恩斯沃思缴纳专利使用费。1941年，哥伦比亚广播公司(CBS)开始在纽约的WCBW 电视台尝试彩色电视广播，但直到1951年，彩色电视信号才开始定期播出。

留声机、电灯、蓄电池的发明

爱迪生像

1847年2月11日，爱迪生出生在美国俄亥俄州的米兰镇。11岁时他就因家庭贫困走出家门，挣钱糊口。他在火车上卖报时，对电学产生了浓厚兴趣，实验的种类也越来越多。在爱迪生的恳求下，列车长允许他在行李车厢的一角利用空余时间做实验。一次由于列车行驶中的震动把爱迪生的一瓶黄磷震倒了，黄磷立即燃烧了起来，幸亏扑救及时未酿成火灾。愤怒的列车长狠狠地给了爱迪生一记耳光，从此，爱迪生的右耳再也听不见声音了。

1869年爱迪生来到纽约，在一家黄金交易所找到了一份工作。他在那里发明了一种新式的商情报价机。有人出价4万美元买走了这架在交易所有用武之地的机器。爱迪生有了钱，就专心致志地走上了发明之路。1876年，爱迪生在纽约建立了自己的研究所。

爱迪生在研究所的第一项发明是电话送话器时。他在研究电话时发现了一个新奇的现象。一次，爱迪生在调试送话器，因为他耳朵听觉不好，就用一根金属针来感觉送话器膜片的震动。他发现接触在膜片上的金属针随着说话声音的振动而产生

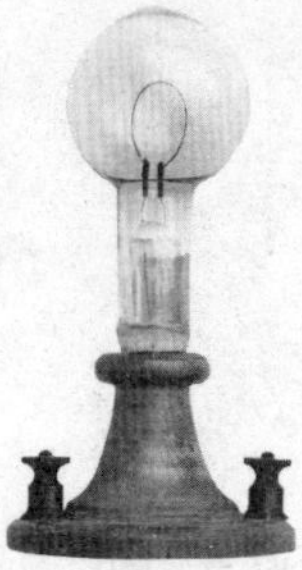
爱迪生发明的灯泡

爱迪生发明的留声机

不同的震动，而且这种震动还是有规律的。爱迪生从这一现象中找到了发明的灵感，他马上想到，如果这一程序是反的，即让金属针发生有规律的震动，也许声音是可以复制出来的。怎样才能把这细小的颤动记录下来呢？经过四天实验，他把钢针尖固定在锡箔上滑动，刻下深浅不一的纹路。又经过反复实验，他终于发明了会说话的机器——留声机。1878 年 2 月，30 岁的爱迪生获得了这项发明的专利权。

1878年秋天，在法国巴黎的世界博览会上，爱迪生发明的留声机获得了发明奖。在这次博览会上，俄国工程师发明的“电烛”也引起了很大的轰动。以前，人们一直用煤气灯、蜡烛或者油灯照明，但这些灯会产生黑烟而且照明效果也不理想。所以，包括爱迪生在内的许多科学家很早就开始研究，想试制经济实用的照明用具。

为了攻克经济家用的照明灯具这一难题，爱迪生又投入研究工作中了。他了解到，发明弧光灯的戴维做过一个实验，让电流通过白金丝，白金丝会发光，但是白金丝很快就会被烧光。爱迪生经过反复研究认为，只要解决戴维的弧光灯实验中的白金丝的发光寿命问题，白炽灯就有成功的可能。所以关键是要找到一种电阻小又耐高温的材料。他试着用寸把长的纸条烧成炭来做灯丝。当把电源接上时，这条烧成炭的纸亮了一下就断了。通过仔细研究，他发现空气中的氧气在电流接通的高温条件下瞬间就将灯丝氧化掉了。他决定先在改进灯丝和把灯泡抽成真空这两方面入手。1879 年 10 月 21 日，人类历史上第一盏具有实用价值的电灯在爱迪生的实验室中诞生了。这只灯泡亮了45个小时，后来爱迪生又将灯丝换成用竹丝烧成的炭丝，这种竹丝做的灯泡整整亮了1200个小时。今天，我们使用的电灯泡是用钨丝做成的灯丝，它是 20 世纪初由奥地利的两位科学家发明的。

爱迪生一生发明的东西很多，最费时间和心血的是蓄电池。他在10年的时间里，做了5万多次实验才研制成功。他以氢氧化钾水替代硫酸溶液，用镍和铁代替铅，制造出了新的蓄电池。这种镍铁碱性蓄电池克服了铅硫酸蓄电池的缺点，经久耐用又轻便。爱迪生把电池装在各种车辆上，在各种道路上进行反复试验，最后试验的结果证明这种电池的抗震性很强，他这才放心地把这种蓄电池投入到市场。在使用中，他又因新蓄电池有漏电的缺点而下令停产改进。又经过了 5 年的努力，比较理想的蓄电池终于问世。

雷达工程师发明的微波炉

在第二次世界大战期间，一位雷达工程师常常守候在发射机旁执行任务，他的休息时间少得可怜。有一次，他利用空余时间在军人服务社随意买了点日用品，另外买了块巧克力放进衣服口袋里。第二天；他下岗以后，回到营房想起昨天买的巧克力，拿出来一看，巧克力已部分软化。他很纳闷，不知道巧克力为什么会软化。这位工程师懂得雷达的工作原理，了解电磁波的热效应，他怀疑是雷达发射机旁的电磁波能量导致了巧克力的融化。于是他再次有意识地把巧克力放在发射机旁，观察到的结果与自己的推测完全一致。这一发现，促使他在战后研究起了微波在日常生活中的应用，并最终发明了微波炉。

微波炉是利用微波能量对物体进行加热。它辐射的电磁波的工作波长为厘米量级，此波长介于无线电波和可见光的波长之间。微波在空间的传输途中若遇到塑料、陶瓷和食物等非金属材料，它就可以穿透这类材料或被其吸收，例如蔬菜、鱼肉等就对微波有明显的吸收作用。根据能量守恒定律，被吸收的电磁波的能量就会转化为热能。如果从微观结构看，这类介质是由无规则状态的极性分子组成的，这些分子一端带正电，另一端带负电。假若对介质施加交变电磁场（也就是受电磁波照射），那么介质的极性分子就会随电场的极性变化而变化，其变化频率取决于照射它的电磁波的频率，一般高达每秒数十亿次。由于极性分子随交变电磁场的变化而快速变化，导致交替运动和摩擦，产生热能，这就如同普通的摩擦生热一样。然而值得注意的是，微波在传输过程中若遇到金属物体时，就像光束射到镜面一样会产生反射，因而微波炉不能用来加热金属容器中的食物。

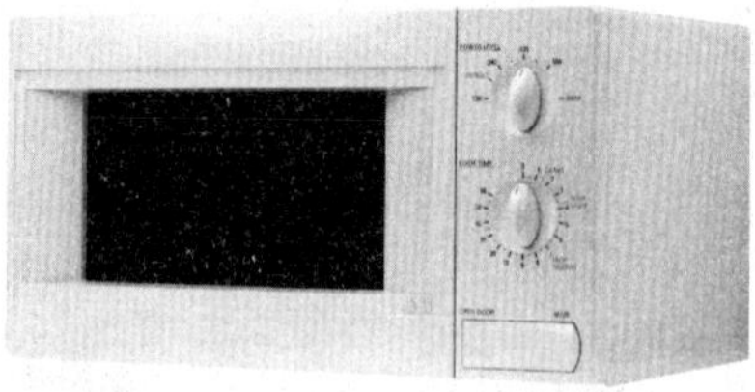

微波炉

从冰窖冷藏法到电冰箱

1561年，英国的哲学家弗朗西斯·培根在一个偶然的机会里发现，鸡肉埋在冰雪里不会腐烂，他觉得这种现象很值得做进一步研究，很有实用价值。于是，他便怀着浓厚的兴趣，开始对冰的作用进行探索。

1626年，一个半埋在地下的冰库被培根建好，他购买了大量的天然冰块贮藏在那里，出入冰库观察冰冻的情况和鸡肉的变化成了培根每天都要进行的工作。在没有仪器和缺乏防护设备的工作中，培根历尽艰难困苦，十分劳累。不幸的是他终于因为着凉转为肺炎，不治而终，离开了人间。

18世纪，欧洲的工业革命爆发了。人口过度地集中于大城市，这使得粮食和食品供应方面发生了很大困难，主要的问题是食品因存放时间过长和气温过高而变质。这些食物如何完善贮存，成为了当时一个亟待解决的问题。

直到1873年，世界上第一部冷冻机才由德国化学家林德制成了。它是利用液态氨的工作原理来进行制造的。当液态的氨从一小孔中喷出后，立即开始蒸发，大量的热在这个过程中被夺取，这样机械内部的温度也随之大幅度降低，从而完成了制冷工作。

1920年，冷冻机启发了美国工程师科普兰。他用氟里昂首创了小型的家用电冰箱。可是氟里昂有负面影响，它会破坏大气中的臭氧层，所以必须在严密的系统中循环，不能有一点渗漏，来不得半点马虎！这很让科学家和用户伤脑筋。

氟里昂对环保的负面作用引起世界各国政府的高度重视。1987年9月，全世界有30多

知/识/窗

冰箱的发展历程

1855年　法国制成了世界上第一台吸收式制冷装置，为多年后出现的电冰箱奠定了基础。

1872～1874年　D·贝尔和C·冯林德分别在美国和德国发明了氨压缩机，并制成了氨蒸汽压缩式制冷机，这就是现代压缩式制冷机的开端。

1880年　世界上第一艘可供实用的冷藏船“斯特拉斯列文”号成功地将冻肉运至伦敦。

1910年　出现了蒸汽喷射式制冷机。

1913年　世界上第一台真正意义上的电冰箱在美国芝加哥诞生。

1921年　美国弗里吉代公司制成了第一台将压缩机安装在箱体内部的电冰箱。

1926年　弗里吉代公司又制成了用钢板做外壳的电冰箱，以此延长了电冰箱的使用寿命。

个国家在加拿大蒙特利尔签署了议定书，其内容就是控制氟里昂的使用量。科学家们正在研制氟里昂的代用品，现在商店里就能买到无氟的冰箱。这是科学家潜心研究的结果。

随着科学技术的发展，冰箱的品种也越来越丰富，功能越来越齐全，更加经济环保的冰箱定会受更多人的欢迎。

“懒骨头”的发明——遥控器

现代人使用的各种生活和生产器具，许多都是模仿人的动作或者延伸人的手臂肢体而发明的，遥控器就是其中的典型代表之一。说起它的发明，这里面还有一个很有趣的故事。

这个故事发生在20世纪50年代，当时美国有一家电子公司的老板非常讨厌电视广告，可是呢，他又很喜欢看电视。每当出现广告时，他就匆匆地跑到电视机前去调换频道。这样一个晚上下来，他要来来回回地跑上十多次，非常辛苦，非常麻烦。他手下一个博士，名叫阿尔德勒，非常有能耐。这位爱看电视的老板要博士尽快研制出一种可以对电视机实行远距离操纵的遥控装置。阿尔德勒博士与同事们的共同努力研究也能够对电视实行“有线遥控”的装置。这种装置确实给人们带来了很大的方便，但是名字有点滑稽好笑，叫做“懒骨头”。

“懒骨头”问世后，在一段时间里，颇受用户的欢迎并很快投入批量生产，但它的缺点也很快地暴露出来了。“遥控线”拖在地上十分碍事，有时甚至还把人绊倒……在这以后，光遥控、无线电遥控和声音遥控等多种方案先后被阿尔德勒博士提出来，但由于技术条件所限，实验效果没有想像那么好。1956年，阿尔德勒决定用超声波作为遥控媒介，并研制成了“超声波遥控器”。这种超声波遥控器刚一投放市场，就获得用户的一致好评。用户很满意这一新产品，尽管这种遥控器有时也不免受到一些外界干扰，但是直到1982年这种产品仍然是市场上的畅销货。

后来，随着相关科学的发展，遥控器也越来越先进。随着集成电路技术和红外线技术的发展，20世纪80年代初，“红外遥控器”便被科学家研究出来了。这种遥控器不仅没有碍手碍脚的“长辫子”导线，而且几乎完全不受外界干扰，虽然其遥控范围较小，一般只限于一个房间内。但是，作为普通家庭的使用完全可以应付。后来，这种用来操纵家用电器的遥控器广泛地用来控制空调、电扇、录像机、组合音响……

所谓“长江后浪推前浪”，家用电器用的遥控器在不停地更新换代，一代更比一代强。来控制电视机，又可以用来操纵录像机。

穿在身上的帐篷——牛仔裤

1850年，淘金热遍布美国西部。远在德国的利维·施特劳斯也想去碰碰运气。于是，他凑足了路费，也来到美国淘金，成了一个小商贩。利维人挺机灵，很快就积蓄了一笔钱。他听说旧金山附近发现了金矿，他把积蓄的钱都买了日用品和衣服等，装了满满一船运到旧金山。那儿的金矿区缺乏物品，他很快就把船上的货物售完了，因此发了一笔小财。他发现矿工们的衣服都破烂不堪。矿工们抱怨说整个旧金山都买不到一条结实的裤子。原来，那些棱角尖锐的石头经常会划破和磨损在矿上采石的矿工们的裤子，他们需要非常结实的裤子。

利维见此，灵机一动，就搬出原来准备做帐篷用的留在船上的几卷粗帆布，很快找来一个裁缝，让他把这些既结实又厚的帆布缝制成各种不同尺码的裤子。一下子做了几百条，很受矿工们的欢迎。一天功夫就卖完了所有的裤子。利维十分高兴，很快又运来了许多粗帆布制作裤子。矿工们虽然交口称赞这种裤子的优点，同时也提出："这裤子也有不足之处，就是裤子口袋不牢固。"利维了解到，原来矿工们会把金沙和矿石装进口袋里，因此口袋经常会被沉甸甸的东西坠得撕落下来。于是，利维就和裁缝商量，用铜铆钉固定住口袋的四角，这样口袋就会很牢固了。

为了进一步巩固这种裤子的销量，利维经常虚心地请人们对这种裤子提意见。有些青年矿工会喜欢一些新式样，利维就请裁缝学习仿制。这样，最初的裤子就变成如今低腰身、兜紧臀部的样式，穿在身上使人显得粗犷、精悍、神采飞扬。

到后来，一传十、十传百，这种本来是专门为矿工设计的劳动裤子，很快在整个美国西部流行开来，人们普遍接受了它。此后，这种裤子便拥有了"牛仔裤"这样一个新名字。

1871年，利维·施特劳斯为自己的牛仔服申请了专利，专门制作销售牛仔裤的"利维·施特劳斯公司"从此成立。这个牛仔裤公司后来发展成为国际性的大公司，世界各地都能看到他们生产的牛仔裤。

推销积压面粉带来的发明——方便面

作为一个产稻米的岛国，日本以稻米为主食。20世纪中期，日本把大量美国面粉进口到国内以弥补国内粮食生产的不足。政府鼓励人们吃面包，可是对面包不怎么感兴趣的日本人都不愿意接受。进口面粉大量积压，日本政府不得不大力倡导销售。安藤百福是日本一家食品作坊的老板，他开动脑筋，想为政府扩大面粉的销售出谋划策。由于日本人喜欢吃面条，所以他想制作面条。可是传统的吃面办法太费时间，生活节奏快的日本人惜时如金，为了节省时间只能吃面包。当时安藤百福就想，也许可以发明这样一种面条，用开水一泡就能吃。连走路都急匆匆的日本人肯定会欢迎这种"快餐方便面"的。

安藤开始设想，如果往面粉里加调料，然后轧成面条，蒸熟烘干，就可以制成一泡就能吃的面条。可实验的结果令人失望，轧出来的只是一堆堆像米饭一样的团块，而不是一根一根的面条。安藤并没有因失败而放弃。为了增进面粉的粘性，他在和面时把鸡蛋加了进去，可谁料情况更糟。也许是肉汤里的肉末颗粒太粗吧?他过滤肉汤后反复再试，结果面条还是轧不成。几次失败后，安藤决定不再采用将调料加进面粉里的方法，而是采取另外添加调料的方式。这次面粉被轧成普通面条，蒸熟后再放到酱油汤里浸泡，咸味便会进入面条中，轧面加味的问题终于得以解决了。

接下来要解决的是面条烘干和保存问题。他想用暴晒和吹干等方法，但实验证明最理想

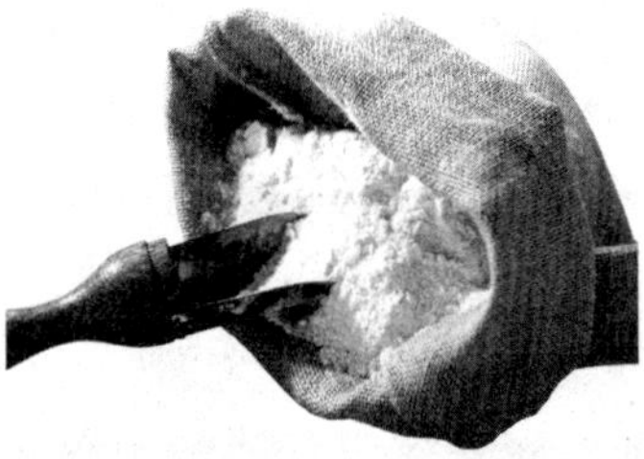

方便面如今已传遍全球，全世界每年大约要消费上百亿箱各种品牌和口味的方便面。

的方法是油炸，油炸既能很快炸干面条，而且油炸后面条上会出现好多在热水浸泡时能起吸水作用的细孔，面条会因此变软。而且，油炸过的面条口味也更好。

1985年，安藤百福的日清食品公司在三年的反复研究后终于成功地发明了方便面。

利用海水灌溉农作物的发明

在人类生活的地球上，淡水资源仅占全球水资源的3%，且在这仅有的含量中，可利用的淡水资源的比例又极其小。在全球人口急剧增长的人类社会，淡水资源紧缺已成为一个日益严峻的问题。于是，人们把目光转向了水资源丰富的海洋，但海水能用于急缺水的农业灌溉吗？科学家们对此进行了探索。

由于海水的含盐量高，淡化费用极其昂贵，在农业灌溉中极少利用。经过科学家们的多年苦心研究，一些国家在利用海水灌溉农作物方面已取得了一些进展。

一直以来，人们都用淡水灌溉白菜、甜菜等作物，后来，意大利的专家想能不能用海水来代替淡水灌溉呢？结果发现有的作物的长势用海水比用淡水灌溉更好，并且甜菜的含糖量增加。另外一个例子是，日本用海水灌溉苜蓿，产量也大大增加了。

进行了10多年野外考察研究的美国亚利桑那大学的科研人员选取出一种名叫斯欧斯的品种，这是从1000多种靠海水灌溉的沿海野生植物中挑选出来的。这种植物生长快，经海水长期浸泡的根系极为发达，又经得起海浪冲击。该植物不可直接食用，但其果实可加工成类似麦片的主食。在墨西哥和阿联酋，美国科学家正对它进行大面积的种植研究，并考虑进一步推广。

海水灌溉为什么能使作物长势良好?这是因为海水中含有的化学元素种类较多，且含量较高，淡水中所含物质元素比起海水来，显然是少得可怜。海水中含有的植物生长所必需的氮、磷、钾等元素显然比淡水丰富。另外，海水中还含有淡水中缺乏但植物需要的其他元素。科学家测定出海水中含有80多种元素。海水中的浮游生物及动物尸体和排泄物还可转化为有机肥料。所以，农田在经过海水灌溉后，农作物的生长更加好。

随着研究的不断深化和发展，我们相信科学家们定能找出利用海水灌溉农作物的更好方法，从而有效缓解水资源紧缺问题，为人类造福。

从蚕丝到人造丝的发明

养蚕织布在中国已有4600多年的历史。相传是由黄帝的妃子嫘祖发明的。有一次，嫘祖在野外游玩，一株桑树上的蚕吸引了她，她就在旁边仔细观察，发现那只蚕用吐出来的丝将自己缠起来，结成了一个白色的茧。嫘祖发现蚕茧又滑又软，就萌发了用蚕茧抽丝织布的念头。于是，她在家里植桑养蚕，渐渐地越养越多，然后让蚕吐丝结茧。开始时，她因经常弄断茧丝而抽不出好丝，试验了几次后发现用热水烫过再抽更理想。嫘祖抽出好的蚕丝，又将丝纺成丝线，织成绸布，做成了轻盈柔软的衣服。

后来，养蚕织布渐渐地从宫廷传到了民间，古代中国的丝绸业有了很大发展。汉武帝时，开辟了通往西方的“丝绸之路”，将丝绸传到了中西亚和印度等地。可是，随着社会的发展，

蚕吐丝结茧的过程

人们的穿着要求越来越高，于是科学家们想发明一种能替代蚕丝的人造丝。

法国的生物学家夏尔多内解决了这一问题。桑叶的主要成分是纤维素，既然蚕吃了桑叶后能吐出丝来，那么，以纤维素作为原料应该有制造出“人造丝”的可能。经过研究，他发现酒精和乙醚的混合液，可以溶解纤维素，变成粘稠的液体。于是，他用特制的机器代替吐丝的蚕，从一个只有0.1毫米的细孔中挤出这种液体，抽拉成丝，干燥后便成了人造丝。

屈伸自如的混凝土

1988年2月，一个高级水泥材料研究中心在美国伊利诺伊州西北大学成立了。研究新型耐扭折的水泥是这个研究中心的一项重要任务。有一天研究员沙阿外出办事时遇到了可怕的大风，狂风肆虐中，惟有柳树顺风弯曲着，躲过了被折断的厄运。沙阿想顺风弯腰树木能不被折断，那为什么不能制造出能曲能弯的混凝土呢?同事们都很支持沙阿这个看似很荒唐的想法，他们正式开始了这项研究“宁弯不折”的混凝土的工作。

混凝土只有硬度而缺乏韧性，因为表面上看起来完好的混凝土，其内部到处是小孔洞。仔细观察后，沙阿提出了一个治疗这种小孔洞的解决方法，即在水泥中加入10%至15%的聚丙烯纤维以及铁粉、玻璃粉，然后充分搅拌，然后将这些纤维和混凝土从一个漏斗形的装置中挤过去，这样小孔洞便基本上消除了。接着，再将混入纤维的混凝土放在真空室内抽出残余气体，并再次加压，从而更彻底地消除混凝土的小孔洞。

实验证明，按这两位科学家的设计方案研制成的混凝土样品能像蛇爬行一样，能屈能伸，不再是从前那种“宁折不弯”的倔强性格。科学家鉴定出这种新型混凝土的抗弯性能是普通混凝土的100倍，而且强度也提高了4倍。例如，用这种新方法制成的混凝土板仅需2.54厘米厚，就相当于30厘米厚的普通混凝土板的强度。这种能屈能伸的混凝土的强度和弯曲性能非常高，主要是因为在混凝土中加入了纤维。这些纤维可以防止混凝土的裂缝扩大。即使是已出现了裂缝，也能经过牵拉而将之弥合在一起，从而提高了强度。

目前，用能屈伸的混凝土制做楼房的预制板可大大减轻重量，并能抗御地震。随着这种混凝土性能的不断改进，它将拥有越来越广泛的发展前景，应用也必将越来越广。

长颈鹿的“控压装置”与抗荷服

自然界的很多生物往往给科学家们带来科学发现的灵感，好多生物界的原理被借用在科学创造领域。你肯定不会想到，长颈鹿会与抗荷服产生什么样的联系。然而，它们之间确实有着紧密的联系。

我们都知道，飞行员在驾驶战机加速爬升时，人体血液的流速会在惯性作用下慢于人体的运动速度，这时血液就会积聚在人体下部，从而造成大脑特别是视网膜供血不足，眼前刹时会出现一片漆黑，严重时会引起短暂的晕厥，直接影响作战和飞行安全。

为此科学家在飞行服中增加了一种裤形装置，这种装置是在腹部、大腿、小腿的地方安装了几个相通的气囊。飞机上的增压气源在飞机进行剧烈变化的机动飞行时，可通过抗荷调压器按人体的需要自动调节气压，使气囊因迅速充气而膨胀，压迫飞行员的腹部和下肢，抵抗内脏器官的移位和血液的惯性下涌，使迅速下涌的血液返回心脏，从而克服了飞行中的黑视和晕厥现象。

宇航员身着太空服在太空中检修空间站。

设计师们如何能想出如此独特的设计，那得从长颈鹿说起。长颈鹿在落差高达五六米的空间里上下晃动脑袋，却没有头昏目眩的感觉，而是成功地克服了这一生存障碍。

长颈鹿如何做到这一点的呢？原来，长颈鹿的身上有双重“控压装置”。长颈鹿的大脑下部有一团伸缩性很强的网状小动脉，当血液进出这个特殊的“阀门”时，细细的动脉小血管会迅速扩张，血液的流速和增加量会因这个迅速扩张的网状体的阻 滞作用而降低。因此，即使在长颈鹿猛低头时，也不会有过量的血液涌入大脑；当这一作用相反时，即在长颈鹿猛抬头时，大脑也不会出现供血不足。同时，长颈鹿身上裹着一层紧箍着血管的坚硬的外皮，这层外皮既可以抵御敌害，又能保持血管内外层平衡，控制血压。

长颈鹿的护身绝招启发了生物学家和飞机设计师，他们仿照长颈鹿用坚硬外皮控制血压的原理，发明了此种抗荷服(飞行服)。

帕平发明高压锅

为了节约时间，人们已习惯用高压锅来煮饭菜。其实它并非是现代生活中的发明，早在300多年前，法国物理学家帕平就用它做过“大餐”了。

一次，帕平在做实验时，由于不小心，被从加热容器中喷出来的蒸汽烫伤了手，伤势十分严重。帕平就向波意耳请教这次的蒸汽格外热的原因，波意耳的解释是，在高压下水的沸点升高，所以它的蒸汽特别烫。实验中水是在密闭容器里加热的，沸腾后的水蒸气使容器上方的空气密度加大从而使气压升高。反之，在低压情况下，沸点降低的水蒸气就不

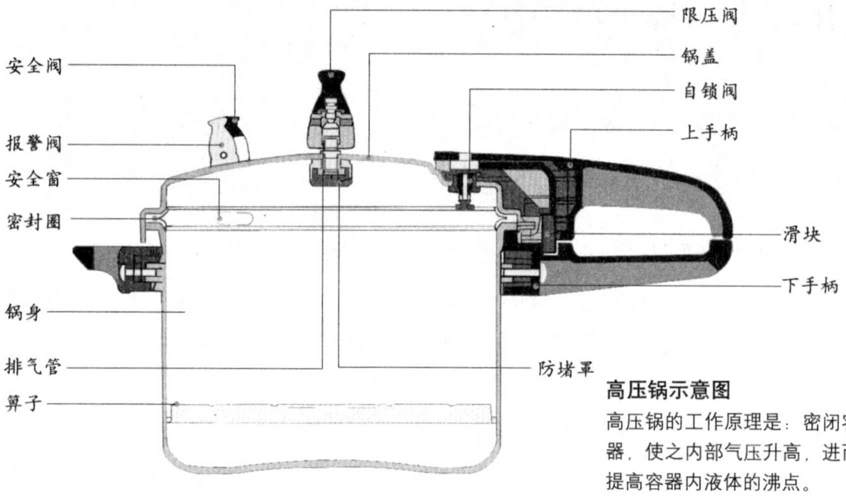

高压锅示意图

高压锅的工作原理是：密闭容器，使之内部气压升高，进而提高容器内液体的沸点。

烫手了。

几天之后他们两位一同到山上去进行一项测量山的高度的实验，因为波意耳曾经告诉过他，“高度计就是气压计，气压计就是高度计”，所以帕平作为助手特意带上了气压计。因为地球表面的大气随着高度的增加越来越稀薄，因而气压也越来越小。根据气压计的水银柱随高度每升高 12 米就降低 1 毫米的原理，他们在山底先测一次气压，到山顶再测一次气压，根据水银柱下降的长度，就知道了山的高度。实验顺利结束之后，帕平突然明白了为什么有一次他在山顶花了很长时间煮土豆都煮不熟的原因，就是因为山顶气压太低，水的沸点低于 100℃，温度不够，土豆当然煮不熟了。

受到启发之后的帕平设计并制作了一个密闭的容器，然后把容器内的水加热，容器里的压力随着水温的升高越来越大，因而水的沸点也升高，食物也就熟得快了。他从此得出结论，气压的高低与水的沸点温度成正比。帕平制造了第一只高压锅，然后，他用高压锅做了牛肉等各种食物，举办了一个名为“加压大餐”的宴会，大家吃过以后都啧啧称奇。就这样，高压锅开始走入千家万户。

摄影的诞生

摄影的两大关键需要是照相机与胶片(21 世纪初，逐渐发展起来的数字技术开始逐步取代胶片)，而照相机出现的时间要比胶片早约 1000 年——直到化学家发现感光化学物质能够“捕捉”镜头影像后，胶片才被发明。

照相机源自“暗室”，暗室是在一面墙上开有一个小孔的密闭房间。光线进入小孔，将外面的景物投影到对面的墙上，形成上下颠倒的影像。最初，艺术家们使用该暗室协助描绘景色，之后，暗箱初步演化为便携式设备，变为较大的密闭暗盒，并且用透镜代替了小孔。

1725 年，德国医生约翰·舒尔茨(1684～1744 年)发现某些银盐(含银化合物)在日光的照射下会变暗。50 年后，瑞典化学家卡尔·谢勒(1742～1786 年)发现暗化效应是由于金属银粒的存在引起的。结果，银盐成为感光乳剂(即胶片上的感光涂层)中的标准成分，用以制造胶片、感光纸等。18 世纪 90 年代，英国人托马斯·韦奇伍德(1771～1805 年)曾尝试制造感光皮革。当然，在谢勒的暗化效应被广泛接受之前，诸多的科学家也曾尝试过其他不同的感光方式。

大事记	
1725 年	银盐的感光性被发现
1826 年	尼埃普斯拍摄首张照片
1839 年	发明纸基负片照相法
1841 年	发明碘化银纸照相法
1851 年	发明湿珂珞酊法
1871 年	发明干明胶底片
1888 年	首架柯达相机诞生

在法国，化学家约瑟夫·尼埃普斯(1765～1833 年)也试

验了瞬间留影的银盐影像，1826年，他利用一块抛光的锡铜合金板，涂覆沥青作为感光物质，首次成功地实施了拍摄。经过长时间的曝光，沥青转白，尼埃普斯利用一种溶液将沥青从未曝光的区域去掉，并且将金属板置于碘蒸汽中使其暗化。

1843年，威廉·福克斯·塔尔波特在英国中南部城市雷丁建立了专业摄影工厂。图中的温室即为塔尔波特的肖像摄影工作室，尽管户外的光线要比温室内好得多，但他仍旧倾向于在室内摄影。

碘在法国人路易斯·达盖尔(1787～1851年)完善摄影技术的过程中扮演了重要角色。为了制作他的照相版，他将银镀在铜板上，随后将该板置于碘蒸汽中(在暗室中)，产生了感光碘化银。他将感光板放置在照相机中，随后再将拍摄完成后的感光板置于汞蒸汽中，完成显影这一工序，再经过定影(将其浸在普通盐溶液中)得到永久的影像。之后人们以达盖尔的名字命名该照相法，又称为银板照相法，可惜的是，产生的是镜像，无法复制。

1841年，英国化学家威廉·福克斯·塔尔波特(1800～1877年)取得纸基负片照相法的专利权。早在1835年，塔尔波特便设计出该方法，使用浸泡过硝酸银、食盐或碘化钾溶液的相纸拍摄。在照相机中曝光后，将相纸置于镓酸之中显影，随后置于硫代硫酸钠(俗称“海波”)溶液中定影，得到“负像”(即黑白相反的图像)，再使用一片相纸与胶片相接触，转化为“正像”(即景物原本的图像)。这一过程可以重复，能够大量复制出“正像”。

随后，威廉·福克斯·塔尔波特转入商界，与他的助手尼古拉斯·海勒曼一道在英国南部城市雷丁建立世界首家专业摄影工厂，成为最早的专业摄影家之一。1843～1847年，他们拍摄了大量的肖像照。但当时因为印刷纸质纹理的原因，照片影印还是非常的粗糙。1850年，法国人路易斯·戴瑟·布兰克沃特·伊沃德(1802～1872年)用蛋清涂覆在相纸上改进了这一缺陷。尽管福克斯·塔尔波特控告伊沃德窃取了他的专利，但伊沃德的发明确实有重要的意义。

随着福克斯·塔尔波特发明的纸基负片照相法逐步普及，1851年，伦敦人弗雷德里克·阿彻(1813～1857年)突发灵感，产生了在火棉胶(一种极易燃、无色或黄色糖浆状火棉、乙醚、酒精的混合溶液)中制备银盐感光溶液的想法，并将其涂于玻璃片上，这便是湿珂珞酊法，并很快成为当时最重要的摄影法。直到19世纪70年代，才逐渐被“干底片”所取代，后者是英国内科医师理查德·马杜克斯(1816～1902年)于1871年发明的，干底片采用了明胶感光乳液。1888年，美国人乔治·伊斯门(1854～1932年)将干明胶感光乳液应用于他所设计的首架柯达相机之中，最初使用纸质底片，后使用透明胶片(又称赛璐珞)。随着柯达相机的大量销售，大量照片被拍摄出来，标志着摄影开始真正走进我们的生活。

卢米埃尔发明现代电影

提起电影，大家并不陌生。但电影究竟诞生于何时，却存在颇多争议。用事物的影像来表现故事情节的艺术形式(如灯影戏、皮影戏)很早就出现了，而现代电影则产生于19世纪。

像其他许多发明一样，电影的发明经历了漫长的过程。电影的产生与视觉暂留现象是分不开的。1825年，英国人费东和派里斯发明的“幻盘”，以及1832年普拉托等人发明的“诡盘”，还有1834年英国人霍尔纳制成的“走马盘”，都是利用这一现象把转动的静态图像变成连续的动态图像。

视觉暂留的时间大约为1/10秒，因此表现某个事物的动态过程，需要大量的图像。1839年摄影技术产生，以及曝光时间的缩短使现代电影的产生成为可能。1882年以后，生理学家马莱在“摄影枪”的基础上，改进制成的“活动底片连续摄影机”，已经具备了现代摄影机的雏形。法国的雷诺于1888年制造出了“光学影戏机”(使用凿孔的画片带)，类似今天的动画片技术。从1892年起，雷诺时常在巴黎葛莱凡蜡人馆放映动画片。这些动画片在制作时已经利用了近代动画片的主要技术。几乎是同时，爱迪生造成了每格凿有四组小孔的35毫米影片，并与“电影视境”同时使用，人们可以通过它看到放大后的影片画面。

爱迪生的发明成果传到法国后，很快被卢米埃尔兄弟采用，并加以改进。他们在1894年制成了第一台较为完美的电影放映机。它可以投射到宽大的银幕上，从而解决多人观看的问题。

卢米埃尔兄弟很早就开始了电影机的研制工作，他们曾制成一架应用“杭勃罗欧偏心轮”的“连续摄影机”。后来结合爱迪生的电影机技术，兄弟二人又于1895年研制出活动电影机。这是一种兼为摄影机、放映机和洗印机的复合机器，在当时它是非常先进的。由于它性能上的优越，连俄国沙皇、英国女王、奥地利皇室以及其他许多国家的元首都要先睹为快。那时的火爆场面可想而知。为了满足各方面的需求，卢米埃尔兄弟培养了上百名摄影师(兼放映师)到世界各地推广这种机器。

卢米埃尔兄弟获得成功还得益于他们的公演活动。1895年，欧美地区的电影放映非常盛行。卢米埃尔兄弟是1895年12月28日开始的，最初的地点选在巴黎嘉布遗路的“大咖啡馆”。当天放映的有《工厂的大门》、《火车进站》、《园丁浇水》和《墙》等短剧，情节极其简单，却吸引了几千观众聚集在大咖啡馆漆黑的大厅里。

随着时间的推移，卢米埃尔兄弟放映的电影质量也有所提高。他们改编了一些当时的动画片，如《可怜的比埃罗》。它主要描写了比埃罗和科降宾娜的爱情，全剧只有短短的12分钟。卢米埃尔等人给它配上了歌曲，使它一下子声情并茂，激起了观众的热情。《更衣室旁》原来只是叙述了海水浴场的更衣室旁发生的一段很无聊的故事。而经过卢米埃尔及其助手的改编，风格完全不同了。首先他们在故事开始前加上了海边风景的画面，海鸥悠闲地掠过微微荡动的海面，给人很清爽的感觉。观众觉得耳目一新。另外，情节中低级的动作被删除，代之以较为文雅的举止，让人产生美感。如此一改，显得情节更为巧妙，人物刻画也较为典型，给观众留下极深刻的印象，该剧在同一个剧院就放映了多次。之后，兄弟二人还改编了许多旧作，其中成功的有《炉边偶梦》、《桑陀教授》、《消防员》、《贺依特的乳白色旗子》等。

后来，卢米埃尔兄弟开始拍摄影片，初期以纪录现实生活为主。他们制作的影片情节曲折生动，而且真实、扣人心弦，并一举获得了成功，从而为法国的电影奠定了基础。当英国的电影生产还处于手工阶段时，法国的影片制作已步入工业化轨道。1903年至1909年间，世界电影史上出现了所谓的“百代(法国)时期”。

卢米埃尔兄弟是世界电影的先驱和开拓者，同时也是纪录性现实主义的创始人。他们为世界电影作出了不可磨灭的贡献。

动画片的发明

动画，顾名思义，就是能运动的画。可是，怎样才能使画动起来呢？

我们的眼睛在观察物体时，就好比照相机在拍照，被观察到的物体就得归功于我们的眼睛。眼睛内会形成图像，但是，物体消失之后，眼睛中的图像并不马上消失，它还会在眼睛中保留大约0.025～0.03秒的时间，这就是眼睛的视觉暂留功能。由于视觉暂留，当一个物体以每秒20～30次的频率出现时，人的眼睛就会把这个物体的出现看成是连续的动作。比如，日本动画片《聪明的一休》中的这样一个镜头：每当遇到难题，一休就抬起胳膊用手指指头顶想主意。这样一个只演一秒钟的镜头，需要制作人员画24张以上不同的画稿。因此，制作动画片时，就要事先画出许多张画稿，再把这些画稿按一定的顺序排列起来，然后以极快的速度放映，画中人物的动作就会连贯起来，显得形象而生动。据统计，一部放映10分钟的动画片，大约需要绘制1万张画稿。而且只要把时间间隔划分得足够小，那么在相等的时间段内，出现的画面就越多，从而画面动感更强，动作也更连贯和逼真。可见，制作一部动画片还真不是一件容易的事呢！

用赛璐珞片制作动画片

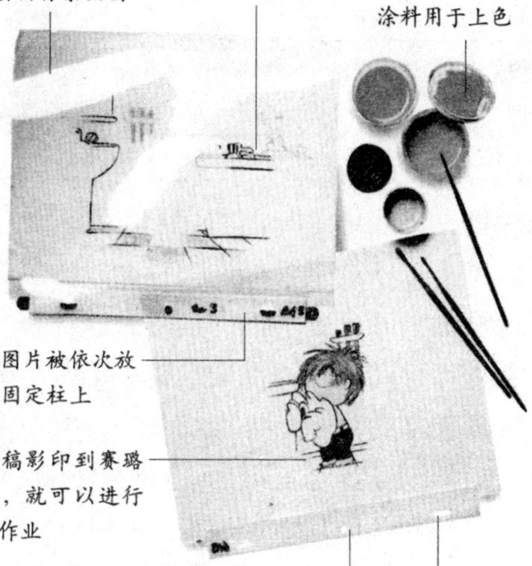

（将人物及背景重叠后，一张张拍摄在电影胶片上。）

当然，全由人工制作已是过去传统的方法，既费时又麻烦，现在动画的制作已经使用了方便快捷的计算机图像处理技术了。

动画片的设计人员在使用计算机图像处理技术时，根据故事情节设计出一系列人物和景物的造型，它们就是计算机绘制动画画面的基础。在屏幕上看到这些画面的动画效果后，设计人员就会根据需要对不满意的地方进行修改、润色。比如说要表现一个玩具滚下楼梯的画面，计算机只需把开始的画面和结束的画面制作出来，再处理前一张画面中捕捉到的数据信息，对有变化的地方稍加改动，就可以迅速完成下一个画面。就这样，计算机制作出连续的画面，从而表现出了事物的全部运动过程，如今计算机制作动画片广泛应用这一原理。由计算机制作的动画片不仅仅是平面的，而且还具有三维立体效果。三维立体效果动画片可以使动画景象更加形象、真实，人们称这种制作技术为三维电脑动画技术。深受小朋友喜爱的动画片《玩具总动员》就是使用三维动画技术制成的。

知识窗

动画片的制作

动画片又叫卡通片，在电影艺术中，是少年儿童特别喜欢看的节目。当许多张内容逐渐改变的画片聚在一起，并在我们眼前快速移动时，画片里的东西仿佛也跟着动了起来。这就是动画片的制作原理。以动画片《大闹天宫》为例，其中的孙悟空生龙活虎、变化莫测，忽而将身体隐去，忽而变成仙鹤凌空飞翔。肯定有人会问，孙悟空是怎样变成仙鹤的呢？原来，美术工作者需要先把孙悟空和要变的仙鹤画好，然后要绘制出中间逐步变化过程中的动作，再把这些画面按顺序拍摄下来。人物与背景要分别制作。这样，我们就能从银幕上看到孙悟空变成仙鹤了。

第一台计算机

大事记	
1833年	巴贝奇发明分析机
1890年	哈雷里斯发明打孔卡片
1942年	电子计算机问世
1946年	ENIAC和诺伊曼的存储程序计算机问世
1951年	第一种大规模生产的计算机问世

计算机是能够按照程序的指令完成信息和数据处理等各种工作任务的电子机器。现在，我们所说的计算机通常指的是数字计算机，以阿拉伯数字或二进制符号的形式来处理各种数据。

二进制是一个只使用两个阿拉伯数字1和0的数字系统，计算机根据电流脉冲的有无变化，将要处理的信息以二进制方式进行编译处理和存储。根据上述原理，临近第二次世界大战结束时，美国陆海军已使用了世界上第一台这样的计算机。当时的计算机是装有成千上万根真空管的巨大机器，是由20世纪30年代末电子式计算机发展而来的，而电子式计算机则源自更早期的机械式计算机。约公元前3000年发明的算盘是人类最早的计算器，由装有可移动算珠的框架组成，直到现在中国和日本的部分地区仍在使用算盘。1614年，苏格兰数学家约翰·内皮尔(1550～1617年) 发现了对数，从而简化了繁冗的乘除法运算。1925年，剑桥的威廉·奥瑞德(1574～1660年)发明了对数计算尺，使计算"机械化"。

1642年法国科学家巴斯·帕斯卡(1623～1662年)利用相互啮合的嵌齿设计了一部机械式加法器，1833年，英国数学家查尔斯·巴贝奇(1792～1871年)采用帕斯卡的设计原理发明了分析机，它能通过编程进行特殊的计算，开创了近代电脑的先河。带有键盘的计算机(键控计算机)从19世纪80年代由发明家——如美国的发明家威廉·巴勒斯(1855～1898年)——开发并发展而来。后来的这种计算机还拥有打印输出功能。

早期大多利用打孔带或打孔卡片的方式向可编程计算机输入数据。大约在1805年，法国发明家雅卡尔(1752～1834年)设计了一种通过遵从打孔卡片的一条无限长的带子上的指令，能够在地毯上织出各种图案的编织机。美国发明家贺门·哈雷里斯(1860～1929年)，根据雅卡尔编织机的原理，设计了类似的卡片，统计和分析1890年美国人口普查的结果。1896年，哈雷里斯创立了统计机器公司，1924年与另外两家公司合并，成为长期执电脑界牛耳的IBM公司的一部分。

电子机械化计算机出现在20世纪30年代，如美国科学家万尼瓦尔·布什(1890～1974年)和约翰·阿塔纳索夫(1903～1995年)发明的计算机。1942年，阿塔纳索夫建造了一台电子计算机——ABC机。ABC机由真空管组成，而且可以通过编写程序处理数据，是世界上第一

1949年曼彻斯特大学建造的可存储程序计算机占据了整个实验室。尽管它的体积很大，但是它的计算能力远远不及现在的笔记本电脑。

台数位电子计算机(争议中)。2年后，美国哈佛大学的数学家霍沃德·艾肯(1900～1973年)研制出了手工操作数字计算机，通过打孔纸带控制。1946年2月，世界上第一台全电子计算机ENIAC(电子数字积分计算机)在美国宾夕法尼亚大学诞生,这台计算机仍采用真空管作为基本部件。

1946年，匈牙利裔美国数学家约翰·冯·诺伊曼(1903～1957年)在普林斯顿大学研制了第一台二进制储存程式计算机,此后美国计算机工程师约翰·埃克特(1919～1995年)和约翰·莫奇勒(1907～1980年)推出结合了冯·诺伊曼设计理念的UNIVAC-1，为第一种量产电脑，开启了第一个电脑的时代。1年后，他们对UNIVAC-1进行了改装，使用了磁带存储装置。1949年，英国曼彻斯特大学的一个研究小组在图灵(1912～1954年)领导下也建造了一台可存储程序的计算机。图灵在这之前在普林斯顿大学工作过。曼彻斯特大学的计算机的成功使英国政府委托费朗蒂公司批量生产。在此后几年里，费朗蒂公司总共卖出8台MarkI型计算机——在当时这个数字已经很大了。

美国物理学家在20世纪40年代晚期发明了晶体管后，计算机的体积越来越小且处理速度越来越快。到20世纪60年代中期，硅片出现了，于是在1970年设计出的电路并入一块全电脑微处理器可以集成到单块的硅片上。如今，微晶片有着更广泛的用途，不但用在个人电脑上，而且还用于家用电器、汽车和工业机器人的嵌入系统中。

个人电脑的发明与普及

生活在现代世界中的人们对个人电脑(PC)再熟悉不过了，个人电脑的强大功能使它成为当今最有用的工具之一，人们可以用电脑玩游戏、写信，还可以管理家庭以及生意上的账户收支。电子邮件只需几秒钟就可以将信息和图片从地球的这一端传送到另一端。个人电脑可以用于购物、旅行行程安排、酒店预订和购买电影票等方面。现在，我们很难想象如果没了电脑，世界将会变成什么模样。

然而，个人电脑仍是相当新的事物。第一台全电子计算机于1946年在宾夕法尼亚大学研制出来，被称做ENIAC，意思是电子数字积分器和计算器，包含1.8万只真空管，使用功率为100千瓦。

早期所有的计算机都采用的是真空管或电子管，这些机器体积庞大，占用整个房间且计算结果并不可靠(因真空管或电子管失效),因此许多工程师不得不时常手动调试，使它们正常运行。发明于1947年的晶体管取代了真空管，使计算机的体积大大缩小并且运行更稳定。而1958年发明的集成电路使计算机的微型化成为可能。计算机开始“瘦身”。

即使如此，直到1975年，才出现了体积足够小且普通家庭有能力购买的计算机。美国新墨西哥州阿尔伯克基的MITS公司推出了Altair 8800型计算机，品牌机销售价格495美元，而组装机则只售395美元。Altair 8800型计算机的尺寸为43厘米×46厘米×18厘米，采用2兆赫兹的英特尔8080微处理器，没有显示器、键盘和打印机，内存容量只有256比特。人们只能通过机箱前的开关控制它的

大事记	
1946年	发明埃尼阿克(ENIAC)电脑
1947年	发明晶体管
1958年	发明集成电路
1964年	开发出BASIC程序语言
1972年	开发出小型计算机的CP/M操作系统
1975年	发明Altair 8800型计算机
1980年	开发出MS-DOS操作系统
1980年	发明ZX80计算机
1981年	IBM生产了第一台个人电脑
1990年	出现万维网

运行，以映射到前面板的闪光图案读取输出结果。1976年，MITS公司将20厘米的软盘驱动装配到他们的计算机中用于数据储存。

只要计算机能够与存储设备如磁盘驱动器进行信息交流，计算机软件——应用程序如文字处理工具或游戏等——就可以运行。这个过程需要一种操作系统形式的特别软件。1972年，美国计算机科学家加里·基尔代尔(1942～1994年)开发了PL/M(程序语言/微处理器)，它允许计算机工程师编写程序然后加载入英特尔4004的只读内存中。这些处理器可以用来控制交通灯和家用电器如洗衣机等设备。1973年，基尔代尔编写了能从磁盘中读取和写入数据文件的软件，他将之称为CP/M(控制程序/微型计算机)，这是第一个应用到微型计算机中的操作系统——CP/M很快取得了成功，但是当国际商用机器公司(IBM)需要在他们开发的小型电脑上安装一个操作系统时，IBM有两种选择——CP/M和MS-DOS(磁盘操作系统)。MS-DOS是由美国微软公司的计算机程序员比尔·盖茨于1980年开发的，成为CP/M的强劲对手。微软公司的MS-DOS最后胜出并占据了市场主导地位，但还是有部分计算机爱好者仍在使用CP/M。

文字之星(WordStar)软件于1979年面世，是第一种流行的文字处理程序。最初，软件在CP/M上运行，但后来的文字之星版本在MS-DOS上运行。

在1980年英国工程师克里维·辛克莱(1940年～)开发出ZX80计算机之前，计算机仍很昂贵。ZX80型品牌计算机整机在英国的售价只有95.95英镑，组装机更便宜——只有79.95英镑；品牌机在美国的售价也仅为199.95美元。ZX80计算机大小为20厘米×20厘米，随机存储器(RAM)容量为1千比特，配置了膜键盘。ZX80与一台电视接收器相连，作为该计算机的显示器。一年后推出的ZX81计算机功能则更为强大，并采用了音频卡带存储设备。

1981年，IBM公司开发了其第一台小型计算机，称为个人电脑(PC)。在1～2年内，IBM的竞争对手们向市场推出了价位更低的模仿机——IBM克隆机。所有这些上市的计算机都模仿IBM，并且都安装MS-DOS。现代计算机就是这些“克隆机”的“直系后裔”。

计算机按照二进制编写的机器代码指令处理任务，一套计算机程序由许多页的“0”和“1”组成。机器代码很难编写而且更难对运行的错误进行调试。计算机程序员需要一种既容易编写又易调试的代码。第一种这样的代码出现在1957年：IBM公司的计算机程序员约翰·巴克斯(1924年～)开发出第一种高级程序语言FORTRAN，标志着程序设计的新时代的开始。但FORTRAN语言是一种面向科学家和数学家的编程语言。教师仍需要一种学生可以较容易掌握的语言。1964年，美国计算机程序员约翰·凯莫尼(1926～1992年)和托马斯·库尔兹(1928年～)在新汉普郡达特茅斯大学宣布他们成功解决了这一问题，即开发出了初学者通用符号指令代码——BASIC语言。

个人电脑的性能取决于处理器的运行速度和内存的容量大小，这两项指标都得到迅速提高，并仍在不断增强，使得现代电脑的性能远远高于以前。第一台多媒体个人电脑出现在1991年，英国计算机科学家蒂姆·伯纳斯·李(1955年～)在1990创造了万维网，如今，宽带网让用户可以从网络上下载音乐和电影了。

改变世界的火箭

中国在1100年前后开始使用火箭，那时主要是作为观赏性的烟花和战场上的武器。中国古代的火箭技术很快传到了欧洲，1288年，摩尔人就曾用火箭攻击西班牙的巴伦西亚。后来出现了多级火箭(将一个火箭装在另一个的顶部)。1715年，俄国的彼得大帝在圣彼得堡附近建立了一个火箭制造工厂。

大事记	
1806年	康格里夫火药火箭问世
1844年	黑尔自旋稳定火箭问世
1926年	戈达德液体燃料火箭问世
1931年	汽油／液氧火箭问世
1944年	德国V–1和V–2火箭问世

这些早期的火箭都是固体燃料火箭，燃烧黑色火药——木炭、硝石和硫磺的混合物。1806年，英国军事工程师威廉姆·康格里夫(1772～1828年)开始研发带爆炸弹头的火箭，发射弹药点燃后，当火箭命中目标时，就触发了弹头中火药的爆炸。有些类型的康格里夫火箭重达27千克，利用斜面发射，这类火箭可以命中2.5千米外的目标，曾在拿破仑战争中作为大炮使用，轰炸法国布伦(1806年)和丹麦哥本哈根(1807年)。在革命战争期间，英国曾经建造了可发射火箭的舰船来抵抗美军的攻击。

康格里夫火箭有一条长长的木制箭尾，就像现代的烟花。为了提高火箭在飞行中的精确性和稳定性，1844年英国发明家威廉姆·黑尔(1789～1870年)在火箭的尾部装上3只倾斜的安定翼，这能使火箭自身旋转从而达到稳定。这样火箭就不用装上长长的木制箭尾了。19世纪中期，墨西哥战争和美国南北战争中都使用了黑尔火箭。军用火箭发展曾一度陷入低谷，直到20世纪30年代多级火箭发射装置和导弹的出现。火箭除了军事用途外，还应用到了其他的方面，比如1928年，在德国，一辆由28只火箭驱动(按顺序点燃)的汽车行驶速度达到了180千米／小时。

1903年，俄国天体物理学家康斯坦丁·齐奥尔科夫斯基(1857～1935年)首先完善了现代火箭技术理论，但是他的火箭技术理论直到1926年由美国发明家罗伯特·戈达德(1882～1945年)发射了第一颗液体燃料火箭才得以应用到实际，并预示着火箭的发展进入了一个新的时代。戈达德使用汽油和液氧作为燃料，在他马萨诸塞州的奥本市的姑妈家农场里将火箭发射升空，火箭的速度达到了105千米／小时，并且攀升到距地面约12.5米的高度。1935年，戈达德火箭飞行的速度已经达到1000千米／小时，攀升的高度达2400米。

戈达德的研究成果并没有引起美国政府的兴趣，但他仍然继续潜心研究火箭技术。在德国，科学家赫尔曼·奥伯特(1894～1989年)领导了一个研究小组在1931年成功研制出汽油与液氧混合的液体燃料火箭。他们的研究在两年后受到了来自由谢尔盖·科罗廖夫(1906～1977年)领导的前苏联火箭研究小组的竞争。1930年，18岁的工程专业学生沃赫·冯·布劳恩(1912～1977年)加入了德国的火箭研究小组，研究小组得到了德军的支持，并在1936年在波罗的海海岸佩内明德获得了一批研制火箭的新式设备。在这里，冯·布朗指导研制V–1和V–2火箭。V–1由脉冲式喷气发动机提供炸弹(导弹)飞行的动力；携带1.1吨重弹头的V–2型火箭弹是第一枚可导引的液体火箭动力导弹。在第二次世界大战结束前夕，德国用这两种导弹轰炸了英国东南部。

在20世纪30年代早期，赫尔曼·奥伯特(图左带帽者)发明了流线型液态燃料火箭，在外观上与先前的固体燃料“长杆”火箭非常不同。

第二次世界大战结束后，冯·布劳恩和德国其他许多科学家在美国新墨西哥州的白沙实验场继续进行火箭的研究工作。他们以V–2为雏形，在1946～1952年间共发射了60多枚火箭。他们在V–2火箭的“鼻”部接上了一枚更小的火箭，这也就是二级火箭，这一改进使火箭飞得更高。第二次世界大战结束后，美国和前苏联的火箭技术都发展迅速，争相研制洲际弹道导弹和太空运载火箭，这一空间军备竞赛持续了30年。

戈达德和液体火箭

举手揽月、遨游太空是人类亘古不变的梦想。1961年4月12日，随着加加林踏入“东方”号宇宙飞船那一步开始，人类的梦想终于实现了。然而，在他的这一小步背后，是无数人的默默付出。

美国最早的火箭发动机的发明者罗伯特·戈达德，就是这些幕后英雄中最著名的一个。戈达德出生于美国马萨诸塞州，童年时，就表现出对科学幻想和机械的强烈兴趣。那时候他常迷恋于威尔士和凡尔纳的科幻作品。

戈达德从1909年开始进行火箭动力学方面的理论研究，3年后点燃了一枚放在真空玻璃容器内的固体燃料火箭，证明火箭在真空中能够工作。1919年，他发表了经典性论文《到达极高空的方法》，开创了航天飞行和人类飞向其他行星的时代。从1920年起，他开始研究液体火箭。他最先研制出用液体燃料（液氧和汽油）的火箭发动机，这与后来德国的V–2火箭武器的发动机基本相同。1925年，他对一枚液体推进剂的火箭进行了静力试验。1926年，在马萨诸塞州的奥本，冰雪覆盖的草原上，戈达德发射了人类历史上第一枚液体助推火箭。这枚火箭长约3.4米，发射时重量为4.6公斤，空重为2.6公斤。飞行持续了约2.5秒，最大高度为12.5米，飞行距离为56米。这是一次了不起的成功，它的意义正如戈达德所说：“昨日的梦的确是今天的希望，也将是明天的现实。”后来，他又陆续设计出更加先进的火箭，并且获得了214项专利。

令人难以想像的是，这一切研究都是在极端缺少经费、不被世人理解的情况下进行的。《纽约时报》的记者们嘲笑他甚至连高中的基本物理常识都不懂，还整天幻想着去月球旅行。面对强大的舆论压力、公众的怀疑和不理解，顽强的戈达德毫不气馁，坚持自己的路，继续研究。

幸运的是，媒体的报道引起了美国航空界先驱人物之一林白的注意。在亲自考察了戈达德的实验和计划之后，他立即设法为戈达德筹得5万美元。这对于极端缺少资金而又迫切需要进行实验设计的戈达德真是雪中送炭。于是，在1930年，戈达德举家迁到新墨西哥州的罗斯威尔建立他的发射场。到1941年，除了短暂的中断之外，他在这里从事了一个在科技史上最令人瞩目的个人研究计划。

戈达德虽然成功地发射了世界上第一枚液体火箭，但最初并没有引起美国政府的重视和支持，所以到他逝世时美国的火箭技术还远远落后于德国。直到1961年苏联宇航员加加林上天后，美国才发表了戈达德30年来研究液体火箭的全部报告。后来，他被誉为美国的“火箭之父”，美国宇航局的一个空间飞行中心也被命名为“戈达德空间研究中心”。

知/识/窗

火箭发展史

1806年，欧洲战场上首次使用火箭，英军在30分钟内就朝法军发射了2000发火箭弹。

1930年，德国空间飞行协会在柏林附近开辟一场地，用来制造和试验液体燃料火箭。

1944年，德国向英国和其他地方的目标发射第一批近3000枚V–2火箭弹。

1946年，美国新墨西哥，一枚火箭发射到80千米的高度。美国火箭工程师也开始用缴获的V–2火箭做试验。

1998年，在美国，由一群爱好者研制的“哈罗”火箭几乎到达了外层空间。

神通广大的全球定位系统

战国时期，我国发明了指南针，从此它便被广泛应用于航海中，以辨别方向，不久，指南针传到国外，也备受欢迎。1000多年过去了，科技越来越发达，指南针被更先进的仪器所代替，它就是神通广大的全球定位系统。

全球定位系统的英文名字是“Global Position System”，简称GPS系统。该系统是以卫星为基础的无线电导航定位系统，它能测出地球上任意一点的精确坐标，包括精确的时间、经度、纬度和误差在1米之内的速度定位，GPS系统代替了古老的指南针，被人们赞誉为“电子指南针”。

GPS全球定位系统是继“阿波罗登月飞船”和“航天飞机”之后美国第三大航天工程。美国国防部投资200亿美元，花了近20年时间来研制它。专门为配合飞机、导弹、船只和士兵运动的军用定位和导航系统，是目前世界上最先进的卫星导航系统。GPS全球定位的成功研制和使用把传统的导航定位技术一下推进到了电子信息导航的新时代。

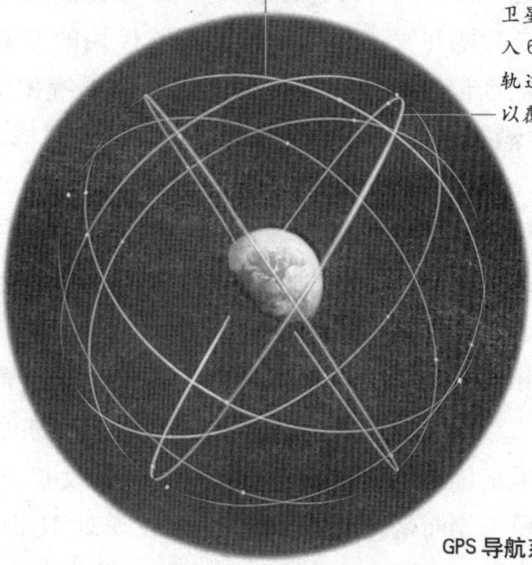

GPS导航系统设计

GPS系统主要由3大部分组成，它们是导航卫星、地面监控站和GPS用户接收机。导航卫星由24颗卫星组成一个卫星星座，均匀地分布在围绕地球的6个轨道平面上，与地球同步运行，其中21颗是工作卫星，3颗为备份卫星。地球上任意一个地方至少能同时观测到4颗卫星。在20810千米的高空，每颗卫星上都装有7万年误差不超过1秒的原子钟和一台遥测发射机。它把有关卫星的遥测数据发向地球，同时也把来自地球的与导航定位有关的各种信息接收进去。地面监控站承担对卫星发射和导航信号的观测任务，由设在科罗拉多斯平士的联合空间执行中心的主控站和3个分设在大西洋、印度洋和太平洋美军基地的注入站、监测站组成，并将计算机中各颗卫星的星历和导航电文发射到卫星上，把卫星上的导航数据进行更新。GPS用户接收机则由天线、接收器、数据处理器和显示屏组成，外形就像一台重量仅有800克的小型计算器。它是一台多信道单向接收设备，能够24小时不间断地提供全球定位服务。同时，它的性能非常好，既能抗振动、抗湿气、抗沙暴，又能抗电磁干扰。经过改良，目前GPS军用定位精确度已经达1米。

1991年美国部队把7000多台GPS接收机运用在海湾战争中。飞机、坦克、导弹在GPS的导航下，弹无虚发，命中率大大提高，从而使得大片的伊拉克固定或移动军事目标像一个个棋子一样落入美军计划好的棋盘中。

全世界的军事专家通过海湾战争都认识到GPS系统的神奇威力。一些国家纷纷制订计划，准备配备GPS系统来提高自己的战斗力。而美国五角大楼则制定了内外有别的GPS政策，只应用在美国及盟国的军事部门和特许的民用部门，为精密定位，服务使用P码，定位精度约1～3米。对外向全世界开放标准定位服务，使用C/A，定位精度100米左右的误差是故意制造的。显而易见，美国是害怕其他国家在GPS系统方面的发展会威胁和削弱它的霸主地位。

标准定位服务被广泛应用在海洋捕鱼、海洋船队监控、远洋轮船导航、飞机导航、地质勘探等工作中。由于标准定位误差很大，在工作过程中常常造成不必要的损失。于是，静态的测地型GPS接收机应运而生，把固定物体的定位精度提高到10^{-6}～10^{-8}。紧接着又研究出动态差分GPS接收技术，把物体在运动状态下的定位精度从100米提高到1厘米。所谓差分GPS系统就是固定的卫星基准站进行GPS观测。通过已知的基准站精密坐标，把基准站到卫星的真正距离计算出来，再修正接收到的GPS误差定位信息并发送出去。用户把定位信息和修正数值一起接收，再对误差信号进行修正，计算出用户的精确位置。从此，像标准定位服务那样出现的误差，几乎没有了。差分GPS最早应用在海洋和内河航运方面。我国海岸线辽阔，航运事业发达，每天进进出出的远洋船舶和各国的远洋货轮繁多，非常需要准确的导航。在海面能见度很低时，船舶的导航尤为重要。现在只要把GPS接收机安装在船舶驾驶舱进行差分GPS定位，自动导航就实现了。

最近几年，GPS还被活跃地应用在地面车辆的定位监控上。我国公安部门和科技单位合作，成功地开发出为银行运钞车监控用的车载GPS定位跟踪系统。他们把GPS系统与电子地图地理信息系统以及集群无线通信系统相结合，使得该系统能同时监控75辆银行运钞车和50辆警车，系统监控能力达600辆。这样，运钞车在工作时就安全多了，不论出现什么情况，都会及时地采取措施。出租车的客运调度、工程抢修车、特快专递车、城市急救车、消防车等都可以运用车载GPS系统来提高工作效率。GPS与电子地图相结合，成为计算机化的电子地图，使汽车驾驶员轻而易举地知道自己在哪里，成了“永不迷路”的向导。把GPS汽车导航系统与移动电话结合使用，能够访问因特网上一些Web站。它的内容与导航密切相关，能让你在很短时间内了解你所处的环境，以及所需要的服务信息。

令人难以置信的是，GPS系统能对农作物的精耕细作起到极大的推动作用。运用了GPS全球卫星定位系统接收器，一位农民能够改变千百年来日耕夜息的习惯，在农作物生长最旺盛的夜晚工作而毫无差错。在21世纪，全球卫星定位系统将被安装在自来水管道、煤气管道、通信线路和电力网上。到时，无论哪条管线发生故障，服务部门的人员都会及时发现并且迅速赶到出故障地点去排除。83秒的接警反应记录就是美国利用全球卫星系统首创的。目前，我国地质测绘、航空拍照、飞机导航、防治虫害、长途运输、无线寻呼等领域也应用了GPS。

全球定位系统已渐渐地在生活的各个方面被运用，它就像一个电子指南针一样，给人们的生活和工作带来了很多方便。

磁芯存储器的发明

存储器是计算机系统的重要组成部分之一，没有存储器，计算机就什么都干不了。现代计算机存储器的制造技术已相当发达，但是你知道最早的存储器是什么样吗？它的发明者是谁呢？

最早的存储器是以磁芯为媒介，它的发明者是著名的物理学博士、美籍华人王安。其实王安发明磁芯存储器是一件很偶然的事，就像牛顿从苹果落地发现了万有引力定律一样，王安则是从苗圃里获得了启示。

王安进入哈佛大学后，哈佛大学计算机实验室的主持人、著名计算机专家霍华德·艾肯很欣赏他。王安进实验室还没到3天，艾肯就问他能不能承担计算机存储器的设计工作，王安毫不犹豫地答应了下来。接下任务后，王安认为磁芯是存储器的最佳材料，但是存在一个不好解决的问题，那就是读取信息时，给(或者输入)脉冲，磁芯就能够存储“1”(或者是“0”)；但是磁芯输出脉冲时信息又丢失了，这不能满足读出信息时必须保护信息的要求。怎么办？王安冥思苦想了整整3个月仍不能找到解决问题的突破口。

几个月过去了，研究设计工作毫无进展。有一天王安在校园里漫步时，忽然发现，绿化校园时，从苗圃移走一棵什么树，在苗圃原来的地方，再栽一棵同样的树，苗圃的状态就会保留下来。王安大受启发，拍了拍脑袋对自己说：为什么脑袋里一直只想如何解决读出信息时不破坏信息这个难题，而忘了任务的目的呢？自己的目的不就是取出信息并且还保存好这些信息吗？要是换成自然界常见的处理方法，问题就很简单了。他采用移树后再栽树的办法，把任务变为：第一步取出保存的信息，送到需要用的地方去；第二步立即把这一信息复制并存进原来的地方。这样就满足了取出信息和读出信息时不破坏信息的要求。

就这样，王安发明了磁芯存储器，并申请了专利。由于王安在磁芯存储器方面的成就以及对计算机发展的贡献，1986年7月他被选为全美最杰出的移民之一，美国政府颁发自由勋章给这位美国继爱迪生、贝尔等人之后的第69位大发明家。1988年，美国总统里根给王安颁发了“杰出成就奖”。

机器人——人类的忠实助手

早在很久以前人们就期望能够创造一种机器以帮助人类完成各种困难繁杂的任务。机器人的诞生使人类的梦想终于成真。

自从首台机器人在20世纪60年代末问世以来，目前世界上活跃在工业生产、工程抢险、海洋打捞、服务行业、医疗卫生等领域的机器人共有67万台之多。使用机器人不仅能够提高几倍到几十倍的劳动生产率，而且还能节约能源和原材料，提高产品质量，把人类从有害、有毒、危险恶劣的环境中解放出来。因此说机器人技术对经济的发展和人类社会的进步具有深远影响。

现在，机器人已在一部分喷漆、焊接以及装配工作中担当了主角。喷漆是一项十分繁重而又使人厌烦的工作；而且，长期从事喷漆工作还容易得职业病，患上二甲苯中毒症。目前发达国家的机器人几乎承担了全部的喷漆工作。而负责电弧焊的机器人则更无愧于“优秀焊接工”的称号，由于加入了更多技术含量，使电弧焊机器人能观察焊接状态，决定焊接条件，如电压的强度，并通过控制程序对这些数据进行贮存和计算，对零部件实现自动焊接。

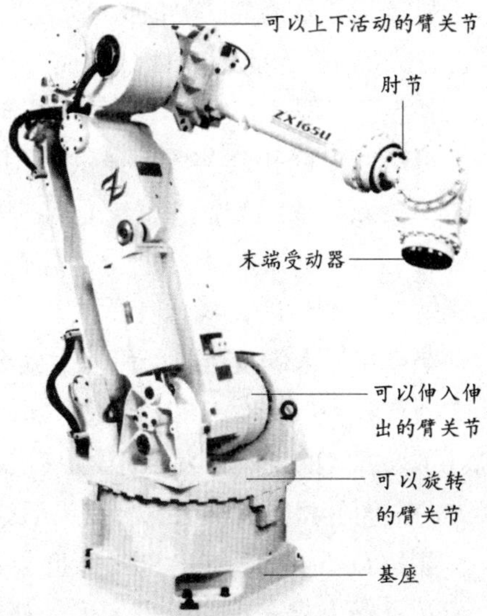

工业机器人构造结构示意图

我们常用“蓝领工人”和“白领工人”来称呼工厂中的体力劳动者和脑力劳动者，那么，称呼活跃在工厂的不穿工作服的机器人为“钢领工人”，就更名副其实了。

最初的机器人被称作是“示范再现型机器人”，它只有一只机械手，能够学会一些简单的动作。但

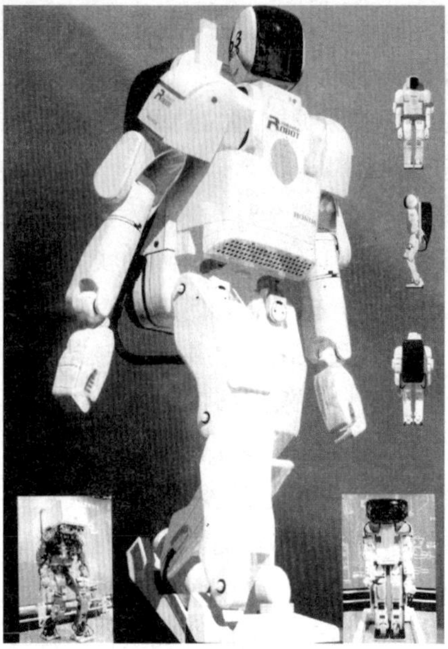

日本研制的机器人，它可以代替人在高温、有毒的环境中工作。

要通过人反复示范、多次重复来教它学习。所以，专家们就给它取了这样的名字。作为不知辛劳的工人，机器人活跃在生产第一线，深受人们赏识。

后来，视觉传感器和听觉传感器被加在了机器人身上。这时的机器人就像是长出了“眼睛”和“耳朵”，稍微复杂一些的工作它也可以做了。随后，装有力觉传感器的机器人也诞生了，它能轻轻地、不把鸡蛋捏破地抓放鸡蛋，还能进行精密的装配工作。

机器人发展的高级层次是具有“大脑”的智能型机器人。它像人一样具有感觉，也就是说它能将味觉、触觉、嗅觉甚至听觉融合在一起。智能机器人，是机器人家族中的佼佼者。它能进行逻辑分析、推断决策，并且有自觉和自制的能力。由此，我们可以这么说，机器人也在进化，这点也是和人一样的。

机器人勤勤恳恳不辞劳苦，从繁重的体力劳动到精密的装配工作，都干得得心应手。机器人还能装配机器人，为自己“传宗接代”。机器人还特别勇敢。不管是幽深的海底，还是高远的太空，甚至是面对让人谈“核”色变的反应堆，它们都有胆量闯一闯。

机器人常在海底寻找飞机残骸和遇难船只。比如1985年6月23日波音747客机在大西洋上空失事，它的黑匣子，就是机器人“圣甲早10号”在海底找到的。美国航天飞机“挑战者号”爆炸后的残骸搜寻工作也是机器人协助完成的。

而机器人更是实现了人类的太空梦。1997年7月4日美国“漫游者”六轮火星探测机器人在8个月的漫漫旅途之后登上了火星，开始了探险的历程。

1986年，机器人参加了前苏联切尔诺贝利核电站事故的抢险工作。由于核电站对人体有辐射作用，这使机器人有了大显身手的机会。核反应堆里的机器人具有很强的自我适应性。这种机器人，除了移动和旋转自由灵活外，还具有视、听、触等感官，与刚开始的机器人相比，已经有了很大的发展。

机器人不仅直接参加生产活动，还为人类提供多种服务。在国外，经常抛头露面的“娱乐机器人”，由于能歌善舞，能说会道，很招人喜欢，它们常在展览会上接待客人，招揽生意，这已经不再是新鲜事了。另外还有些服务型机器人，它们可以照顾残疾人，为盲人引路，甚至可以为家庭和公共场所提供清扫卫生等服务。

另外新一代的智能机器人已经在医护领域初露锋芒。在美国，机器人成功地为一名心脏病患者施行了心脏手术并进行了缝合。由于机器人精确度高，且不含感情色彩，使预定的方案能够丝毫不差地在病人身上实施，所以，称它为“最冷静的外科医生”不足为过。

当今机器人的发展日新月异，世界机器人目前的平均密度是万分之一，也就是说，每1万人就拥有1台机器人，到21世纪中叶，将会发展到平均1000人就拥有1台机器人。美日等国都制订了大规模的机器人发展计划。机器人的发展前景是美好的。智能化、小型化是机器人的发展方向，而且将来机器人也会更灵活，更精确，更便于使用，也更安全可靠。

相信在不远的将来，机器人也会走进你的生活，或许它还会成为你的家庭一员。将来有一天，机器人或许也会变得像人一样充满感情……

地球上最好的清洁燃料——氢

氢是自然界最轻的化学元素，在自然状态下，氢是无色无味的气体，它主要蕴藏在水中，而地球表面约70%为水所覆盖，因而氢在地球上的储量是极其丰富的，可以说是用之不竭的。

氢是一种理想的能源。用氢做燃料，燃烧后的主要生成物为水及少量的氢氧化物，不会产生导致“温室效应”的二氧化碳，因此有人把它称作地球环保的“救星”。氢燃烧放出的热量也非常大，1千克氢燃烧时，可以放出142000千焦的热量，相当于汽油的3倍。氢作为气体燃料，首先被用在汽车上，它不会像普通汽车那样排放有毒有害的气体，不会污染环境。现在氢已经是飞机、航天火箭、航天飞机最常用的燃料，因为氢体积小，重量轻，能量大，燃烧时间长，容易控制，所以，人们已经将氢誉为“21世纪的理想能源”。

现在人们常用的制氢方法，主要是以煤、石油、天然气为原料，让其在高温下与水蒸气反应，从而得到氢。可是这样做会消耗大量能源，也会污染环境，因此得不偿失。

一些工业部门使用电解水的方法制氢。然而，电解水要耗费大量电能，成本非常高。

一些科学家还对植物叶绿素的光合作用进行模仿，从而得到氢。植物的叶子中有一种叶绿素，能够吸收阳光把水分解成氢和氧。释放出来的氧可以净化空气，而氢与二氧化碳作用可生成碳水化合物，这是植物生长所必需的养分。假如可以造出模仿植物光合作用的装置，同时使光合作用停留在分解水的阶段，这样便能利用太阳光和水产生氢气。英美等国的科学家已经研制出了用叶绿素体制造氢的装置。利用这种装置，用1克叶绿素在1小时内就可产生1升氢气。

随着探索制氢新途径的发展，目前出现了一支制氢生力军。科学家发现，许多的细菌竟然具有制氢的本领。日本生物学家发现，一种叫做“梭状芽孢杆菌”(CB)的细菌只要吃了淀粉，经过代谢便会产生氢气，从而发明了一种神奇的制氢技术：让“CB”菌吞食以淀粉为原料的食物，比如制药、酿造等工厂的废弃物，这样就会有大量的氢产生。如此一来，既变废为宝，又有利于环保。

随着科学技术的发展，人们发现了太阳也能制氢，这将是未来氢气的主要来源。科学家们还提出了一个大胆的设想：在未来的时代中，可以建造一些专门的核电站，提供大量电力来电解水，得到的氢和氧可用专门的贮气设备贮存起来，供人们使用。

虚拟技术的应用

你也许在电影中看到过这样的镜头：在大沙漠里行走的人们，突然发现一片碧波粼粼的湖水在远处出现，岸边还有茂密的丛林和高大的寺院的倒影。可是，人们向它的方向行进，走了老半天，还是离得那么远，过了一会儿它完全消失了。这其实是幻影。它是因为空气反射光线不同，使得树丛和寺院倒影被反射出来，而热空气浮动则导致波光粼粼的景象出现。换句话说，这种景象是光制造出的幻觉。这种幻觉，骗了很多人，也启发了人们，既然大自然能够利用光制造出景象，那么人也可以按照这一原理，用人造的光幻象去实现自己的目的。这就是今天应用非常广泛的虚拟技术。

虚拟技术崛起于20世纪80年代末90年代初。虚拟技术是一种实用技术，它是由计算机硬件、软件以及各种传感器构成的三维信息的人工环境，是一种虚拟环境。虚拟技术制造的光的幻象，具有“逼真”与“交互”性，这种“逼真”、“交互”性也是其最重要的特点。参与者在虚拟世界中就像处在现实环境中一样，环境像真的，人像是在真的环境中，人与环境中的各种物体及现象也能相互作用。环境中的物体，按照自然规律发展和变化，而人仍然具有听觉、视觉、运动觉、触觉、味觉和嗅觉等感觉。因而，虚拟技术产生的光的幻象比自然产生的光的幻象更加丰富。20世纪末期，虚拟技术经过初期的发展已成为一种比较实用的技术。它在娱乐、医疗、工程建筑、教育、军事模拟和可视化等方面均获得了应用。用虚拟技术制造的光的幻象，几乎能达到以假乱真的地步，而虚拟技术所带来的虚拟世界使人如临其境，真假难辨。

比如，为了解决飞行训练安全性的问题，美国的科学家于20世纪60年代末研制出一种叫做“虚拟的真实”的设备。这个设备就是让飞行员穿上特别的衣服和头盔，使他在陆地上就可以进行飞行训练。原来，这个头盔的顶部装有微型电脑，可以产生连续的三维图像，这些图像不断地显示在位于眼睛前方的微型液晶屏上，这样，飞行员就像处于真实的环境中似的，随时准备处理各种险情。当然，如果飞行员操作出现失误，绝不会有生命危险。20世纪70年代，科学家们又在此基础上研制出“触摸”系统。从表面上看，它像是一件大外套，夹层中布满了电子晶体和光缆纤维，通过它们，电脑可以感觉到人的各种动作，并将指令传递到人体的各个部位。这样飞行员真正进入了虚拟空间。

电的来源

大事记	
1800年	伏打电堆问世
1836年	丹尼尔电池问世
1866年	勒克朗谢电池问世
1872年	克拉克标准电池问世
1893年	韦斯顿镉电池问世
1900年	镍铁蓄电池问世

1791年，意大利物理学家、解剖学教授贾法尼(1737～1798年)报道了“动物电”——在解剖一只死青蛙时，他发现当用两种金属片触到青蛙时，它会抽搐。1800年，意大利物理学家亚历山德罗·伏打(1745～1827年)用盐溶液浸泡过的纸板代替动物组织进行实验。纸板一端放一块铜片或银片，另一端放一块锌片，当用导线将两块金属片连接起来时，导线中就有了电流。后来，他把许多这样的板堆叠，以此获得更高的电压，这就是伏打电堆，是世界上首个真正的电池。

今天，科学家把伏打发明的电池称做原电池，所用的金属片叫做电极，而金属片之间的溶液叫做电解液。1836年，英国化学家约翰·丹尼尔(1790～1845年)制造出一种效率更高的原电池，该电池包含一根插入稀硫酸中的锌棒电极，稀硫酸装在多孔的陶罐中。陶罐浸入一个装着硫酸铜溶液的铜质容器(作为另一电极)中。当用金属线连接两个电极后，电流从铜质容器(正极)流向锌棒(负极)。丹尼尔电池可产生较伏打电池更稳定的电流，并解决了电池极化的问题，即在铜质电极上会聚焦大量的氢气气泡群，这会阻止电子的流动，最终使伏打电池停止工作。

法国工程师乔治·勒克朗谢(1839～1882年)于1866年发明了勒克朗谢干电池，同样解决了伏打电池的极化问题。勒克朗谢干电池负极也是锌棒，但锌棒是浸在氯化铵电解液中。正极是被二氧化锰粉末包裹的碳棒。电池产生的电压约有1.5伏。今天我们日常生活中用的干电池包含相同的构成，电解液为氯化铵胶糊，外壳为锌筒，二氧化锰包裹的碳棒位于锌筒的中心位置。

德国化学家罗伯特·本生(1811～1899年)也发明了锌－碳原电池，电池采用酸作电解液，

早期的勒克朗谢电池与现代多数的干电池工作的化学原理一样。电池含有一个锌负极和一个碳正极。

能产生1.9伏的电压。1893年，英裔美国电气工程师爱德华·韦斯顿(1850～1936年)发明了镉电池，该电池可产生1.0186伏的电压，1908年，科学委员会正式将其作为标准电压。韦斯顿标准电池的负极为汞，正极是镉－汞金属的混合物，电解液是硫酸镉溶液。在这21年前，即1872年，英国电气工程师约西亚·克拉克(1822～1898年)发明了克拉克标准电池，该电池负极采用锌代替镉。

原电池放电完全后，就会停止工作，电池也就废掉了。与原电池不同的一类电池，名称很多，比如二次电池、存储电池，或蓄电池，这一类的电池可以通过充电重复使用。1859年，法国化学家加斯东·普朗特(1834～1889年)发明了铅酸蓄电池。铅酸蓄电池是最早的蓄电池，今天仍最为常用。铅酸蓄电池电解液为稀硫酸，铅或“铅板”作为负极，另一块覆盖了氧化铅的铅板作为正极。这种铅酸蓄电池被用在大多数汽车上。1900年，美国发明家托马斯·爱迪生(1847～1931年)发明了碱性镍铁蓄电池，这是另一种类型的蓄电池。任意蓄电池放电完毕后，可以用直流电源对电池充电。例如，汽车电动机还在运转时，蓄电池就会继续充电。

无论是原电池还是二次电池，它们都是将化学能转化为电能。正是因为此过程的存在，就会不断地消耗电极材料或电解液。1839年，威尔士物理学家兼法官威廉·格莱夫(1811～1896年)在一项实验中发现了第一种燃料电池，他通过将水的电解过程逆转而发现了燃料电池的原理，能够从氢气和氧气中获取电能，通过氢和氧的化合生电，其唯一的副产品是无害的水蒸气。燃料电池能够将燃料所含的化学能直接转化为电能。

在所有这些前面介绍的科学家中，我们应该记住这样一个名字——亚历山德罗·伏打。1905年，国际电气学会为纪念他的成就，根据他的名字，将“伏特”作为国际单位制(SI)中电势的基本单位。

海浪发电的发明

随着现代工业和人类社会的发展，人类对于能源的需求量越来越大，而在人类不断地向地球索取的过程中，可循环的绿色能源越来越多地受到人们的青睐，海浪发电便是其中的一种。

据调查，海浪可以以每平方米30000牛的冲击力拍打崖岸，最大时，甚至可以达60000牛。海浪的冲击力十分惊人，可以毫不费力地把13000千克重的巨石抛到20米的高空。它常冲上海岸边，激起六七十米高的浪花。

1952年12月16日，一艘美国帆船在意大利西部不幸遭遇了海难。还没有等惊恐中的船员看清究竟，海浪就已经把巨大的船体拦腰折断，其中一截留在波浪翻滚的大海里，而另一截后来被人们在海岸的沙滩上发现。

海浪，竟能把巨轮一劈两半，可见，海浪的破坏力是惊人的。这也启发了科学家，他们设想将这种大自然的力量用来发电。

世界上第一个海浪发电器装置是1964年由日本科学家研制成功的，被称为航标灯。这是因为这种发电装置的发电能力仅够1盏灯使用。虽然仅有60瓦的发电量，但它却为人类利用

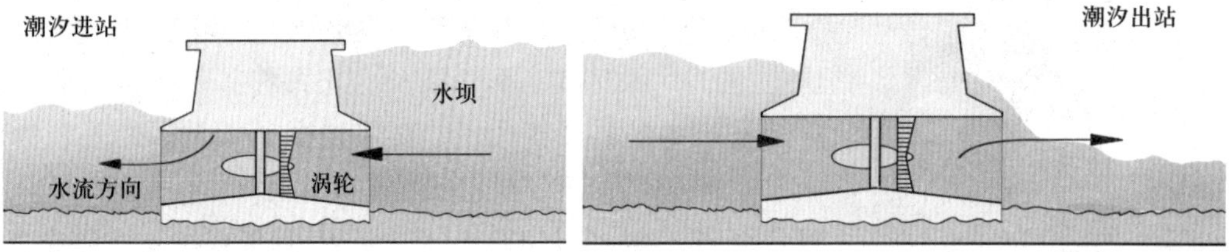

潮汐电站示意图

海浪发电开创了新纪元。

从此，挪威、英国和日本等许多国家都相继研制成功了各种不同的海浪发电装置。

有一种是利用海浪上下运动从而产生的空气流动来发电的浮标式海浪发电装置。这种发电装置的主要构造是一个空气管，管内的水面可以上下运动起到一个活塞的作用。海浪的起伏运动，就带动漂浮在水面上的浮标做上下运动，这就使浮标体内的“空气活塞”里的空气和水面这个“活塞”之间形成一种压缩和扩张的关系，结果空气活塞里的空气在压缩之下冲出来，这就是汽轮发电机发电的驱动力。

还有一种与浮标式海浪发电装置相似的固定式海浪发电装置。它的不同之处是空气活塞室被固定在海岸边，使空气活塞室内的空气通过中央管道内水面的上升或下降得到压缩和扩张，从而驱动汽轮发电机组发电。

海浪发电装置有3种利用海浪发电的原理：一是通过上下起伏的海浪，利用它们产生的空气流或水流带动汽轮机或水轮机转动，从而使发电机发电；二是通过海浪装置的前后移动或转动，利用这种运动产生的空气流或水流，带动气轮机或水轮机的转动，进而驱动发电机发电；三是将大波浪的低压变为小体积水的高压，然后在高位水池积蓄起来，使其产生一个能驱动水轮机的水力，从而达到发电的目的。

挪威科学家更是大胆提出要人为模仿大自然的海浪，制造更大的海浪来发电的设想。这位科学家的大胆设想，使海浪发电进入一个新纪元。

风力发电技术与风电场

煤和水都是不可再生资源，如果不节约利用，总有一天它们都会枯竭。而风，却是一种用之不竭的能源，只要空气在流动，就会有风。于是科学家们不断研究，充分利用风能建立风电场，把它应用在发电技术上。

一般沿海、海岛和边远的山谷风力资源比较丰富，近年来一些国家为了充分利用资源，在这些地区建起了“风车田”，即我国所称的“风电场”。一排排风力发电机排列有序地坐落在风电场里，将发出的强大电力送入电网。的确，风电场发电成本较低，建设工期短，是充分利用风能最有效的方式。

随着美国开发风电场的成功，世界上许多地方也都纷纷建起了风电场。在美国加利福尼亚洛杉矶以北，由5100台风力发电机组成了一个规模壮大的“风车田园”，这是目前世界上最大的风电场，一年能发电14亿千瓦时。

我国到1996年为止已建成17个风电场，全国风能资源总储量16亿千瓦。我国风力资源最丰富的地区在新疆，共有9大风区。我国最大的风电场是新疆达坂城二发电场，总装机容量为10700千瓦。

虽然风能具有无污染、可再生等特征，但是，要想利用风力来发电，可不是件容易的事。因为风也是变幻不定的，它时而转向，时而大小不定，并不为人控制。尤其是，空气密度仅是水的1/816，所以想让风能与水能效率相同，就要做比水轮机直径大几百倍的风力机风轮。可是风力发电机的风轮叶片又不能做得过长。1945年在格兰帕斯诺布的一台1250千瓦的风力发电机，运行了16个月，后因无力支撑重达8000千克的叶片而终于折断了。所以必须降低风力发电的成本，提高风力发电机的效率。尽管风能难于驾驭，人们还是千方百计地想利用它。1891年丹麦建立了世界上第一座风力发电站。美国也是搞风力发电较早的国家之一。我国风力发电总装机容量已达到2.6万千瓦，对风能的利用发展迅速。在我们国家，利用风能的最大特色是建立了许许多多1千瓦以下的微型风力发电机，它们为捕捉风能立了大功。其实微型风力发电机结构简单，发电机发电就是靠安装在风力机水平轴上的两个叶片的风轮迎风转动。风力发电机可以通过蓄电池把用不完的电贮存，需要时再用。如果风力太大，风力机承受不住，风轮就会在制动装置控制下停止转动。

现代的风力机一般由风轮系统、传动系统、能量转换系统、保护系统、控制系统和塔架等组成。风轮轴和装在轴上的叶片组成的风轮是风力机的主要构成部分。风吹动叶片，使风轮旋转，再通过传动轴的带动，发电机就能发电了。叶片形状类似于直升机的旋翼。

目前研制的风力发电机有很多成本不高的类型。按额定功率的大小，可划分为小于1千瓦的微型，1～10千瓦的小型，10～100千瓦的中型和大于100千瓦的大型发动机。

而最常用的风力机是水平轴风力机。这种风力机在风速超过额定值时，风轮将被提起，从而起到自我保护作用。它的风轮轴与地面是平行的，叶片绕水平轴线旋转。现在一些国家正在研制垂直风力机。顾名思义，这种风力机的风轮轴与地面是垂直的。它不像水平轴风力机那样，方向随风向转动，而是可以在任何风向下运行，它方便的设计、制造、安装和运行很有发展前途。因为海面宽阔又毫无阻挡，所以海洋上的风力资源更为丰富。科学家根据海风的特点，专门设计了使海上风能得以充分利用的风力机。

近年来，除了传统的风力机外，各国科学家还在加紧研究探索怎样通过较小的风轮扫掠面积来收集更多的风能，以便发明出发电效率更高的各种新型风能转换装置。

我们相信，经过不断的努力，风电场会设计得更完备，风力发电技术也会越来越高，为人类提供更多的服务。

瑞典沿海的风力发电装置

风是一种取之不尽、用之不完、没有污染的能源。

海水温差发电法的发明

海水温差发电示意图

海水温差发电技术，是以海洋受太阳能加热的表层海水（25℃～28℃）作高温热源，而以500～1 000米深处的海水（4℃～7℃）作低温热源，用热机组成的热力循环系统进行发电的技术。

海洋是一个巨大的资源宝库，人类正尽其所能地对它进行开发和利用。有数据显示，世界上最大的太阳能收集器是海洋，2500亿桶石油同时燃烧发出的热量仅相当于6000万平方千米的热带海一天吸收的太阳能。因此，把海洋比喻成巨大的能源宝库是毫不夸张的说法。海洋每年吸收的太阳能相当于37亿千瓦时，如此算来，人类目前用电量只占其中的四千分之一左右。海洋为什么会具有如此大的能量呢？这是因为，海洋占地球面积的70%，除了南北两极和浅海，辽阔的海岸是不结冰的，海水的上层贮存着大量热量。南北回归线之间是一个温暖而舒适的环境，海洋表面水温平均为27℃。然而在海洋深处，海水是很冷的。在赤道两侧的热带海区，一旦到数十米以下，海水温度便会急剧下降。到500米深处，海水温度只有5℃～7℃；到2000米以下，大约只有2℃左右了。如此一来，吸收阳光的表层海水温度高，而终不见日光的深层海水温度低。这样，海洋中存在着的温度差异非常大，有时相差20℃。如此大的温差必然造成很大的热量差异，所以说海水是个巨大的吸热体，它是地球上储存太阳能的最大热库。现在，人们正在积极利用大海这个巨大的热库进行发电，试图将其巨大的能量差异转换为电能为人类服务。

首先进行这方面尝试的是一个叫克劳德的法国物理学家。1926年，他在古巴近海用海洋温差发出了功率22千瓦的电。这种利用海水温差将海洋热能转换成电能并加以利用的发电方法称为“海水温差发电”法，这在科学领域是一次突破。对于这一突破，许多科学家为之欢呼雀跃，因为他们的信心更足了。事实就摆在眼前，利用海洋表面的温水、深层的冷水之间的温度差，然后结合人类先进的科学技术，得到大量的电能只是时间问题。

经过半个多世纪的探索，科学家们已经找到了2种利用海水温差进行发电的方法。一种方法是利用被太阳晒热的温海水，使被加压的一种液体氨变成蒸气。然后，用这种蒸汽去推动汽轮发电机发电。最后，再用深海的冷水使氨蒸汽冷却，变成液体循环使用。

另一种发电方法的优点更多，它可以不受变化无常的潮汐和海浪的影响，不需要消耗任何燃料，更不会污染环境，人们在得到电能的同时可以得到大量味道甘美的淡化海水。这种方法是由美国科学家发现的。

在美国凯路业科的实验电站里，吸收了太阳热能的上层海水通过13根白色塑料管道被注入一个容器里。由于压力很低，温海水在这里一下子沸腾起来，蒸汽就产生了。蒸汽能转而推动汽轮发电机，电就发出来了，用过的蒸汽被送入管道，再用从800米深处抽上来的冷海水使它冷却，凝结成淡化水。

当然，利用海水温差发电，目前的缺点主要是成本过高，而且还有许多技术难关需要突破，这样才能建立实用型的大型发电站。相信在不久的将来，人类定能攻克难关，在海水发电上取得辉煌的成就。

交通通讯的革命

罗马的道路和水渠

在全盛时期，罗马的公路长达8万千米，若将它们相连，足够绕地球两周。29条大型的军用道路从罗马城伸出，另外，还有一个从北非的迦太基沿地中海南岸延伸的马路系统；在高卢，道路从里昂呈辐射状发散；在英格兰，伦敦是道路系统的中枢。第一条罗马马路是亚壁古道，位于罗马以南，建于公元前312年，由罗马将军阿波斯·克劳西乌斯·凯克斯(生卒年不详，约公元前4世纪)主持建造。最初这条路只通到卡普阿，但是后来一直延伸到了今天的布林迪西(意大利东南部港市)海岸。其他道路的建设也紧随其后，例如通向基诺阿的奥勒利亚大道，以及连通弗莱米尼亚和阿德里亚特海岸的大道。这两条路分别以罗马的两位权贵的名字命名。

位于意大利的亚壁古道的局部风景图。亚壁古道的修建可以追溯到公元前312年，至今依旧存在。当时手推车和战车在道路上留下的车辙仍然清晰可见。

罗马人建筑马路主要是为了给邮递人员、商人以及税务人员等公务行政人员提供工作方便。当然，如果跟地方民众发生冲突时，这些道路同时也可以保证军队迅速转移。勘测员利用一种专门的测量工具测量地形，只要有可能，道路都会修成直线，当然，在高地势的地方则不得不弯曲。在建造主干道路的时候，工程师们首先设计挖出平行的、相隔约12米的排水沟槽，然后在它们之间挖一条浅沟壕，填入砂石、泥灰，以及连续的排列紧密的石块，这样就形成了道路的路基。路基上面是不易渗水的碎石层，表面有用泥灰粘合的石板或鹅卵石。他们用碎石、火山灰(如果有的话)和石灰来制造混凝土。在潮湿柔软的沼泽地中，道路则相对于周围乡村的地势会高一些。意大利的一些主要干道两侧有石头铺成的路缘，有20厘米高、60厘米宽，在正路旁边还有作为单行道的边路。双轮战车可以在这样的道路上每天跑120千米，而8匹马拉的四轮载重马车在满载时速度就慢得多，每天只能跑约25千米。随着古罗马帝国的没落，这些道路因而年久失修，最终被荒弃了。后继的筑路者们也会汲取古罗马道路的经验，应用到新的道路建设中，比如英国任何道路地图都有显示得像箭一般笔直的道路那样的风格。

随着罗马城镇规模的日益扩大，民众饮用，洗浴用水的需求也随之增加，而公共浴室和喷泉则成为许多罗马城镇的特色。为了能够引进水源，罗马工程师建筑了输水渠——一种能够永久运输水源的通道，它可以是一个开敞或者封闭的管道、一条穿过小山丘的隧道，或者更为壮观的——一条贯通整个山谷的高架水道。

在大约公元前312年～200年，工程师为了满足罗马城供水需求，修筑了约11条水渠，其中有些甚至从约90千米以外的地方运水而来。他们在建筑这些水渠时，将管路略微向目的地倾斜，这样水就可以依靠重力作用流动了。其他一些位于意大利、希腊、西班牙的古罗马水渠一直沿用至今。以位于西班牙希高维亚的水渠为例，该水渠由罗马帝王图拉真(公元53～117年，公元98～117年在位)下令建造，水渠没有

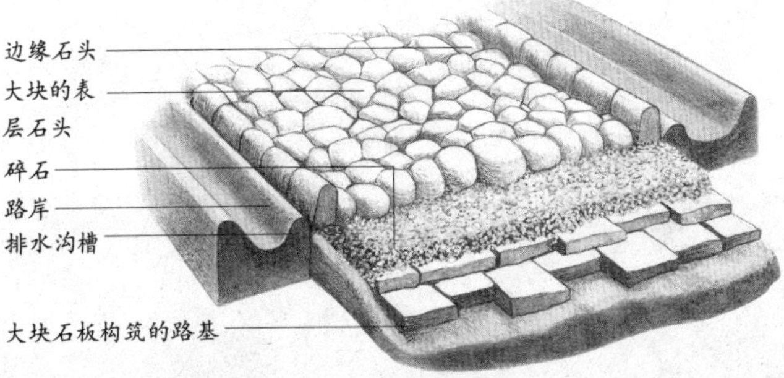

分层结构保证了道路的稳固性，而路面的弧度保证了雨水会排到路两侧的排水沟槽中。

用任何泥灰粘合，仅仅由2.4万块巨大的花岗岩石块砌在一起建成，结构中包含了165座高730米的拱顶。法国尼姆市的3层拱门型的著名水渠——庞特多嘎德，延伸275米，最高达50米。该水渠建于约公元前20年，由罗马将军马库斯·阿格里帕监造。

早期船只

大事记	
公元前6300年	出现独木舟
公元前4000年	埃及人把木板绑在一起做成船
公元前3500年	埃及人发明帆
约公元前700年	腓尼基人使用对排桨海船
公元前650年	三排桨战船出现
公元1世纪	舵出现
公元3世纪	三角帆出现

独木舟是人类有目的地制作的第一种船只，人们用斧或扁斧(斧柄上垂直装着刀刃)挖空圆木，制成独木舟。现存最古老的独木舟发现于荷兰，大约制作于公元前6300年。后来，制船者试着把皮革或树皮撑开，蒙覆在轻质的木制框架上制作新型的独木舟，并涂上树脂或沥青防止渗水。美洲土著的树皮独木舟和威尔士的小圆舟采用的就是这种轻便的构造。橹为船只提供了推动力。帆的出现是制船业的又一进步，公元前3500年左右，埃及人发明了帆。

最初埃及人用纸莎草苇编织船体，但后来(约公元前4000年)他们使用皮革或纸莎草苇把木板绑在一起做成船体。最早的帆是横帆，方形的帆几乎与航行的方向成直角，当航行方向与风向一致时，横帆可以发挥很好的作用。埃及人以及其他地中海地区的人，甚至维京人在数个世纪里都使用横帆。这种船可以通过架在船尾上的1～2只长桨来操纵。横帆的宽度往往比高度大，并且可以通过连在帆顶与帆底的帆桁上的绳索作微小的角度调整。船首与船尾还建有瞭望台，船的中部是为旅客们提供休息场所的船舱。建于公元前2500年左右的一座陵墓中埋藏着这样一艘装饰精美、已经被拆卸的船，它长43米，由1200多片雪松木制成。但可能因为横帆船缺乏可操作性，后来埃及船只摒弃了这种帆，转而使用排桨来提供推动力。约公元前700年，腓尼基人使用对排桨海船；公元前650年，这种船进一步发展为三排桨战船。

公元1世纪时，中国的造船者发明了方向舵——一只可以绕枢轴转动的垂直木盘，是船不可或缺的一部分。中国人还发明了“草垫－木条帆”——每根桅杆上都有一组被水平木条(或桅桁)分隔开的帆，这在今天中国的舢板上仍然可以看到。另一个突破性的进展是3世纪

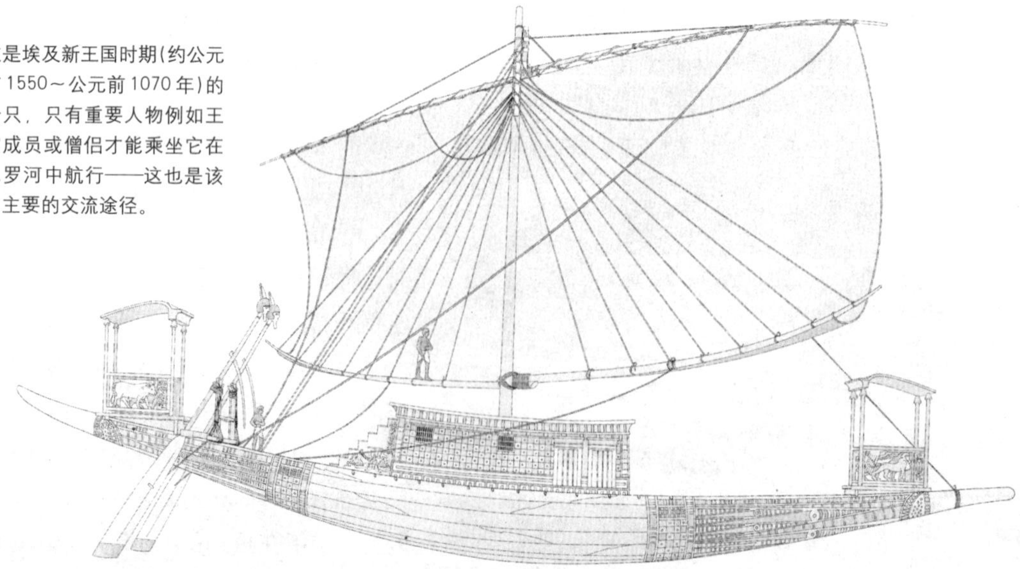

这是埃及新王国时期(约公元前1550～公元前1070年)的船只，只有重要人物例如王室成员或僧侣才能乘坐它在尼罗河中航行——这也是该国主要的交流途径。

左右阿拉伯人发明的三角帆，三角帆可以旋转一定的角度，让船“抢风”行驶，换句话说，风不一定要从船的正后方为船提供动力。今天多数阿拉伯的独桅帆船仍然使用三角帆，历史上的阿拉伯人驾驶着类似的船只曾经抵达非洲东海岸直达好望角，甚至更远的地方。

地中海的船只也使用三角帆，通常还在主桅杆上配合使用横帆。比如，一只小吨位的轻快帆船有4根桅杆，前2根挂着横帆，而后2根挂着三角帆。后来西班牙和葡萄牙的航海家正是利用衍生自这类船只的航船开始了他们大规模的探险之旅。

维京人的航海旅行

大事记	
公元793～1000年	维京人袭击欧洲大陆
公元860年	维京人发现冰岛
公元874年	维京人定居冰岛
公元982年	“红发埃里克”发现格陵兰岛
公元986年	维京人定居格陵兰岛
1000年	莱发·埃里克探索到北美洲海岸线

早在公元793年，维京人就开始掠夺苏格兰和荷兰沿岸的海岛。到了公元850年，他们侵占了爱尔兰，并且在那里定居。约公元860年，维京水手们发现了冰岛，并在14年后定居于此。当维京首领开始侵略英格兰和法兰西时，船上的水手们则开始了一系列大规模的横渡北大西洋的旅行。公元982年，埃里克·瑟凡森(公元950～1003年)(或称做“红发埃里克”)发现了格陵兰岛冰层边缘海岸，并鼓励人们在岛上定居，公元986年，他带领400名殖民者定居在那里。约1000年，他的儿子莱发·埃里克对北美海岸进行了探索，他抵达了海鲁岛(今天的巴芬岛)和马克岛(拉布拉多)，此后，就在一个被他称做文澜(可能是得名于他在当地发现的葡萄酒)的地方过冬。人们估计文澜确切的位置应该在南拉布拉多和新泽西州之间的某地。大约在1年后，莱发·埃里克就带着一群人来到纽芬兰岛沿海地区。由于那里缺少木料，定居者只能用草料覆盖房屋，建立了雷安色奥克斯米都居住区。但是这些不速之客的到来遭到了被维京人称为“蛮夷”的当地土著的强烈排斥，他们赶走这些入侵者。

维京人同样突袭了欧洲大陆。他们沿着欧洲的主要河道逆流而上，两次洗劫了法国巴黎——分别在公元845年和856年。他们建立了贸易路线和定居点，并于公元911年占领法国北部诺曼底直到约1000年。他们也同样在爱尔兰、英格兰、丹麦、德国以及俄国定居。

维京人称霸海上的秘密是他们非凡的有开敞式船身的长船，这种船圆滑而快速，具有两头尖翘的船身和坚固的、装有巨大方形船帆的桅杆。船的两侧都有一整排的桨，可以在靠近海岸或者在河口等无法使用帆的地方控制船的航行。桨还可以在海战中加快船速。在船的右侧还有单支的掌桨。人们将长船中体形最大的称为“德里卡”或“龙船”，因为在这条船的两头都有雕刻的龙头像。这种船总长可达30米，最快速度26千米／小时。维京人为了运货、乘载商人和殖民者，还制造了一种与长船相比更短、更宽的船只，称为“那尔”，这种船的船舷相对较高，从船头到船尾均是货物甲板，船桨很少。这样船的载重量可以达到约27吨。

制船者将直的橡木板叠放，再用铁钉固定，形成船身的侧面，而船体的内部结构则是按照船形，用仔细挑选的符合船形曲度的树枝锯成的坚硬的木板做成的。为了达到最大强度，船肋材(船体起支撑作用的部分)并不是按照一般方法锯成形的。船帆是一张羊毛织物，这种帆在暴风雨中被浸透后就变得极难控制。长途远航时，船员们就蜷在兽皮做的睡袋里睡在开敞的甲板上。他们的食物是腌制晒干的鱼肉。除了带上他们常喝的蜂蜜酒(一种用发酵蜂蜜制作的酒精饮料)外，他们必须带足淡水。

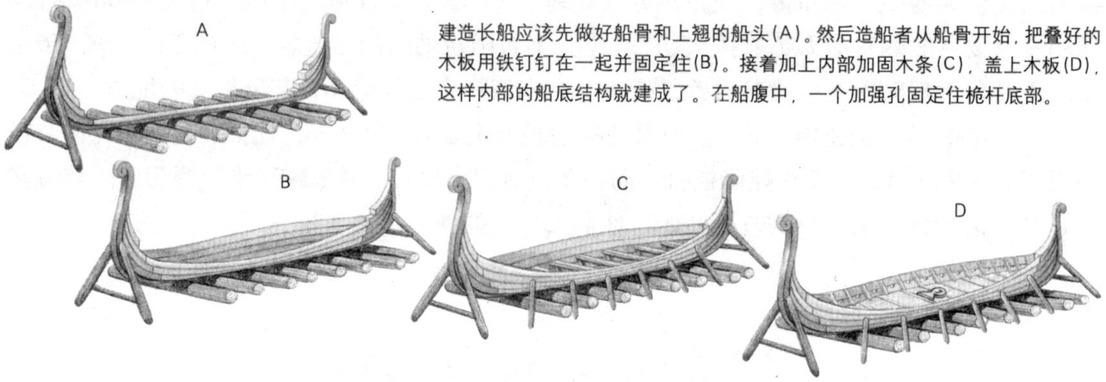

建造长船应该先做好船骨和上翘的船头(A)。然后造船者从船骨开始，把叠好的木板用铁钉钉在一起并固定住(B)。接着加上内部加固木条(C)，盖上木板(D)，这样内部的船底结构就建成了。在船腹中，一个加强孔固定住桅杆底部。

我们现在对维京人长船的了解基本上来自沉船残骸，譬如公元834年在挪威奥斯堡为安息女皇(1904年被发掘出来)制造的一艘长船。在葬礼中，多名船工将这条长21.6米的长船拖上岸，然后将船放入一个浅槽中。哀悼者将女皇的尸身装进一个原木棺材中，然后把棺材两头随葬的家私炊具在船甲板上一字排好。最后人们用石土覆盖整条船，在船的最顶部种上草皮。这座奇特而又宏大的坟墓静静地沉睡了1000余年。

帆船的改进

公元6世纪，中国多桅帆——舢板底部挂着方帆，顶部挂着三角帆，航行在国内众多的河流之中。在北欧，维京人在造船技术上领先。11世纪，他们用来袭击欧洲，甚至可能远达北美的长船或者克诺尔(一种商船)，都是同时靠桨和帆驱动的。

15世纪之前，所有北欧的船都是用“叠接”法建造的(就是说它们的船身是用厚木板重叠搭接而成)，它们有方帆，只要船顺风行驶，它就能为其提供足够多的动力。并且它们还有绞接式尾舵。地中海地区建造的船只则大不相同，它们都是平接船身(使用方切的木板)，它们靠一对在船体两侧的桨形舵替代尾舵操控。它们已经抛弃了方帆而只采用三角帆。三角帆面积不及方帆，故而提供的动力不如后者，但它可以更有效地抢风航行(沿Z字形的路线)，从而缩短船只在逆风航行时所需的路程。到了大约1200年，地中海地区开始建造双桅双帆船，即多桅快帆船，它虽比北方的叠接船快，却没那么结实。到了那时，两种风格的船都要比它之前的船只更高，而且还有被称为船楼的作战平台建造在船首和船尾。

大航海时代最终的船形无疑是大帆船—平接法打造的船身加上绞接式尾舵。它的船尾有一个巨大的船楼，主桅挂着一个方帆，而在船楼前方的后桅上挂着一个三角帆。后来船的前部又增加了第三根桅杆，悬挂的三角前帆最初是为了更方便地掌舵，但后来船越来越大，人们开始更多地关注起航速来。航速与船帆的面积直接相关，故而到了15世纪后叶，人们开始在主桅和前桅上悬挂附加的顶帆，有些船甚至在主桅的顶帆之上再悬挂第三面帆——上桅帆。16世纪，第四根桅杆出现在了当时最大的帆船上。满帆的帆船是个危险的处所，帆的巨大面积提供的张力会使绳索结成一张蛛网。大帆船被大量用于探险和征战。到了16世纪，它们被建造得足够巨大和坚固，以搭载火炮并且承受火炮发射时巨大的后坐力。曾出现过的最先进的帆船之一是“玛丽·罗斯号”，这是一件艺术品级的战争机器，被亨利八世(1509～1547年在位)授予“旗舰”的称号。它于1545年沉没。

西班牙大帆船是从大帆船发展而来的，它们有更长的船身，狭窄但平坦的船尾，船头渐细，延伸至船首像(装饰船头的雕像，如破浪神)，船首像前面是一根向前探出的船首斜桅。这些改进使得船只更快、更平稳，而且不容易在侧风的突然袭击下偏离航向。

蒸汽船的发明与应用

大事记	
1775年	首艘实验用明轮船问世
1787年	菲奇式机械桨蒸汽轮船问世
1788年	塞明顿式明轮翼蒸汽船问世
1802年	"夏洛特·邓达斯号"蒸汽船问世
1807年	富尔顿成功制造商用蒸汽船
1838年	蒸汽船首次穿越大西洋
1845年	"大不列颠号"穿越大西洋

18世纪末期，人们开始热衷于尝试建造蒸汽船。1775年，法国发明家雅克·皮埃尔曾在巴黎的塞纳河上试验自己设计的蒸汽船。1783年，法国工程师克劳德·茹弗鲁瓦·德·埃本斯(1751～1832年)建造了重达180吨的明轮蒸汽船——火船，并在里昂的索恩河上进行了短暂的测试航行。1785年，美国发明家约翰·菲奇(1743～1798年)建造了蒸汽船模型，随后建造实体船，采用蒸汽引擎驱动机械桨前进，于1787年在特拉华河上首次试水。但他的这些蒸汽船均与普通轮船的推进系统相似，因此无一能够称得上完全成功。同样在1787年，美国工程师詹姆士·诺姆希(1743～1792年)采用了截然不同的方法，他在船上安装由蒸汽机驱动的强力水泵，在船身前体抽水，同时将水从船体后部喷出，以此获得推动力。随后，他在美国东部波托马克河试验了这艘喷水推进器式蒸汽船。

之后，苏格兰工程师威廉·塞明顿(1763～1831年)于1788年设计建造了新式蒸汽船。尽管在苏格兰达尔斯温顿海湾的试验中，该船达到了每小时9千米的航行速度，但是塞明顿并不满足，选择继续挑战自己。1802年，在苏格兰福斯－克莱德运河公司总裁邓达斯伯爵的资助下，塞明顿建造了著名的蒸汽拖船"夏洛特·邓达斯号"，该船装载了两台双缸蒸汽机，在福斯－克莱德运河上的一次试航中，该船以每小时5.5千米的速度拖动两艘大型驳船航行了约32千米。不幸的是，当时的航运公司认为该拖船运行时激起的水浪损坏了运河河堤，因此塞明顿在坚持数年后，不得不放弃了继续试验的计划。

美国工程师罗伯特·富尔顿(1765～1815年)成功建造了第一艘商用蒸汽船。1803年，富尔顿在法国建造了试验蒸汽船，其中一艘在塞纳河上试航时达到了每小时7千米的航行速度。1806年，富尔顿返回美国后，着手设计"克莱蒙特号"，随后在流经纽约的东河上建造。1807年，"克莱蒙特号"建造完工并在哈德孙河上首次试航，仅用了32个小时就从纽约驶到奥尔巴尼市，速度达到每小时8千米。此后该船定期往返于两地，接送乘客。1808年，美国工程师约翰·史蒂文斯(1749～1838年)设计制造的"凤凰号"明轮翼蒸汽船在特拉华河上首航并出海，运行240千米，从纽约到达费城。

1787年，约翰·菲奇在美国费城特拉华河上演示他所设计的蒸汽船，该船桨由蒸汽引擎驱动一排船桨，但船桨很快被明轮桨所代替。

1812年，苏格兰工程师亨利·贝尔(1767～1830年)建造重达30吨的"彗星号"蒸汽船，取得大的突破。之后，在克莱德河上定期航行，开启了欧洲蒸汽船航运的时代。在长达8年的时间里，"彗星号"一直定期往返于格拉斯哥与海伦斯堡之间用于客货运，直到1820年失事损毁。1814年，美国国家河流管理负责人亨利·施里夫

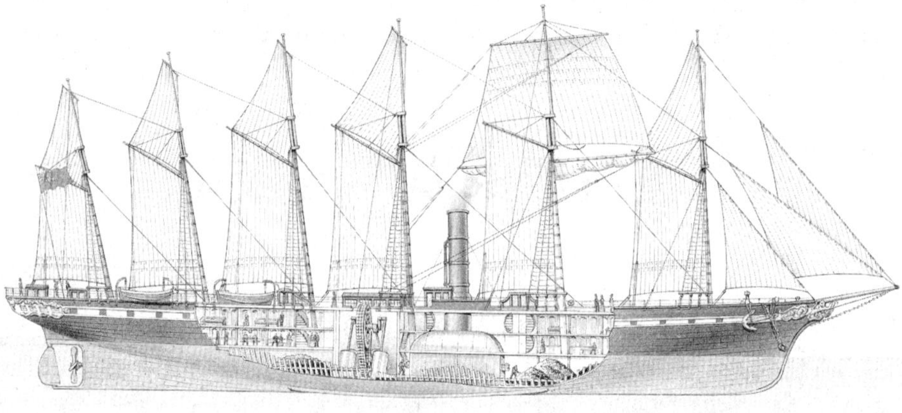

由伊桑巴德·布鲁内尔设计建造的这艘"大不列颠号"成为第一艘采用一个推进器进行远洋航行的蒸汽船。但最初的版本仍保留了船帆结构以备不时之需。

(1785～1851年)专门为密西西比州与俄亥俄州境内的河道设计建造浅吃水货轮，并采用高压蒸汽机引擎作为动力。同年，富尔顿建造的“富尔顿一世号”下水，用做沿海防御战舰，并成为世界上第一艘蒸汽军舰。

1838年，英国工程师伊桑巴德·布鲁内尔(1806～1859年)建造远洋蒸汽明轮船。同年，两家英国蒸汽船制造商同时派出远洋蒸汽船首航纽约。布鲁内尔的“大西部号”，通过14天的航行，仅比早4天出发的“天狼星号”晚了几个小时成功到达目的地。随着时间的推移，蒸汽船推进装置逐步演化为推进器驱动船，1845年，采用该推进器的“大不列颠号”成功跨越大西洋。蒸汽船主宰了整个海运，直到20世纪航海用柴油机发展起来，蒸汽船才逐步退出历史舞台。

麦哲伦环球航海

麦哲伦，全名费尔南多·麦哲伦，是世界著名航海家，出身于葡萄牙贵族。在他生活的时代，已有哥伦布发现新大陆和达·伽马开辟通向东方的新航道的航海壮举。在前人的激励下，麦哲伦决定做一次真正意义上的环球船行，以实证地圆学说。

开始，麦哲伦求助于葡萄牙王室，未果。转而向西班牙国王请求资助。获准以后，麦哲伦率领一支由5艘帆船和来自9个国家的270名水手组成的船队，于1519年9月20日从西班牙塞维利亚港出发，向西驶入大西洋。6天以后到达特内里费岛，稍事休整，于10月3日继续向巴西远航，终于11月29驶抵圣奥古斯丁角西南方27里格处(里格，长度单位)。之后，船队继续向南，次年的3月才到达阿根廷南部的圣朱利安港。当时的自然条件对航行极为不利，寒冷的天气使得缺衣少食的船员开始怀疑此行的价值，由于人心不稳，还发生了3名船员叛乱的事件。麦哲伦凭其卓越的领导才能，果断地平息了叛乱，并处死了肇事者。在圣朱利安港一直呆到这一年的8月，为的是等待天气的好转。

根据麦哲伦等人的航海日志，船队于1520年8月24日离开圣朱利安港南下，10月21日绕过了维尔京角进入了智利南端的一道海峡(后被命名为麦哲伦海峡)。由于该海峡水流湍急，麦哲伦的船队只得小心翼翼地前进，经过20多天他们才驶出海峡，在此期间有两条船沉没。10月28日，麦哲伦等人出了海峡西口进入“南面的海”，幸运的是在这片海域的110天航行竟然没有遇上过巨浪，故而船员称之为“太平洋”。然后开始了横渡太平洋的艰难历程。由于长时间的曝晒，船上的柏油融化，饮用水蒸发待尽，食物也变质甚至生了蛆虫。船员无奈之下只得以牛皮绳和舱中的老鼠充饥。许多人因此而丧命，其艰难困苦可见一斑，但最危险的时刻还没有到来。

经过严重的减员这后，麦哲伦的船队于1521年3月份抵达马里亚纳群岛中的关岛。在这里船员们获得梦寐以球的新鲜食物，他们感觉自己好像进入了天堂。在这里他们停下来修整了一段时间以恢复体力，之后他们继续向西航行，到达了菲律宾群岛。至此，麦哲伦本人也走到了生命的尽头。

在登上菲律宾群岛的务宿岛后不久，这些殖民者的真实面目就显露出来。麦哲伦妄图利用岛上两部落的矛盾来控制这块富饶的土地，不料在帮助其中一个部落进攻另一个部落时，被土著人杀死。环球航行面临夭折的危险。幸好麦哲伦的得力助手埃里·卡诺带领余下的两船逃离虎口，他们穿过马六甲海峡进入印度洋，这时仅有两只船又被葡萄牙海军俘去一只。埃尔卡诺只好带领仅存的“维多利亚”号绕过好望角，回到西班牙的塞维利亚港，这时已是1522年的9月6日。经过3年多的航行，原来浩浩荡荡的船队只剩下一艘船和18名船员，可见这次航行代价之大。

历时3年多的环球航行，以铁的事实证明了地球是圆的，使天圆地方说不攻自破，同时也使世界的形势大大改观，宣布了一个新时代的到来。麦哲伦等人为世界航海史、科学史做出巨大贡献的同时，客观上也给殖民主义扩张开辟了广阔的道路。

运河的开凿

大事记	
1757年	桑基布鲁克运河完工
1761年	布里奇沃特运河完工
1779年	克欧特·杜·莱克运河完工
1825年	伊利运河完工

两千年前，中国的工程师便建造了世界上最早的运河用于交通运输。在印度北部和中世纪的荷兰，运河系统被广泛用于排水和灌溉。1757年，由英国工程师亨利·贝瑞(1720～1812年)主持修建、位于英国北部圣海伦斯的桑基布鲁克运河竣工后，运河体系被首次应用于工业化运输方面。

英国曼彻斯特附近的布里奇沃特运河是第一条具有重要经济价值的运河，它由英国著名工程师詹姆士·布林德利(1716～1772年)主持修建，1761年竣工。该运河最狭窄河段仅8米宽，不过这是一条顺流而下的运河，因此运河上并未修建船闸。其他运河则需要船闸来应付地势的倾斜，需要开凿隧道以穿越山岭，以及需要引水渠通过峡谷等。

布林德利后期修建的运河采用了船闸系统，但这些船闸仅有4米宽，因此航行在该运河上的驳船的宽度必须小于4米，不过这些货船的长度却可达到22米，因此人们称这些驳船为“窄船”，这些船能够装载30吨的货物。

不久，欧美掀起了开凿运河的风潮。1773年，英国政府委托苏格兰工程师詹姆士·瓦特(1736～1819年)考察苏格兰境内运河开凿线路，拟修建一条连接苏格兰境内诸多淡水湖、连通北海以及北大西洋的运河。1803年，该运河在苏格兰工程师托马斯·泰尔福特(1757～1834年)的主持下动工修建，并于1822年竣工。1819年，第一条可让远洋货轮行驶的运河竣工，此运河自英国西南部城市埃克赛特起，一直通向大西洋。

在北美，第一条拥有船闸的运河也许是魁北克短途航道——克欧特·杜·莱克运河，它由英国工程师威廉·特维斯(1745～1827年)于1779年主持修建，以疏通圣劳伦斯河延长段水域。1825年，伊利运河竣工，从此，美国五大湖区的谷物可以借助哈得孙河运往纽约。伊利运河全长583千米，河道宽12米，深1.2米，在特洛伊湖西部高地共有83个船闸，保证货船畅行。10年内，运河通行费收益就达700万美金，偿还了建造成本。该运河扩建后成为纽约州运河系统的一部分，甚至能够通行2000吨级的货船。

巴拿马运河

在16世纪西班牙人占领并开发中美洲后不久，他们就注意到了在巴拿马地峡开通一条运河的巨大价值。16世纪30年代，许多建筑工程师组织起来为开凿出谋划策，但最终西班牙政府和中美洲国家都没有采取实际行动。直到19世纪中期，美国投资建设横跨巴拿马地峡的巴拿马铁路完工后，各国政府才又一次开始考虑修建运河的问题。1878年，哥伦比亚政府授予一家国际公司建造经营权，但是该公司未能开工建设。

大事记

1881年	费迪南德·雷赛布公司开始运作，建造巴拿马运河
1898年	费迪南德·雷赛布暂停了建造工程
1903年	美国永久租借巴拿马运河区
1904年	美国继续开凿运河
1914年	巴拿马运河竣工
1920年	成为国际通航水道

法国工程师、外交官费迪南德·雷赛布(1805～1894年)因在1869年主持苏伊士运河的修建而名噪一时。1881年，由费迪南德·雷赛布领导的一家新成立的公司宣布正式开凿巴拿马运河。但由于计划不周详、流行病的蔓延以及财政问题导致公司破产，1894年曾尝试返工，但还是于1898年停工了。1902年，美国政府收购了雷赛布的公司。1903年，美国与巴拿马签订了不平等的《美巴条约》，规定了美国以一次偿付1000万美元和9年后付给年租25万美元的代价，取得永久使用巴拿巴运河区(16千米的狭长地带，约14.74万公顷)的权利。

在美国两位总统西奥多·罗斯福(1858～1919年)和威廉·霍华德·塔夫脱(1857～1930年)的督促下，1904年，工程重新开工，雇佣了数十万人挖凿运河。此次按照法国工程师阿拉道夫·德·布鲁斯利1879年设计的运河图施工，要在运河中间建造数个船闸。整个工程还包括在查格雷斯河上修一座大坝，以形成加通湖这样一个大胆的计划。整个建造工程在高萨尔斯(1858～1928年)的领导下，由美军工程师实施。高萨尔斯后来成为了巴拿马运河区的长官。1904年，美国军医戈嗄斯(1854～1920年)被派往巴拿马控制施工队伍中发生的流行病，他在那里有效地控制住了携带和传播疾病的蚊子，使疟疾和黄热病不再猖

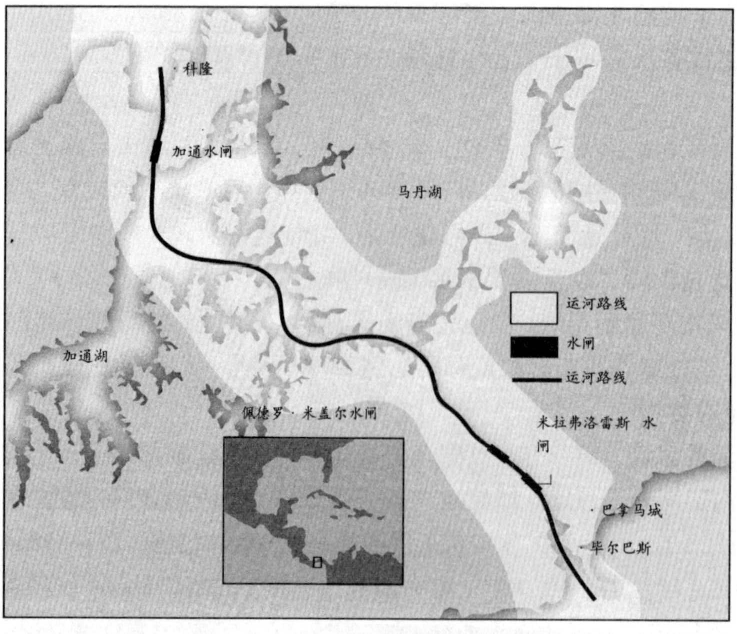

巴拿马运河水闸是成对建造的。这样的设计可以避免长时间的等待，相向行驶的船只可以同时通过水闸。

獗。在整个施工过程中，来自世界各国的劳工，包括许多中国劳工，都为开凿巴拿马运河付出了生命，先后有7万名劳工死亡。

巴拿马运河是自埃及金字塔以来最伟大的工程，在建造过程中诞生了许多惊人的数字：借助蒸汽动力铲车，4万多名劳工挖土将近1.45亿方；2/3的河道足以允许巨型海船通过；河道宽度大于91.5米，水深大于12.5米；在加通湖设置了3对水闸，可以将河道水面提升25.9米，另一对水闸——佩德罗·米盖尔水闸——使水位降低9.4米；米拉弗洛雷斯地段还设有超过2对的水闸，可以使水位最终降低15.5米。巴拿马运河于1914年竣工，1915年通航，总耗资3.36亿美元。1920年起成为国际通航水道。

根据1977年巴拿马和美国签订的条约，美国保留了在巴拿马运河附近的军事基地，但是巴拿马运河区及其附近的土地和水域全部归巴拿马所有。直到1999年，美国结束了对巴拿马运河的管制，对运河的管理权才重新回到了巴拿马人民的手里。

潜水艇的改进与应用

大事记
1620年 试验性木制潜水艇问世
1776年 布什内尔的"海龟号"问世
1801年 富尔顿式潜水艇问世
1863年 汉利式潜水艇问世
1897年 远洋潜水艇问世
1898年 霍兰潜水艇问世

人类建造潜水艇的尝试可追溯到约1620年，荷兰人科尼利斯·德雷贝尔(1572～1633年)将划艇覆以涂满油脂的皮革，有一个供船桨伸出的覆盖着革质薄膜的防水孔，在伦敦泰晤士河水下，他向其资助人英国国王詹姆士一世展示了该潜水艇。

继德雷贝尔之后，有较为详细记载的制造潜水艇的尝试发生在北美。1776年，还是学生的大卫·布什内尔(约1742～1824年)建造了桶形单人潜水艇"海龟号"。该潜水艇具有一个方向舵，两个手动操纵推进器，其中一个用于控制上下运动，另一个则用于控制向前运动。另外还包括一个手动排水泵，用于将水舱内的水排出，以浮出水面。同时，"海龟号"外侧则安了一个装满火药的容器，能够连到敌舰船体上。同时"海龟号"还设计了数个钓钩，用绳索连接到潜水艇内部，用做钩锁其他舰船等。布什内尔的潜水艇在美国独立战争时期下水测试，并准备攻击纽约港的英国军舰，不过还是以失败告终。

1801年，美国工程师罗伯特·富尔顿(1765～1815年)在法国建造的"鹦鹉螺号"是一艘更为成功的潜水艇，它是铁质框架、外覆铜板的慢速手动曲柄潜水艇，长达6.4米，能携带4人在水下停留约3个小时，直到氧气耗尽。在一次演示中，该潜水艇成功炸沉一艘假想的敌舰。

1863年美国内战期间，工程师贺瑞斯·汉利(1823～1863年)依照富尔顿的设计为南部联邦建造了一艘潜水艇，该潜水艇配备了炸药，需要8个人驱动一根长曲柄杆转动推进器。不幸的是，在第二次试验中，潜水艇沉入海底，汉利与艇上人员一起命丧大海，不过他所设计的潜水艇却于1864年在查尔斯顿港浮出水面并成功袭击北方邦联军舰"霍萨托尼克号"，随后因为撞锤卡在敌舰的船体上而一起沉入海底。

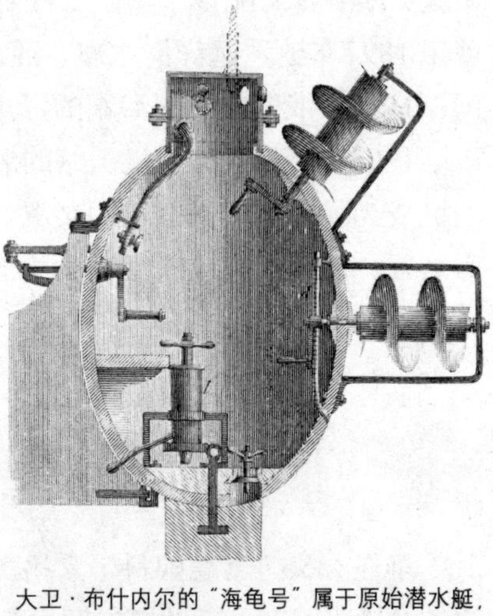

大卫·布什内尔的"海龟号"属于原始潜水艇，潜水艇内必须灌入足够的空气以供潜水员在水下停留约30分钟。

“荷兰号”是史上第一艘实用型潜水艇，具有双重推进装置，当漂浮在水面上时，采用汽油内燃机驱动推进器前行，而处于水下后则使用电动马达驱动另一个推进器推动船体前进。

1851年，德国士兵威廉·鲍尔(1822～1875年)建造了“火潜者号”，该潜水艇能携带3人，由其中2名成员踩动踏车驱动潜水艇前进，但是这一设计并不成功。1855年，他又设计建造了更大的“海恶魔号”，长达16米，能搭载16人，“海恶魔号”较为成功，沉没前共完成过130多次潜水。1863年，法国工程师西蒙·布尔茹瓦设计建造了试验性潜水艇“潜水员号”，采用了能排出压缩空气的引擎。1888年，法国迎来了潜水艇建造史上真正意义的成功，工程师古斯塔夫·泽德(1825～1891年)为法国海军建造了“吉姆诺特号”，该潜水艇长17米，由功率达51马力的电动马达驱动1.5米的推进器，其在海面速度达11千米／小时，而水下速度也达到约8千米／小时。

另一些发明家试验使用蒸汽作为推进力建造潜水艇。由英国牧师乔治·加勒特(1852～1902年)设计建造的“我将再起号”采用木质结构，不过它每次潜入水下之前都不得不熄灭锅炉火，利用储存的热蒸汽作为动力在水下前进。1882年，瑞典军械商仿照加勒特的设计，建造了“诺登福特1号”，重达60吨，并携带鱼雷发射筒。

美籍爱尔兰裔教师约翰·霍兰(1840～1914年)提供了潜艇推进力问题的解决方案。由纽约芬尼亚协会(该组织由一群革命者组成，目标在于谋求爱尔兰从大不列颠王国独立)出资，霍兰建造了一系列采用混合推进器的潜水艇。该类潜艇在水面航行时，采用汽油机驱动推进，而水下行进时，则使用电动马达推进器。1883年建造的“荷兰Ⅰ号”为单人潜艇，长达4米；1878年建造的“芬尼亚撞击号”能搭乘3人，重19吨。1898年，经过一系列改进之后，“荷兰6号”潜水艇下水首航，该潜水艇长16米，能够以每小时11千米的速度在水下前进。同时潜水艇上还携带由英国工程师罗伯特·怀特黑德(1823～1905年)于1866年发明的自推进式鱼雷，以及甲板机关枪等。1900年，美国海军购买了这艘潜艇，后改名为“USS荷兰号”。不久，该潜艇又配备了美国工程师西蒙·莱克(1866～1845年)于1902年发明的潜望镜。后者曾于1897年建造远洋潜水艇“亚尔古号”。霍兰前后卖给美国海军6艘潜艇，并收到不少英国、日本、俄罗斯等国海军的订单。

1908年，装备柴油机引擎的潜水艇在英国下水试航，完成了潜水艇的最终演化。随后柴油机成为潜水艇的标准动力装置。1955年，美国海军订购的“鹦鹉螺号”潜艇首次采用核动力装置，成为世界上首艘核动力潜艇。

铁路的诞生

早在1556年，德国科学家格奥格乌斯·阿格里科拉(1494～1555年)就描述了建在横木上的矿井铁路系统。17世纪末期，英国米德兰地区的煤矿使用马匹拉着空车厢沿着斜面爬出矿井，随后利用重力将装满矿物的车厢沿着轨道滑到矿底。18世纪初期，随着亚伯拉罕·达比

大 事 记	
1803 年	特里维希克机车问世
1825 年	斯托克顿－达灵顿铁路竣工
1830 年	利物浦－曼彻斯特铁路竣工
1830 年	巴尔的摩－俄亥俄铁路竣工
1831 年	南卡罗莱纳铁路竣工

(约 1678～1717 年)开始制造廉价的铸铁，更为坚固的铸铁铁轨也开始应用。

1803年，英国工程师理查德·特里维希克(1771～1833年)建造了人类历史上首台蒸汽机车头。它在潘·戴伦钢铁厂与南威尔士格拉摩根郡运河之间长约16千米的铸铁铁轨上来回行驶。当时，特里维希克机车采用无凸缘铁轮作为车轮，因此在铁轨外侧加铸了凸缘，防止机车出轨。4 年后，他又在伦敦北部尤斯顿地区修建了一条环行铁路，人们只需付 1 先令便可乘坐“谁能追上我号”绕行一圈。

1825 年，乔治·史蒂芬森(1781～1848 年)主持修建的斯托克顿－达灵顿铁路竣工通车，成为人类历史上第一条货运客运两用铁路，全长 42 千米。但在 1833 年之前，该铁路的客运车厢仍旧使用马匹牵引，只有货运车厢才由蒸汽机车牵引。1830 年，第一条城际铁路——利物浦－曼彻斯特铁路竣工，由史蒂芬森设计的“火箭号”机车牵引。该路线主要用于将利物浦港口的棉花运送到英国西北部城市曼彻斯特的加工厂，尽管线路必须经过一片广阔的沼泽地，但是史蒂芬森(同样是该铁路的主要设计建造者之一)通过在沼泽地铁轨下部铺设紧密栏木的方法，攻克了这一巨大的障碍。

除了英国，修建铁路的浪潮也席卷其他欧美国家。1830 年，巴尔的摩－俄亥俄铁路竣工通车，最初全长仅 21 千米，由巴尔的摩出发，到达埃里考特城的制造厂，为此，美国工程师皮特·库珀(1791～1883 年)专门设计建造了第一台火车头“汤姆·萨姆号”。1831 年，费城－哥伦比亚铁路竣工通车，不过最初仍以马匹作为动力牵引车厢，3 年后才开始使用蒸汽机车头作为动力牵引机车。1831 年竣工的南卡罗莱纳铁路成为当时世界上最长的铁路，从查尔斯顿出发到汉博格，全长共 248 千米。

1832 年，法国第一条蒸汽牵引机车铁路竣工，位于圣埃蒂安与里昂之间。1835 年，连接纽伦堡与弗斯的德国首条蒸汽铁路由英国工程师罗伯特·史蒂芬森(1803～1859年)主持修建，后者也为此铁路专门设计建造了“老鹰号”蒸汽牵引机车。1840 年，奥地利、爱尔兰以及荷兰同时修建了铁路。由于新兴铁路的出现，驳船逐渐退出历史舞台，诸多的运河也终因年久失修而慢慢失去作用。

同蒸汽机车、车厢一样，铁路轨道也需要其他设备以维护线路安全。最初的铁轨由铸铁铸造而成，在铁轨两侧铸以竖起的直角凸缘以防脱轨。不久，人们不再使用带凸缘的铁轨，转而将凸缘置于车轮之上，并采用“鱼腹式”铁轨，即铁轨剖面中部加厚，使得铁轨承重力更强。但是铸铁轨道唯一的不足之处便是易碎，经常破裂。1858 年，英国炼钢工人亨利·贝西默(1813～1898年)发明炼钢工艺后，铸铁轨道逐渐被钢质轨道所替代。

为了帮助机车进入站线以及支线铁路，铁路系统引入道岔装置，该装置最初是由英国工程师威廉·约瑟普(1745～1814年)于 1789 年为原始电车轨道系统设计。随着越来越多的火车在铁

1803 年，理查德·特里维希克建造的蒸汽机车成为首辆采用铁轮并行驶在铁轨上的机车。尽管机车车头动力设备采用轻型引擎，却能够输出很高的蒸汽压力，当时高于所有其他的蒸汽机。

轨上通行，工程师发明了铁路信号系统，它们呈盘装或臂装，能够翻转，同臂板信号机类似。1849年，纽约＆伊犁公司引入区间闭塞信号系统，这一系统能够确保在前一列火车离开某区间之后才能允许下一列火车进站。随后，闭塞信号系统也实现了电气化。

世界上第一辆蒸汽机车

1813年的蒸汽机车，它用蒸汽作为动力。

随着瓦特蒸汽机的问世，第一次工业革命迅速展开。这时，动力问题解决了，但由于各行各业都在发展，对材料和燃料的需求量大增。于是，运输的难题又摆在人们面前。

传统的马车运输，由于其速度低、成本高、运量有限，已远远不能满足大工业生产的需要。新的交通工具呼之欲出。在18世纪末到19世纪初的几十年里，许多人投身研制蒸汽动力机车，其中著名的就有耶维安、斯敏顿、莫多克等人。他们研制的蒸汽机车由于有太多的缺点和不足，根本就没有实用价值。最后，研制出具有实用价值的、方便快捷、性能稳定的蒸汽机车的历史重任落到了史蒂芬逊肩上。

乔治·史蒂芬逊，1781年出生于英国的一个矿工家庭。贫寒的家境使他根本就没机会接受教育。从8岁起，他便开始放牛贴补家用，一干就是6年。别的孩子还在玩耍时，小乔治已过早地挑起家庭的重担。在别的孩子快要进入花季的年龄，史蒂芬逊却进到了一家煤矿，当了一名见习司炉工，过早地品尝了生活的滋味。但史蒂芬逊毫不为自己出身的卑微而消沉，而是积极地投入到本职工作中去，夜以继日地学习机械、制图方面的知识，并付诸实践，很快成长为一名机械修理工、机械师，最终成为蒸汽机方面的权威。

1807以后，史蒂芬逊开始研究、改造耶维安等人设计制造的蒸汽机车：首先是把笨重的立式锅炉改成轻便美观、更实用的卧式锅炉；其次是为蒸汽机车设计了轨道，这种轨道与传统的马拉车铁轨有所不同，他在两条路轨间加装了一条有齿的轨道，目的是防滑。再次，史蒂芬逊将车轮内侧加上了轮缘，可以有效防止出轨。经过一系列努力，史蒂芬逊终于在1814年设计制造了一辆全新的蒸汽机车，取名“布鲁克”。它形态粗笨，自重5吨，最打眼的是车头上的巨大飞轮。在第一次试车中，“布鲁克”牵引重为30吨的8节车厢以7千米的时速行驶。尽管这比以前的机车已大有进步，但仍因为其丑陋、漏气、缓震性能差、易坏等缺陷受到人们的讥讽：“喂，史蒂芬逊先生，你那个丑家伙是妖怪，还是魔王，把我们的牛都吓惊啦，你小心从上面掉下来摔着！”史蒂芬逊对此一言不发，他要用事实来回答他们。

乔治·史蒂芬逊花了10余年时间终于完成了对“布鲁克”的改造，于1825年制成了“旅行者”号蒸汽机车，并于当年的9月27日在达林顿至斯托克铁路上试车。那天，斯托克镇人山人海，大家都要亲眼目睹“旅行者”号是怎样拖动6节煤车和20节客车的。机车在预定时刻开动了，它不负众望，毫不费力地拖动450名乘客和90吨煤，以时速24.1千米的高速，驶向达林顿车站。试车圆满成功，从此人类运输史的机车也驶向了新纪元。

随着性能优良的史蒂芬逊机车问世，人们很快发现铁路运输的优越性：运费低、速度快、运量大，尤其适用于大宗货物。于是，大规模修建铁路席卷英国，后来又波及美国，继而又波及其他欧美主要国家，蒸汽机车的发明大大加快了西方主要国家工业进程，世界格局也由此发生着日新月异的变化。

很快，火车取代了马车成为了陆上的最主要的交通工具。为了适应大规模货运和客运的需要，欧洲和美国加快了铁路的修建速度。到19世纪末，世界上的铁路已超过5万千米。20世纪初，广大的发展中国家也开始修建铁路，到20世纪末，世界上的铁路运营里程已达到近百万千米。世界上的绝大部分的货运和客运任务都由火车来承担。美国（超过30万千米）、俄罗斯（超过14万千米）、中国（超过8万千米）、印度（超过7万千米）、英国（超过2万千米）、德国（超过2万千米）、法国（超过2万千米）、日本（超过1.5万千米）和南非（超过1.3万千米）是世界上铁路最多的国家。

当然，随着技术的改进与提高，火车的速度也远非当初可比。现在，一般火车的时速都在80千米以上。火车的动力也由以前的蒸汽改为内燃机车或电力机车。在我国，更加清洁、高效的电力机车也已开始规模化使用。法国、德国、日本和美国是使用电力机车比较多，技术也比较成熟的国家。现在法国、德国和日本等国又在研究速度更快、更清洁和无噪音的磁悬浮机车，并已取得了初步成功。2003年，我国第一条磁悬浮机车在上海正式投入使用，它的时速高达450千米。

会“飞”的磁悬浮列车

拉腾是位于德国与荷兰边境的下萨克森州的一个小镇。在70多年前，一个生产肉罐头的商人住在这个小镇上，他有一个名叫海曼·肯佩尔的儿子。一天，肯佩尔异想天开，想像着也许火车也可以像天上的飞机一样，没有轮子就可以飞行于地面上。他为了使自己的梦想变为现实，努力钻研电学知识，结果从电磁铁的特性中获得了灵感。肯佩尔想，可以把很多电磁铁装在火车上及地面的轨道上，这样火车就会因为它们产生相互排斥的力量而浮了起来。如果再找到可以令浮起来的火车前进的方法，那就可以不用轮子而行驶了，这样也可以获得非常快的速度。

因此，他开始在自己家的地窖里制造高速火车的模型，并且在地面上平铺着火车的发动机的定子线圈，让它通过10万赫兹的震荡电流，结果电磁力果真使火车模型悬浮了起来。1934年，肯佩尔申请并获得了磁悬浮列车的专利。

1969年，第一台磁悬浮列车在德国研制成功。

1994年，世界上第一条从柏林到汉堡的磁悬浮列车铁路正式开始修建，其速度快于高速列车2/3，而票价则与高速列车相差无几。

1974年，日本研制出小型磁悬浮列车，并在1985年国际科学技术博览会上进行现场表演，约有11万人次试乘。我国也在上海至杭州建造一条磁悬浮铁路，全长170千米，列车速度达到每小时500千米。建成后，乘客乘超高速磁悬浮列

日本MLU002型磁悬浮列车在运行中，它的最高时速达到480千米。

车，仅需20分钟就可从上海到达杭州。

磁悬浮列车的发展前景十分美好，向超导磁悬浮列车和真空隧道磁悬浮飞车方向发展便是它的目标。超导磁悬浮列车用的是没有电阻的超导电磁线圈，大量的电流即使经过长时间也不会衰减，又进一步提高了列车速度。真空隧道磁悬浮飞车是设想修建一条长距离被抽成真空的地铁隧道，由于运行中空气阻力几乎没有，列车速度可达每小时2.3万千米。当理想变成现实后，磁悬浮列车便会真的飞起来。

第一辆汽车

大事记	
1770	古纳制造出第二辆蒸汽动力拉炮车
1829	制造出蒸汽动力路行机车
1865	制造出轻型蒸汽四轮汽车
1885	制造出奔驰三轮汽车
1886	制造出戴姆勒四轮汽车
1893	制造出奔驰四轮汽车
1896	第一辆美国造汽车（杜里埃）上市
1908	生产出T型汽车

汽车的发明是人们对机械化交通工具的渴求并经过不懈探索的结果。早期的汽车只能使用蒸汽引擎，因为这是当时能够获得的唯一动力来源。第一次成功制造汽车的尝试出自一位法国的军事工程师。

1770年，法国军事工程师古纳(1725～1804年)制造了一辆三轮蒸汽牵引机，用来拉大炮，这是他建造的第二辆蒸汽引擎的机车。这辆牵引机由安装在单前轮上的双缸蒸汽机提供动力，车速可达5千米／小时。这辆车也制造了世界上第一起机动车交通事故—撞坏了一堵墙。1835年，德国工程师查尔斯·迪茨设计建造了另一辆非同寻常的三轮机车，其最大的特点是机车上安装了一对摇摆式汽缸，其转动曲柄带动链条驱动齿轮，从而使机车前进。

后继的蒸汽机车实验目的主要是建造拖拉机或可载多人的四轮机车——公交车，而非单人交通工具。1784年，苏格兰工程师威廉·慕尔朵克(1754～1839年)制造出一辆蒸汽动力公路汽车模型。1789年，美国发明家奥利弗·艾凡思(1755～1819年)将他设计的高压引擎安装在了一辆可在路上行驶的四轮汽车上。1801年，英国工程师特里维欣科(1771～1833年)设计建造了一辆相似的四轮汽车，这辆车安装有两个较大的驱动后轮，前轮可独立转向，车速可达16千米／小时。1829年，英国发明家格尼爵士(1793～1875年)制造了一辆最早投入使用的蒸汽四轮汽车，当时这辆车以24千米／小时的平均速度在伦敦和巴斯间提供常规运输服务。

1865年，纽约人理查德·杜俊设计建

1885年的第一辆奔驰汽车

1886年戴姆勒设计的四轮汽车

1894年班哈德和勒瓦瑟制造的汽车

1908年的福特T型车

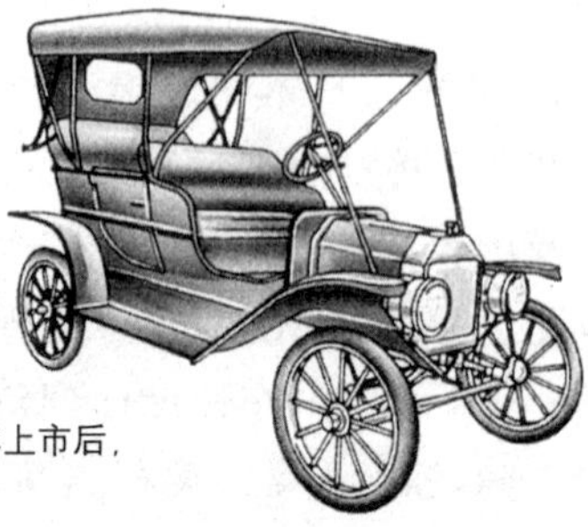

最早的汽车只有三个轮子，但是不久，工程师设计制造了更具稳定性的四轮车。T型车上市后，方向盘取代了舵柄操纵杆。

造了一辆轻型的蒸汽机车。1873年，法国工程师博来(1844～1917年)设计了拥有12个座位的“顺从号”客车。1878年，他设计了“拉芝塞勒” 蒸汽机车，前置的蒸汽引擎驱动后轮前行，车速可达40千米/小时。但是，正当汽车成为最有效的交通工具时，铁路出现了，它使得蒸汽汽车的主导地位受到了挑战，发展势头一度下滑。

德国两位工程师卡尔·本茨(1844～1929年)和格特利普·戴姆勒(1834～1900年)开创了汽车发明史上的又一个里程碑。他们意识到新出现的汽油发动机作为公路汽车动力来源的巨大潜力。奔驰的第一辆三轮汽车出现在1885年，这辆汽车装有1马力的发动机，最大时速为13千米/小时。

1886年，戴姆勒设计了他的第一辆由汽油引擎提供动力的重型四轮汽车。起初，戴姆勒只是为其他汽车制造商提供汽油引擎，1889年，他研制出功率为3.5马力的汽油引擎。1891年法国工程师班哈德(1841～1908年)和勒瓦瑟(逝世于1897年)仿效戴姆勒设计汽油引擎并建造具有底盘的汽车。“班哈德汽车”采用前置的戴姆勒发动机驱动后轮，并且装有现代的阿克曼(双枢轴)转向驾驶盘、一个齿轮箱和一个摩擦离合器。1893年，奔驰制造了配有3马力汽油发动机且更加稳定的四轮汽车。同年，美国的第一辆汽油引擎汽车由发明家杜里埃(1861～1938年)和他的兄弟弗朗克(1869～1967年)制造成功。1896年，第一辆美国制造的汽车开始在市场上销售。1年后，即1897年，马萨诸塞的斯坦利兄弟——弗朗西斯(1849～1918年)和弗里兰(1849～1940年)推出斯坦利蒸汽机后，蒸汽引擎曾经有一段短暂的复兴。

20世纪初，美国实业家亨利·福特(1863～1947年)通过采用批量化生产技术完成了汽车制造业革命性的转变——在流水装配线上，一个新的汽车底盘进入时，工人们按顺序给底盘装配发动机、传动装置、轮子，最后安装车身。1908年，数以百万计的T型车受到公众的追捧。福特说：“任何顾客可以将这辆车漆成任何他所喜欢的颜色，只要它的底色是黑色的。”于是，汽车时代开始了。

莱特兄弟与飞机

美国的莱特兄弟梦想着像鸟儿一样飞上天空。从古至今，想飞的人绝不只他们两个，但是他们兄弟二人第一次圆了人类想飞的梦。

莱特兄弟出生在美国俄亥俄州的代顿市。哥哥威尔伯·莱特生于1867年4月16日，弟弟奥维尔·莱特生于1871年8月19日。他们的父亲密尔顿·莱特是一名牧师，收入微薄，但为人正派，心地善良，而且知识丰富。兄弟二人从小受父亲的熏陶，喜欢读书和思考问题，动手能力也很强。

一次，父亲从欧洲回来，给兄弟俩带回一件飞行玩具，可把他们乐坏了。他们除了读书学习和帮助母亲干活外，便一起拿着玩具来到一片开阔地上玩了起来。玩具是用陀螺制作的，以橡皮筋作为动力。一般总是弟弟把玩具稳稳托在手中，哥哥则拧紧橡皮筋，然后猛地一松手，玩具便“噗噗啦啦”地飞过头顶，向远方滑翔过去。时间一长，兄弟二人对玩具本身丧失了兴趣，于是把它拆散，俩人凑在一处观察它的构造。然后不约而同地到做木匠的爷爷那里找一些边角余料和斧凿等工具，自己动手做起了玩具飞机，一架，二架……一个多月过去了，沙地上整整齐齐摆列一行“飞机”。如同随时准备起飞的机群，蔚为壮观。

谁也没想到，从此兄弟二人与飞机结下了缘。在他们生活的时代，已经出现热气球和飞艇等飞行工具，但都不是很理想。因为气球升空后飞行速度、方向完全取决于风力、风向，

世界上第一架飞机

1903年，莱特兄弟研制的世界上第一架机械动力飞机试飞成功。它标志着一个新的时代的到来。

而飞艇自身虽然有动力和方向控制装置，但其体积过于庞大（有时它长达数百米，直径也在几十米），控制起来极为不便。于是人们开始研究新的飞行器。

当时在德国已有利林塔尔制造出滑翔机。消息传到美国，莱特兄弟终于按捺不住内心的激动，他们首先通过报刊、杂志和图书资料广泛搜罗有关飞机的情况，同时也学习一些空气动力学方面的知识。一段时间后，他们尝试着造了一架双翼滑翔机。这架飞机居然能飞到180米的高度，还可以在空中转变方向。

莱特兄弟不会满足于先进的滑翔机，他们开始考虑给这架飞机加上发动机。可是经测定，兄弟二人发现它最多能载重90公斤，而当时通用的发动机最轻也得140公斤。为了克服这一难题，他们找到机械师狄拉，三人一起设计制造了一台重70公斤的发动机，该发动机具有12马力的功率。莱特兄弟把这台发动机草草安装在自己的飞机上，并且赶制了两叶长为2.59米的推进式螺旋桨，在发动机与螺旋桨之间以链条相连。人类的第一架飞机初步完成。

1903年12月17日，莱特兄弟的首架飞机“飞行者I号”试飞。这天早上，他们先把飞机拖到了海滩，进行了全面的检查。然后由弟弟奥维尔登上飞机，启动了发动机。在一片马达的轰鸣声中，飞机向前冲去，飞机的滑行速度越来越快。终于在众人的欢呼中飞离了地面，升到空中约3米的高度，12秒钟以后，“飞行者I号”安全着陆，飞行距离超过30米。时间太短了，距离太短了，但它标志着一个崭新时代的到来。稍后，兄弟又轮番驾驶“飞行者I号”试飞了几次。其中滞空时间最长为59秒，飞行距离为260米。1904年，莱特兄弟又制出了改进的“飞行者Ⅱ号”。它的滞空时间延长到5分钟，连续飞行5千米。其后，他们在“飞行者Ⅱ号”的基础上推出“飞行者Ⅲ号”。它可以在空中连续飞行半小时，飞出40千米的距离。

莱特兄弟发明的飞机，连创佳绩，逐步引起了美国军方的兴趣。军方组织了巨大的人力物力在他们的基础上研制军用飞机。其他国家也纷纷仿效，飞机的发展步入快车道。一战前飞机时速已达76千米，飞行距离已增加到186千米，飞机已具备实用价值。

莱特兄弟一生效力于飞行事业，甚至都未曾结婚，为人类运输工具发展做出了巨大贡献。

直升机的演化

早在1483年，意大利艺术家和发明家达·芬奇(1452～1519年)就绘制了一幅安装有一个大型垂直螺旋桨的飞行器草图。他指出，如果螺旋桨旋转得足够快，飞行器就会升到空中。但不幸的是，达·芬奇不清楚扭矩这一现象，扭矩会使飞行器在螺旋桨静止的情况下产生旋转。

即使达·芬奇了解扭矩的原理，在他生活的时代也没有为螺旋桨旋转提供驱动力的引擎。1877年，意大利的一

大事记

1877年 蒸汽动力飞行器模型问世

1907年 试验性汽油引擎直升机问世

1939年 第一架实用型单旋翼直升机(西科尔斯基设计)问世

1942年 西科尔斯基直升机在美国部队交付使用

个土木工程师恩里科·弗拉尼尼(1847～1918年)和一位法国人居斯塔夫·庞顿·德·阿姆考特试制一架蒸汽动力直升机模型。这个模型在一根共用的轴上装有一对朝相反方向旋转的旋翼，并装有一台小型蒸汽引擎。它在试飞中最高曾飞到了15米的高度，并在空中盘旋了近1分钟。

阿根廷发明家劳尔·佩斯卡拉是早期直升飞机研究的先驱之一。他设计制造的第三架直升机装配了多桨片旋翼，1924年打破了当时直升机空中飞行停留10分钟的纪录。图中所示的是在法国的一次试飞情况。

在20世纪初，提供动力支持的是汽油燃机。1905年，英国工程师E.R.曼福特设计了一个竹制机身的机器，该机器装配了6个7.5米的螺旋推进器，该设计获得了一项发明专利。1912年，E.R.曼福特用绳索将一位飞行员绑在机身上，将其提升到了离地面3米的高空。法国工程师布雷盖·里歇(1880～1955年)和他的兄弟雅克也尝试用汽油燃机作为直升机的引擎，1907年他们建造了一架装有4副旋翼的飞行器，每副旋翼由1对双翼桨叶组成，总共有16片巨大的桨叶。这架直升机很笨重，布雷盖的一位助手被绳子拴着站在上面，提升到距离地面60厘米的高度，并在空中停留了1分钟左右。两个月之后，法国自行车工程师保罗·卡努(1881～1944年)在法国西北部的里济厄进行了首次直升机自由飞行试验。保罗·卡努的直升机装有2副旋翼，但是此次飞行持续的最长时间只有20秒，距离地面的高度也只有2米。

两架法国直升机都没能成功地解决航向稳定问题——支撑直升机飞行的关键因素。在1908～1919年间，俄裔美国工程师伊戈尔·西科尔斯基(1889～1972年)下决心要解决这个问题，他于1919年移居美国，在那里建造试验性的直升机。其他的科学家也相继加入到攻克这一技术难题的队伍中，其中包括1918年美国电气工程师皮特·库珀·休伊特(1861～1921年)；1935年法国科学家布雷盖和杜兰德(1898～1981年)；1936年德国科学家海因里希·福克等。福克研制的Fa–61双子旋翼直升机能够以120千米／小时的速度向前和向后自由飞行，并且飞行的高度也可达2400米。Fa–61还创造了空中飞行停留时间的最长纪录——1小时20分钟。1938年，德国飞行员汉娜·里特斯(1912～1979年)驾驶该飞机飞入柏林的Deutschlandhalle上空。

最终，1939年西科尔斯基研制建造了第一架实用型的单旋翼直升机，并首飞成功。这种直升机能够垂直起飞，并且最大的向前飞行速度可达70千米／小时，这架直升机拥有一个封闭的机舱，网格结构的机尾上装有一个小型的垂直推进器，用于调节控制直升机的飞行方向。这一设计就解决了单旋翼飞机中长期存在的扭矩问题——扭矩的作用力会使整个机身旋转。在第二次世界大战的前期，美国和英国军队装备了改进型的西科尔斯基VS–300直升机，在1942年5月，美国军队首次装备改进型的直升机；1943年，英国皇家海军装备了性能更强的西科尔斯基 R–4直升机。军用直升机在朝鲜战争(1950～1953年)中得到更广泛地使用，主要是起到运输军队和伤员的作用。在越南战争(1954～1975年)中，美国军队将武装直升机作为空中炮火的支援引入到战场实战中，其强大的火力支持和机动灵活的特点使之成为战场中一种可怕的战争利器。

飞艇的问世

大事记
1852年 可操控的蒸汽动力飞艇问世
1884年 电动飞艇问世
1897年 发明硬式飞艇
1898年 发明半硬式飞艇
1900年 第一艘齐柏林飞艇问世

第一次将气球内填充氢气的人是法国物理学家雅可斯·查尔斯(1746～1823年)。起初这些氢气球只能搭载几个人并且只能顺风飞行，于是，科学家就开始考虑其能否搭载更多的乘客并且按预先设定的方向飞行。解决方案就是让气球变大并装上马达和方向舵。这种改装后的飞行器，也就是我们现在所说的飞艇，起初被法国人称做“可驾驶的飞船”。

1852年，飞艇的雏形——第一艘可操纵的飞船由法国工程师亨利·吉法尔(1825～1882年)建造，这艘飞艇由一个很长的充满氢气的气囊构成，有一个包覆着网状绳索的开放式小舱，小舱可以搭载驾驶员和发动机。由于气囊内的氢气压力大，所以气囊能保持形状，这样设计的飞艇称做非硬式飞艇。汽艇上装有3马力的焦炭点火蒸汽发动机以转动双叶片的推进器。飞艇飞行方向由舱尾的舵控制。驾驶舱悬在气囊下面且与气囊有一段较长的间距，以防止蒸汽发动机冒出的火星引燃氢气。吉法尔飞艇的首飞是从巴黎到27千米外的一个小村庄，平均时速为8千米／小时。

为了使飞艇能够在微风或无风的条件下飞行，飞艇需要更强劲的动力支持，比如电动机。1884年，法国军事工程师查尔斯·勒纳尔(1847～1905年)和阿瑟·克雷布斯(1847～1935年)设计的“La France号”飞艇装配了电动机，这艘电池动力的电动动力马达的功率近9马力，使长50米的飞艇在巴黎的近郊进行了一次环形飞行，时速达23千米／小时。

随着汽油发动机的应用，飞艇的设计者们开始将之作为飞艇的动力。1898年，半硬式飞艇出现了：头部是金属框架，而尾部是由一个木制方格的龙骨架连接起来的。1901年，巴西飞行家桑托斯·杜蒙特(1873～1932年)驾驶着他的机械飞艇(第六号)在间隔11千米的圣·克劳德和埃菲尔铁塔间作了往返飞行，并由此获得了10万法郎奖金。

1897年，奥地利发明家戴维·施瓦茨(1852～1897年)建造了第一艘硬式飞艇。这艘飞艇艇身内部全部采用金属框架来保持飞艇形状。当时，飞艇的设计者们都采用铝制造艇体的主体框架。1890年，德国陆军中将齐柏林伯爵(1838～1917年)退役后着手研制新型飞艇。1900年7月2日，第一艘齐柏林飞艇——LZ-1进行了首飞，该飞艇长128米，直径11.7米，装有2台16马力的内燃发动机，还装有方向舵和升降舵，但是这艘飞艇的发动机功率不足，所以飞行没有成功。1905年的LZ-2和1906年的LZ-3飞艇相继出现，但是真正飞行成功的是1908年的LZ-4飞艇。飞艇艇体越来越大，装配的发动机也越来越多：2个、3个，最后有4个。1910年，齐柏林公司建造了世界上第一艘商用飞艇——“德意志号”，长140米。齐柏林公司后来又设计开发了LZ-127“齐柏林伯爵号”飞艇，该艇长235米，并且搭载乘客进行了跨越大西洋飞行的壮举，时速最高可达130千米。齐柏林自制造出第一艘硬式飞艇之后，又与他人合作，在短短20多年的时间里制造出了129艘各型飞艇，大大加强了德国的军事力量。后来由于飞机的蓬勃发展，影响了飞艇的制造和使用。1937年5月 6日，德国的巨型飞艇 LZ-129“兴登堡号”(该艇长244米，最大直径39.65米)在飞抵美国新泽西州的莱克赫斯特上空准备系留停泊时，尾部突然起火并点燃了氢气，飞艇焚烧殆尽，36名乘客及机组人员不幸遇难。1930年英国飞艇“R101号”(长240米)在飞往印度的途中发生了与LZ-129相似的悲惨事故，艇上的54人有48人丧生。这些空难事故使人们意识到氢气飞艇的巨大危险性，于是充氢气的飞艇很快被停止使用。

科学家用惰性的氦气代替氢气用于飞艇气囊的填充，安全性大大提高。第二次世界大战后飞艇的应用出现了短暂的复苏迹象，美国海军将飞艇用于海洋水面的巡逻。设计者们也计划开发货运飞艇，但是被后来的直升机所取代了。

改变世界的电报

1855年，大卫·休斯发明的打字电报机的键盘非常像钢琴键盘，能够在纸带上逐字符打印信息。

电报技术是除人声之外的首项远距离即时通信技术。在此之前，人们曾使用视觉信号作为即时通信媒介，如美洲土著人使用的烟信号、英国海军使用的旗语等，而后者则与铁路信号较为相似。

昏暗与低能见度使视觉信号毫无用处。但当条件合适，视觉信号却是最快捷的通信方式——它在发送人与接收人之间以光速传播。其次，沿着导线传播的电流也能达到很快的速度。1804年，意大利物理学家亚历山德罗·伏打(1745～1827年)发明电池后不久，加泰罗尼亚科学家唐·弗朗西斯科·沙尔瓦·康皮奥(1751～1828年)设计出25线电解电报机，其每一根导线均代表字母表中的一个字母(除了“K”以外)，并连接到一管酸溶液中的一个电极上，一根导线在溶液管内与其他电极相互连接，并绕回到发报者处，当发报者将这根导线及其他导线中的一根与电池相连时，电流在接收者这端引发水的电解反应，于是在电极上出现水泡，接收者只需查询冒泡电线所代表的字母即可获取电报内容。

1809年，德国物理学家萨缪尔·冯·萨墨林(1755～1830年)设计制造类似原理的电解电报，共使用35根电线，能够在3千米之内进行即时通信。随后，1816年，英国发明家弗朗西斯·罗纳德斯(1788～1873年)改进了萨墨林的系统，使其只需要两根电线即可。随后他将这一发明献给英国皇家海军，但海军军官们却不为所动，依旧使用古老的旗语进行即时通信。

物理学方面的一个个重大发现进一步推动了电报的发展。1820年，丹麦物理学家汉斯·奥斯特(1777～1851年)发现通电导线产生的磁场使得附近的指南针发生偏转。1829年，美国物理学家约瑟夫·亨利(1797～1878年)制造了强力电磁石，具有很大的提升力。1835年，亨利制作了一个实验性电报机，用电脉冲代表字符代码。接收端的电磁石与电脉冲作用，导致一块小铁片发出清脆的“嘀嗒”声。之后，美国发明家萨缪尔·莫尔斯(1791～1872年)改进了亨利的这一设计。

与此同时，1832年，俄罗斯发明家帕维尔·希林(1786～1837年)利用奥斯特的发现，制造了首台磁化针式电报，它共使用6根电线，电流磁化线圈，产生磁场，使安装在其上方的磁针偏转。希林的发明在圣彼得堡之外几乎不为人所知，但是德国物理学家卡尔·高斯(1777～1855年)以及威赫姆·韦伯(1804～1891年)得知希林的发明后，对此进行改进，并于1833年成功使用两线单针电报把信号发送到3千米之外。4年后，英国物理学家威廉·库克(1806～1879

大事记	
1804年	25线电解电报被发明
1816年	两线电解电报被发明
1829年	改进式电磁石被发明
1833年	两线单针式电报被发明
1838年	单线电磁电报被发明
1855年	单传打字电报被发明

年)以及查尔斯·惠斯通(1802～1875年)取得针式电报机的专利权，该电报机有5根指针，指示着钻石形板上不同的字母组合，它共需6根导线——5根导线连接5根指针，另有1根用于电流回路。1838年，大西部铁路线的一段安装了该电报机。1854年，该电报机减少到3根导线；而1845年经过改进的电报接收机仅需要1根指针，大大简化了电报机结构。到1852年，全长约6500千米的英国铁路线全部装备了这一电报通信系统。

1838年，莫尔斯演示了他发明的单线电报机，并于1844年首次将其应用于商业领域，在华盛顿至巴尔的摩全长60千米的铁路线上安装了莫尔斯电报机。莫尔斯电报机仅仅是在亨利的想法的基础上做了小小的改进，他的贡献在于发明了“点”与“划”的编码方式，即“莫尔斯电码”。很快，这一编码便广泛应用于电报信息传递领域(稍后出现的无线电通信也同样使用莫尔斯电码)。莫尔斯电码最终版本的完善工作主要是由莫尔斯的助手阿尔弗雷德·维尔(1807～1859年)完成的。

很快，电报线缆便覆盖了北美洲以及欧洲的绝大部分地区。之后又将铺设工作转向水下，如1845年横跨纽约港的水下电报线缆以及1851年横跨英吉利海峡的水下电报线缆等。1855年，美籍英裔发明家大卫·休斯(1831～1900年)发明单传打字电报机，发报者只需轻击键盘，收报端一台相似的机器就能自动将接收的信息打印出来。1856年，纽约密西西比河流域打印电报公司正式更名为西部联盟电报公司，以表示连接横跨美国东西部的电报线网络。从此，电报成为国内国际间通行的主要即时通讯媒介，直到后来被电话以及无线电通信替代为止。

贝兰与传真技术的诞生

所谓传真通信就是一种通信方式，即采用扫描和光电转换技术，将文字、图纸、照片等通过有线或无线通信电路传送到千里之外的对方，在接收端又复制出文件原样。这种通信方式之所以被称作“传真”，是因为它所传递的信息内容能保留原件的真迹。

1907年11月18日，贝兰第一次成功地进行了图像传真的实验，传真电报就此问世了。1913年，贝兰又成功研制出第一台专供新闻采访用的手提式传真机。次年，用这部传真机传送的第一幅“传真照片”刊在了法国巴黎一家报纸上。1924年，在美国华盛顿和法国巴黎之间第一次成功地用传真机进行了国际间手稿真迹的传输。

那么，文件或图像是如何通过传真机传送给对方的呢?其实，假如你通过放大镜观察报

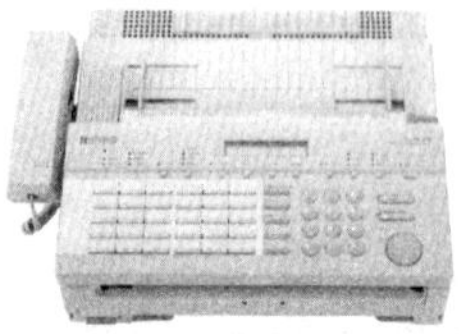

传真机

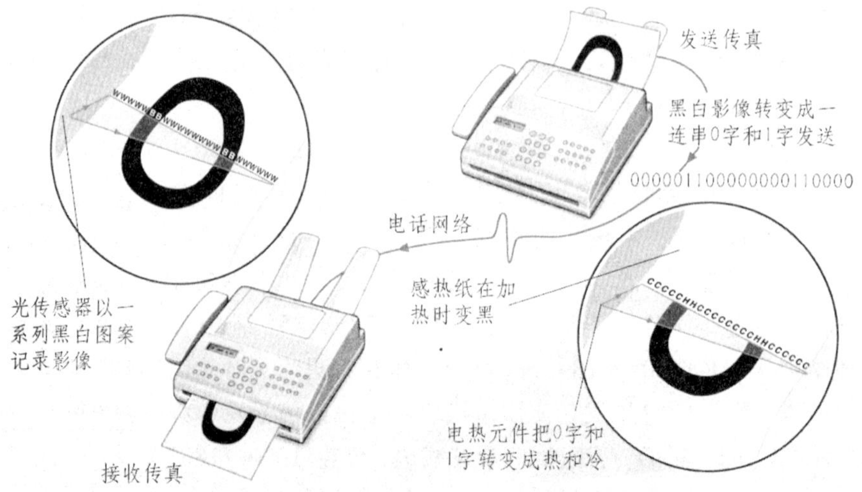

传真机运作示意图

纸上的黑白传真照片，你会发现不管内容多么复杂的照片都是由许多密密麻麻深浅不一的黑白小点儿组合而成的。如果点子又多又密，照片就会更加清晰。传真通信的原理与此相同，传真时，文件图像被分解成一个个像素，通过扫描设备和光电转换器件后，这些深浅不同的小点子变换成为相应强弱不同的电信号，然后放大调制再将其变成适于通信传输的传真信号送到对方。与发送端刚好相反，接收端的电信号经过放大解调还原成强弱不同的光点，然后按发送的先后顺序排列组合、还原成像，再通过静电复印、照片或热敏打印等方式进行复制。这样，远在异地的对方收到的文件、图像就与原稿一模一样。

传真机的扫描顺序是从上到下，从左到右。现在扫描设备采用的是以电子方式进行的平面扫描，这种设备具有比较简单的结构，而且扫描速度快，可靠性也高。

用电来传递声音——电话的发明

贝尔于1847年3月3日诞生于英国苏格兰爱丁堡。

一次在做描绘声波曲线的实验中，贝尔意外地发现，每当因实验中电源开关被打开或关上，在导通和截断电流的刹那间，一个实验线圈会发出声音。假如对这一规律加以利用，使电流的变化与声波的变化一样，只要能传送出这种变化的电流，也就能够随之而送出声音。

贝尔立即开始做试验。他把电磁开关装在薄金属片上，然后对着薄金属片讲话。他认为，薄金属片会因为人讲话而随着声音颤动。装在金属片上的电磁开关会由于这种振动连续地开和关，而有规律的脉冲信号就这样形成了。当时贝尔还没怎么深入研究电学，因此他不知道声音的频率很高，这种方法根本不管用。

贝尔准备开始电话研究时，他偶然遇见了一位叫做沃特森的电气技师。沃特森非常认同贝尔关于电话的想法，他决定与贝尔合作，一起把研究搞到底。

1875年6月2日这天具有非常特殊的意义。这一天，贝尔与沃特森按照惯例很早就开始工作了。他们先对机器装置作了检查，然后就来到各自的房间，沃特森与贝尔分别负责发出、接收讯号。十几个小时后，贝尔突然听到一阵断断续续的声音，他立刻放下手中的东西，起身就向隔壁沃特森所在的房间冲去。

贝尔对机器的结构进行了分析，思考着声音是怎么发出来的，认为膜片由于受到了沃特森发出的声音的振动，下面的U型永久磁铁的磁场便发生了变化，感应电流就会在绕在磁铁上的线圈中产生。通过连接2台机器的导线，感应电流传送到了受话器端的相同装置内的线圈，受话器永久磁铁磁场因此而发生变化，膜片也就随之而振动。贝尔知道自己终于找到了一种可以把声音变成电流的机械装置。用电来传递声音的梦想就这样变成了现实。

1876年2月4日，贝尔为这种可以传送声音的机器申请了专利，并称其为“音频电报”。1877年，贝尔电话公司经贝尔筹资正式成立，电话机的商业性生产从此开始了。

电话投入使用后，慢慢将其强盛的生命力展现在世人面前。1878年，英国在贝尔的协助下建设了电话线路。1879年，法国巴黎也实现了电话通话。到19世纪80年代初，电话交换台相继在欧洲以及美国的一些大城市建成。

移动电话的发明

移动电话是通过电磁波输送信息的，我们所说的无线电覆盖区域就是电磁波所能达到的地区。这几年，移动电话的数量迅速增长，而相对于有限的无线电频率资源来说，不免产生“僧多粥少”的麻烦。所以人们给电视、广播及各处无线电通信规定了一定的频率范围，就像交通管理部门把马路划分成快车道、慢车道和人行道一样，以有效地减轻或防止信息传输中的“塞车”。无线电波也被分成不同的频段，指派了不同的通信业务。而分配给移动通信的频率范围是比较窄的，在同一地区，要是不同用户使用同一个频率，就会产生干扰。

为充分利用无线频率，解决频率“拥挤”的问题，美国贝尔实验室的通信专家于1947年率先提出了建立“蜂窝”式移动电话系统的设想。直到1979年，“蜂窝”式移动电话系统研制成功后，“僧多粥少”的矛盾才得以缓解。

为什么要将无线小区划分为蜂窝状呢?让我们先看看蜂窝是什么样子的。蜂蜡是蜜蜂的分泌物，遇到空气后变成蜡片。蜡片是制造蜂巢的原料，在建造蜂巢时，工蜂们一只拉着一只，拉成一长串。然后，将分泌并存在腹部的蜂蜡用腿拨下来，用口咀嚼后，粘在蜂房上，接着再加工一番，最终成为正六角形的柱状蜂房。蜂房的形状和结构是非常科学的，因为它占的空间最小，容量最大。

蜂房的六角形结构给科学家以很大启示，他们将这种结构应用到了无线电频率的分配上。这种结构的好处在于能够减少重复建设，发挥最大的效用。而且，无线电波可以通过控制其所发射的强度，将它限制在小区的范围之内。同时，在相邻的小区中，选用不同的频率进行通话，就不会发生干扰。而相隔一定距离的小区，又可以使用同一种频率。频率的重复使用，解决了频率不足的难题。

目前的移动电话，主要采用的就是蜂窝系统。蜂窝移动通信是把一个通信区域划分成一些规则的六角形小区，就像蜂窝一样，小区边长几千米到几十千米不等。每个小区内都设有一个无线基地台，每个基地台都有专线与移动电话局连接，再由移动电话局通过有线线路与市区电话局及长途电话局联系起来。这种蜂窝移动电话系统不仅能使用户相互通话，而且能在全地区自动连入公共电话交换网，与固定电话用户通话，这样就能够使移动电话与国内国

电话网络工作原理示意图

电脑控制的电话交换站，负责将两部电话连接起来，当有人拨某个电话号码时，当地的电话交换站就会直接把线路自动接通。国际长途电话，则需要通过海底电缆或者以无线电波的形式通过人造卫星传送。

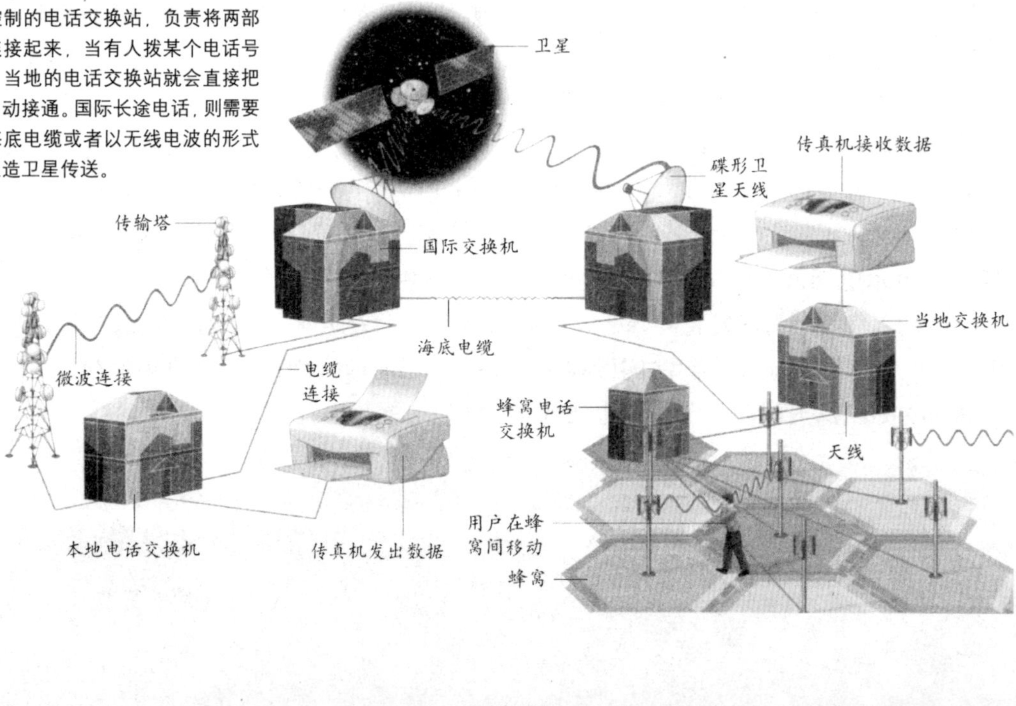

外任何一台电话通话。

第一代蜂窝移动电话采用的是模拟技术，第二代蜂窝移动电话就是现在人们生活中最常采用的"GSM"数字移动电话，它采用的是数字技术。"GSM"是欧洲移动通信特别小组的英语缩写，它制定了统一的欧洲数字蜂窝移动通信系统标准。现在，中国采用此系统开通了138，139"全球通"数字移动电话网。与模拟系统相比，数字系统的优势在于频谱利用率高、手机体积小、省电、安全保密，而且能够提供数据、文字信息业务。

正六边形无线电覆盖区域的形状如同蜂窝，这就是"蜂窝式无线电小区"和"蜂窝式移动电话"名字的由来。

近年来，移动通信给人们带来很多方便，其发展之快、应用之广是任何人都始料不及的。

廉价的网络电话

网络电话，就是我们通常所说的IP（Internet Protocol)，即因特网协议电话，是一种以网络来代替传统的电话线进行通话的新型通话方式。这种电话比起传统的程控电话来，既有优点，也有不足之处，优点是通话费用低，不足是通话音质差。

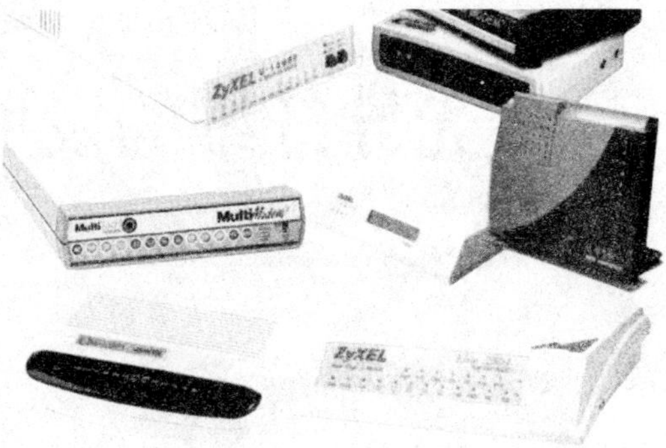

各式各样的调制解调器

网络电话诞生于几个年轻人手中。上世纪90年代以来，由于计算机技术的飞速发展，PC电脑逐渐普及。新的电脑硬件层出不穷，调制解调器、声卡、CD驱动器等多媒体软、硬件纷纷出炉，PC电脑进入了多媒体应用的时代。当时因特网正在全世界流行，美国新泽西州Vocal Tel公司几个年轻的以色列网络迷，同时又是电脑专家，经常在网络上编辑一些游戏，互相嬉戏为乐，或是到网上聊天室里胡侃神聊一番。电脑声卡出现后，这几个年轻人突发奇想，想通过声卡来打电话。于是，他们编辑了一个用来打电话的通信软件，在PC机上配置了声卡、话筒机和调制解调器等硬件设备，在网上打起电话来。网络电话这个新生儿就从此诞生了。

网络电话在新兴起的时候，存在着许多的限制条件。比如通话双方必须同时上网，且必须同时具备通话的一些硬件，如声卡、音箱、话筒等。虽然不足之处有很多，但这个通信家族的新生儿在诞生之后，立即风靡了美国高校，主要原因是它通话费用低廉。

为什么IP电话会如此便宜呢？

IP电话是现代计算机技术和通信技术相结合的高科技产物，它采用专门设备或软件，利用数字信号处理技术和语音压缩编码技术将语音信号经数字化处理、压缩，并将语音数字信号分段打成语音数据包，通过因特网传输给对方，对方PC电脑上的专门设备或软件接到语音包后，解压缩还原成模拟信号输送给电话听筒。比起传统电话来，在因特网上打电话，只占用了非常低的通讯宽带。传统电话需要64K DPS的宽带，而IP电话的语音数据包只占用了前者的1/8宽带。这大大提高了线路的利用率，降低了成本，实现了高效率多媒体通信。形象点说，因特网就好比信息公路，被压缩的语音信号数据包就像是坐在公共汽车上的乘客。大家都知道公共汽车的票价要远远低于"打的"的费用，所以说打IP电话好像坐上公共汽车，打普通电话像坐出租汽车，车上只有一位乘客。人多拥挤，人少舒服，自然打IP电话费用就低廉了。

IP电话音质差，也和网络有关。我们知道，因特网是一个非常庞大的数据网，它就像一条宽阔的信息公路，上面行驶着各种形式的信息，不管是文字、图像、话音还是数据都以数字形式流动在这条公路上。然而因特网里信息数字比特流的流速是一定的，当上网人数增多时，流速就会慢下来。对于因特网来说，一旦数字比特流的流速慢了，就会出现延时现象。而在同一时间上下网的人数又处在不断的变动中，数字比特流流速就会呈现出不均匀的特点，这种现象就叫网络抖动。网络抖动得很厉害时，就有语音包因迟到而被丢弃，这是网络的丢包现象。IP电话通常会产生话音断断续续、音质欠佳的麻烦事。然而IP电话低廉的话费，还是吸引了众多打长途电话的用户，尤其是那些常驻国外的商业公司。

现在，人们拨打IP电话已经是一件轻而易举的事情了。网络电话发展到如今已是第三代产品了。这时候，人们只需买一张电话卡，用上面的账号和密码就可以在随便哪一台普通电话机上拨打IP电话。一切有关网络联结的问题，都由提供IP电话服务的通信公司去解决。IP电话低廉的通话费用使它成了电话通信史上继程控电话之后的又一个里程碑。

光导纤维的发明与信息高速公路

第一台红宝石激光器，红宝石能吸收闪光管发生的光并以激光的形成发射出来。

电报、电话的发明可谓人类通讯史上的里程碑，但人们在使用中发现，要想传输高质量、大容量的通信信号，这些通信方式还具有明显的局限性。而光导纤维的发明解决了这一问题，使信息走上了“高速公路”。

光导纤维的发明得从激光说起，因为光纤通信技术中用于传输信息的光，不是普通的光，而是激光。

1960年，年轻的美国物理学家梅曼，发明了世界上第一台红宝石激光器，他还用这种激光器发出了一种神奇的激光。从此，光通信有了发展。光谱线很窄的激光是纯度极高的单色光，其特性是：振动规则、单一频率、能量高度集中、方向性好、亮度极强。信息可以通过它传输。

1970年，超纯度玻璃纤维由美国康宁玻璃公司首次制成，光衰减为20分贝／千米的玻璃丝。光以这种拉得很细的玻璃丝——光纤作为“导线”，可以从一端传到另一端。科学家做了许多实验后发现，无论玻璃丝弯曲到何种程度，只要有合适的入射光角度，在玻璃丝内来回反射的激光便会沿着导线传到很远很远的对端。人们把这种玻璃丝称作光导纤维，光纤是对它的简称。

光纤包括两层，中间的一层是直径只有几微米的纤芯，外面的“包层”是用玻璃或石英制成的，这层对光具有极强的反射能力，光纤的外层还裹有厚厚一层保护光纤的塑料。光纤就这样紧紧地“封闭”住光，让其经过多次反射后到达另一端。

信息传递的速度由于光纤通信而大大加快，信息从此走上了“高速公路”。在一根比头发丝还细的光纤中，可以同时传输几千套电视节目或者几万路电话。这样大的通信容量的确令人吃惊。而最先进的“光波复用”技术，还可以将其提高几十倍。

军事武器大调查

古代的炮

大事记

公元前399年 西西里岛的古希腊人发明了一种武器，用在对抗迦太基人的战争中

公元前215年 阿基米德发明了一系列武器

公元620年 加利尼科发明“希腊神火”

古希腊人发明了许多早期的大炮武器，而这些武器在后来被罗马军事工程师采用并改良。其中主要的炮弹投射装置是投石器。公元前399年，西西里岛锡拉库扎的古希腊侨民的统治者老迪奥尼西(约公元前431～公元前367年)资助了一个研究计划，为他即将与迦太基人的战争设计新型武器。他的工程师们制造出一种外形类似于巨大十字弓的弓箭发射器，弓身横约2.3米长，是用木条或者碾压的牛羊角(一种所谓的“复合型”弓箭)制成的。为了能够将弓弦拉开，士兵们使用一种内置式的绞盘，这种绞盘可以将一个钩爪－扳机装置绕回，以及用棘齿固定到位的凹槽滑道，这个凹槽中装有一支长约2米的箭，可以通过扣动扳机释放钩爪的方法被发射出去。弓身靠前的枢轴使得发射器可以向任何方向瞄准。古希腊人甚至发明了一种可以多次连续从存储箱或者弹仓中放箭发射的投射器，称做多箭射器。罗马人给这种投射器起名为弩炮，他们采用了古希腊人的设计，可以发射长69厘米的箭。这种弩炮一般会安装在一个有轮子的金属架上。古罗马指挥凡斯帕西亚(公元9～79年)在对凯尔特武士的战争中使用这种弩炮，取得了积极的效果。在英格兰南部一座称做少女城堡的山地防御工事中发现的约公元43年的人体遗骸的颅骨上有一个被这种弩炮发射的石弹射穿的孔洞。

两种投射器之间的一个细微的区别在于古希腊投射器使用缠绕的绳而不是弓作为驱动力。两股缠绕的绳或动物肌腱竖直地连接两木短“臂”的一端，一根拉绳连接“臂”的另一端，很像弓身和弓弦之间的关系。当投射者用绞盘绕回弓弦，两臂就将绳扭得更紧。一旦扣动扳机释放拉绳，缠绕着的绳即刻松开，释放爆发性的能量并转化成箭高速飞行的动能。为马其顿国王菲利浦二世(公元前359～公元前336年在位)定制的一个这样的投射器可以投射长度达到4米、类似长矛一样的箭；菲利浦国王的儿子亚历山大大帝(公元前356～公元前323年)在他对波斯的战争中也使用了类似的武器。

大型投射器投射大石块而不是箭支。据说古希腊数学家、工程师阿基米德建造了可以将重达79千克的石块投射至183米开外的这种投射器。这个巨大的器械是装在船上，用以在公元前215年的锡拉库扎保卫战中攻击古罗马舰队。更大型的投射器较多地在陆地上使用。为了承受这种巨型投射器所发射出的重达159千克的石块的攻击，砖墙必须有至少4.6米厚。

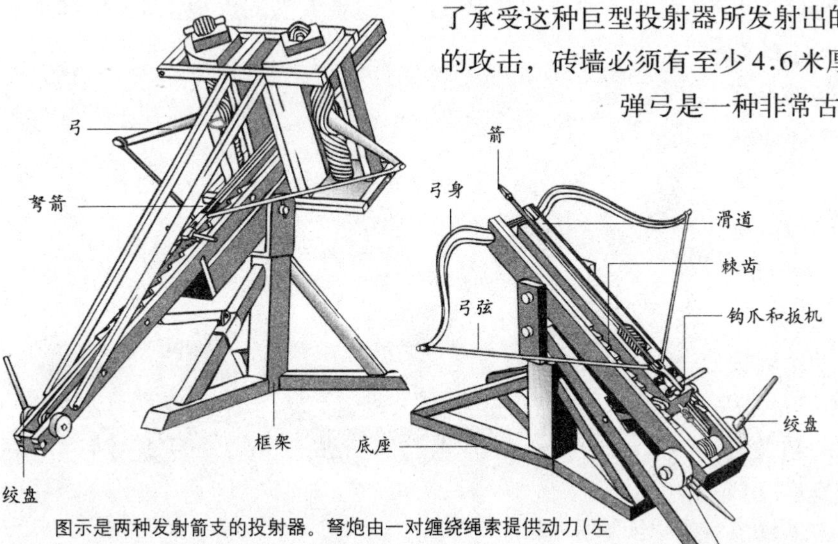

图示是两种发射箭支的投射器。弩炮由一对缠绕绳索提供动力(左图)，而另一种使用的是巨大的碾压制弓(右图)。

弹弓是一种非常古老的便携式武器，《圣经》中说大卫就是用弹弓将菲利斯丁巨人格莱厄斯杀死的。弹弓上有一个小皮革袋子固定在一对皮筋末段，里面装有石头。使用的时候只要用手臂将皮筋拉开，将装石块的袋子拉至耳

后或者绕过头部，然后松手发射。古罗马人将运用这种原理制造的投石器称做石弩，这种石弩有一个水平框，框上有两条侧桁条在中间部位向上弯曲，一根粗且缠绕着的腱绳穿过横梁正中的巨大的孔，被固定在每一根侧桁条的外侧。这根腱绳连接一根长木臂的一端，而这根木臂的上端有铁钩钩住弹囊。投射手用绞盘将长木臂绞到下面，产生缠绕着的绳子的反向张力，同时，在弹囊中装入大石块。长木臂会在释放的同时向前弹，抛出石块。弹石离开投石器后短柄会打在弹弓的另一端，引起强烈的震动，而装载稻草填料的大垫子就是用来缓冲这种震动的。

相比其他投石器，石弩可以造得相当巨大，例如有一个巨型石弩需要8名男子摇下绞盘短柄，拉紧绳索。但是这个石弩并没有两根缠绕的绳弦和两根水平短臂，它只有一根水平的绳弦和单根的垂直短臂，所以也就相对比较容易制造。

古罗马王朝衰落之后一直到中世纪，欧洲的军队依旧使用投石器。他们发明了一种投石机，其工作原理类似跷跷板，一块较大的石头将横梁的一端压下，由于杠杆原理，横梁的另一端就会抬起，装载在上面的较小的石块被抛射到空中。但是最终所有类型的投石器都被14世纪的大炮取代了。

替代火箭发射的超级大炮

用大炮来代替火箭发射卫星，你会相信吗?这不是科幻故事，而是不少科学家努力探索的目标。为此，他们已经进行了多次火炮探空实验，并取得了一些进展。

火炮探空试验所使用的火炮，不是普通火炮，而是由正服役的、去掉膛线、加长身管的制式火炮改制而成。以较小口径火炮来说，将美军M107型175毫米加农炮装在T76型炮架上，改装成L92.4型177.8毫米探空火炮，又将T123型120毫米加农炮改装成L70型127毫米探空火炮。而大口径火炮则是由美国海军MK1型406毫米舰炮改装成424毫米探空火炮。

1991年6月，美国亚拉巴马大学曾向太空成功地发射了重321克、飞行速度达4.58千米／秒的塑料弹丸。1993年，美国《太平洋星条旗报》发表了一条引人注目的消息，该消息称：为了验证超高速轻气炮将有效载荷送到高空的可行性，美国劳伦斯·利弗莫尔研究所打算用管身长达47.2米的大炮试射5千克重的炮弹。预计炮弹的飞行速度可达每秒4千米。试验成功后，这家研究所将在范登堡空军基地通过其建造的一门更大型的火炮，向太平洋上空发射能达到434千米高空的炮弹。继而，为了能把有效载荷送上月球轨道，科学家们还将研制一种全尺寸的火炮。

美国M110A2火炮
可用来改装成探空火炮。

很明显，这样做的目的是想用大炮代替火箭来发射卫星。果然，在1994年初，美国这家研究所对外宣布了其更令人惊奇的计划：他们将建成口径达1.7米、用于卫星发射的超级大炮。这种大炮发射的卫星以前都用火箭运载。这门大炮被命名为“儒勒·凡尔纳”火炮，其名字来源于法国科幻小说家儒勒·凡尔纳，以此来纪念这位伟大的小说家。

也许，用探空轻气炮向月球或月球轨道发射炮弹(有效载荷)这一目标很快就会实现。

枪和火药

大事记
约1020年 火药被发明
1044年 火药第一次被文字记载
1100年 焰火开始出现
1220年 火药炸弹开始生产
1242年 出现了关于火药的详细描述
1280年 火药火炮诞生
1378年 青铜火炮诞生
1543年 铸铁火炮诞生

火药的起源隐藏在一片迷雾中，主要原因是发明这种东西的人希望能守住这个秘密。其最早的文字记载出现于1044年，中国史学家曾公亮在他编写的《武经总要》中将其定名为火药。火药是木炭、硫磺和硝石(硝酸钾)的混合物，当它们以一定的比例混合时可以迅速地燃烧，其中40%的物质变成气体，剩下的固体物质转化为烟尘。灼热的气体会发生膨胀，如果将其限制在一个容器之内，爆炸就将伴着巨响发生。如果燃烧发生在一个一端开口的管子里，那么膨胀的灼热气体就会把弹丸推出管口，而这就是火炮及所有火器的工作原理。

随着火药的发展，焰火在12世纪的中国流行起来。1100年的一部文献记载了其“如雷鸣般的声响”——尽管当时的焰火更常以鞭炮的形式出现。火药炸弹更加危险，约1220年，中国军队制造了一种外壳会在爆炸中裂开的炸弹，产生的霰弹片能够杀伤敌人。1292年的日本木刻中描绘了炸弹爆炸的场景，表明当时火药已经在日本出现。1126年，中国军队在开封保卫战中使用了手榴弹以及“火箭”。这种“火箭”是现代火箭的雏形，是把封装的火药放置在竹制的容器中制成的。封装的火药必须较松散，否则火箭就会爆炸。这些知识传播到了海外，1280年，一位叙利亚作者阿——哈桑·阿冉姆哈在一本关于战争的著作中提及了硝石和火箭。

火炮最早出现在13世纪80年代，当时中国的军队使用了突火枪来发射石头杀伤敌人。到了大约1300年，阿拉伯工匠用铁条箍在竹管外来制作火炮炮管。金属炮管是由熟铁条焊接起来，再用铁环箍住加以固定制成的，看上去很像木制炮管。1346年，英国就使用了这种熟铁火炮在加莱的攻城战中攻击法国军队，一年后，欧洲的军械工人制成了发箭火炮。最早的一次成型的青铜质炮管铸件可以追溯到1378年的德国军械厂。青铜被选为铸造的材料——特别是铸造舰炮的材料——是因为没有铁那么容易锈蚀。铸铁一开始并没有用于铸造炮管，因为铸铁在铸造过程中常常会出现裂纹，从而导致爆炸，铸铁会爆裂成碎片，就像炸弹一般；而青铜火炮出现问题时一般只会裂开或断开，不会造成严重的后果。约1495年起，法国炮手开始使用铸铁来制作炮弹，而安全的铸铁炮管直到1543年才首先在英格兰被铸造出来。

2颗金属弹丸包裹着火药从一门14世纪的中国火炮炮口中伴着烈焰呼啸而出。弹丸在战场或其上空爆炸，喷发的致命霰弹可以覆盖很大一片区域。

早期的“小型火器”有许多名字，诸如明火枪、钩型枪或是火绳枪。它最初于15世纪中叶发明于西班牙，射手把枪管架在支架上，并从肩部将其点燃。射手将火药填料和弹丸塞入枪管中——它是从枪口装填的——并用火绳枪将装料点燃。火绳枪是一段燃芯，装在一根“S”形的杆上。这种武器精度差，有效射程仅为200米。在其后的100年内，火枪代替了火绳枪，而簧轮枪以及后来的燧发枪又代替了火枪。燧发枪更为可靠，而且可以在雨中发射。

要发射燧发枪，枪手首先要把火药填料从枪口倒入枪管中，接着是铅弹丸和毛毡填料，再用推弹杆把他们压实，以确保弹丸和装料就位。然后再倒入一些优质火药到枪机的火药池上，并把扳机向后扳以准备击发——扳机上有一块燧石。当扣动扳机时，燧石向前击发，撞击钢片，产生火花点燃火药池里的火药，继而引燃填料，这样弹药就从枪口被发射出去了。如果填料没有被引燃的话，就会只见火药池冒出火花却发不出子弹，后来这便成了英文中的俗语“昙花一现”。

火枪的枪膛是光滑的，后来逐渐被步枪所取代，后者的枪膛中有螺旋形的来复线，能使弹丸或子弹在出膛后旋转以保持飞行的稳定。枪械最后的发展是后膛枪和子弹的发明。手枪的发展也沿着同样的路线从前膛式装填发展到子弹的使用，而连发左轮枪的发明又是另一个进步。

左轮手枪的发明

最早的手枪起源于15世纪，属于前膛枪，从前膛向枪管塞入铅球或者子弹后，依靠黑火药作为发射推进物将其发射出去。手枪中引爆火药的装置为枪机，经历了数次改进：从最初的火绳枪机到簧轮枪机，再到18世纪末燧发枪上的燧发枪机。

大多数早期手枪都具有一个共同点，即点火一次只能发射一发子弹。当然，后来也出现过双管燧发枪，但这一枪械仅仅是由装载一发子弹变为装载两发子弹，并无实质性改进。为了突破不能连续发射子弹的瓶颈，有人曾尝试发明了胡椒瓶手枪，该手枪拥有多个枪管，每次发射都通过手动转动枪管，将有子弹的枪管转到点火装置前。但是这种手枪非常笨重，而且射击精度也较差。

大事记

1807年 撞击式雷帽问世

1820年 柯利尔撞击式手枪问世

1835年 第一把柯尔特左轮手枪问世

1851年 亚当斯双动模式左轮手枪问世

1857年 史密斯－韦森左轮手枪上市

1873年 柯尔特－匹斯梅柯六发式单动左轮手枪问世

另外一种解决方法是旋转式手枪，即左轮手枪。它们由一个内部装有多发子弹的弹筒构成，可以通过旋转弹筒，依次将子弹排入枪管发射。当时涌现出许多燧发式左轮手枪(即使用燧石的火花点燃火药)，但直到1807年撞击式雷帽发明之后，真正的左轮手枪才告诞生。这种手枪弹筒中紧密装载的子弹仅仅将安装雷帽的末端显露在外，当手枪发射时，击锤击打雷帽，引燃火药发射子弹。最初的左轮手枪仍使用前膛填弹模式，所以仍归属于前膛枪类型。

第一把撞击式左轮手枪是由美国波士顿的枪械制造商以利沙·柯利尔于1820年在英国制造，这是基于1818年美国人阿特缪斯·惠勒(1785～1850年)发明的燧发式左轮手枪进行改进后制造的。此后的数年间，各国的枪械制造商们均开始生产撞击式左轮手枪。但最后真正大批量生产性能优良的左轮手枪的却只有美国人萨缪尔·柯尔特(1814～1862年)，他所发明的左轮手枪于1835年在英国取得专利，后于1836年在美国取得专利。

最初的柯尔特左轮手枪为单动模式手枪，也就是说，射击手必须先手动扳起击锤(旋转弹筒也需手动)，之后才能扣动扳机发射子弹。1851年，竞争对手英国枪械制造商罗伯特·亚

上图为1865年生产的雷明顿新式陆军手枪，为前膛式左轮手枪。与此相反的是，其下方为1837年艾伦转管手枪，具有6个转动的枪管。

当斯发明了一系列双动模式手枪，即仅仅需要扣动扳机便可旋转弹筒，扳起击锤，最后发射子弹。显然，后者的射速要比单动模式手枪高很多。1855年，亚当斯与英国陆军上尉弗雷德里克·博蒙特合作，一同设计左轮手枪，不久，博蒙特－亚当斯左轮手枪问世，该手枪提供了单动以及双动两种模式以供使用者选择。

最初，柯尔特将他设计的柯尔特式手枪销售给英国陆军与海军，并在伦敦建立了自己的军工厂。当时，通常而言，携带手枪的均是军队军官，但是它们更倾向于使用博蒙特－亚当斯左轮手枪。尽管柯尔特手枪在长距离射击方面精度比后者高很多，但是后者拥有更高的射速，同时后者的大口径也使其具有更大的杀伤力，而所有这些特点在近距离作战中都是至关重要的。因此柯尔特不得不关闭自己在伦敦的军工厂，当然他并没有关闭所有的工厂，而是在他的家乡康涅狄格州哈特福德继续生产左轮手枪，并将其销往全世界。

约1850年，金属壳子弹问世，是由美国人贺瑞斯·史密斯(1808～1893年)以及丹尼尔·韦森(1825～1906年)最初为来复枪设计的“缘发式子弹”，之所以这样命名，是因为该类子弹的雷帽位于弹夹底部边缘。与前膛填充式手枪不同，使用该子弹的弹筒必须前后打通。1855年，美国枪械制造商罗林·怀特取得制造这一类型弹筒的专利权。尽管他所设计的手枪投放市场后以失败而告终，但是史密斯－韦森发明的子弹必须依靠怀特的弹筒才能发射，因此他们不得不支付怀特高额的许可费以使用该类型弹筒。1857年，史密斯－韦森手枪上市。

1869年，罗林·怀特的专利权到期后，其他的军火商也开始大规模生产使用史密斯－韦森子弹的武器。罗伯特·亚当斯的弟弟约翰·亚当斯于1867年设计出双动金属子弹左轮手枪，但更著名的是柯尔特－匹斯梅柯六发式单动左轮手枪，后者直至20世纪40年代早期仍在大规模生产。

改变战争面貌的机枪

机枪是一种小口径武器，只要弹药充足，扣住扳机不放，就可以连续射击。有些机枪装置可以实现装弹、射击、退空弹壳等一整套操作的自动化。这一类型的手枪通常被称做机械手枪，而这一类的机枪通常被称做卡宾枪或来复枪。

现代机枪的前身是半自动火炮。1718年，英国发明家、律师詹姆斯·派克为自己设计的这种“防卫枪”申请了专利。这种枪像一把巨大的左轮手枪安装在一个三脚架上，其枪管由铁或黄铜制成，有10个预装填腔，由手动旋转。当枪管中弹药耗尽，即插入另一已装填的枪管。据记载，1722年，派克防卫枪在7分钟内连续射击了63回合。

多年以后，1856年，美国人查尔斯·巴恩斯改进了派克的设计，加了一个手动曲柄以转动枪管并且实现了枪膛尾部装置的自动化。巴恩斯给它取了一个昵称——咖啡磨枪。这种机枪可以实现能以每分钟80转的速率发射子弹，后来在美国南北战争中使用过。另外一名美国人，埃利泽·里普利(1782～1939年)作了进一步改进，使之能一次使用多个弹筒。

加特林式机枪是第一代成功的机枪，用于美国内战中。1873年，英国十枪管型的这种机枪开始安装在车架上，以提高机动性。

金属子弹出现后，现代的速射枪才被发明。美国枪械制造商理查德·加特林(1818～1903年)在1862年取得了这种枪的第一项发明专利。加特林设计的枪有一个10枪管组，枪管就像捆绑在一起的木棍，通过手动旋转。装在枪顶部的送弹斗在重力作用下，将子弹送入枪身，使该枪能以350转／分钟的速率发射。该装置应用于各种口径的枪上，在美国南北战争中显示出极大的杀伤力。后来英军也装备了该枪。

19世纪70年代，美国士兵威廉·加德奈发明了另一种重力填弹枪。该枪由一个竖直的弹仓和两个或更多挨在一起的枪管组成。一个手动曲柄可以左右侧移机枪的后膛锁，使空弹壳掉落，替换子弹可以从上部的弹仓中被收集。

射击300或400次后，枪管会由于射击次数过多且过烫，这使得早期制造单枪管机枪的尝试受挫。1875年，在曼彻斯特的罗维尔工作的德·维特法林顿发明了手动曲柄式四枪管加德奈机枪——罗威尔机枪，有4根枪管，但是，它的4根枪管在射击时并不旋转，只用一根枪管射击。当枪管过烫时，枪手转动枪管组，让下一根冷枪管继续射击。1879年，瑞士工程师帕穆克兰兹发明了诺登佛特机枪，该枪有12根枪管紧密排列。12根枪管弹药的填充和射击全部是同时完成的——通过向前推一根杆来实现。杆拉回时会退出空弹壳。

1883年，机枪的发展进入了一个新阶段。美裔英国发明家希拉姆·马克沁(1840～1916年)取得了马克沁机枪的发明专利，并在一年后公之于众。马克沁机枪利用机枪射击时产生的后坐力退出空弹壳，再次准备扣动扳机，将另一圈子弹插入后膛。弹圈——起初装的是黑火药(有烟火药)，后来装的是无烟火药(强棉药)——连接形成了一条弹药带，机枪可以连续发射600转／分钟，直到整条弹药带发射完。长时间的射击会使枪膛过热，于是，马克沁在机枪上加装了一个水套，用来冷却枪管。马克沁找到合作伙伴——英国威克斯造船公司，大批量生产马克沁机枪。这种机枪被用于日俄战争(1904～1905年)和第一次世界大战(1914～1918年)中，给交战双方带来了巨大的伤亡。在第一次世界大战中，德国军队使用了相似的弹药带供给系统。

除了射击时的后坐力，射击时气体的膨胀释放也可以应用于机枪上。最早的气动机枪有美国人约翰·勃朗宁(1855～1926年)发明的勃朗宁机枪，丹麦炮兵上尉麦德森的麦德森机枪，以及一家由美国人哈乞克司(1836～1885年)创建的法国公司生产的哈乞克司机枪。哈乞克司机枪装有气动的枪栓使枪可以重新准备扣动扳机。麦德森机枪安装了一个摆动的后膛锁。1911年，美国发明家刘易斯(1858～1931年)设计了一架轻机枪，射速为550转／分钟。该枪装有圆形(“盘状”)弹仓和空气冷却套用于冷却枪管。因为该枪可以高速率的射击，而且一人就可完成射击装弹的操作，美国和英国在第一次世界大战中都将其装备到了战斗机上。1902年，麦德森机枪只用了一个弹仓，并且用两脚架支撑，但是该机枪可由单人携带，因此，这种麦德森机枪就成为了第一种轻机枪，或者称自动步枪。

不久，所有大国的军队都装备了轻机枪。因为由三位设计者乔奇、苏特里、瑞贝若利斯和法国公司Gladiator制造，法国人称他们制造的轻机枪为CSRG轻机枪。1917年，因为美国没有相同性能的轻机枪，于是从法国购买CSRG机枪装备军队。1918年，勃朗宁设计了BAR勃朗宁自动步枪，在第二次世界大战中被广泛应用。1924年的M29机枪由法国的莱贝尔设计，并由在法国中部的Chátellerault公司生产。捷克斯洛伐克勃诺的哈力克兄弟设计的ZB 26，在1938年以Bren轻机枪的名字（“Bren”由“Br”和“en”两部分组成，“Br”代表勃诺，“en”代表恩菲尔德军火公司）装备于英军。所有这些轻机枪都可以由一个士兵携带。

更轻的轻机枪就演化成了冲锋枪。1920年，美国军官约翰·汤普森（1860～1940年）发明了汤普森冲锋枪。汤普森冲锋枪拥有一个直弹筒或一个更高容量鼓形的弹筒。其他类的冲锋枪包括1939年德国的Erma MP40式、英国sten式冲锋枪（sten中“s”代表公司老板晒泼德；“t”代表设计者特宾；“en”代表恩菲尔德公司）。所有这些冲锋枪的射击速度都在500发／分钟至800发／分钟之间。

安全高效的头盔枪

头盔枪的诞生，使人们对枪的传统意识发生了改变。它是自动武器向攻防兼备、灵巧别致的方向发展的一个新的起点。

头盔枪

从外形上看，头盔枪与普通头盔没有什么区别，但从结构上分析，两者之间就大相径庭了。头盔枪的最上方是枪膛，即容纳子弹的地方。其前端是射出子弹的枪管，而后端则是用来排泄火药气体的喷口。光学瞄准镜装在头盔的前额处，它的瞄准线和枪膛轴线平行。当发现目标时，通过装在射手眼睛前面的反射镜和瞄准镜可以将目标准确地反射到人的视线以内，射手便可以依据需要操作电发火装置，向敌人进行点射或连续射击。

头盔枪有一个突出的特点，就是没有后坐力。这样，既提高了射击精度，又使枪的结构得以简化。它发射9毫米的无壳弹，子弹的初速达550米／秒。在100米以内，几乎是百发百中。

那么，是什么原因促使人们想到在头盔里装上枪的呢？

在第二次世界大战后，联邦德国的一些武器设计专家们在翻阅和整理有关二战的一些实战照片时发现，一名士兵将枪支放在由阵亡同伴的头盔堆起来的空隙中射击，就像是从小碉堡里向外发射子弹。这使设计家们顿受启发。

在经过设计家的研制和试验之后，称得上世界兵器史上一大奇迹的头盔枪就正式问世了。

更令人感到惊奇的是，这个小小的头盔枪在现代战争中发挥了重要的作用。当敌人突然使用核武器、化学武器或者细菌武器时，头盔枪上可开关的通气孔就会马上关闭，背囊中的输氧装置便会通过管道自动给士兵输送氧气。与此同时，前额处的瞄准镜也立即自动关闭，保护士兵的眼睛不受辐射等的伤害。

头盔枪的出现，使头盔枪变成了攻防兼备的武器，可以说是用盾牌来射杀敌人。在当今科学技术如此发达的情况下，将来会涌现出更多更新奇的枪械武器。

不用火药却威力十足的电热枪

枪从诞生以来，一直是用火药来发射枪弹的。火药有其优点，但也限制了枪械的进一步发展。长久以来，武器专家们一直在努力研制一种新型枪械，这种枪不再使用火药发射弹头，这就是电热枪。

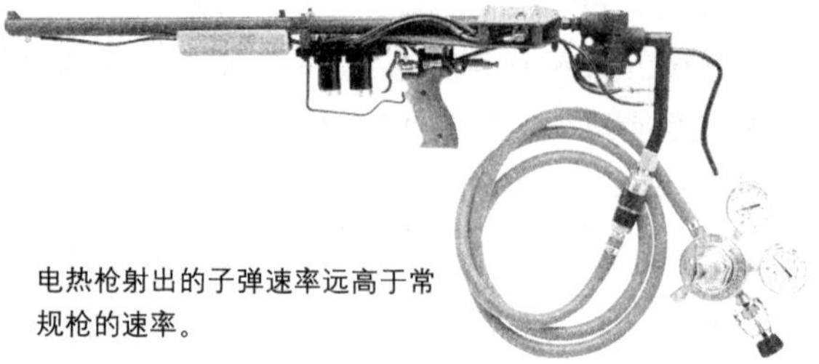

电热枪射出的子弹速率远高于常规枪的速率。

最初摆在武器专家们面前的一个问题是，用何种能源来代替火药，并能保证枪弹射出时的速度足够高。经过无数次的试验，人们发现电能是一种安全而高效的能源。用外部电源提供必要的能量，通过放电产生高温高压气体，同样可以推动弹头高速前进。基于这种想法，武器专家们发明了一种电热枪。电热枪的初速度比目前的常规枪械的初速度要大得多，其值可高达5000米／秒，这是火药枪械望尘莫及的。

电热枪的工作原理是利用一种名叫等离子气体作为弹头的推动剂推动弹头前进的。这种气体由正离子和自由电子组成，不带电，但具有高导电性。在枪和枪弹上装有高压电极，而在弹壳内装有液体，在扣动扳机的发射瞬间，以脉冲放电的方式将弹壳内的液体转化为等离子气体，而弹头则在产生的等离子气体的推动下高速旋转飞出枪口。

电热枪中需要使用一种液体，科学家认为最理想的液体是液化氢，但这种液化氢使用起来不安全，易发生爆炸。由于最终推动弹头的是等离子气体，而它可以从水中电离出来，因而常用水作为工作液体，目前，人们使用硫－锂电源，用电脉冲放电方式从水中电离出氢离子，从而产生所需的等离子气体。国外有一家公司研制成一种口径为5.5毫米左右的电热枪，其采用硫－锂电池，初速度高达1440米／秒。

尽管如此，电热枪还远未发展成熟。电热枪目前还存在一些关键性技术问题尚待解决。例如，电热枪的枪弹结构复杂，而且射速较低，蓄电池一次充电只能发射30次。枪的造价也较高。目前，专家们正在积极研究这些问题，寻找解决方案，预计将来电热枪将会成为步兵的杀手锏。

可以像积木一样搭配的枪

大家都玩过积木吧，用一些正方形、三角形等形状的积木，可以搭成许多好玩的东西。有一种枪可以通过组装变成各种不同类型的枪。有趣的是，这种枪的设计者就是从玩积木中获得的灵感。

美国工程师奥格思·姆·斯通纳是世界上第一支小口径步枪——M16式5.56毫米自动步枪的设计者。

有一次，斯通纳偶然看到孩子们玩积木游戏，他们用积木搭成不同的房子、飞机、汽车等各种东西。斯通纳一下子被吸引住了。心想，既然积木块能搭成各式各样的器具，那么枪应该也可以用一种枪的基本部件为基础，换用不同枪托，枪管等部件，组成不同的枪种。于是，他连忙着手进行试验和研制。经过几年的努力，斯通纳终于在1963年试制成了这种积木

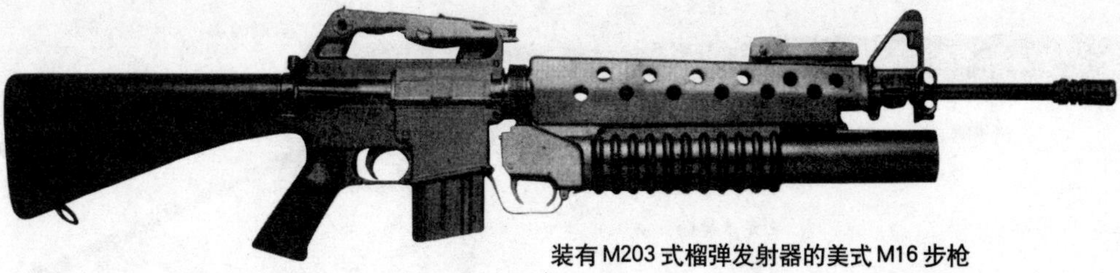
装有M203式榴弹发射器的美式M16步枪

式枪，叫做“斯通纳枪族”。

斯通纳枪族是一种典型的组合式枪族。它的口径为5.56毫米，基本通用部件有机匣、枪机、复进簧、发射机构等，换上不同的枪管、枪托、瞄准器等16种专用或部分共用的部件，就可组成自动步枪、冲锋枪、弹链供弹机枪、弹匣供弹轻机枪、车用机枪、带三脚架的中型机枪等6种枪，其中主要的就是自动步枪和轻机枪。这种枪族设计巧妙，组装速度快，很适合作战的需要。

枪族在结构和设计原理上并没有多少新奇之处,但它的出现却引起了人们广泛的注意和重视。这是因为它有下列优点：一是便于批量生产，成本低，方便枪支弹药的后勤供应；二是操作简便，掌握了其中的一种枪，就能使用其他几种，也简化了训练；三是各种枪支零件在作战中可以相互换用，能使战斗任务得以顺利完成；四是枪的战斗性能可以根据需要随时进行改变；五是便于枪支弹药的维修保养和管理。

斯通纳枪族问世后，世界各国相继研制成了很多种枪族。例如，德国的HK5.56毫米枪族，苏联的AK7.62毫米枪族等。这些枪族大都以步枪为基础，当然，也有少数是以班用轻机枪为基础的。

“没有”声音的无声枪

在一些电影、电视中，经常有这样一些奇怪的镜头：杀手在用手枪杀人时，竟然一点声音都没有。这是怎么回事呢？原来，他们使用的是一种无声枪。

无声枪是一种怎样的枪呢?无声枪包括微声步枪、微声手枪和微声冲锋枪等,它们在结构上与普通枪没多大差别，只是有几处不同，即在枪上加装了消音装置，并且枪弹也得到了改进。

事实上，用这种枪射击时并不是没有声音，只是声音十分微弱。通常情况下对微声枪的声音大小，是这样要求的：用微声枪在室内射击时，室外听不到声音；在室外射击，室内无法听到声音。另外，还要求这种枪在一定的距离内，白天看不到射击火焰，夜晚看不见火光。这便是通常所说的无光、无声、无焰的“三无枪”。

那么，无声枪的工作原理是什么呢?为了弄清楚这个问题，必须先了解射击声音是如何产生的。

射击时，扣动扳机有底火发出，将发射药引燃，于是枪膛内有高压火药气体产生。火药气体压力最高可达3000多个大气压，弹头被火药气体压力高速推出枪口。弹头出枪口后，膛内剩余气体压力也近1000个大气压。当高压气体以很高的速度从枪口喷出时，由于外面的压力很低，结果有激波产生，并有强烈的声音发出。膛内压力愈高，发出的声响就愈大。如果在出枪口前能降低膛内的气体压力，那么可大幅度减小枪声，消声的目的就达到了。

我们在知道了射击声是如何产生后，就知道如何才能减小声音了。一般情况下无声枪有

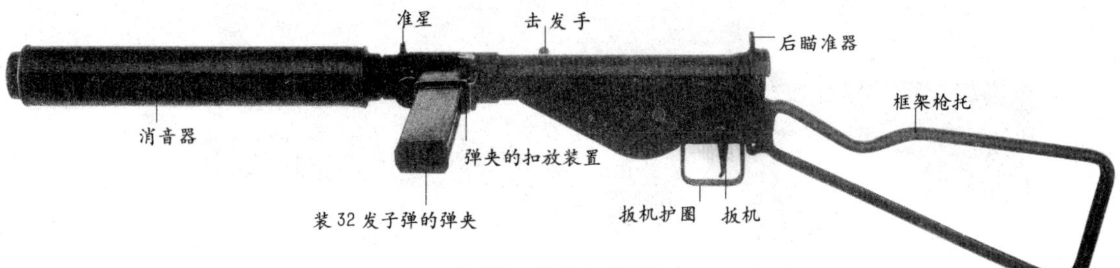

斯特恩Ⅱ型无声冲锋枪

一个消声筒安装在枪口，减弱枪膛内的高压火药气体压力之后，膛内气体才喷射出来。

消声筒的结构有很多种类型，常采用的有以下3种：隔板式、网式和密封式。

隔板式消声筒是在筒内装有10多个串接在一起的碗形隔板。高压气体每碰到一个消声隔板就膨胀一次，便会消耗掉一部分气体的能量，最后喷出去的气体速度和压力自然就很小了。

网式消声筒的筒内装有卷紧的消声丝网。当高压火药气体通过丝网时，会消耗掉气体中的大部分能量，这样喷出去的气体压力就会非常小。

密封式消声筒是在消声筒（隔板式的或网式的）的出口前端有一块遮挡着的橡皮，消声筒被这块橡皮密封起来。射击时，弹头迅速从橡皮中间穿过并留下小孔，但由于橡皮本身具有弹性，从而很快又堵住弹孔，防止火药气体外流。这样的话，气体只能从橡皮上的裂缝中排出，结果声音便大大减弱。

另外，还有一种消声的方式，即在消声筒的出口处还装有像照相机快门一样的机械装置。子弹从快门射出后，快门迅速关闭。火药气体则以其较高的压力将快门打开，并喷到大气中，从而减弱了声音。

世界上最早的微声枪出现在20世纪初。当时有一个英国发明家希拉姆·马克西姆，在1909年制成了一种装在猎枪上使用的消声器，能使猎枪射击的响声大大减小。受猎枪消声器的启发，美国于1912年首先制成了微声步枪。后来，在此基础上，美国又制成了微声手枪，主要供中央情报局的谍报人员以及特种部队使用。

钻入坦克的神奇炸弹——蜈蚣地雷

蜈蚣的躯体背部呈暗绿色，腹部呈黄褐色，分为12节，节节都长着一对足。金黄色的脑袋上长着一对长触角和一对小聚眼，口部有一对大颚和两对小颚。那发达的爪使它爬行起来十分敏捷。在美国引发的一场研制机器人地雷的热潮中，蜈蚣的这些特点引起了日本军工专家的极大兴趣，并且他们很快就研制出一种"蜈蚣地雷"。

在美国国防部制定了空地一体作战的全球战略后，美陆军弹道研究所就曾预测到未来战场将采用机器人地雷。他们这样描述：进攻者面前的战场布满跳雷，于是敌人想方设法开辟出一条狭窄的通道，然而电子计算机比敌人更狡猾，它以1%秒的速度准确测定哪颗跳雷应该爆炸。

在这场研制机器人地雷的竞赛中，日本的军工专家想，那些国家研制的不论是轮式"跳雷"，还是鸭式"飞雷"，虽然千奇百怪，但是无一例外都是从攻击目标的外部实施进攻。这不仅使地雷的体积增长，容易暴露，从而降低战场上的生存力，而且必然要增大机器人地雷的破甲装药量和技术装置。这些弊端使他们联想到，如果能把机器人地雷制造成像蜈蚣或蛇那样，能从细微的小孔口甚至缝隙钻进工事、坦克等目标的内部爆炸，那将有以一当十、以一当百的作战效力。很快他们便研制出一种叫做“活动索状机械”的机器人地雷。

日本的军工专家便模仿蜈蚣的这种性能制造出一系列活动铰链和球状关节，每一节里都装有微型驱动器，装配起来的形态酷似蜈蚣。然后在“蜈蚣”的头部安装上“眼睛”、“大脑”和“耳朵”等“自寻的”装置。这样的话，当接受到目标电磁波、震动、红外辐射等信息后，便迅速通过电脑鉴别出目标的性质，并按预定计划决定是靠近目标钻入其内部，还是绕道而行另选目标或者就地潜伏，待机而动。

据资料显示，日本研制的这种“蜈蚣”机器人地雷，可以任意穿行于障碍物之间，甚至能机智地走出“迷宫”，灵活而又隐蔽地爬到坦克等重要装甲目标里或其薄弱部位，然后自行起爆。这种“蜈蚣”地雷还能悄然爬进深入地下的指挥所、导弹阵地等关键目标的工事内，以至输油管路中实施爆破。

性能各异的水雷家族

水雷可以长期埋伏在水下给那些触碰它的舰船以不备之击，它还可以像导弹一样，主动追踪并击毁水下潜艇。在历次海战中水雷都得到了大量使用。在朝鲜战争、两伊战争以及1991年爆发的海湾战争中，水雷都发挥了巨大作用。水雷被人们形象地称作“水中伏兵”。水雷家族成员众多，个个都威力巨大，但这些水雷家族的成员却也是“性格”各异。

触发水雷是最早的水雷，它以头上伸出的几个触角而闻名，作为一种能漂浮的“刺猬”式的球形炸弹，舰船触碰到它的任何一个触角，都会引发爆炸。为什么这种水雷的触角碰不得呢?这与这种水雷的引爆机制有关，因为水雷的触角被舰船碰弯时，装在里面的电雷管与电池之间的电路立即就被接通了，电雷管产生火花，引起爆炸。

磁性水雷随后问世，它沉在海底，而不是悬浮在水中的某一深度，这使扫雷器很难扫到它。因为舰船是钢铁制造的，它在地球磁场的影响下，也会产生具有一定强度的磁场，所以当它在磁性水雷上方经过时，雷上的磁接收器就会接收到舰船磁场，然后装在水雷上的电雷管与电池之间的电路就通过控制仪器接通，引发水雷爆炸。这种水雷的爆炸场所虽然是在海底，但由于水的不可压缩性，可以把爆炸时所产生的巨大压力传到较远的地方，敌舰在水面一样会被炸毁。

音响水雷问世较晚，由于它尾部装了一个耳朵状的音波接收器，所以被人形象地称为“长耳朵水雷”。它的这只音波接收器“耳朵”能接收舰船螺旋桨和发动机发出的声波后将它们变成电信号，激活电路，使水雷爆炸。

水有这样的特性：在流速越小的地方压力就越大，而在流速越大的地方压力就越小。蚝雷，就是利用水的压力变化这一特性来引爆的。在蚝雷上都装有一个压力传感器，当舰船在它上方通过时，由于船的航行造成了船底水流速度加快，水压变低，它就会接收到水压降低的信号，并随即接通电路，引爆水雷。

锚—1大型触发水雷，总重约1000千克。

此外更高明的是一种外形像火箭的“自动上浮水雷”。由于它里面装有超声波发生器和计算机，当舰船在它上方经过时，它就把超声波发生器产生的超声波反射回来。计算机在根据反射回波测定目标的距离后，就启动了水雷上的发动机，水雷上浮，引发爆炸，击毁敌舰。

随着科技的发展，形形色色的水雷不断地被研制和开发出来，其科技含量也越来越高，不久的将来水雷家族中也许还会有更奇特的成员问世。

第一颗原子弹的研制

能的释放、控制和利用，在能源史上是人类自从驯服火以来迈出的最富有革命性的一步。早在公元前420年，古希腊哲学家德谟克里特便断言原子永远不可分。此后，差不多在近2000年的时间里，人们一直用这种不可分割的原子观念来解释物质结构。19世纪末，X射线、铀的放射性、镭的发现等科学事实使科学家们认识到，原子并非不可分的。卢瑟福、玻尔等近代科学家对此作出了重要贡献。此后，约里奥·居里夫妇、流亡到美国的费米、西德拉和加拿大的H.津恩等人提出了原子的人工嬗变、热中子核反应、重核裂变、链式反应的可行性等核物理领域中历史性的重大发现，这标志着原子时代的来临。

1939年的欧洲上空，飘荡着战争的阴云，法西斯将疯狂的魔爪伸向了世界各国。这一年的1月16日，丹麦原子物理学家、诺贝尔奖获得者玻尔乘坐一艘邮船秘密抵达美国纽约港。

这注定是人类科技史和历史上的一个重要事件:玻尔身负重任——要把一个足以震撼世界的重大机密及时通知美国的决策者！当时，原子裂变的实验已经获得成功，一个含有少量铀235的炸弹，在慢中子的轰击下所产生的爆炸力，足以把一座城市夷为平地！更可怕的是，当时德国已经掌握了原子裂变的秘密，正企图加速行动，用核武器装备德国军队。而当时美国政府的决策人物对这一潜在的巨大威胁却还一无所知。当玻尔踏上美国国土后，立即把消息告诉了大名鼎鼎的科学家爱因斯坦，科学家们听说后都大为震惊。正义的他们决定不惜一切代价，抢在希特勒之前行动起来。

许多科学家开始向美国决策人物进行游说，爱因斯坦曾出面两次给美国总统罗斯福写信，但一开始并没有引起重视。最终，国际金融家、罗斯福总统的朋友萨克斯被科学家们推举为代表见到了罗斯福总统。萨克斯以其博学和善辩说服了罗斯福总统。

1941年秋，美国政府批准了发展铀研究的计划，拨款100亿美元，组织了15000名科学家，经过3年半的时间，首次制成了3颗原子弹，这就是闻名世界的“曼哈顿计划”。

1945年7月16日5时30分，在美国新墨西哥利阿默多尔空军基地附近的沙漠上，一个巨大的火球发出强烈的光芒，升上了天空，人类第一颗原子弹爆炸成功，它的威力相当于两万吨TNT炸药。距实验成功不到一个月，两颗外号“小男孩”、“胖子”的原子弹在日本的广岛和长崎爆炸，共夺去445450人的生命。

舰船的梦魇——“飞鱼”导弹

顾名思义，反舰导弹是一种被用来攻击敌方舰船的进攻性武器。但因舰艇装备众多的雷达，导弹飞行过高很容易被敌方发现，导致导弹或被拦截，或被规避，这样一来，导弹便很难发挥作用。为了减小敌方舰船防御系统的威胁，同时，提高反舰的突防能力，武器专家苦

法国德斯蒂安多尔米级护卫舰发射飞鱼导弹。

苦思索。突然，飞鱼的影子在一位专家脑海中一闪，他顿时变得兴奋起来。

飞鱼是一种海洋鱼类。它生有一对像鸟翅膀一样的胸鳍和一只可以掌握飞行方向的尾鳍。当遇上蜞鳅鱼、金枪鱼等追赶它时，它会用长而有力的尾鳍猛击海水，使身体腾空而起，从而能以极快的速度冲出水面，然后展开胸鳍，“飞”到离水面8～10米的高度，以大约每秒20米的速度在空中滑翔150～200多米的距离，从而摆脱了敌人的追击。

法国武器专家在了解了飞鱼的习性及特征后，受到飞鱼掠海面做超低空飞行的独特技能的启发，同时，由于舰船雷达存在超低空“盲区”，专家们模仿飞鱼低空飞行技能，专门设计了能避开舰船雷达探测、可在掠海面5米低空飞行的空对舰反舰导弹。

“飞鱼”导弹一诞生，便在实战中显示了巨大的威力。在1982年英阿马岛之战中，阿根廷飞行员利用“飞鱼”导弹曾一举击沉了被称为“皇家海军骄傲”的英国现代化驱逐舰“谢菲尔德号”。

均匀爆炸的炸弹——云雾弹

研究杀伤武器的兵工学家发现，成整体性的气体爆炸的威力几乎均匀分布，从而造成面状破坏。这是由于具有扩散性而且无孔不入的气体一旦被引爆，气体就会使目标全身同时爆炸开来所致。于是，云雾弹便应声而出。

作为世界上最大的军火制造者和推销者，美国把发生在1967～1973年的越南战争当做他们的新武器试验场。在美国的侵越战争即将失败的前夕，一天，隆隆作响的美军飞机从越军阵地上掠空而过，团团白色“云雾”随着飞机在低低的空中出现。只见“云雾”迅速向一起聚拢，接着，随着一道闪光划破了长空，“云雾”爆炸，虽然爆炸声不足以达到山崩地裂的程度，但其爆炸产生的冲击波却使工事坍塌，雷场起爆，横尸遍野，越方在美军的这次空袭中损失惨重。后来，经军事专家分析，这种“云雾”其实是美军研制的气体炸弹，其爆炸威力可与低当量的核弹相比拟。

在这种被称为“气浪弹”、“窒息弹”的炸弹体内，因为装填了一种具有沸点低、易挥发等特性的新型燃料空气炸药，其威力大增。这种炸药从弹体内撒出，便迅速与空气混合，并立即气化，形成气溶胶状云雾；当其与氧气混合达到一定比例时，“云雾”一经点燃，便会在几微秒内骤然爆炸，并形成威力比普通炸药爆炸要高5倍以上的巨大气浪。尤其是这种“云雾”的比重比空气大，所以，气体会像水一样流向低处，钻进工事、坦克的内部爆炸。同时，因为燃料空气炸药爆炸时，会快速消耗空气中的大量氧气，造成爆炸区内骤然极度缺氧，从而加大危害程度，导致人员窒息、机械停转。

美国海军陆战队在作战过程中已使用了一种安装在两栖装甲车上的燃料空气扫雷系统。

像乌贼一样喷雾的气幕弹

借助气幕弹的掩护，作战部队无论在进攻或撤退时都不易被敌方发现。

随着科学技术的发展，人类不仅制造了各种各样的制敌发烟装备：有单兵作战使用的发烟炮、手榴弹，还有发烟子弹、火箭、导弹等等。不仅能释放黑色烟雾，而且还能根据不同地形环境释放出彩色烟幕。

在二战期间，德军以集群潜艇攻击敌舰船的战法使盟军吃尽苦头。为了加强战斗力量，盟军把刚研制出来的雷达、声纳等探测、监视装备和声纳制导的新式鱼雷等武器都投入了海战。德军潜艇的活动因此大受限制，伤亡惨重。希特勒气急败坏地命令迅速研制出新型防水的探测、侦察装备。

专家们昼夜不休地做实验，可是最终均以失败告终。有一位专家突发奇想，不妨像乌贼那样干扰水中侦察，制造水中烟幕。经过若干次实验终于发现，将一种化学物质通过爆炸的方法，使其很快在水中扩散开来，就会产生许多不溶或微溶于水的气泡。这些气泡在一定范围的海域内漂浮，又会形成许多“气泡云团”或“气泡幕”。这些气泡直径不等，其升降情况也各不相同，较大的气泡快速升到水面，而直径小于2毫米的气泡则滞留在水中。有些气泡的谐振频率刚好在声纳和声制导鱼雷的工作频段之内，在很大程度上干扰了声纳和鱼雷；特别是一些具有极强反射能力的气泡幕，还能把潜艇发出的噪声掩盖住，同时还能对声纳发射的探测声波进行干扰，这样对方探测捕捉水下目标的能力就完全丧失了。

虽然这种水下气幕弹的问世曾使希特勒一度反败为胜，但最终还是未能帮助他摆脱失败的厄运。

感觉敏锐的响尾蛇导弹

经过长期的观察，科学家们从响尾蛇身上得到了启示。响尾蛇的颊窝位于其头部两侧，在眼睛和鼻孔之间，像一个开口斜向前方的漏斗，是一种特别灵敏的“热感受器”。颊窝分为内外两室，中间仅隔着一层25微米厚的薄膜，膜上分布有5对具有热敏性神经细胞的神经末梢，因此颊窝能十分灵敏地感受到温热变化。由于自然界中的任何物体，都能向外发出一

F16 战机发射响尾蛇导弹。

种人眼看不见的红外线。因而响尾蛇捕食动物时，只需根据颊窝感受到的外界红外线的强弱来判断食物的位置和种类。

美军导弹专家在对响尾蛇攻击目标的原理进行了深入研究后，设计制造了一种用红外线制导的、名为“响尾蛇”的空对空导弹。在这种导弹头部的最前端，装有一种红外自动探寻的制导系统，这种系统就是根据响尾蛇身上的“热感受器”得到启发而发明的，它能察觉并接收红外线。因为飞机尾部喷出的气流温度高，所以放出的红外线就强，位于导弹头部的红外探寻装置接收的红外线也就多，通过导引机构来追踪这束较强的红外线，导弹就会追到放出红外线的飞机，直到将敌机击中。

不过，对付这种导弹也不是毫无办法。因为“响尾蛇”导弹是根据飞机尾部所发出的红外线来判断飞机位置的，所以，如果在响尾蛇导弹接近飞机时，飞机突然来个急转弯，使得它尾部喷出的气流也迅速变换了方向，导弹就难以接收到原先追踪的那束红外线，而此时太阳光发出的红外线就相对较强了，于是导弹就朝着太阳的方向飞去。

现代科学技术发展飞速，军事科学也发展迅速，现代作战飞机上已普遍装备了电子光学系统，这种能自己识别目标的系统使得空对空导弹的控制导引机构的性能大为提高。

“长着眼睛”的巡航导弹

1991 年 1 月 17 日的海湾战争中，以美国为首的多国部队大规模空袭了伊拉克和伊拉克占领的科威特境内的军事目标。刚开始，美国就从海面舰艇上发射了一种首次使用的“战斧”式巡航导弹，用来对伊拉克的重要军事目标进行攻击。这种被列为美国的新式战略武器的小巧导弹在海湾战争中的实战命中精度为 15～18 米。

“战斧”导弹的远距离攻击为什么会这么精确呢?这是因为“战斧”导弹有一个独特的会认地图的优点，它能按地图标明的路线飞行，从而使它击中目标的准确率变得很高。

那么“战斧”这种巡航导弹是如何认地图的呢?原因在于装备在这种导弹上的“等高线地形匹配系统”，这是一种读地面地形图的装置。这种装置储存着导弹飞向目标途中经过的全部陆地地形的数字信息，而这些信息大多数是由间谍卫星或间谍飞机在和平时期拍摄的。当导弹飞距目标 11～13 千米时，这种读地面地形图的装置才开始工作。认地图装置开机后，认地图装置中储存的信息和导弹内的摄像机在飞行过程中摄取的导弹下方的陆地地形信息进行比较，这样导弹离目标的距离有多远，便可以计算出来，导弹距飞行前确定的航线的偏差也能计算出来。然后这些计算数据被输送给导弹的控制系统，导弹受到正确的操控就往正确航线上飞行了，这种对偏差的纠正一直持续到飞达目标为止。

除了这一显著优点外，“战斧”式巡航导弹在其他方面也相当出色，它的重量只是同射程的巡航导弹的 1/10，身长仅 2.9 米，但却能将 2000 千米远的目标击毁。它有飞机一般的流线型的外形，其发动机和飞机一样采用空气喷气方式，直接从大气中获取燃烧所需要的氧，这一措施使它的体积和重量有效地减小了。

美国的"战斧"式巡航导弹正在发射，它是一种远距离精确制导武器。

体积和重量的减小，使巡航导弹一方面有效地减少了对敌方雷达波的反射面，降低了被敌方发现的几率；另一方面，重量轻、体积小使发射、储存、运输和维修等也方便了不少，发射前导弹的弹翼和尾翼还可以折叠起来。

导弹在水面上飞行，高度为20米左右；在丘陵地带，高度约为50米；在山丘地带，高度为100米；接近目标之后，保持小于20米的飞行高度。这种巡航导弹也适于低空突袭，可以维持在15米以下的低空飞行高度。它不但命中率高，而且还可以从舰艇上、空中、水下和陆上进行发射。巡航导弹发射后，先采取高空飞行，由于高空阻力小，这样做可节省大量的燃料。导弹的飞行高度在到达敌方上空后便自动降低，这样做不易被敌方雷达发现。另外，这种导弹还可以自动避开高山，敏捷度极高。

美国对“战斧”导弹情有独钟，“战斧”屡次被作为打头阵的先锋和主要攻击武器是与它本身的优越性能密不可分的。“战斧”导弹的优点是空军轰炸机所不能比拟的。首先，这种导弹是在敌防空区外发射的，这样发射人员就避免了很多危险。其次，这种导弹的制导系统使它能躲避敌方火力。再者，这种导弹的发射可在远离陆地的军舰上进行，不需要任何海外基地的使用权。

人们在形容“战斧”这类高精度的巡航导弹时，常说它们是长着眼睛的，这一点也不足为怪。这类科技含量高、精度高、具有突出优越性能的巡航导弹已被广泛应用于现代战争中，随着更多高新技术被应用于武器制造中，相信更先进的、精度更高的巡航导弹在不久的将来就会被研制出来。

贫铀弹及其危害

贫铀弹是一种具有很强放射性和毒性的新型穿甲弹，它的这种巨大危害主要来自于贫铀弹的制造原料——贫铀。

贫铀(^{238}铀)的性能是其他金属所不能替代的，它密度极高，达18.9克／厘米^3；强度高，韧性也高，硬度更是其他金属所不能比拟的，高达钢的2.5倍。它是生产核反应堆燃料时的副产品，所以和^{235}铀一样，它也具有一定的放射性。

贫铀虽然不会产生像核弹那样巨大的爆炸，但它具有放射性，对人有长期的影响，可以使人出现长期疲劳，肌肉疼痛，记忆退化和失眠等症状。除此之外，毒性也是贫铀的一大特性。这是因为它本身是有毒的化学物质，犹如铅、汞等有毒的重金属一样，人体无法自主排出这样的有毒金属。而它们一旦进入人体就会不断聚集，并损伤内脏。

贫铀是制造穿甲弹的理想材料。20世纪60年代初，美国就用贫铀合金制成了穿甲弹。一般情况下，贫铀合金都是用作穿甲弹芯的。

由于高速碰撞，弹芯在袭击装甲车的过程中，会产生高达900℃的高温，而在空气中作为弹芯的贫铀合金燃烧的温度较低，约为400℃。靠射击后获得的动能，贫铀穿甲弹就能把坦克的防护装甲击穿。在弹芯穿透装甲后，破碎的弹芯就自行燃烧，在车内破坏坦克的内部的设备并杀伤乘员，从而形成较大的杀伤破坏作用。

"海湾综合症"与贫铀弹的危害

知/识/窗

贫铀，是天然铀在提取核武器和核燃料所需的 ^{235} 铀之后的剩余产物。由于天然铀之中，^{235} 铀所占的比例大约只有0.7%，而铀的另一种同位素 ^{238} 铀则多达99.3%，所以提炼后大量的 ^{238} 铀成为无用之物，从而构成了贫铀。但由于铀元素的高密度特性，使这种提炼核燃料产生的副产品成为制造穿甲弹的最佳材料。贫铀弹是指以贫铀为主要原料制成的各种导弹、炸弹、炮弹或子弹。以高密度、高强度、高韧性的贫铀合金做弹芯的贫铀弹，在袭击目标时，产生高温化学反应，其爆炸力、穿透力大大超过一般弹药，可摧毁坚固建筑物和攻击坦克和装甲车。贫铀在击中目标后容易氧化燃烧，在高速穿破装甲时，可使敌方武器或燃料着火焚烧，破坏力很强。

1991年的海湾战争中，伊拉克的坦克在面对美军的贫铀弹时根本不堪一击，甚至出现了一发贫铀坦克穿甲弹一气贯穿两辆坦克的战场奇观。贫铀弹也因此获得了无坚不摧的神话。海湾战争后，美国、加拿大、英国等国的士兵相继出现长期疲劳、肌肉疼痛、记忆退化和失眠等症状，被称为"海湾综合症"。以当时参加"沙漠风暴"行动的大约70万名士兵为例，迄今已有20万人患病，其中有数千人死亡。此外，据报道，海湾战争后，伊拉克南部的癌症患者增加了20%，伊拉克新生儿中的畸形儿比例也大幅增加。许多人怀疑，在战争中使用贫铀弹是产生这些现象的主要原因。但美国政府对此一直没有明确承认。美国国防部在过去10年间总共投资2亿美元，先后进行了200多项研究，试图找出"海湾综合症"的病因，甚至还在2004年10月公布了2份研究报告，但始终无法得出具体的结论，更不能找到有效的防治方法。所以这种"怪病"至今仍让美国士兵心有余悸。

"海湾综合症"风波仅仅是战争影响的九牛一毛。尽管贫铀弹未必是"海湾综合症"的真正原因，但是在地球的另一端，贫铀弹给伊拉克当地人民造成的危害却是毋庸置疑的。

这还不足以表现贫铀弹的强大威力和独特之处，更为严重的是贫铀燃烧时会形成淡黄色烟雾状的氧化铀尘埃，这是一种具有放射性污染的物质。随着这些尘埃状的氧化铀的扩散，对周围环境和各种生物的生存都将造成巨大的损害，严重的甚至导致死亡。只不过每1枚穿甲弹的污染区域较小，而实际上它的放射性污染并不亚于原子弹爆炸后的污染。

1991年11月，海湾战争结束后不久，伊拉克就向联合国秘书长致电，谴责海湾战争中以美国为首的多国部队使用贫铀穿甲弹，因为这是一种核弹，所以美国违反了国际法和联合国宪章。为此，伊拉克要求联合国向伊拉克派遣一个专家组进行调查。

英国报纸透露了调查的结果，美军和英军在海湾战争中向伊军发射了大量的贫铀炮弹。由于贫铀具有强烈的放射性污染和化学毒性，其残片迄今还保留在当地，这对当地居民的生活和健康是一种长期的威胁。核物理专家认为，伊拉克将有数十万人在今后20～30年中会受到贫铀弹的辐射影响，身体会受到严重的损害，有些人甚至会因此而丧生。

目前，英、德、法、俄、瑞士等一些国家也在积极进行贫铀穿甲弹的研制，有的已被作为部队装备投入使用。令人担忧的是，如果将强辐射性如此强的武器投入到战争中，它对人类和其生存环境的危害是巨大的。科学技术能够造福人类，但也存在潜在的危险。不过，我们相信人类既然能够创造这样具有强大威力的武器，就一定有能力使它们最大限度地向对人类有利的方面发展。

用地下核爆炸制造大地震

20世纪60年代末期，前苏联地震研究专家通过一场核爆炸试验，惊奇地发现，核弹在地下爆炸经过若干天后，会引起数百至数千米以外的某个地区发生强烈地震。随后，他们对实爆试验记录进行了分析。通过这些分析数据，他们验证了地下核爆炸确实会引发地震的说法。

这个发现具有重大军事价值，通过人为引发地震，造成山崩、海啸，来破坏敌方军事设施、武器装备，杀伤敌方有生力量，并最终造成敌国的经济崩溃，这是一种全新概念的战略。据此原理，能制造出一种新型战略性武器。

不久，前苏联便以巴库地震研究所为中心，建立了有22个相关的科研部门与其协作的专门

1968年法国在法属玻利尼西亚群岛试爆了一颗氢弹，引发了当地的大地震，图为爆炸时的景象。

研究机构。1975年，前苏联领导人勃列日涅夫曾向公众暗示，国内已经研制成功了地震武器。

此后，科学家们不断推进更实用并有既定目标的地震武器试验。试验结果表明：引爆一枚1万吨级当量(相当于梯恩梯炸药1万吨)的核弹，在一定地区和一定深度的地下，能诱发相当于里氏5.3级的地震，而一枚10万吨级当量的核弹爆炸的威力则更大，它能诱发里氏6.1级的地震。

在激烈的核竞赛年代，西方军事大国高度重视前苏联研制地震武器这一动向，他们也加紧对这种武器进行研究。冷战结束后，美国于1993年在内华达又进行了一次地下核爆炸试验，这次试验引发了一场发生在洛杉矶东部的强烈地震。

据俄国专家估算，地震武器的造价甚高，制造一个地震武器系统，大约需要15亿美元。目前，真正意义上的地震武器尚未问世，这种地震武器还处于研制、开发阶段。

夜蛾、蝙蝠之战与现代电子战

蝙蝠是夜蛾的天敌，它的探测系统是动物世界最奇妙的。美洲有一种白蝙蝠，拥有一种探测系统。这种探测系统能在一秒钟内发出300组超声波，还能准确地接收和分辨同等数目的回声。凭借这个探测系统，它只需几分之一秒就能发现并捕获到昆虫。这样，捕获几十只小昆虫只需花它短短1分钟时间。然而，即使面对如此强大的对手，小小的夜蛾也能巧妙摆脱蝙蝠的追捕。夜蛾的这种神奇本领，引起了许多科学家的兴趣，他们开始研究夜蛾的身体构造。

原来，夜蛾身上长有一种位于腹间凹处的奇妙的鼓膜器。这种鼓膜器的作用酷似“耳朵”。其外面是一层角褶皱和鼓膜，里面有气囊、感撅器和鼓膜腔。腔内的两个听觉细胞和一个非听觉细胞的神经纤维相互平行，从而形成一束和主神经干联接的鼓膜神经，这种鼓膜神经能通向胸神经节。夜蛾凭借这个鼓膜器就能够截听到蝙蝠发出的超声波。那么，在夜蛾、蝙蝠之战中，夜蛾是如何摆脱蝙蝠追捕的呢？

当距离夜蛾5米高、30多米远的蝙蝠出现时，夜蛾的鼓膜器就能分辨到蝙蝠的超声波，并得到警报。一旦蝙蝠发现夜蛾，就会发出更高频率的尖叫声以便迅速确定夜蛾的位置。为了躲避蝙蝠的追捕，夜蛾则启动其足部关节上的振动器，发出一连串的“咔嚓”声，干扰迷惑蝙蝠，从而减弱蝙蝠的定位能力。同时，夜蛾身上纷纷竖起的绒毛也能吸收蝙蝠发射来的超声波，由此减弱蝙蝠探测系统的作用。当蝙蝠紧盯着夜蛾不放的时候，夜蛾的鼓膜神经脉冲到达饱和点，夜蛾就能立即知道危险已迫在眉睫。这时候，夜蛾就会不断改变飞行方向，兜圈子、翻筋斗、螺旋式地下降，或者缩起双翼，急剧降落到地面，钻进草丛中溜走。有时，为了争取主动，夜蛾会自己发射超声波，及早辨别蝙蝠的动向及所处的位置，以便在蝙蝠发现自己之前提早跑掉。主动侦察，提前发现敌情；及早报警，早做防御准备；以及积极干扰，迷惑天敌是夜蛾反蝙蝠追杀的战术特点。

美国E-3“望楼”预警机

夜蛾、蝙蝠之战对现代电子战具有重要的启示。作为高技术战的电子战包括电子干扰、电子侦察和电子摧毁3个核心内容。其中，电子干扰主要是利用电子干扰装备，在敌方电子设备和系统工作的频谱干扰范围内，对敌方的无线电通信、雷达、无线电导航、无线电遥测、敌我识别、武器制导等设备和系统进行电磁干扰。从而造成敌人通信中断、指挥瘫痪、雷达迷茫和武器失控，最终陷入挨打的被动境地。由于电子干扰的作用巨大，因而，它成为电子战中的重要形式。

1991年，以美国为首的多国部队就是依仗强大的电子战能力，在海湾战争中，运用多种电子干扰手段造成伊拉克指挥失灵、通信中断、武器失控，让伊军通信中断，指挥瘫痪，成为“聋子”、“瞎子”。而后他们又“地毯式”地轰炸了无还手之力的伊拉克。在一定意义上说，美军等多国部队在海湾战争中，主要依靠电子战取得了胜利。

目前，各国的军事科学家们正在加紧研究夜蛾的反蝙蝠战术，并加以仿效和改造，力图创造出一种能提高电子防御作战能力的新的反电子战术。他们模仿夜蛾的鼓膜器，研制出了“电子侦察预警机”。同时，通过对夜蛾足部关节上的振动器的研究和仿效，研制出了“电子干扰迷惑机”以及模拟夜蛾绒毛的“电磁吸波器材”。这些新的科研成果被广泛用于飞机、导弹、舰艇、坦克等重要装备上。

数字化战争的较量

我们常说未来的军队是数字化军队，未来战争也将是数字化战争。那么，在数字化战争中要想取胜依靠什么呢?军事专家们预言，打赢战争的主要武器是士兵加计算机。

这是一场“数字化战争”，在战争中，各级指挥部的指挥手段全是数字化的图像系统。在每架战斗机或运输机上、坦克内、炮手位置上以及每个士兵的头盔上都装有摄像机，摄像机能随时向指挥部发送前线的作战情况、敌方情况、友邻部队情况等，其发送的方式是数字化图像。而指挥部则通过计算机把命令变成数字化图像，并迅速将命令传递到各种武器装备和士兵们的数字化图像荧屏上，并且随时进行跟踪。这样的战争是高技术的电子战争。因此，各国都积极发展军事科技，力图取得电子优势。

头盔式瞄准摄像机能在不影响正常观察的情况下将目标锁定，并将前线的情况拍摄下来，及时传送给指挥部。

而美国在这一领域的探索更加积极，已在2000年装备了第一支数字化军队，到2010年，计划把美国国内所有地面部队的装备都数字化。

美国陆军首次使用“数字化”坦克进行的战斗演

习是发生于无人峡谷的大规模模拟战争。在这次战斗演习中，每辆车上都装有一台由计算机网联结在一起的膝上计算机，从计算机的屏幕上或者从安装在车中的较大的显示器上，作战人员选择观察数据。计算机能收到来自卫星、无人驾驶飞机、侦察机和其他途径的情报，这些情报会被汇集到后方的一个中央指挥所。然后，计算机系统把所有这些数据都转换成标识图像，并由一排计算机控制。工作人员通过这些计算机，在屏幕上连续监视这些数据。许多士兵背着小型个人计算机，穿着装有各种传感器的军服，戴着嵌有通信用的卫星计算机的头盔和传感器，佩戴嵌有超小型微处理器的武器。士兵可以用全球定位系统接收机报告自己的位置。卫星能跟踪4平方千米演习场上的各处装有全球定位系统接收机和发射机的车辆。

也许，在未来战争中，双方士兵将不会碰面，而是通过计算机进行电子战的较量。

奔跑的袋鼠与军用汽车

袋鼠的前肢短小，后肢粗大，腹前有一只供幼鼠发育成长的育仔袋。袋鼠还长有一条粗长的尾巴，有时候站立起来，还可以用尾巴支撑。袋鼠的奔跑速度和跳跃能力非常惊人，尽管育仔袋中装着幼仔，它也能在广阔的澳大利亚草原上随心所欲地奔跑、跃跳，疾驰如飞。

专家们注意到袋鼠的起跑姿势非常奇特，它们不采用站立式起跑，而是先将身体弯曲下去，采取蹲踞式起跑。这样一来，袋鼠降低了身体重心，起动、奔跑和跳跃时便增加了向前的水平分力和巨大的冲力。同时也充分利用了袋鼠形体结构上的特点，尤其是极好地发挥了它那强有力的后腿的蹬伸作用，这样使袋鼠能立即摆脱静止的状态，获得较大的起动初速度。

专家们研究认为，袋鼠的这种起动姿势是符合生物学原理的。从生物力学的角度来分析，肌肉在收缩前先拉长，可以有效提高肌肉的张力，有利于发挥肌肉的收缩能力。袋鼠的蹲踞式起跑能拉长臀肌、大腿前面的四头肌和小腿后面的三头肌，使这些肌肉处于收缩前的绷紧状态。当后蹬起动时，就会产生相当大的爆发力，加之蹲踞起跑时，其身体重心低，支撑反作用向前的分力大，所以袋鼠能产生巨大的前冲力，从而提高了起动时的初速度。

科学家从袋鼠起跑的状态中受到启发，制成了时速达50千米的极地越野车和无轮汽车，它们在机动作战中也立下了赫赫战功。

刀枪不入的坦克“铠甲”

坦克是一种威力巨大的常规武器，普通炸弹对它无可奈何，但破甲弹和反坦克导弹的出现使坦克受到了威胁。在这种情况下，如何使坦克更坚固就成为亟待解决的问题。于是，科学家们给坦克穿上了一身新式的“铠甲”。

这种“铠甲”里面装有炸药，用薄钢板制成，外形和普通扁平盒子一样，在它的四角或两端钻有螺孔，从而可以将它固定在坦克装甲上。

这种盒子里装的炸药是钝感炸药，一般不会起作用，甚至普通的机枪子弹或炮弹破片击中它也不会引起爆炸。但是，如被反坦克导弹或破甲弹击中，它会立即爆炸，爆炸所产生的气流会将导弹和破甲弹弹头部产生的金属射流搅乱、冲散，使其不能击穿坦克装甲，从而起到了保护作用。因此，人们把它叫做反应装甲或反作用装甲，也有人称其为“爆炸式装甲”

或“爆炸块装甲”等。

反应装甲的重量轻，体积小，易于制造、安装和维护，而且价格也较低廉，可以说是新式坦克的护身法宝。

战场实际使用证明，反应装甲能使破甲弹或反坦克导弹的破甲能力大大降低，降低程度为50%～90%，这相当10倍于同样重量普通装甲的防护效能。

早在1982年爆发的黎巴嫩战争中，以色列军队就给他们的坦克安装了这种装甲。在这次战争中，由于有这种新时装的保护，以色列被对方击毁的坦克仅数十辆，而没有使用这种装甲的叙利亚和巴勒斯坦解放组织被击毁的坦克多达500多辆，其中还有10多辆被捧为“骄子”的前苏联制造的T-72坦克。

此后，反应装甲引起了人们的注意，英国、美国、法国、前苏联等许多国家不仅对它进行了详细的研究，而且组织人员仿制这种装甲，来装备自己的坦克。美国很快为它的一些海军陆战队的M60A1主战坦克安装了这种装甲。前苏联的行动则更为迅速，在一年多的时间内为7000辆T-72、T-80坦克安装了反应装甲。

然而，世界上没有绝对的强者，这种装甲并非牢不可破。随着反坦克武器的不断发展，坦克若想生存，就必须不断改进其反应装甲的性能。

贝壳激发的灵感——复合装甲车

贝壳是一种坚固的物质，并且质量很轻，这激发了科学家们开发轻型材料的灵感——这样的材料可以使坦克装甲变得更加坚固，从而制造出新型复合装甲车。

研究人员通过研究发现，贝壳有着十分巧妙的构造。由于这两种软体动物堆砌生物组件的技巧非常高超，所以，这些贝壳的硬度是原料碳酸钙的十倍。

十字切开的鲍鱼壳在普通显微镜下看上去是由一层层的碳酸钙组成的，这些碳酸钙厚度仅有0.2毫米，不过，在显微倍数提高以后，可以看到每一层碳酸钙又是由更多的每层厚约0.5微米的层状结构组成的。仔细观察就会发现，这些薄层是由一种有机糖蛋白胶将一排排头尾相接的微型碳酸钙“砖块”固定而成的。这些薄层是互相错开的，每块“砖”码放在另两块头尾相接的“砖”上面。海螺壳则有更加精细的结构，它的一排排的微型“砖块”以人字形排列。

坚硬物体对贝壳的撞击，可能会使贝壳上出现穿透数层微型“砖块”的直线状裂痕。但是粘住“砖块”的有机胶最终会化解这种破坏。这种化解也许并不能完全消除裂痕，但它可以使裂痕的位置沿胶粘层有所改变，其宽度也比原先变窄了。这个过程还会持续下去，直到碰撞的能量被吸收，壳体停止开裂为止。由于裂痕不能沿直线穿过“砖块”层，使得贝壳不但不会破裂，而且还会像原来一样坚固。

深受贝壳研究启发的武器研究专家们已经制造了新型复合装甲材料，这种材料是仿造鲍鱼壳的结构制造的，坚固而轻巧，是坦克的新铠甲。

用铝、碳、硼混合制成的复合装甲车，大大提高了装甲的坚固程度。

新型复合装甲材料的研制成功，对于提高装甲车的战场生存能力，争取战争的主动性，具有很大的帮助。

预警飞机——战场上的空中指挥所

在提供情报信息方面，侦察飞机和侦察卫星做得已经足够好了，可是，还有一种预警飞机比它们在高空中工作更便利、更出色，以至于被称为“空中指挥所”。

预警飞机与普通飞机相比，有何区别呢？原来预警飞机在机身上比普通飞机多背了一个像蘑菇一样的大圆盘。圆盘中装着搜索雷达和敌我识别器的天线，这个直径达7米多的大圆盘实际上就是特制的天线罩。看上去笨拙的大个头圆盘其实很灵活，它能在360°的各个方向扫描搜索，每分钟就能绕轴旋转6圈。也就是说，它敏锐的“眼睛”向上还可以看到太空里飞行的人造地球卫星并与其协调合作，向下能发现低空飞行的各种活动目标，以及雷达和导弹阵地的布防等情况，而且还能看到地面的坦克、卡车的调动，甚至能看到潜艇的通气管和潜望镜。因此预警飞机真可谓是现代战争中理想的空中指挥所，装着能同时跟踪和识别250个目标的电子侦察设备，在引导自己一方的飞机攻击目标时，能迅速计算出15个目标的各种参数，使命中率几无差错。

预警飞机不仅识别目标多，运算参数快而准，而且，它与侦察卫星等相比，在高空中看得更远。令人难以置信，它还能同时发现300多个机载或地面雷达，并指挥无人驾驶飞机进行电子干扰，或者去摧毁它们。实际上，用预警飞机作战，等于把一个指挥中心搬上了天空，因为在高空飞行的预警飞机直接联系了海、陆、空三军，使它们以最快的速度协同作战，协调整个战场的防空、侦察、空运、营救、护航和空中支援等活动，成为兼管“警戒、控制、通信”三项任务的空中指挥所。

航天飞机的发明及应用

航天飞机在命名上兼具飞机和航行天外的宇宙飞船的双重意义，那么，航天飞机为什么会有一个这样的名字，它到底是一种怎样的飞机，它又有哪些特长，它在现代战争中又有些什么作用呢？

航天飞机在发射时需要运载火箭带动从发射台垂直发射，这一点和宇宙飞船的发射一样。起飞后，2个固体燃料火箭助推器和外部燃料箱相继与航天飞机分离开，然后在本身携带的3台主发动机的带动下，航天飞机进入预定的飞行轨道。完成太空飞行后，它重返大气层，在机场跑道上滑行着陆，这一点又和普通飞机一样。

航天飞机的构造相当复杂，这点是普通飞机所不能比拟的，轨道飞行器、火箭助推器和外部燃料箱是它的3大组成部件。轨道飞行器从外形上看与普通飞机相似，只是一个带翼的飞行器。机身长而宽大，一般长37米，既能载送卫星到宇宙空间，又可以载人运货，无需专门的运载火箭发射。在机身的后面装有3台以液态氢和液态氧为主要燃料的主发动机，能产生的推力相当大，相当于3700多万马力。机身前面有驾驶舱，舱内分上、下两层，共可乘坐8名宇航员。它还有一对呈三角形的翼展为24米的机翼。它还有2台火箭发动机安装在飞行器主发动机的旁边，用于改变航天飞机的轨道，使它在返回地球时减速。另外，在机身的下面还装有便于在跑道上着陆使用的可以收放的轮子。

火箭助推器是航天飞机又一大部件，它立在轨道飞行器下面的左右两侧。这2个助推器直径3.7米、长45.5米，形状细长。它使用的是固体燃料。航天飞机起飞后30秒钟它们点燃，2分钟后，它脱离轨道飞行器，用降落伞落回，下次还可以再使用。助推器的作用是为航天飞机进入轨道助一臂之力。

航天飞机的另一个重要部件是外部燃料箱，它位于轨道飞行器的肚子下面，是一个粗大的圆桶，看起来与氧气瓶大小差不多。从航天飞机起飞，一直到飞行后8分钟，燃料箱一直向轨道飞行器上的主发动机供应燃料，然后它就自动与轨道飞行器分离开，自行爆炸。这个直径8.5米，长47米的外部燃料箱，主要能源来自里面装着的分隔开的液态氢和液态氧。由于这两种东西相遇易燃，所以就必须使它们保持在－200℃的低温下，以确保它以体积较小的液体状态存在，因而外部燃料箱就有了“世界最大的保温瓶”的称号。

航天飞机设计独特，又经过精密的程序研制而成，每次飞行后，只要经过短时间的检修，就又能重新发射升空，反复使用100次是没有问题的。

发射、回收和维修卫星是航天飞机最拿手的本领，航天飞机甚至还能破坏和截获敌方卫星。航天飞机在太空中揽回敌方的卫星后，或加以改装或没收，使它为自己一方工作和服务。据报道，美国有一种航天飞机被研制成功，为便于绑架和截获别国卫星，因而在机身上开了一扇18米宽的大门。人造卫星通常被人类称作“人造月亮”，所以俘获敌方卫星也被人们叫做是“九天揽月”。

如果在航天飞机上携带大型的侦察和照相设备，那么像观测、追踪导弹飞行和监视潜艇、发射导弹之类的特殊任务它也能完成。通过航天飞机还可以在宇宙空间设置雷达等其它先进的电子设备，这不仅能对导弹、飞机进行跟踪，连海上的舰艇和地面上的坦克等活动目标也难逃它的监视。如果航天飞机的飞行器将飞行速度保持与地球的自转速度相同，那么相对于地球它就是静止不动的，这样就可以在处于地球同步轨道上的航天飞机上设置通信天线，利用这种天线能轻易接通1000万条通话线路。通过这样的通信天线，战场上作战的众多士兵，

美国新型航天飞机

它将为人类征服太空起到巨大的作用，同时也有可能成为太空武器，威胁人类和平与安全。

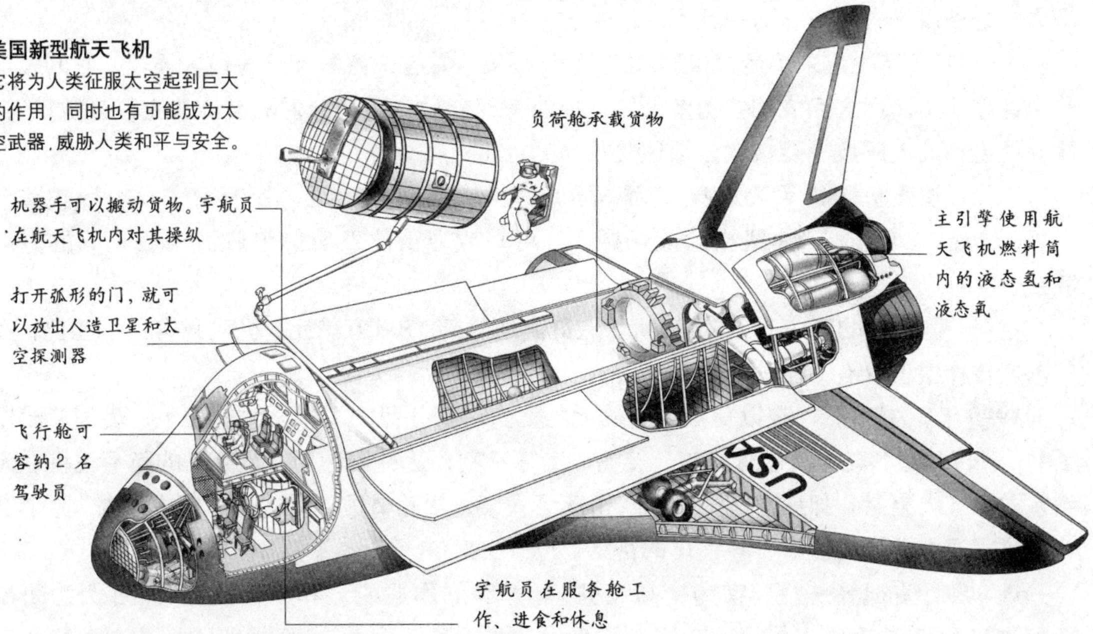

只要一块手表一样大小的通话装置，就能和他们的指挥官直接通话，这使战场上的联络变得更加便捷了。

1986年1月28日上午，美国卡纳维拉尔角肯尼迪航天中心里，在发射场上，高大的“挑战号”航天飞机在经过了9次太空飞行之后，又一次在小山似的发射架上屹立着，等待点火出航。虽然“挑战号”的第10次发射以失败告终，但航天飞机为人类探索和开发宇宙空间已经做出了巨大的贡献。

由于航天飞机的强大力量，使我们不由得展望起它的未来。在未来空间战场上，如果将粒子束武器、激光武器用在航天飞机身上，那么它不仅能击毁敌方的卫星和飞船，而且还能有效阻截敌方飞行中的导弹，甚至还能截获导弹，使其转而向敌方进攻。总之，航天飞机的发展前景是美好的，随着更多高新科技的运用，它的威力将会变得更加强大。

隐形飞机的发明

隐形飞机是一种专门用于夜行的飞机。由于采用了特殊技术，使它对雷达波的反射面积比飞行员头盔的反射面积还小，因此很难被敌方雷达发现，所以被称为“隐形”飞机。

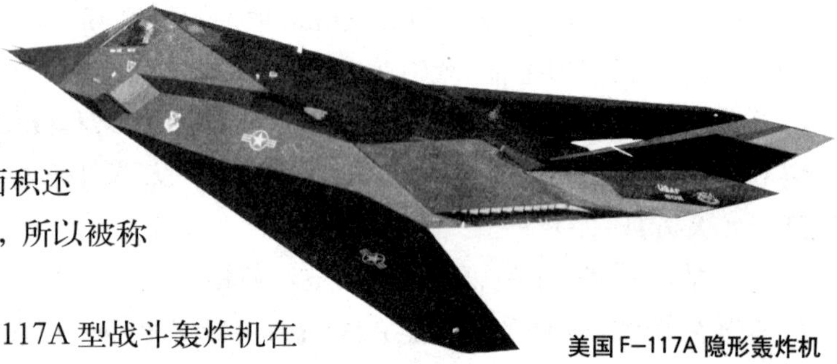
美国F–117A隐形轰炸机

在海湾战争中，美国F—117A型战斗轰炸机在对伊位克的地空导弹基地、指挥中心和“飞毛腿”导弹基地等进行轰炸中，投弹命中率达80%。它素有“战斗机中的骄子”的美称，这与它独特的隐形能力是分不开的。

那么，隐形飞机为什么能隐形呢?美国已公开使用了具有“隐形”能力的F—117A战斗轰炸机和B—2轰炸机，从它们来看，特殊的外形以及能吸收雷达电磁波的材料的使用，都是它们之所以具有隐形能力的原因。

F—117A型飞机采用后掠机翼和“V”型尾翼，看起来像一架普通航天飞机。它的表层是由许多小平面拼合而成的多角多面体，能使大部分敌方雷达照射的电磁波立即分散反射，从而使返回的电磁波不能被敌方雷达接收。

B—2型飞机的机翼和机身连为一体，有呈锯齿状的后尾，外形像一只蝙蝠。整个飞机的外形呈流线型，曲线极为流畅圆滑，可将敌方雷达发射的电磁波向着不同的方向散射。

这种“隐形”的F—117A战斗机，造价高达每架4500万美元，机舱只有一个座位，在美国武器库中也仅有56架这样的飞机。

1999年3月24日，在以美国为首的北约部队对南联盟的军事轰炸过程中，美国又派出了F—117A隐形轰炸机进行突袭。然而，出师不利，这种被称为“夜鹰”的隐形飞机在飞到塞尔维亚上空时，却被南斯拉夫军队击落了一架，驾驶员被俘。这打破了“夜鹰”隐形战斗机可以避开雷达的搜索不被击落的神话。

近年来，美国等一些国家为提高飞机、导弹等的作战能力和生存能力，都在大力研制隐形飞机和隐形武器。美国还在研制隐形远程侦察机。科技的发展日新月异，相信在不远的未来，隐形技术将被广泛地用于各个领域，到时候巡航导弹和卫星也都可能会变成隐形的。

喷水的乌贼与军用气垫船

有“海中火箭”之称的乌贼在海洋中游动的最大速度可达每小时150千米，是海洋中游得最快的动物。是什么原因使乌贼游得如此之快呢？科学家研究发现，乌贼在游泳时与一般的鱼类靠鳍游泳的方式不同，乌贼身体下面长着一个漏斗管，它喷水的反作用力使乌贼飞速前进，这种反作用力足以使乌贼从海下跃上约7～10米高的空中。

科学家受乌贼游动原理的启发，他们发现如果安装一个气囊在船底，将压缩空气打入气囊，如打开气囊时，从船体的周边喷出的空气就能形成一个气垫，这个气垫会将船体托出水面。

20世纪60年代，科学家设计出了全垫升式气垫船。这种气垫船是根据乌贼游动的原理设计的，在这种船的四周，有一圈用来延伸周边射流的、用尼龙橡胶布制成的柔性围裙。安装了这种围裙的船，就像安装了轮胎的汽车，可以航行在水面、陆地或沼泽上，具有极好的快速性和两栖性，由于它的这种特性，这种气垫船便被迅速地应用在了军事上。

但在使用中，这种全垫升式气垫船的局限性也暴露了出来，即在大风浪中航行时容易产生侧飘且失速较大，所以从前在军事上，只制造小型全垫升式气垫舰艇。

后来，科学家在对全垫升式气垫船进行改进后，发明了侧壁式气垫船。它像一只倒置的盆，在它的气腔中充入压缩空气，内部压力增大，当压力增大到一定值时，船体便会被气垫压力产生的升力托出水面。侧壁气垫船比起全垫升式气垫船来，其显著的优点是具有良好的稳定性和操纵性，而且由于其气腔中的空气不易流失，比起全垫升式气垫船，它在消耗更小功率的情况下，能产生更大的托力，同时它还具备较高的续航能力和航速，所以适合建造大中型的战斗舰艇、小型航母和军需补给船等。在军事上比起全垫升气垫船来，这种气垫船有更显著的优势和更好的发展前途。

海上巨无霸——航空母舰

航空母舰像陆地上的坦克一样，是海上军事活动的碉堡和大武器库。它的威力巨大，功能完备，在海陆、海空战争中具有举足轻重的地位，因此被人们形象地称之为“海上巨无霸”。

航空母舰上通常停放着上百架具有各种战斗能力的飞机：有专门进行投弹轰炸的飞机，有发射导弹的飞机，有进行侦察的飞机，还有垂直起落的飞机、预警飞机等。舰上的火炮和导弹发射架，专门与来袭的导弹、敌机和舰艇作战。航空母舰上还另外携带了核武器。优良的配备使航空母舰具有了其他任何舰艇都难以匹敌的攻击威力。

现代航空母舰以其担负的战斗任务不同，又可分为3类：攻击型航空母舰、泛用航空母舰和反潜航空母舰。攻击型航空母舰的甲板上停放着大批的战斗机和攻击机，适于大规模的海、空战。它能对敌方的重要目标进行轰炸，也能攻击敌方舰船，活动范围大，攻击力强，而且排水量在三类航空母舰中也是最大的。泛用航空母舰在攻击型航空母舰的基础上同时带有一批反潜设备和一些反潜直升机，因此这种航空母舰具有很强的独立作战能力。反潜航空母舰肩负着同敌方潜艇作战的主要任务，因为这种航空母舰上载有反潜飞机、垂直起落飞机和一批反潜设备。另外，它还可以用于支援登陆部队作战。

航空母舰按排水量大小也可分为3类：大型航空母舰排水量在6万吨以上；小型航空母舰排水量小于2万吨；排水量居于2万至6万吨之间的为中型。

虽然航空母舰身庞体重，可这一点也不影响它的航速，每小时航速可达56～93千米，比起一般千吨以上的驱逐舰一点也不差；而且，由于航空母舰庞大笨重，所以有很强的抗风浪能力，12级台风也不能妨碍它安全航行。航空母舰携带的大量燃料，使其具有很高的续航能力，在远离港口独立作战中，可以连续航行1万多海里。如果把核动力作为航空母舰的推动力，则它航行时间和航程都会变得更长。

但作为海上巨无霸的航空母舰，也存在一定的缺点：由于目标大，容易引发起火爆炸，而且作战行动也受到限制。航空母舰今后的发展方向是小型化。设计家们已提出一些新的设想，他们考虑在航空母舰上应用气垫技术，使它的航速提高到100节，这样就能取消弹射器和拦阻索，也大大缩短飞机的起飞和降落时的滑行距离。另外，有人为提高潜艇的隐蔽能力，还大胆设想将航空母舰与潜艇结合起来。伴随着科技的发展，在不远的将来，如果上面这些方案能够实现，航空母舰将拥有更加惊人的威力。

太空“间谍”——侦察卫星

目前世界各国不论在经济上还是军事上竞争都十分激烈，为了不让其他国家了解自己的真正实力，每个国家都对外做着严格的保密工作，可是即使如此，一样有机密不断被泄露，那么，是谁有这么高超的本领，能够专门窃取机密呢？它就是太空“间谍”——侦察卫星。

所谓的侦察卫星，就是利用侦察设备，在180千米到36000千米高度的地球轨道上实行侦察的卫星。它利用光电遥感器或无线电接收机做侦察设备来搜集地面、海洋或空中目标的情报。它通过无线电传输方式，把信息传送给地面，由胶卷、磁带等记录贮存于返回舱内加以回收，人们获得的情报就是从这些信息中提取的。

侦察卫星的分类很多，太空间谍的工作都由它来完成。它包括照相侦察、电子监视、海洋监视、核爆炸探测和导弹预警卫星等。侦察卫星在军事上有广泛的用途。它的发展也十分迅速，侦察卫星可以在160千米的高空发现0.3米大的目标，而在1915年，飞机在900米高空处都探测不到地面上的士兵。侦察照片的分辨率可以和航空侦察照片相媲美。正是1957年的人造地球卫星开辟了高空侦察的新天地，成为侦察工作最好的助手。20世纪50年代末的前苏联一改技术落后的旧貌，一次次将洲际导弹、人造地球卫星和月球火箭成功发射，一下子震动了世界，让美国感觉受到了巨大威胁。美国因此也不甘示弱，开始试验侦察卫星“发现者”。卫星工作后，美国从侦察来的情报上知道了前苏联的实力远未达到让自己惶恐的程度，终于放下心来。自从侦察卫星成功工作后，美国大尝甜头，从此不断地研制和发射侦察卫星。长期的经验使美国侦察卫星不论是工作寿命，还是相机分辨率及情报的传递，都有了很大的长进。到今天为止，美国的侦察卫星已经发展了五代。与美国一样，前苏联也不敢懈怠，从1962年开始每年平均发射侦察卫星30余颗来监视美国、欧洲和整个世界。在同美国的角逐中，它发射卫星的数量竟是美国的七八倍。

各国之所以如此热衷于侦察卫星的研制发射，是因为它的确具有很多优点。它飞行速度

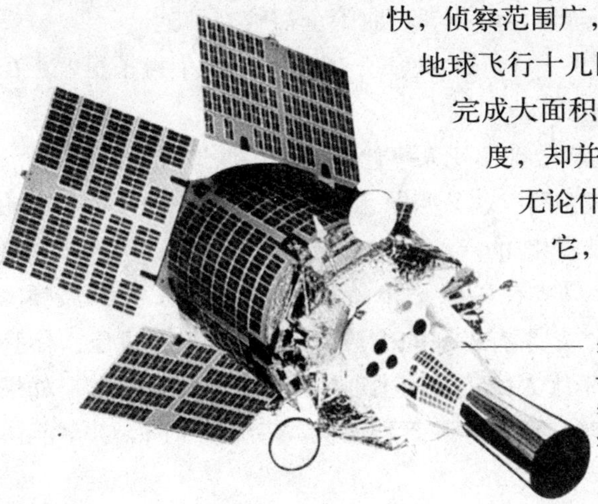

DSP 卫星

美国从20世纪70年代开始发射防卫支持计划(DSP)。卫星进入地球同步轨道后，每颗卫星能够监测地球表面相当大的一部分。它们携带的探测器能够侦察到弹道导弹的发射，并且在导弹点火的同时把报警信号发回地球。DSP能够迅速发现导弹发射，从而保证有充分时间对任何攻击进行报复性还击。

快，侦察范围广，以高于V—2飞机20倍的速度，每天绕地球飞行十几圈，可想而知它能捕获多少信息。能迅速完成大面积侦察，或定期侦察某些地区，如此快的速度，却并不影响它的侦察效果。无论在哪个国家，无论什么样的地理状况和气候特点，都无法阻挡它，它毫无拘束地、自由自在地进行实时侦察与监视，发现着更多的目标。卫星侦察成败的关键在于它能否把偷窃到的军事情报及时准确地送回。目前有效的方式之一是在侦察卫星的头部放一个回收舱，把拍好的胶片贮存在回收舱的暗盒里。

侦察卫星的工作效率这么高，就如同具备了一双“千里眼”，长出了一对“顺风耳”一样。一台可见光照相机就是侦察卫星的“千里眼”。由于照相机焦距长短、胶片质量及卫星的轨道高度不同，它拍出照片的清晰度也不同，这跟普通照相机的性能是一致的。人们为了最大限度地提高分辨率，已经把卫星照相机的焦距做到2～3米。照相侦察卫星的轨道高度一般在150～200千米之间，低于这个高度，卫星会很快坠入大气层烧毁，因为它承受不了低空大气的阻力。随着遥感技术的发展，把红外遥感相机安装在侦察卫星上，使太空“间谍”又添了一双特殊的“眼睛”，实际是一种“夜视眼”——在漆黑的夜晚，也能对地面军事目标拍照，使侦察卫星的“眼睛”更加明亮。那么，什么是侦察卫星的“顺风耳”呢?其实就是专门收集各种电信号的窃听器。敌方军事信息就是把获得的这些电信号进行处理分析后获得的。30多年来，侦察卫星主要服务于战略目的，难道侦察卫星只能为战争服务吗?当然不是，除了应用于军事外，它在农业、森林、水文及环境保护、地质、地理、海洋等许多领域被广泛应用。它提供了更多的信息，让人类自如地去驾驭大自然。

有了侦察卫星，就有大量的、准确的信息提供给了人类。相信有一天，研制卫星不再是因为战争，而是更多地服务于人类生活。

次声武器的发明

次声波在自然界里屡见不鲜，许多自然现象发生时，都伴随有次声。像火山爆发、流星爆炸、地震、龙卷风、极光、磁爆等都是次声的来源，甚至连较常见的台风、雷电、海浪等也能产生次声波。除了自然界，人类的许多活动也都能产生次声波，如核爆炸、火箭发射、飞机飞行、火车奔驰、化学爆炸、机器运转等。但有谁知道次声波可以杀人呢?下面我们来看2个事件：

1948年初的一天，一艘荷兰商船满载货物正穿过马六甲海峡，船员们在船上紧张地忙碌着。海上，风高浪急。但是突然间，这些体格健壮的船员们全都倒在了船上，商船失控，就像一匹脱缰的野马，漂荡在海上。事后，警方对这起海难事故进行调查发现，所有死者既无被砍伤的痕迹，也无中毒迹象，但是解剖尸体显示死者心血管全都破裂了。

1986年4月的一天，距法国马塞附近的一个声学研究所16千米的一个村子里，正在田间干活的30余人同时无缘无故突然死亡。

事后，专家对此进行了调查，发现这两个神秘死人事件都是次声波造成的。

次声波是一种频率低于20赫兹的声波，所以，又叫做“低频次声”。一般来说，人的耳朵能听到的声波在20～20000赫兹之间。超声波的声波频率高于20000赫兹，次声波频率低于20赫兹。通常，人体内脏活动时也产生频率在0.01～20赫兹之间的振动，次声波频率与之接近，不过危险也恰就在这里边隐藏着。如果有外来的次声波，它的频率接近于人体脏器振动频率，与内脏发生“共振”现象，就干扰人体正常的生理活动，甚至破坏人体。如果程度比较轻微，人会出现如头晕、烦躁、耳鸣、恶心等一系列症状；情况严重时，甚至能伤害人的内脏，使人死亡。

因此，马六甲海峡的那桩惨案可以这样来解释：在向海峡驶近时，荷兰货船恰遇海上的风暴，风暴与海浪摩擦时产生了次声波——这次声波就是凶手。海员们在与风浪进行搏击时，无论心理、精神和情绪上，都高度紧张。在次声波的作用下，他们的心脏及其他内脏剧烈抖动、跳动，最终致使血管破裂，突然死亡。而马塞的那起事件也可以得到解释了：原来是附近的那所声学研究所正在进行实验，由于粗心大意，次声波泄漏并“冲出”实验室，杀死了许多人。

这种武器实际上只要达到一定频率和功率的要求，就可以置人于死地。由于在空气中次声传播速度每秒高达340米，在水中的传播速度可达1500米，速度奇快，而且在传播过程中没有声音和光亮，所以，可作为精良的武器，在不知不觉中袭击敌人。其次，次声波传播得很远，因为大气、水和地层不容易吸收次声波。次声波还可以穿透建筑物、掩蔽所、坦克和潜艇等，具有极大的破坏性，甚至使飞机解体。次声波如此神奇的功效和巨大的杀伤力，引起了武器专家们的注意。利用次声波对人的危害性，一些国家正在悄悄研制次声波武器。

目前研制的次声波武器有2类：一类用于干扰神经，它的振荡频率接近人脑的阿尔法节律，都是8～12赫兹。人的神经会受到干扰，容易错乱，癫狂不止最终使战斗力丧失。另一类次声波武器的振荡频率约为4～18赫兹，接近于人体内脏器官的固有振荡频率。他人的内脏发生共振，从而对人体生理产生强烈影响，甚至导致死亡。

次声波的巨大杀伤力使人对它望而生畏，未来这种武器能否在战争中得到应用，我们还很难预料，但愿它不要成为杀人的武器。

知识窗

为什么次声波能致人于死呢？

原来，人体内脏固有的振动频率和次声频率相近似（0.01～20赫），倘若外来的次声频率与人体内脏的振动频率相似或相同，就会引起人体内脏的“共振”，从而使人产生上面提到的头晕、烦躁、耳鸣、恶心等一系列症状。特别是当人的腹腔、胸腔等固有的振动频率与外来次声频率一致时，更易引起人体内脏的共振，使人体内脏受损而丧命。

次声虽然无形，但它却时刻在产生并威胁着人类的安全。在自然界，例如太阳磁暴、海峡咆哮、雷鸣电闪、气压突变；在工厂，机械的撞击、摩擦；军事上的原子弹、氢弹爆炸试验等，都可以产生次声波。

由于次声波具有极强的穿透力，因此，国际海难救助组织就在一些远离大陆的岛上建立起“次声定位站”，监测着海潮的洋面。一旦船只或飞机失事附海，可以迅速测定方位，进行救助。

近年来，一些国家利用次声能够“杀人”这一特性，致力于次声武器——次声炸弹的研制。尽管眼下尚处于研制阶段，但科学家们预言：只要次声炸弹一声爆炸，瞬息之间，在方圆十几千米的地面上，所有的人都将被杀死，且无一能幸免。次声武器能够穿透15厘米的混凝土和坦克钢板。人即使躲到防空洞或钻进坦克的“肚子”里，也还是一样地难逃残废的厄运。次声炸弹和中子弹一样，只杀伤生物而无损于建筑物。但两者相比，次声弹的杀伤力远比中子弹强得多。

利用基因工程制造的基因武器

近年来，基因工程技术也被应用到军事武器的研制上来，由此一种新型的、威力独特的杀人武器——基因武器就应运而生了。

基因武器是一种生物武器，它是利用基因工程制造的。它通过在某种微生物中转移其他微生物的“抗药基因”，使其具有抗药性，以致它们不易被药物杀死，这些经过培育的不易被杀死的微生物通常被称为“战剂微生物”。另外还可以在某种容易培养繁殖的微生物中，移植一些增强微生物的致病力的基因，以制造出致病力更强的战剂微生物。

美国和俄罗斯等国，都秘密地展开了对基因武器的研究。美国培养出了一种既抗四环素又抗青霉素的战剂——大肠杆菌。研究人员通过把大肠杆菌中的抗四环素基因与抗青霉素的金黄色葡萄球菌的基因进行拼接，再整合到大肠杆菌中，便获得了这样强效的战剂大肠杆菌。俄罗斯也企图制造出具有眼镜蛇毒素的新流感病毒，通过把流感病毒基因和眼镜蛇具有的剧烈的毒素基因拼接，再整合到病毒中，来获得这样的战剂病毒。被这种“人造病毒”感染的人不仅会出现流感症状，还会出现中蛇毒的症状，将会迅速导致感染者瘫痪和死亡！

> 知/识/窗
>
> **认识基因技术**
>
> 马克思唯物主义认为，任何事物都是一分为二的，基因工程也是如此。基因技术在军事上的运用固然有其不好的一面；但利用基因工程方法，人类也可以有效地防止遗传性疾病，例如血友病、囊性纤维化等。此外，科学家们正试图破解控制生物特性的化学密码。用这些知识，在细菌、动物和植物间进行基因交换，从而创造出有用途的新机体。

利用基因工程，有些国家还企图制造“种族基因武器”。因为在基因上，特定的“种族”拥有其他“种族”所不具有的特定的DNA序列，所以按照这种想法，就可以制造出专门感染具有某特定DNA序列的“种族”的人的战剂微生物，这使它只对敌方有害而对使用者一方的“种族”却没有感染危险。

这些利用基因工程制造的战剂微生物有可能是“不可制服”的致病微生物，这将会给人类带来多么可怕的灾难性的后果！随着科学和技术的发展，人类所创造的物质财富和精神财富也越来越丰富。任何事物都具有两面性，基因工程也是一样。如果基因武器用在战争和侵略当中，那么它给人类带来的物质损失和精神创伤将是巨大的。基因工程是一项造福人类的技术，但是科学家也关注到它潜在的可以制造杀人武器的危险。人类利用基因工程可以创造巨大的财富，也一定可以使这些财富向对人类有利的方向转化。

模仿蟹眼功能的潜望镜

见过螃蟹的人都会发现，它的眼睛十分奇特，可以随意地伸缩，这样便于观察外界。军事上所用的潜望镜正是模仿蟹眼而发明的。

螃蟹的眼睛长在眼柄上。由于它能随时将眼睛收回到眼窝内，因此，它能很好地保护自己的眼睛。尤其特别的是，一些洞居或埋栖的蟹类的眼柄很长，从而能增加其视野。这些长眼柄还能在螃蟹潜伏于泥沙下或洞穴中时，只需从泥沙里伸出这对眼柄，而不需移动身体，就能对地表上面的情况了如指掌。

不仅如此，螃蟹的眼睛是复眼，与蜻蜓眼及蝇眼结构相似，都是由许多单眼组成。它的一个复眼约由1000个单眼组成，有每个单眼中，有12个排列成结状的细胞。这些细胞一旦

二战时日军的潜望镜

捕获到进入单眼的光，就会将其送往输出细胞的树枝状晶体(输入接头)。如果把光线加到蟹眼上，输出细胞便会产生大小基本与光强度的对数成正比的脉冲。

但是，就信息处理方面而言，重要的是要了解蟹眼中的各个单眼是如何进行信号交换的，并通过信号交换来清晰地辨认出所见对象的轮廓这一问题。为了搞清这一问题，科学家们做了一些实验，在这些实验中，他们用光带在蟹眼上移动。首先把复眼遮盖起来，仅留出一小孔，使光线仅仅能照到一个单眼上。于是，科学家们发现螃蟹的单眼的输出呈阶梯状变化，去掉遮盖物后，输出就变了。科学家们据此得出结论，即在复眼中，相邻的几个单眼互相协作，把入射光线的明暗变化，也即图形的轮廓强调出来，从而产生容易辨认的效果。由此看来，蟹眼无疑是一副天生的精密的潜望镜。

蟹眼的特异功能引起了军事装备研究人员的注意，他们模仿蟹眼伸出长长的眼柄观察情况这一原理，并应用了光学的折射原理，研制成了用于观察外部情况的军事潜望镜，这种军事潜望镜在第一次世界大战末期被应用于坑道、堑壕甚至潜艇中。

像变色龙一样变色的军服

变色龙周身长满了颗粒状鳞片，具有一种能随景变色的特异隐身功能。这种功能可以根据所处环境的不同色彩、亮度，随时改变变色龙的皮肤颜色，时而呈褐色，时而呈绿色，甚至变成黑色或黄白色，从而与周围环境相适应，与周围景色完全融为一体，变色龙真可谓“隐身天才”。

科学家受变色龙变幻肤色的启发，致力于研制涂料、染料及其他材料，以使这些材料能随着光照、热辐射或其他物理场变化而自动改变颜色。科学家们在这方面已获得了令人吃惊的突破性成果。比如，美军采用光变色染料染织的纤维布制作成迷彩服，这种迷彩服能随穿者所处环境的改变，而在瞬间变换色彩：在普通光照下呈军绿色，在夜间呈黑变；当受到核爆炸的光辐射体，即会在0.1秒钟之内变成白色，从而可大大减轻光辐射对人体的危害。这种衣服所起的作用就像变色龙的皮肤一样，战士们穿上这种有变色功能的衣服，就会成为名副其实的“变色龙”。

推而广之，这种技术也可以应用于其他武器装备的伪装上。如后来发明的一种涂刷到军舰、飞机、坦克等兵器上的变色油漆，这种变色油漆能在晴天呈银灰色，在阴天呈暗绿色，夜间或受到红外线照射时呈黑色。变色漆还常用于涂刷各种易发热的工业设备，比如飞行器、电动机、防热隔层等，使这些设备的表面颜色随温度而改变，用以报告温度的变化，从而，能凭借它来预防因过热而发生的事故，所以人们称它为“示温漆”。

在现代战争中，已广泛运用光电、传感，微处理技术等高科技，从而使单一的目视观察战场侦察体系，发展成为综合运用光学侦察、雷达侦察、热成像侦察、遥控传感器侦察等空地一体、全方位、全天候的侦察体系。这种侦察体系侦察功能强大，普通军服往往会被其瞬间识别，只有迷彩伪装能与其针锋相对，高性能的侦察体系导致了防光学、红外、雷达等综合侦察的新型染料、涂料和机具不断涌现。人们还将铝、铜、铁或特殊合金材料等导电纤维掺入树脂中，制成用于迷彩飞机、坦克、军舰、火炮、导弹等兵器的防雷达侦察涂料，这类涂料能有效地吸收、消耗雷达波的电磁能量。

专家们还研制出种种防红外侦察涂料，这种涂料是专门针对红外侦察器材和红外制导武器的特性而制造出来的。利用防近红外侦察涂料迷彩的目标，能让目标与周围背景的色彩相互协调，使安装有红外夜视仪，即一种自身带有红外光源的发射系统，无法发现目标。经过防红外侦察涂料迷彩的目标，其涂层能吸收目标辐射的红外线，并将其转化为其他形式的能量，隔绝“屏蔽”红外辐射，或发生漫反射，从而降低热目标的显著性，这样，能使目标避开红外侦察。这些能使目标得到隐蔽的迷彩，也能让热成像仪等侦察器材迷茫。

人类自身虽然没有变色龙的变色机质，但伪装的本领却越来越强，可见人类的创造力是无穷的。

模仿猪嘴的发明——防毒面具

1914～1918年，德军与英法联军为夺取比利时伊伯尔的地盘而进行了激烈的较量。英法联军凭着坚固工事，誓死抗战，打退了德军一次又一次进攻。

1915年4月的一天，一股西北风从德军阵地方向吹来，这时已是夕阳西下，英军第五阵地沐浴在暗红色的晚霞之中。一个英国士兵将脑袋伸出掩体，望见在对面异常弯曲的德军阵地前沿上，突然升起了黄绿烟雾。这位英军士兵见后，大声呼叫，其他的英军士兵都伸长脖子，好奇地注视着那奇特的烟雾。

在西北风的推动下，烟雾形成一人高的烟墙，以很快的速度飘向英军阵地。英军士兵还不知道他们正面临着恶魔的侵袭，仍然对这股烟雾七嘴八舌地议论不停，当黄绿色的烟雾飘临阵地时，英军士兵立刻觉出了有一股难闻的、带有强烈刺激性的气味，令人无法忍受、阵地上顿时人人眼泪、鼻涕流个不停，咳嗽声此起彼伏，感到有一只无形的手在扼住自己的脖子一样，透不过气来，头晕目眩，两腿一软就倒了下去。

原来，德军首次使用了化学毒剂，以打破欧洲战场长期僵持的局面。他们在阵地前沿设置了5730个装有氯液的钢瓶，当顺风时，便向英法联军阵地打开了瓶盖，释放出180吨氯气，导致中毒的英法联军达1万余人，其中丧命的就有5000多人。

然而，野猪居然在毒气中幸存下来。生物学家对此事产生了很大的兴趣。在反复研究和试验后，发现猪在嗅到刺激性气味时，便拼命用嘴巴拱地来躲避这种刺激，它把土拱松后，嘴巴就伸入泥土之中，含有毒气的空气经过土壤颗粒过滤后，就变得无害了。因此，野猪幸运地避免了这次灾难。

一战中英国军队的具有防毒面具的装备

揭开了这个秘密之后，英国军事科学家深受启发，他们做成了像猪嘴巴一样的防毒面具，这种面具是用木炭颗粒做过滤层，内装可以过滤毒气的材料，成为世界上第一批防毒面具。后来经过多次改进，防毒面具采用的过滤材料更为先进可靠，吸附化学毒剂的本领更大，其防毒原理与猪鼻子的功能一样。

头盔的发明与头盔制造技术的进步

头盔是怎么发明出来的呢？如果我说它与铁锅有一定的渊源，肯定有人不相信。看完下面的故事后，也许你才会相信这是真的。

第一次世界大战期间，一群法军正在营地里准备吃饭时，突然德军的炮弹如雨点般打来。顿时，营地浓烟滚滚，炮声隆隆，弹片乱飞。士兵们惊慌极了，军营里乱成一团。然而，一个名叫阿拉特的法国战士却临危不乱，一眼看见附近的铁锅，便有了主意。他爬过去，将铁锅盖在自己的头上，趴在地下。袭击过后，阿拉特发现他的战友都牺牲了，尸体狼狈地倒成一片，而他自己仅受了点轻伤，并无大碍。

后来，阿拉特把他用铁锅保全性命的办法讲给来视察的一位将军听。将军深受启发，他命令迅速成立一个研究小组，进行头盔的研制。很快，该部队就制造出了一种用锰钢制造的钢盔，它能挡住子弹和弹片的袭击。

今天，每个国家都为自己的军人制作了钢盔。除此之外，头盔在建筑工地、一些工厂内也十分盛行，甚至骑摩托车的人也都有，只是样式不同而已。

目前，俄罗斯、南非、以色列已经研制出配有瞄准装置的军用头盔。飞行员只要戴上这种头盔，哪怕目标不在飞机轴线方向，也可以发射导弹，摧毁目标。以色列国防军1985年开始实践运用DASH显示瞄准头盔，它既能捕捉偏离机头方向的目标，还能知道飞行员所锁定的目标信息以及雷达所追踪到的目标标志。此外，如果飞机安装惯性导航设备，地面目标也能清晰地被看见。飞行员通过它可以知道飞机的高度、速度、方位等信息。飞行员在双座战斗机中，使用DASH头盔可以“一心二用”，一面攻击地面目标，一面又可发射导弹对空中目标进行拦截。

2000年初，德国国防军在举行的虚拟战场“实弹”演习中使用了一种头盔，叫“魔术”头盔。这种头盔可以让士兵切身体会战场上的真实情景，知道自己是否“阵亡”或“受伤”。

“魔术”头盔不仅有军事用途，而且也用在大型精密加工设备的维修、诊断和保养中。例如，美国瓦里安联合公司生产的主要是离子注入器，离子注入器构成部件有8000个，它平均每工作80小时就需要进行维修或例行保养。由于它每个小时能生产晶片200只，而且每个晶片上有225只集成芯片，这些晶片价值高达7.5万美元。为防止损失太大，它不得不一直不断地工作。为解决上述问题，瓦里安公司提供一项新服务，即使客户在千里之外，也用不了几分钟即可获得专家的诊断和故障处理意见及维修指导。

客户购买的离子注入器一旦发生故障，客户的技术人员只要将“魔术”头盔戴上，利用头盔上的一个微型数字电视彩色摄像机、耳机、话筒和2个显示屏，从显示屏上就能够看到由电视会议系统从工厂传来的图像，可与远在千里外的专家通过图像进行商讨。技术人员利用头盔可以拿起工具和零部件让专家诊断，专家把故障部位指出，技术人员可从头盔上看到，然后在专家的指导下，对仪器进行维修。

随着科技的不断发展，不仅头盔的应用领域越来越多，其自身功能也越来越全。

钱学森与中国导弹发明

钱学森是中国20世纪最杰出的科学家，他是一颗璀璨的明星，他在导弹、工程控制以及系统论等诸多方面获得了开创性的成就，当之无愧地成为世界著名火箭专家，中国工程控制论专家、系统工程专家、系统科学思想家。

钱学森，浙江省杭州市人，1911年12月11日出生在上海。他的父亲钱均夫早年曾留学日本，是一位教育家，母亲章兰娟也聪颖过人。良好的教育环境，使得钱学森聪颖早慧。

1914年，钱学森随父母迁居北京，1923年考入北京师范大学附属中学，1929年考入上海交通大学，就读于机械工程系火车制造专业，并于1934年毕业。在大学时代，钱学森学习认真，严格要求自己，成绩优异。

1935年，钱学森以清华大学公费留学身份到美国麻省理工学院学习，仅用1年时间就取得了该院航空系的硕士学位。次年10月，他师从美国著名空气动力学家冯·卡门教授，在加州理工学院学习航空工程理论，1939年获航空与数学博士学位。钱学森在空气动力学、航空工程、喷气推进技术等尖端科技方面的才华，使他成为当时最有名望的优秀科学家之一。他与冯·卡门合作取得了多项成果，尤其是著名的“卡门－钱公式”，成为航空科学史上闪光的一页。

二战期间，钱学森与马林纳合作，在冯·卡门的指导下，完成了美国第一枚导弹的设计工作，成为美国导弹技术的奠基人之一。1949年，钱学森推导出著名的“钱学森公式”，提出了航程3107英里（5000公里）的助推滑翔超音速飞行器的建议。20世纪40 年代末，钱学森已被世界公认为力学界和应用数学界的权威和流体力学研究的开路人之一，以及卓越的空气动力学家、现代航空科学与火箭技术的先驱和创始人。

20世纪50年代，美国麦卡锡主义盛行，在国内疯狂迫害共产党人，1950年7月，美国政府取消钱学森参与机密研究的资格。钱学森遭受这样不公正的待遇，非常气愤，他决定回国。

出发前，钱学森被美国移民局逮捕，关押在拘留所里两个星期，后来被友人花钱保释出来。美国海军次长金布尔甚至叫嚣道：“我宁肯把他枪毙，也不愿放回中国，无论在什么地方他（钱学森）都值5个师。”

在接下来的5年时间里，钱学森一直受到美国移民局的限制和联邦调查局特务的监视，只能教书和从事《工程控制论》的写作。

1955年10月，钱学森在中国外交人员的努力和协助下，终于回到祖国的怀抱。对于钱学森回国一事，周恩来总理非常重视。他在20世纪50年代末一次会议上说：“中美大使级会谈至今虽然没有取得实质性成果，但我们毕竟就两国侨民问题进行了具体的建设性接触。我们要回了一个钱学森，单就这件事说来，会谈也是值得的，有价值的。”周总理还专门对聂荣臻交待说：“钱学森是爱国的，要在政治上关心他，工作上支持他，生活上照顾他。”

1956年初，钱学森主持制订1956～1967年科学技术发展远景规划纲要第37项国家重要科学技术任务《喷气和火箭技术的建设》报告书，并于1956年2月17日向国务院递交《建立我国国防航空工业的意见书》，最先为中国火箭和导弹技术的建设与发展提出了极为重要的实施方案。

同年，钱学森还协助周恩来和聂荣臻筹备组建了火箭导弹科学技术研究方面的领导机构，并成为这一领导机构的重要成员，负责规划与组建国防部第五研究院。他的工程控制论为导弹与航天器的制导理论奠定了基础，对中国的火箭导弹和航天事业的迅速发展作出了重大贡献。钱学森亲自参与指导了我国导弹的设计和研制，因为他的突出贡献，被誉为中国的“导弹之父”。1999年，中共中央、国务院、中央军委授予他“两弹一星功勋奖章”。

钱学森研究领域广泛，他在空气动力学、航空工程、喷气推进、工程控制论、物理力学等技术科学领域作出了许多开创性贡献，尤其是为我国火箭、导弹和航天事业的创建与发展作出了卓越贡献。他的著作有《工程控制论》、《物理力学讲义》、《星际航行概论》、《论系统工程》等。

邓稼先与中国核武器研究

邓稼先（1924～1986年），安徽省怀宁县人，中国著名的核物理学家。他是我国核武器理论研究工作的奠基者和开拓者，因为其早年在研制和发射原子弹、氢弹方面的贡献，被誉为“两弹元勋”。1999年，党中央、国务院和中央军委给他追授了“两弹一星功勋奖章”。

邓稼先出生在一个中产阶级家庭，他的父亲邓以蛰早年留学日本，回国后先后在清华大学、北京大学、厦门大学担任教授。邓稼先在四姐弟中排行老三。

5岁时，父亲为邓稼先请了私塾先生，教他背诵《诗经》和《论语》，打下了很好的文化基础。6岁时，进入北京四存小学，当时他对《四书》、《五经》不感兴趣，偏爱数学等自然科学。1935年，邓稼先考入北京崇德中学，与高他一级的杨振宁是很要好的朋友。

1941年，邓稼先考上了西南联大物理系，又与杨振宁成为同学。1945年，从西南联大毕业后，邓稼先被北京大学聘为物理助教，在学生运动中担任了北大教职工联合会主席。

为了学习更多的科学知识来建设即将诞生的新中国，邓稼先于1947年通过了赴美研究生考试。1948年10月，邓稼先赴美国普渡大学研究生院物理系留学。

在美国留学期间，邓稼先刻苦努力，勤奋学习，3年的课程2年就完成了。他以突出的成绩顺利通过了博士论文答辩，时年26岁，被美国人称为娃娃博士。

1950年8月，邓稼先在获得博士学位的第9天，毅然决定回国。他不仅谢绝了恩师和同校好友的挽留，而且还说服了光学物理学家王大珩(后获“两弹一星功勋奖章”)和低温物理学家洪朝生（后参加“两弹一星”研制）一同回国。

同年10月，邓稼先到中国科学院近代物理研究所任研究员，开始进行中国原子核理论的研究。1953年，他与许鹿希结婚，1954年加入中国共产党。1958年秋，时任核工业部副部长兼原子能所所长钱三强找到邓稼先，说“国家要放一个‘大炮仗’”，征询他是否愿意参加这项高度机密的工作。邓稼先知道这是国家的需要，毫不犹豫地同意了。回到家中，他只对妻子说自己“要调动工作”，不能再照顾家和孩子，也不能再通信。妻子许鹿希心里明白，丈夫肯定是从事对国家有重大意义的工作，表示坚决的理解和支持。邓稼先这一走就是28年。从此，邓稼先的身影只出现在戒备森严的深院和大漠戈壁。

邓稼先接到任务后，先挑选了一批大学生，准备了有关的俄文资料和原子弹模型。1959年6月，苏联政府中止了原有协议，撤走了专家，销毁了资料。中国的核事业必须从零开始，自己动手，搞出自己的原子弹、氢弹和人造卫星。邓稼先和同事们一起研究和翻译资料，用手摇计算机计算数值，推导公式。特别是遇到一个苏联专家留下的核爆大气压的关键数字时，邓稼先在周光召的帮助下，以严谨的计算推翻了原有的结论，解决了中国原子弹试验的关键性难题。

经过近两年的努力，他们终于把我国第一颗原子弹的理论计算数据全部推算出来，接着又进行了一系列的试验，成功地模拟了原子弹爆炸的全过程。1964年10月16日，中国成功爆炸了第一颗原子弹。这是一件让中国人民彻底扬眉吐气的大事，意味着中国已经不再惧怕西方国家的核讹诈。原子弹爆炸成功以后，邓稼先又开始投入对氢弹的研究。这是比研制原子弹更加艰难的科学探索。在邓稼先的领导下，1967年6月17日，我国成功地爆炸了一颗氢弹。整个研制过程仅用了2年零8个月，抢在了法国人的前面，成为继苏联和美国之后，第3个拥有核武器的国家。同苏联用4年、美国用7年、法国用8年的时间相比，创造了世界上最快的速度。

1972年，邓稼先担任核武器研究院副院长，1979年升为院长。他为我国的核试验贡献了毕生的精力。在我国进行的45次核试验中，由邓稼先领导的就有32次，其中有15次是他亲自在现场指挥。邓稼先为新中国的国防事业作出了巨大的成就，他一生淡泊名利，直到死前才公开其贡献，他的科学成就和他的人格一样，将永远流传。

世 界 重 大 发 现 与 发 明 大 全 集

寻找失落的文明

文字与数字

埃及象形文字是事物的形象化符号。有时它们是与所描述物体相关的图形符号，但有时它们用来表示读音。图中第一行符号（由左至右）分别代表 a，i，l，w。

文字是作为一种保存记录的方法而产生的。起初，具有象征意义的图画逐渐在形式上进一步简化，“太阳”可能用一个小圆圈包含在大圆圈里来表示，而水用波浪形的线来表示。人们可以很快画出并辨识这些简单的符号——即使不如原先的形式大。同时，同一个符号被赋予多种意义，如表示“太阳”的符号也可以指“白天”，或者是埃及的太阳神。

在接下来的发展阶段，每一个符号代表一种物体和一种读音，或者仅仅是一种读音。这种用图画代表读音的文字叫做象形文字，埃及的象形文字最负盛名，它最早出现在公元前 3100 年左右。大约在公元前 2700 年，埃及的象形文字更趋标准化，并延续使用了 3000 年。

大约在同一时期，位于幼发拉底河与底格里斯河两河流域的美索不达米亚(今天的伊拉克)，出现了另一种文字系统，它同样起源于一定的图画体系，却因使用的书写工具不同，有着与埃及象形文字全然不同的发展方向。埃及人用芦苇笔和墨水在纸莎草纸上书写，而美索不达米亚人则将一种尖笔书写工具压在软泥版上，得到楔形的或圆形的图样，这种文字叫做楔形文字，人们在公元前2400年前后开始使用这种文字。苏美尔人、亚述人和巴比伦人都用楔形文字。后来楔形文字传播到波斯，在那里也延续使用了近2000年。最早的真正的字母表(原始迦南字母)出现在约公元前1700年的中东地区，它用30种标记表示单个的读音。在此基础上，约公元前 1000 年，腓尼基人创造出 22 个腓尼基字母，并最终发展出了阿拉伯语、希伯来语、拉丁语和希腊语。

中国的文字也源于图画，它们被刻在骨头和贝壳上，然后抛向天空。人们相信它们落在地上构成的图案是来自神或逝去的祖先想要表达的信息。公元前1700年左右，人们开始使用这些符号。周朝(约公元前 1122～公元前 256 年)时，这些符号进一步抽象化。

人们同样需要一种方法来记录数目。画1头牛可以代表1头牛，但要画出60头牛来表示60头牛的话，就很不现实。在大约公元前 3000 年，在今天的捷克共和国出土了一根刻有 55 个凹点(每组 5 个，共 11 组)的狼腿骨。人们可能用它表示一次狩猎中猎杀的动物数量，尽管我们不能肯定这一点，但很显然这是一份数字的记录。这样的木头或骨头称为符木。

公元前3400年左右的埃及、公元前3000年左右的美索不达米亚和公元前1200年左右的克里特岛的人们开始使用比 10 大的数字。人们选择十进制是显而易见的，因为人类有 10 根手指，大多数文化体系采用了这种计数系统。巴比伦人和苏美尔人是主要的特例——他们采用六十进制。

埃及数字和楔形数字用不同的符号表示 1，10，100，1000，10000，100000 和 1000000，并且通过重复这些符号来表示更大的数值，正如罗马数字中用 X 表示 10，XX 表示 20，XXX 表示 30；C 表示 100，CCC 表示 300 一样。然而这些数字系统中，没有一个包含了表示零的符号。

由于泥土来源丰富，楔形文字才得以在数以千计的巴比伦泥版中保存下来。只要泥土保持柔软，人们就可以将泥版擦拭平整并反复使用。一旦泥土固化后就只能废弃不

大事记	
公元前 3400 年	埃及使用数字（十进制）
公元前 3100 年	埃及出现象形文字
公元前 2400 年	出现楔形文字
公元前 1700 年	中国出现甲骨文
公元前 1700 年	出现原始迦南字母
公元前 1000 年	出现腓尼基字母

用了。一些保存下来的泥版是学生使用的练习本，它们包含了乘法表和复杂的纸运算。另一方面，埃及人只使用加法运算和两倍的乘法表，他们通过重复翻倍或取半数后，把结果相加来实现乘法运算。在埃及保存下来的纸莎草纸中，还记录了诸如这样的数学问题：如何把一定数量的面包分配给一定数量的人？如何计算直角三角形的面积等。

度量衡的统一

曾经每个国家都有自己的度量衡体系，甚至尽管叫法相同，实际上却差别很大，如爱尔兰的1里(2048米)就比英国的1里（1609米）要长——尽管它们可能都基于罗马的“里”(1000步)发展而来。早期，人们主要以身体部位和长度作为度量的基准，埃及人的腕尺(约45厘米)是从肘到中指的距离。人们从公元前3500年就开始使用腕尺。1500年后，古希腊人使用的腕尺要短些，是基于成年人的平均足长(约30厘米，约等于1英尺)而设定的，英尺到现在还在使用，而手尺(1手尺=10.2厘米)是用来测量马肩胛的高度。“英寸”这个词来源于拉丁词汇“unica”，意思是1英尺=12英寸。

尽管我们现在仍然使用“克拉”(carat， 来源于阿拉伯语中的“豆子”一词)来表示贵重宝石的重量(1克拉=0.2克)，但是实际上重量单位比长度单位更复杂，因为没有一个方便易得的自然物作为衡量的标准。单位“喱”源于小麦或水稻的谷粒，它是一个很小的计量单位，曾经在很长的一段时间内使用，1喱= 0.05克，1克拉= 4喱。

约公元前2500年，苏美尔商人首次尝试使用标准化的度量单位，他们使用了“谢克尔”(1谢克尔=8.4克)和相当于60谢克尔的“迈纳”(1迈纳= 504克)。现存最早的实际称重标准物(一个鸭子状的花岗石砝码)出土于美索不达米亚(今天的伊拉克)的拉伽什城，大约制作于公元前2400年，它重477克。约500年以后，苏美尔尼普尔城执政者制作了一根铜棒作为度量标准物，它长110.35厘米，分成4“尺”，重41.5千克。罗马人使用“libra pondo”(“磅”)作为重量单位，合0.4536千克。Libra这个单词就是“磅”的缩写“lb”的来源。

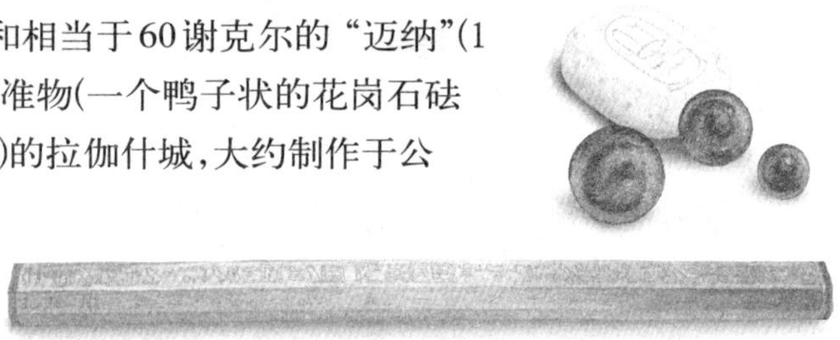
图中是古代埃及的一根计量杆和一套砝码。埃及是最先使用标准度量衡单位的国家之一。

体积度量的标准很难找到，人们使用过的有希腊和罗马的双耳陶瓶(用来储存油或酒的一种罐子的名称)，也有各种各样的桶和酒瓶。香槟酒的瓶子构成了一套体积度量标准，体积由小到大依次增加1倍——它们的名字分别是马格依、耶罗博姆、罗波安、玛士撒拉和巴尔萨泽(这些全都是《旧约》中人物的名字)。

玛雅文明

在美洲大陆被征服前存在的所有文明中，玛雅文明是当之无愧的最伟大的文明。玛雅人用大约850个象形文字创造了一套成熟的书写系统。一些象形文字代表观点，其他有一些代表发音。许多时候，一幅实物图片即代表该实物名称的发音——一种被认作“谜画文字”的记录方法。玛雅学者型祭司同时也是优秀的天文学家和数学家。然而，他们最卓越的成就是发明了玛雅历法。其他美洲文明也使用类似的历法，但是没有一种能够像玛雅历法那样发展得如此完善。

位于尤加敦中南部地区的赤忱·艾次的玛雅城建成于约公元6世纪。在玛雅城的正前方矗立着一座天文台，它就是人们所知道的"蜗牛天文台"。在它之后是埃尔·卡斯提罗——一座后期由入侵军队建造的金字塔。

玛雅文明出现的最初迹象在公元前300～100年，这段时间被历史学家称做“后格局时期”。在经典时期(公元250～900年)，玛雅人竖立起许多刻有文字或图案的石柱和石碑。经典时期也是他们最有影响力和最为繁荣的时期。约公元900年，随着玛雅人废弃古老的仪式中心，这一鼎盛时期结束了。

玛雅人生活在墨西哥的尤加敦半岛、百里斯(中美一小国)和邻近的危地马拉北部的皮藤石灰岩高原，而且一直延伸至洪都拉斯和萨尔瓦多的部分地区。玛雅人的疆土南部多是山脉和火山，尤加敦中部则地势较低，气候湿热，而北部则气候干燥，土壤瘠薄。

玛雅人在石柱上刻上日期、祭司和贵族的名字，以及在过去20年中发生的大事。玛雅人同时也制作了大量的书籍，遗憾的是只有3部被保存了下来，其中最为重要的一部叫做《德累斯顿法典》——由德国德累斯顿的撒克逊州图书馆收藏而得名，包含了重要的天文学图表。

玛雅天文学家积累了大量的天文观察经验，并且用于识别天文现象的发生周期。譬如，他们可以计算出月球经历149次新月出现的周期变化需要4400天的时间，也就是说月球运行的一个周期(农历月)是29.5302天——与现代所知的农历月天数极为接 近。玛雅人还能够预测日食，尽管还不能观察到日食的确切地点。他们当时也还不知道月球是绕地球运行、地球是绕太阳运行的，这也说明他们正确的预测并非基于对星体运行轨道的精密计算，而完全要归功于认真严谨地星象记录。他们从记录中推导出：如果新月出现的比太阳跨过月球轨道的日期晚18天以上，日食就肯定不会出现。他们所计算的金星运行的平均周期相当精确，达到6000年误差仅为1天。他们也已知道金星既是晨星又是晚星。

为了记录日期并演算，玛雅人就需要发展一套完善的数字系统，为此，他们引入了两个极重要的概念——位值和零的符号。还有一个点代表“1”，一条水平的条代表“5”，而一个贝壳形的图案代表“0”。玛雅人从大约公元前400年起就开始使用这套数字系统了。

相应地，“位值”概念让他们可以方便清楚地写出非常庞大的数值，就如在现代最常用的十进制法中表示数字276等于(2 × 100)+(7 × 10)+(6 × 1)一样。玛雅人计数则是以20为基准的，这样应该有表示1、20、200等的数位，但是玛雅人只有1、20的数位，然后用18 × 20表示更大的数值。这样的计数系统使计算变得相对复杂，但是18 × 20等于360，也就是当时玛雅历法中一年的天数。

玛雅历法是他们最著名的发明。事实上，当时存在3种历法。第一种是基于260天制的“圣年”，日期排列在两个重叠的圆盘上，第一个圆盘上标有数字1～13，第二个圆盘则显示了20天的名字，都是由神的名字命名的。一个数字和一个名字的组合特定地代表“圣年”的每一天。但是“圣年”历法对于农民来说似乎毫无用处，他们日常生活所用的历法是另一种基于太阳年的历法，历法将一年分成18个月，每个月20天，另外还要加上5个“不吉日”——一段“没有名字的时期”。当时的人们相信在这段时间出生的人是终生被诅咒的。第三种历法用于“长期计日”，是由一系列的周期组成，20天组成1个月；18个月组成1坦(360天)；20坦组成1开坦(7200天)；20开坦组成1巴克坦(144000天)。最长的时间单位是阿廖坦，表示23040000000天。该历法公元前3114年8月13日计为零日期，从该日开始计日——为何选择这一天的原因也不得而知。例如，用该历法记录的日期8/11/15/3/18表示 “零日”之后8巴克坦、11开坦、15坦、3月、18日，也就是现代历法记录的公元273年7月9日。

玛雅学者还使用附加的一系列包含有农历月信息的图表和基于修正历法日期方法衍生而来的图表，让它们与农历月和阳历年相一致。他们同时还要考虑包含4、9和819天等具有重要宗教意义的献祭周期。

爱琴文明：克里特岛与迈锡尼城

在历史上，爱琴海地区的青铜文明被称为爱琴文明。爱琴海位于东部地中海的西北角，处于小亚细亚和希腊半岛之间，南边则有埃及和利比亚。爱琴文明代表古希腊文化区，西方古代文明由此发轫。

历史上常把希腊分成北、中、南三大块。早在公元前7000年前，此处居民从事渔业，用黑曜石制作工具，并种植谷物、驯养猪羊。公元前7000年起，爱琴地区与周边发生了一些联系。青铜时代即公元前3000年初，爱琴文明形成。古代希腊从此进入五个发展时期，第一是爱琴文明(即克里特——迈锡尼文明)，第二是荷马时代，第三是古典时代，第四是古风时代，第五是马其顿统治的希腊化时代。

公元前2000年，以克里特和希腊半岛为中心，形成了最早的国家与文明。克里特文明存在于公元前2000年至公元前1100年这一段希腊文明时期。它因克里特岛而得名，起源于公元前6000年的新石器文明，当时土著均为穴居，直至公元前2500年以后，才有青铜和冶金工艺技术产生。它主要分前王宫、古王宫、新王宫和后王宫四个文明发展时期，这主要是依据它的宫殿建筑文明特色而划分的。古王宫时期，因克里特岛受米诺斯统治，亦称为米诺斯文明，主要文化表征为线形文字，它是从欧洲最早象形文字演变而来，直至现在还很难判读。同时，农业生产较为发达，以种植水稻、葡萄和橄榄为主，航海贸易是主要的经济行为。当时制作的铜、银手工艺品亦蕴有较精湛的技术。彩陶也是经过一番细心巧做而成的。克里特文明到新王宫时期，形成了强大的海上霸主地位，主要势力以克里特岛为据点，罗德斯岛、伯罗奔尼撒岛皆受制约，其影响波及欧、亚、非洲等广大地区。

雅典的卫城与剧场

雅典卫城是公元前5世纪中下叶建成的。它是希腊古典时期的标志性建筑。

雅典卫城位于150米高的石灰岩山顶上，四周皆是峭壁，地势险要，原来是防御敌寇的堡垒。据说在这里，海神波塞冬和智慧女神雅典娜为争夺雅典展开一场智斗，结果雅典娜取胜。雅典娜神庙与卫城同时修建，后来被波斯人摧毁。伯里克利是雅典的执政官，他下令尽一切力量重建卫城，把它作为最重要的工程来建。工程在公元前448年开始动工，至厄瑞克忒翁神庙完工的公元前406年为止，共用了42年时间。卫城各配套设施皆依山而建，卫城山

古希腊雅典卫城遗址 公元前5世纪

门、胜利神庙、厄瑞克忒翁神庙、帕特农神庙互相呼应，形成卫城总体的建筑结构。

雅典卫城沿着山岗地形分布，东西长约280米，南北最宽约130米。卫城山门建于公元前437年至公元前432年，设置于卫城的西端。它的正面和后面的柱式也是多利克式的。它与周围的建筑关系也处理得非常巧妙，它打破了原先人们约定俗成的对称法则，体现了卫城总体设计的开放性和兼容性。

雅典卫城在古希腊古典建筑和西方建筑文明史中都占据着非常重要的地位。与卫城相媲美的是古希腊的剧场。公元前3世纪中期，在伯罗奔尼撒半岛东北部的城邦埃皮道罗斯，希腊人建造了一个露天的剧场。早在公元前4世纪，雅典卫城脚下，希腊人就建造了一个大型剧场，可容纳观众一万多人。在剧场里，随着山势，观众席依次逐排升高，整个观剧区域呈半圆形展开，通道呈放射形，剧场中心的圆形平坦地域则是表演区域。这种剧场也可以用作群众集会的场所。

埃皮道罗斯剧场不但可供一万余人观看演出，而且以石凳子作观众席，席间利用共鸣作用，放置许多铜瓮，增加音响效果。除此之外，对其他设施如舞台、乐池等进行了系统改造，扩展了剧场的功效。

古希腊体育：马拉松与奥林匹克运动会的起源

现在所流行的马拉松长跑与奥林匹克运动会起源于古希腊。公元前490年，波斯军队驻扎在雅典城东北部的马拉松，集中兵力向雅典城发起进攻，在马拉松平原遭到雅典人的勇猛反击。尽管当时波斯军队有5万之众，但雅典人依然顽强坚定，斗志昂扬。经过战斗，波斯人败北，雅典人欢欣鼓舞。当时，雅典军派一位叫斐迪辟的战士去报捷，他从马拉松一直跑到雅典城，路程共计42公里。那人跑到雅典报告胜利消息后，就倒下了。后来雅典人为纪念他，举行马拉松长跑活动，在1896年举办的奥运会上，马拉松赛跑的路程也定为42公里，以纪念那位战士。直至现在，马拉松长跑依然是风行世界各地的体育项目之一。

奥林匹克运动会起源于奥林匹亚。公元前776年，古代第一届奥林匹亚竞技会在这里举行，随后，每四年举办一届，每届运动会为期五至六天，比赛的项目设有赛马、赛跑、赛车、铁饼、跳远、拳击、摔跤等。同时也举行音乐戏剧演出和诗歌朗诵等活动，进行一些商贸集市活动。这时有一个约定俗成的规则，即运动会期间，希腊各地便“神圣休战”了。罗马征服希腊后，皇帝便下令禁止举行奥林匹克竞技会。现代的奥林匹克运动会是在1896年恢复举行的，在雅典点燃了圣火。奥林匹克运动会的“更高、更新、更强”成了人性美和健康的象征，奥林匹克的精神也体现了世界人民对和平的热切向往。

被火山摧毁的庞培城

庞培城在意大利那不勒斯东南23公里处。它成为罗马的领地是在公元前89年。整个庞培城城墙长约3公里，共有8座城门，有能供5000名观众欣赏表演的露天竞技场以及公共浴室等设施，市中心还有一个广场，呈长方形。全城大街交错成井字，供水设施一应俱全。广场附近散布着许多大理石砌成的拱门和石柱。整个庞培城，随处可见雕刻、壁画和石瓶、石盆等器物。

公元79年8月24日下午1点钟左右，庞培城被维苏威火山喷发的熔岩与火山灰淹没，附近的斯塔比奥和赫库兰尼姆也荡然无存了，直至1748年才被人发现。

由于被火山灰覆盖了千余年，庞培城建筑被完好地保存下来，一些壁画也成了人们研究当时历史文化及民众生活的原始材料。庞培的壁画“镶嵌式”有四种样式，前两种属于共和时期，后两种则属于帝国时期。它是用石灰泥打制成各种类似于大理石的石板，然后拼镶出各种画面或制成假的拱门。这种样式是延续了希腊的城市壁画模式，起始于公元前2世纪。建筑式壁画是在墙壁上绘出各种建筑或山水风景，令人视界旷远。它们富有表现力，盛行于公元前1世纪至公元1世纪这段时间。

苏美尔人与楔形文字

美索不达米亚文明即古代的两河文明。所谓的两河，即底格里斯河与幼发拉底河。在它们的流域里，公元前3200年至公元前2000年产生了苏美尔文明。苏美尔属于沼泽地带，苏美尔人在公元前4300年前就开始农业耕作，建造了较为原始的神庙。公元前3500年左右，分化出阶级和国家。公元前2320年，萨尔贡创建了一个苏美尔和阿卡德统一的帝国。到公元前2130年，苏美尔独立，直至公元前2000年，苏美尔由乌尔王朝统治。

苏美尔人的文字是在公元前3500年开始形成的。当时，文字是属于象形性质的。到了公元前2500年左右，被人们称为楔形文字的这种文字顺理成章地诞生了。

苏美尔人大多采用削成三角形的尖头芦苇秆在泥版上刻制笔画，其笔划是楔形的，所以叫做楔形文字。楔形文字促进了西亚各国文字的形成，推动了整个文明的发展。

苏美尔楔形文字有500种符号，遗存至今的泥版除了商务或行政记录外，有十分之一是文学作品，除了一些谚语外，还有一些赞美诗和神话传说。

苏美尔人不但创制了楔形文字，而且利用月亮从这个蛾眉月到下个蛾眉月出现的周期性确定了太阴历。他们计算出1年有12个月，共364天，每月日期平均是29.5天，其中6个月是29天，6个月是30天。同时，他们发明了两轮或四轮的战车和货车，给作战和生产带来了许多便利。

古巴比伦城和空中花园

巴比伦城，曾是两河文明的象征，也是两河文明的发源地。城中的空中花园，更是令人叹为观止。

巴比伦城位于美索不达米亚平原中部，依幼发拉底河而建，位于今天的伊拉克首都巴格达以南约90千米的地方。它始建于公元前3000年，是古巴比伦王国的政治、经济中心，是当时的军事要塞。幼发拉底河穿城而过，为城市居民提供了水源和天然的城防屏障。

古巴比伦城总体呈正方形，边长达4千米，总占地超过2100英亩，该城有一条长达18千米、高约为3米的城墙。城墙之间由沟堑相接，并设置300余座塔楼(每隔44米就有一座)以增强防御效果。古巴比伦的城墙还有一个鲜明的特色，它分为内外两重。其中外城墙又分为三重，厚度不均，在3.3至7.8米之间。同时上面建有类似中国长城垛口的战垛，以方便隐蔽射箭。内城墙分为两层，两层中间设有壕沟。巴比伦城也有护城河，它在内、外城之间，河面最宽处达80米，最窄的地方也不下20米。一旦被敌攻破外城墙进入两城墙的中间地带时，它可以掘开幼发拉底河的一处堤坝，放水淹没这一地带，让敌人成为名副其实的“城”中之鳖。古巴比伦城真可谓固若金汤。

古巴比伦还有著名的伊什塔尔门和“圣道”。伊什塔尔门是该城的北门，以掌管战争的女神伊什塔尔的名字命名。其门框、横梁和门板都是纯铜浇铸而成，是货真价实的铜墙铁壁。这座城门高可达12米，门墙和塔楼上嵌有色彩艳丽的琉璃瓦。整座城门显得雄伟、端庄，而且华丽、辉煌。从伊什塔尔门进去，便是贯穿南北的中央大道——圣道。由于它是供宗教游行专用的，故而得名。整条圣道由一米见方的石板铺砌而成，中央部分为白色和玫瑰色相间排布而成，两侧为红色，石板上刻有宗教铭文。圣道两旁的墙壁上饰有白色、黄色的狮子像。

巴比伦城中最杰出的建筑还当属空中花园，世人称之为世界七大奇观之一。关于花园的修建还有一段动人的故事。

相传，在公元前604～公元前562年间，古巴比伦国王尼布甲尼撒二世在位之初娶了米堤亚公主赛米拉斯。由于两国是世交，二人的婚姻是双方的父亲定下的。在今天看来，有包办之嫌。尽管如此，新娘赛米拉斯对尼布甲尼撒印象也不错，只是巴比伦这个鬼地方令她生厌，因为美索不达米亚平原黄土遍地、沙尘满天，天气还经常酷热难耐。而她的家乡，却是山青水秀，鸟语花香，还拥有郁郁葱葱的森林，且气候宜人。久而久之，王后思乡成病，终日愁苦，甚至一度饮食俱废，花容月貌的王后很快憔悴不堪。为治愈王后的这块“心病”，尼布甲尼撒下令建造空中花园。园中的景致均仿照公主的故乡而建。今天的空中花园遗址位于伊拉克首都巴格达西南90千米处，由一层一层的平台组成，从台基到顶部逐渐变小。上面种满各种鲜花和林木，其间点缀有亭台、楼阁，最难得的是在20多米高的梯形结构的平台上还有溪流和瀑布，来此参观的人们无不啧啧称奇。

人们百思不得其解的是空中花园的供水系统和防渗漏系统，因为园中的植物和泉流飞瀑都需要水，而且用量还很大。就算让奴隶们不停地推动抽水装置，把水抽到花园最高处类似水塔的装置中，再顺人工河流流淌，那将需要多少奴隶呢？又得多大的抽水装置呢？即便这些条件都满足了，水流下后势必危及花园的地基，那时的尼布甲尼撒陛下又是如何应对的呢？这真是一个千古之谜。

亚历山大港的法洛斯灯塔

在埃及的亚历山大港附近的法洛斯岛上，历史上曾矗立着一座法洛斯灯塔，与埃及的金字塔、巴比伦的空中花园等并称世界七大奇迹，但它又个性鲜明。

法洛斯灯塔不带任何宗教色彩，是一座纯粹民用建筑。大约公元前300年，马其顿国王亚历山大大帝的部下托勒密·索格取代亚历山大成为埃及之主，并宣布新城亚历山大为国都。鉴于亚历山大港的航道十分危险，他便采纳下属建议，下令由建筑师索斯查图斯会同亚历山大图书馆建造一座灯塔，以方便引导航海入港。由于该塔建在港口附近的法洛斯岛，故而得名。

法洛斯灯塔设计高度为400英尺，是当时世界最高的建筑物。灯塔塔身以白色的大理石建成，洁白如玉，蔚为壮观。该塔分为三层，底层为四角柱体，高316尺，是整座塔的基座；中层为八角柱体，高约为60尺，直径较底座部分略小，以增加灯塔的稳固性；顶层则是圆柱状，高度为24尺。顶层之上巍然屹立着海神波赛冬的雕像，凝视着大海上的航船，给整座建筑物增添了不少生机与活力。法洛斯灯塔从下到上结构紧凑，浑然一体，为苍茫的亚历山大港湾平添了一道靓丽的风景。

法洛斯灯塔的工作原理是这样的：塔内螺旋式阶梯直通塔顶，平时有专人负责运送燃油，而位于塔顶瞭望台的引航员在夜间就点燃引航灯，再通过一组巨大的镜片聚光反射出去，这样海上夜航的船只就能找到航标，就能安全地进港靠岸；而在白天，就只用境片反射日光。据史料记载，无论白天还是黑夜，法洛斯灯塔都能为56千米内的船只引航。同时，由于亚历山大港的军事战略位置，灯塔在战时还作为侦察敌情的平台使用。

法洛斯灯塔一度成为亚历山大的标志性建筑，后来由于埃及迁都开罗而遭遗弃。956年、1303年和1323年，该地区发生三次大规模的地震，几乎将这座雄伟的灯塔毁尽。这还不算完，在1480年，当地的统治者居然用灯塔残存的大理石来加固城堡。至此，千年灯塔销声匿迹。直到1996年11月，几名潜水员在地中海深处发现了法洛斯灯塔残存的基石，这座已消失几百年的古灯塔才重新露面，引起人们的观注。近几年以来，考古学家对亚历山大港的法洛斯灯塔进行了一系列的发掘工作，以期对它有更深的认识。

建筑大师公输班的发明

公输班，名般，字若，春秋末期鲁国(今山东曲阜)人。因其为鲁人，且古时般与班同音通假，所以后人常称他为鲁班。

鲁班出生在一个工匠世家。传说他父亲以木匠为业，在鲁班很小的时候就带着他参加许多工程的营建。鲁班12岁的时候，父亲让他求师学艺。由于机缘巧合，他碰上了一位隐居终南山的木工师傅，得到了他的倾囊相授。

> 知/识/窗
>
> **雕刻艺术家鲁班**
>
> 《述异记》上记载，鲁班刻造过立体的九州地图。《列子·新论·知人篇》载有鲁班雕刻凤凰。这些都说明，鲁班很重视建筑与雕刻绘画艺术的结合。

因为鲁班从小就参加工匠劳动，耳濡目染，积累了丰富的经验；再加上他自己后天的刻苦努力，勤于思考，不断创新，他一生的发明非常多，不胜枚举。

根据《物原》、《事物绀珠》、《世本》、《古史考》以及《墨子》等古籍的记载，鲁班的发明主要有曲尺、墨斗、凿子、钻子、铲子、石磨、锁、机动木马车、木马、云梯、钩强等等，这些器具发明又大体可以分为三类，即手工工具、简单机器和兵器。

木工常用工具曲尺(也称矩)，就是鲁班发明的，至今还有人一习惯称做“班尺”或“鲁班尺”。至于凿子、铲子、锯、钻等，传说也是鲁班的发明，至少是经过他的改造。

关于锯的发明，民间流传着一个生动的故事：为了营建一座大型宫殿，需要大量木材，可是工具太原始，伐木进度缓慢，鲁班亲自去察看，上山时不小心被野草划破了手，他观察发现了草蔓上的细齿，深受启发，于是就发明了伐木的锯。

从历史记载到民间传说，都一致承认鲁班发明了刨子。我们知道刨子是由刨床和刨刀等几个构件组成，结构比较复杂。人们早先用刀和斧头把木头削平，劳动强度大，效率低下，加工质量也比较差。为了省力，于是就在刀刃下捆上一定坡度的木件，刀就成了刨刀。这项发明是建筑工具发展到一定阶段的标志之一。

鲁班的发明不但种类多，而且涉及面也很广泛，这和他勤于观察研究是分不开的。他把所有精力都放在发明创造之上。在他的带动之下，他周围的亲人朋友，也都成了发明家。

传说鲁班发明墨斗之后，使用时总要让母亲拉住墨线头，后来母亲建议线端用一个小钩钩住，这样就不需要两个人了。这个小钩就叫做“班母”。鲁班的妻子云氏也是一个巧匠。鲁班发明刨子后，加工木料需要一个人顶着，他妻子就建议加个橛子，这个橛子习惯被称做“班妻”。

在兵器方面，鲁班也有不少发明。他曾为楚国造攻城的“云梯”和水战使用的钩强(又叫钩拒)。这里还有一个很有趣的故事，根据《墨子·公输篇》记载，鲁班为楚国造了攻城机械，吓得墨子千里迢迢赶去与他斗法，终于制止了一场战争。后来鲁班就不再造兵器了，而是潜心于造福人类的发明。

无论是在典籍记载还是在民间传说中，鲁班都是一个勤奋多产的发明家。他不停地发明新的工具，改进旧的工具。因为他的努力和他的发明创造，大大改善了人民的居住条件，减轻了工匠们的劳动强度，也提高了劳动效率，为我国早期的土木建筑发展作出了杰出的贡献。他对人类贡献非常之大，连欧美一些建筑家们也认为：在世界古代建筑史上，鲁班是一位罕见的大师。

破解秦始皇陵中的秘密

出古都西安东行几十公里，可见一座像山一样突兀而立的巨大陵墓，这就是举世闻名的秦始皇陵。

秦始皇陵外观上看去有些类似金字塔，但它却非石质，而是用黄土夯成的。古埃及的金字塔是世界上最大的地上王陵，而中国的秦始皇陵则是世界上最大的地下皇陵。

秦始皇陵的修建伴随着秦始皇一生的政治生涯。从他13岁即位时起就开工建设，直到他死时还未竣工。二世继位后，又修建了一年才基本完工，历时38年，比胡夫金字塔的建筑时间还长8年；建陵动用人工近80万，几乎相当于修筑胡夫金字塔所动用人数的8倍。

整个陵园工程的修建，大体上可分为三个阶段：第一阶段为陵园的初期阶段，从秦始皇即位到其统一中国，在这26年里，先后展开了总体设计和主体工程的施工，初步奠定了陵园的规模和基本格局。第二阶段为大规模修建阶段，从统一到秦始皇三十五年，在这9年时间里，经过数十万人大规模的修建，基本完成了陵园的主体工程。第三阶段为最后收尾阶段，从秦始皇三十五年到二世二年冬，在这3年时间里，主要进行陵园的收尾和覆土工作。

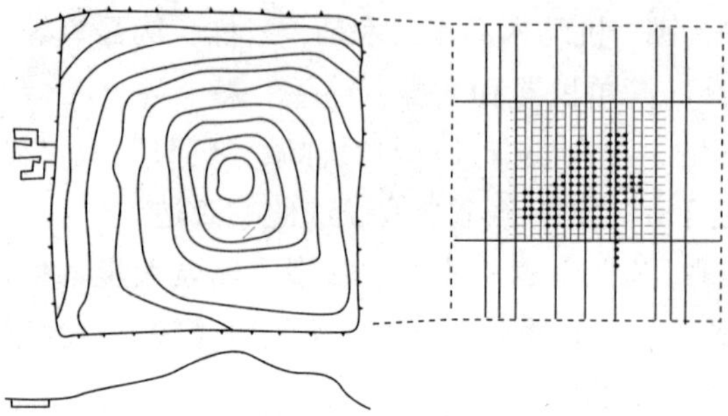

从陵墓封冢上勘测水银分布情况

史书记载，秦始皇陵墓中放进大量的水银，用以象征江河。近年科学探测发现，骊山陵园的强汞范围达12000平方米。更令人难以置信的是，如果按汞的厚度10厘米计算，陵墓内就储藏有100吨汞。

整个陵园仿照秦都咸阳布局，呈回字形，陵墓周围筑有内外两重城垣，其外城周长6210米，内城周长3870米。秦始皇陵用黄土夯筑而成，形成三级阶梯，状若覆斗，底部四方形，底面积约25万平方米，高115米。由于风雨侵蚀、人为破坏，现在封土面积约为12万平方米，高度为87米。

秦始皇陵地下宫殿是整个建筑的核心部分，位于封土堆下面。人们相传秦始皇将其生前荣华全部带入地下。由于其入葬之后，墓穴始终无人打开，人们对之格外好奇。在目前的考古发掘中，发现陵园以封土堆为中心，四周陪葬分布众多，内涵丰富，规模空前，数十年来出土的文物多达10万余件。考古发现地宫面积约18万平方米，中心点深约30米，发现有大型的石质铠甲坑、百戏俑坑、文官俑坑以及陪葬墓等600余处，还有被称为“世界奇迹”的兵马俑陪葬坑。

举世闻名的兵马俑就是在陪葬区发现的。1974年3月，骊山北麓农民打井无意间发现了兵马俑。兵马俑坑在秦始皇陵东侧1.5千米处，规模极其庞大，3个坑共2万多平方米，坑内共计有陶俑马近8000件，木制战车100余乘以及青铜兵器4万余件。这3个坑以发现早晚为序，一号坑最大，东西长230米，南北宽62米，总面积14260平方米，有俑马6000余件；二号坑紧随其后，面积6000平方米，有俑马1000余件；三号坑最小，只有500余平方米，内有武士俑68个。3个坑皆按兵阵布置，三号坑是总指挥。这3个坑所展示的就是秦始皇的宿卫军。

这些兵马俑，如真人真马一般高大，一个个造型生动，神情毕肖，在军事、服装、生活、建筑等诸方面为我们近距离对秦朝作出全面的考量提供了丰富的资源。我们相信，随着发掘的不断深入，越来越多的秘密将彻底展现在世人眼前。兵马俑井然有序，气势磅礴，置身其中，能让人感受到一种强烈震撼，使你不禁想起秦始皇金戈铁马、横扫六国、威震四海的英姿和挥师百万、战马千乘的勃勃虎威。秦始皇兵马俑的发掘，让我们亲身感受到了大秦帝国的强盛。

秦始皇陵是中国古代劳动人民智慧和汗水的结晶，它的发掘为研究我国古代的军事、服装、生活、建筑等提供了丰富的资料。

唐朝的“十部算经”

唐朝建立后，大力发展数学教育，设立算学馆，把数学作为与科举考试中明经、明法、明书、明字、进士等并列的六科之一，称作明算科。唐高宗时，李淳风等人受命整理数学典籍，注释《十部算经》。此工作于唐高宗显庆元年(公元656年)完成，十部算经成为国子监学习和考试的“专用”教材。

十部算经是指以下10部数学典籍：《周髀算经》、《九章算术》、《海岛算经》、《孙子算经》，《张邱建算经》、《五曹算经》、《五经算术》、《夏侯阳算经》、《缀术》和《辑古算经》。十部算经集中反映了从汉至唐1000余年数学发展的成果，成为后世数学教学和研究的重要依据。

> **唐朝中晚期实用算术的书籍**
>
> 知/识/窗
>
> 唐朝中晚期，人们对于简化筹算计算过程要求迫切，出现了很多实用算术的书籍，如《算法》（龙受益）、《一位算法》（江本）、《得一算经》（陈从运）等。其中《韩延算书》是惟一的存世之作。该书大约成于公元770年左右，共3卷，83个例题，引证了不少算书和当时的法令，具有史料价值。

在这10部算经里，《周髀算经》和《九章算术》前面章节已有专门论述（见本书第69页《〈周髀算经〉与〈九章算术〉》），两书都成书于汉代，是春秋战国到秦汉数百年数学成就的总结。《海岛算经》是西晋时期刘徽的著作，又名《重差》；《缀术》为祖冲之父子所撰，宋代已经失传（这两部著作在本书前文已有论述）。《孙子算经》大约成书于公元三四世纪，《夏侯阳算经》和《张邱建算经》约成书于5世纪，是两晋南北朝时期的作品。《五曹算经》和《五经算术》都是北周的甄鸾所著，其中《五曹》为官吏手册，内容没有超出《九章算术》；而《五经》倾向玄学，内容有限。《辑古算经》是惟一一部唐人作品，作者是初唐时期的王孝通。

因为祖冲之父子所著的《缀术》在宋代已经失传，所以南宋宁宗嘉定六年（1213年）鲍瀚三翻刻十部算经时，以《数学记遗》代之。清代戴震整理校订了这10部著作，1773年孔继涵刻印时，题名为《算经十书》；这是《算经十书》之名首次出现。

王孝通的《辑古算经》是惟一一部唐人作品。王孝通出身平民，少年时期开始潜心钻研数学，隋朝时以历算入仕，入唐后被留用。唐朝初年做过算学博士（亦称算历博士），后升任通直郎、太史丞。武德六年（公元623年）批评《戊寅元历》的缺点，武德九年(公元626年)又同大理卿崔善为一起，对该历做了许多校正工作。他的《辑古算经》约成书于公元626年前后，被用为国子监算学馆数学教材。

《辑古算经》全书1卷，共20题。第1题为推求月球赤纬度数，属于天文历法方面的计算问题；第2题至14题讲土木工程和水利工程相关的计算问题；第15至20题讲勾股问题。王孝通对自己的著作很自信，进呈皇帝时写了一篇《上辑古算经表》，说："如有排其一字，臣欲谢以千金。"这种态度当然不够谦虚，但是此书的实用价值和数学价值的确很高，是唐朝最好的算书。《辑古算经》的主要成就是介绍开带从立方法（即求三次方程的正根），它集中体现了中国数学家早在7世纪就在建立和求解三次方程等方面所取得的重要成就。

李淳风等对于十部算经的注释，不仅修正了其中错漏的地方，而且使得这些古算书得以流传，其贡献非常巨大。在对《周髀算经》的注释中，李淳风等修正了经文和赵爽、甄鸾注中的缺陷；逐条校正了甄鸾对赵爽的"勾股圆方图"的误解。结合实际的观测，李淳风等指出《周髀算经》中南北相去1000里，日影长度相差1寸不准确；指出赵爽用等级计算二十四节气日影长不正确。在对《九章算术》的注释中，他们引用了祖暅对于球体积的研究成果，为后世保存了资料。在对《海岛算经》的注释中，详细给出了解题的演算步骤。当然，因为认识的不足，他们的注释中难免存在不少的缺点和错误，譬如对刘徽工作的意义认识不足，指摘不当等。

王孝通和李淳风无疑都是唐朝杰出的数学家，对数学的发展作出了自己的贡献。而且，无可否认，盛唐设立算学馆、明算科，整理十部算经等举措，为宋元数学的鼎盛创造了条件。

附录一：著名科学家

阿基米德
(公元前287～公元前212)

阿基米德是希腊数学家和发明家，他发明了螺旋抽水机用来抽水。这种抽水机叫做阿基米德螺旋，现在还在使用。他发现了微分学和圆球的计算公式。他最著名的发现是浮力原理，据说他是在浴缸里洗澡时，通过观察他的身体如何代替了浴缸里的水，从而发现了浮力原理。当罗马人侵入阿基米德所在的城市锡拉丘兹时，他被杀害了。

哥白尼
(1473～1543)

哥白尼出生在波兰，他在克拉考对数学和光学进行了研究。通过30年的研究，他提出了一种新理论，那就是地球每天绕地轴自转一周，地球和其它的行星以不同的时间周期绕太阳旋转。他向地球是宇宙的中心这一古代信仰提出了挑战。哥白尼很不愿意出版他的这一争议性很大的理论，但其它的著名天文学家在他死后发展了他的理论。这些天文学家有开普勒、伽利略、牛顿。

第谷·布拉赫
(1546～1601)

布拉赫出生在瑞典的南部，当时那里还处于丹麦的统治之下。在望远镜发明之前布拉赫就在研究天文学，研究中，他发现天文时间表存在严重的错误。于是，他开始了一项研究以纠正这些错误，一直到他去世他都在从事着这项研究。他证明了彗星是一个天体，他算出了一年的长度，误差不到一秒。以布拉赫的观察为基础，布拉赫的助手开普勒算出了火星是以椭圆形的轨道运转的。

伽利略
(1564～1642)

意大利天文学家和数学家伽利略改进了折射望远镜。他对金星星相进行了观察，也是最早研究太阳黑子的人之一。他发现了摆锤以恒定的速率摆动，还发现了自由落体定律。伽利略信奉哥白尼的宇宙理论，他与宗教权威发生了矛盾，他不得不放弃了他的信仰。在佛罗伦萨被教会逮捕后，他仍坚持研究工作。1637年，伽利略完全失明了。

帕斯卡
(1623～1662)

帕斯卡出生在法国，他在1647年发明了计算器，随后又发明了气压计、液压机和注射器。他研究了流体压力，证明了液体作用于各方向的压力相等，液体压力的变化会同时传递到各处。

玻意耳
(1627～1691)

玻意耳是爱尔兰科学家，他对空气、真空和呼吸进行了实验。1662年，他发现在一定温度下，气体的压力和体积成反比，这种关系现在叫做玻意耳定律。玻意耳还研究了酸、碱、密度、晶体学和折射。

牛顿
(1642～1727)

牛顿是英国物理学家和数学家，他最著名的著作是万有引力理论，但这只是他所做的重要定律和发现的一部分。他发展了运动三定律，发现了白色光线是由不同颜色的光线组成的。他还于1868年建立了第一个反射望远镜。牛顿一生中卷入了很多纷争，最著名的就是他和莱布尼兹关于谁先发现了微积分的争论。

富兰克林
(1706～1790)

出生在美国麻萨诸塞州的波士顿的富兰克林是一个印刷家、政府要员、多产的作家和发明家。他安装了街道照明系统，重新组织了美国的邮政系统。他发明了节能的富兰克林炉、避雷针、双光眼镜、第一台复印机和口琴。富兰克林最著名的工作是他关于电的实验。他发明了电流模型，认为电流是由带电的电子运动形成的。在那个著名的风筝实验中，他证明了闪电是电的一种形式。

拉瓦锡
(1743～1794)

法国科学家拉瓦锡被认为是现代化学的奠基人，他证明了空气是各种气体的混合气，他命名了氧气和氮气，还证明了水含有氢和氧。他发明了对化合物进行命名的方法，还是设立公制度量衡的委员会成员之一。由于反对法国大革命，拉瓦锡1794年在巴黎被送上了断头台。

道尔顿
(1766～1844)

英国科学家道尔顿的科学研究工作是从研究色盲和气象学开始的。1787年，道尔顿办了一个气象杂志，他以此记录了20多万个观察数据。1803年，他发展了原子理论，认为分子是由原子按照简单的比例组成的。1808年，道尔顿出版了第一个原子量比较表。他还研究了蒸汽力，即当气体受热膨胀时所产生的力，从而他提出了气体分压定律。

法拉第
(1791～1867)

英国物理学家和化学家法拉第在1825年发现了苯，他是电化学的奠基人。他还发现了电磁感应，发电机和马达就是在此原理上产生的。他的著作极大地帮助了我们对电、电解的了解，他还帮助人们生产出了电池。法拉第是第一个利用压力将气体变成液体的人。

达尔文
(1809～1892)

在1831年，作为自然主义者的达尔文随海军考察船“比格尔”号到南非考察之前，他先是在大学里学了医药，随后又学了生物。1836年回到英国后，他写了很多关于动物和植物的书，但其中最出名的是他的进化论，尤其是《自然选择下的物种起源》(1859)和《人类遗传》(1871) 2本书。达尔文相信，生物不是个别地被创造出来的，而是通过长时间地为生存而斗争逐渐进化来的，它们是自然环境的适应者。

孟德尔
(1822～1884)

孟德尔出生在奥地利，1847年，他被任命为牧师。他曾种植各种植物来做实验，由此成为一名训练有素的科学教师。在寻找植物（特别是食用豌豆）的遗传因素时，孟德尔发现并发展了一系列有关基因控制的重要原理，包括生物特性独立地相互遗传定律。这是隐性基因和显性基因结合的基础。孟德尔这一著作的重要性直到20世纪初才为人们所认识。

巴斯德
(1822～1895)

法国化学家巴斯德第一个证明了是微生物引发了发酵和疾病。他提出了巴氏消毒法，即用加热来杀死细菌的过程，使医疗设备的消毒得以普及，从而挽救了许多生命。巴斯德发现了狂犬病疫苗和炭疽疫苗。1888年，他在巴黎成立了巴斯德研究所来治疗传染病。此后，他一直在那里工作，直到生命终结。

麦克斯韦
(1831～1879)

英国物理学家麦克斯韦第一个以数学形式发表了电磁定律。1864年，他证明了电磁波是振荡电场和磁场结合的产物。麦克斯韦论证了光是电磁辐射的一种形式，他证明了气体分子的运动速度取决于它们的温度，使我们增加了对气体运动的理解。

伦琴
(1845～1923)

德国物理学家。1845年3月27日生于德国伦内普。1868年毕业于瑞士苏黎世工业大学，1869年获苏黎世大学博士学位。曾任霍恩海堡农业专科学校教授，符茨堡大学教授、物理研究所所长、校长，耶拿大学、乌得勒支大学教授，慕尼黑物理研究所所长。柏林科学院、慕尼黑科学院通讯院士。1923年2月10日逝世于德国慕尼黑。

巴甫洛夫
(1849～1936)

前苏联生理学家。1849年9月26日生于俄国梁赞。1875年毕业于圣彼得堡大学，1883年获军事医学科学院博士学位。曾任军事医学科学院教授，圣彼得堡实验医学研究所、前苏联科学院生理研究所所长。前苏联科学院院士。1936年2月27日逝世于列宁格勒。

汤姆生
(1856～1940)

汤姆生出生在英国的曼彻斯特，在剑桥上的大学，1884年，他被聘为剑桥大学的实验物理教授。他在科学实验中发现了电子。汤姆生还发现了气体能够产生电，他还是核物理的先驱。他得到了1906年的诺贝尔物理学奖。

居里夫人
(1867～1934)

居里夫人出生在波兰，她和丈夫一起在巴黎工作。由于在放射性工作上的发现，她和贝克勒尔一起获得了1903年的诺贝尔物理学奖。1906年，成为巴黎大学的物理学教授后，居里夫人分离出了元素钋和镭，并发现了元素钚。1911年，她又获得了诺贝尔化学奖。居里夫人死于恶性贫血症，这是长期暴露在辐射环境中导致的。

卢瑟福
(1871～1937)

卢瑟福出生在新西兰，他曾与汤姆生一道在剑桥大学工作。他发现了原子中原子核的存在。他和索迪一起提出了原子分裂导致辐射的理论，他是分离原子的第一人。由于对不同类型辐射的研究，他获得了1908年的诺贝尔化学奖。

兰德斯坦纳
(1868～1943)

美国病理学家、免疫学家。1868年6月14日生于奥地利维也纳。1891年获维也纳大学博士学位。曾任洛克菲勒研究所研究员。美国全国科学院院士。因发现人类血型而获得了1930年的诺贝尔生理学或医学奖。1943年6月26日逝世于美国纽约。

爱因斯坦
(1879～1955)

爱因斯坦出生在德国，他最著名的理论就是狭义相对论，这一理论用公式$E=mc^2$将质量和能量联系起来。狭义相对论和他在1915年提出的广义相对论改变了科学家们研究宇宙的方式。他的成就还包括光电理论，他因此获得了1921年的诺贝尔物理学奖。

弗莱明
(1881～1955)

英国微生物学家。1881年8月6日生于苏格兰洛奇菲尔德。1906年获伦敦大学博士学位。曾任圣玛丽医院医师、研究员，爱丁堡大学校长。英国普通微生物学会会长，英国皇家学会会员。因发现青霉素对各种感染性疾病的治疗作用而获得了1945年的诺贝尔生理学或医学奖。1955年3月11日逝世于英国伦敦。

赫兹
(1887～1975)

德国物理学家。1887年7月22日生于德国汉堡。1911年获柏林大学博士学位。曾任哈雷大学、柏林工业大学教授、物理研究所所长，苏联科学院外籍院士，民主德国科学院院士。1925年因发现电子与原子碰撞时的能量传递规律而荣获诺贝尔物理学奖。1975年10月30日逝世于德国柏林。

附录二：诺贝尔奖获得者

物理学奖

1901 伦琴（德国）发现X射线

1902 洛伦兹（荷兰）、塞曼（荷兰）研究磁性对辐射的影响

1903 贝克勒尔（法国）发现自发放射性
P.居里（法国）、M.居里[1]（法国[2]）研究H.贝克勒尔发现的辐射现象

1904 瑞利（英国）发现氩

1905 勒纳（德国）阴极射线方面的研究

1906 汤姆逊（英国） 研究气体的电导率

1907 迈克耳孙（美国[2]）光谱学和气象学方面的研究

1908 李普曼（法国）彩色照片复制法

1909 马可尼（意大利）、布劳恩（德国）发展无线电报术

1910 范德瓦耳斯（荷兰）研究气体和液体的状态方程

1911 维恩（德国）发现热辐射遵从的定律

1912 达伦（瑞典）发明航标灯自动调节器

1913 昂内斯（荷兰）研究物质在低温下的性质；制得液氦

1914 劳厄（德国）发现晶体的X射线衍射

1915 W.布喇格（英国）、L.布喇格（英国）用X射线分析晶体结构

1917 巴克拉（英国）发现各种元素的标识X辐射

1918 普朗克（德国）发现基本作用量子

1919 斯塔克（德国）发现正离子射线的多普勒效应和光线在电场中分裂

1920 纪尧姆（瑞士）发现合金中的反常性质

1921 爱因斯坦（瑞士[2]）理论物理的成就

1922 玻尔（丹麦）研究原子结构和辐射

1923 密立根（美国）基元电荷和光电效应方面的工作

1924 西格班（瑞典）X射线谱学方面的工作

1925 夫兰克（德国）、赫兹（德国）发现原子受电子碰撞的定律

1926 佩兰（法国）物质结构的不连续性方面的工作

1927 康普顿（美国）发现漫射X射线的波长变化
威尔逊（英国）记录带电粒子径迹的方法

1928 里查逊（英国）热金属发射电子方面的工作

1929 德布罗意（法国）发现电子的波性

1930 拉曼（印度）光散射方面的工作；发现拉曼效应

1932 海森伯（德国）创立量子力学

1933 狄拉克（英国）、薛定谔（奥地利）建立量子力学的波动方程

1935 查德威克（英国）发现中子

1936 赫斯（奥地利）发现宇宙辐射
安德森（美国）发现正电子

1937 戴维逊（美国）、汤姆逊（英国）用实验演示晶体受到电子束照射的干涉现象

1938 费米（意大利）用中子辐照生产人工放射性元素

1939 劳伦斯（美国）发明回旋加速器

1943 斯特恩（美国[2]）发现质子磁矩

1944 拉比（美国[2]）用共振法精确测定原子核的磁性

1945 泡利（奥地利）发现电子的不相容原理

1946 布里奇曼（美国）高压物理学领域的一系列发现

1947 阿普顿（英国）发现大气上层的阿普顿层

1948 布莱克特（英国）核物理和宇宙辐射领域的一些发现

1949 汤川秀澍（日本）预言介子的存在

1950 鲍威尔（英国） 以照相法研究核过程；发现了一些介子

1951 考克饶夫（英国）、瓦耳顿（爱尔兰）用加速粒子使原子核嬗变

1952 布洛赫（美国[2]）、珀塞耳（美国）发现固体的核磁共振

1953 泽尔尼克（荷兰）相衬显微法

1954 玻恩（英国[2]）原子波函数的统计研究
博特（德国）发明符合计数法

1955 兰姆（小）（美国）氢光谱中的一些发现
库什（美国[2]）测量电子磁矩

1956 肖克莱（美国）、巴丁[5]（美国）、布拉顿（美国）研究半导体并发明晶体管

1957 李政道（美国）、杨振宁（美国）发现宇称原理的

破坏

1958 切伦科夫（苏联）、木兰克（苏联）、塔姆（苏联）发现并解释切伦科夫效应

1959 塞格雷（美国[2]）、张伯伦（美国）确证反质子的存在

1960 格拉泽（美国）发明气泡室

1961 霍夫斯塔特（美国）确定原子的核子的形状与大小穆斯堡尔（德国）发现穆斯堡尔效应

1962 朗道（苏联）对物质凝聚态研究的贡献

1963 延森（德国）、梅耶夫人（美国[2]）创立原子核结构的壳模型理论

维格纳（美国[2]）原子核中质子和中子相互作用遵循的原则

1964 汤斯（美国）、巴索夫（苏联）、普罗霍罗夫（苏联）从事量子电子学方面的工作导致制成微波激射器和激光器

1965 施温格（美国）、费因曼（美国）、朝永振一郎（日本）量子电动力学的基本原理

1966 卡斯特勒（法国）发明研究原子中赫兹共振的光学方法

1967 贝特（美国[2]）发现恒星的能量来源

1968 阿耳瓦雷茨（美国）在基本粒子研究方面发现共振态

1969 盖耳－曼（美国）发现亚原子粒子及其相互作用分类法

1970 阿耳文（瑞典）、奈耳（法国）在磁流体动力学和反铁磁性及亚铁磁性方面的工作

1971 伽柏（英国[2]）发明全息术

1972 巴丁[5]（美国）、库珀（美国）、施里弗（美国）创立超导电性理论

1973 江崎玲於奈（日本）、加埃沃（美国[2]）、约瑟夫森（英国）半导体和超导体的隧道效应

1974 赖尔（英国）、休伊什（英国）在射电天文学方面的工作

1975 玻尔（丹麦）、莫特森（丹麦[2]）、雷恩沃特（美国）对原子核的理论研究，弄清了核聚变

1976 里克特（美国）、丁肇中（美国）发现一类新的基本粒子

1977 安德森（美国）、莫脱（英国）、范扶累克（美国）认识磁性非晶态固体中电子的性状

1978 卡皮察（苏联）发明并应用氦的液化器

彭齐亚斯（美国[2]）、威尔逊（美国）发现宇宙微波背景辐射，为大爆炸理论提供支持

1979 格拉肖（美国）、萨拉姆（巴基斯坦）、温伯格（美国）提出亚原子粒子的弱相互作用和电磁相互作用的统一理论

1980 克罗宁（美国）、菲奇（美国）验证电荷共轭和宇称反演对称性的同时破坏

1981 西格班（瑞典）用于化学分析的电子能谱学

布洛姆伯根（美国[2]）、肖洛（美国）在光谱术中应用激光器

1982 威尔逊（美国）提出一种改进连续相变理论的数学分析方法

1983 钱德拉塞卡（美国）、福勒（美国）对恒星演化和崩坍认识方面的贡献

1984 鲁比亚（意大利）、范德米尔（荷兰）因领导发现W和Z粒子，从而支持了电弱理论

1985 克利青（西德）发现量子化霍耳效应，使精确测量电阻成为可能

1986 鲁斯卡（西德）、宾尼希（西德）、罗雷尔（瑞士）发展特殊电子显微镜

1987 柏诺兹（西德）、缪勒（瑞士）发现新的超导材料

1988 莱德曼（美国）、施瓦茨（美国）、斯泰因贝格尔（美国）研究亚原子粒子

1989 拉姆齐（美国）发展原子钟

德梅尔特（美国）、保罗（西德）发展分离原子和亚原子粒子的研究方法

1990 弗里德曼（美国）、肯德尔（美国）、泰勒（加拿大）发现原子夸克

1991 德热纳（法国）发现分子性态普遍规律

1992 沙帕克（法国）发明追踪亚原子粒子的检测计

1993 赫尔斯（美国）、泰勒（美国）发现脉冲双星

1994 布罗克豪斯（加拿大）、沙尔（美国）发展中子散射技术

1995 佩尔（美国）、莱因斯（美国）分别发现亚原子粒子τ和中微子

1996 李（美国）、理查森（美国）、奥谢罗夫（美国）发现氦3的超流体现象

1997 朱棣文（美国）、科昂－塔努吉（法国）、菲利普斯（美国）共同发明了用激光冷却和俘获原子的方法

化学奖

1901 范托夫（荷兰）化学动力学和渗透压定律

1902 费歇尔（德国）糖和嘌呤合成方面的工作

1903 阿伦尼乌斯（瑞典）电离理论

1904 拉姆齐（英国）发现惰性气体元素及其在周期系中的位置

1905 拜耳（德国）有机染料、氢化芳族化合物方面的工作

1906 穆瓦桑（法国）分离元素氟并发明穆瓦桑电炉

1907 布希纳（德国）发现非细胞发酵

1908 卢瑟福（英国）研究元素的蜕变和放射性物质化学

1909 奥斯特瓦尔德（德国）催化、化学平衡和反应速度方面的开创性工作

1910 瓦拉赫（德国）脂环族化合作用方面的开创性工作

1911 居里[1]（法国[2]）发现镭、钋；分离镭

1912 格利雅（法国）发现格利雅试剂

萨巴蒂埃（法国）氢化有机化合物的方法

1913 韦尔纳（瑞士[2]）分子中原子键合方面的工作

1914 理查兹（美国）精确测定众多元素的原子量

1915 威尔施泰特（德国）研究植物的色素，特别是叶绿素方面的开创性工作

1918 哈伯（德国）氨的合成

1920 能斯脱（德国）热化学方面的工作

1921 索迪（英国）放射性物质化学；同位素的存在和性质

1922 阿斯顿（英国）质谱仪方面的工作；整数定则

1923 普列格尔（奥地利）有机物的微量分析法

1925 席格蒙迪（奥地利）阐明胶体溶液的多相性质

1926 斯韦德贝里（瑞典）分散体系方面的工作

1927 维兰德（德国）研究胆汁酸成分

1928 温道斯（德国）甾醇的结构及其与维生素的联系

1929 哈登（英国）、奥伊勒－冯尔平（瑞典[2]）研究糖的发酵和酶在发酵中的作用

1930 费歇尔（德国）研究血红素和叶绿素；合成血红素

1931 博施（德国）、伯吉尤斯（德国）发明和发展化学上应用的高压方法

1932 朗缪尔（美国）发现并研究表面化学

1934 尤里（美国）发现重氢

1935 F.约里奥－居里（法国）、I.约里奥－居里（法国）合成新的放射性元素

1936 德拜（荷兰）对偶极矩、X射线衍射及气体中电子衍射的研究

1937 霍沃思（英国）研究碳水化合物和维生素C

卡勒（瑞士）研究类胡萝卜素、黄素和维生素

1938 库恩（德国[3]）研究类胡萝卜素和维生素

1939 布特南特（德国[3]）性激素方面的工作

卢齐卡（瑞士[2]）聚亚甲基和高级萜类方面的工作

1943 赫维西（匈牙利）在化学研究中用同位素作示踪物

1944 哈恩（德国）发现重原子核的裂变

1945 维尔塔宁（芬兰）发明酸化法贮存鲜饲料

1946 萨姆纳（美国）发现酶结晶

诺思罗普（美国）、斯坦利（美国）制得酶和病毒蛋白质纯结晶

1947 罗宾森（英国）研究生物碱和其他植物产品

1948 蒂塞利乌斯（瑞典）研究电泳和吸附分析；血清蛋白

1949 吉奥克（美国）对极低温下物质性质的研究

1950 狄尔斯（德国）、阿尔德（德国）发明和发展了双烯合成法

1951 麦克米伦（美国）、西博格（美国）发现并研究超铀元素

1952 马丁（英国）、辛格（英国）发明分配色谱法

1953 施陶丁格（德国）大分子方面的工作

1954 泡令[4]（美国）研究化学键的性质

1955 迪维尼奥（美国）第一次合成多肽激素

1956 谢苗诺夫（苏联）、欣谢尔伍德（英国）化学反应动力学方面的工作

1957 托德（英国）在核苷酸和核辅酶方面的工作

1958 桑格[6]（英国）确定胰岛素分子结构

1959 海洛夫斯基（捷克斯洛伐克）发明并发展极谱法

1960 利比（美国）创立放射性碳测年法

1961 卡尔文（美国）研究光合作用中的化学过程

1962 肯德鲁（英国）、佩鲁兹（英国[2]）确定血红素蛋白的结构

1963 纳塔（意大利）、齐格勒（德国）合成高分子塑料并研究其结构

1964 霍奇金（英国）测定抗恶性贫血的生化化合物的基本结构

1965 伍德沃德（美国）人工合成甾醇、叶绿素和其他物质

1966 马利肯（美国）化学键和分子中电子轨道方面的工作

1967 艾根（德国）、诺里什（英国）、波特（英国）研究极快速化学反应

1968 昂萨格（美国[2]）不可逆过程的热力学理论

1969 巴顿（英国）、哈塞尔（挪威）测定有机物分子的三维构象

1970 莱洛伊尔（阿根廷[2]）发现糖核苷酸及其在碳水化合物的生物合成中的作用

1971 赫茨伯格（加拿大[2]）研究分子结构

1972 安芬森（美国）、穆尔（美国）、斯坦（美国）在酶化学方面的基础工作

1973 菲舍尔（德国）、威尔金森（英国）有机金属化学

1974 弗洛里（美国）研究长链分子

1975 康福思（英国）、普雷洛格（瑞士）立体化学方面的工作

1976 利普斯科姆（美国）研究硼烷的结构

1977 普里果金（比利时）创立热力学的耗散结构理论

1978 米切尔（英国）研究生物体系中的能量传递过程

1979 布朗（美国[2]）、维蒂希（西德）在有机物合成中引入硼和磷

1980 伯格（美国）首次制备混合DNA

吉尔伯特（美国）、桑格[6]（英国）创立DNA结构的化学和生物分析法

1981 福井谦一（日本）、霍夫曼（美国[2]）化学反应中轨道对称性的解释

1982 克卢格（英国[2]）测定生物物质的结构

1983 陶布（美国）金属配位化合物的电子转移机理研究

1984 梅里菲尔德（美国）发展多肽合成方法

1985 豪普特曼（美国）、卡尔勒（美国）发展测绘小分子化学结构的方法

1986 赫希巴赫（美国）、李远哲（美国）、波拉尼（加拿大）发展了分析基本化学反应的方法

1987 克拉姆（美国）、佩德森（美国）、莱恩（法国）开发出能与其他分子连接的分子

1988 戴森霍弗（西德）、胡伯尔（西德）、米歇尔（西德）发现光合作用所需蛋白质的结构

1989 奥尔特曼（美国）、切赫（美国）发现RNA的某些基本性质

1990 科里（美国）发展合成复杂分子的反合成分析法

1991 恩斯特（瑞士）改进核磁共振波谱学

1992 马库斯（美国[2]）解释分子间电子传递

1993 穆利斯（美国）、史密斯（加拿大）创立基因研究及使用方法

1994 奥拉（美国[2]）发展研究碳氢化合物分子的方法

1995 克鲁岑（荷兰）、莫利纳（美国[2]）、罗兰（美国）解释地球臭氧层减少的过程

1996 柯尔（美国）、斯莫利（美国）、克罗托（英国）1985年发现碳的球状结构

1997 博耶（美国）、斯科（丹麦）、沃克（英国）在酶的研究方面作出开创性工作

生理学或医学奖

1901 贝林（德国）血清疗法方面的工作

1902 罗斯（英国）发现疟疾以疟蚊为媒介进入有机体

1903 芬森（丹麦）光辐射疗法治皮肤病

1904 巴甫洛夫（俄国）消化生理方面的工作

1905 科赫（德国）结核病的研究

1906 戈尔吉（意大利）、拉蒙－卡哈尔（西班牙）神经系统构造方面的工作

1907 拉韦朗（法国）发现疟原虫和对原虫病的研究

1908 埃尔利希（德国）、梅奇尼科夫（俄国）在免疫学方面的工作

1909 柯赫尔（瑞士）对甲状腺的生理学、病理学和外科学的研究

1910 科塞尔（德国）研究细胞化学

1911 古尔斯特兰德（瑞典）在眼的屈光方面的工作

1912 卡雷尔（法国）血管缝合和器官移植

1913 里歇（法国）过敏性方面的工作

1914 巴拉尼（奥地利）前庭器官方面工作

1919 博尔德（比利时）在血清中发现免疫因子

1920 克罗伊（丹麦）发现毛细血管的运动调节机理

1922 希尔（英国）发现肌肉生热

迈尔霍夫（德国）肌肉中的乳酸代谢方面的工作

1923 班廷（加拿大）、麦克劳德（英国）发明胰岛素

1924 埃因托芬（荷兰）发现心电图机制

1926 菲比格（丹麦） 癌症研究方面的贡献

1927 瓦格纳－尧雷格（奥地利）通过人工诱发疟疾治疗麻痹性痴呆的工作

1928 尼科尔（法国）斑疹伤寒方面的工作

1929 艾克曼（荷兰）发现抗神经炎的维生素

霍普金斯（英国）发现数种促进机体生长的维生素

1930 兰斯坦纳（美国[2]）人体的血型分类

1931 瓦尔堡（德国）发现呼吸酶的性质和作用

1932 艾德里安（英国）、谢灵顿（英国）发现神经元的功能

1933 摩尔根（美国）染色体的遗传传递功能

1934 迈诺特（美国）、墨菲（美国）、惠普尔（美国）发现肝质食物治疗贫血

1935 施佩曼（德国）发现胚胎的诱导效应

1936 戴尔（英国）、勒维（德国）神经脉冲的化学传递方面的工作

1937 森特－哲尔吉（匈牙利）发现某些有机化合物（特别是维生素C）在营养素的细胞内氧化过程中的

作用

1938 海曼斯（比利时）发现与颈动脉和主动脉弓有关的感受器官对呼吸的调节作用

1939 多马克（德国[3]）发现磺胺的抗菌作用

1943 达姆（丹麦）发现维生素K

多伊西（美国）发现维生素K的化学性质

1944 厄兰格（美国）、加塞（美国）对神经纤维分化功能研究

1945 弗莱明（英国）、钱恩（英国[2]）、弗洛里（澳大利亚）发现青霉素及其临床效用

1946 马勒（美国） 发现X射线辐照可诱发突变

1947 C.F.科里（美国[2]）、G.T.科里（美国[2]）发现糖原如何催化转变

奥塞（阿根廷）糖代谢过程中垂体激素的作用

1948 米勒（瑞士）滴滴涕的性质

1949 赫斯（瑞士）发现大脑的某些部位在决定和协调内脏器官功能时所起的作用

埃加斯·莫尼兹（葡萄牙）脑白质切除术治疗精神病的疗效

1950 亨奇（美国）、肯德尔（美国）、赖希施泰因（瑞士[2]）研究肾上腺皮质激素及其结构和生物学效应

1951 泰累尔（南非）研究黄热病

1952 瓦克斯曼（美国[2]）发现链霉素

1953 李普曼（美国[2]）、克雷布斯（英国[2]）发现碳水化合物代谢中的辅酶A柠檬酸循环

1954 恩德斯（美国）、韦勒（美国）、罗宾斯（美国）在非神经组织培养物上培养脊髓灰质炎病毒成功

1955 泰奥雷尔（瑞典）氧化酶的特性和作用方式

1956 福斯曼（德国）、理查兹（美国）、库尔南（美国[2]）发明和改善心导管插入术

1957 博维（意大利[2]）人工合成箭毒

1958 比德尔（美国）、塔特姆（美国）化学过程的遗传调节

莱德伯格（美国）遗传重组

1959 奥乔亚（美国[2]）、科恩伯格（美国）人工合成核酸

1960 伯内特（澳大利亚）、梅达沃（英国）发现对组织移植的获得性免疫耐受性

1961 贝凯西（美国[2]）内耳功能

1962 克里克（英国）、沃森（美国）、维尔金斯（英国）发现脱氧核糖核酸的分子结构

1963 埃克尔斯（澳大利亚）、霍奇金（英国）、赫胥黎（英国）研究神经冲动沿神经纤维的传递

1964 布洛赫（美国[2]）、吕南（德国）发现胆固醇和脂肪酸的代谢

1965 雅各布（法国）、莫诺（法国）、利沃夫（法国）发现体细胞的规律性活动

1966 哈金斯（美国[2]）、劳斯（美国）究致癌原因及其治疗

1967 哈特兰（美国）、沃尔德（美国）、格拉尼特（瑞典）发现眼中的化学和生理视觉过程

1968 霍利（美国）、科勒拉（美国[2]）、尼伦伯格（美国）译解遗传密码

1969 德尔布吕克（美国[2]）、赫尔希（美国）、卢里亚（美国[3]）研究并发现病毒和病毒病

1970 阿克塞尔罗德（美国）、卡茨（英国[2]）、奥伊勒（瑞典）发现神经传递的化学机理

1971 萨瑟兰（小）（美国）激素的作用

1972 埃德尔曼（美国）、波特（英国）研究抗体的化学结构

1973 弗里施（奥地利）、洛伦茨（奥地利）、廷伯根（英国[2]）发现动物行为型式

1974 克劳德（美国[2]）、德迪韦（比利时）、帕拉德（美国[2]）研究细胞的结构和功能组织

1975 杜尔贝科（美国[2]）、特明（美国）、巴尔的摩（美国）研究肿瘤病毒和细胞遗传物质之间的相互作用

1976 布卢姆伯格（美国）、盖达塞克（美国）研究传染病的起因和传播

1977 耶洛（美国）创立放射性免疫检验术

吉耶曼（美国）、沙利（美国）研究垂体激素

1978 阿尔伯（瑞士）、内森斯（美国）、史密斯（美国）发现限制酶并将其应用于脱氧核糖核酸分子内遗传信息的研究

1979 科马克（美国[2]）、豪恩斯费尔德（英国）发明计算机化轴向层析X射线摄影诊断法

1980 贝纳塞拉夫（美国[2]）、斯内尔（美国）、多塞（法国）研究免疫系统对外来物质反应的遗传控制

1981 斯佩里（美国）研究大脑半球的功能

维厄瑟尔（瑞典）、休伯尔（美国[2]）发现脑对视觉信息的加工过程

1982 伯格斯特龙（瑞典）、萨米尔松（瑞典）、文（英国）前列腺素的生物化学与生理学研究

1983 麦克林托克（美国）发现影响遗传的可移动植物基因

1984 耶纳（英国－丹麦）、克勒（西德）、米尔斯坦（阿根廷）生产单克隆抗体的原理和技术

1985 布朗（美国）、戈尔茨坦（美国）发现与胆固醇新

陈代谢有关的细胞感受器
1986 科恩（美国）、莱维－蒙塔尔奇尼（意大利）发现有助于调节细胞生长的化学试剂
1987 利根川进（日本）研究抗体的遗传问题
1988 布莱克（英国）、埃利翁（美国）、希钦斯（美国）开发出对抗疾病的新药种类
1989 毕晓普（美国）、瓦尔姆斯（美国）研究称为肿瘤基因的致癌基因
1990 默里（美国）、托马斯（美国）发展肾和骨髓移植
1991 内尔（德国）、扎克曼（德国）发现细胞如何传染上疾病
1992 费希尔（美国）、克雷布斯（美国）发现称为蛋白激酶的酶类
1993 罗伯茨（英国）、夏普（美国）发现断裂遗传结构
1994 吉尔曼（美国）、罗德贝尔（美国）发现G蛋白质及其在细胞中传递信息的作用
1995 刘易斯（美国）、尼斯莱因－福尔哈德（德国）、维绍斯（美国）为早期胚胎发育的基因控制理论奠定了基础
1996 青克纳格尔（瑞士）、多尔蒂（澳大利亚）机体识别被病毒感染的细胞
1997 普鲁西纳（美国）在毒蛋白领域的开拓性发现，可能有助于防止“疯牛病”流行的致病因子

注：1.两次获诺贝尔奖：物理学奖(1903年)，化学奖(1911年)。
2.入籍公民。
3.希特勒禁止德国人接受诺贝尔奖(1937年1月)。
4.两次获诺贝尔奖：化学奖(1954年)、和平奖(1962年)。
5.两次分获诺贝尔物理学奖(1956年、1972年)。
6.两次分获诺贝尔化学奖(1958年、1980年)。

世界重大发现与发明大全集